工程建设标准规范分类汇编

建筑工程质量标准

(修订版)

中国建筑工业出版社　编

中国建筑工业出版社
中国计划出版社

图书在版编目（CIP）数据

建筑工程质量标准/中国建筑工业出版社编. 修订版.
—北京：中国建筑工业出版社，中国计划出版社，2003
（工程建设标准规范分类汇编）
ISBN 7-112-06003-6

Ⅰ.建... Ⅱ.中... Ⅲ.建筑工程-工程质量-质量
标准-汇编-中国 Ⅳ.TU712-65

中国版本图书馆CIP数据核字（2003）第079351号

工程建设标准规范分类汇编
建筑工程质量标准
（修订版）
中国建筑工业出版社 编
*
中国建筑工业出版社
中国计划出版社 出版
新华书店经销
北京建筑工业印刷厂印刷
*
开本：787×1092毫米 1/16 印张：29 插页：2 字数：715千字
2003年11月第二版 2003年11月第五次印刷
印数:18,001—24,000册 定价:**65.00**元

ISBN 7-112-06003-6
TU·5276(12016)

本社网址:http://www.china-abp.com.cn
网上书店:http://www.china-building.com.cn

修订说明

“工程建设标准规范汇编”共35分册，自1996年出版（2000年对其中15分册进行了第一次修订）以来，方便了广大工程建设专业读者的使用，并以其“分类科学，内容全面、准确”的特点受到了社会的好评。这些标准是广大工程建设者必须遵循的准则和规定，对提高工程建设科学管理水平，保证工程质量和工程安全，降低工程造价，缩短工期，节约建筑材料和能源，促进技术进步等方面起到了显著的作用。随着我国基本建设的发展和工程技术的不断进步，国务院有关部委组织全国各方面的专家陆续制订、修订并颁发了一批新标准，其中部分标准、规范、规程对行业影响较大。为了及时反映近几年国家新制定标准、修订标准和标准局部修订情况，我们组织力量对工程建设标准规范分类汇编中内容变动较大者再一次进行了修行。本次修订14册，分别为：

《混凝土结构规范》

《建筑结构抗震规范》

《建筑工程施工及验收规范》

《建筑工程质量标准》

《建筑施工安全技术规范》

《室外给水工程规范》

《室外排水工程规范》

《地基与基础规范》

《建筑防水工程技术规范》

《建筑材料应用技术规范》

《城镇燃气热力工程规范》

《城镇规划与园林绿化规范》

《城市道路与桥梁设计规范》

《城市道路与桥梁施工验收规范》

本次修订的原则及方法如下：

（1）该分册内容变动较大者；

（2）该分册中主要标准、规范内容有变动者；

（3）“▲”代表新修订的规范；

（4）“●”代表新增加的规范；

（5）如无局部修订版，则将“局部修订条文”附在该规范后，不改动原规范相应条文。

修订的2003年版汇编本分别将相近专业内容的标准汇编于一册，便于对照查阅；各册收编的均为现行标准，大部分为近几年出版实施的，有很强的实用性；为了使读者更深刻地理解、掌握标准的内容，该类汇编还收入了有关条文说明；该类汇编单本定价，方便各专业读者购买。

该类汇编是广大工程设计、施工、科研、管理等有关人员必备的工具书。

关于工程建设标准规范的出版、发行，我们诚恳地希望广大读者提出宝贵意见，便于今后不断改进标准规范的出版工作。

中国建筑工业出版社

2003年8月

目　录

“▲”代表新修订的规范；“●”代表新增加的规范。

中华人民共和国国家标准

混凝土强度检验评定标准

GBJ 107—87

主编部门：中华人民共和国城乡建设环境保护部
批准部门：中华人民共和国国家计划委员会
施行日期：1988年3月1日

关于发布《混凝土强度检验评定标准》的通知

计标［1987］1140号

根据国家计委计综[1984]305号文的要求，由城乡建设环境保护部会同有关部门共同制订的《混凝土强度检验评定标准》已经有关部门会审。现批准《混凝土强度检验评定标准》（GBJ107—87）为国家标准，自一九八八年三月一日起施行。本标准施行后，现行《钢筋混凝土工程施工及验收规范》（GBJ 204—83）中有关检验评定混凝土强度和选择混凝土配制强度的有关条文自行废止。

该标准由城乡建设环境保护部管理，其具体解释等工作由中国建筑科学研究院负责。出版发行由我委基本建设标准定额研究所负责组织。

国家计划委员会
一九八七年七月九日

编 制 说 明

本标准是根据国家计委计综［1984］305号文的要求，由中国建筑科学研究院会同北京市建筑工程总公司等十二个单位共同编制的。

在编制过程中，对全国混凝土的质量状况和有关混凝土强度检验评定的问题进行了广泛的调查及系统的试验研究，吸取了行之有效的科研成果，并借鉴了国外的有关标准。在征求全国有关单位的意见和进行试点应用后，经全国审查会议审查定稿。

本标准共分为四章和五个附录。主要内容包括：总则，一般规定，混凝土的取样，试件的制作、养护和试验，混凝土强度的检验评定等。

在实施本标准过程中，请各单位注意积累资料，总结经验。如发现需要修改或补充之处，请将意见和有关资料寄交中国建筑科学研究院结构所，以供今后修订时参考。

城乡建设环境保护部

1987年5月

目　次

第一章　总　　则

第1.0.1条　为了统一混凝土强度的检验评定方法，促进企业提高管理水平，确保混凝土强度的质量，特制定本标准。

第1.0.2条　本标准适用于普通混凝土和轻骨料混凝土抗压强度的检验评定。

有特殊要求的混凝土，其强度的检验评定尚应符合现行国家标准的有关规定。

第1.0.3条　混凝土强度的检验评定，除应遵守本标准的规定外，尚应符合现行国家标准的有关规定。

注：对按《钢筋混凝土结构设计规范》（TJ10—74）设计的工程，使用本标准进行混凝土强度检验评定时，应按本标准附录一的规定，将设计采用的混凝土标号换算为混凝土强度等级，施工时的配制强度也应按同样原则进行换算。

第二章　一 般 规 定

第 2.0.1 条　混凝土的强度等级应按立方体抗压强度标准值划分。混凝土强度等级采用符号C与立方体抗压强度标准值（以N/mm^2计）表示。

第 2.0.2 条　立方体抗压强度标准值系指对按标准方法制作和养护的边长为150mm的立方体试件，在28d 龄期，用标准试验方法测得的抗压强度总体分布中的一个值，强度低于该值的百分率不超过5%。

第 2.0.3 条　混凝土强度应分批进行检验评定。一个验收批的混凝土应由强度等级相同、龄期相同以及生产工艺条件和配合比基本相同的混凝土组成。对施工现场的现浇混凝土，应按单位工程的验收项目划分验收批，每个验收项目应按照现行国家标准《建筑安装工程质量检验评定标准》确定。

第 2.0.4 条　预拌混凝土厂、预制混凝土构件厂和采用现场集中搅拌混凝土的施工单位，应按本标准规定的统计方法评定混凝土强度。对零星生产的预制构件的混凝土或现场搅拌的批量不大的混凝土，可按本标准规定的非统计方法评定。

第 2.0.5 条　为满足混凝土强度等级和混凝土强度评定的要求，应根据原材料、混凝土生产工艺及生产质量水平等具体条件，选择适当的混凝土施工配制强度。混凝土的施工配制强度可按照本标准附录二的规定，结合本单位的具体情况确定。

第 2.0.6 条　预拌混凝土厂、预制混凝土构件厂和采用现场集中搅拌混凝土的施工单位，应定期对混凝土强度进行统计分析，控制混凝土质量。可按本标准附录三的规定，确定混凝土的生产质量水平。

第三章 混凝土的取样，试件的制作、养护和试验

第3.0.1条 混凝土试样应在混凝土浇筑地点随机抽取，取样频率应符合下列规定：

一、每100盘，但不超过100m^3的同配合比的混凝土，取样次数不得少于一次；

二、每一工作班拌制的同配合比的混凝土不足100盘时其取样次数不得少于一次。

注：预拌混凝土应在预拌混凝土厂内按上述规定取样。混凝土运到施工现场后，尚应按本条的规定抽样检验。

第3.0.2条 每组三个试件应在同一盘混凝土中取样制作。其强度代表值的确定，应符合下列规定：

一、取三个试件强度的算术平均值作为每组试件的强度代表值；

二、当一组试件中强度的最大值或最小值与中间值之差超过中间值的15%时，取中间值作为该组试件的强度代表值；

三、当一组试件中强度的最大值和最小值与中间值之差均超过中间值的15%时，该组试件的强度不应作为评定的依据。

第3.0.3条 当采用非标准尺寸试件时，应将其抗压强度折算为标准试件抗压强度。折算系数按下列规定采用：

一、对边长为100mm的立方体试件取0.95；

二、对边长为200mm的立方体试件取1.05。

第3.0.4条 每批混凝土试样应制作的试件总组数，除应考虑本标准第四章规定的混凝土强度评定所必需的组数外，还应考虑为检验结构或构件施工阶段混凝土强度所必需的试件组数。

第3.0.5条 检验评定混凝土强度用的混凝土试件，其标准成型方法、标准养护条件及强度试验方法均应符合现行国家标准《普通混凝土力学性能试验方法》的规定。

第3.0.6条 当检验结构或构件拆模、出池、出厂、吊装、预应力筋张拉或放张，以及施工期间需短暂负荷的混凝土强度时，其试件的成型方法和养护条件应与施工中采用的成型方法和养护条件相同。

第四章 混凝土强度的检验评定

第一节 统计方法评定

第 4.1.1 条 当混凝土的生产条件在较长时间内能保持一致，且同一品种混凝土的强度变异性能保持稳定时，应由连续的三组试件组成一个验收批，其强度应同时满足下列要求：

$$m_{f_{cu}} \geq f_{cu,k} + 0.7\sigma_0 \quad (4.1.1\text{-}1)$$

$$f_{cu,min} \geq f_{cu,k} - 0.7\sigma_0 \quad (4.1.1\text{-}2)$$

当混凝土强度等级不高于 C20时，其强度的最小值尚应满足下式要求：

$$f_{cu,min} \geq 0.85 f_{cu,k} \quad (4.1.1\text{-}3)$$

当混凝土强度等级高于C20时，其强度的最小值尚应满足下式要求：

$$f_{cu,min} \geq 0.90 f_{cu,k} \quad (4.1.1\text{-}4)$$

式中 $m_{f_{cu}}$——同一验收批混凝土立方体抗压强度的平均值（N/mm^2）；

$f_{cu,k}$——混凝土立方体抗压强度标准值（N/mm^2）；

σ_0——验收批混凝土立方体抗压强度的标准差（N/mm^2）；

$f_{cu,min}$——同一验收批混凝土立方体抗压强度的最小值（N/mm^2）。

第 4.1.2 条 验收批混凝土立方体抗压强度的标准差，应根据前一个检验期内同一品种混凝土试件的强度数据，按下列公式确定：

$$\sigma_0 = \frac{0.59}{m} \sum_{i=1}^{m} \Delta_{f_{cu,i}} \quad (4.1.2)$$

式中 $\Delta_{f_{cu,i}}$——第i批试件立方体抗压强度中最大值与最小值之差；

m——用以确定验收批混凝土立方体抗压强度标准差的数据总批数。

注：上述检验期不应超过三个月，且在该期间内强度数据的总批数不得少于15。

第 4.1.3 条 当混凝土的生产条件在较长时间内不能保持一致，且混凝土强度变异性不能保持稳定时，或在前一个检验期内的同一品种混凝土没有足够的数据用以确定验收批混凝土立方体抗压强度的标准差时，应由不少于10组的试件组成一个验收批，其强度应同时满足下列公式的要求：

$$m_{f_{cu}} - \lambda_1 s_{f_{cu}} \geq 0.9 f_{cu,k} \quad (4.1.3\text{-}1)$$

$$f_{cu,min} \geq \lambda_2 f_{cu,k} \quad (4.1.3\text{-}2)$$

式中 $s_{f_{cu}}$——同一验收批混凝土立方体抗压强度的标准差，（N/mm^2）。当$s_{f_{cu}}$的计算值小于$0.06 f_{cu,k}$时，取$s_{f_{cu}} = 0.06 f_{cu,k}$；

λ_1, λ_2——合格判定系数，按表4.1.3取用。

混凝土强度的合格判定系数 表 4.1.3

试件组数	10～14	15～24	≥25
λ_1	1.70	1.65	1.60
λ_2	0.90	0.85	

第 4.1.4 条 混凝土立方体抗压强度的标准差$s_{f_{cu}}$可

按下列公式计算：

$$s_{f_{cu}}=\sqrt{\frac{\sum_{i=1}^{n} f_{cu,i}^{2}-nm_{f_{cu}}^{2}}{n-1}} \quad (4.1.4)$$

式中 $f_{cu,i}$——第i组混凝土试件的立方体抗压强度值（N/mm^2）；

n——一个验收批混凝土试件的组数。

第二节 非统计方法评定

第4.2.1条 按非统计方法评定混凝土强度时，其强度应同时满足下列要求：

$$m_{f_{cu}} \geq 1.15 f_{cu,k} \quad (4.2.1\text{-}1)$$

$$f_{cu,min} \geq 0.95 f_{cu,k} \quad (4.2.1\text{-}2)$$

第三节 混凝土强度的合格性判断

第4.3.1条 当检验结果能满足第4.1.1条或第4.1.3条或第4.2.1条的规定时，则该批混凝土强度判为合格；当不能满足上述规定时，该批混凝土强度判为不合格。

第4.3.2条 由不合格批混凝土制成的结构或构件，应进行鉴定。对不合格的结构或构件必须及时处理。

第4.3.3条 当对混凝土试件强度的代表性有怀疑时，可采用从结构或构件中钻取试件的方法或采用非破损检验方法，按有关标准的规定对结构或构件中混凝土的强度进行推定。

第4.3.4条 结构或构件拆模、出池、出厂、吊装、预应力筋张拉或放张，以及施工期间需短暂负荷时的混凝土强度，应满足设计要求或现行国家标准的有关规定。

附录一 混凝土标号与混凝土强度等级的换算关系

一、《钢筋混凝土结构设计规范》（TJ10—74）的混凝土标号可按附表1.1换算为混凝土强度等级。

混凝土标号与强度等级的换算 附表 1.1

混凝土标号	100	150	200	250	300	400	500	600
混凝土强度等级	C8	C13	C18	C23	C28	C38	C48	C58

二、当按TJ10—74规范设计，在施工中按本标准进行混凝土强度检验评定时，应先将设计规定的混凝土标号按附表1.1换算为混凝土强度等级，并以其相应的混凝土立方体按压强度标准值$f_{cu,k}$（N/mm^2）按本标准第四章的规定进行混凝土强度的检验评定。混凝土的配制强度可按换算后的混凝土强度等级和强度标准差采用插值法由附表2.1确定。

附录二　混凝土施工配制强度

混凝土施工配制强度（N/mm²）　　附表 2.1

强度等级 \ 强度标准差 σ(N/mm²)	2.0	2.5	3.0	4.0	5.0	6.0
C7.5	1.08	11.6	12.4	14.1	15.7	17.4
C10	13.3	14.1	14.9	16.6	18.2	19.9
C15	18.3	19.1	19.9	21.6	23.2	24.9
C20	24.1	24.1	24.9	26.6	28.2	29.9
C25	29.1	29.1	29.9	31.6	33.2	34.9
C30	34.9	34.9	34.9	36.6	38.2	39.9
C35	39.9	39.9	39.9	41.6	43.2	44.9
C40	44.9	44.9	44.9	46.6	48.2	49.9
C45	40.9	49.9	49.9	51.6	53.2	54.9
C50	54.9	54.9	54.9	56.6	58.2	59.9
C55	59.9	59.9	59.9	61.6	63.2	64.9
C60	64.9	64.9	64.9	66.6	63.2	69.9

注：混凝土强度标准差应按本标准附录三的规定确定。

附录三　混凝土生产质量水平

（一）混凝土的生产质量水平，可根据统计周期内混凝土强度标准差和试件强度不低于要求强度等级的百分率，按附表3.1划分。

混凝土生产质量水平　　附表 3.1

生产质量水平		优良		一般		差	
评定指标	混凝土强度等级	低于C20	不低于C20	低于C20	不低于C20	低于C20	不低于C20
混凝土强度标准差σ(N/mm²)	预拌混凝土厂和预制混凝土构件厂	≤3.0	≤3.5	≤4.0	≤5.0	>4.0	>5.0
	集中搅拌混凝土的施工现场	≤3.5	≤4.0	≤4.5	≤5.5	>4.5	>5.5
强度不低于要求强度等级的百分率p(%)	预拌混凝土厂和预制混凝土构件厂及集中搅拌混凝土的施工现场	≥95		>85		≤85	

对预拌混凝土厂和预制混凝土构件厂，其统计周期可取一个月；对在现场集中搅拌混凝土的施工单位，其统计周期可根据实际情况确定。

（二）在统计周期内混凝土强度标准差和不低于规定强度等级的百分率，可按下列公式计算：

$$\sigma=\sqrt{\frac{\sum_{i=1}^{N} f^2_{cu,i}-N\mu^2 f_{cu}}{N-1}} \quad (附3.2\text{-}1)$$

$$p=\frac{N_0}{N}\times 100\% \quad (附3.2\text{-}2)$$

式中 $f_{cu,i}$——统计周期内第i组混凝土试件的立方体抗压强度值（N/mm²）；

N——统计周期内相同强度等级的混凝土试件组数，$N\geqslant 25$；

μf_{cu}——统计周期内N组混凝土试件立方体抗压强度的平均值；

N_0——统计周期内试件强度不低于要求强度等级的组数。

（三）盘内混凝土强度的变异系数不宜大于5%，其值可按下列公式确定：

$$\delta_b=\frac{\sigma_b}{\mu f_{cu}}\times 100\% \quad (附3.3)$$

式中 δ_b——盘内混凝土强度的变异系数；

σ_b——盘内混凝土强度的标准差（N/mm²）。

（四）盘内混凝土强度的标准差可按下列规定确定：

1. 在混凝土搅拌地点连续地从15盘混凝土中分别取样，每盘混凝土试样各成型一组试件，根据试件强度按下列公式计算：

$$\sigma_b=0.04\sum_{i=1}^{15}\Delta f_{cu,i} \quad (附3.4\text{-}1)$$

式中 $\Delta f_{cu,i}$——第i组三个试件强度中最大值与最小值之差（N/mm²）。

2. 当不能连续从15盘混凝土中取样时，盘内混凝土强度标准差可利用正常生产连续积累的强度资料进行统计，但试件组数不应少于30组，其值可按下列公式计算：

$$\sigma_b=\frac{0.59}{n}\sum_{i=1}^{n}\Delta f_{cu,i} \quad (附3.4\text{-}2)$$

式中 n——试件组数。

附 录 四

习用的非法定计量单位与法定计量单位的换算关系表

序号	量的名称	非法定计量单位 名称	非法定计量单位 符号	法定计量单位 名称	法定计量单位 符号	单位换算关系
1	力、重力	千克力	kgf	牛顿	N	1kgf=9.806 65N
		吨力	tf	千牛顿	kN	1tf=9.806 65kN
2	应力、材料强度	千克力每平方毫米	kgf/mm^2	牛顿每平方毫米（兆帕斯卡）	N/mm^2 (MPa)	$1kgf/mm^2=9.806\ 65N/mm^2(MPa)$
		千克力每平方厘米	kgf/cm^2	牛顿每平方毫米（兆帕斯卡）	N/mm^2 (MPa)	$1kgf/cm^2=0.098\ 06\ 65N/mm^2(MPa)$
		吨力每平方米	tf/m^2	千牛顿每平方米（千帕斯卡）	kN/m^2 (kPa)	$1tf/m^2=9.806\ 65kN/m^2(kPa)$

注：本标准中，混凝土强度的计量单位系按$1kgf/cm^2\approx0.1N/mm^2$换算。

附录五　本标准用词说明

（一）为便于在执行本标准条文时区别对待，对要求严格程度的用词说明如下：

1．表示很严格，非这样作不可的用词：

正面词采用“必须”，反面词采用“严禁”。

2．表示严格，在正常情况下均应这样作的用词：

正面词采用“应”，反面词采用“不应”或“不得”。

3．对表示允许稍有选择，在条件许可时首先应这样作的用词：

正面词采用“宜”或“可”，反面词采用“不宜”。

（二）条文中指定应按其它有关标准、规范执行时，写法为“应符合……的规定”或“应按……执行”。

附加说明

本标准主编单位、参加单位和主要起草人名单

主编单位： 中国建筑科学研究院

参加单位： 北京市建筑工程总公司
无锡市住宅设计室
中国建筑第四工程局科研所
西安冶金建筑学院
北京市第一建筑构件厂
上海市混凝土制品一厂
中国建筑第三工程局科研所
广西壮族自治区第五建筑工程公司
山西省第一建筑工程公司综合加工厂
沈阳市建筑工程研究所
上海铁路局第一工程段

主要起草人： 韩素芳 陈基发 杜益彦
耿维恕 钟炯垣 尚世贤
熊宗铭 李学义 胡企才
张国民 韩春根 徐栋厚
沈国桢 马玉英 许玉坤
刘天贵 史志华 张桂芬

中华人民共和国国家标准

混凝土质量控制标准

GB 50164—92

主编部门：中华人民共和国原城乡建设环境保护部
批准部门：中华人民共和国建设部
施行日期：1993年5月1日

关于发布国家标准《混凝土质量控制标准》的通知

建标[1992]667号

国务院各有关部门，各省、自治区、直辖市建委(建设厅)、有关计委，各计划单列市建委：

根据国家计委计综[1986]2630号文的要求，由中国建筑科学研究院会同有关单位共同编制的《混凝土质量控制标准》，已经有关部门会审。现批准《混凝土质量控制标准》GB 50164—92为强制性国家标准，自1993年5月1日起施行。

本标准由建设部负责管理，由中国建筑科学研究院负责解释。出版发行由建设部标准定额研究所负责组织。

中华人民共和国建设部

1992年9月29日

编 制 说 明

本标准是根据国家计委计综[1986]2630号文的要求，由中国建筑科学研究院会同有关单位共同编制而成。

在编制过程中，对全国混凝土的质量状况和有关质量控制问题进行了广泛的调查研究，吸取了行之有效的生产实践经验和科研成果，并借鉴了国外的有关标准。在先后完成本标准的初稿、征求意见稿及征求全国有关单位的意见后，完成送审稿，经审查会审定稿。

本标准共分为四章，主要内容包括：总则、混凝土的质量要求、混凝土质量的初步控制、混凝土质量的生产控制等。

本标准为首次编制，在实施过程中，请各单位注意积累资料，总结经验，随时将发现的问题和意见寄交给中国建筑科学研究院（100013），以供今后修订时参考。

建设部

1992年9月

目　　次

第一章　总　　则

第 1.0.1 条　为加强混凝土生产和施工过程的质量控制，促进技术进步，确保混凝土的质量，制订本标准。

第 1.0.2 条　本标准适用于工业与民用建筑的普通混凝土质量控制。

第 1.0.3 条　混凝土的质量控制应包括初步控制、生产控制和合格控制。实施混凝土质量控制应符合下列规定：

一、通过对原材料的质量检验与控制、混凝土配合比的确定与控制、混凝土生产和施工过程各工序的质量检验与控制、以及合格性检验控制，使混凝土质量符合规定要求。

二、在生产和施工过程中进行质量检测，计算统计参数，应用各种质量管理图表，掌握动态信息，控制整个生产和施工期间的混凝土质量，并遵循升级循环的方式、制订改进与提高质量的措施，完善质量控制过程，使混凝土质量稳定提高。

三、必须配备相应的技术人员和必要的检验及试验设备，建立和健全必要的技术管理与质量控制制度。

第 1.0.4 条　对混凝土的质量控制，除应遵守本标准的规定外，尚应符合现行有关标准的规定。

第二章　混凝土的质量要求

第一节　混凝土拌合物

第 2.1.1 条　混凝土拌合物的各项质量指标应按下列规定检验：

一、各种混凝土拌合物均应检验其稠度；

二、掺引气型外加剂的混凝土拌合物应检验其含气量；

三、根据需要应检验混凝土拌合物的水灰比、水泥含量及均匀性。

（Ⅰ）稠　度

第 2.1.2 条　混凝土拌合物的稠度应以坍落度或维勃稠度表示，坍落度适用于塑性和流动性混凝土拌合物，维勃稠度适用于干硬性混凝土拌合物。其检测方法应按现行国家标准《普通混凝土拌合物性能试验方法》的规定进行。

第 2.1.3 条　混凝土拌合物根据其坍落度大小，可分为 4 级，并应符合表2.1.3的规定。

混凝土按坍落度的分级　　表 2.1.3

级别	名称	坍落度 (mm)
T_1	低塑性混凝土	10～40
T_2	塑性混凝土	50～90
T_3	流动性混凝土	100～150
T_4	大流动性混凝土	≥160

注：坍落度检测结果，在分级评定时，其表达取舍至临近的10mm。

第 2.1.4 条　混凝土拌合物根据其维勃稠度大小，可分为 4 级，并应符合表2.1.4的规定。

混凝土按维勃稠度的分级　　表 2.1.4

级别	名称	维勃稠度 (s)
V_0	超干硬性混凝土	≥31
V_1	特干硬性混凝土	30～21
V_2	干硬性混凝土	20～11
V_3	半干硬性混凝土	10～5

第 2.1.5 条　坍落度或维勃稠度的允许偏差应分别符合表2.1.5-1和表2.1.5-2的规定。

坍落度允许偏差　　表 2.1.5-1

坍落度 (mm)	允许偏差 (mm)
≤40	±10
50～90	±20
≥100	±30

维勃稠度允许偏差　　表 2.1.5-2

维勃稠度 (s)	允许偏差 (s)
≤10	±3
11～20	±4
21～30	±6

（Ⅱ） 含 气 量

第 2.1.6 条 掺引气型外加剂混凝土的含气量应满足设计和施工工艺的要求。根据混凝土采用粗骨料的最大粒径，其含气量的限值不宜超过表2.1.6的规定。

掺引气型外加剂混凝土含气量的限值　　表 2.1.6

粗骨料最大粒径（mm）	混凝土含气量（%）
10	7.0
15	6.0
20	5.5
25	5.0
40	4.5

第 2.1.7 条 混凝土拌合物含气量的检测方法应按现行国家标准《普通混凝土拌合物性能试验方法》的规定进行。检测结果与要求值的允许偏差范围应为±1.5%。

（Ⅲ） 水灰比和水泥含量

第 2.1.8 条 混凝土的最大水灰比和最小水泥用量应符合现行国家标准《混凝土结构工程施工及验收规范》的规定。

第 2.1.9 条 混凝土拌合物的水灰比和水泥含量的检测方法应按现行国家标准《普通混凝土拌合物性能试验方法》的规定进行。实测的水灰比和水泥含量，应符合设计要求。

（Ⅳ） 均 匀 性

第 2.1.10 条 混凝土拌合物应拌合均匀，颜色一致，不得有离析和泌水现象。

第 2.1.11 条 混凝土拌合物均匀性的检测方法应按现行国家标准《混凝土搅拌机性能试验方法》的规定进行。

第 2.1.12 条 检查混凝土拌合物均匀性时，应在搅拌机卸料过程中，从卸料流的1/4至3/4之间部位采取试样，进行试验，其检测结果应符合下列规定：

一、混凝土中砂浆密度两次测值的相对误差不应大于0.8%；

二、单位体积混凝土中粗骨料含量两次测值的相对误差不应大于5%。

第二节　混凝土强度

第 2.2.1 条 普通混凝土按立方体抗压强度标准值（N/mm²）划分为C7.5、C10、C15、C20、C25、C30、C35、C40、C45、C50、C55、C60等12个强度等级。

第 2.2.2 条 混凝土强度的检测，应按现行国家标准《普通混凝土力学性能试验方法》的规定进行。

第 2.2.3 条 混凝土强度，除应按《混凝土强度检验评定标准》规定分批进行合格评定外，尚应对一个统计周期内的相同等级和龄期的混凝土强度进行统计分析，统计计算强度均值（μ_{fcu}）、标准差（σ）及强度不低于要求强度等级值的百分率（P），以确定企业的生产管理水平；其中μ_{fcu}应符合本标准的第2.2.7条规定，σ和P应满足表2.2.3的要求。

第 2.2.4 条 对商品混凝土厂和预制混凝土构件厂，其统计周期可取一个月；对在现场集中搅拌混凝土的施工单位其统计周期可根据实际情况确定。

第 2.2.5 条 混凝土强度标准差（σ）和强度不低于

混凝土生产管理水平　　　表 2.2.3

评定指标	生产质量水平 / 混凝土强度等级 / 生产场所	优 <C20	良 ≥C20	一般 <C20	一般 ≥C20
混凝土强度标准差 σ (N/mm²)	商品混凝土厂和预制混凝土构件厂	≤3.0	≤3.5	≤4.0	≤5.0
	集中搅拌混凝土的施工现场	≤3.5	≤4.0	≤4.5	≤5.5
强度不低于规定强度等级值的百分率 P(%)	商品混凝土厂、预制混凝土构件厂及集中搅拌混凝土的施工现场	≥95		>85	

规定强度等级值的百分率（P），可按下列公式计算：

一、标准差：

$$\sigma=\sqrt{\frac{\sum_{i=1}^{N} f_{cu,i}^{2}-N\cdot\mu_{fcu}^{2}}{N-1}} \qquad (2.2.5\text{-}1)$$

二、百分率：

$$P=\frac{N_0}{N}\times 100\% \qquad (2.2.5\text{-}2)$$

式中　$f_{cu,i}$——统计周期内第i组混凝土试件的立方体抗压强度值（N/mm²）；

N——统计周期内相同强度等级的混凝土试件组数，该值不得少于25组；

μ_{fcu}——统计周期内N组混凝土试件立方体抗压强度的平均值（N/mm²）；

N_0——统计周期内试件强度不低于要求强度等级值的组数。

第 2.2.6 条　盘内混凝土强度的变异系数（δ_b）不宜大于5％，其值可按下列公式确定：

$$\delta_b=\frac{\sigma_b}{\mu_{fcu}}\times 100\% \qquad (2.2.6\text{-}1)$$

盘内混凝土强度均值（μ_{fcu}）及其标准差（σ_b）可利用正常生产连续积累的强度资料按下列公式确定：

$$\mu_{fcu}=\frac{\sum_{i=1}^{n} f_{cu.i}}{n} \qquad (2.2.6\text{-}2)$$

$$\sigma_b=\frac{0.59}{n}\sum_{i=1}^{n}\Delta_{fcu.i} \qquad (2.2.6\text{-}3)$$

式中　δ_b——盘内混凝土强度的变异系数；

σ_b——盘内混凝土强度的标准差（N/mm²）；

μ_{fcu}——n组混凝土试件立方体抗压强度的平均值（N/mm²）；

$\Delta_{fcu.i}$——第i组三个试件中强度最大值与最小值之差（N/mm²）；

n——试件组数，该值不得少于30组；

$f_{cu.i}$——第i组混凝土试件立方体抗压强度值。

第 2.2.7 条　按月或季统计计算的强度平均值（μ_{fcu}）宜满足下式要求：

$$f_{cu.k}+1.4\sigma\leqslant\mu_{fcu}\leqslant f_{cu.k}+2.5\sigma \qquad (2.2.7)$$

式中　μ_{fcu}——按月或季统计的强度平均值（N/mm²）；

$f_{cu.k}$——混凝土立方体抗压强度标准值（N/mm²）；

σ——按月或季统计的强度标准差（N/mm²），确定标准差的试件组数不得少于25组。

注：对有早龄期强度和特殊要求的混凝土，其强度平均值可不受该上限限制。

第三节 混凝土耐久性

第 2.3.1 条 根据混凝土试件所能承受的反复冻融循环（慢冻法）次数，混凝土的抗冻性划分为D10、D15、D25、D50、D100、D150、D200、D250和D300等9个等级。

第 2.3.2 条 根据混凝土试件在抗渗试验时所能承受的最大水压力，混凝土的抗渗性可划分为S_4、S_6、S_8、S_{10}、S_{12}等5个等级。

第 2.3.3 条 混凝土的抗冻性和抗渗性试验方法应按现行国家标准《普通混凝土长期性能和耐久性能试验方法》的规定进行。实测的混凝土抗冻性或抗渗性指标，不应低于设计要求。

第 2.3.4 条 混凝土拌合物中的氯化物总含量（以氯离子重量计）应符合下列规定：

一、对素混凝土，不得超过水泥重量的2%；

二、对处于干燥环境或有防潮措施的钢筋混凝土，不得超过水泥重量的1%；

三、对处在潮湿而不含有氯离子环境中的钢筋混凝土，不得超过水泥重量的0.3%；

四、对在潮湿并含有氯离子环境中的钢筋混凝土，不得超过水泥重量的0.1%；

五、预应力混凝土及处于易腐蚀环境中的钢筋混凝土，不得超过水泥重量的0.06%。

第三章 混凝土质量的初步控制

第 3.0.1 条 混凝土质量的初步控制应包括组成材料的质量检验与控制和混凝土配合比的合理确定。

第一节 组成材料的质量控制

（Ⅰ）水　泥

第 3.1.1 条 配制混凝土用的水泥应符合现行国家标准《硅酸盐水泥、普通硅酸盐水泥》、《矿渣硅酸盐水泥、火山灰质硅酸盐水泥、粉煤灰硅酸盐水泥》和《快硬硅酸盐水泥》的规定。

当采用其他品种水泥时，应符合国家现行标准的有关规定。

第 3.1.2 条 应根据工程特点、所处环境以及设计、施工的要求，选用适当品种和标号的水泥。

第 3.1.3 条 对所用水泥应检验其安定性和强度。有要求时，尚应检验其他性能。其检验方法应符合现行国家标准《水泥胶砂强度检验方法》、《水泥细度检验方法（筛析法）》、《水泥比表面积测定方法（勃氏法）》、《水泥标准稠度用水量、凝结时间、安定性检验方法》和《水泥化学分析方法》的规定。

注：根据需要可采用水泥快速检验方法预测水泥28d强度，作为混凝土生产控制和进行配合比设计的依据。

第 3.1.4 条 水泥应按不同品种、标号及牌号按批分别存储在专用的仓罐或水泥库内。如因存储不当引起质量有明显降低或水泥出厂超过三个月（快硬硅酸盐水泥为一个月）时，应在使用前对其质量进行复验，并按复验的结果使用。

（Ⅱ）骨　　料

第 3.1.5 条 普通混凝土所用的骨料应符合国家现行标准的规定。

第 3.1.6 条 骨料的选用应符合下列要求：

一、粗骨料最大粒径应符合下列要求：

1.不得大于混凝土结构截面最小尺寸的1/4，并不得大于钢筋最小净距的3/4；对于混凝土实心板，其最大粒径不宜大于板厚的1/2，并不得超过50mm；

2.泵送混凝土用的碎石，不应大于输送管内径的1/3；卵石不应大于输送管内径的2/5；

二、泵送混凝土用的细骨料，对0.315mm筛孔的通过量不应少于15%，对0.16mm筛孔的通过量不应少于5%；

三、泵送混凝土用的骨料还应符合泵车技术条件的要求。

第 3.1.7 条 骨料质量应按下列规定进行检验：

一、来自采集场（生产厂）的骨料应附有质量证明书，根据需要应按批检验其颗粒级配、含泥量及粗骨料的针片状颗粒含量；

二、对无质量证明书或其它来源的骨料，应按批检验其颗粒级配、含泥量及粗骨料的针片状颗粒含量。必要时还应检验其他质量指标。

三、对海砂，还应按批检验其氯盐含量，其检验结果应符合有关标准的规定。

四、对含有活性二氧化硅或其他活性成分的骨料，应进行专门试验，待验证确认对混凝土质量无有害影响时，方可使用。

第 3.1.8 条 骨料在生产、采集、运输与存储过程中，严禁混入影响混凝土性能的有害物质。

骨料应按品种、规格分别堆放，不得混杂。在其装卸及存储时，应采取措施，使骨料颗粒级配均匀，保持洁净。

（Ⅲ）水

第 3.1.9 条 拌制各种混凝土的用水应符合国家现行标准《混凝土拌合用水标准》的规定。

第 3.1.10 条 不得使用海水拌制钢筋混凝土和预应力混凝土。不宜用海水拌制有饰面要求的素混凝土。

（Ⅳ）掺　合　料

第 3.1.11 条 用于混凝土中的掺合料，应符合现行国家标准《用于水泥和混凝土中的粉煤灰》、《用于水泥中的火山灰质混合材料》和《用于水泥中的粒化高炉矿渣》的规定。

当采用其他品种的掺合料时，其烧失量及有害物质含量等质量指标应通过试验，确认符合混凝土质量要求时，方可使用。

第 3.1.12 条 选用的掺合料，应使混凝土达到预定改善性能的要求或在满足性能要求的前提下取代水泥。其掺量应通过试验确定，其取代水泥的最大取代量应符合有关标准的规定。

第 3.1.13 条 掺合料在运输与存储中，应有明显标志。严禁与水泥等其他粉状材料混淆。

（V）外 加 剂

第 3.1.14 条 用于混凝土的外加剂的质量应符合现行国家标准《混凝土外加剂》的规定。

第 3.1.15 条 选用外加剂时，应根据混凝土的性能要求、施工工艺及气候条件，结合混凝土的原材料性能、配合比以及对水泥的适应性等因素，通过试验确定其品种和掺量。

第 3.1.16 条 选用的外加剂应具有质量证明书，需要时还应检验其氯化物、硫酸盐等有害物质的含量，经验证确认对混凝土无有害影响时方可使用。

第 3.1.17 条 不同品种外加剂应分别存储，做好标记，在运输与存储时不得混入杂物和遭受污染。

第二节 混凝土配合比的确定与控制

第 3.2.1 条 混凝土配合比应按国家现行标准《普通混凝土配合比设计技术规定》和《混凝土强度检验评定标准》的规定，通过设计计算和试配确定。当配合比的确定采用早期推定混凝土强度时，其试验方法应按国家现行标准规定进行。

在施工过程中，不得随意改变配合比。

第 3.2.2 条 对泵送混凝土配合比，应考虑泵送的垂直和水平距离、弯头设置、泵送设备的技术条件等因素，按有关规定进行设计，并应符合现行国家标准《混凝土结构工程施工及验收规范》GBJ204❶的规定。

第 3.2.3 条 混凝土配合比使用过程中，应根据混凝土质量的动态信息，及时进行调整。

---

❶ GBJ204现已改为GB50204—92

第四章 混凝土质量的生产控制

第 4.0.1 条 混凝土质量的生产控制应包括混凝土组成材料的计量、混凝土拌合物的搅拌、运输、浇筑和养护等工序的控制。

第 4.0.2 条 施工（生产）单位应根据设计要求，提出混凝土质量控制目标，建立混凝土质量保证体系，制订必要的混凝土生产质量管理制度。

第 4.0.3 条 在生产过程中应对在各工序中取得的质量数据，定期（每月、季、年）进行统计分析，并应采用各种质量统计管理图表，根据生产过程的质量动态，及时采取措施和对策。

第 4.0.4 条 施工（生产）单位必须积累完整的混凝土生产全过程的技术资料和质量检测资料，并应分类整理存档。

第一节 计 量

第 4.1.1 条 在计量工序中，整个生产期间每盘混凝土各组成材料计量结果的偏差应符合表4.1.1的规定。

注：混凝土各组成材料的计量应按重量计，水和液体外加剂可按体积计。

第 4.1.2 条 每一工作班正式称量前，应对计量设备进行零点校核。

第 4.1.3 条 生产过程中应测定骨料的含水率，每一工作班不应少于一次，当含水率有显著变化时，应增加测定次数，依据检测结果及时调整用水量和骨料用量。

混凝土组成材料计量结果的允许偏差　　表 4.1.1

组成材料	允许偏差
水泥、掺合料	±2%
粗、细骨料	±3%
水、外加剂	±2%

第 4.1.4 条 计量器具应定期检定，经中修、大修或迁移至新的地点后，也应进行检定。

第二节 搅 拌

第 4.2.1 条 在搅拌工序中，拌制的混凝土拌合物的均匀性应符合本标准第2.1.12条的规定。

第 4.2.2 条 混凝土搅拌的最短时间应符合现行国家标准《混凝土结构工程施工及验收规范》的规定。

混凝土的搅拌时间，每一工作班至少应抽查两次。

第 4.2.3 条 混凝土搅拌完毕后，应按下列要求检测混凝土拌合物的各项性能：

一、混凝土拌合物的稠度应在搅拌地点和浇筑地点分别取样检测。每一工作班不应少于一次。评定时应以浇筑地点的测值为准。

在预制混凝土构件厂（场），如混凝土拌合物从搅拌机出料起至浇筑入模的时间不超过15min时，其稠度可仅在搅拌地点取样检测。

在检测坍落度时，还应观察混凝土拌合物的粘聚性和保水性。

二、根据需要，尚应检测混凝土拌合物的其他质量指标，检测结果应符合本标准第二章第一节的规定。

第三节　运　输

第 4.3.1 条　在运输工序中，应控制混凝土运至浇筑地点后，不离析、不分层、组成成分不发生变化，并能保证施工所必需的稠度。

第 4.3.2 条　运送混凝土的容器和管道，应不吸水、不漏浆，并保证卸料及输送通畅。容器和管道在冬期应有保温措施，夏季最高气温超过40℃时，应有隔热措施。

第 4.3.3 条　混凝土从搅拌机卸出后到浇筑完毕的延续时间不宜超过表4.3.3的规定。

混凝土从搅拌机卸出到浇筑完毕的延续时间　表 4.3.3

气温	延续时间(min)			
	采用搅拌车		采用其他运输设备	
	≤C30	>C30	≤C30	>C30
≤25℃	120	90	90	75
>25℃	90	60	60	45

注：掺有外加剂或采用快硬水泥时延续时间应通过试验确定。

第 4.3.4 条　混凝土运送至浇筑地点，如混凝土拌合物出现离析或分层现象，应对混凝土拌合物进行二次搅拌。

第 4.3.5 条　混凝土运至指定卸料地点时，应检测其稠度。所测稠度值应符合设计和施工要求。其允许偏差值应符合本标准的第2.1.5条规定。

第 4.3.6 条　混凝土拌合物运至浇筑地点时的温度，最高不宜超过35℃；最低不宜低于5℃。

第 4.3.7 条　采用泵送混凝土时，应保证混凝土泵的连续工作，受料斗内应有足够的混凝土，泵送间歇时间不宜超过15min。

第四节　浇筑前的检查

第 4.4.1 条　浇筑混凝土前，应检查和控制模板、钢筋、保护层和预埋件等的尺寸、规格、数量和位置，其偏差值应符合现行国家标准《混凝土结构工程施工及验收规范》的规定。此外，还应检查模板支撑的稳定性以及接缝的密合情况。

第 4.4.2 条　模板和隐蔽项目应分别进行预检和隐检验收，符合要求时，方可进行浇筑。

第五节　浇　筑

第 4.5.1 条　在浇筑工序中，应控制混凝土的均匀性和密实性。

第 4.5.2 条　混凝土拌合物运至浇筑地点后，应立即浇筑入模。在浇筑过程中，如混凝土拌合物的均匀性和稠度发生较大变化，应及时处理。

第 4.5.3 条　柱、墙等结构竖向浇筑高度超过3m时，应采用串筒、溜管或振动溜管浇筑混凝土。

第 4.5.4 条　混凝土应振捣成型，根据施工对象及混凝土拌合物性质应选择适当的振捣器，并确定振捣时间。

第 4.5.5 条　混凝土在浇筑及静置过程中，应采取措施防止产生裂缝。由于混凝土的沉降及干缩产生的非结构性的表面裂缝，应在混凝土终凝前予以修整。

第 4.5.6 条 在浇筑混凝土时，应制作供结构或构件出池、拆模、吊装、张拉、放张和强度合格评定用的试件。需要时还应制作抗冻、抗渗或其他性能试验用的试件。

第六节 养 护

第 4.6.1 条 在养护工序中，应控制混凝土处在有利于硬化及强度增长的温度和湿度环境中。使硬化后的混凝土具有必要的强度和耐久性。

第 4.6.2 条 施工（生产）单位应根据施工对象、环境、水泥品种、外加剂以及对混凝土性能的要求，提出具体的养护方案，并应严格执行规定的养护制度。

第 4.6.3 条 自然养护混凝土时，应每天记录大气气温的最高和最低温度以及天气的变化情况，并记录养护方式和制度。

对采用薄膜或养护剂养护的混凝土，应经常检查薄膜或养护剂的完整情况和混凝土的保湿效果。

第 4.6.4 条 蒸汽养护的温度检查，应符合下列要求：

一、在升温和降温阶段，应每小时测温一次。恒温阶段每两小时测温一次；

二、加温养护的混凝土结构或构件在出池或撤除养护措施前，应进行温度测量。当表面与外界温差不大于20℃时，方可撤除养护措施或构件出池。

第 4.6.5 条 大体积混凝土的养护，应进行热工计算确定其保温、保湿或降温措施，并应设置测温孔或埋设热电偶等测定混凝土内部和表面的温度，使温差控制在设计要求的范围以内，当无设计要求时，温差不宜超过25℃。

第 4.6.6 条 冬期浇筑的混凝土，应养护到具有抗冻能力的临界强度后，方可撤除养护措施。混凝土的临界强度应符合下列规定：

一、用硅酸盐水泥或普通硅酸盐水泥配制的混凝土，应为设计要求的强度等级标准值的30%；

二、用矿渣硅酸盐水泥配制的混凝土，应为设计要求的强度等级标准值的40%；

三、在任何情况下，混凝土受冻前的强度不得低于5N/mm^2。

第 4.6.7 条 冬期施工时，模板和保温层应在混凝土冷却到5℃后方可拆除。当混凝土温度与外界温度相差大于20℃时，拆模后的混凝土应临时覆盖，使其缓慢冷却。

附录　本标准用词说明

一、为便于在执行本标准条文时区别对待，对要求严格程度不同的用词说明如下：

1.表示很严格、非这样作不可的：

正面词采用“必须”；

反面词采用“严禁”。

2.表示严格，在正常情况下均应这样作的：

正面词采用“应”；

反面词采用“不应”或“不得”。

3.表示允许稍有选择，在条件许可时首先应这样作的：

正面词采用“宜”或“可”；

反面词采用“不宜”。

二、条文中指定应按其他有关标准、规范执行时，写法为“应符合……的规定”或“应按……执行”。

附加说明

本标准主编单位、参加单位和主要起草人名单

主编单位： 中国建筑科学研究院

参加单位： 西安冶金建筑学院

北京市第一建筑构件厂

上海市建工材料公司

中建三局深圳工程地盘管理公司

上海市建筑构件研究所

中国科学院系统科学研究所

主要起草人： 韩素芳　耿维恕　钟炯垣　曹天霞

胡企才　彭冠群　许鹤力　吴传义

中华人民共和国国家标准

混凝土质量控制标准

条 文 说 明

GB 50164—92

中国建筑科学研究院 主编

目 次

第一章　总　　则

第 1.0.1 条　混凝土质量是影响混凝土工程和预制混凝土构件质量的一个重要因素，为保证混凝土工程和预制混凝土构件的质量，促进技术进步，提高工程效益，制定本标准，以便据以进行质量控制。

第 1.0.2 条　本标准适用于工业与民用的建筑结构、构筑物及预制混凝土构件用的普通混凝土的质量控制。

第 1.0.3 条　进行混凝土质量控制的目的是使所生产的混凝土稳定地保持在所要求的质量水平。原材料的质量及其变异、生产工艺条件和各工序所用生产设备性能的变异、检验测试仪器质量的变异，以及操作人员技术素质的变异等等，均将对混凝土质量产生一定影响。因此，应通过对生产全过程各道工序的质量控制，以保证所生产的混凝土达到合格评定标准。

各生产单位为实施质量控制，应定期（月、季、年）对材料的质量检测结果（水泥强度、细骨料细度模数、骨料含泥量等）生产过程中各工序生产工艺参数、产品质量参数（混凝土搅拌时间，混凝土拌合物的稠度、水灰比及水泥含量，混凝土强度等）等进行统计，应用计量型、计数型等各种管理图表，掌握生产过程的质量动态，保持生产的稳定性，使混凝土质量处于控制状态，并遵循升级循环的方式，制订改进与提高质量的措施，使混凝土质量不断稳定提高。

施工单位、商品（预拌）混凝土厂、混凝土搅拌站或预制混凝土构件厂（场），应结合本单位的实际，配备相应的合格人员和必要的试验检验设备，建立各项规章制度，按本标准及有关标准、规范的规定，制定实施细则，进行质量检验、生产控制及合格控制，以保证生产出符合质量要求的混凝土。

第 1.0.4 条　混凝土质量控制涉及原材料、混凝土配合比、施工生产工艺、生产设备、检验试验方法及结构设计等各方面，故在进行质量控制时，除应遵守本标准规定外，还应符合有关标准的要求。

第二章　混凝土的质量要求

第一节　混凝土拌合物

混凝土的质量要求应包括混凝土拌合物的质量要求和混凝土强度、耐久性的质量要求。

第 2.1.1 条　混凝土拌合物稠度的变异，不仅反映各组成材料（特别是水和水泥）的实际用量与原设计配合比有无较大差异及搅拌质量等，且影响运输、浇筑的质量及结构、构件质量，故规定各种混凝土拌合物均应检验其稠度。

为提高混凝土的抗冻融性能或改善混凝土其他性能，在混凝土中掺入引气剂或引气型减水剂时，如果混凝土中含气量过高，将会降低混凝土强度，含气量过低又达不到预期效果，所以对这类混凝土拌合物还应检验其含气量。

水灰比、水泥含量及均匀性等指标与要求值偏差过大不仅对混凝土强度有影响，还会影响到混凝土的耐久性能，因此，根据工程的重要性及所处环境等情况，需要时还应检验水灰比、水泥含量及均匀性等。

第 2.1.2 条～第 2.1.4 条　混凝土拌合物的稠度按其检测方法分为坍落度和维勃稠度。在我国一直没有按稠度的分级标准，高等学校教材《混凝土学》中曾把混凝土拌合物按稠度划分为六类（见表2.1-1）。

1979年国际标准化协会正式颁发了国际标准《混凝土——按稠度分级》（ISO4193），其中按坍落度值大小将混凝土拌合物划分为S_1、S_2、S_3、S_4四个级别（表2.1-2），按维勃稠度大小划分为V_0、V_1、V_2、V_3四个级别(表2.1-3)。

《混凝土学》中的混凝土拌合物分类　　表 2.1-1

类别	坍落度(mm)	干硬度 (s)
特干硬度	0	大于180
干硬度	0	30～180
低流动性	10～30	15～30
流动性	50～80	15～30
大流动性	100～150	—
特流动	≥160	—

混凝土按坍落度的分级　　表 2.1-2

级别	坍落度 (mm)
S_1	10～40
S_2	50～90
S_3	100～150
S_4	≥160

混凝土按维勃稠度的分级　　表 2.1-3

级别	维勃稠度 (s)
V_0	≥31
V_1	30～21
V_2	20～11
V_3	10～5

经分析、讨论，我们认为国际标准的分级方法比较科学，每级混凝土在其工作性上都有其特色，有利于按施工条件合理选用。因此，本标准采用了国际标准的分级方法。为避免与抗渗级别所用符号相重，仅将用于表示坍落度级别的符号S改为T。并结合我国的习惯给出每一级别的名称。

混凝土拌合物坍落度的计量单位，过去标准中曾采用cm表示，根据国家标准《混凝土拌合物性能试验方法》（GBJ80）和国际标准《混凝土——按稠度分级》（ISO 4103）的规定，本标准将坍落度的计量单位改用mm表示，坍落度的检测结果精确至5mm，在分级评定时，其测值取舍至临近的10mm。

第 2.1.5 条 本条规定的坍落度和维勃稠度的允许偏差值是依据收集到的部分单位的1988～1989年的检测数据而确定的，它的统计计算结果列于表2.1-4和表2.1-5，由表可见，检测值落在本标准规定的允许偏差范围内的百分率，一般可达90%以上，经分析认为稠度波动在允许范围内，不致于过分影响混凝土拌合物的工作性，稠度允许偏差值的确定还参考了几个国家的有关标准的规定（见表2.1-6）。

第 2.1.6 条～第 2.1.7 条 掺引气剂的混凝土因含气量超过一定限度会降低混凝土强度，因此，按《混凝土外加剂应用技术规范》（GBJ119），对混凝土拌合物含气量的上限作了规定。

当对混凝土拌合物含气量的检测有要求时，其检测结果应控制在要求值的±1.5%范围内，但含气量的实测值不宜超过表2.1.6规定的限值。

第 2.1.8 条～第 2.1.9 条 在原材料质量、用量和施工条件确定的情况下，混凝土拌合物的实际水灰比的大小和水泥用量的多少，不仅是影响混凝土强度的主要因素，而且还会由于水灰比过大或水泥用量过少降低混凝土的耐久性。因

混凝土拌合物坍落度统计表　　表 2.1-4

单位	n	要求值(mm)	平均值(mm)	Δ(mm)	合格率(%)	备注
北京市第一建筑构件厂	212	10～20 (15)	13.69	—	93.4	预制构件厂内成型地点取样
				±10	100	
	125	30～50 (40)	36.94	—	94.7	
				±10	94.7	
上海市建工局某公司	53	120	116.04	±30	64.1	现场取样
	81	150	161.90	±30	95.1	搅拌站取样
北京市三间房构件厂	33	20	23	±10	100	厂内成型地点取样

混凝土拌合物维勃稠度统计表　　表 2.1-5

单位	n	要求值(s)	平均值(s)	Δ(s)	合格率(%)	备注
北京市第一建筑构件厂	203	10～30 (15)	13.85	—	98.5	厂内成型地点取样
				±4	95.6	
上海市住宅混凝土四厂	137	20	18.84	±4	100	厂内成型地点取样
上海市混凝土制品二厂	115	15～30 20	19.99	—	100	厂内成型地点取样
				±4	92.2	
北京市三间房构件厂	39	20	19.84	±4	84.6	厂内成型地点取样

各国标准中规定的坍落度允许偏差　　表 2.1-6

国　　名	规定值的范围 (mm)	允许偏差 (mm)
美　国	≤51	±13
C94—72	51～102	±25
(公称坍落度)	>102	±38
日　本	25	±10
JISA5308—	50及65	±15
1986年	80～180	±25
	>190	±15
法　国	0～40	±10
NFP18—305	50～60	±20
1981年	≥100	±30

此，对重要工程或处于恶劣环境中的结构用混凝土，宜检测其拌合物的水灰比和水泥含量，其允许偏差值应符合设计要求。

第 2.1.12 条　检查一盘中各个部位混凝土拌合物的均匀性主要是考查搅拌机是否能完成预定功能和搅拌时间控制的是否恰当的指标。其两次检测结果差值的允许界限，是根据《混凝土搅拌机技术条件》（GB9142）的规定而确定的。

第二节　混 凝 土 强 度

第 2.2.2 条～第 2.2.4 条　最近颁布的有关混凝土的规范、标准中，均将混凝土强度视为随机变量，其规律性按正态分布考虑，因此，按强度评价混凝土质量时，既看其平均值的高低，还要考虑反映强度分散程度的标准差的大小，所以要求每一个统计期中计算均值、标准差和强度不低于要求强度等级值的百分率。并据以确定混凝土生产质量水平。

第 2.2.7 条　本条规定的主要目的是对一个统计期的混凝土强度平均值规定一个合适的波动范围，既保证安全又经济合理。

在统计期内，应控制混凝土强度均值的波动范围，其下限为$f_{cu,k}+1.4\sigma$，上限为$f_{cu,k}+2.5\sigma$，这些限值是根据均值管理图的控制线确定原则并结合国情给出的。且该上限值主要是为考虑经济效益而规定的，考虑到有些单位为了充分利用生产场地或生产工艺要求等原因，对混凝土早龄期强度（如出池强度）有较高要求时，常采用提高设计要求的强度等级的办法。因此，统计期内混凝土28d强度均值将超过规定波动范围的上限值，所以本条加注说明允许这类单位统计期内均值的上限可不受此限。

第三节　混凝土耐久性

第 2.3.4 条　在混凝土中掺用氯盐对促进混凝土抗压强度的早期增长，效果显著，且氯盐价格便宜，使用方便，所以很久以来就曾在混凝土施工中，特别是在冬期施工中被广泛应用；但氯盐会导致钢筋锈蚀的问题逐渐被人们所认识，因此，在许多国家的规范、标准中，对氯盐的规定是既允许掺用又作适当限制。现就收集到的几个国家的规范中对在混凝土中氯离子总含量的允许限值列于表2.3。

本标准参考了国内外规范中规定的限值，并在通过混凝土组成材料中所含氯化物的允许限值分析的基础上给出了混凝土拌合物中氯离子总含量的限值。但由于目前尚无检测混凝土拌合物中氯离子含量的试验方法标准，而各组成材料的氯离子含量的检测方法均有标准规定，因此可根据各组成材

混凝土中氯离子(Cl^-)的最高限值　　表 2.3

国　别	美　国 ACI318—83	中国港工施工规范 JTJ 228—87	荷兰	日本JISA5308 —1986年
结构种类（及环境条件）	混凝土内可溶于水的 Cl^- 离子的最高允许值（按水泥重量的%计）	（按水泥重量的%计）	按水泥重量的%计	每 m^3 混凝土中所含氯离子量的最高允许值（以kg计）
预应力混凝土	0.06(0.06)	0.06	0.10	
钢筋混凝土（结构处在潮湿的并含有氯化物的环境之中）	0.15(0.10)	0.10		0.30当得到购买者同意时，可放宽至0.60
钢筋混凝土（结构处在潮湿的但不含氯化物的环境之中）	0.30(0.15)		0.30	
钢筋混凝土（结构处在干燥环境中，或设有防潮措施）	1.00(不限)			
素混凝土	—		2.00	—

注：美国规范规定限值，带括号的是最初制定的，ACI201.2R—77(82)，ACI212.1R—81；后经ACI318委员会与各方协商修改后的限值为括号外的数值，该值被ACI318—83规范所采纳。

料的氯离子含量通过计算求出混凝土拌合物中氯化物的总含量，以便进行质量控制。

第三章　混凝土质量的初步控制

第 3.0.1 条　为有效地进行混凝土质量控制，保证混凝土的质量符合要求，首先须控制所用各种原材料的质量及其变异，控制混凝土的配合比，为混凝土的生产控制提供有关组成材料的各种参数。故将各组成材料的质量检验与控制、混凝土配合比的确定等有关混凝土质量初步控制的内容，在本章中作了必要的规定。

第一节　组成材料的质量控制

第 3.1.1 条　规定了配制普通混凝土所用的硅酸盐水泥应分别符合现行国家标准及标准的名称，当采用其他品种水泥时，应符合国家现行有关标准的规定。

第 3.1.2 条　为保证混凝土质量符合要求，保证其耐久性，应根据混凝土工程特点和所处环境以及设计、施工的有关要求，根据不同品种水泥的性质，选用适当品种的水泥。

配制混凝土时，除应选用适当品种的水泥外，还应根据配制的混凝土的强度等级，选用适当标号的水泥，以使在既满足混凝土强度要求，符合为满足耐久性所规定的最大水灰比、最小水泥用量要求的前提下，减少水泥用量，达到技术可行经济合理。

第 3.1.3 条　考虑到生产控制的需要及目前水泥生产情况，规定了对所用水泥应检验其安定性和强度。当对水泥质量或质量证明书有疑问时，还应按国家标准有关规定检验其他性能，经检验确认合格者，方可使用。

第 3.1.4 条 为控制生产混凝土所用水泥的质量，规定了应按不同品种、标号及牌号按批分别存储在专用的仓罐或水泥库内。如发生受潮、结块等品质改变现象或出厂超过三个月（快硬硅酸盐水泥为一个月）时，使用前应复验其质量指标，并按复验结果确定使用情况。

第 3.1.5 条 普通混凝土所用骨料，应符合下列有关标准：

1.《普通混凝土用砂质量标准及检验方法》（JGJ 52）；

2.《普通混凝土用碎石或卵石质量标准及检验方法》（JGJ53）；

3.《混凝土用高炉重矿渣碎石技术条件》（YBJ205）。

第 3.1.6 条 骨料的选用，除应符合有关标准及混凝土质量要求外，还应适应混凝土的输送（如泵送）、浇筑工艺及浇筑的结构构件的截面尺寸、钢筋疏密间距等情况，以保证混凝土的施工质量，故在本条规定了粗骨料的最大粒径及细骨料的组分。

粗骨料的最大粒径应符合浇筑的结构构件截面最小尺寸及钢筋最小净距的有关规定，对于泵送混凝土，粗骨料的最大粒径还取决于输送管的内径尺寸。一般认为，当三颗粗骨料在同一截面相遇卡紧时，易使混凝土阻塞管道。设三颗大骨料粒径相同，则最大粒径D_{max}应小于输送管内径d的$\frac{1}{2.16}$，即$D_{max}<\frac{d}{2.16}$。故规定碎石的最大粒径应不大于输送管内径的1/3；考虑到卵石表面较光滑，故规定其最大粒径应不大于管径的2/5。

泵送混凝土拌合物由于砂浆较丰富，砂浆润滑管壁，并使粗骨料悬浮其中，使拌合物在泵送设备作用下沿输送管流动。因此，日本泵送混凝土施工规程中规定细骨料中通过0.3mm筛孔的组分为10～30%；美国混凝土协会（ACI）建议为20%，我国泵送混凝土的实践表明，通过0.3mm筛孔的组分小于10%时易发生阻塞。故对泵送混凝土用的细骨料要求其通过0.315mm筛孔的组分应不少于15%，通过0.16mm筛孔的组分应不少于5%。

第 3.1.7 条 正规采集场（生产厂）是指经过资源勘察试验验证，骨料质量符合国家有关标准规定，能批量生产和供应质量符合标准的骨料的生产单位。

来自正规采集场的骨料应附有质量证明书。考虑到采集场大量堆积骨料，在装卸、运输过程及堆存时造成粒级级配变异、泥土含量增大在所难免，故规定当对骨料质量或质量证明书有疑问时，应按批检验其颗粒级配、含泥量及粗骨料的针片状颗粒含量。

对无质量证明书或其他来源的骨料，因其质量未经系统检验验证，故规定应按批检验其颗粒级配、含泥量及粗骨料的针片状颗粒含量，必要时还应检验其他质量指标。

海砂中的氯盐含量较高，为控制混凝土中氯离子的总含量，故规定应按批检验海砂中的氯盐含量，以便据以计算、控制混凝土中的氯离子总量。

骨料质量的检验方法应按JGJ52、JGJ53及YBJ205等规定进行。

对含有活性二氧化硅、白云化石灰岩等可引起碱—骨料反应成分的骨料，应按有关标准的规定进行碱—骨料反应试验，经验证确认对混凝土质量无有害影响时，方可使用。

第 3.1.8 条 骨料在生产、采集、运输与存储过程中，容易混入一些影响混凝土强度、耐久性的有害物质（如方解石、煅烧白云石、石灰、煤块、煤粉、炉渣、矿渣、钢渣或其他化工原料等），各地曾有因此而造成质量事故的事例，为保证混凝土质量，故规定严禁混入影响混凝土性能的有害物质。

细骨料细度模数及粗骨料粒径、级配的变异，显著影响混凝土拌合物的和易性，为保证混凝土拌合物的质量，应按品种、规格分别堆放，不得混杂。并应在装卸及堆存时采取措施（如减小堆料高度、采用回转卸料器等），使骨料颗粒级配均匀。

第 3.1.9 条 实践证明，符合标准的生活饮用水对混凝土及混凝土中的钢筋无有害作用，故规定符合国家标准的生活饮用水可用以拌制各种混凝土。当用非符合国家标准的生活饮用水或对水质有疑问时，应按有关标准采集水样进行检验，确认合格后方可使用。

第 3.1.10 条 海水中氯离子含量较高，我国大部分港区海水的Cl^-含量高达14000～18500mg/L，远超过有关标准规定的限量，故在本条规定不得使用海水拌制钢筋混凝土和预应力混凝土。对有饰面要求的混凝土不宜用海水拌制。

第 3.1.11 条 为改善混凝土某些性能或节约水泥，混凝土中可掺入水硬性或填充性掺合料，其质量应符合有关标准的规定。当掺用尚无质量标准的掺合料时，其烧失量及有害物质含量等质量指标可参照有关标准，通过试验，确认符合混凝土质量要求时，方可使用。

第 3.1.12 条 选用的掺合料，应能达到预定改善混凝土性能或在满足改善性能前提下取代部分水泥的目的，其掺量应通过试验确定。

一般说来，掺用大量掺合料以取代部分水泥，将对混凝土强度有所影响，故应符合有关标准关于最大取代水泥量的规定。当掺用尚无标准规定最大取代水泥限量的掺合料时，应经系统试验验证，确认混凝土质量符合要求，以确定最大取代水泥量。

第 3.1.13 条 掺合料易与水泥混淆，常因管理不善，以致在运输与存储时两者混淆误用，造成混凝土质量事故。因此，对水泥与掺合料的运输罐车与贮仓应严格区分，设置明显标志，严防混淆误用，以免影响混凝土质量，甚至造成质量事故。

第 3.1.14 条 在混凝土中掺用适当品种外加剂既可改善混凝土性能，适应不同施工工艺的需求，并可节约水泥，降低生产成本，但如使用不当，或质量不佳，也将影响混凝土质量，甚至造成质量事故。为了保证混凝土具有所要求的性能，达到预期的效果，所用外加剂应是经有关部门鉴定、批准批量生产的产品，且其质量必须符合国家标准的有关规定。

第 3.1.15 条 外加剂品种较多，性能差异，选用外加剂时，应根据混凝土的性能要求、施工工艺要求及气候条件（如要求混凝土早强、抗冻、抗渗、缓凝、采用滑模施工、泵送等），结合混凝土原材料性能（如水泥矿物组成、调凝石膏的品种等）及外加剂对水泥的适应性等因素，通过试验及技术经济分析，确定其品种和掺量。

第 3.1.16 条 为了控制混凝土中的氯、硫等有害物质的含量，减缓钢筋的锈蚀和提高混凝土的耐久性，故规定选用的外加剂除应具有质量证明书说明该外加剂的性能、用途外，需要时还应检验其氯化物硫酸盐等需控制的有害物质的含量，经试验验证确认对混凝土无有害影响时，方可使用。

第 3.1.17 条 外加剂品种繁多，性能各异，对混凝土组成材料的适应性也有不同，为保证混凝土要求的性能、保证外加剂具有的性能质量，规定了在运输及存储时应分类存放，防止混杂及混入异物，不得污染，作好储运管理。

第二节 混凝土配合比的确定与控制

第 3.2.1 条 为保证所生产的混凝土的质量稳定地符合要求，为混凝土的生产控制提供有关参数，应通过设计计算和试配确定混凝土配合比。考虑到混凝土组成材料对混凝土性能波动的影响，故规定了不仅要根据组成材料的有关参数进行设计计算求得初步配合比，还应通过试配、调整，以确定实际生产用的配合比。设计计算试配的目的是使根据所定配合比生产的混凝土能符合设计要求的强度等级和耐久性以及施工工艺要求的稠度等质量指标，且能做到合理使用材料及节约水泥。

混凝土配合比的设计应按《普通混凝土配合比设计规程》（JGJ55）等有关规定进行。

设计时所用的混凝土配制强度，应考虑实际生产条件，利用近期试验数据，按《混凝土强度检验评定标准》（GBJ107）有关规定计算标准差，并确定配制强度；当无近期数据可利用时，应按有关规定选定标准差确定配制强度。所定配制强度应使实际生产的混凝土符合强度等级要求，符合GBJ107有关合格评定的规定，并符合经济合理的原则。

混凝土配合比也可根据早期推定的混凝土强度进行设计。即事先按《早期推定混凝土强度试验方法》（JGJ15）或其他有关标准的规定，建立标准养护28天强度（$f_{cu,28}$）与早期加速养护强度（$f_{cu,j}$）的关系式及$f_{cu,j}$与水灰比$\left(\frac{C}{W}\right)$的关系式，根据所定配制强度及$f_{cu,28}-f_{cu,j}$关系式求得相应的$f_{cu,j}$，再根据$f_{cu,j}-\frac{C}{W}$关系式求得相应的$\frac{C}{W}$，依此$\frac{C}{W}$进行设计，求得初步配合比，成型试件，按建立关系式时所选定的试验方法，进行加速养护，求得试件的早期强度$f_{cu,j}$，以检验验证确定配合比。

利用早期推定混凝土强度试验方法进行配合比设计可缩短配合比设计试配周期，并可充分利用水泥活性，还可为混凝土生产控制提供有关控制参数。

在施工过程中，为保证混凝土质量稳定地符合要求，不得随意改变配合比。

第 3.2.2 条 对泵送混凝土配合比，应考虑泵送的垂直和水平距离、弯头设置情况及泵送设备的技术条件等因素，确定拌合物的稠度，参照有关规定选定用水量，进行设计计算，确定配合比。其各组成材料的用量尚应符合《混凝土结构工程施工及验收规范》（GBJ204）的有关规定。

第 3.2.3 条 在按既定的混凝土配合比进行生产施工过程中，应利用根据试验数据编制的原材料质量管理图（如水泥强度的X-R管理图、砂细度模数X-R_s管理图等）、混凝土拌合物坍落度X-R_s管理图、混凝土拌合物水灰比X-R管理图及混凝土强度X-R_s-R_m管理图等进行综合分析，根据质量图的动态，对混凝土配合比进行必要的调整，以保证所生产的混凝土稳定地保持在所要求的质量水平。

第四章 混凝土质量的生产控制

第 4.0.1 条 本条明确混凝土质量的生产控制应贯穿于生产的全过程，并规定主要生产工序的范围。

第 4.0.2 条 要做好混凝土质量的生产控制，必须有组织上和制度上的保证。本条规定施工（生产）单位必须建立混凝土质量保证体系，并应制订必要的混凝土质量管理制度。

第 4.0.3 条 统计质量管理中的各种管理图表，如排列图、管理图、因果图、对策表等，实践证明是质量管理中行之有效的手段。本条规定各施工（生产）单位在生产过程中应充分利用各种管理图表对生产中取得的大量质量数据加以统计分析，随时控制和掌握生产过程的质量动态，针对生产中出现的质量问题，采取措施和对策及时解决，保证混凝土质量处于控制状态，保持生产的稳定性。

第 4.0.4 条 施工（生产）单位必须积累完整的混凝土生产的技术资料和质量检测资料，并应分类整理存档。这些资料是施工验收文件中的一个重要组成部分。

第一节 计 量

第 4.1.1 条 本条规定计量工序控制的目标。

本条所规定的混凝土组成材料按重量计量结果的允许偏差值系按《混凝土结构工程施工及验收规范》GBJ204的规定采用，还明确规定是每盘混凝土的计量结果允许偏差。

第 4.1.2 条 在每一工作班前对计量设备进行零点校核，这是开始计量前的必要步骤，目的是保证计量的准确性。

第 4.1.3 条 砂、石含水率的变化是混凝土强度产生波动的主要影响因素，生产单位必须每台班检测砂、石的含水率至少一次。当含水率有显著变化时，应增加检测次数，依据含水率的变化，及时调整用水量和砂、石用量。

第 4.1.4 条 为保证计量器具的精度，各种计量器具应按有关计量监督部门规定的制度进行定期检定。

计量器具在中修、大修后或迁移至新的地点后，在恢复使用前应检查其计量的效果。检查时可将各种材料经计量后，将材料从料斗中取出，用标准砝码或衡器对取出的材料再次计量，要求实际量出值与要求值间的差值不超过本标准表4.1.1的规定。

第二节 搅 拌

第 4.2.1 条 本条规定搅拌工序控制的目标，主要是要求拌制出的混凝土拌合物达到第2.1.12条规定的均匀性要求。

第 4.2.2 条 本条规定搅拌的最短时间，按《混凝土结构工程施工及验收规范》（GBJ204）的规定执行。本条还规定应对混凝土的搅拌时间进行抽查，每一工作班不少于1次。

第 4.2.3 条 本条是混凝土生产过程质量控制的重要条文，规定每一工作班对混凝土稠度的抽检不应少于两次，并规定对混凝土拌合物的稠度评定时应以浇筑地点的测值为准。其他项目（如含气量、水灰比、水泥含量等）是否需要抽检，视工程性质和产品类型，由设计单位或建设单位与混凝土生产单位协商解决。

一般的预制混凝土构件厂（场），其搅拌站或搅拌机距离浇筑场地较近，混凝土从出料至入模的时间一般不会超过15min，稠度变化不大，因此，为了避免重覆取样，规定对预制混凝土构件厂（场），满足本条规定的条件时，其稠度只需在搅拌地点取样检测。

第三节 运 输

第 4.3.1 条 本条规定运输工序控制的目标。

第 4.3.2 条 本条是对运送混凝土的容器和管道的基本要求。

第 4.3.3 条 本条是对混凝土运输过程的基本要求。混凝土应以最短的时间从搅拌地点运抵浇筑地点，时间过长，特别是在气温高的情况下，混凝土将失去流动性，难于操作。在《混凝土结构工程施工及验收规范》（GBJ204）的规定中，未区分采用何种运输设备，本标准根据不同的运输设备分别规定混凝土从搅拌机中卸出后到浇筑完毕的延续时间。当采用搅拌车时，其延续时间可较采用其他运输设备长些。

第 4.3.4 条 混凝土运送到浇筑地点后，应无离析和分层现象。如有，应对混凝土进行二次搅拌。

第 4.3.5 条 本条明确规定以指定的卸料地点的稠度值为设计和施工所要求的稠度值。因此，供应混凝土单位应考虑混凝土拌合物在运输过程中的稠度值的变化。

第 4.3.6 条 混凝土拌合物在极端的温度下，将会影响其稠度变化和操作性能。因此规定在高温的季节里，混凝土最高温度不宜超过35℃。在冬期施工（生产）时，混凝土的温度不宜低于5℃。

第 4.3.7 条 泵送混凝土连续工作可减少堵泵和堵管现象。为防止空气进入泵塞内产生堵泵，其受料斗内必须有足够的混凝土。泵送间歇时间过长，会引起输送管内混凝土内部组分发生变化，如生产离析、泌水、空气泡消失等影响可泵性的现象，甚至产生堵管和堵泵。经验证明，其间歇时间不宜超过15min。

第四节 浇筑前的检查

第 4.4.1 条 本条规定在浇筑混凝土前应检查和控制的项目，并规定其偏差值应符合《混凝土结构工程施工及验收规范》（GBJ204）的规定。

第 4.4.2 条 在浇筑混凝土前应对模板和隐蔽项目分别进行预检和隐检验收。预检的主要内容是对安装后模板的外形和几何尺寸进行检查。隐检的主要内容是对钢筋骨架、网片、保护层厚度、预埋铁件、插铁、螺栓、电线盒、电线管、预留孔洞等项目进行检查。预检和隐检的目的是在浇筑混凝土前发现差错，及时处理，避免混凝土硬化后无法或难以补救造成损失。

第五节 浇 筑

第 4.5.1 条 本条规定浇筑工序控制的目标。

第 4.5.2 条 混凝土拌合物运至浇筑地点后，为保证混凝土的浇筑质量，防止稠度发生变化，影响混凝土的性能，应尽快浇筑，在浇筑过程中，应观察混凝土拌合物的均匀性和稠度变化。

第 4.5.3 条 在柱、墙等竖向结构中浇筑混凝土时，如混凝土倾落自由高度过大，混凝土拌合物将发生离析现象，因此规定浇筑高度超过3m时，应采用串筒、溜管或振动溜管浇筑混凝土。

第 4.5.4 条 本条规定采用振捣器振捣混凝土时，其具体事项，应符合《混凝土结构工程施工与验收规范》（GBJ204）的规定。

第 4.5.5 条 混凝土在浇筑及静置过程中，由于混凝土拌合物的沉陷与干缩，极易在混凝土的表面和箍筋的上部产生非结构性裂缝，在炎热的夏天尤其容易出现，这些裂缝对结构的性能虽无大的影响，但影响构件的外观与降低对箍筋的保护作用。因此，必须在混凝土终凝前对构件表面进行二次或三次压光，以避免这种裂缝出现。

第 4.5.6 条 在浇筑混凝土时，应制作供各种不同用途（如构件出池、拆模、吊装、张拉放张、强度合格评定等）的混凝土试件。试件的试验结果应妥善保存，作为施工验收文件的组成部分。

第六节 养　　护

第 4.6.1 条 本条规定养护工序控制的目标。

第 4.6.2 条 混凝土养护是混凝土施工中的一个重要环节，养护的好坏直接影响混凝土的强度与质量，因此，施工（生产）单位在施工（生产）前，应对其施工（生产）对象，根据所采用的原材料以及对混凝土的性能要求，提出既切实可行而又能保证混凝土强度和质量的养护方案，并将其列为质量管理制度的内容，并应随时检查其执行情况。

第 4.6.3 条 自然养护混凝土的方法与注意事项，应按《混凝土结构工程施工及验收规范》（GBJ204）的规定进行，本条补充规定采用薄膜或养护剂养护混凝土时，应经常检查其完整情况。如果薄膜或养护剂破损，应予以补修完整。

第 4.6.4 条 本条规定蒸汽养护的测温时间。此外，为了控制混凝土因温差而产生的裂缝，本条规定混凝土降温后，混凝土表面与外界的温差不大于20℃时，方可撤除养护措施或构件出池。

第 4.6.5 条 大体积混凝土在硬化过程中，产生的水化热不易散发，会由于混凝土内外温差过大而出现裂缝，因此必须采取措施，使温差控制在设计要求以内，当设计无要求时，温差不宜超过25℃。

关于大体积混凝土的定义，针对本标准的适用范围是工业与民用建筑用普通混凝土，大体积混凝土一般指的是最小边尺寸在1m以上的结构。

第 4.6.6 条 混凝土达到一定强度后遭受冻结，开冻后的后期强度损失在5%以内时，这一强度值称为混凝土的受冻临界强度。冬期浇筑的现浇混凝土应养护至其具有受冻的临界强度后，方可撤除养护措施。关于临界强度的规定，原则上按照《混凝土结构工程施工及验收规范》（GBJ204）的规定采用。但本条规定，在任何情况下，混凝土受冻前的强度不得低于$5N/mm^2$。

第 4.6.7 条 冬期施工时，拆模和撤除保温层时，如果混凝土的温度与外界温度相差过大，将使混凝土表面产生温度应力引起的裂缝。因此，在条件允许时，应将模板多保留一段时间，或临时覆盖混凝土表面，使混凝土缓慢冷却。

中华人民共和国国家标准

建筑防腐蚀工程质量检验评定标准

Standand for inspection and evaluation of anticorrosive engineering quality of buildings

GB 50224-95

主编部门：中华人民共和国化学工业部
批准部门：中华人民共和国建设部
施行日期：1996年3月1日

关于发布国家标准《建筑防腐蚀工程质量检验评定标准》的通知

建标〔1995〕483号

根据国家计委计综合（1989）30号文的要求，由化学工业部会同有关部门共同制订的《建筑防腐蚀工程质量检验评定标准》已经有关部门会审，现批准《建筑防腐蚀工程质量检验评定标准》GB 50224-95为强制性国家标准，自一九九六年三月一日起施行。

本标准由化学工业部负责管理，具体解释等工作由化工部施工技术研究所负责，出版发行由建设部标准定额研究所负责组织。

中华人民共和国建设部
一九九五年八月二十三日

目　　次

1 总 则

1.0.1 为了统一建筑防腐蚀工程质量检验评定的方法和标准，划分工程质量等级，促进企业加强管理，确保工程质量，制定本标准。

1.0.2 本标准适用于新建、改建、扩建的建筑物和构筑物防腐蚀工程质量的检验和评定。

1.0.3 本标准主要技术指标和技术要求是根据现行国家标准《建筑防腐蚀工程施工及验收规范》GB50212－91（以下简称《施工规范》）的规定进行制定的。

1.0.4 以本标准进行检验和评定的建筑防腐蚀工程，其所用原材料、半成品和制成品的质量，应符合《施工规范》或国家现行标准中的有关规定。

2 质量检验评定的工程划分、等级、程序及组织

2.1 工 程 划 分

2.1.1 建筑防腐蚀工程质量的检验评定应按分项工程、分部工程依次进行。

2.1.2 分项工程、分部工程的划分应符合下列规定:

2.1.2.1 分项工程应按主要防腐蚀材料的种类所构成的工程进行划分，基层处理工程可单独构成分项工程。

建筑防腐蚀工程的分项工程可划分为: 基层处理工程、块材防腐蚀工程、沥青类防腐蚀工程、水玻璃类防腐蚀工程、硫磺类防腐蚀工程、树脂类防腐蚀工程、氯丁胶乳水泥砂浆防腐蚀工程、涂料类防腐蚀工程、耐酸陶管工程等。

2.1.2.2 分部工程应按能独立构成单位工程的建筑物或构筑物进行划分，其中所有的防腐蚀工程应作为一个分部工程。

2.2 等 级

2.2.1 本标准将分项工程、分部工程的质量，均分为"合格"与"优良"两个等级。

2.2.2 分项工程的质量等级应符合下列规定:

2.2.2.1 合格:

(1) 保证项目应符合相应质量检验评定标准的规定;

(2) 基本项目抽检的数量和部位应符合相应质量检验评定标准的合格规定;

(3) 在允许偏差项目的抽检数中，有 70%及其以上的实测值应在规范规定值范围内，其它点的实测值不得超过本标准规定

的相应最大偏差值。

2.2.2.2 优良：

(1) 保证项目应符合相应质量检验评定标准的规定；

(2) 基本项目抽检的数量和部位应符合相应质量检验评定标准的合格规定，其中有50%及其以上的部位应符合优良的规定；

(3) 在允许偏差项目的抽检数中，有90%及其以上的实测值应在规范规定值范围内，其它点的实测值不得超过本标准规定的相应最大偏差值。

注：① 保证项目：保证工程安全和使用功能，对工程质量有决定性影响的检验项目。

② 基本项目：保证工程安全和使用功能，对工程质量有重要影响的检验项目。

③ 允许偏差项目：在检测中允许少量检测点在本标准规定的比例范围内超差，仍可满足工程安全和使用功能的检测项目。

2.2.3 分部工程的质量等级应符合下列规定：

2.2.3.1 合格：

(1) 所含分项工程的检验评定质量应全部符合合格等级的规定；

(2) 观感质量评定的项目及标准应符合本标准附录A的规定，观感质量的评定得分率应达到70%及其以上；

(3) 质量保证资料应基本齐全。

2.2.3.2 优良：

(1) 所含分项工程的质量应全部合格，其中有50%及其以上为优良，并且主要分项工程应优良；

(2) 观感质量评定的项目及标准应符合本标准附录A的规定，观感质量的评定得分率应达到85%及其以上；

(3) 质量保证资料应齐全。

2.2.4 当分项工程质量不符合相应质量检验评定标准中的合格规定时，应及时处理，并应按下列规定确定其质量等级：

2.2.4.1 返工重做的可重新评定质量等级。

2.2.4.2 经修补后能够达到设计要求的，其质量仅可评为合格。

2.3 程序及组织

2.3.1 分项工程质量应在班组自检的基础上，由分部工程负责人组织评定，专职质量检查员核定。

分项工程质量检验评定表的统一格式应符合本标准附录B的规定。

2.3.2 分部工程质量由单位工程负责人组织评定，专职质量检查员核定。质量保证资料检查表的内容和格式宜符合本标准附录C的规定。分部工程质量综合评定表的格式应符合本标准附录D的规定。

2.3.3 总承包单位应对工程质量全面负责。当分部工程由几个单位分包施工时，各分包单位应对所承建的分项工程的质量等级按本标准的规定进行检验评定，并将评定结果及资料提交总承包单位。

2.3.4 本标准检验方法中采用的检验工具应符合本标准附录E的规定。

3 基层处理工程

3.1 一 般 规 定

3.1.1 本章适用于水泥砂浆或混凝土基层、钢结构基层和木质基层防腐蚀工程的基层处理工程的质量检验和评定。

3.1.2 在混凝土工程、钢结构工程和木结构工程的基层上进行防腐蚀工程施工时，其基层除应符合相应的现行国家标准的规定外，尚应符合《施工规范》中有关基层处理的规定。基层处理完工后应办理工序交接手续。

3.1.3 基层处理工程的检查数量应符合下列规定：

3.1.3.1 水泥砂浆或混凝土基层：当基层处理面积在 $150m^2$ 以下时，应抽查 3 处；当在 $150m^2$ 及其以上时，每增加 $50m^2$，应多抽查 1 处，不足 $50m^2$ 时，按 $50m^2$ 计；每处测点不得少于 3 个。

3.1.3.2 钢结构基层和木质基层：按构件件数抽查 10%，但不得少于 3 件，每件应抽查 3 点。

3.2 水泥砂浆或混凝土基层

3.2.1 保证项目的质量检验应符合下列规定：

3.2.1.1 基层的强度应符合设计要求和《施工规范》的规定。

检验方法：检查水泥砂浆或混凝土强度试验报告。

3.2.1.2 基层的含水率应符合设计要求或《施工规范》的规定。

检验方法：检查基层含水率试验报告。

3.2.2 基本项目的质量检验应符合下列规定：

3.2.2.1 水泥砂浆基层的质量：

合格：水泥砂浆基层与垫层应结合牢固，无明显裂缝，无起砂、起壳现象，阴阳角应符合《施工规范》的规定。

优良：水泥砂浆基层与垫层应结合牢固，平整、密实，无起砂、起壳、裂缝、麻面等现象，阴阳角应符合《施工规范》的规定。

检验方法：观察检查和敲击法检查。

3.2.2.2 混凝土基层的质量：

合格：混凝土基层应密实平整，不得有明显的蜂窝和麻面。

优良：混凝土基层应密实平整，不得有蜂窝和麻面。

检验方法：观察检查。

3.2.3 允许偏差项目的质量检验应符合下列规定：

3.2.3.1 水泥砂浆或混凝土基层表面平整度的允许偏差，《施工规范》规定值不得大于 5mm，本标准最大偏差值可为 6mm。

检验方法：用 2m 直尺和楔形塞尺检查。

3.2.3.2 水泥砂浆或混凝土基层表面的坡度应符合设计文件的规定，允许偏差为坡长的 ±0.2%，但最大偏差值不得大于 30mm。

检验方法：尺量检查。

3.3 钢结构基层

3.3.1 保证项目的质量检验应符合下列规定：

钢结构表面处理的等级应符合设计要求的规定。

检验方法：检查施工记录。

3.3.2 基本项目的质量检验应符合下列规定：

3.3.2.1 一级钢结构表面的质量：

合格：表面无可见的油脂、污垢、氧化皮、铁锈和油漆涂层等附着物。

优良：在合格的基础上，任何残留的痕迹只能是点状或条纹状的轻微色斑。

检验方法：观察检查。

3.3.2.2 二级钢结构表面的质量：

合格：表面无可见的油脂和污垢，并且没有附着不牢的氧化皮、铁锈和油漆涂层等附着物。

优良：在合格的基础上，紧附的氧化皮、点蚀锈坑或旧漆等斑点状残留物在 $10000mm^2$ 的面积内不得超过 1／3。

检验方法：观察检查。

3.4 木 质 基 层

3.4.1 保证项目的质量检验应符合下列规定：

木材的含水率和基层处理应符合设计要求和《施工规范》的规定；含水率不得大于 15%。

检验方法：检查施工记录和木材含水率试验报告。

3.4.2 基本项目的质量检验应符合下列规定：

木质基层的外观质量：

合格：表面基本平整，无油污、灰尘等污染；节疤、树脂经过处理。

优良：表面平整，无油污、灰尘等污染；节疤、树脂应经过处理且其填补木材的木纹与原木材一致。

检验方法：观察检查和检查施工记录。

4 块材防腐蚀工程

4.0.1 本章适用于块材防腐蚀工程的质量检验和评定。

4.0.2 块材防腐蚀工程的检查数量应符合本标准第 3.1.3 条的规定。

4.0.3 保证项目的质量检验应符合下列规定：

4.0.3.1 耐酸砖、耐酸陶板、铸石板、花岗石及其它条石等的品种、规格和性能应符合设计要求或《施工规范》的规定。

当进行现场抽样检测时，耐酸砖、耐酸陶板、铸石板应检查耐酸率、吸水率和热稳定性；花岗石及其它条石应检查耐酸率、吸水率、浸酸安定性和抗压强度。

检验方法：检查产品出厂合格证或复验报告。

4.0.3.2 用于铺砌块材的各种胶泥或砂浆的原材料及制成品的质量要求、配合比、配制方法及铺砌块材的要求等，应符合本标准有关章节中的条款规定。

4.0.4 基本项目的质量检验应符合下列规定：

块材结合层、灰缝的施工质量：

合格：块材结合层、灰缝应饱满密实、粘结牢固，不得有疏松、十字通缝、重叠缝和裂纹等现象。结合层厚度和灰缝宽度应符合《施工规范》的规定。

优良：在合格的基础上，灰缝均匀整齐，平整一致。

检验方法：观察、尺量和敲击法检查。

4.0.5 允许偏差项目的质量检验应符合下列规定：

4.0.5.1 坡度应符合设计要求，其允许偏差为坡长的 0.2%，但最大偏差值不得大于 30mm。

检验方法：尺量检查和泼水试验。

4.0.5.2 相邻块材高差、表面平整度的《施工规范》规定值、本标准最大偏差值和检验方法应符合表 4.0.5 的规定。

相邻块材高差、表面平整度的《施工规范》规定值、本标准最大偏差值和检验方法 表 4.0.5

项目	耐酸砖、耐酸陶板、铸石板		花岗石及其它条石块材		聚合物浸渍混凝土块材		沥青浸渍砖		检验方法
	《施工规范》规定值(mm)	最大偏差值(mm)	《施工规范》规定值(mm)	最大偏差值(mm)	《施工规范》规定值(mm)	最大偏差值(mm)	《施工规范》规定值(mm)	最大偏差值(mm)	
相邻块材高差	1.5	2.0	3.0	3.5	2.0	2.5	2.0	2.5	尺量检查
表面平整度	4.0	5.0	8.0	9.0	6.0	7.0	6.0	7.0	用 2m 直尺和楔形塞尺检查

5 沥青类防腐蚀工程

5.1 一般规定

5.1.1 本章适用于沥青稀胶泥隔离层、沥青胶泥铺砌的块材面层、沥青砂浆和沥青混凝土铺筑的防腐蚀整体面层或垫层、碎石灌沥青垫层防腐蚀工程的质量检验和评定。

5.1.2 沥青类防腐蚀工程的检查数量应符合本标准第 3.1.3 条的规定。

5.1.3 保证项目的质量检验应符合下列规定:

5.1.3.1 沥青类防腐蚀工程所用的沥青、油毡、纤维状填料、粉料、粗细骨料等原材料，应符合设计要求或《施工规范》的规定。

当进行现场抽样检测时，沥青材料应检查针入度、延度和软化点；油毡材料应检查抗拉强度、延伸率和吸水率；粉料、细骨料、粗骨料应检查耐酸率，粗骨料还应增检浸酸安定性。

检验方法：检查产品出厂合格证和复验报告。

5.1.3.2 沥青稀胶泥、沥青胶泥、沥青砂浆和沥青混凝土的配合比、配制方法应符合《施工规范》的规定。

检验方法：检查试验报告。

5.1.3.3 沥青胶泥的耐热稳定性、浸酸后质量变化率和软化点，沥青砂浆和沥青混凝土的抗压强度、饱和吸水率和浸酸安定性应符合《施工规范》的规定。

检验方法：检查试验报告。

5.1.3.4 沥青稀胶泥、沥青胶泥、沥青砂浆、沥青混凝土的熬制、搅拌和浇铺温度应符合《施工规范》的规定。

检验方法：检查施工记录。

5.2 沥青稀胶泥隔离层工程

5.2.1 基本项目的质量检验应符合下列规定:

5.2.1.1 铺贴隔离层的质量:

合格：冷底子油涂刷完整，压接顺序、搭接宽度、上下层、同一层的卷材搭接接缝应符合《施工规范》的规定。卷材粘结牢固，无气泡、无翘边，墙角处无空鼓。

当在隔离层上进行水玻璃类材料施工时，所用耐酸砂应筛选干净，撒铺均匀，粘结牢固；粒径应为2.5～5mm；其嵌入沥青胶泥的深度宜为1.5～2.5mm。

优良：在合格的基础上，冷底子油涂刷均匀，卷材展平压实，无皱折缺陷。

检验方法：观察检查和检查施工记录。

5.2.1.2 涂覆隔离层的质量:

合格：涂覆隔离层层数应符合设计要求或《施工规范》的规定。当在隔离层上进行水玻璃类材料施工时，所用耐酸砂应筛选干净，撒铺均匀，粘结牢固；粒径应为1.2～2.5mm。

优良：在合格的基础上，涂覆隔离层的厚度应符合设计要求或《施工规范》的规定。

检验方法：观察、尺量检查和检查施工记录。

5.3 沥青胶泥铺砌的块材面层

5.3.1 基本项目的质量检验应符合下列规定:

5.3.1.1 沥青胶泥铺砌块材的结合层厚度、灰缝宽度及施工质量:

合格：结合层及灰缝内的沥青胶泥应饱满密实，挤严灌满，表面平整、结合牢固。结合层厚度和灰缝宽度应符合《施工规范》的规定。

优良：在合格的基础上，灰缝均匀整洁，面层表面无沥青胶泥痕迹。

检验方法：观察、尺量和敲击法检查。

5.3.1.2 沥青胶泥铺砌的块材面层与转角处、地漏、管道、门口和设备基础等处的质量:

合格：结合严密、粘结牢固、无渗漏、无空鼓。

优良：在合格的基础上，灰缝平整、均匀、表面洁净。

检验方法：观察检查和敲击检查。

5.3.2 允许偏差项目的检验应符合本标准第4.0.5条的规定。

5.4 沥青砂浆和沥青混凝土铺筑的防腐蚀整体面层或垫层

5.4.1 基本项目的质量检验应符合下列规定:

5.4.1.1 沥青砂浆和沥青混凝土整体面层的外观质量:

合格：表面密实平整、无裂缝、无空鼓。

优良：在合格的基础上表面光洁。

检验方法：观察检查。

5.4.1.2 面层与基层的粘结质量:

合格：冷底子油涂刷完整均匀、面层与基层结合牢固、无脱层缺陷。

优良：在合格的基础上，无起鼓。

检验方法：敲击法检查。

5.4.1.3 沥青砂浆和沥青混凝土摊铺时，施工缝的留设:

合格：留槎位置正确，搭接严密。

优良：在合格的基础上，不露接槎痕迹。

检验方法：观察检查。

5.4.1.4 整体楼地面面层与转角处、地漏、门口处的质量:

合格：结合严密、粘结牢固、无渗漏、无空鼓。

优良：在合格的基础上，表面洁净、接缝平整均匀。

检验方法：观察检查和敲击法检查。

5.4.2 允许偏差项目的质量检验应符合下列规定:

5.4.2.1 地面面层的平整度和坡度的允许偏差和检验方法应符合本标准第 3.2.3 条的规定。

5.4.2.2 沥青混凝土地面平整度、构筑物预留孔、预埋管中心线位置的规定值、最大偏差值及检验方法应符合表 5.4.2 的规定。

平整度、预留孔和预埋管的规定值和最大偏差值及检验方法 **表 5.4.2**

项　目	规定值 (mm)	最大偏差值 (mm)	检 验 方 法
地面平整度	<5	6	用 2m 直尺和楔形塞尺检查
预留孔中心线位置偏差	<15	16	尺量检查
预埋管中心线位置偏差	<5	6	尺量检查

5.5 碎石灌沥青垫层

5.5.1 基本项目的质量检验应符合下列规定:

碎石灌沥青垫层的铺设:

合格: 分层铺设、拍实，沥青渗入深度应符合设计要求或《施工规范》的规定。

优良: 分层铺设、拍实，分层表面平整，沥青渗入深度应符合设计要求或《施工规范》的规定。

检验方法: 检查施工记录。

6 水玻璃类防腐蚀工程

6.1 一 般 规 定

6.1.1 本章适用于水玻璃耐酸胶泥、水玻璃耐酸砂浆（以下简称水玻璃胶泥、水玻璃砂浆）铺砌的块材面层和水玻璃耐酸混凝土及改性水玻璃耐酸混凝土（以下简称水玻璃混凝土和改性水玻璃混凝土）灌筑的整体面层、设备基础和构筑物的水玻璃类防腐蚀工程的质量检验和评定。

6.1.2 水玻璃类防腐蚀工程的检查数量应符合本标准第 3.1.3 条的规定。

6.1.3 保证项目的质量检验应符合下列规定:

6.1.3.1 水玻璃类防腐蚀工程所用的水玻璃、氟硅酸钠、粉料和粗、细骨料等原材料的质量应符合设计要求或《施工规范》的有关规定。

当进行现场抽样检测时，对水玻璃应检查其密度、模数；对氟硅酸钠应检查其纯度、含水率及细度；对粉料应检查其耐酸率、含水率及细度指标；对粗、细骨料应检查其耐酸率、含水率、含泥量和颗粒级配。

检验方法: 检查产品出厂合格证和复验报告。

6.1.3.2 水玻璃胶泥、水玻璃砂浆和水玻璃混凝土的施工配合比和配制方法应符合《施工规范》的规定。

检验方法: 检查试验报告和施工记录。

6.1.3.3 水玻璃胶泥的抗压强度和粘结强度，水玻璃砂浆的抗压强度，水玻璃混凝土的抗压强度、抗渗标号、浸酸安定性应符合《施工规范》的有关规定。

检验方法: 检查试验报告。

6.1.3.4 水玻璃类防腐蚀工程的养护和酸化处理应符合《施工规范》的有关规定。

检验方法：检查施工记录和试验报告。

6.2 水玻璃胶泥、水玻璃砂浆铺砌的块材面层

6.2.1 基本项目的质量检验应符合下列规定：

6.2.1.1 水玻璃胶泥、水玻璃砂浆铺砌块材的结合层厚度、灰缝宽度及施工质量：

合格：块材结合层的水玻璃胶泥和水玻璃砂浆应饱满密实、粘结牢固。灰缝应挤严饱满、无裂缝、无气孔。平面铺砌块材不得有滑动、立面铺砌块材高度不得有变形。灰缝宽度应符合《施工规范》的规定。

优良：在合格基础上，灰缝表面应平滑、均匀、整齐。

检验方法：结合层检查：敲击法检查；
灰缝检查：尺量检查和检查施工记录；
裂缝检查：用5～10倍放大镜检查。

6.2.1.2 水玻璃胶泥、水玻璃砂浆铺砌的块材面层与转角处、踢脚线、地漏、门口和设备基础的质量：

合格：结合严密、粘结牢固、无渗漏、无空鼓。

优良：在合格的基础上，灰缝平整、均匀、表面洁净。

检验方法：观察检查和敲击法检查。

6.2.2 允许偏差项目的检验应符合本标准第 4.0.5 条的规定。

6.3 水玻璃混凝土

6.3.1 保证项目的质量检验应符合下列规定：

水玻璃混凝土内的预埋铁件的处理应符合《施工规范》的有关规定。

检验方法：检查施工记录。

6.3.2 基本项目的质量检验应符合下列规定：

6.3.2.1 水玻璃混凝土灌筑的整体面层、设备基础和构筑物的外观质量：

合格：表面平整、密实、无明显蜂窝和麻面、裂缝等缺陷，预埋件的位置基本正确，可满足使用要求。

优良：表面平整、密实、光洁，无蜂窝和麻面、裂缝等缺陷，预埋件的位置正确。

检验方法：观察检查、用 5～10 倍放大镜检查及尺量检查。

6.3.2.2 水玻璃混凝土灌筑整体面层时的施工缝：

合格：留槎位置正确，搭接严密。

优良：留槎位置正确，按层次顺序操作，层层搭接严密。

检验方法：观察检查和检查施工记录。

6.3.3 允许偏差项目的质量检验应符合下列规定：

6.3.3.1 水玻璃混凝土灌注的整体面层的表面平整度和坡度的允许偏差和检验方法应符合本标准第 3.2.3 条的规定。

6.3.3.2 水玻璃混凝土灌筑的设备基础，构筑物的预留孔和预埋管中心位置的规定值、最大偏差值和检验方法应符合本标准表 5.4.2 的规定。

7 硫磺类防腐蚀工程

7.1 一 般 规 定

7.1.1 本章适用于硫磺胶泥、硫磺砂浆浇灌的块材面层和硫磺混凝土灌筑的整体地面、设备基础和贮槽等硫磺类防腐蚀工程的质量检验和评定。

7.1.2 硫磺类防腐蚀工程的检查数量应符合本标准第 3.1.3 条的有关规定。

7.1.3 保证项目的质量检验应符合下列规定:

7.1.3.1 硫磺类防腐蚀工程所用原材料硫磺、粉料、粗细骨料和聚硫橡胶的质量应符合设计要求或《施工规范》的规定。

当进行现场抽样检测时，对硫磺应检验其纯度、含水量和机械杂质；对粉料应检验其耐酸率、细度和含水率；对细骨料应检验耐酸率、含泥量和粒径；对粗骨料应检验耐酸率、颗粒级配和浸酸安定性；对聚硫橡胶应检验其柔软度、含水量、粘度和 pH 值。

检验方法：检查产品出厂合格证和复验报告。

7.1.3.2 硫磺胶泥、硫磺砂浆的施工配合比和熬制方法应符合《施工规范》的规定。

检验方法：观察检查浇灌的“8”字型抗拉试件，外观应无起鼓现象和颈部断面内肉眼可见小孔数不宜超过 5 个，并检查施工记录。

7.1.3.3 硫磺胶泥、硫磺砂浆的抗拉强度以及与耐酸砖的粘结强度，硫磺混凝土的抗压强度和抗折强度，应符合《施工规范》的规定。

检验方法：检查试验报告。

7.2 硫磺胶泥、硫磺砂浆浇灌的块材面层

7.2.1 保证项目的质量检验应符合下列规定:

硫磺胶泥、硫磺砂浆浇灌时的料温应符合《施工规范》的规定。

检验方法：检查施工记录。

7.2.2 基本项目的质量检验应符合下列规定:

硫磺胶泥、硫磺砂浆浇灌块材的结合层、灰缝的施工质量:

合格：结合层和灰缝内的硫磺胶泥、硫磺砂浆应饱满密实、粘结牢固，结合层的厚度及灰缝宽度应符合《施工规范》的规定。

优良：在合格的基础上，块材面层表面平整，灰缝表面烫平。

检验方法：观察检查、尺量检查和敲击法检查。

7.2.3 允许偏差项目的检验应符合本标准第 4.0.5 条的规定。

7.3 硫磺混凝土工程

7.3.1 基本项目的质量检验应符合下列规定:

硫磺混凝土的外观质量:

合格：硫磺混凝土密实、表面平整，预埋件、预留孔的位置基本正确，满足使用要求。

优良：在合格的基础上，混凝土表面烫平，预埋件、预留孔的位置正确。

检验方法：观察检查、尺量检查。

7.3.2 允许偏差项目的质量检验应符合下列规定:

硫磺混凝土地面平整度、池槽或构筑物的预留孔、预埋管中心线位置的规定值、最大偏差值和检验方法应符合本标准表 5.4.2 的规定。

8 树脂类防腐蚀工程

8.1 一 般 规 定

8.1.1 本章适用于玻璃钢整体面层或隔离层，树脂胶泥铺砌块材、勾缝与灌缝，树脂稀胶泥、树脂砂浆整体面层等防腐蚀工程的质量检验和评定。

8.1.2 树脂类防腐蚀工程的检查数量：每 $10m^2$ 抽查 1 处，每处取 3 个测点；当不足 $10m^2$ 时，按 $10m^2$ 计。

8.1.3 保证项目的质量检验应符合下列规定：

8.1.3.1 树脂类防腐蚀工程所用原材料的质量应符合设计要求或《施工规范》的规定。

当进行现场抽样检测时，各种树脂材料的检查应按《施工规范》规定的项目进行；玻璃纤维类材料应检查其品种、规格和厚度；粉料、细骨料应检查耐酸率和含水率。

检验方法：检查产品出厂合格证和复验报告。

8.1.3.2 玻璃钢胶料，铺砌块材、勾缝与灌缝用的树脂胶泥，整体面层用的树脂稀胶泥、树脂砂浆的配合比应符合《施工规范》的规定。

检验方法：检查试验报告。

8.1.3.3 玻璃钢，铺砌块材、勾缝与灌缝用的树脂胶泥，整体面层用的树脂稀胶泥、树脂砂浆的粘结强度和抗拉强度应符合《施工规范》的规定。

检验方法：检查试验报告。

8.1.3.4 树脂类防腐蚀工程在施工过程中及施工完毕后的养护时间应符合《施工规范》的规定。

检验方法：检查施工记录。

8.1.4 基本项目的质量检验应符合下列规定：

玻璃钢面层、树脂胶泥铺砌的块材面层和树脂稀胶泥、树脂砂浆整体面层与转角处、地漏、门口处、预留孔、管道出入口的质量：

合格：与面层应结合严密、粘结牢固、无渗漏、无空鼓。

优良：在合格的基础上，接缝平整，色泽均匀。

检验方法：观察检查、敲击法检查和检查隐蔽工程记录。

8.2 玻璃钢防腐蚀工程

8.2.1 基本项目的质量检验应符合下列规定：

8.2.1.1 玻璃钢防腐蚀面层或隔离层的外观质量：

合格：玻璃钢表面无纤维露出，树脂固化完全，无针孔、气泡、皱折、起壳、脱层等现象。

优良：在合格的基础上，玻璃钢胶料饱满，表面平整，色泽均匀。

检验方法：观察检查或检查隐蔽工程记录。树脂固化度应用白棉花球蘸丙酮擦拭方法检查。针孔检查，对钢基层上的玻璃钢应用电火花探测器检查。

8.2.1.2 玻璃钢的层数和厚度：

合格：玻璃钢用玻璃布的规格和层数，应符合设计规定。玻璃钢厚度小于设计规定厚度的测点数，不得大于 10%，测点处实测厚度不得小于设计规定厚度的 90%。

优良：玻璃钢用玻璃布的规格和层数，应符合设计规定。玻璃钢内的树脂胶料饱满，全部测点的厚度不应小于设计规定的厚度。

检验方法：检查施工记录和测厚样板。对钢基层上的玻璃钢层厚度，应用磁性测厚仪检测。对水泥砂浆或混凝土基层上的玻璃钢层厚度，应用磁性测厚仪检测在钢基层上做的测厚样板。

8.2.2 玻璃钢防腐蚀楼、地面的表面平整度和坡度允许偏差项目的检验应符合本标准第 3.2.3 条的规定。

8.3 树脂胶泥铺砌块材、勾缝与灌缝防腐蚀工程

8.3.1 基本项目的质量检验应符合下列规定:

8.3.1.1 树脂胶泥铺砌块材的结合层、灰缝的施工质量:

合格: 结合层和灰缝内的树脂胶泥应饱满密实，固化完全，粘结牢固，砖板与基层间无明显脱层缺陷，结合层厚度和灰缝宽度应符合《施工规范》的规定。

优良: 在合格基础上，砖板与基层间无脱层缺陷。

检验方法: 观察检查、尺量检查和敲击法检查。树脂固化度应用白棉花球蘸丙酮擦拭方法检查。

8.3.1.2 用树脂胶泥勾缝和稀胶泥灌缝的防腐蚀工程:

合格: 勾缝深度应符合《施工规范》的规定。缝内树脂胶泥应饱满密实，固化完全，与砖板粘结牢固，表面无裂缝。

优良: 在合格基础上，表面平滑整洁。

检验方法: 观察检查和尺量检查。

8.3.2 允许偏差项目的检验应符合本标准第 4.0.5 条的规定。

8.4 树脂稀胶泥、树脂砂浆整体面层防腐蚀工程

8.4.1 基本项目的质量检验应符合下列规定:

8.4.1.1 面层与基层的粘结质量:

合格: 面层与基层粘结牢固，无起壳、无脱层。

优良: 在合格基础上，表面平整。

检验方法: 观察和敲击法检查。

8.4.1.2 树脂稀胶泥或树脂砂浆整体防腐蚀面层的外观质量:

合格: 树脂稀胶泥或树脂砂浆表面平整，树脂固化完全，无针孔、气泡等缺陷。

优良: 在合格基础上，稀胶泥和砂浆的色泽均匀。

检验方法: 观察检查。树脂固化度应用白棉花球蘸丙酮擦拭方法检查。针孔检查，对钢基层上的玻璃钢应用电火花探测器检查。

8.4.1.3 树脂稀胶泥和树脂砂浆防腐蚀面层的厚度:

合格: 小于设计规定厚度的测点数，不得大于 10%，其测点厚度不得小于设计规定厚度的 90%。

优良: 全部测点的厚度，不应小于设计规定的厚度。

检验方法: 检查施工记录和测厚样板。对钢基层上的玻璃钢层厚度，应用磁性测厚仪检测。对水泥砂浆或混凝土基层上的玻璃钢层厚度，应用磁性测厚仪检测在钢基层上做的测厚样板。

8.4.2 树脂稀胶泥或树脂砂浆楼、地面防腐蚀工程的表面平整度和坡度允许偏差项目的检验应符合本标准第 3.2.3 条的规定。

9 氯丁胶乳水泥砂浆防腐蚀工程

9.0.1 本章适用于用氯丁胶乳水泥砂浆在混凝土、砖石结构或钢结构表面上铺抹的整体面层和铺砌的耐酸砖和耐酸陶板的块材面层防腐蚀工程的质量检验和评定。

9.0.2 氯丁胶乳水泥砂浆防腐蚀工程的检查数量应符合本标准第 3.1.3 条的规定。

9.0.3 保证项目的质量检验应符合下列规定：

9.0.3.1 氯丁胶乳水泥砂浆防腐蚀工程所用原材料氯丁胶乳、水泥、细骨料、复合助剂的质量应符合《施工规范》的有关规定。

当进行现场抽样检测时，对氯丁胶乳应检查总固物含量、粘度、表面张力和密度，对水泥应检查其标号，对细骨料应检查颗粒级配、含泥量、云母含量和硫化物含量。

检验方法：检查产品出厂合格证和复验报告。

9.0.3.2 氯丁胶乳水泥砂浆的配合比、配制方法及养护应符合《施工规范》的规定。

检验方法：检查试验报告和施工记录。

9.0.3.3 氯丁胶乳水泥砂浆制成品的抗压强度、抗折强度和粘结强度应符合《施工规范》的规定。

检验方法：检查试验报告。

9.0.4 基本项目的质量检验应符合下列规定：

9.0.4.1 氯丁胶乳水泥砂浆铺抹的整体面层的外观质量：

合格：表面平整、无明显裂缝、无脱皮、无起砂。

优良：表面平整、密实、洁净、无裂缝、无麻面、无起砂。

检验方法：观察检查和用 5～10 倍放大镜检查。

9.0.4.2 氯丁胶乳水泥砂浆铺砌的块材面层的外观质量：

合格：应符合本标准第 4.0.4 条中的“合格”的规定。

优良：应符合本标准第 4.0.4 条中的“优良”的规定。

检验方法：观察检查、用 5～10 倍放大镜检查和敲击法检查。

9.0.5 允许偏差项目的质量检验应符合下列规定：

9.0.5.1 氯丁胶乳水泥砂浆整体面层的表面平整度、坡度的允许偏差和检验方法应符合本标准第 3.2.3 条的规定。

9.0.5.2 氯丁胶乳水泥砂浆块材面层的平整度、坡度的允许偏差和检验方法应符合本标准第 4.0.5 条的规定。

10 涂料类防腐蚀工程

10.0.1 本章适用于钢、木、水泥砂浆或混凝土基层表面的涂料类防腐蚀工程的质量检验和评定。

10.0.2 涂料类防腐蚀工程的检查数量应符合本标准第 3.1.3 条的规定。

10.0.3 保证项目的质量检验应符合下列规定:

10.0.3.1 涂料类防腐蚀工程的基层表面处理应符合设计要求，并应符合下列规定:

(1) 钢结构基层表面处理的质量应符合本标准第 3.3.2.1 款的规定。

(2) 水泥砂浆、混凝土基层表面处理的质量应符合本标准第 3.2 节的规定。

(3) 木质基层表面处理的质量应符合本标准第 3.4 节的规定。

检验方法: 检查施工记录。

10.0.3.2 涂料类防腐蚀工程的涂料品种和质量应符合设计要求或《施工规范》的有关规定。

当进行现场抽样检测时，应检查其涂料颜色、外观、粘度、细度、干燥时间和附着力。

检验方法: 检查产品出厂合格证和复验报告。

10.0.3.3 涂料类防腐蚀工程的涂料配合比、配制方法和涂刷间隔时间应符合《施工规范》的规定。

检验方法: 检查施工记录。

10.0.3.4 涂料类防腐蚀工程的涂层质量应符合《施工规范》的规定，涂层应附着牢固，无脱皮、裂纹、起泡、返锈和漏刷等缺陷。

检验方法: 观察检查。

10.0.4 基本项目的质量检验应符合下列规定:

10.0.4.1 涂料类防腐蚀工程的外观质量:

合格: 涂层表面应平整，无流挂、起皱、露底等缺陷。

优良: 在合格基础上，涂层色泽应均匀、光洁。

检验方法: 观察检查。

10.0.4.2 涂料类防腐蚀工程的涂刷层数和厚度:

合格: 涂层的层数和厚度应符合设计规定。涂层厚度小于设计规定厚度的测点数，不应大于 10%，并且测点处实测厚度不应小于设计规定厚度的 90%。

优良: 涂层的层数和厚度应符合设计规定，任何部位的厚度都不应小于设计规定的厚度。

检验方法: 检查施工记录和测厚样板。对钢基层上的涂层厚度应用磁性测厚仪检查。

10.0.4.3 涂料类防腐蚀工程的修补:

合格: 损坏的涂层应按涂漆工艺分层修补，修补后的涂层应完整一致，附着良好。

优良: 在合格的基础上，涂层色泽应均匀一致。

检验方法: 观察检查。

11 耐酸陶管工程

11.0.1 本章适用于用沥青胶泥、硫磺砂浆、环氧树脂胶泥和水玻璃胶泥作为接口材料的耐酸陶管工程的质量检验和评定。

11.0.2 耐酸陶管工程的检查数量，按陶管接口抽查 10%，但不得少于 3 个，每个接口检查 3 处。

11.0.3 陶管接口用胶泥和砂浆的质量要求及配制应符合本标准有关章节的规定。

11.0.4 保证项目的质量检验应符合下列规定：

11.0.4.1 耐酸陶管的质量应符合《施工规范》的规定。

当进行现场抽样检测时，应检验陶管的外观质量、尺寸与公差、耐酸性能、吸水率、抗压强度和水压抗渗性能。

检验方法：检查产品出厂合格证和复验报告。

11.0.4.2 陶管工程的地基基础的质量和陶管工程的坡度应符合设计要求或《施工规范》的规定。

检验方法：检查工序交接和施工记录。

11.0.4.3 陶管接口的养护和酸化处理应符合《施工规范》的规定。

检验方法：检查施工记录。

11.0.4.4 耐酸陶管工程的检漏试验应符合《施工规范》的规定。

检验方法：充水检查或检查陶管工程接口检漏试验报告。

11.0.5 基本项目的质量检验应符合下列规定：

11.0.5.1 陶管工程的外观质量：

合格：承插式陶管的接口方向应符合《施工规范》的规定，陶管接口处胶泥填充密实、饱满。

优良：在合格的基础上，环缝宽度均匀，接口平整光滑。

检验方法：观察检查、敲击法检查、尺量检查和检查施工记录。

11.0.5.2 陶管工程回填土的质量：

合格：管道两侧及顶部 300mm 以内的回填土中不得含有砖石、冻土等硬块，分层夯实。

优良：在合格的基础上，施工记录完整。

检验方法：检查施工记录。

11.0.6 允许偏差项目的质量检验应符合下列规定：

耐酸陶管工程的轴线偏差、标高偏差和检验方法应符合表 11.0.6 的规定。

耐酸陶管工程的轴线偏差、标高偏差的规定值、最大偏差值和检验方法　　表 11.0.6

项　目	规定值 (mm)	最大偏差值 (mm)	检验方法
轴线偏差	＜20	＜25	用经纬仪和尺量检查
标高偏差	＜10	＜12	用水准仪和尺量检查

附录A 观感质量的评定

A.0.1 建筑防腐蚀工程施工完毕后，应进行观感质量的评定，评定的项目和格式应符合表A.0.1的规定。

A.0.2 观感质量评定项目的检查数量应符合本标准第3.1.3条的规定。

A.0.3 评分等级标准：抽查或全部检查的处或件，均符合相应质量检验评定标准合格规定的项目，评为四级；其中有20%～49%的处或件，达到本标准优良规定者，评为三级；有50%～84%的处或件，达到本标准优良规定者，评为二级；有85%及其以上的处或件，达到本标准优良规定者，评为一级。有不符合本标准合格规定的处或件者，评为五级，并应返工处理。

A.0.4 观感评分评定时，应由3人以上共同评定。

A.0.5 得分率可按下式计算：

$$得分率=\frac{实得分之和}{标准分之和}\times 100\%$$

观感质量评定表 表A.0.1

序号	项目名称	标准分	评定标准					备注
			一级 100%	二级 90%	三级 80%	四级 70%	五级 0	
1	屋架	5						
2	墙	10						
3	梁	8						

续表A.0.1

序号	项目名称	标准分	评定标准					备注
			一级 100%	二级 90%	三级 80%	四级 70%	五级 0	
4	柱	8						
5	地面及楼地面	10						
6	屋面板及楼板	8						
7	地漏	3						
8	踢脚线	2						
9	设备基础	10						
10	支架	3						
11	槽、池、塔	10						
12	地沟	5						
13	框架平台	5						
14	烟囱	10						
15	烟道	2						
16	陶管接口	10						
17	窨井	5						
18	散水坡	5						
19	设备管道支架	5						

附录 B 分项工程质量检验评定表

工程名称: 部位:

<table>
<tr><td rowspan="5">保证项目</td><td colspan="2">项目</td><td colspan="11">质量情况</td></tr>
<tr><td>1</td><td></td><td colspan="11"></td></tr>
<tr><td>2</td><td></td><td colspan="11"></td></tr>
<tr><td>3</td><td></td><td colspan="11"></td></tr>
<tr><td></td><td></td><td colspan="11"></td></tr>
<tr><td rowspan="5">基本项目</td><td colspan="2">项目</td><td colspan="9">质量情况</td><td colspan="2">等级</td></tr>
<tr><td>1</td><td></td><td colspan="9"></td><td colspan="2"></td></tr>
<tr><td>2</td><td></td><td colspan="9"></td><td colspan="2"></td></tr>
<tr><td>3</td><td></td><td colspan="9"></td><td colspan="2"></td></tr>
<tr><td></td><td></td><td colspan="9"></td><td colspan="2"></td></tr>
<tr><td rowspan="6">允许偏差项目</td><td colspan="2" rowspan="2">项目</td><td rowspan="2">允许偏差(mm)</td><td colspan="10">实测值(mm)</td></tr>
<tr><td>1</td><td>2</td><td>3</td><td>4</td><td>5</td><td>6</td><td>7</td><td>8</td><td>9</td><td>10</td></tr>
<tr><td>1</td><td></td><td></td><td></td><td></td><td></td><td></td><td></td><td></td><td></td><td></td><td></td><td></td></tr>
<tr><td>2</td><td></td><td></td><td></td><td></td><td></td><td></td><td></td><td></td><td></td><td></td><td></td><td></td></tr>
<tr><td>3</td><td></td><td></td><td></td><td></td><td></td><td></td><td></td><td></td><td></td><td></td><td></td><td></td></tr>
<tr><td></td><td></td><td></td><td></td><td></td><td></td><td></td><td></td><td></td><td></td><td></td><td></td><td></td></tr>
<tr><td rowspan="3">检查结果</td><td colspan="2">保证项目</td><td colspan="11"></td></tr>
<tr><td colspan="2">基本项目</td><td colspan="11">检查 项，其中优良 项，优良率 %</td></tr>
<tr><td colspan="2">允许偏差项目</td><td colspan="11">实测 点，其中合格 点，合格率 %</td></tr>
<tr><td rowspan="2">评定等级</td><td colspan="4">分部工程负责人</td><td colspan="2">核定</td><td colspan="7"></td></tr>
<tr><td colspan="4">班 组 长</td><td colspan="2">等级</td><td colspan="7">专职质量检查员:</td></tr>
</table>

年 月 日

附录 C 质量保证资料检查表

分部工程名称

序号	项目名称	份数	检查情况
1	主要原材料出厂合格证或复验报告		
2	施工记录		
3	中间交接检验记录		
4	验评标准中规定的试验记录、观测记录		
5	隐蔽工程记录		
6	质量事故处理记录		
7	设计变更文件		
检查结果		单位工程技术负责人:	年 月 日

附录D　分部工程质量综合评定表

单位工程名称:　　　　　　　　分部工程名称:

<table>
<tr><th>项次</th><th>序号</th><th>分项工程名称</th><th>项数</th><th>其中优良数</th><th>备注</th></tr>
<tr><td rowspan="7">一</td><td>1</td><td></td><td></td><td></td><td></td></tr>
<tr><td>2</td><td></td><td></td><td></td><td></td></tr>
<tr><td>3</td><td></td><td></td><td></td><td></td></tr>
<tr><td>4</td><td></td><td></td><td></td><td></td></tr>
<tr><td>5</td><td></td><td></td><td></td><td></td></tr>
<tr><td></td><td></td><td></td><td></td><td></td></tr>
<tr><td>合计</td><td></td><td></td><td></td><td>优良率　%</td></tr>
<tr><td>二</td><td colspan="2">观感质量评定</td><td colspan="3">应得　分
实得　分
得分率　%</td></tr>
<tr><td>三</td><td colspan="5">质量保证资料检查</td></tr>
<tr><td></td><td>评定等级</td><td colspan="2">分部工程负责人:
单位工程负责人:</td><td>核定等级</td><td>质量检查部门核定人:</td></tr>
</table>

年　月　日

附录E　检 验 工 具

序号	名　　称	规 格 型 号
1	钢卷尺	2m，3m
2	钢板尺	150mm，300mm
3	游标卡尺	精度 1／10mm
4	深度尺	精度 1／10mm
5	楔形塞尺	150mm
6	水平仪	150mm
7	坡度尺	自制
8	角度尺	1／10°
9	直尺	1m，2m
10	放大镜	5倍，10倍
11	线锤	0.10～0.15kg
12	小锤	0.25kg
13	秒表	1／10s
14	磁性测厚仪	0～1200μm
15	温度计	0～100℃，0～200℃，0～300℃
16	湿度计	
17	粘度计	涂-4型
18	电火花探测器	0～25kV

续表

序号	名　　称	规 格 型 号
19	弹簧秤	50～100N
20	钢针	ϕ 2～3mm，L150～200mm
21	尼龙绳	ϕ 0.5mm
22	钢丝绳	ϕ 0.3mm
23	手电筒	4.5V
24	回弹仪	HX 型
25	点温度计	−30～300℃
26	水准仪	S−3 型
27	经纬仪	J−6 型

附录 F　本标准用词说明

F.0.1　为便于在执行本标准条文时区别对待，对要求严格程度不同的用词说明如下：

(1) 表示很严格，非这样做不可的：

正面词采用“必须”；

反面词采用“严禁”。

(2) 表示严格，在正常情况下均应这样做的；

正面词采用“应”；

反面词采用“不应”或“不得”。

(3) 表示允许稍有选择，在条件许可时首先应这样做的：

正面词采用“宜”或“可”；

反面词采用“不宜”。

F.0.2　条文中指定应按其它有关标准、规范执行时，写法为“应符合……的规定”或“应按……执行”。

附加说明

本标准主编单位、参加单位和主要起草人名单

主 编 单 位：化工部施工标准化管理中心站

参 加 单 位：冶金部建筑研究总院
航空工业部第四规划设计研究院
兰州化学工业公司建设公司
中国化学工程第二建设公司

主要起草人：张同兴　徐兰洲　杨路钧　孔德英　卢　天
汪家塘　冯诒云　霍永志

中华人民共和国国家标准

建筑防腐蚀工程质量检验评定标准

GB 50224–95

条 文 说 明

制 订 说 明

本标准是根据国家计委（1989）30号文的要求，由化学工业部负责主编，具体由化工部施工标准化管理中心站会同冶金部建筑研究总院、中国化学工程第二建设公司、兰州化学工业公司建设公司、航空工业部第四规划设计研究院等单位共同编制而成，经建设部1995年8月23日以建标〔1995〕483号文批准，并会同国家技术监督局联合发布。

在本标准的编制过程中，编制组进行了广泛的调查研究，认真总结我国建筑防腐蚀工程质量检验的实际经验，并广泛征求了全国有关单位的意见。最后由我部会同有关部门审查定稿。

鉴于本标准系初次编制，在执行过程中，希望各单位结合工程实际和科学研究，认真总结经验，注意积累资料，如发现需要修改和补充之处，请将意见和有关资料寄交化工部施工标准化管理中心站（石家庄市槐中中路，邮政编码050021），并抄送化学工业部建设协调司，以供今后修订时参考。

目　次

1 总　　则

1.0.1 国民经济的各部门中腐蚀发生的现象很为普遍，尤其是化工、冶金、轻工、机械等工业部门的生产中，大量存在着气态介质、腐蚀性水、酸碱盐溶液、固态介质等腐蚀性介质，这些介质对建筑物、构筑物的腐蚀破坏严重。腐蚀不仅造成经济上的重大损失和材料的浪费，而且带来频繁的维护检修，影响生产的连续性、威胁生产安全。因而，必须采取防腐蚀措施。措施的有效性，关键在于工程质量。

而对于工程质量的检验与评定，需要有一个统一的标准。制定并实施此标准，也是促进企业管理的重要环节，从而保证工程质量达到合格或优良。工程质量等级的评定，也是衡量该工程施工执行相应施工规范情况的尺度，也能促使工程施工严格按规范要求进行，对确保工程质量同样将起到重要促进作用。

由于我国当前防腐蚀工程施工队伍的素质和施工技术水平的差异，使防腐蚀工程施工质量存在不少问题、留下不少隐患。同时还存在防腐蚀工程技术简单、谁都能干等不正确的认识。基于此种情况，必须要提高对防腐蚀工程质量的重视程度，并不断完善科学管理手段，本标准的制定和贯彻执行也将对此具有十分重要的意义。

1.0.2 本标准的适用范围与国家标准《建筑防腐蚀工程施工及验收规范》（GB50212−91）（以下简称《施工规范》）是一致的。一项防腐蚀工程无论新建、改建、扩建，一旦技术设计中确定了防腐蚀材料和技术要求，工程施工又按《施工规范》中的技术规定进行，其耐腐蚀的效果是具有共性的。本质量检验评定的方法和标准对这些工程都是适用的。也就是说，各行业新建、改建、扩建的建筑物和构筑物防腐蚀工程，都应按本标准的要求进行质量检验评定。

1.0.3 本标准和《施工规范》是配套使用的。施工及验收规范是对操作行为的规定，是使工程质量达到一定质量指标的保证。本标准是作为建筑防腐蚀分项工程、分部工程质量检验和质量评定的依据，是确保《施工规范》有效实施的方法标准，是对检验评定工程质量等级所规定的评定规则。本标准中主要质量指标是根据《施工规范》和相关国家现行标准进行制定的，同时本标准又是贯彻执行《施工规范》效果的评价。

1.0.4 建筑防腐蚀工程的质量如何，其所用的原材料、半成品和制成品的质量是一个重要的基础条件，本条的规定强调了这一点。腐蚀性介质对材料的腐蚀作用，与介质的性质、浓度、温度以及作用情况都有密切关系。各种材料在上述不同条件的作用下，其耐腐蚀性能也不同。设计在选材中已充分考虑了诸多因素。《施工规范》是对那些带有普遍性的问题及结合现场条件对可能出现的施工程序问题、施工要点及环节的质量要求作出的规定，如在《施工规范》中对材料质量的要求、施工配合比、固化时间等都作出了规定，也是对工程质量得到保证的又一重要环节。《施工规范》与工程设计都是科学技术和工程实践经验的总结，它们都是进行工程施工的指令性文件。

本条的规定，对当前产品质量存在问题较多的现状具有较强的针对性，执行本条的规定，将避免工程用料以次充好，保证工程质量。

2 质量检验评定的工程划分、等级、程序及组织

2.1 工程划分

2.1.1 在工程质量的检验评定过程中，是按分项工程、分部工程和单位工程逐次进行的，根据调查研究的结果来看，防腐蚀工程自身是不能构成单位工程的；故把建筑防腐蚀工程划分为分项工程和分部工程进行质量检验与评定。

2.1.2 建筑防腐蚀工程中，分项工程的划分主要是根据防腐蚀材料的类别进行的，如块材防腐蚀工程、水玻璃类防腐蚀工程、树脂类防腐蚀工程等分别构成一分项工程，因为同一类别的材料所构成的工程，进行质量检验评定，便于比较，标准易掌握的得当，并且在《施工规范》中，其章的划分也是按几种主要的防腐蚀材料种类进行的，这样本标准和《施工规范》在内容的编排上也有较好的对应关系，便于使用；另外基层处理作为一个施工程序，单独划分为一个分项工程，这是因为不管用何种材料施工，基层处理工程都是一共性的必要程序，是各类材料进行防腐蚀施工的基础，并且基层处理在施工过程中占有重要的地位，它的质量优劣直接影响着防腐蚀工程质量的好坏，另外基层处理在《施工规范》中也是作为单独的一章设置的。总的来说，本标准中分项工程的划分和《施工规范》中章的划分是协调的。

分部工程是按专业划分的，建筑防腐蚀工程作为一个专业也构成一个分部工程，以其质量检验评定的结果参加所在单位工程的质量验评。

2.2 等级

2.2.1 国家标准《建筑安装工程质量检验评定统一标准》和《工业安装工程质量检验评定统一标准》中都把分项、分部工程质量检验评定分为“合格”与“优良”两个等级，本标准与其规定一致，也将分项工程和分部工程质量检验评定分为两个等级，即“合格”与“优良”。

2.2.2 本条规定了分项工程“合格”和“优良”两级的标准，并将检验项目分为保证项目、基本项目和允许偏差项目三部分。

保证项目是对工程质量和工程安全具有决定性影响的检验项目。不管质量等级评为合格或优良，都应全部满足该项目中规定指标的要求。例如基层的强度、原材料的质量、各类材料防腐蚀工程的施工配合比等都为保证项目。这类项目是合格工程和优良工程都应达到的质量要求，这些质量要求将直接影响防腐蚀工程投入使用后的技术经济效果和安全性能。

基本项目是保证工程质量和工程安全的基本检验项目。基本项目的指标分为“合格”和“优良”两级，并以此作为所在分项工程分级的条件之一，分项工程检验时，各检验部位均应符合“合格”的规定，对于评为优良的分项工程，尚应有一定数量的部位达到“优良”标准。

基本项目对工程质量、工程安全和使用功能都有重要影响，在分项工程的质量评定中仍居主要地位。在质量检验评定时，每个项目中抽查的部位都应达到合格等级标准，该项目方为合格；在合格的基础上，有50%及以上抽检的数量和部位达到优良等级标准，该项目方为优良。之后，对已经评定了质量等级的检验项目进行统计计算，在各检验项目质量均达到合格，并有50%及以上项数的质量达到优良，则该分项工程的基本项目质量评为优良。若有一个抽检的部位质量达不到合格标准，这个项目即为不合格，它所在的分项工程也不能评为合格。50%比例数数值

的确定是和国家标准《建筑安装工程质量检验评定统一标准》的规定相一致的。

允许偏差项目是分项工程实测检验中规定有允许偏差范围的项目。检验后允许有少量抽检点的实测结果略超过允许偏差范围，并以其所占的比例作为区分分项工程“合格”和“优良”等级的条件之一。对于合格规定，允许有 30%的点超过允许偏差范围，优良标准也允许有 10%的点超过允许偏差范围，但这些点不能无限制的超差，即对于超差有一个最高限值，也就是本标准中所规定的最大偏差值，用以限制超差的范围。例如玻璃钢防腐蚀地面的平整度是一个允许偏差项目，若有 100m^2 地面，按规定抽检 10 处共 30 个测点，若有 4 至 9 个测点实测结果超过允许偏差范围（5mm）但不大于最大偏差值（6mm），这个项目的质量即为合格；若有 3 个及以下的测点实测结果大于 5mm 但小于 6mm，该项目质量即为优良。9 个以上的测点实测结果大于 5mm，该项目质量即为不合格。

列入允许偏差项目的检验项目，必须是在规定比例的点的实测值超出允许偏差范围后，不致于影响工程质量、工程安全和使用功能的项目。

2.2.3 本条规定了分部工程质量等级的标准。分项工程均须各自独立参加所在分部工程的质量评定，并规定了分部工程“合格”、“优良”两个等级标准条件，同时规定了优良分部工程中其指定的主要分项工程必须优良，主要分项工程是指对所在的分部工程质量有重要影响的分项工程。分部工程质量等级评定中纳入了反映工程结构及性能质量的质量保证资料核查和观感质量评定的内容，目的是对工程整体结构技术性能进行系统核查、综合评定。

本标准附录 C 中列出了质量保证资料的内容，并不是每个工程都必须全部具备的，对分项工程来说，没有把质量保证资料情况列为划分等级标准的条件，而对于分部工程，是作为防腐蚀这一专业工程质量的综合评定，全面进行资料检验，防止局部错漏，从而加强对工程质量控制的检查。对分部工程而言，其主要分项工程所要求资料应齐全，其它分项工程可稍有差欠，即为基本齐全。

2.2.4 对于修补后能够达到设计要求的分项工程，之所以其质量仅能评为合格，是因为经修补后可能会造成工程外形尺寸的改变或外观质量的缺陷。外形尺寸的改变，会使原设计尺寸有所变化，相应也会增加了材料用量；外观质量的缺陷，会直接影响观感质量得分率，使得分率大大降低。

2.3 程序及组织

2.3.1 本条体现了“谁施工谁负责工程质量”的原则，突出了工程质量要从基层抓起的观点，质量检验评定首先是班组在施工过程中的自我检查，边操作边检查，使质量得到保证；同时也明确了分项工程质量检查的负责部门和人员。由于各部门施工企业组织机构的建制不同，有的单位的二级机构为工程处，下设施工队；有的二级机构则是工区，等等。但不管情况如何，分项工程的质量等级不能由其施工班组自我评定，而应由分部工程负责人组织评定，便于掌握所属各分项工程的等级标准。专职质量检查员核定等级，是质量部门代表企业验收工程质量，也起到了督促检查的作用。

2.3.2 本条规定了分部工程质量由其所在的单位工程负责人组织评定，督促单位工程负责人加强施工过程中的质量管理，利于统一所属各分项工程检验评定的尺度。像分项工程质量检验评定一样，对分部工程也规定了由质量检查部门核定人核定质量等级。

2.3.3 根据政府的有关行政法规（如工程承包合同的编制规定等）和当前的工程质量管理情况，规定了总包单位对工程质量应全面负责，分包单位应对总包单位负责；同时按照谁施工谁负责施工质量的原则，分包单位应负责自己施工的工程质量，并按本标准检验评定所承建工程的质量等级，自己要把关；同时接受总包单位的检查。

优良的工程质量是优质的材料、精心施工和科学管理等综合水平的体现，施工人员要提高质量意识，管理人员要增强质量观念，并严格执行标准规范和遵守工程承包合同规定，从自己的工作做起。本条规定也体现了层层把关，各负其责。

3 基层处理工程

3.1 一般规定

3.1.1 水泥砂浆或混凝土基层一般包括工业厂房的楼地面、钢筋混凝土柱、梁、板、基础和贮槽、贮罐构筑物等；钢结构基层一般指钢支架、吊车梁、钢柱、梁、屋架、梯子、栏杆及连接构架的基层等；木质基层一般包括木结构及木门窗等的基层。

3.1.2 本条对需要进行防腐蚀处理的水泥砂浆、混凝土、钢结构及木质基层的质量标准作了规定，水泥砂浆或混凝土基层应符合现行国家标准《钢筋混凝土工程施工及验收规范》和《地面与楼面工程施工及验收规范》的规定；钢结构基层应符合《钢结构工程施工及验收规范》的规定；木质基层应符合《木结构工程施工及验收规范》和《装饰工程施工及验收规范》的规定。除此之外，其质量还必须符合《施工规范》中从防腐蚀工程的角度对基层质量的有关要求，如混凝土强度、阴阳角、坡度、节疤等。基层处理工程是隐蔽工程，又是主要分项工程，故本条规定了在基层处理完工后必须办理工序交接手续。

3.1.3 建筑防腐蚀工程的检查数量，以前没有统一规定，国家标准《建筑安装工程质量检验评定统一标准》中对屋面及楼地面的涂料工程及屋面保温工程的规定检查数量为：每 $100m^2$ 检查1处；钢结构油漆工程，按构件件数抽查10%；木门窗安装，按规格和类型抽查5%，考虑到建筑防腐蚀工程的施工量一般少于建筑工程，且经常处于腐蚀介质或腐蚀环境中，应有更严格要求，经编制组商定，并征求有关部门意见，对水泥砂浆或混凝土基层规定为：$150m^2$ 以下，应抽查3处；当在 $150m^2$ 及其以上时，每增加 $50m^2$，多抽查1处，不足 $50m^2$ 按 $50m^2$ 计，每处测点不得少于3个；构件抽查10%，不得少于3件。另外检查处（点）的分布应均衡，有代表性，如包括中心部位、地漏、转角处等。实际检测时，检查数量可按下列方式计算：

(1) 当基层面积在150m^2及其以下时，应抽查3处；

(2) 当基层面积在150m^2以上时，按下式计算：

$$检查数量=\frac{防腐蚀工程施工面积\ (m^2)}{50\ (m^2)}$$

当计算结果为小数时，则将小数点后的数字往前进一位，抽查数量取整数。

如：施工面积为70m^2，应抽查3处。

如：施工面积为170m^2，则抽查数量为170／50＝3.4，取4处，即抽查4处。

3.2 水泥砂浆或混凝土基层

3.2.1.1 防腐蚀工程的基层属于隐蔽工程。基层质量的好坏直接影响着防腐蚀工程的质量，基层的强度是衡量基层质量好坏的一个重要指标，如果强度不合格，即使防腐层施工的质量很好，一旦基层疏松或形成裂纹等都会导致防腐层的破坏。本标准将强度列为保证项目，强调进行基层处理前应认真检查基层的强度，以防患于未然。其强度可以通过检查水泥标号及水泥砂浆或混凝土强度试验报告来核实。

3.2.1.2 水泥砂浆或混凝土基层的含水率也直接影响着防腐蚀工程的质量。一般情况下，如果含水率过大，既会影响防腐层的施工，又会影响施工后的质量。工程一旦投入使用，遇热后水分蒸发，使防腐层起鼓甚至脱落，从而损坏防腐层，但在有些情况下，如使用湿固化环氧树脂固化剂固化的环氧树脂玻璃钢层或隔离层及整体面层，其基层的含水率对玻璃钢固化性能影响不大，可不受限制。《施工规范》对此已有详细规定，当设计对湿度有特殊要求时，应按设计要求进行。《施工规范》附录中已列有两种测试方法，一种是薄膜覆盖法，一种是称重法，第一种方法做一次需要16h，时间较长；第二种方法是破坏性检测，损坏基层。目前国外已有成型仪器生产，如日本常用高滤波式CH−2型砂浆水分计，可测出基层3cm内的含水率。此外，还有H−500型高滤波式水分测定器，能测定混凝土、砂浆等基层的含水率，使用准确率高，很方便。在本标准中对检验方法未作具体规定，只规定检查基层含水率试验报告，在使用本标准时应根据具体情况灵活掌握，但要保证测试结果的准确性。

3.2.2.1 水泥砂浆基层与垫层的结合情况和基层的外观也是衡量基层质量的一个因素。验评时应重点检查水泥砂浆与垫层的结合牢固情况，基层的外观质量影响着防腐层的施工质量及使用寿命，水泥砂浆在施工及养护期间很难避免出现细小裂缝和麻面，这些缺陷在进行防腐层施工前可用腻子等修补，不会过大的影响工程质量，但还是以没有为好，本标准将其作为区别合格与优良的条件。防腐蚀工程的薄弱环节是阴阳角处，容易被忽视。对不同的防腐面层，对基层的要求不同，应符合《施工规范》的要求。如当在水泥砂浆或混凝土基层表面进行块材铺砌时，基层的阴阳角应做成直角；进行其它种类防腐蚀工程施工时，应做成斜面或圆角。

存在明显的蜂窝和麻面，对于防腐蚀工程来说是决不允许的，因基层如果存在明显的蜂窝或麻面，内存的气泡在冷热交替下体积发生变化，使防腐层产生内应力，从而破坏防腐层，必须进行补强，故在检验中应严格掌握本标准。

3.2.3 水泥砂浆或混凝土基层的表面平整度和坡度在《施工规范》中已明确规定，在本标准中列为允许偏差项目，意指允许少量抽测点的检测值超过规范规定值，但不能无限制的超出，故对平整度又规定了最大偏差值可为6mm，指允许超过规范规定值的少量抽测点的检测值所不能超过的最大极限值。此数值是编制组根据工程实际施工经验并征集有关部门意见而定的，根据抽测点超过规范规定值的实测值所占的比例，作为判断合格与优良的标准，具体百分比的规定按照本标准第 2.2.2 条执行。

3.3 钢结构基层

3.3.1 钢结构表面的处理质量关系到防腐蚀工程的成败，如果钢结构表面处理不好，即使刷上合格涂料，经过一段时间后，也会产生返锈，使表面防腐蚀层产生鼓泡、脱层等现象。《施工规范》中将钢结构表面处理的等级分为两级，不同种类的防腐蚀工程或不同种类的涂料对钢结构表面需要不同的等级要求，在《施工规范》各章节中有具体规定，设计时必须根据情况慎重选择钢结构的处理等级。钢结构表面的处理等级应符合设计要求，才能确保工程质量，故将其列为保证项目。

3.3.2 钢结构的表面质量直接影响着防腐蚀工程的寿命，其表面的油脂、污垢、氧化皮、铁锈和油漆旧涂层的存在状况及所占面积比例根据所涂的涂料品种不同而对其寿命产生不同的影响，故将其作为区别合格与优良的标准。

3.4 木 质 基 层

3.4.1 木材的含水率过大，一会影响表面防腐层和基层的粘结强度，二是经过一段时间后，木材变形从而引起表面防腐层的破坏，故将其列为保证项目。木材的防腐处理是指对木材的树脂和节疤的处理，应符合《施工规范》的规定。检验方法可通过检查试验报告。木材含水率的测试常使用水分计进行，如使用 MC-10 型建筑水分计。

3.4.2 为了美观及使用时收缩膨胀应力一致，对于节疤及虫眼处填补的木塞应顺纹填补，并且色泽、木纹与制品一致。条文中的“一致”字样系指填补木材的色泽、木纹与制品近似，无明显的差别。

4 块材防腐蚀工程

4.0.1 本条规定了本章的适用范围，防腐蚀工程所用块材一般包括：耐酸砖、耐酸陶板、铸石板、花岗石及其它条石和聚合物浸渍混凝土块材及沥青浸渍砖等具有防腐功能的块材。

4.0.3 块材防腐蚀工程质量好坏的关键在于：一、块材本身的质量；二、铺砌及浇灌块材所用胶泥、砂浆的质量；三、块材的施工质量。块材的质量一般由耐酸率、吸水率、抗压强度、浸酸安定性、抗渗性及组织均匀程度来衡量，这些指标在《施工规范》中都有具体规定。

防腐蚀块材中常用的耐酸砖已有国家标准，编号为 GB8488-87；耐温耐酸砖、铸石板也有行业标准，编号分别为 JC424-91、JC242～243-81；花岗石及其它条石至今尚无供防腐蚀工程使用的统一标准。目前由于生产防腐蚀材料的厂家较多，各厂的生产及管理水平不一，即便部分块材已有国家标准或行业标准，不同地方不同厂家生产的块材质量也有很大差异，故对到达现场的块材，必须具有出厂合格证或产品说明书，对其产品质量有怀疑时，应按《施工规范》规定的指标及试验方法进行现场抽样复验，凡复验确定为不合格的产品不得用于防腐蚀工程上。复验的试验报告应作为交工验收的交工资料，故将其列为保证项目。

缸砖、耐酸陶板由于吸水率大、抗渗性差，使用已不多；聚合物浸渍混凝土和沥青浸渍砖，由于预浸工艺较繁琐，也使用不多，但为了与《施工规范》配套一致，故将上述材料予以保留。

铺砌及浇灌块材所用的粘结料有沥青胶泥、水玻璃胶泥、水玻璃砂浆、硫磺胶泥、硫磺砂浆、树脂胶泥、树脂砂浆及氯丁胶乳水泥砂浆。块材防腐蚀工程的损坏大部分由灰缝处开始。灰缝的质量又取决于粘结料的质量及灰缝的施工质量。各种粘结料的质量及灰缝的设置及施工质量在《施工规范》各有关章节中有具体规定，故将其列为保证项目。

4.0.4 块材防腐蚀工程接触到的大都是腐蚀性的液体，灰缝又是易破坏的地方，故对块材间的灰缝要求不同于对一般装饰工程的要求，而是要严格一些。如果施工后的块材灰缝处砂浆或胶泥不饱满或有疏松裂纹等缺陷，那么工程一旦投入使用，腐蚀性介质则会很快沿着裂纹、空鼓等薄弱环节浸蚀到块材背面，甚至到达基体表面，从而造成块材的脱落或基体的破坏。优良标准是在合格的基础上又增加了美观要求。

4.0.5 《施工规范》中对相邻两块块材的高差、块材表面平整度的允许偏差都有具体规定，根据实际施工中可能发生的情况，依其对工程质量的影响程度规定了不同的最大偏差值，以此限制超差的范围。

5 沥青类防腐蚀工程

5.1 一 般 规 定

5.1.1 本条规定了本章的适用范围，沥青稀胶泥隔离层主要是阻挡腐蚀介质与水泥砂浆或混凝土基层直接接触，起到保护隔绝的作用。沥青类隔离层有两种，一种是沥青稀胶泥涂覆的隔离层，另一种是沥青稀胶泥铺贴的油毡隔离层。沥青胶泥铺砌的块材面层主要用于耐腐蚀楼地面面层、踢脚板、墙裙、明沟及设备基础覆面等。沥青砂浆、沥青混凝土整体性好，耐稀酸、抗水性能优良，一般用来作耐腐蚀楼地面面层及基础、地坪的垫层和碎石灌沥青垫层。

5.1.3.1 沥青类防腐蚀工程所用的沥青、油毡、粉料、细骨料、粗骨料等原材料的品种、材质将直接影响整个工程质量，如隔离层材质不合格、品种不符合要求，施工后的隔离层将起不到隔离作用；面层施工后，如有裂纹、起泡或粘结不好，腐蚀介质则很容易通过隔离层而腐蚀到基层，从而缩短使用寿命，甚至造成破坏，因此原材料应符合设计要求和《施工规范》的有关规定。

沥青类防腐蚀工程所用的沥青应符合国家现行标准《建筑石油沥青》、《道路石油沥青》、《普通石油沥青》的规定。

目前生产油毡的厂家很多，虽然有国标，由于有些厂家对贯彻国标不认真，使产品不稳定，因此达不到350号，又由于一些施工单位，对原材料的重要性认识不足，以次充好，致使工程质量下降。其它原材料的质量也经常出现达不到设计文件要求或《施工规范》规定的情况。

综上所述，对到达现场的原材料，应具备出厂合格证或产品说明书，对其有怀疑时，必须进行抽样复验，其复验的试验报告是交工验收的重要文件之一，故列为保证项目。

5.1.3.2 沥青胶泥、沥青砂浆、沥青混凝土的施工配合比是保证使用寿命达到良好耐腐蚀效果的前提。

施工配合比，根据各地施工经验，有多种多样，由于配合比的组成不一，使用温度不同，使用效果也不一样。根据其耐热稳定性和使用部位、施工方法的不同，《施工规范》附录一中附表1.1列出沥青胶泥的五种施工配合比，力求明确交待其具体配合比的适用性。沥青砂浆、沥青混凝土的施工配合比应按《施工规范》第4.3.3条的有关规定，确定后的施工配合比，在使用时不得任意改变。

建筑防腐蚀工程中使用的主要是石油沥青，石油沥青又分为建筑石油沥青、道路石油沥青和普通石油沥青。建筑石油沥青和道路石油沥青的成分和质量均能满足防腐蚀工程的要求，因而得到了广泛应用；普通石油沥青由于含蜡量高而不单独采用，应掺30%～50%建筑石油沥青或掺1%～1.8%氯化锌外加剂后使用。

沥青材料具有良好的可塑性、不透水性与耐化学稳定性，有很强的粘结力。当选择沥青的标号时，必须注意到软沥青在高温环境会软化与流淌，特别是在垂直面上。但沥青在低温时有相当大的脆性，所以只有按《施工规范》的规定进行配制和施工才能保证涂覆的覆盖层具有整体性与耐蚀性，故列为保证项目。

5.1.3.3 沥青胶泥、沥青砂浆、沥青混凝土的质量指标是控制沥青类防腐蚀工程质量的重要条件之一。沥青胶泥的质量是指耐热稳定性、软化点、浸酸后质量变化率。由于沥青胶泥是热塑性材料，抗冲击性差，当温度升高时，即产生软化变形现象，强度随之急剧下降，而使块材面层结构遭到破坏，因此，在不同的使用温度下，必须具有一定的耐热稳定性。沥青胶泥对稀酸、稀碱耐蚀，不耐氧化剂和有机溶剂腐蚀，故在施工前应按《施工规范》的要求对其沥青胶泥进行耐热稳定性、软化点和浸酸后质量变化率的测定。沥青砂浆和沥青混凝土，抗渗性强，在建筑工程中已广泛应用于抗大气或各种侵蚀性介质及气体等的腐蚀，沥青混凝土要想达到最大的密实度，首先在细骨料的选择方面使沥青混凝土达到最小量的空隙，同样也决定于加入一定量的沥青，沥青的加入量过大或不足，都在同样程度上对混凝土的密实与强度有影响。故应严格按照《施工规范》规定的沥青砂浆和沥青混凝土的配合比进行配制，即可达到《施工规范》第4.2.8条的规定："沥青砂浆和沥青混凝土的抗压强度，20℃时不应小于3MPa，50℃时不应小于1MPa。饱和吸水率（体积计）不应大于1.5%，浸酸安定性应合格"。其试验报告应作为交工验收的交工资料，故将其列为保证项目。

5.1.3.4 沥青稀胶泥、沥青胶泥、沥青砂浆、沥青混凝土的熬制和浇铺是控制沥青类防腐蚀工程质量的重要条件之一，将沥青加热至160～180℃，才能保证沥青脱水基本完毕，否则将影响工程质量。在浇铺时，应严格控制浇铺温度和适当掌握浇铺量，如胶泥浇铺厚度不一致，浇铺面积过大，易使胶泥温度急剧下降，而无法涂抹。在铺贴卷材时，沥青稀胶泥浇刷长度过长，浇刷宽度与油毡宽度不一致，会造成油凉现象而使卷材粘结不牢，甚至易使卷材浮铺，产生气泡；沥青砂浆、沥青混凝土的浇铺温度达不到要求，与底层粘结不牢，而影响工程质量。故浇铺温度应符合《施工规范》的规定，并将其列为保证项目。

5.2 沥青稀胶泥隔离层工程

5.2.1 根据《施工规范》第4.4.3条和第4.4.4条编写。

隔离层的质量直接关系到整个防腐蚀工程质量，它是面层和基层之间的一道防线，如果隔离层的质量不好，腐蚀介质会很快穿透隔离层，与水泥砂浆或钢筋混凝土直接发生化学作用，从而破坏整个防腐蚀工程。隔离层的施工只要严格按照《施工规范》

的规定进行施工，即可保证质量。隔离层要做到厚薄均匀，使铺贴平整，铺至地面与墙面交接处应将油毡和墙角处浇上沥青胶泥，再慢慢上铺，假如从地面连接上铺，就容易发生空鼓。

砂粒层的铺撒要满撒、均匀，完全用沥青覆盖，同时没有堆积，用扫帚用力扫除多余的粘结力不牢的砂子。进行检查时，有遗漏部位再补撒，优良是厚度应符合设计要求或《施工规范》的规定。

5.3 沥青胶泥铺砌的块材面层

5.3.1.1 根据《施工规范》第 4.5.4 条编写。

块材面层的铺砌，绝大多数都是由于灰缝或结合层的破坏而引起块材面层的破坏，少数是因为面层块材受机械损伤而破坏。因此在铺砌块材时，灰缝和结合层应饱满密实，粘结牢固，结合层的厚度应根据铺砌方法不同而分别采用不同的厚度。灰缝的宽度应按《施工规范》的规定施工。如灰缝太宽易发生收缩裂纹现象，缝窄胶泥不易饱满密实，则粘结不牢固。至于合格、优良只是要求在表面美观整洁、质量求精方面有些差异。故列为基本项目。

5.3.1.2 从对一些施工单位的调查发现，有的施工单位对地漏、转角处、门口等处的施工处理重视不够，而这些部位的质量对整体工程质量有重要影响，为了严格把关，特制定本条文，列为基本项目。

5.4 沥青砂浆和沥青混凝土铺筑的防腐蚀整体面层或垫层

5.4.1.1 根据《施工规范》第 4.6.1 条至第 4.6.4 条编写。

沥青砂浆和沥青混凝土整体面层的优点是整体无缝，地面上的浸蚀性液体和冲洗水不易渗入基层，又有弹性，但受重物堆压或受温度影响易发生变形，使地面产生凹陷而积水。

为了保证沥青砂浆、沥青混凝土整体地面具有良好的耐蚀性，必须有足够的沥青用量。在振捣时，主要观察沥青砂浆、沥青混凝土的和易性和塑性，要尽早振捣，这样可保证其密实度，从而获得优良的施工质量。搅拌数量不宜过多，够一次烫压就行。阳角及死角处，应用小烙铁烫压平整密实，在施工中如有气泡、空鼓应立即刺破，排除空气再次压实，面层如不平整或有毛面时应用喷灯加热表面，再用普通小抹子压平压光。至于合格和优良，只在外观质量上有所区别。

5.4.1.2 根据《施工规范》第 4.6.7 条编写。

用敲击法进行沥青砂浆、沥青混凝土整体面层与基层的结合牢固程度检查时，应使用小锤进行敲击检查，如有空洞声，即为结合不牢，有起壳、脱层现象。应对其进行局部处理，先将缺陷处挖除、清理干净，用喷灯预热后，涂一层热沥青，然后用沥青砂浆或沥青混凝土进行填铺、压实，待干燥后，再进行检查，直至合格。

5.4.1.3 根据《施工规范》第 4.6.5 条编写。

当需留施工缝时，应预先确定好位置。为了保证施工缝的质量，缝应留成斜槎，用热烙铁拍实，继续施工时，应将斜槎清理干净，并预热，预热后，涂一层热沥青，然后继续摊铺沥青砂浆或沥青混凝土。接缝处应用热烙铁仔细拍实，并拍平至不露痕迹。

当分层铺筑时，上下层的施工缝应分层互相错开，处理好施工缝，使其整体面层完整，不因施工缝的结合不好，而影响整个面层。因施工缝处要求较高，故合格与优良区别不大。

5.4.2.2 沥青混凝土构筑物预留孔、预埋管中心线位置的偏差值是从国家标准《建筑工程质量检验评定标准》(GBJ301−88)中直接引用的。根据允许偏差值的定义及实际施工中可能发生的情况，本标准规定了最大偏差值，以限制超差的范围。

5.5 碎石灌沥青垫层

5.5.1 根据《施工规范》第 4.7.3 条编写。

施工时，只要能达到其密实质量即可。因为垫层的质量将直接影响到面层的质量，也往往造成永久性缺陷和一些常见的质量“通病”，故列为基本项目。也作为一个分项工程进行评定。

6 水玻璃类防腐蚀工程

6.1 一 般 规 定

6.1.1 水玻璃耐腐蚀材料包括水玻璃耐酸胶泥、水玻璃耐酸砂浆、水玻璃耐酸混凝土和改性水玻璃耐酸混凝土（以下简称为水玻璃胶泥、水玻璃砂浆、水玻璃混凝土和改性水玻璃混凝土），是以水玻璃为胶结剂，氟硅酸钠为固化剂，耐酸粉料和砂、碎石为粗细骨料按一定比例配制而成。这类材料具有强度高、粘结力强、对高浓度的强氧化性酸耐腐蚀效果优良、成本低、取材容易等优点。缺点是材料收缩性大、凝固时间长、不耐碱、抗渗耐水性较差，且施工条件要求较高。为改善其抗渗耐水性，国内外有采用加入外加剂成功使用的经验，加入外加剂的水玻璃混凝土叫改性水玻璃混凝土，《施工规范》中也已列入。本章所列验评内容的对象包括水玻璃胶泥、水玻璃砂浆铺砌的块材面层，水玻璃混凝土、改性水玻璃混凝土灌筑的整体面层及设备基础和构筑物。

钾水玻璃，目前使用单位也不少，国标《工业建筑防腐蚀设计规范》已编入，但因《施工规范》中未列入，故不再说明。

6.1.3.1 根据《施工规范》第 5.2.1 条至第 5.2.5 条编写。

水玻璃胶泥、水玻璃砂浆和水玻璃混凝土所用的原材料的质量，直接影响施工质量和投入使用后的技术经济效果，所以不应无依据的任意选用。

(1) 水玻璃应符合国标《硅酸钠》(GB4209-84) 指标 3 中建筑用技术要求。但购买的水玻璃的模数和密度随着厂家的不同而不同，所以要严格控制水玻璃的模数和密度，每批水玻璃购进后必须做模数和密度的试验，不符合《施工规范》第 5.2.1 条规定的模数和密度，必须进行调整，否则不予使用。

(2) 氟硅酸钠应符合《氟硅酸钠》(试行)(HG1-211-65)的规定。并贮放在干燥通风处，氟硅酸钠受潮必须进行烘干处理。

(3) 粉料的耐酸度、含水率、细度，细骨料的耐酸率、含水率以及粗骨料的耐酸率、浸酸安定性、含水率、吸水率要严格控制，因粉料、粗细骨料没有现行标准，只有《施工规范》中有明确的质量标准，因此应按《施工规范》第 5.2.3 条至第 5.2.5 条的规定购置，特别是铸石粉必须严格检验。

为了确保水玻璃胶泥、水玻璃砂浆和水玻璃混凝土的工程质量，要求在施工前，应按照设计文件和《施工规范》的要求，对到达现场的材料，虽有出厂合格证，但对其材质产生怀疑时，应抽样复验，确定为不合格的产品，不得用于防腐蚀工程，故将其列为保证项目。

6.1.3.2 根据《施工规范》第 5.3.1 条至第 5.3.3 条编写。

水玻璃胶泥、水玻璃砂浆和水玻璃混凝土的施工配合比要求严格，稍有变动，直接影响到它的耐酸和耐水性、收缩率和孔隙，因此配制时必须严格控制，特别是氟硅酸钠的加入量，多了凝固快，少了则固化不完全。也就是说，水玻璃胶泥、水玻璃砂浆和水玻璃混凝土的施工配合比和配制方法也决定着水玻璃防腐蚀工程的质量，故应符合《施工规范》的规定，故列为保证项目。

6.1.3.3 水玻璃胶泥的抗压强度、粘结强度和水玻璃砂浆的抗压强度是衡量其制成品质量的重要指标，如果强度达不到规定值，则会使表面产生裂纹、脱壳、结合不好等缺陷或受重压时基础疏松、塌落等现象，从而造成质量事故，故将其强度要求列为保证项目。

水玻璃混凝土及改性水玻璃混凝土主要用于灌筑整体面层、设备基础和构筑物等，常处于受压部位。故对抗压强度提出了较高的要求。如果抗压强度达不到《施工规范》的规定，则工程投入使用后，会很快产生疏松、裂纹以至塌落，故将抗压强度的要求列为保证项目。

水玻璃材料的最大缺点是渗透性大，尽管可以掺入外加剂来改善其抗渗性能，但抗渗性能仍应予以重视。抗渗性能不好，腐蚀介质会很快渗透到混凝土的内部从而降低其强度，发生质量事故。水玻璃混凝土的抗渗性和浸酸安定性是影响其使用寿命的重要因素，故列为保证项目。

6.1.3.4 水玻璃类防腐蚀工程施工后，为了使水玻璃生成稳定的硅胶而不是游离的水分存在于硅的胶体中，应进行养护。

养护完成后应进行酸化处理，酸化处理的作用是使水玻璃耐酸材料内部的有害物质氧化钠变成白色结晶粉状析出。养护和酸化处理也决定着水玻璃耐酸材料的质量，故列为保证项目。

6.2 水玻璃胶泥、水玻璃砂浆铺砌的块材面层

6.2.1.1 根据《施工规范》第 5.4.2 条和第 5.4.4 条编写。

块材面层的铺砌，绝大多数是由于灰缝或结合层的破坏而引起块材面层的破坏，少数是因为面层块材受机械损伤而破坏，没有因为块材本身受腐蚀而破坏的。也就是说，结合层和灰缝的质量是块材防腐蚀工程质量的决定因素，因此在铺砌块材时，灰缝和结合层应饱满密实、粘结牢固。结合层的厚度和灰缝宽度在《施工规范》中已有明确规定，施工中应遵循。灰缝过宽，胶泥易收缩产生裂缝；灰缝过窄，灰缝不易填塞饱满且粘结也不易牢固。合格与优良的区别是表面是否美观整洁。

6.2.1.2 这一条是根据实际施工经验而列入的。因为不少单位的施工人员往往忽视块材面层与转角处、地漏、门口、踢角线等处的施工质量，从而在这些部位极易出现质量问题，致使其结合不严密，或产生裂缝等。工程一旦投入使用，短时间内这些部位就会产生渗漏、起鼓等现象，会影响到整个工程的使用功能，为

严格把好这道关，特制定本条文，并列为基本项目。

6.3 水玻璃混凝土

6.3.1 根据《施工规范》第 5.5.2 条编写。

如果水玻璃混凝土内的预埋铁件不经除锈及涂漆防护，则短时间内就会发生腐蚀，其腐蚀产物产生的内应力将使混凝土产生裂缝，从而丧失其防护作用，故列为保证项目。

6.3.2.1 根据《施工规范》第 5.5.1 条至第 5.5.3 条编写。

因水玻璃混凝土常处于受压情况，其表面如果有明显蜂窝、麻面或裂缝，既会影响其抗压强度，又会影响其抗渗耐酸性能，故规定不得存在明显的蜂窝、麻面。细小的麻面裂缝也会影响水玻璃混凝土的使用寿命及外表美观，故将其作为区别合格与优良的条件。

6.3.2.2 根据《施工规范》第 5.5.4 条编写。

施工缝的留设和施工是其质量的决定因素，而施工缝的质量又关系到整个水玻璃混凝土工程的质量。《施工规范》中已对施工缝的留设和施工方法作了具体规定，应遵照执行。

7 硫磺类防腐蚀工程

7.1 一 般 规 定

7.1.1 硫磺类防腐蚀材料包括硫磺胶泥、硫磺砂浆和硫磺混凝土。硫磺胶泥和硫磺砂浆是以硫磺为胶结料、聚硫橡胶等为增韧剂，耐酸粉料、细骨料为填料（胶泥不加细骨料）按适当比例熔融混合、浇筑成型而成。硫磺混凝土是在耐酸粗骨料的孔隙中灌入硫磺胶泥或硫磺砂浆而成。其特点是结构致密、强度高、整体性好、抗渗性好、绝缘、耐水、耐化学腐蚀、耐稀酸等优良性能，施工方便、硬化快，流动性好、无需特殊养护等，缺点是耐温性差、凝固收缩性大、性脆、不耐磨等，使使用受到限制。硫磺胶泥、硫磺砂浆主要用于浇灌块材面层，硫磺混凝土多用于灌筑地面、设备基础和池槽等。

本章适用于建筑物和构筑物采用硫磺胶泥、硫磺砂浆浇灌的块材面层和用硫磺混凝土灌筑的整体地面、设备基础和贮槽等防腐蚀工程的质量检验和评定。

本章的检验评定侧重于防腐蚀性能质量，对其基层的质量，同时还应按本标准第 3.2 节的规定进行检验和评定。

7.1.3.1 硫磺胶泥和硫磺砂浆浇灌的块材面层及硫磺混凝土工程所用的原材料有硫磺、粉料、细骨料、粗骨料、改性剂及块材，其中硫磺、粉料、细骨料、粗骨料及改性剂的质量在《施工规范》第六章第一节中有具体规定，砖板的质量在第三章第一节中有具体规定，验评时可将原材料的出厂合格证或复验报告与《施工规范》对照。

7.1.3.2 硫磺胶泥、硫磺砂浆是一种热熔冷固性材料，起粘结作用。主要缺点是性脆。熬制时，内掺聚硫橡胶改性剂是为了增加其韧性，《施工规范》中所列的配合比是经实践经验总结的最佳配比，聚硫橡胶加入量过少则起不到增韧的作用，如果加入量过大则会降低制成品的强度，故必须严格掌握。其熬制温度也是根据原材料的性能、流动性等综合考虑而确定的，温度过低，浇灌时流动性太小且聚硫橡胶不容易熔化完全而使熬制时间过长等；温度过高则会使聚硫橡胶热分解失去增韧性能，也必须严格掌握，故将配合比和熬制温度等列为保证项目，并对检查方法作了具体的规定。

7.1.3.3 硫磺胶泥、硫磺砂浆是一种热熔冷固性粘结材料，其质量好坏直接影响硫磺类防腐蚀工程的质量，如果胶泥的强度过低，则用其浇灌的块材面层工程投入使用后则很快在结合层或灰缝处出现脱层、裂缝等现象，从而会使腐蚀介质渗透而造成砖板脱落，破坏防腐效果，所以本标准将其抗拉强度和粘结强度的规定列为保证项目。

硫磺混凝土的抗压强度和抗折强度是硫磺混凝土质量的重要指标，如果强度不够，因硫磺混凝土浇筑的地面、设备基础和贮槽等常处于受压的情况，经过一段时间使用后，则会发生开裂甚至塌陷，严重影响其使用寿命，故将抗压强度和抗折强度列为保证项目。

7.2 硫磺胶泥、硫磺砂浆浇灌的块材面层

7.2.1 硫磺胶泥、硫磺砂浆不同于其它热熔冷固性材料，它的流动性并非随其温度的升高而加大，而是在一定的温度范围内时粘度小，自由流动性最佳。浇灌温度过高或过低，粘度都会增大，流动性减少，在浇灌时易产生局部没有胶泥、砂浆或出现气泡、鼓包等缺陷，从而影响工程质量。为确保浇灌质量，《施工规范》规定为135～145℃，所以本标准将其列为保证项目。

7.2.2 硫磺胶泥、硫磺砂浆浇灌的块材面层的防腐蚀工程，绝大多数都是由于灰缝或结合层的破坏而引起块材面层的破坏。几乎没有因为块材本身受腐蚀而破坏的。如灰缝过宽则易发生收缩裂缝现象，过窄则在浇灌时不易浇灌密实。故在验评时要着重检查结合层和灰缝的质量，结合层厚度和灰缝宽度在《施工规范》中已明确规定，应严格掌握。优良与合格的主要区别是灰缝表面胶泥烫平的要求。

7.3 硫磺混凝土工程

7.3.2 硫磺混凝土地面平整度、池槽的预留孔和预埋管中心线位置允许有适当的偏移，本标准参考了现行国家标准《建筑工程质量检验评定标准》（GBJ301−88）中钢筋混凝土工程的有关规定，故将其列为允许偏差项目。

8 树脂类防腐蚀工程

8.1 一 般 规 定

8.1.1 本条规定了本章的适用范围。工业建筑防腐蚀工程常用的树脂在《施工规范》中已列出。这些树脂可制作整体玻璃钢面层和隔离层；也可配制成胶泥和砂浆作为铺砌、勾缝材料；也可制作树脂稀胶泥、树脂砂浆的整体面层。常用的树脂玻璃钢有：环氧树脂玻璃钢、环氧煤焦油玻璃钢、环氧呋喃玻璃钢、环氧酚醛玻璃钢、呋喃树脂玻璃钢、酚醛树脂玻璃钢和不饱和聚酯树脂玻璃钢等，其主要用于各类非金属贮槽、池的衬里以及地面和贮槽的隔离层。各类树脂胶泥均可用于块材的勾缝或灌缝。80年代以来，用树脂砂浆和胶泥制作的整体面层已在我国推广应用，它具有整体防腐性能好等优点。适用于中等浓度以下的酸、碱、盐的腐蚀环境。

8.1.2 本条规定了评定工程质量时的具体检查数量。确定检查数量的依据如下：

一、建筑防腐工程量一般比较大，如检查数量少，没有代表性，检查时，检查的工作量又太大，故应选择适当的检查数量。

二、随着建筑防腐业的发展，近年来大量槽罐等非标准设备的防腐工程，大多由建筑防腐施工队伍施工，这类工程的工程量比建筑防腐工程要小，但要求比土建防腐要严格，工程量虽小，但检查数量应增加。

三、正规的建筑防腐施工队伍，都有严格的自检、专检等施工程序，这些检查大多是100%进行的，也都有完整的施工记录。待交工后进行验评检查时，很多内容已无法检查，重点只能检查施工记录、外观检查和可进行检测的项目，检查数量不宜过多。

综上所述，检查数量定为每10m^2抽查1处，每处取3个测点。若不足10m^2时，按10m^2计。

8.1.3.1 树脂类防腐蚀工程所用原材料的质量检验规定是根据《施工规范》第七章第二节的有关内容编写。

树脂类防腐蚀工程的质量，首先取决于所用原材料的质量，树脂作为主体原材料，其质量更有决定性影响。目前国内只有少数原材料的质量指标有国家标准或行业标准（如环氧树脂），而大部分仍停留在企标（厂标）的水平上，且厂家产品质量的差异与性能的波动也是难免的，故严格控制树脂类防腐蚀工程所用各种原材料的质量，就显得特别重要。本标准为了确保建筑防腐蚀工程质量，防止不符合要求的材料用于防腐蚀工程上，故在施工前应按照设计文件或《施工规范》规定检查原材料的品种和性能指标。当产品质量证书所列技术性能不全，或对到达现场的产品质量有怀疑时，应按《施工规范》对材料规定的性能指标或某项有争议的性能进行现场抽验，凡抽样复验确定为不合格的产品不得用于防腐工程上，故将其列为保证项目。

8.1.3.2 根据《施工规范》第七章第三节的内容编写。

树脂类防腐蚀工程材料的配合比是至关重要的，稍有疏忽则可造成质量事故，如出现固化速度过快或不完全及粘结不牢等缺陷。树脂及固化剂的相对用量，不同粒径的填料量等，应按规定的配合比进行配制，其化学反应才能完全，物理结构与性能也呈现最佳状态，故强调应按照《施工规范》规定的施工配合比进行试配并选择和确定施工配合比，配合比一旦确定，不得擅自改变，故将其列为保证项目。

8.1.3.3 树脂类材料的粘结强度和抗拉强度是保证树脂类防腐蚀工程质量的两个重要指标。如粘结强度达不到要求，将会产生起壳、脱层等现象，甚至会使整个防腐蚀结构遭到破坏；树脂类防腐蚀工程大多自身需具有一定的力学性能和承载能力，特别是承受拉力，冲击力等，这就需要有足够的抗拉强度，若此指标达不到设计要求，会出现开裂等现象。因此，其粘结强度和抗拉强度，应符合《施工规范》的规定。目前建筑防腐蚀工程多数为手工操作，一些施工单位的管理水平，工人的操作素质差别也较大，故在防腐蚀施工前，对使用的各种树脂类材料，应作出试样，按《施工规范》的规定对其粘结强度或抗拉强度进行测定，对测试指标达不到要求者，不能用于防腐蚀工程上，故将其列为保证项目。

8.1.3.4 树脂类材料的特点之一，就是在防腐蚀施工过程中及其完工后，均需要一定时期的固化过程，即养护期限。如在工序间要求有 24h 的养护期后方能进行下一工序，而完工后必须经数天养护后才能开始使用。只有经过必要的养护，树脂类材料才能通过化学反应的进行和完成，而达到《施工规范》所要求的物理性能指标，故养护期应符合《施工规范》的规定。并将其列为保证项目。

8.1.4 树脂类防腐蚀工程中，对于转角处、门口处、预留孔、管道出入口或地漏的处理，《施工规范》没有明确规定，但这些部位的施工，容易形成薄弱环节，腐蚀性介质又易在此集中，造成隐患，故将其列为基本项目。

8.2 玻璃钢防腐蚀工程

8.2.1.1 合格玻璃钢防腐蚀面层或隔离层，不应直观看出明显的缺陷来，而优良者更应观感良好，表面平整色泽均匀，胶料饱满，而其中树脂固化程度也是影响防腐蚀工程质量的重要条件之一。固化不完全说明化学反应不充分、养护期不足或养护温度低等，所以应采取措施使其固化完全。现场检查树脂固化程度的方法是用棉球浸上丙酮，在已施工完毕的防腐层表面擦抹，观察棉球颜色变化，棉球不变色表示合格，若棉球有树脂溶解后的黄色或其它颜色则表示固化不够充分，则需延长室温养护时间，直至固化完全。

钢基层上的玻璃钢面层或隔离层等可借用电火花探测器检查其针孔度。混凝土等非金属基层上的树脂类防腐蚀层，目前尚无检查其针孔的好办法。电火花探测器过去使用的是医疗用检测仪，现已被淘汰。目前使用的为交直流、带声光报警、可调电压的仪器，根据各种树脂类防腐蚀面层的厚度，可选用不同电压或探测器产生的电火花长度来进行测试。

8.2.1.2 玻璃钢的层数和厚度首先应符合设计规定，否则会降低防腐性能，但基于玻璃钢施工过程中的实际情况，要求其厚度绝对均匀一致，也并非易事，总结大多数施工单位的经验，故将合格的玻璃钢厚度规定为“小于设计规定厚度的测点数，不得大于 10%，测点处实测厚度不得小于设计规定厚度的 90%”，优良则规定为玻璃钢“厚度不应小于设计规定的厚度”。

8.3 树脂胶泥铺砌块材、勾缝与灌缝防腐蚀工程

8.3.1.1 树脂胶泥铺砌块材的结合层和灰缝，树脂胶泥都应饱满密实、固化完全、粘结牢固、砖板与基层间无脱层缺陷，由于对该区域质量要求较高，所以在区分合格与优良上，只以“无明显脱层缺陷”和“无脱层缺陷”来区分。

用敲击法进行面层与基层粘结牢固程度检查时，应使用小锤进行敲击检查，如有空洞声，即为粘结不牢。有起壳、脱层现象，应对其进行局部处理，直至合格。

8.3.1.2 树脂胶泥勾缝是指用树脂胶泥填嵌已铺砌好的面层砖板缝隙，以加强缝隙处的防腐能力。用胶泥勾缝和稀胶泥灌缝的防腐蚀工程，如宽度、深度过大，则树脂用量加大，造成浪费，胶泥收缩，易出现裂缝；过小则又会降低粘结强度，密实度不易保证。故勾缝和灌缝的缝宽、深度应符合设计要求或《施工规范》的规定。

8.4 树脂稀胶泥、树脂砂浆整体面层防腐蚀工程

8.4.1.1 树脂的品种、施工配合比、外加剂、施工及固化的环境温度、施工操作方法和基层处理等因素都是保证树脂稀胶泥和树脂砂浆整体面层质量的重要条件之一。如混凝土找平层表面不平整，粗糙度不符合要求，由于树脂材料在固化过程中收缩量较大，会因收缩而引起面层起壳或开裂，而破坏整体面层；在施工过程中，如施工操作方法不当，也会引起面层的起壳或脱层，所以应按设计要求和《施工规范》的规定进行施工，以保证面层无起壳、脱层现象。

对用敲击法进行面层与基层粘结牢固程度检查时所发现的缺陷，应将缺陷处铲除，用树脂稀胶泥或砂浆进行修补，待固化后，再进行检查，直至合格。

9 氯丁胶乳水泥砂浆防腐蚀工程

9.0.1 本条规定了本章的适用范围。氯丁胶乳水泥砂浆防腐蚀工程一般包括在混凝土、砖石结构或钢结构表面上铺抹的整体面层及铺砌的耐酸砖和耐酸陶板的块材面层。

9.0.3.1 氯丁胶乳水泥砂浆使用的原材料包括水泥、细骨料、阳离子氯丁胶乳及复合助剂。配制氯丁胶乳水泥砂浆所用的水泥标号比其它种类防腐蚀水泥砂浆所用水泥标号的要求要高，不得低于 425 号，是因为水泥砂浆加入氯丁胶乳后强度有所降低。复合助剂是为了使阳离子氯丁胶乳更有效的发挥作用消除其发泡不匀等弊端而加进的，如其质量不好则起不到应有的作用，从而无法保证制成品的质量，故原材料的质量应符合《施工规范》的规定，并列为保证项目。

9.0.3.2 氯丁胶乳水泥砂浆的水灰比除应符合《施工规范》附录一的规定外，还应注意在施工过程中避免变化过大，如在多孔性表面材料上施工时，基层表面吸水性较大，会很快吸收氯丁胶乳水泥砂浆中的水分而使水灰比发生变化，从而使砂浆层起壳、结合不牢，故应预先用水浸湿基层表面，然后再做防腐层。另外，氯丁胶乳水泥砂浆对养护的要求也较特殊，要求先湿养护再干养护，以保证砂浆的强度和表观质量，施工中也应遵循，并作好施工记录，以备检验评定时检查使用。

9.0.3.3 氯丁胶乳水泥砂浆制成品的抗压强度、抗折强度和粘结强度是衡量制成品质量的重要指标，如果其强度达不到要求，则工程投入使用后，块材面层的灰缝则会发生裂缝，结合层也会疏松，从而造成块材的脱落；整体面层在承重时受压，因强度不够也会发生疏松、裂缝甚至塌陷，故将其作为保证项目验评，强

度指标可以通过检查试验报告进行检验。

9.0.4.1 氯丁胶乳水泥砂浆铺抹的整体面层，其外观也是其质量因素之一，表面细小的裂缝和麻面虽然不会立即造成质量事故，但会影响到工程的使用寿命，故将其作为区分“合格”与“优良”的标准。

10 涂料类防腐蚀工程

10.0.1 本章的适用范围是建筑物和构筑物上涂层的质量检验和评定。其基层包括：钢、木、水泥砂浆或混凝土；涂料包括：过氯乙烯漆、沥青漆、漆酚树脂漆、环氧树脂漆、聚氨酯漆、氯化橡胶漆和氯磺化聚乙烯漆。近几年来，我国涂料工业发展很快，许多科研、生产部门研制出不少防腐蚀涂料的新品种，经工程实际应用，都有较好的防腐蚀效果。当设计采用的涂料品种在《施工规范》中未包括时，应按设计要求验评。

10.0.3.1 基层表面处理是涂料类防腐蚀工程质量保证的重要因素，强调应符合设计要求和《施工规范》的规定。

在涂装过程中，涂装前表面处理，是整个涂装作业中重要的一环。钢铁表面涂装前处理的目的在于提高钢铁本身的防蚀能力，增加它和涂膜之间的附着力，延长涂膜的耐久性和有利于涂膜的流平和装饰，总之，钢铁在涂装前表面处理是最大发挥涂料特性、顺利进行涂装作业、保证涂膜质量的先决条件。例如：某市 20000m^3 的湿式气柜工程，投入使用后不到一年时间，其表面涂层即发生鼓泡、脱落等现象，多处壁厚减薄，个别部位甚至发生穿孔现象，最后不得不停产检修。究其原因，除了其涂料质量外，最主要的是基层处理的质量不符合《施工规范》要求，致使施工完毕不久，涂层即发生损坏。因为多种涂料如过氯乙烯漆、氯磺化聚乙烯漆，其本身的防腐蚀性能很好，但附着力较差，如果基层表面处理不彻底，就有可能发生上述问题。所以《施工规范》规定了钢结构基层表面处理应按一级标准执行。

新编的《工业建筑防腐蚀设计规范》规定钢结构基层表面处理是按不同涂料品种相应规定出表面处理等级标准的，对钢材的锈蚀等级及除锈等级均按国标《涂装前钢材表面锈蚀等级及除锈等级》（GB8923−88）进行。因此当设计有明确规定时，应按设计的要求验评。

10.0.3.2 涂料的品种和质量是涂料类防腐蚀工程质量好坏的另一重要因素。涂料产品的自身性能的检测，包括涂料产品的外观、粘度、细度、干燥时间和附着力等，在涂料产品出厂前这些项目都要按国标规定的检测方法进行检测，一般情况下，使用时只需检查厂方提供的有关技术资料即可。但是，当前有些涂料生产厂忽视产品质量，产品检测手段不健全，从而使一些不合格品出厂，故现场开桶检验时应严格把关，当对产品质量有怀疑时应予以复验。复验时可根据不同要求和涂料产品的具体情况按国标检测标准方法抽样检测某几项或全部项目。

不同品种的涂料性能差别很大，即使同一品种不同厂家的涂料，其性能也不完全一致；采用不合格的涂料会导致质量事故，为此将涂料的品种和质量列为保证项目。

10.0.3.3 设计规范及《施工规范》中所列的施工配合比、配制方法及涂刷间隔时间都是科学试验和施工经验的综合成果，在施工现场尚需试验确定，一经确定，不得任意改变，否则，会影响到施工性能及涂层的质量指标，从而给防腐工程的质量带来隐患。不同品种的涂料涂刷间隔时间不同，有的要求底层漆实干后才能涂刷下一道漆，有的要求表干后涂刷。有时涂刷完底漆放置时间过长再涂刷面漆，往往因底漆太硬、面漆难于抓住它而影响涂层间的结合力。所以不按《施工规范》的规定施工，则会发生咬漆、中间层结合不牢等缺陷．故特作此规定，并列为保证项目。

10.0.3.4 涂层和基层的结合力及涂层的完整性是涂层质量好坏的关键。涂层的附着力是指涂层牢固地附着在被涂物上而不剥落的能力。涂层间的化学键力、涂层和被涂物间的分子作用力、涂层和被涂物之间的静电引力等都是决定涂层附着力的关键。为了提高涂层的附着力，常需提高成膜树脂的极性，并控制碳键聚合物的分子量。一般总是使它在成膜前分子量不太大，而在形成固化涂层时转化为高分子量的体型结构，这样可以提高涂层的附着力。涂层的附着力除由树脂结构起决定作用外，还与被涂物的材质和基层表面处理有密切关系。例如：G06−1 铁红底漆对铝表面附着力很差，而对除锈良好的钢铁表面都有很好的附着力。一旦涂层附着力不好，就会出现裂纹、起泡、脱皮等现象，工程投入使用后，腐蚀介质会从此缺陷乘虚而入，导致整个涂层的损坏，丧失其防腐蚀能力，故列为保证项目。

10.0.4.1 涂料在垂直的表面上涂刷，部分涂料在重力作用下有流淌的现象，其原因是漆料太稀、漆膜太厚或施工场所温度过高而漆的本质干性很慢，以致涂料在垂直的表面上流动性太大，形成泪痕，严重时像帐幕下垂状。此外漆中含重质颜料过多，对表面附着力差，以及研磨不均匀、颜料湿润不良也是造成流挂的因素。此外，基层表面凹凸不平、表面处理不当、有油水、工具使用不良、棱角和转角凹槽地方积聚下流，又如喷枪距离不一致、压力大小不均也会造成病态。

涂层起皱，其原因有由于催干剂搭配不当或加得过多，使内外层干燥不均，干得快的表面所占的面积比下面未干部分的漆面大，四周无处伸展，只好向上收拢而起皱。漆中有挥发快的溶剂往往漆膜尚未流平，而粘度已经增稠，可造成皱纹的形成。又如，漆膜施工过厚，表面先干结成膜，隔绝了下层和空气的接触，以至外干里不干，底漆未干透，施工粘度太大均可导致起皱等缺陷。

涂层表面若有刷痕、流挂、起皱等现象，除了增大耗漆量、浪费原材料外，还会直接影响到涂层的使用寿命和美观，故本条规定了不应有这些缺陷。另外色泽是否均匀、光洁，是衡量施工水平和涂层外观的指标，并将其作为区别合格、优良等级标准的条件。

10.0.4.2 涂层的层数和厚度直接影响到涂层的使用寿命，故应满足设计和《施工规范》的规定。考虑到因施工的不均匀性，涂层难免要出现达不到设计要求的厚度，这虽然不会立即造成质量事故，但会影响使用寿命，为尽量避免不必要的返工，经研究确定合格的涂层厚度规定为小于设计规定厚度的测点数不应大于10%，但其实测厚度不应小于设计规定厚度的90%；优良则规定为任何部位的厚度都不应小于设计规定的厚度。实践证明上述指标也是切实可行的。

10.0.4.3 考虑到涂料工程施工完后，涂层难免会发生损坏情况，损坏之处经过仔细修补后也能符合设计和《施工规范》规定的质量要求，故本标准规定修补后涂层符合功能需要的评为合格。

11 耐酸陶管工程

11.0.1 本条规定了本章的适用范围。耐酸陶管具有耐酸性强、价廉等优点，常被用于建筑防腐蚀工程中的地下工业废水的排放，接口材料常选用沥青胶泥、硫磺砂浆、环氧胶泥和水玻璃胶泥等耐酸胶泥。

11.0.2 国内生产的耐酸陶管的长度大都在300mm、500mm、700mm、1000mm。一般根据陶管的长度决定预制拼装管道的节数，一般每段为2～4节，预制时一般是竖向进行接口的连接，接口质量易于保证。也就是说接口处质量易出问题的是平接时的接口。即每10个接口中约有2～4个接口层平接易出问题。质量验评时确定抽查10%接口，实际上占平接接口数的25%～50%，基本上能代表接口的整体质量，故规定检查数量为接口数的10%，不得少于3个。

11.0.3 陶管工程所用的接口材料沥青胶泥、硫磺砂浆、环氧树脂胶泥和水玻璃胶泥的质量在《施工规范》各章节有具体指标，在本标准各章中都有具体验评标准，材料质量应符合本标准有关规定。

11.0.4.1 耐酸陶管工程的质量主要是由陶管本身质量、接口胶泥的质量及接口施工的质量决定的。陶管本身的质量由强度指标、尺寸和外观质量决定。外观检查主要指对陶管外观的裂纹、砂眼、磕碰等情况的检查，外观和尺寸应符合国标《化工陶管及配件》中的有关规定。耐酸陶管常用于地下输送各种腐蚀性介质，要求具备承受流体的输送压力、抵抗外力以避免变形及耐蚀抗渗性能以防止渗漏，如果这些指标达不到要求，则整个陶管工程的质量就无法保证，故将陶管的质量列为保证项目。

11.0.4.2 耐酸陶管属于非金属材料，其物理机械性能比金属材料要差。如在受外力作用时，陶管作为脆性材料，其从受力开始到损坏并无显著的变形，即几乎没有可塑性，也就是说对于局部应力极其敏感，故在铺设时对地基基础有较严格的要求，《施工规范》中对此有明确规定。验评时可检查工序交接和施工记录。

陶管工程常用于输送酸性介质，如果坡度达不到要求，则陶管内易积存介质，产生渗漏现象，故将陶管工程的坡度列为保证项目。

11.0.4.3 因符合标准的陶管耐酸性很强，性能稳定，使用过程中几乎不存在老化、腐蚀等现象。故陶管工程的使用寿命很大程度决定于陶管接口的质量，有的接口胶泥需要特殊养护或酸化处理，故应符合《施工规范》的有关规定，以保证接口的质量。

11.0.4.4 耐酸陶管工程的检漏试验是衡量整体工程的综合指标，可以通过充水检查。即在两窨井间管段内注满水，经 24h 后不得有渗漏，然后回填土至管顶以上 500mm，重复以上步骤，24h 后水位无明显下降则为合格。

11.0.5.1 承插式陶管的接口方向不能颠倒，应符合《施工规范》规定，即按流水方向使承口向上游、插口向下游，否则在接口处易存有积液从而发生渗漏，破坏整体陶管工程的质量。优良标准是在合格的基础上增加了接口环缝均匀、平整光滑的外观质量要求。

11.0.5.2 陶管属脆性材料，对局部应力很敏感，如果在回填土中含有砖石、冻土硬块容易损坏陶管。分层夯实是为保证陶管受力均匀，故作为合格标准。在隐蔽工程的施工过程中，有些单位不注重作好施工记录，故本条强调将隐蔽工程记录完整明确作为区别优良和合格的条件。

11.0.6 陶管工程在国标《工业建筑防腐蚀设计规范》中未列入。本条条文是参照国标《建筑采暖卫生与煤气工程质量检验评定标准》（GBJ302-88）中室外排水管道安装有关规定制订的，其中对标高偏差的规定直接采用。对于轴线偏差的规定，考虑到陶管工程中输送的介质较一般污水腐蚀严重，故选用了其中敷设在沟槽内时的轴线偏差 20mm，而没选用埋地管道时的轴线偏差 50mm。

中华人民共和国国家标准

建筑工程施工质量验收统一标准

Unified standard for constructional quality acceptance of building engineering

GB 50300—2001

主编部门：中华人民共和国建设部
批准部门：中华人民共和国建设部
施行日期：2002年1月1日

关于发布国家标准《建筑工程施工质量验收统一标准》的通知

建标［2001］157号

国务院各有关部门，各省、自治区建设厅，直辖市建委，计划单列市建委，新疆生产建设兵团，各有关协会：

根据我部《关于印发一九九八年工程建设国家标准制订、修订计划（第二批）的通知》（建标［1998］244号）的要求，由建设部会同有关部门共同修订的《建筑工程施工质量验收统一标准》，经有关部门会审，批准为国家标准，编号为GB 50300—2001，自2002年1月1日起施行。其中，3.0.3、5.0.4、5.0.7、6.0.3、6.0.4、6.0.7为强制性条文，必须严格执行。原《建筑安装工程质量检验评定统一标准》GBJ 300—88同时废止。

本标准由建设部负责管理，中国建筑科学研究院负责具体解释工作，建设部标准定额研究所组织中国建筑工业出版社出版发行。

中华人民共和国建设部
2001年7月20日

前　　言

本标准是根据我部《关于印发一九九八年工程建设国家标准制订、修订计划（第二批）的通知》（建标［1998］244号）的通知，由中国建筑科学研究院会同中国建筑业协会工程建设质量监督分会等有关单位共同编制完成的。

本标准在编制过程中，编制组进行了广泛的调查研究，总结了我国建筑工程施工质量验收的实践经验，坚持了“验评分离、强化验收、完善手段、过程控制”的指导思想，并广泛征求了有关单位的意见，由我部于2000年10月进行审查定稿。

本标准的修订是将有关建筑工程的施工及验收规范和工程质量检验评定标准合并，组成新的工程质量验收规范体系，以统一建筑工程施工质量的验收方法、质量标准和程序。本标准规定了建筑工程各专业工程施工验收规范编制的统一准则和单位工程验收质量标准、内容和程序等；增加了建筑工程施工现场质量管理和质量控制要求；提出了检验批质量检验的抽样方案要求；规定了建筑工程施工质量验收中子单位和子分部工程的划分、涉及建筑工程安全和主要使用功能的见证取样及抽样检测。建筑工程各专业工程施工质量验收规范必须与本标准配合使用。

本标准将来可能需要进行局部修订，有关局部修订的信息和条文内容将刊登在《工程建设标准化》杂志上。

本标准以黑体字标志的条文为强制性条文，必须严格执行。

为了提高标准质量，请各单位在执行本标准过程中，注意积累资料、总结经验，如发现需要修改和补充之处，请将意见和有关资料寄交中国建筑科学研究院国家建筑工程质量监督检验中心（北京市北三环东路30号，邮政编码100013），以供今后修订时参考。

主编单位：中国建筑科学研究院

参加单位：中国建筑业协会工程建设质量监督分会
国家建筑工程质量监督检验中心
北京市建筑工程质量监督总站
北京市城建集团有限责任公司
天津市建筑工程质量监督管理总站
上海市建设工程质量监督总站
深圳市建设工程质量监督检验总站
四川省华西集团总公司
陕西省建筑工程总公司
中国人民解放军工程质量监督总站

主要起草人：吴松勤　高小旺　何星华　白生翔
徐有邻　葛恒岳　刘国琦　王惠明
朱明德　杨南方　李子新　张鸿勋
刘　俭

建设部

2001年7月

目　次

1　总　则

1.0.1　为了加强建筑工程质量管理，统一建筑工程施工质量的验收，保证工程质量，制订本标准。

1.0.2　本标准适用于建筑工程施工质量的验收，并作为建筑工程各专业工程施工质量验收规范编制的统一准则。

1.0.3　本标准依据现行国家有关工程质量的法律、法规、管理标准和有关技术标准编制。建筑工程各专业工程施工质量验收规范必须与本标准配合使用。

2 术 语

2.0.1 建筑工程 building engineering

为新建、改建或扩建房屋建筑物和附属构筑物设施所进行的规划、勘察、设计和施工、竣工等各项技术工作和完成的工程实体。

2.0.2 建筑工程质量 quality of building engineering

反映建筑工程满足相关标准规定或合同约定的要求，包括其在安全、使用功能及其在耐久性能、环境保护等方面所有明显和隐含能力的特性总和。

2.0.3 验收 acceptance

建筑工程在施工单位自行质量检查评定的基础上，参与建设活动的有关单位共同对检验批、分项、分部、单位工程的质量进行抽样复验，根据相关标准以书面形式对工程质量达到合格与否做出确认。

2.0.4 进场验收 site acceptance

对进入施工现场的材料、构配件、设备等按相关标准规定要求进行检验，对产品达到合格与否做出确认。

2.0.5 检验批 inspection lot

按同一的生产条件或按规定的方式汇总起来供检验用的，由一定数量样本组成的检验体。

2.0.6 检验 inspection

对检验项目中的性能进行量测、检查、试验等，并将结果与标准规定要求进行比较，以确定每项性能是否合格所进行的活动。

2.0.7 见证取样检测 evidential testing

在监理单位或建设单位监督下，由施工单位有关人员现场取样，并送至具备相应资质的检测单位所进行的检测。

2.0.8 交接检验 handing over inspection

由施工的承接方与完成方经双方检查并对可否继续施工做出确认的活动。

2.0.9 主控项目 dominant item

建筑工程中的对安全、卫生、环境保护和公众利益起决定性作用的检验项目。

2.0.10 一般项目 general item

除主控项目以外的检验项目。

2.0.11 抽样检验 sampling inspection

按照规定的抽样方案，随机地从进场的材料、构配件、设备或建筑工程检验项目中，按检验批抽取一定数量的样本所进行的检验。

2.0.12 抽样方案 sampling scheme

根据检验项目的特性所确定的抽样数量和方法。

2.0.13 计数检验 counting inspection

在抽样的样本中，记录每一个体有某种属性或计算每一个体中的缺陷数目的检查方法。

2.0.14 计量检验 quantitative inspection

在抽样检验的样本中，对每一个体测量其某个定量特性的检查方法。

2.0.15 观感质量 quality of appearance

通过观察和必要的量测所反映的工程外在质量。

2.0.16 返修 repair

对工程不符合标准规定的部位采取整修等措施。

2.0.17 返工 rework

对不合格的工程部位采取的重新制作、重新施工等措施。

3 基本规定

3.0.1 施工现场质量管理应有相应的施工技术标准，健全的质量管理体系、施工质量检验制度和综合施工质量水平评定考核制度。

施工现场质量管理可按本标准附录A的要求进行检查记录。

3.0.2 建筑工程应按下列规定进行施工质量控制：

1. 建筑工程采用的主要材料、半成品、成品、建筑构配件、器具和设备应进行现场验收。凡涉及安全、功能的有关产品，应按各专业工程质量验收规范规定进行复验，并应经监理工程师（建设单位技术负责人）检查认可。

2. 各工序应按施工技术标准进行质量控制，每道工序完成后，应进行检查。

3. 相关各专业工种之间，应进行交接检验，并形成记录。未经监理工程师（建设单位技术负责人）检查认可，不得进行下道工序施工。

3.0.3 建筑工程施工质量应按下列要求进行验收：

1. 建筑工程施工质量应符合本标准和相关专业验收规范的规定。

2. 建筑工程施工应符合工程勘察、设计文件的要求。

3. 参加工程施工质量验收的各方人员应具备规定的资格。

4. 工程质量的验收均应在施工单位自行检查评定的基

础上进行。

5. 隐蔽工程在隐蔽前应由施工单位通知有关单位进行验收，并应形成验收文件。

6. 涉及结构安全的试块、试件以及有关材料，应按规定进行见证取样检测。

7. 检验批的质量应按主控项目和一般项目验收。

8. 对涉及结构安全和使用功能的重要分部工程应进行抽样检测。

9. 承担见证取样检测及有关结构安全检测的单位应具有相应资质。

10. 工程的观感质量应由验收人员通过现场检查，并应共同确认。

3.0.4 检验批的质量检验，应根据检验项目的特点在下列抽样方案中进行选择：

1. 计量、计数或计量-计数等抽样方案。

2. 一次、二次或多次抽样方案。

3. 根据生产连续性和生产控制稳定性情况，尚可采用调整型抽样方案。

4. 对重要的检验项目当可采用简易快速的检验方法时，可选用全数检验方案。

5. 经实践检验有效的抽样方案。

3.0.5 在制定检验批的抽样方案时，对生产方风险（或错判概率 α）和使用方风险（或漏判概率 β）可按下列规定采取：

1. 主控项目：对应于合格质量水平的 α 和 β 均不宜超过5%。

2. 一般项目：对应于合格质量水平的 α 不宜超过5%，β 不宜超过10%。

4 建筑工程质量验收的划分

4.0.1 建筑工程质量验收应划分为单位（子单位）工程、分部（子分部）工程、分项工程和检验批。

4.0.2 单位工程的划分应按下列原则确定：

1. 具备独立施工条件并能形成独立使用功能的建筑物及构筑物为一个单位工程。

2. 建筑规模较大的单位工程，可将其能形成独立使用功能的部分为一个子单位工程。

4.0.3 分部工程的划分应按下列原则确定：

1. 分部工程的划分应按专业性质、建筑部位确定。

2. 当分部工程较大或较复杂时，可按材料种类、施工特点、施工程序、专业系统及类别等划分为若干子分部工程。

4.0.4 分项工程应按主要工种、材料、施工工艺、设备类别等进行划分。

建筑工程的分部（子分部）、分项工程可按本标准附录B采用。

4.0.5 分项工程可由一个或若干检验批组成，检验批可根据施工及质量控制和专业验收需要按楼层、施工段、变形缝等进行划分。

4.0.6 室外工程可根据专业类别和工程规模划分单位（子单位）工程。

室外单位（子单位）工程、分部工程可按本标准附录C采用。

5 建筑工程质量验收

5.0.1 检验批合格质量应符合下列规定：

1. 主控项目和一般项目的质量经抽样检验合格。

2. 具有完整的施工操作依据、质量检查记录。

5.0.2 分项工程质量验收合格应符合下列规定：

1. 分项工程所含的检验批均应符合合格质量的规定。

2. 分项工程所含的检验批的质量验收记录应完整。

5.0.3 分部（子分部）工程质量验收合格应符合下列规定：

1. 分部（子分部）工程所含分项工程的质量均应验收合格。

2. 质量控制资料应完整。

3. 地基与基础、主体结构和设备安装等分部工程有关安全及功能的检验和抽样检测结果应符合有关规定。

4. 观感质量验收应符合要求。

5.0.4 单位（子单位）工程质量验收合格应符合下列规定：

1. 单位（子单位）工程所含分部（子分部）工程的质量均应验收合格。

2. 质量控制资料应完整。

3. 单位（子单位）工程所含分部工程有关安全和功能的检测资料应完整。

4. 主要功能项目的抽查结果应符合相关专业质量验收规范的规定。

5. 观感质量验收应符合要求。

5.0.5 建筑工程质量验收记录应符合下列规定：

1. 检验批质量验收可按本标准附录D进行。

2. 分项工程质量验收可按本标准附录E进行。

3. 分部（子分部）工程质量验收应按本标准附录F进行。

4. 单位（子单位）工程质量验收，质量控制资料核查，安全和功能检验资料核查及主要功能抽查记录，观感质量检查应按本标准附录G进行。

5.0.6 当建筑工程质量不符合要求时，应按下列规定进行处理：

1. 经返工重做或更换器具、设备的检验批，应重新进行验收。

2. 经有资质的检测单位检测鉴定能够达到设计要求的检验批，应予以验收。

3. 经有资质的检测单位检测鉴定达不到设计要求、但经原设计单位核算认可能够满足结构安全和使用功能的检验批，可予以验收。

4. 经返修或加固处理的分项、分部工程，虽然改变外形尺寸但仍能满足安全使用要求，可按技术处理方案和协商文件进行验收。

5.0.7 通过返修或加固处理仍不能满足安全使用要求的分部工程、单位（子单位）工程，严禁验收。

6 建筑工程质量验收程序和组织

6.0.1 检验批及分项工程应由监理工程师（建设单位项目技术负责人）组织施工单位项目专业质量（技术）负责人等进行验收。

6.0.2 分部工程应由总监理工程师（建设单位项目负责人）组织施工单位项目负责人和技术、质量负责人等进行验收；地基与基础、主体结构分部工程的勘察、设计单位工程项目负责人和施工单位技术、质量部门负责人也应参加相关分部工程验收。

6.0.3 单位工程完工后，施工单位应自行组织有关人员进行检查评定，并向建设单位提交工程验收报告。

6.0.4 建设单位收到工程验收报告后，应由建设单位（项目）负责人组织施工（含分包单位）、设计、监理等单位（项目）负责人进行单位（子单位）工程验收。

6.0.5 单位工程有分包单位施工时，分包单位对所承包的工程项目应按本标准规定的程序检查评定，总包单位应派人参加。分包工程完成后，应将工程有关资料交总包单位。

6.0.6 当参加验收各方对工程质量验收意见不一致时，可请当地建设行政主管部门或工程质量监督机构协调处理。

6.0.7 单位工程质量验收合格后，建设单位应在规定时间内将工程竣工验收报告和有关文件，报建设行政管理部门备案。

附录 A 施工现场质量管理检查记录

A.0.1 施工现场质量管理检查记录应由施工单位按表 A.0.1 填写，总监理工程师（建设单位项目负责人）进行检查，并做出检查结论。

表 A.0.1 施工现场质量管理检查记录 开工日期：

工程名称			施工许可证（开工证）	
建设单位			项目负责人	
设计单位			项目负责人	
监理单位			总监理工程师	
施工单位		项目经理		项目技术负责人
序号	项目		内容	
1	现场质量管理制度			
2	质量责任制			
3	主要专业工种操作上岗证书			
4	分包方资质与对分包单位的管理制度			
5	施工图审查情况			
6	地质勘察资料			
7	施工组织设计、施工方案及审批			
8	施工技术标准			
9	工程质量检验制度			
10	搅拌站及计量设置			
11	现场材料、设备存放与管理			
12				
检查结论： 总监理工程师 （建设单位项目负责人） 年 月 日				

附录B 建筑工程分部（子分部）工程、分项工程划分

B.0.1 建筑工程的分部（子分部）工程、分项工程可按表B.0.1划分。

表 B.0.1 建筑工程分部工程、分项工程划分

序号	分部工程	子分部工程	分项工程
1	地基与基础	无支护土方	土方开挖、土方回填
		有支护土方	排桩，降水、排水、地下连续墙、锚杆、土钉墙、水泥土桩、沉井与沉箱，钢及混凝土支撑
		地基处理	灰土地基、砂和砂石地基、碎砖三合土地基，土工合成材料地基，粉煤灰地基，重锤夯实地基，强夯地基，振冲地基，砂桩地基，预压地基，高压喷射注浆地基，土和灰土挤密桩地基，注浆地基，水泥粉煤灰碎石桩地基，夯实水泥土桩地基
		桩基	锚杆静压桩及静力压桩，预应力离心管桩，钢筋混凝土预制桩，钢桩，混凝土灌注桩（成孔、钢筋笼、清孔、水下混凝土灌注）
		地下防水	防水混凝土，水泥砂浆防水层，卷材防水层，涂料防水层，金属板防水层，塑料板防水层，细部构造，喷锚支护，复合式衬砌，地下连续墙，盾构法隧道；渗排水、盲沟排水，隧道、坑道排水；预注浆、后注浆，衬砌裂缝注浆
		混凝土基础	模板、钢筋、混凝土，后浇带混凝土，混凝土结构缝处理

续表

序号	分部工程	子分部工程	分项工程
1	地基与基础	砌体基础	砖砌体，混凝土砌块砌体，配筋砌体，石砌体
		劲钢（管）混凝土	劲钢（管）焊接，劲钢（管）与钢筋的连接，混凝土
		钢结构	焊接钢结构、栓接钢结构，钢结构制作，钢结构安装，钢结构涂装
2	主体结构	混凝土结构	模板，钢筋，混凝土，预应力、现浇结构，装配式结构
		劲钢（管）混凝土结构	劲钢（管）焊接，螺栓连接，劲钢（管）与钢筋的连接，劲钢（管）制作、安装，混凝土
		砌体结构	砖砌体，混凝土小型空心砌块砌体，石砌体，填充墙砌体，配筋砖砌体
		钢结构	钢结构焊接，紧固件连接，钢零部件加工，单层钢结构安装，多层及高层钢结构安装，钢结构涂装，钢构件组装，钢构件预拼装，钢网架结构安装，压型金属板
		木结构	方木和原木结构，胶合木结构，轻型木结构，木构件防护
		网架和索膜结构	网架制作，网架安装，索膜安装，网架防火，防腐涂料
3	建筑装饰装修	地面	整体面层：基层，水泥混凝土面层，水泥砂浆面层，水磨石面层，防油渗面层，水泥钢（铁）屑面层，不发火（防爆的）面层；板块面层：基层，砖面层（陶瓷锦砖、缸砖、陶瓷地砖和水泥花砖面层），大理石面层和花岗岩面层，预制板块面层（预制水泥混凝土、水磨石板块面层），料石面层（条石、块石面层），塑料板

续表

序号	分部工程	子分部工程	分项工程
3	建筑装饰装修	地面	面层，活动地板面层，地毯面层；木竹面层：基层、实木地板面层（条材、块材面层），实木复合地板面层（条材、块材面层），中密度（强化）复合地板面层（条材面层），竹地板面层
		抹灰	一般抹灰，装饰抹灰，清水砌体勾缝
		门窗	木门窗制作与安装，金属门窗安装，塑料门窗安装，特种门安装，门窗玻璃安装
		吊顶	暗龙骨吊顶，明龙骨吊顶
		轻质隔墙	板材隔墙，骨架隔墙，活动隔墙，玻璃隔墙
		饰面板（砖）	饰面板安装，饰面砖粘贴
		幕墙	玻璃幕墙，金属幕墙，石材幕墙
		涂饰	水性涂料涂饰，溶剂型涂料涂饰，美术涂饰
		裱糊与软包	裱糊、软包
		细部	橱柜制作与安装，窗帘盒、窗台板和暖气罩制作与安装，门窗套制作与安装，护栏和扶手制作与安装，花饰制作与安装
4	建筑屋面	卷材防水屋面	保温层，找平层，卷材防水层，细部构造
		涂膜防水屋面	保温层，找平层，涂膜防水层，细部构造
		刚性防水屋面	细石混凝土防水层，密封材料嵌缝，细部构造
		瓦屋面	平瓦屋面，油毡瓦屋面，金属板屋面，细部构造
		隔热屋面	架空屋面，蓄水屋面，种植屋面

续表

序号	分部工程	子分部工程	分项工程
5	建筑给水、排水及采暖	室内给水系统	给水管道及配件安装，室内消火栓系统安装，给水设备安装，管道防腐，绝热
		室内排水系统	排水管道及配件安装，雨水管道及配件安装
		室内热水供应系统	管道及配件安装，辅助设备安装，防腐，绝热
		卫生器具安装	卫生器具安装，卫生器具给水配件安装，卫生器具排水管道安装
		室内采暖系统	管道及配件安装，辅助设备及散热器安装，金属辐射板安装，低温热水地板辐射采暖系统安装，系统水压试验及调试，防腐，绝热
		室外给水管网	给水管道安装，消防水泵接合器及室外消火栓安装，管沟及井室
		室外排水管网	排水管道安装，排水管沟与井池
		室外供热管网	管道及配件安装，系统水压试验及调试、防腐，绝热
		建筑中水系统及游泳池系统	建筑中水系统管道及辅助设备安装，游泳池水系统安装
		供热锅炉及辅助设备安装	锅炉安装，辅助设备及管道安装，安全附件安装，烘炉、煮炉和试运行，换热站安装，防腐，绝热
6	建筑电气	室外电气	架空线路及杆上电气设备安装，变压器、箱式变电所安装，成套配电柜、控制柜（屏、台）和动力、照明配电箱（盘）及控制柜安装，电线、电缆导管和线槽敷设，电线、电缆穿管和线槽敷设，电缆头制作、导线连接和线路电气试验，建筑物外部装饰灯具、航空障碍标志灯和庭院路灯安装，建筑照明通电试运行，接地装置安装

续表

序号	分部工程	子分部工程	分项工程
6	建筑电气	变配电室	变压器、箱式变电所安装，成套配电柜、控制柜（屏、台）和动力、照明配电箱（盘）安装，裸母线、封闭母线、插接式母线安装，电缆沟内和电缆竖井内电缆敷设，电缆头制作、导线连接和线路电气试验，接地装置安装，避雷引下线和变配电室接地干线敷设
		供电干线	裸母线、封闭母线、插接式母线安装，桥架安装和桥架内电缆敷设，电缆沟内和电缆竖井内电缆敷设，电线、电缆导管和线槽敷设，电线、电缆穿管和线槽敷线，电缆头制作、导线连接和线路电气试验
		电气动力	成套配电柜、控制柜（屏、台）和动力、照明配电箱（盘）及控制柜安装，低压电动机、电加热器及电动执行机构检查、接线，低压电气动力设备检测、试验和空载试运行，桥架安装和桥架内电缆敷设，电线、电缆导管和线槽敷设，电线、电缆穿管和线槽敷线，电缆头制作、导线连接和线路电气试验，插座、开关、风扇安装
		电气照明安装	成套配电柜、控制柜（屏、台）和动力、照明配电箱（盘）安装，电线、电缆导管和线槽敷设，电线、电缆导管和线槽敷线，槽板配线，钢索配线，电缆头制作、导线连接和线路电气试验，普通灯具安装，专用灯具安装，插座、开关、风扇安装，建筑照明通电试运行

续表

序号	分部工程	子分部工程	分项工程
6	建筑电气	备用和不间断电源安装	成套配电柜、控制柜（屏、台）和动力、照明配电箱（盘）安装，柴油发电机组安装，不间断电源的其他功能单元安装，裸母线、封闭母线、插接式母线安装，电线、电缆导管和线槽敷设，电线、电缆导管和线槽敷线，电缆头制作、导线连接和线路电气试验，接地装置安装
		防雷及接地安装	接地装置安装，避雷引下线和变配电室接地干线敷设，建筑物等电位连接，接闪器安装
7	智能建筑	通信网络系统	通信系统，卫星及有线电视系统，公共广播系统
		办公自动化系统	计算机网络系统，信息平台及办公自动化应用软件，网络安全系统
		建筑设备监控系统	空调与通风系统，变配电系统，照明系统，给排水系统，热源和热交换系统，冷冻和冷却系统，电梯和自动扶梯系统，中央管理工作站与操作分站，子系统通信接口
		火灾报警及消防联动系统	火灾和可燃气体探测系统，火灾报警控制系统，消防联动系统
		安全防范系统	电视监控系统，入侵报警系统，巡更系统，出入口控制（门禁）系统，停车管理系统
		综合布线系统	缆线敷设和终接，机柜、机架、配线架的安装，信息插座和光缆芯线终端的安装
		智能化集成系统	集成系统网络，实时数据库，信息安全，功能接口
		电源与接地	智能建筑电源，防雷及接地
		环境	空间环境，室内空调环境，视觉照明环境，电磁环境

续表

序号	分部工程	子分部工程	分项工程
7	智能建筑	住宅（小区）智能化系统	火灾自动报警及消防联动系统，安全防范系统（含电视监控系统、入侵报警系统、巡更系统、门禁系统、楼宇对讲系统、住户对讲呼救系统、停车管理系统），物业管理系统（多表现场计量及与远程传输系统、建筑设备监控系统、公共广播系统、小区网络及信息服务系统、物业办公自动化系统），智能家庭信息平台
8	通风与空调	送排风系统	风管与配件制作，部件制作，风管系统安装，空气处理设备安装，消声设备制作与安装，风管与设备防腐，风机安装，系统调试
		防排烟系统	风管与配件制作，部件制作，风管系统安装，防排烟风口、常闭正压风口与设备安装，风管与设备防腐，风机安装，系统调试
		除尘系统	风管与配件制作，部件制作，风管系统安装，除尘器与排污设备安装，风管与设备防腐，风机安装，系统调试
		空调风系统	风管与配件制作，部件制作，风管系统安装，空气处理设备安装，消声设备制作与安装，风管与设备防腐，风机安装，风管与设备绝热，系统调试
		净化空调系统	风管与配件制作，部件制作，风管系统安装，空气处理设备安装，消声设备制作与安装，风管与设备防腐，风机安装，风管与设备绝热，高效过滤器安装，系统调试
		制冷设备系统	制冷机组安装，制冷剂管道及配件安装，制冷附属设备安装，管道及设备的防腐与绝热，系统调试

续表

序号	分部工程	子分部工程	分项工程
8	通风与空调	空调水系统	管道冷热（媒）水系统安装，冷却水系统安装，冷凝水系统安装，阀门及部件安装，冷却塔安装，水泵及附属设备安装，管道与设备的防腐与绝热，系统调试
9	电梯	电力驱动的曳引式或强制式电梯安装	设备进场验收，土建交接检验，驱动主机，导轨，门系统，轿厢，对重（平衡重），安全部件，悬挂装置，随行电缆，补偿装置，电气装置，整机安装验收
		液压电梯安装	设备进场验收，土建交接检验，液压系统，导轨，门系统，轿厢，对重（平衡重），安全部件，悬挂装置，随行电缆，电气装置，整机安装验收
		自动扶梯、自动人行道安装	设备进场验收，土建交接检验，整机安装验收

附录C 室外工程划分

C.0.1 室外单位（子单位）工程和分部工程可按表C.0.1划分。

表C.0.1 室外工程划分

单位工程	子单位工程	分部（子分部）工程
室外建筑环境	附属建筑	车棚，围墙，大门，挡土墙，垃圾收集站
	室外环境	建筑小品，道路，亭台，连廊，花坛，场坪绿化
室外安装	给排水与采暖	室外给水系统，室外排水系统，室外供热系统
	电 气	室外供电系统，室外照明系统

附录D 检验批质量验收记录

D.0.1 检验批的质量验收记录由施工项目专业质量检查员填写，监理工程师（建设单位项目专业技术负责人）组织项目专业质量检查员等进行验收，并按表D.0.1记录。

表D.0.1 检验批质量验收记录

<table>
<tr><td>工程名称</td><td></td><td>分项工程名称</td><td></td><td>验收部位</td><td></td></tr>
<tr><td>施工单位</td><td></td><td>专业工长</td><td></td><td>项目经理</td><td></td></tr>
<tr><td>施工执行标准名称及编号</td><td colspan="5"></td></tr>
<tr><td>分包单位</td><td></td><td>分包项目经理</td><td></td><td>施工班组长</td><td></td></tr>
<tr><td></td><td colspan="2">质量验收规范的规定</td><td colspan="2">施工单位检查评定记录</td><td>监理（建设）单位验收记录</td></tr>
<tr><td rowspan="9">主控项目</td><td>1</td><td></td><td colspan="2"></td><td rowspan="9"></td></tr>
<tr><td>2</td><td></td><td colspan="2"></td></tr>
<tr><td>3</td><td></td><td colspan="2"></td></tr>
<tr><td>4</td><td></td><td colspan="2"></td></tr>
<tr><td>5</td><td></td><td colspan="2"></td></tr>
<tr><td>6</td><td></td><td colspan="2"></td></tr>
<tr><td>7</td><td></td><td colspan="2"></td></tr>
<tr><td>8</td><td></td><td colspan="2"></td></tr>
<tr><td>9</td><td></td><td colspan="2"></td></tr>
<tr><td rowspan="4">一般项目</td><td>1</td><td></td><td colspan="2"></td><td rowspan="4"></td></tr>
<tr><td>2</td><td></td><td colspan="2"></td></tr>
<tr><td>3</td><td></td><td colspan="2"></td></tr>
<tr><td>4</td><td></td><td colspan="2"></td></tr>
<tr><td>施工单位检查评定结果</td><td colspan="5">项目专业质量检查员： 年 月 日</td></tr>
<tr><td>监理（建设）单位验收结论</td><td colspan="5">监理工程师
（建设单位项目专业技术负责人） 年 月 日</td></tr>
</table>

附录E　分项工程质量验收记录

E.0.1　分项工程质量应由监理工程师（建设单位项目专业技术负责人）组织项目专业技术负责人等进行验收，并按表E.0.1记录。

表 E.0.1　　　　　　**分项工程质量验收记录**

工程名称		结构类型		检验批数	
施工单位		项目经理		项目技术负责人	
分包单位		分包单位负责人		分包项目经理	

序号	检验批部位、区段	施工单位检查评定结果	监理（建设）单位验收结论
1			
2			
3			
4			
5			
6			
7			
8			
9			
10			
11			
12			
13			
14			
15			
16			
17			

检查结论	项目专业 技术负责人： 年　月　日	验收结论	监理工程师 （建设单位项目专业技术负责人） 年　月　日

附录F　分部（子分部）工程质量验收记录

F.0.1　分部（子分部）工程质量应由总监理工程师（建设单位项目专业负责人）组织施工项目经理和有关勘察、设计单位项目负责人进行验收，并按表F.0.1记录。

表 F.0.1　　　　　　**分部（子分部）工程验收记录**

工程名称		结构类型		层数	
施工单位		技术部门负责人		质量部门负责人	
分包单位		分包单位负责人		分包技术负责人	

序号	分项工程名称	检验批数	施工单位检查评定	验　收　意　见
1				
2				
3				
4				
5				
6				
质量控制资料				
安全和功能检验(检测)报告				
观感质量验收				

验收单位			
验收单位	分包单位	项目经理	年　月　日
验收单位	施工单位	项目经理	年　月　日
验收单位	勘察单位	项目负责人	年　月　日
验收单位	设计单位	项目负责人	年　月　日
验收单位	监理(建设)单位	总监理工程师 （建设单位项目专业负责人）	年　月　日

附录G　单位(子单位)工程质量竣工验收记录

G.0.1　单位（子单位）工程质量验收应按表G.0.1-1记录，表G.0.1-1为单位工程质量验收的汇总表与附录F的表F.0.1和表G.0.1-2～G.0.1-4配合使用。表G.0.1-2为单位（子单位）工程质量控制资料核查记录，表G.0.1-3为单位（子单位）工程安全和功能检验资料核查及主要功能抽查记录，表G.0.1-4为单位（子单位）工程观感质量检查记录。

表G.0.1-1验收记录由施工单位填写，验收结论由监理（建设）单位填写。综合验收结论由参加验收各方共同商定，建设单位填写，应对工程质量是否符合设计和规范要求及总体质量水平做出评价。

表G.0.1-1　单位（子单位）工程质量竣工验收记录

工程名称		结构类型		层数/建筑面积	/
施工单位		技术负责人		开工日期	
项目经理		项目技术负责人		竣工日期	
序号	项目	验收记录		验收结论	
1	分部工程	共　分部，经查　分部 符合标准及设计要求　分部			
2	质量控制资料核查	共　项，经审查符合要求　项， 经核定符合规范要求　项			
3	安全和主要使用功能核查及抽查结果	共核查　项，符合要求　项， 共抽查　项，符合要求　项， 经返工处理符合要求　项			
4	观感质量验收	共抽查　项，符合要求　项， 不符合要求　项			
5	综合验收结论				
参加验收单位	建设单位	监理单位	施工单位	设计单位	
	（公章） 单位(项目)负责人 年　月　日	（公章） 总监理工程师 年　月　日	（公章） 单位负责人 年　月　日	（公章） 单位(项目)负责人 年　月　日	

表G.0.1-2　单位（子单位）工程质量控制资料核查记录

工程名称			施工单位		
序号	项目	资料名称	份数	核查意见	核查人
1	建筑与结构	图纸会审、设计变更、洽商记录			
2		工程定位测量、放线记录			
3		原材料出厂合格证书及进场检（试）验报告			
4		施工试验报告及见证检测报告			
5		隐蔽工程验收记录			
6		施工记录			
7		预制构件、预拌混凝土合格证			
8		地基基础、主体结构检验及抽样检测资料			
9		分项、分部工程质量验收记录			
10		工程质量事故及事故调查处理资料			
11		新材料、新工艺施工记录			
12					
1	给排水与采暖	图纸会审、设计变更、洽商记录			
2		材料、配件出厂合格证书及进场检（试）验报告			
3		管道、设备强度试验、严密性试验记录			
4		隐蔽工程验收记录			
5		系统清洗、灌水、通水、通球试验记录			
6		施工记录			
7		分项、分部工程质量验收记录			
8					

续表

工程名称			施工单位			
序号	项目	资料名称	份数	核查意见	核查人
1	建筑电气	图纸会审、设计变更、洽商记录			
2		材料、设备出厂合格证书及进场检（试）验报告			
3		设备调试记录			
4		接地、绝缘电阻测试记录			
5		隐蔽工程验收记录			
6		施工记录			
7		分项、分部工程质量验收记录			
8					
1	通风与空调	图纸会审、设计变更、洽商记录			
2		材料、设备出厂合格证书及进场检（试）验报告			
3		制冷、空调、水管道强度试验、严密性试验记录			
4		隐蔽工程验收记录			
5		制冷设备运行调试记录			
6		通风、空调系统调试记录			
7		施工记录			
8		分项、分部工程质量验收记录			
9					
1	电梯	土建布置图纸会审、设计变更、洽商记录			
2		设备出厂合格证书及开箱检验记录			
3		隐蔽工程验收记录			
4		施工记录			
5		接地、绝缘电阻测试记录			
6		负荷试验、安全装置检查记录			
7		分项、分部工程质量验收记录			
8					

续表

工程名称			施工单位			
序号	项目	资料名称	份数	核查意见	核查人
1	建筑智能化	图纸会审、设计变更、洽商记录、竣工图及设计说明			
2		材料、设备出厂合格证及技术文件及进场检（试）验报告			
3		隐蔽工程验收记录			
4		系统功能测定及设备调试记录			
5		系统技术、操作和维护手册			
6		系统管理、操作人员培训记录			
7		系统检测报告			
8		分项、分部工程质量验收报告			

结论：

施工单位项目经理　　年　月　日　　总监理工程师（建设单位项目负责人）

年　月　日

表 G.0.1-3　单位（子单位）工程安全和功能检验资料核查及主要功能抽查记录

工程名称			施工单位			
序号	项目	安全和功能检查项目	份数	核查意见	抽查结果	核查(抽查）人
1	建筑与结构	屋面淋水试验记录				
2		地下室防水效果检查记录				
3		有防水要求的地面蓄水试验记录				
4		建筑物垂直度、标高、全高测量记录				
5		抽气（风）道检查记录				
6		幕墙及外窗气密性、水密性、耐风压检测报告				
7		建筑物沉降观测测量记录				
8		节能、保温测试记录				
9		室内环境检测报告				
10						
1	给排水与采暖	给水管道通水试验记录				
2		暖气管道、散热器压力试验记录				
3		卫生器具满水试验记录				
4		消防管道、燃气管道压力试验记录				
5		排水干管通球试验记录				
6						
1	电气	照明全负荷试验记录				
2		大型灯具牢固性试验记录				
3		避雷接地电阻测试记录				
4		线路、插座、开关接地检验记录				
5						

续表

工程名称			施工单位			
序号	项目	安全和功能检查项目	份数	核查意见	抽查结果	核查(抽查）人
1	通风与空调	通风、空调系统试运行记录				
2		风量、温度测试记录				
3		洁净室洁净度测试记录				
4		制冷机组试运行调试记录				
5						
1	电梯	电梯运行记录				
2		电梯安全装置检测报告				
1	智能建筑	系统试运行记录				
2		系统电源及接地检测报告				
3						

结论：

总监理工程师

施工单位项目经理　　年　月　日　（建设单位项目负责人）

年　月　日

注：抽查项目由验收组协商确定。

表 G.0.1-4　单位（子单位）工程观感质量检查记录

工程名称				施工单位		
序号	项目		抽查质量状况	质量评价		
				好	一般	差
1	建筑与结构	室外墙面				
2		变形缝				
3		水落管，屋面				
4		室内墙面				
5		室内顶棚				
6		室内地面				
7		楼梯、踏步、护栏				
8		门窗				
1	给排水与采暖	管道接口、坡度、支架				
2		卫生器具、支架、阀门				
3		检查口、扫除口、地漏				
4		散热器、支架				
1	建筑电气	配电箱、盘、板、接线盒				
2		设备器具、开关、插座				
3		防雷、接地				
1	通风与空调	风管、支架				
2		风口、风阀				
3		风机、空调设备				
4		阀门、支架				
5		水泵、冷却塔				
6		绝热				
1	电梯	运行、平层、开关门				
2		层门、信号系统				
3		机房				
1	智能建筑	机房设备安装及布局				
2		现场设备安装				
3						
观感质量综合评价						
检查结论	施工单位项目经理　　年　月　日		总监理工程师 （建设单位项目负责人） 年　月　日			

注：质量评价为差的项目，应进行返修。

本标准用词说明

一、执行本标准条文时，要求严格程度不同的用词说明如下，以便在执行中区别对待。

1. 表示很严格，非这样做不可的：

正面词采用“必须”，反面词采用“严禁”。

2. 表示严格，在正常情况下均应这样做的：

正面词采用“应”，反面词采用“不应”或“不得”。

3. 表示允许稍有选择，在条件许可时首先这样做的：

正面词采用“宜”或“可”，反面词采用“不宜”。

表示有选择，在一定条件下可以这样做的，采用“可”。

二、条文中必须按指定的标准、规范或其他有关规定执行时，写法为“应按……执行”或“应符合……要求”。

中华人民共和国国家标准

建筑工程施工质量验收统一标准

GB 50300—2001

条 文 说 明

目 次

1 总　　则

1.0.1 本条是编制统一标准和建筑工程质量验收规范系列标准的宗旨。仅限于施工质量的验收。设计和使用中的质量问题不属于本标准的范畴。

本次编制是将有关建筑工程的施工及验收规范和其工程质量检验评定标准合并，组成新的工程质量验收规范体系，实际上是重新建立一个技术标准体系。以统一建筑工程质量的验收方法、程序和质量指标。

修订中坚持了“验评分离、强化验收、完善手段、过程控制”的指导思想。

1.0.2 本标准的内容有两部分。第一部分规定了房屋建筑各专业工程施工质量验收规范编制的统一准则。为了统一房屋工程各专业施工质量验收规范的编制，对检验批、分项、分部（子分部）、单位（子单位）工程的划分、质量指标的设置和要求、验收程序与组织都提出了原则的要求，以指导本系列标准各验收规范的编制，掌握内容的繁简，质量指标的多少，宽严程度等，使其能够比较协调。

第二部分是直接规定了单位工程的验收，从单位工程的划分和组成，质量指标的设置，到验收程序都做了具体规定。

1.0.3 本标准的编制依据，主要是《中华人民共和国建筑法》、《建设工程质量管理条例》、《建筑结构可靠度设计统一标准》及其他有关设计规范的规定等。同时，本标准强调本系列各专业验收规范必须与本标准配套使用。

另外，本标准规范体系的落实和执行，还需要有关标准的支持，其支持体系见图 1.0.3 工程质量验收规范支持体系示意图。

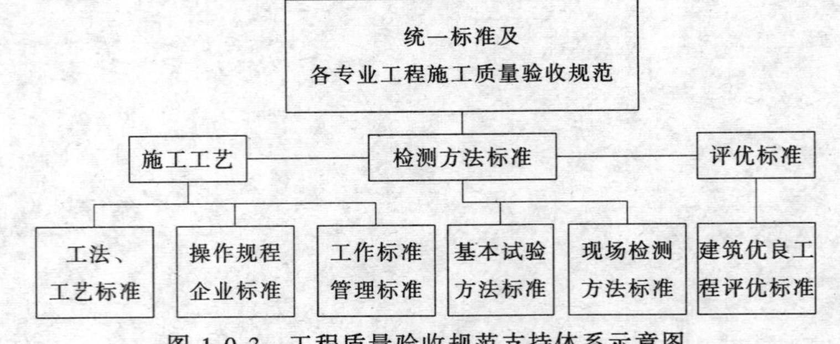

图 1.0.3　工程质量验收规范支持体系示意图

2 术　语

本章中给出的17个术语，是本标准有关章节中所引用的。除本标准使用外，还可作为建筑工程各专业施工质量验收规范引用的依据。

在编写本章术语时，参考了《质量管理和质量保证术语》GB/T 6583—1994、统计方法应用国家标准汇编、《建筑结构设计术语和符号标准》GB/T 50083—97等国家标准中的相关术语。

本标准的术语是从本标准的角度赋予其涵义的，但涵义不一定是术语的定义。同时还分别给出了相应的推荐性英文术语，该英文术语不一定是国际上的标准术语，仅供参考。

3 基本规定

3.0.1 本条规定了建筑工程施工单位应建立必要的质量责任制度，对建筑工程施工的质量管理体系提出了较全面的要求，建筑工程的质量控制应为全过程的控制。

施工单位应推行生产控制和合格控制的全过程质量控制，应有健全的生产控制和合格控制的质量管理体系。这里不仅包括原材料控制、工艺流程控制、施工操作控制、每道工序质量检查、各道相关工序间的交接检验以及专业工种之间等中间交接环节的质量管理和控制要求，还应包括满足施工图设计和功能要求的抽样检验制度等。施工单位还应通过内部的审核与管理者的评审，找出质量管理体系中存在的问题和薄弱环节，并制订改进的措施和跟踪检查落实等措施，使单位的质量管理体系不断健全和完善，是该施工单位不断提高建筑工程施工质量的保证。

同时施工单位应重视综合质量控制水平，应从施工技术、管理制度、工程质量控制和工程质量等方面制订对施工企业综合质量控制水平的指标，以达到提高整体素质和经济效益。

3.0.2 本条较具体规定了建筑工程施工质量控制的主要方面。

一是用于建筑工程的主要材料、半成品、成品、建筑构配件、器具和设备的进场验收和重要建筑材料的复检；二是控制每道工序的质量，在每道工序的质量控制中之所以强调按企业标准进行控制，是考虑企业标准的控制指标应严于行业和国家标准指标的因素；三是施工单位每道工序完成后除了自检、专职质量检查员检查外，还强调了工序交接检查，上道工序还应满足下道工序的施工条件和要求；同样相关专业工序之间也应进行中间交接检验，使各工序间和各相关专业工程之间形成一个有机的整体。

3.0.3 本条提出了建筑工程质量验收的基本要求，这主要是：参加建筑工程质量验收各方人员应具备的资格；建筑工程质量验收应在施工单位检验评定合格的基础上进行；检验批质量应按主控项目和一般项目进行验收；隐蔽工程的验收；涉及结构安全的见证取样检测；涉及结构安全和使用功能的重要分部工程的抽样检验以及承担见证试验单位资质的要求；观感质量的现场检查等。

3.0.4 本条给出了检验批质量检验评定的抽样方案，可根据检验项目的特点进行选择。对于检验项目的计量、计数检验，可分为全数检验和抽样检验两大类。

对于重要的检验项目，且可采用简易快速的非破损检验方法时，宜选用全数检验。对于构件截面尺寸或外观质量等检验项目，宜选用考虑合格质量水平的生产方风险 α 和使用方风险 β 的一次或二次抽样方案，也可选用经实践经验有效的抽样方案。

3.0.5 关于合格质量水平的生产方风险 α，是指合格批被判为不合格的概率，即合格批被拒收的概率；使用方风险 β 为不合格批被判为合格批的概率，即不合格批被误收的概率。抽样检验必然存在这两类风险，要求通过抽样检验的检验批100%合格是不合理的也是不可能的，在抽样检验中，两类风险一般控制范围是：$\alpha = 1\% \sim 5\%$；$\beta = 5\% \sim 10\%$。对于主控项目，其 α、β 均不宜超过5%；对于一般项目，α 不宜超过5%，β 不宜超过10%。

4 工程质量验收的划分

4.0.1 随着经济发展和施工技术进步，自改革开放以来，已涌现了大量建筑规模较大的单体工程和具有综合使用功能的综合性建筑物，几万平方米的建筑物比比皆是，十万平方米以上的建筑物也不少。这些建筑物的施工周期一般较长，受多种因素的影响，诸如后期建设资金不足，部分停缓建，已建成可使用部分需投入使用，以发挥投资效益等；投资者为追求最大的投资效益，在建设期间，需要将其中一部分提前建成使用；规模特别大的工程，一次性验收也不方便等等。因此，原标准整体划分为一个单位工程验收已不适应当前的情况，故本标准规定，可将此类工程划分为若干个子单位工程进行验收。同时，随着生产、工作、生活条件要求的提高，建筑物的内部设施也越来越多样化；建筑物相同部位的设计也呈多样化；新型材料大量涌现；加之施工工艺和技术的发展，使分项工程越来越多，因此，按建筑物的主要部位和专业来划分分部工程已不适应要求，故本标准提出在分部工程中，按相近工作内容和系统划分若干子分部工程，这样有利于正确评价建筑工程质量，有利于进行验收。

4.0.2 具有独立施工条件和能形成独立使用功能是单位（子单位）工程划分的基本要求。在施工前由建设、监理、施工单位自行商议确定，并据此收集整理施工技术资料和验收。

4.0.3 在建筑工程的分部工程中，将原建筑电气安装分部工中的强电和弱电部分独立出来各为一个分部工程，称其为建筑电气分部和智能建筑（弱电）分部。

当分部工程量较大且较复杂时，可将其中相同部分的工程或能形成独立专业体系的工程划分成若干子分部工程。

4.0.4 和 4.0.5 分项工程划分成检验批进行验收有助于及时纠正施工中出现的质量问题，确保工程质量，也符合施工实际需要。多层及高层建筑工程中主体分部的分项工程可按楼层或施工段来划分检验批，单层建筑工程中的分项工程可按变形缝等划分检验批；地基基础分部工程中的分项工程一般划分为一个检验批，有地下层的基础工程可按不同地下层划分检验批；屋面分部工程中的分项工程不同楼层屋面可划分为不同的检验批；其他分部工程中的分项工程，一般按楼层划分检验批；对于工程量较少的分项工程可统一划为一个检验批。安装工程一般按一个设计系统或设备组别划分为一个检验批。室外工程统一划分为一个检验批。散水、台阶、明沟等含在地面检验批中。

地基基础中的土石方、基坑支护子分部工程及混凝土工程中的模板工程，虽不构成建筑工程实体，但它是建筑工程施工不可缺少的重要环节和必要条件，其施工质量如何，不仅关系到能否施工和施工安全，也关系到建筑工程的质量，因此将其列入施工验收内容是应该的。

4.0.6 这两条具体给出了建筑工程和室外工程的分部（子分部）、分项工程的划分。

5 工程质量验收

5.0.1 检验批是工程验收的最小单位，是分项工程乃至整个建筑工程质量验收的基础。检验批是施工过程中条件相同并有一定数量的材料、构配件或安装项目，由于其质量基本均匀一致，因此可以作为检验的基础单位，并按批验收。

本条给出了检验批质量合格的条件，共两个方面：资料检查、主控项目检验和一般项目检验。

质量控制资料反映了检验批从原材料到最终验收的各施工工序的操作依据，检查情况以及保证质量所必须的管理制度等。对其完整性的检查，实际是对过程控制的确认，这是检验批合格的前提。

为了使检验批的质量符合安全和功能的基本要求，达到保证建筑工程质量的目的，各专业工程质量验收规范应对各检验批的主控项目、一般项目的子项合格质量给予明确的规定。

检验批的合格质量主要取决于对主控项目和一般项目的检验结果。主控项目是对检验批的基本质量起决定性影响的检验项目，因此必须全部符合有关专业工程验收规范的规定。这意味着主控项目不允许有不符合要求的检验结果，即这种项目的检查具有否决权。鉴于主控项目对基本质量的决定性影响，从严要求是必须的。

5.0.2 分项工程的验收在检验批的基础上进行。一般情况下，两者具有相同或相近的性质，只是批量的大小不同而已。因此，将有关的检验批汇集构成分项工程。分项工程合格质量的条件比较简单，只要构成分项工程的各检验批的验收资料文件完整，并且均已验收合格，则分项工程验收合格。

5.0.3 分部工程的验收在其所含各分项工程验收的基础上进行。本条给出了分部工程验收合格的条件。

首先，分部工程的各分项工程必须已验收合格且相应的质量控制资料文件必须完整，这是验收的基本条件。此外，由于各分项工程的性质不尽相同，因此作为分部工程不能简单地组合而加以验收，尚须增加以下两类检查项目。

涉及安全和使用功能的地基基础、主体结构、有关安全及重要使用功能的安装分部工程应进行有关见证取样送样试验或抽样检测。关于观感质量验收，这类检查往往难以定量，只能以观察、触摸或简单量测的方式进行，并由各个人的主观印象判断，检查结果并不给出“合格”或“不合格”的结论，而是综合给出质量评价。对于“差”的检查点应通过返修处理等补救。

5.0.4 单位工程质量验收也称质量竣工验收，是建筑工程投入使用前的最后一次验收，也是最重要的一次验收。验收合格的条件有五个：除构成单位工程的各分部工程应该合格，并且有关的资料文件应完整以外，还须进行以下三个方面的检查。

涉及安全和使用功能的分部工程应进行检验资料的复查。不仅要全面检查其完整性（不得有漏检缺项），而且对分部工程验收时补充进行的见证抽样检验报告也要复核。这种强化验收的手段体现了对安全和主要使用功能的重视。

此外，对主要使用功能还须进行抽查。使用功能的检查是对建筑工程和设备安装工程最终质量的综合检验，也是用户最为关心的内容。因此，在分项、分部工程验收合格的基础上，竣工验收时再作全面检查。抽查项目是在检查资料文件的基础上由参加验收的各方人员商定，并用计量、计数的抽样方法确定检查部位。检查要求按有关专业工程施工质量验收标准的要求进行。

最后，还须由参加验收的各方人员共同进行观感质量检查。检查的方法、内容、结论等已在分部工程的相应部分中阐述，最后共同确定是否通过验收。

5.0.5 表D和表E及表F分别为检验批和分项工程及分部（子分部工程）验收记录表，主要是规范了各专业规范编制这方面表格的基本格式、内容和方式，具体内容由各专业规范规定。表G为单位工程的质量验收记录。

5.0.6 本条给出了当质量不符合要求时的处理办法。一般情况下，不合格现象在最基层的验收单位-检验批时就应发现并及时处理，否则将影响后续检验批和相关的分项工程、分部工程的验收。因此所有质量隐患必须尽快消灭在萌芽状态，这也是本标准以强化验收促进过程控制原则的体现。非正常情况的处理分以下四种情况：

第一种情况，是指在检验批验收时，其主控项目不能满足验收规范规定或一般项目超过偏差限值的子项不符合检验规定的要求时，应及时进行处理的检验批。其中，严重的缺陷应推倒重来；一般的缺陷通过翻修或更换器具、设备予以解决，应允许施工单位在采取相应的措施后重新验收。如能够符合相应的专业工程质量验收规范，则应认为该检验批合格。

第二种情况，是指个别检验批发现试块强度等不满足要求等问题，难以确定是否验收时，应请具有资质的法定检测单位检测。当鉴定结果能够达到设计要求时，该检验批仍应认为通过验收。

第三种情况，如经检测鉴定达不到设计要求，但经原设计单位核算，仍能满足结构安全和使用功能的情况，该检验批可以予以验收。一般情况下，规范标准给出了满足安全和功能的最低限度要求，而设计往往在此基础上留有一些余量。不满足设计要求和符合相应规范标准的要求，两者并不矛盾。

第四种情况，更为严重的缺陷或者超过检验批的更大范围内的缺陷，可能影响结构的安全性和使用功能。若经法定检测单位检测鉴定以后认为达不到规范标准的相应要求，即不能满足最低限度的安全储备和使用功能，则必须按一定的技术方案进行加固处理，使之能保证其满足安全使用的基本要求。这样会造成一些永久性的缺陷，如改变结构外形尺寸，影响一些次要的使用功能等。为了避免社会财富更大的损失，在不影响安全和主要使用功能条件下可按处理技术方案和协商文件进行验收，责任方应承担经济责任，但不能作为轻视质量而回避责任的一种出路，这是应该特别注意的。

5.0.7 分部工程、单位（子单位）工程存在严重的缺陷，经返修或加固处理仍不能满足安全使用要求的，严禁验收。

6 工程质量验收程序和组织

6.0.1 检验批和分项工程是建筑工程质量的基础，因此，所有检验批和分项工程均应由监理工程师或建设单位项目技术负责人组织验收。验收前，施工单位先填好“检验批和分项工程的质量验收记录”（有关监理记录和结论不填），并由项目专业质量检验员和项目专业技术负责人分别在检验批和分项工程质量检验记录中相关栏目签字，然后由监理工程师组织，严格按规定程序进行验收。

6.0.2 本条规定了分部（子分部）工程验收的组织者及参加验收的相关单位和人员。工程监理实行总监理工程师负责制，因此分部工程应由总监理工程师（建设单位项目负责人）组织施工单位的项目负责人和项目技术、质量负责人及有关人员进行验收。因为地基基础、主体结构的主要技术资料和质量问题是归技术部门和质量部门掌握，所以规定施工单位的技术、质量部门负责人参加验收是符合实际的。

由于地基基础、主体结构技术性能要求严格，技术性强，关系到整个工程的安全，因此规定这些分部工程的勘察、设计单位工程项目负责人也应参加相关分部的工程质量验收。

6.0.3 本条规定单位工程完成后，施工单位首先要依据质量标准、设计图纸等组织有关人员进行自检，并对检查结果进行评定，符合要求后向建设单位提交工程验收报告和完整的质量资料，请建设单位组织验收。

6.0.4 本条规定单位工程质量验收应由建设单位负责人或项目负责人组织，由于设计、施工、监理单位都是责任主体，因此设计、施工单位负责人或项目负责人及施工单位的技术、质量负责人和监理单位的总监理工程师均应参加验收（勘察单位虽然亦是责任主体，但已经参加了地基验收，故单位工程验收时，可以不参加）。

在一个单位工程中，对满足生产要求或具备使用条件，施工单位已预验，监理工程师已初验通过的子单位工程，建设单位可组织进行验收。由几个施工单位负责施工的单位工程，当其中的施工单位所负责的子单位工程已按设计完成，并经自行检验，也可按规定的程序组织正式验收，办理交工手续。在整个单位工程进行全部验收时，已验收的子单位工程验收资料应作为单位工程验收的附件。

6.0.5 本条规定了总包单位和分包单位的质量责任和验收程序。

由于《建设工程承包合同》的双方主体是建设单位和总承包单位，总承包单位应按照承包合同的权利义务对建设单位负责。分包单位对总承包单位负责，亦应对建设单位负责。因此，分包单位对承建的项目进行检验时，总包单位应参加，检验合格后，分包单位应将工程的有关资料移交总包单位，待建设单位组织单位工程质量验收时，分包单位负责人应参加验收。

6.0.6 本条规定了建筑工程质量验收意见不一致时的组织协调部门。协调部门可以是当地建设行政主管部门，或其委托的部门（单位），也可是各方认可的咨询单位。

6.0.7 建设工程竣工验收备案制度是加强政府监督管理，防止不合格工程流向社会的一个重要手段。建设单位应依据

《建设工程质量管理条例》和建设部有关规定，到县级以上人民政府建设行政主管部门或其他有关部门备案。否则，不允许投入使用。

中华人民共和国行业标准

网架结构工程质量检验评定标准

JGJ 78—91

主编单位：中国建筑科学研究院
批准部门：中华人民共和国建设部
施行日期：1992年4月1日

关于发布行业标准《网架结构工程质量检验评定标准》的通知

建标［1991］649号

各省、自治区、直辖市建委（建设厅），计划单列市建委，国务院有关部门：

根据原城乡建设环境保护部（87）城科字276号文的要求，由中国建筑科学研究院主编的《网架结构工程质量检验评定标准》，业经审查，现批准为行业标准，编号为JGJ78—91，自1992年4月1日起施行。

本标准由建设部建筑工程标准技术归口单位中国建筑科学研究院归口管理和解释。在实施过程中如有问题和意见，请函告中国建筑科学研究院。

本标准由建设部标准定额研究所组织出版。

中华人民共和国建设部
1991年9月29日

目 次

第一章　总　　则

第 1.0.1 条　为加强对网架结构制造及安装质量的管理，开展对网架结构工程质量的检验及评定，特制定本标准。

第 1.0.2 条　本标准适用于工业与民用建筑网架结构工程中各分项工程的质量检验评定。

本标准包括节点与杆件的制作、网架安装及油漆、防腐、防火涂装等分项工程。分项工程的检验评定结果参与主体分部工程的质量等级评定。

第 1.0.3 条　本标准是根据国家标准《建筑安装工程质量检验评定统一标准》GBJ 300—88、行业标准《网架结构设计与施工规程》JGJ 7—91制定的。在进行网架结构质量检验评定时尚应遵守国家标准《建筑工程质量检验评定标准》GBJ 301—88、现行国家标准《钢结构工程施工及验收规范》GBJ 205、行业标准《螺栓球节点网架》JGJ 75.1—91、《焊接球节点网架》JGJ 75.2—91及其它有关标准的规定。

第 1.0.4 条　分项工程的质量等级评定应符合下列规定：

一、合格：

1.保证项目必须符合相应质量检验评定标准的规定；

2.基本项目抽检的处（件）应符合相应质量检验评定标准合格栏的规定；

3.允许偏差项目抽检的点数中，有70%及其以上的实测值应在相应质量检验评定标准的允许偏差范围内。

二、优良：

1.保证项目必须符合相应质量检验评定标准的规定；

2.基本项目每项抽检的处（件）应符合相应质量检验评定标准合格栏的规定；其中50%及其以上的处（件）符合优良规定，该项即为优良；优良项数应占检验项数50%及其以上。

3.允许偏差项目抽检的点数中，有90%及其以上的实测值应在相应质量检验评定标准的允许偏差范围内。

第 1.0.5 条　对于网架的节点和杆件的制造及安装由同一个单位负责完成的网架结构工程的整体质量等级评定，应符合下列规定：

一、合格：所含分项工程的质量全部合格；

二、优良：所含分项工程的质量全部合格，其中50%及其以上为优良。

第 1.0.6 条　网架结构部件由专业产品制造厂提供时，则该部分不参加分部工程的质量检验评定。但网架结构工程的承包单位应按本标准规定负责进货验收，检查其强度检验报告、产品合格证，并按本标准有关条文中指定的项目进行复检，质量必须符合产品合格标准。

第二章　焊接球节点

（Ⅰ）保证项目

第 2.0.1 条　用于制造焊接球节点的原材料品种、规格、质量必须符合设计要求和有关标准的规定。

焊接用的焊条、焊剂、焊丝和施焊用的保护气体等，必须符合设计要求和钢结构焊接的专门规定。

检验方法　观察检查并检查出厂合格证、试验报告及焊条烘焙记录，有异议时应抽样复查。

第 2.0.2 条　焊接球焊缝必须进行无损检验，其质量应符合现行国家标准《钢结构工程施工及验收规范》GBJ 205规定的二级质量标准。

检查数量　同规格成品球的焊缝以每300只为一批（不足300只的工程，按一批计），每批随机抽取3只，都符合质量标准时即为合格；如其中一只不合格，则加倍取样检验，当六只都符合质量标准时方可认为合格。

检验方法　超声波探伤或检查出厂合格证。

第 2.0.3 条　焊接球节点必须按设计采用的钢管与球焊接成试件，进行单向轴心受拉和受压的承载力检验，检验结果必须符合附录一的规定。

检查数量　每个工程可取受力最不利的球节点以600只为一批，不足600只仍按一批计，每批取3只为一组随机抽检。

检验方法　用拉力、压力试验机或相应的加载试验装置。现场检查产品试验报告及合格证。

对于安全等级为一级、跨度40m以上公共建筑所采用的网架结构，以及对质量有怀疑时，现场必需进行复验。

试验时如出现下列情况之一者，即可判为球已达到极限承载能力而破坏：

1.当继续加荷而仪表的荷载读数却不上升时，该读数即为极限破坏值；

2.在$F-\varDelta$曲线（F——加荷重量；$\varDelta$——相应荷载下沿受力纵轴方向的变形）上取曲线的峰值为极限破坏值。

（Ⅱ）基本项目

第 2.0.4 条　焊接球表面应符合下列要求：

合格：无明显波纹及局部凹凸不平不大于1.5mm。

优良：光滑平整、无波纹、局部凹凸不平不大于1.0mm。

检查数量　按各种规格节点抽查5%，但每种不少于5件。

检查方法　用弧形套模，钢尺目测检查。

第 2.0.5 条　成品球壁厚减薄量应符合下列要求：

合格：减薄量小于或等于13%，且不超过1.5mm。

优良：减薄量小于或等于10%，且不超过1.2mm。

检查数量　同本标准第2.0.4条的规定。

检验方法　用超声波测厚仪。现场复检。

（Ⅲ）允许偏差项目

第 2.0.6 条　焊接球的允许偏差及检验方法应符合表

2.0.6的规定。

焊接球的允许偏差及检验方法　　　　表 2.0.6

项次	项　　目	允许偏差(mm)	检　验　方　法
1	球焊缝高度与球外表面平齐	±0.5	用焊缝量规，沿焊缝周长等分取 8 个点检查
2	球直径$D\leqslant300$	±1.5	用卡钳及游标卡尺检查，每个球量测各向三个数值
3	球直径$D>300$	±2.5	
4	球的圆度$D\leqslant300$	≤1.5	用卡钳及游标卡尺检查，每个球测三对，每对互成90°，以三对直径差的平均值计
5	球的圆度$D>300$	≤2.5	
6	两个半球对口错边量	≤1.0	用套模及游标卡尺检查，每球取最大错边处一点

检查数量　每种规格抽查5%，且不少于 5 只。

第三章　螺栓球节点

第一节　螺 栓 球

（Ⅰ）保　证　项　目

第 3.1.1 条　用于制造螺栓球节点的钢材必须符合设计规定及相应材料的技术条件和标准。

检验方法　观察检查和检查出厂合格证、试验报告，有怀疑时应抽样复查。

第 3.1.2 条　螺栓球严禁有过烧、裂纹及隐患。

检查数量　每种规格抽查5%，且不少于 5 只，一旦发现裂纹，则应逐个检查。

检验方法　用10倍放大镜目测或用磁粉探伤等其它有效方法。

第 3.1.3 条　螺纹尺寸必须符合国家标准《普通螺纹基本尺寸》GB 196—81粗牙螺纹的规定，螺纹公差必须符合国家标准《普通螺纹公差与配合》GB 197—81中6H级精度的规定。

检查数量　每种规格抽查5%，且不少于 5 只。

检验方法　用标准螺纹规。

第 3.1.4 条　成品球必须对最大的螺孔进行抗拉强度检验，以螺栓孔的螺纹被剪断时的荷载作为该螺栓球的极限承载力值，检验时螺栓拧入深度为1d（d为螺栓的公称直径）。

检验必须符合本标准附录一规定的试件承载能力的检验要求。

检查数量　每项工程中取受力最不利的同规格的螺栓球600只为一批，不足600只仍按一批计，每批取3只为一组随机抽检。

检验方法　用拉力试验机。按第3.2.4条规定与高强度螺栓相配合进行试验，现场检查产品的出厂合格证及试验报告。

对于安全等级为一级，跨度为40m以上公共建筑所采用的网架结构，以及对质量有怀疑时，现场必须复检。

（Ⅱ）允许偏差项目

第 3.1.5 条　螺栓球允许偏差及检验方法应符合表3.1.5的规定。

螺栓球的允许偏差及检验方法　　表 3.1.5

项次	项目		允许偏差(mm)	检验方法
1	球毛坯直径	$D\leqslant120$	+2.0 −1.0	用卡钳、游标卡尺检查
		$D>120$	+3.0 −1.5	
2	球的圆度	$D\leqslant120$ $D>120$	1.5 2.5	
3	螺栓球螺孔端面与球心距		±0.20	用游标卡尺、测量芯棒、高度尺检查

续表

项次	项目		允许偏差(mm)	检验方法
4	同一轴线上两螺孔端面平行度	$D\leqslant120$ $D>120$	0.20 0.30	用游标卡尺、高度尺检查
5	相邻两螺孔轴线间夹角		±30′	用测量芯棒、高度尺、分度头检查
6	螺孔端面与轴线的垂直度		0.5%r	用百分表

注：r为螺孔端面半径。

检查数量　每种规格抽查5%，且不少于5只。

第二节　高强度螺栓

（Ⅰ）保证项目

第 3.2.1 条　用于制造高强度螺栓的钢材必须符合设计规定及相应材料的有关技术条件和标准。

检验方法　检查出厂合格证或试验报告。

第 3.2.2 条　高强度螺栓必须采用国家标准《钢结构用高强度大六角头螺栓》GB 1228—91规定的性能等级8.8s或10.9s，并符合国家标准《钢结构用高强度大六角头螺栓、大六角螺母、垫圈技术条件》GB 1231—91，螺纹应按《普通螺纹公差与配合》GB 197—81中6g级。

检验方法　检查出厂质量合格证及试验报告。

第 3.2.3 条　高强度螺栓必须逐根进行表面硬度试验，对8.8s的高强度螺栓其硬度应为HRC 21～29；10.9s高强度螺栓其硬度应为HRC 32～36，严禁有裂纹或损伤。

检验方法　硬度计、10倍放大镜或磁粉探伤。使用前复检。

第 3.2.4 条　高强度螺栓的承载能力必须符合附录一规定的抗拉强度检验系数允许值（γ_u）。

检查数量　同规格的螺栓每600只为一批，不足600只仍按一批计，每批取3只为一组，随机抽检。

检验方法　取高强度螺栓与螺栓球配合，用拉力试验机进行破坏强度检验。现场检查产品出厂合格证及试验报告，有怀疑时可抽样复检。

（Ⅱ）允许偏差项目

第 3.2.5 条　高强度螺栓的允许偏差及检验方法应符合表3.2.5的规定。

高强度螺栓的允许偏差及检验方法　表 3.2.5

项次	项目		允许偏差（mm）	检验方法
1	螺纹长度（t—螺距）		$+2t$ 0	用钢尺、游标卡尺检查
2	螺栓长度		$+2t$ $-0.8t$	
3	键槽	槽深	±0.2	
4		直线度	<0.2	
5		位置度	<0.5	

检查数量　每种规格抽查5%，且不少于5只。

第三节　封板、锥头、套筒

（Ⅰ）保证项目

第 3.3.1 条　用于制造封板、锥头、套筒的钢材必须符合设计规定及相应的材料技术条件和标准。

检验方法　同本标准第3.2.1条的规定。

第 3.3.2 条　封板、锥头、套筒外观不得有裂纹、过烧及氧化皮。

检查数量：每种抽查5%，不少于10只。

检验方法：用放大镜观察检查。

（Ⅱ）允许偏差项目

第 3.3.3 条　封板、锥头、套筒的允许偏差及检验方法应符合表3.3.3的规定。

封板、锥头、套筒的允许偏差及检验方法　表 3.3.3

项次	项目	允许偏差（mm）	检验方法
1	封板、锥头孔径	+0.5	用游标卡尺检查
2	封板、锥头底板厚度	+0.5 −0.2	
3	封板、锥头底板二面平行度	0.1	用百分表、V形块检查
4	封板、锥头孔与钢管安装台阶同轴度	0.2	用百分表、V形块检查
5	锥头壁厚	+0.2 0	用游标卡尺检查

续表

项次	项目	允许偏差(mm)	检验方法
6	套筒内孔与外接圆同轴度	0.5	用游标卡尺、百分表、测量芯棒检查
7	套筒长度	±0.2	用游标卡尺检查
8	套筒两端面与轴线的垂直度	0.5%r	用游标卡尺、百分表、测量芯棒检查
9	套筒两端面的平行度	0.3	

注：①封板、锥头、套筒应分别进行检验评定。
②r为套筒的外接圆半径。

检查数量　每种抽查5%，且不少于10只。

第四章　焊接钢板节点

（Ⅰ）保　证　项　目

第 4.0.1 条　用于制造焊接钢板节点的钢板和焊接材料，必须符合设计规定及相应的材料技术条件和标准。

检验方法　观察检查，检查出厂合格证、试验报告及焊条烘焙记录。

第 4.0.2 条　焊缝必须符合设计要求，焊缝质量标准，除设计有明确规定者按规定执行外，其余均必须符合现行国家标准《钢结构施工验收规范》GBJ 205二级质量标准。

检查数量　按各种规格节点抽查5%，且不少于5件。

检查方法　外观检查和用焊缝量规及钢尺检查。

（Ⅱ）允许偏差项目

第 4.0.3 条　钢板节点的允许偏差项目及检验方法应符合表4.0.3的规定。

钢板节点的允许偏差及检验方法　　表 4.0.3

项次	项目	允许偏差	检验方法
1	节点板长度及宽度	±2.0mm	用钢板尺检查
2	节点板厚度	+0.5mm	用游标卡尺检查
3	十字节点板间夹角	±20′	用标准角规检查
4	十字节点板与盖板间夹角	±20′	

检查数量　每种规格抽查5%，且不少于5只。

第五章 杆件

（Ⅰ）保证项目

第 5.0.1 条 用于制造杆件的钢材品种、规格、质量必须符合设计规定及相应标准。

焊接用的焊条、焊剂、焊丝和施工用的保护气体，必须符合设计要求和钢结构焊接的专门规定。

检验方法 观察检查和检查出厂合格证、试验报告。

第 5.0.2 条 钢管杆件与封板、锥头的连接必须按设计要求进行焊接；当要求按等强度连接时，焊缝质量标准必须符合现行国家标准《钢结构施工及验收规范》GBJ 205 二级质量标准。

检验数量 每种杆件抽测5%，且不少于5件。

检验方法 超声无损检验。

第 5.0.3 条 钢管杆件与封板或锥头的焊缝应进行抗拉强度检验，其承载能力检验系数应满足附录一规定的要求。

检查数量 取受力最不利的杆件，以同规格杆件300根为一批，每批取 3 根为一组随机抽查，不足300根仍按一批计。

检验方法 生产厂用拉力试验机检验。现场应检查试验报告及出厂合格证。

（Ⅱ）允许偏差项目

第 5.0.4 条 杆件允许偏差及检验方法应符合表5.0.4的规定。

杆件允许偏差及检验方法 **表 5.0.4**

项次	项目	允许偏差（mm）	检验方法
1	角钢杆件制作长度	±2	用钢尺检查
2	焊接球网架钢管杆件制作长度	±1	用钢尺及百分表检查
3	螺栓球网架钢管杆件成品长度	±1	
4	杆件轴线不平直度	$L/1000$且≯5	用百分表、V型块检查
5	封板或锥头与钢管轴线垂直度	0.5%r	

注：L—杆件长度，r—封板或锥头底半径。

检查数量 每种杆件抽测5%，且不少于5件。

第六章　网架结构安装

（Ⅰ）保　证　项　目

第 6.0.1 条　网架结构各部位节点、杆件、连结件的规格、品种及焊接材料必须符合设计要求。

检查数量　每种杆件抽查5%，不少于5件。

检验方法　对照出厂合格证与设计图纸或设计变更通知。观察检查和用钢尺、游标卡尺、卡钳等量测检查。

第 6.0.2 条　焊接节点网架总拼完成后，所有焊缝必须进行外观检查，并作出记录。对大中跨度钢管网架的拉杆与球的对接焊缝，必须作无损探伤检验。焊缝质量标准必须符合本标准第5.0.2的规定。

检查数量　无损探伤检验抽样不少于焊口总数的20%，取样部位由设计单位与施工单位协商确定。

检验方法　超声波无损检验，每一焊口必须全长检测。

（Ⅱ）基　本　项　目

第 6.0.3 条　各杆件与节点连接时中心线应汇交于一点，螺栓球、焊接球应汇交于球心，焊接钢板节点应与设计图符合，其偏差值不得超过1mm。

检查数量　检查纵横中轴线上的上下弦各节点。

检验方法　用经纬仪、钢尺、套模或检查胎模记录。

第 6.0.4 条　网架结构总拼完后及屋面施工完后应分别测量其挠度值；所测的挠度值，不得超过相应设计值的15%。

挠度观测点：小跨度网架设在下弦中央一点；大中跨度下弦中央一点及各向下弦跨度四分点处各设二点。

检验方法　用钢尺、水准仪检测。

（Ⅲ）允许偏差项目

第 6.0.5 条　网架结构安装允许偏差及检验方法应符合表6.0.5的规定。

检查数量　1～4项抽小单元数的10%，且不少于5件；5～9项为全部拼装单元；10～14项对网架结构工程全部检查；第15项，每种杆件抽查5%，不少于5件。抽查部位根

网架结构安装允许偏差及检验方法　　表 6.0.5

项次	项目			允许偏差(mm)	检验方法
1	拼装单元节点中心偏移			2.0	用钢尺及辅助量具检查
2	小拼单元为单锥体	弦杆长l		±2.0	
3		上弦对角线长		±3.0	
4		锥体高		±2.0	
5	拼装单元为整榀平面桁架	跨长L	≤24m	+3.0 -7.0	
			>24m	+5.0 -10.0	
6		跨中高度		±3.0	
7		设计要求起拱 不要求起拱		+10 ±L/5000	

续表

项次	项	目		允许偏差（mm）	检验方法
8	分条分块网架单元长度	≤20m		±10	用钢尺及辅助量具检查
		>20m		±20	
9	多跨连续点支承时分条分块网架单元长度	≤20m		±5	
		>20m		±10	
10	网架结构整体交工验收时	纵横向长度L		$\pm L/2000$ 且≯30	
11		支座中心偏移		$L/3000$ 且≯30	用经纬仪等检查
12	网架结构整体交工验收时	周边支承网架	相邻支座(距离L_1)高差	$L_1/400$ 且≯15	用水准仪等检查
13			最高与最低支座高差	30	
14		多点支承网架相邻支座(距离L_1)高差		$L_1/800$ 且≯30	
15		杆件轴线平直度		$l/1000$ 且≯5	用直线及尺量测检查

据外观检查由设计单位与施工单位共同商定。

第七章　油漆、防腐、防火涂装工程

第 7.0.1 条　网架结构的油漆防锈、防腐、防火涂装工程应在部件制作或安装质量检验评定符合本标准的规定后进行。防锈、防腐、防火涂装应分别逐项验评。

（Ⅰ）保　证　项　目

第 7.0.2 条　油漆、稀释剂、固化剂及防腐、防火涂料的品种、规格质量、涂层厚度必须符合设计要求和相应技术标准或专门规定。

检验方法　检查出厂合格证或复验报告。

第 7.0.3 条　基层处理必须符合设计要求和专业技术规范。经酸洗和喷丸（砂）工艺处理的钢材表面必须露出金属色泽；对采用机械除锈的钢材表面，允许存留金属密贴的轧制表皮，涂层基层无焊渣、焊疤、灰尘、油污和水等杂质。

检验方法　观察检查及用铲刀检查。

第 7.0.4 条　螺栓球节点网架安装后必须将所有接缝用油腻子填嵌严密，并将多余螺孔封口。

检验方法　观察检查。

第 7.0.5 条　严禁误涂、漏涂，不得脱皮和反锈。

检验方法　观察检查。

（Ⅱ）基　本　项　目

第 7.0.6 条　涂层外观应符合下列规定：

合格　涂刷均匀、无明显皱皮、流坠。

优良　涂刷均匀、色泽一致；无皱皮、流坠，分色线清楚整齐。

检查数量　按杆件、节点数各抽查5%，每件检查3处。

检查方法　观察检查。

第 7.0.7 条　构件补刷涂层应符合下列规定：

合格　补刷涂层完整。

优良　损坏的涂层按涂装工艺分层补刷，涂层应完整，附着良好。

检查数量　同第7.0.6条的规定。

检验方法　观察检查。

（Ⅲ）允许偏差项目

第 7.0.8 条　油漆、防腐、防火涂层厚度的允许偏差和检验方法应符合表7.0.8的规定。

涂层厚度的允许偏差及检验方法　　表 7.0.8

项次	项　目	要求厚度（μm）	允许偏差（μm）	检　验　方　法
1	干漆膜厚度	室内125 室外150	−25	用干漆膜测厚仪检查
2	防火、防腐涂层	设计厚度（δ）	$+0.2\delta$ 0	用干漆膜测厚仪或卡尺检查

检查数量　按杆件、节点数各抽查5%，每件测3处，每处的数值应是三个相距约5cm～10cm的测点涂层厚度的平均值。

附录一　试件承载力的检验要求

试件承载力的检验系数应符合下式要求：

$$\gamma_u^0 \geqslant \gamma_0[\gamma_u] \quad （附1.1）$$

$$\gamma_u^0 = F_u/N_d \quad （附1.2）$$

式中　γ_u^0——承载力检验系数的实测值；

γ_0——结构重要性系数；

$[\gamma_u]$——承载力检验系数的允许值，见附表1；

F_u——试验破坏荷载值，按附表1中“试件达到承载力的检验标志”时的值计取；

N_d——承载力设计值。

试件承载力检验系数的允许值$[\gamma_u]$　　附表 1

项次	试件设计受力情况	试件达到承载力的检验标志		$[\gamma_u]$
1	封板、锥头与钢管对接焊缝抗拉	与钢管等强、试件钢管钢管母材达到破坏	A3	1.8
			16Mn	1.7
2	焊接空心球　轴向受拉 轴向受压	见第2.0.3条		1.6
3	高强度螺栓　轴向受拉	试件破坏	$d \leqslant M30$	2.3
			$d \geqslant M33$	2.4
4	螺栓球螺孔与高强度螺栓配合轴向抗拉试验	螺栓达到承载力，螺孔不坏		即认为合格

附录二　本标准用词说明

一、为便于执行本标准条文时区别对待，对要求严格程度不同的用词说明如下：

1.表示很严格，非这样作不可的：

正面词采用“必须”，反面词采用“严禁”。

2.表示严格，在正常情况下均应这样作的：

正面词采用“应”，反面词采用“不应”或“不得”。

3.表示允许稍有选择，在条件许可时首先应这样作的：

正面词采用“宜”、或“可”，反面词采用“不宜”。

二、条文中指明必须按其它有关标准、规范执行时，写法为：“应按……执行”或“应符合……规定”。非必须按指定的标准、规范或其它规定执行的，写法为：“可参照……的要求（或规定）。”

附加说明

本标准主编单位、参加单位、主要起草人名单

主 编 单 位：中国建筑科学研究院

参 加 单 位：东南大学

主要起草人：蓝　天　蒋　寅　肖　炽

中华人民共和国行业标准

建筑工程饰面砖粘结强度检验标准

Testing Standard of Adhesive Strength of
Tapestry Brick for Construction Engineering

JGJ 110—97

主编单位：国家建筑工程质量监督检验中心
批准部门：中华人民共和国建设部
施行日期：1997年10月1日

关于发布行业标准《建筑工程饰面砖粘结强度检验标准》的通知

建标［1997］127号

各省、自治区、直辖市建委（建设厅），计划单列市建委，国务院有关部门：

根据建设部建标［1994］314号文的要求，由国家建筑工程质量监督检验中心主编的《建筑工程饰面砖粘结强度检验标准》，业经审查，现批准为强制性行业标准，编号JGJ 110—97，自1997年10月1日起施行。

本标准由建设部建筑工程标准技术归口单位中国建筑科学研究院归口管理，由国家建筑工程质量监督检验中心负责具体解释。

本标准由建设部标准定额研究所组织出版。

中华人民共和国建设部
1997年6月2日

目　　次

1 总　　则

1.0.1 为统一建筑工程饰面砖粘结强度的检验方法，以保证建筑工程饰面砖的粘结质量，制定本标准。

1.0.2 本标准适用于建筑工程外墙饰面砖粘结强度的检验。

1.0.3 建筑工程饰面砖粘结强度的检验除应符合本标准外，尚应符合国家现行有关标准、规范的规定。

2 术　　语

2.1 标准块　Standard test block

按长、宽、厚的尺寸为95×45×8(mm)或40×40×8（mm），允许偏差为±0.5mm，用45号钢或铬钢材料所制作的标准试件。

2.2 基体　Base

作为建筑物的主体结构或围护结构的混凝土墙体或砌体。

2.3 断缝　Joint

以标准块的长、宽为基准，采用标准的切割片，从饰面砖表面切割至基体表面的矩形缝或正方形缝。

2.4 粘结层　Bonding coat

粘结饰面砖的粘结材料层。

2.5 粘结力　Cohesive force

饰面砖与粘结层界面、粘结层自身、粘结层与找平层界面、找平层自身、找平层与基体界面，在被垂直于表面的拉力作用造成断裂时的最大拉力值。

2.6 粘结强度　Cohesive strength

饰面砖与粘结层界面、粘结层自身、粘结层与找平层界面、找平层自身、找平层与基体界面上单位面积上所承受的粘结力。

3 基本规定

3.0.1 粘结强度检测仪应每年检定一次。发现异常时应随时维修、检定。

3.0.2 试样规格应为 95mm×45mm 或 40mm×40mm。

3.0.3 饰面砖的取样数量应符合下列规定：

3.0.3.1 现场镶贴的外墙饰面砖工程：每 $300m^2$ 同类墙体取 1 组试样，每组 3 个，每一楼层不得少于 1 组；不足 $300m^2$ 同类墙体，每两楼层取 1 组试样，每组 3 个。

3.0.3.2 带饰面砖的预制墙板，每生产 100 块预制墙板取 1 组试样，每组在 3 块板中各取 1 个试样。预制墙板不足 100 块按 100 块计。

3.0.4 试样应由专业检验人员随机抽取。但取样间距不得小于 500mm。

3.0.5 采用水泥砂浆或水泥浆粘结时，应在水泥砂浆或水泥浆龄期达到 28d 时进行检验。当在 7d 或 14d 进行检验时，应通过对比试验确定其粘结强度的修正系数。

4 检验方法

4.0.1 检测仪器、工具及材料应符合下列要求：

4.0.1.1 粘结强度检测仪应符合国家现行行业标准《粘结强度检测仪》的规定。

4.0.1.2 标准块尺寸应与试样规格相同，并应用 45 号钢或铬钢制作。

4.0.1.3 辅助工具及材料应满足如下要求：

（1）游标卡尺的精度为 0.02mm；

（2）手持切割锯宜采用树脂安全锯片，锯片的尺寸应为 150×2.7×1.9（mm）；

（3）环氧系粘结剂，宜采用型号为 914 的快速粘结剂，粘结强度宜大于 3.0kPa；

（4）胶带。

4.0.2 断缝应符合下列要求：

4.0.2.1 断缝宜在粘结强度检验前 2d 至 3d 进行切割。

4.0.2.2 断缝应从饰面砖表面切割至基体表面，深度应一致。

4.0.2.3 饰面砖切割尺寸应与标准块相同，其中两道相邻切割线应沿饰面砖灰缝切割。

4.0.3 标准块粘贴应符合下列要求：

4.0.3.1 标准块粘贴前饰面砖表面应清除污渍并保持干燥。

4.0.3.2 粘结剂应搅拌均匀，随用随配，涂布均匀，涂层厚度不得大于 1mm。

4.0.3.3 在饰面砖上粘贴标准块时（图 4.0.3），粘结剂不应粘污相邻面砖。

4.0.3.4 标准块粘贴后应及时用胶带十字形固定。

4.0.3.5 粘结剂硬化前的养护时间，当气温高于 15℃时，不得小于 24h；当气温在 5～15℃时，不得小于 48h；当气温低于 5℃时，不得小于 72h；在养护期不得浸入水。在低于 5℃时，标准块应预热至 70～80℃后，再进行粘贴。

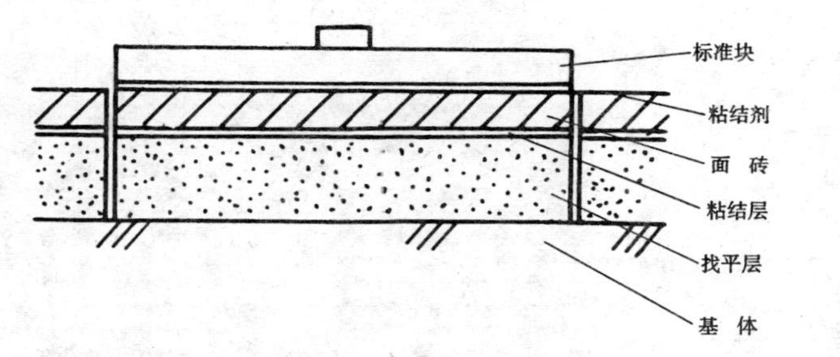

图 4.0.3　标准块粘贴

4.0.4　粘结力测试程序应符合下列要求：（图 4.0.4）

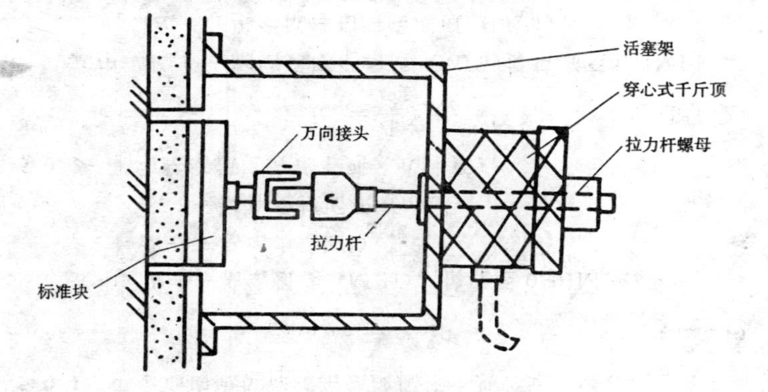

图 4.0.4　千斤顶安装

4.0.4.1　粘结力测试前在标准块上安装带有万向接头的拉力杆；

4.0.4.2　安装专用穿心式千斤顶，使拉力杆通过穿心千斤顶中心并与标准块垂直；

4.0.4.3　调整千斤顶活塞，使活塞升出 2mm 左右，将数字显示器调零，再拧紧拉力杆螺母；

4.0.4.4　测试饰面砖粘结力时，匀速摇转手柄升压，直至饰面砖剥离，并按本标准附表 A 的格式记录粘结强度检测仪的数字显示器峰值，该值即是粘结力值；

4.0.4.5　测试后降压至千斤顶复位，取下拉力杆螺母及拉杆。

4.0.5　饰面砖粘结力检测完毕，应按受力破坏的性质及本标准附表 B 的格式确定破坏状态，并按本标准附表 A 的格式记录。当测试结果为第 1、2、8 种破坏状态时，应重新选点测试，至出现第 3 种至第 7 种破坏状态之一时为止。

4.0.6　标准块处理应按下列要求进行：

4.0.6.1　粘结力测试完毕，应把标准块放到电热器上烧熔粘结剂，并将表面粘结剂清理干净。

4.0.6.2　待标准块冷却后，应用 50 号砂布磨擦表面至出现光泽后涂上机油。

4.0.6.3　应将标准块放置干燥处；使用前应检查表面，并清除锈迹、油污。

5 粘结强度计算

5.0.1 单个饰面砖试件粘结强度应按下列公式计算：

$$R = \frac{X}{S_t} \times 10^3 \tag{5.0.1}$$

式中 R——粘结强度（MPa），精确至0.01MPa；

X——粘结力（kN）；

S_t——试样受拉面积（mm^2）。

5.0.2 平均粘结强度应按下列公式计算：

$$R_m = \frac{1}{3}\sum_{i=1}^{3} R_i \tag{5.0.2}$$

式中 R_m——粘结强度平均值（MPa），精确至0.1MPa；

R_i——单个试件粘结强度值（MPa）。

5.0.3 试样受拉面积应按实际的切割面积计算，测量精度为0.1mm。

6 粘结强度检验

6.0.1 在建筑物外墙上镶贴的同类饰面砖，其粘结强度同时符合以下两项指标时可定为合格：

（1）每组试样平均粘结强度不应小于0.4 MPa；

（2）每组可有一个试样的粘结强度小于0.4 MPa，但不应小于0.3 MPa。

当两项指标均不符合要求时，其粘结强度应定为不合格。

6.0.2 与预制构件一次成型的外墙板饰面砖，其粘结强度同时符合以下两项指标时可定为合格：

（1）每组试样平均粘结强度不应小于0.6 MPa；

（2）每组可有一个试样的粘结强度小于0.6 MPa，但不应小于0.4 MPa。

当两项指标均不符合要求时，其粘结强度应定为不合格。

6.0.3 当一组试样只满足第6.0.1或第6.0.2条中的一项指标时，应在该组试样原取样区域内重新抽取双倍试样检验。若检验结果仍有一项指标达不到规定数值，则该批饰面砖粘结强度可定为不合格。

附录 A 饰面砖粘结力检测记录表

附表 A

委托单位						检验日期		
工程名称						环境温度		
仪器及编号						粘结剂		
基体材料			粘结材料			饰面砖品种及牌号		
编号	龄期(d)	试件尺寸(mm)	受拉面积(mm^2)	粘结力(kN)	粘结强度(MPa)	破坏状态	抽样部位	备注

检测单位： 审核： 检测员：

附录 B 试件破坏状态

附表 B

序号	图示	破坏状态
1	标准块、粘结剂、饰面砖、粘结层、找平层、基体	粘结剂与饰面砖界面破坏
2	标准块、粘结剂、饰面砖、粘结层、找平层、基体	饰面砖破坏
3	标准块、粘结剂、饰面砖、粘结层、找平层、基体	饰面砖与粘结层界面破坏
4	标准块、粘结剂、饰面砖、粘结层、找平层、基体	粘结层破坏
5	标准块、粘结剂、饰面砖、粘结层、找平层、基体	粘结层与找平层界面破坏

续表

序号	图示	破坏状态
6	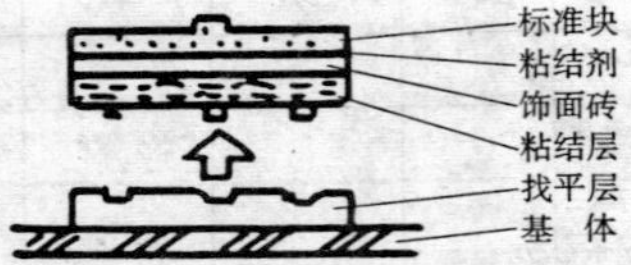 标准块 粘结剂 饰面砖 粘结层 找平层 基体	找平层破坏
7	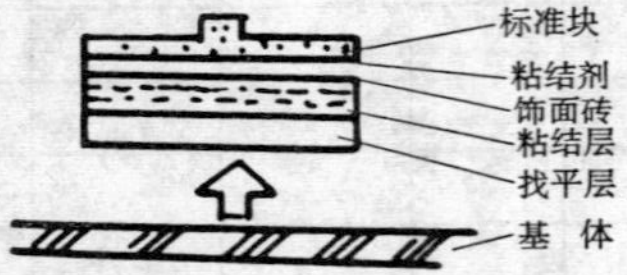 标准块 粘结剂 饰面砖 粘结层 找平层 基体	找平层与基体界面破坏
8	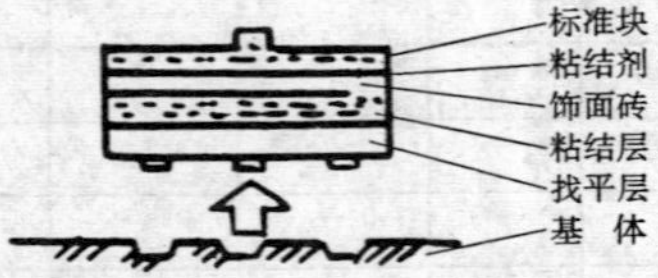 标准块 粘结剂 饰面砖 粘结层 找平层 基体	基体破坏

附录C　本标准用词说明

C.0.1　为便于在执行本标准条文时区别对待，对要求严格程度不同的用词说明如下：

（1）表示很严格，非这样作不可的：

正面词采用“必须”；

反面词采用“严禁”。

（2）表示严格，在正常情况下均应这样作的：

正面词采用“应”；

反面词采用“不应”或“不得”。

（3）表示允许稍有选择，在条件许可时首先应这样作的：

正面词采用“宜”或“可”；

反面词采用“不宜”。

C.0.2　条文中指定应按其他有关标准、规范执行时，写法为“应符合……的规定”。

附加说明

本标准主编单位、参加单位和主要起草人名单

主 编 单 位：国家建筑工程质量监督检验中心

参 加 单 位：北京市建设工程质量检测中心
珠海市建设工程质量监督检验站
河南省建筑工程质量检测中心站
哈尔滨市建筑工程设计研究院
北京市建筑工程研究院
福建省南安市中南机械有限公司
北京天竺试验仪器技术服务中心

主要起草人：王汉明　刘仲元　陈升和　黄春晓　刘新生
刘宏奎　文殿琴　冯燕红　李晓舟　齐凤岗
赵　慧　于长江　钟震亚　杜习平

中华人民共和国行业标准

建筑工程饰面砖粘结强度检验标准

JGJ　110—97

条　文　说　明

1 总 则

1.0.1 本条阐明了制定本标准的目的。建筑工程饰面砖粘结强度，关系到人民生命财产的安全。近年来，建筑物外墙饰面砖因粘结强度问题造成脱落伤人及物的事故时有发生。我国尚无统一的饰面砖粘结强度检验评定标准和检测手段，为了加强饰面砖粘结质量的控制，参照国外有关标准，依据国内不同气候环境条件下的建筑工程饰面砖粘结强度的实际测试和试验室试验资料，制定了本标准。

1.0.2 本条规定了本标准的适用范围。不仅适用于一般气候条件，也适用于高温、高湿、高寒等气候条件。

2 术 语

本标准的术语分三类：

（1）在国标或行标中没有出现过，本标准给出具体定义。如断缝、标准块。

（2）在国标或行标中虽然出现过，但具体内容不一样，本标准再详尽给出定义，如粘结强度、基体。

（3）在国标或行标中虽然出现过，但比较生疏，本标准尽量与其协调，如粘结层、粘结力等。

3 基本规定

3.0.1 根据国家《计量法》和《国家计量管理条例》规定的有关要求，按照计量器具的种类划分和项目属性的归类，检测仪检定周期定为一年。当发现异常时应及时维修、检定。

3.0.2 **考虑到工程上普遍使用的陶瓷锦砖和常用的饰面砖规格尺寸，切割试样时的受力边界条件，仪器的轻便性和标准规定的仪器量程范围，规定了两种尺寸的标准块。40mm×40mm 标准块一般用于陶瓷锦砖试样，95mm×45mm 标准块一般用于饰面砖试样。**

3.0.3 根据饰面砖工程的特点，在征求了各地意见的基础上，参照日本建设大臣官房厅营缮部监修《建筑工事共通仕样书》中的第 11.1.4 条款（b）粘结强度检测（2）中的试样，和《建筑工事施工监理指针》中第 11.5.2 条款中 a 的有关规定，按照“合理、实用、经济”的原则，制定了本条款中规定的饰面砖试样的取样数量。

3.0.4 专业检验人员是指经过本标准的技术培训并取得培训合格证的人员。考虑到试样的代表性以及边界条件对粘结力的影响，规定了试样间的间距不得小于 500mm。

3.0.5 水泥砂浆或水泥净浆的强度，一般在 28d 时已达到设计强度，因此规定了这一条件。对于采用新材料作粘结层的粘结强度与时间的关系可按照使用说明书的规定或通过试验确定。对于采用 7d 或 14d 测定强度时，确定推定强度的修正系数，可采用统计检验法进行。分别从试验室试件和现场工程试件进行统计，分别求出它们最小值、最大值、方差、标准偏差、数学期望、强度的概率分布函数、相关系数，然后建立对比曲线，分段建立推定强度的修正系数。

4 检验方法

4.0.1 本条指出了一般情况下所采用的仪器、工具、材料及其应满足的要求。也可采用满足本条要求的其他更先进、更合理、更方便的工具和材料。

4.0.2 本条规定了断缝的要求。4.0.2.1 的规定，是为了采用湿法切割时试样干燥有足够的时间以及防止检测时发生第一种破坏状态。

4.0.3 本条规定了贴标准块的注意事项和操作步骤，其中 4.0.3.2 规定的“涂层厚度不得大于 1mm”是为了防止试样检测时发生受力方向的改变。

4.0.4、4.0.5 规定了粘结强度的检测操作程序。附录 A 的附表 A 可根据当地实际情况，增加记录项目。

4.0.6 本条规定了标准块检测前后的使用保养方法。

5 粘结强度计算

5.0.2 平均粘结强度计算公式的依据是数理统计 $R_m = \frac{1}{n}\sum_{i=1}^{n}R_i$

5.0.3 试样受力面积是指承受法向拉力的试样面积。陶瓷锦砖试样包括陶瓷锦砖之间的灰缝。

6 粘结强度检验

6.0.1 外墙饰面砖粘结强度指标值的确定，一是根据在北京、哈尔滨、珠海、河南等地不同气候条件下对不同工程的实测和试验室的验证。具体的讲是从以下几方面考虑：

（1）气候的特征。具体做法是分别选哈尔滨、北京、珠海、河南四省市作试件实测统计分析，使之满足《建筑气候区域划分标准》GB50718 的气候特征要求。

（2）工程现场和试验室两类试件的统计分析，分别求出饰面砖脱落的临界值，及未脱落的指标值，并确定其概率。

（3）对饰面砖进行力学计算，考虑面砖的吸水率、温度变形、风压的正负作用，并按设计周期 50 年计算，确定其指标值。

（4）急冷急热、耐候作用、台风作用的饰面砖强度指标确定。

综合上述因素，确定标准指标值。

二是参照了日本建设大臣官房厅营缮部监修《建筑工事共通仕样书》的第 11.2.1 和 11.2.7 条款及《建筑工事施工监理指针》第 11.5.2 条款中（a）和（b）条的粘结强度指标值。

6.0.2 与预制构件一次成型的外墙板饰面砖粘结强度指标值的确定方法同 6.0.1 条。预制构件在现场镶贴的面砖按 6.0.1 规定检测。

6.0.3 遵循工程质量检验评定惯例和概率论的理论要求，以及便于实际应用，规定了本条款。

中华人民共和国行业标准

玻璃幕墙工程质量检验标准

Standard for testing of
engineering quality of glass curtain walls

JGJ/T 139—2001

批准部门：中华人民共和国建设部
施行日期：2 0 0 2 年 3 月 1 日

关于发布行业标准《玻璃幕墙工程质量检验标准》的通知

建标［2001］261 号

根据建设部《关于印发〈1998 年工程建设城建、建工行业标准制订、修订项目计划〉的通知》（建标［1998］59 号）的要求，由国家建筑工程质量监督检验中心主编的《玻璃幕墙工程质量检验标准》，经审查，批准为行业标准。该标准编号为JGJ/T 139—2001，自 2002 年 3 月 1 日起施行。

本标准由建设部负责管理和解释，国家建筑工程质量监督检验中心负责具体技术内容的解释，建设部标准定额研究所组织中国建筑工业出版社出版。

中华人民共和国建设部
2001 年 12 月 26 日

前　言

根据建设部建标（1998）第59号文的要求，标准编制组在大量、深入的调查研究，认真总结我国开展玻璃幕墙工程检测技术的实践经验，参考有关的国内外标准，并在广泛征求意见的基础上，制定了本标准。

本标准的主要技术内容是：规定了玻璃幕墙工程主要进场材料的检验指标；规定了玻璃幕墙工程防火检验、防雷检验、节点与连接检验、工程安装质量检验的检验指标以及上述各项检验的检验方法和检验设备；提供了幕墙玻璃表面应力、幕墙玻璃色差和幕墙工程淋水项目的现场检验方法。

本标准由建设部建筑工程标准技术归口单位中国建筑科学研究院归口管理，授权由主编单位负责具体解释。

本标准主编单位：国家建筑工程质量监督检验中心（地址：北京市北三环东路30号，邮政编码100013）

本标准参加单位：广东省建设工程质量安全监督检验总站、上海市建设工程质量监督总站、河南省建筑工程质量检验中心站、上海东江集团、北京市建设工程质量监督总站、中山盛兴幕墙有限公司、汕头金刚玻璃集团

本标准主要起草人员：姜红、王俊、何星华、杨仕超、孙玉明、刘宏奎、陈建东、葛恒岳、姜清海、夏卫文

目　次

1 总 则

1.0.1 为统一玻璃幕墙工程质量检验的方法，保证玻璃幕墙工程质量，制定本标准。

1.0.2 本标准适用于玻璃幕墙工程材料的现场检验和安装质量的检验。

1.0.3 检验玻璃幕墙工程质量，应同时检查有关项目的质量保证资料。

1.0.4 玻璃幕墙工程质量的检验人员，应经专门培训，使用的仪器、设备应符合检验指标。

1.0.5 玻璃幕墙工程质量的检验除应符合本标准外，尚应符合国家现行有关强制性标准的规定。

2 材料现场检验

2.1 一 般 规 定

2.1.1 材料现场的检验，应将同一厂家生产的同一型号、规格、批号的材料作为一个检验批，每批应随机抽取3%且不得少于5件。检验记录应按本标准附录A的记录表进行。

2.1.2 玻璃幕墙工程中所用的材料除应符合本标准的规定外，尚应符合国家现行的有关产品标准的规定。

2.2 铝 合 金 型 材

2.2.1 玻璃幕墙工程使用的铝合金型材，应进行壁厚、膜厚、硬度和表面质量的检验。

2.2.2 用于横梁、立柱等主要受力杆件的截面受力部位的铝合金型材壁厚实测值不得小于3mm。

2.2.3 壁厚的检验，应采用分辨率为0.05mm的游标卡尺或分辨率为0.1mm的金属测厚仪在杆件同一截面的不同部位测量，测点不应少于5个，并取最小值。

2.2.4 铝合金型材膜厚的检验指标，应符合下列规定：

1 阳极氧化膜最小平均膜厚不应小于15μm，最小局部膜厚不应小于12μm。

2 粉末静电喷涂涂层厚度的平均值不应小于60μm，其局部厚度不应大于120μm且不应小于40μm。

3 电泳涂漆复合膜局部膜厚不应小于21μm。

4 氟碳喷涂涂层平均厚度不应小于30μm，最小局部厚度不应小于25μm。

2.2.5 检验膜厚，应采用分辨率为0.5μm的膜厚检测仪检测。每个杆件在装饰面不同部位的测点不应少于5个，同一测点应测量5次，取平均值，修约至整数。

2.2.6 玻璃幕墙工程使用6063T5型材的韦氏硬度值，不得小于8，6063AT5型材的韦氏硬度值，不得小于10。

2.2.7 硬度的检验，应采用韦氏硬度计测量型材表面硬度。型材表面的涂层应清除干净，测点不应少于3个，并应以至少3点的测量值，取平均值，修约至0.5个单位值。

2.2.8 铝合金型材表面质量，应符合下列规定：

1 型材表面应清洁，色泽应均匀。

2 型材表面不应有皱纹、裂纹、起皮、腐蚀斑点、气泡、电灼伤、流痕、发粘以及膜（涂）层脱落等缺陷存在。

2.2.9 表面质量的检验，应在自然散射光条件下，不使用放大镜，观察检查。

2.3 钢 材

2.3.1 玻璃幕墙工程使用的钢材，应进行膜厚和表面质量的检验。

2.3.2 钢材表面应进行防腐处理。当采用热浸镀锌处理时，其膜厚应大于45μm；当采用静电喷涂时，其膜厚应大于40μm。

2.3.3 膜厚的检验，应采用分辨率为0.5μm的膜厚检测仪检测。每个杆件在不同部位的测点不应少于5个。同一测点应测量5次，取平均值，修约至整数。

2.3.4 钢材的表面不得有裂纹、气泡、结疤、泛锈、夹杂和折叠。

2.3.5 钢材表面质量的检验，应在自然散射光条件下，不使用放大镜，观察检查。

2.4 玻　　璃

2.4.1 玻璃幕墙工程使用的玻璃，应进行厚度、边长、外观质量、应力和边缘处理情况的检验。

2.4.2 玻璃厚度的允许偏差，应符合表2.4.2的规定。

表 2.4.2　玻璃厚度允许偏差（mm）

玻璃厚度	允许偏差		
	单片玻璃	中空玻璃	夹层玻璃
5	±0.2	δ<17时±1.0 δ=17~22时±1.5 δ>22时±2.0	厚度偏差不大于玻璃原片允许偏差和中间层允许偏差之和。中间层总厚度小于2mm时，允许偏差±0；中间层总厚度大于或等于2mm时，允许偏差±0.2mm
6			
8	±0.3		
10			
12	±0.4		
15	±0.6		
19	±1.0		

注：δ是中空玻璃的公称厚度，表示两片玻璃厚度与间隔框厚度之和。

2.4.3 检验玻璃厚度，应采用下列方法：

1 玻璃安装或组装前，可用分辨率为0.02mm的游标卡尺测量被检玻璃每边的中点，测量结果取平均值，修约到小数点后二位。

2 对已安装的幕墙玻璃，可用分辨率为0.1mm的玻璃测厚仪在被检玻璃上随机取4点进行检测，取平均值，修约至小数点后一位。

2.4.4 玻璃边长的检验指标，应符合下列规定：

1 单片玻璃边长允许偏差应符合表2.4.4-1的规定。

表 2.4.4-1　单片玻璃边长允许偏差（mm）

玻璃厚度	允许偏差		
	$L \leqslant 1000$	$1000 < L \leqslant 2000$	$2000 < L \leqslant 3000$
5，6	±1	+1，−2	+1，−3
8，10，12，	+1，−2	+1，−3	+2，−4

2 中空玻璃的边长允许偏差应符合表2.4.4-2的规定。

表 2.4.4-2　中空玻璃的边长允许偏差（mm）

长　　度	允许偏差
<1000	+1.0，−2.0
1000~2000	+1.0，−2.5
>2000~2500	+1.5，−3.0

3 夹层玻璃的边长允许偏差应符合表2.4.4-3的规定。

表 2.4.4-3　夹层玻璃的边长允许偏差（mm）

总厚度 D	允许偏差	
	$L \leqslant 1200$	$1200 < L \leqslant 2400$
$4 \leqslant D < 6$	±1	—
$6 \leqslant D < 11$		±1
$11 \leqslant D < 17$	±2	±2
$17 \leqslant D < 24$	±3	±3

2.4.5 玻璃边长的检验，应在玻璃安装或组装以前，用分度值为1mm的钢卷尺沿玻璃周边测量，取最大偏差值。

2.4.6 玻璃外观质量的检验指标，应符合下列规定：

1 钢化、半钢化玻璃外观质量应符合表2.4.6-1的规定。

表 2.4.6-1　钢化、半钢化玻璃外观质量

缺陷名称	检验要求
爆边	不允许存在
划伤	每平方米允许 6 条 $a \leq 100$mm，$b \leq 0.1$mm
	每平方米允许 3 条 $a \leq 100$mm，$0.1\text{mm} < b \leq 0.5$mm
裂纹、缺角	不允许存在

注：a—玻璃划伤长度；
b—玻璃划伤宽度。

2　热反射玻璃外观质量，应符合表 2.4.6-2 的规定。

表 2.4.6-2　热反射玻璃外观质量

缺陷名称	检验指标
针眼	距边部 75mm 内，每平方米允许 8 处或中部每平方米允许 3 处 $1.6\text{mm} < d \leq 2.5$mm
	不允许存在 $d > 2.5$mm
斑纹	不允许存在
斑点	每平方米允许 8 处 $1.6\text{mm} < d \leq 5.0$mm
划伤	每平方米允许 2 条 $a \leq 100$mm，$0.3\text{mm} < b \leq 0.8$mm

注：d—玻璃缺陷直径。

3　夹层玻璃的外观质量，应符合表 2.4.6-3 的规定。

表 2.4.6-3　夹层玻璃外观质量

缺陷名称	检验指标
胶合层气泡	直径 300mm 圆内允许长度为 1～2mm 的胶合层气泡 2 个
胶合层杂质	直径 500mm 圆内允许长度小于 3mm 的胶合层杂质 2 个
裂纹	不允许存在
爆边	长度或宽度不得超过玻璃的厚度
划伤、磨伤	不得影响使用
脱胶	不允许存在

2.4.7　玻璃外观质量的检验，应在良好的自然光或散射光照条件下，距玻璃正面约 600mm 处，观察被检玻璃表面。缺陷尺寸应采用精度为 0.1mm 的读数显微镜测量。

2.4.8　玻璃应力的检验指标，应符合下列规定：

1　幕墙玻璃的品种应符合设计要求。

2　用于幕墙的钢化玻璃和半钢化玻璃的表面应力应符合表 2.4.8 的规定。

表 2.4.8　幕墙用钢化及半钢化玻璃的表面应力（MPa）

钢化玻璃	半钢化玻璃
$\sigma \geq 95$	$24 < \sigma \leq 69$

2.4.9　玻璃应力的检验，应采用下列方法：

1　用偏振片确定玻璃是否经钢化处理。

2　用表面应力检测仪测量玻璃表面应力。可按本标准附录 B 的方法测量和计算判定玻璃表面应力值。

2.4.10　幕墙玻璃边缘的处理，应进行机械磨边、倒棱、倒角，处理精度应符合设计要求。

2.4.11　幕墙玻璃边缘处理的检验，应采用观察检查和手试的方法。

2.4.12　中空玻璃质量的检验指标，应符合下列规定：

1　玻璃厚度及空气隔层的厚度应符合设计及标准要求。

2　中空玻璃对角线之差不应大于对角线平均长度的 0.2%。

3　胶层应双道密封，外层密封胶胶层宽度不应小于 5mm。半隐框和隐框幕墙的中空玻璃的外层应采用硅酮结构胶密封，胶层宽度应符合结构计算要求。内层密封采用丁基密封腻子，打胶应均匀、饱满、无空隙。

4 中空玻璃的内表面不得有妨碍透视的污迹及胶粘剂飞溅现象。

2.4.13 中空玻璃质量的检验，应采用下列方法：

1 在玻璃安装或组装前，以分度值为1mm的直尺或分辨率为0.05mm的游标卡尺在被检玻璃的周边各取两点，测量玻璃及空气隔层的厚度和胶层厚度。

2 以分度值为1mm的钢卷尺测量中空玻璃两对角线长度差。

3 观察玻璃的外观及打胶质量情况。

2.5 硅酮结构胶及密封材料

2.5.1 硅酮结构胶的检验指标，应符合下列规定：

1 硅酮结构胶必须是内聚性破坏。

2 硅酮结构胶切开的截面应颜色均匀，注胶应饱满、密实。

3 硅酮结构胶的注胶宽度、厚度应符合设计要求，且宽度不得小于7mm，厚度不得小于6mm。

2.5.2 硅酮结构胶的检验，应采用下列方法：

1 垂直于胶条做一个切割面，由该切割面沿基材面切出两个长度约50mm的垂直切割面，并以大于90°方向手拉硅酮结构胶块，观察剥离面破坏情况（图2.5.2）。

2 观察检查打胶质量，用分度值为1mm的钢直尺测量胶的厚度和宽度。

2.5.3 密封胶的检验指标，应符合下列规定：

1 密封胶表面应光滑，不得有裂缝现象，接口处厚度和颜色应一致。

2 注胶应饱满、平整、密实、无缝隙。

3 密封胶粘结形式、宽度应符合设计要求，厚度不应小于3.5mm。

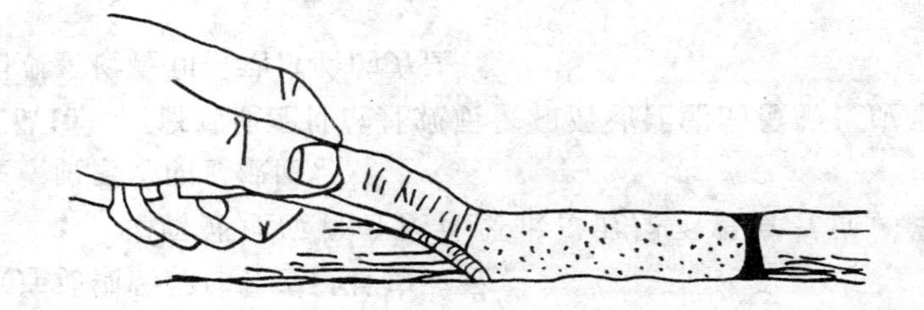

图 2.5.2 硅酮结构胶现场手拉试验示意

2.5.4 密封胶的检验，应采用观察检查、切割检查的方法，并应采用分辨率为0.05mm的游标卡尺测量密封胶的宽度和厚度。

2.5.5 其他密封材料及衬垫材料的检验指标，应符合下列规定：

1 应采用有弹性、耐老化的密封材料；橡胶密封条不应有硬化龟裂现象。

2 衬垫材料与硅酮结构胶、密封胶应相容。

3 双面胶带的粘结性能应符合设计要求。

2.5.6 其他密封材料及衬垫材料的检验，应采用观察检查的方法；密封材料的延伸性应以手工拉伸的方法进行。

2.6 五金件及其他配件

2.6.1 五金件外观的检验指标，应符合下列规定：

1 玻璃幕墙中与铝合金型材接触的五金件应采用不锈

钢材或铝制品，否则应加设绝缘垫片。

2 除不锈钢外，其他钢材应进行表面热浸镀锌或其他防腐处理。

2.6.2 五金件外观的检验，应采用观察检查的方法。

2.6.3 转接件、连接件的检验指标，应符合下列规定：

1 转接件、连接件外观应平整，不得有裂纹、毛刺、凹坑、变形等缺陷。

2 当采用碳素钢时，表面应作热浸镀锌处理。

3 转接件、连接件的开孔长度不应小于开孔宽度加40mm，孔边距离不应小于开孔宽度的1.5倍（图2.6.3）。转接件、连接件的壁厚不得有负偏差。

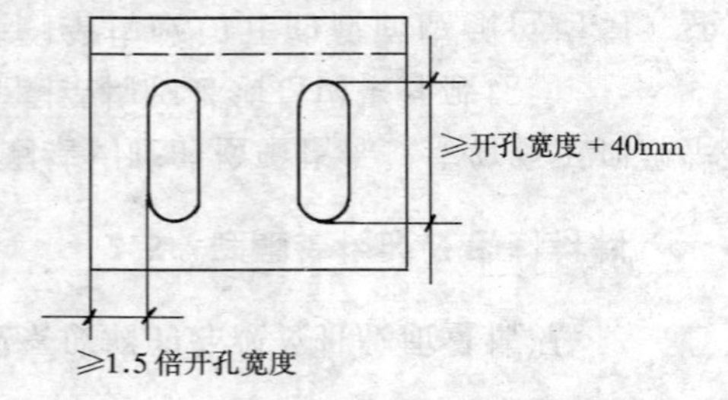

图 2.6.3 转接件、连接件的开孔示意

2.6.4 转接件、连接件的检验，应采用下列方法：

1 观察检查转接件、连接件的外观质量。

2 用分度值为1mm的钢直尺测量构造尺寸，用分辨率为0.05mm的游标卡尺测量壁厚。

2.6.5 紧固件的检验指标，应符合下列规定：

1 紧固件宜采用不锈钢六角螺栓，不锈钢六角螺栓应带有弹簧垫圈。当未采用弹簧垫圈时，应有防松脱措施。主要受力杆件不应采用自攻螺钉。

2 铆钉可采用不锈钢铆钉或抽芯铝铆钉，作为结构受力的铆钉应进行受力验算，构件之间的受力连接不得采用抽芯铝铆钉。

2.6.6 采用观察检查的方法，检验紧固件的使用。

2.6.7 滑撑、限位器的检验指标，应符合下列规定：

1 滑撑、限位器应采用奥氏体不锈钢，表面光洁，不应有斑点、砂眼及明显划痕。金属层应色泽均匀，不应有气泡、露底、泛黄、龟裂等缺陷，强度、刚度应符合设计要求。

2 滑撑、限位器的紧固铆接处不得松动，转动和滑动的连接处应灵活，无卡阻现象。

2.6.8 检验滑撑、限位器，应采用下列方法：

1 用磁铁检查滑撑、限位器的材质。

2 采用观察检查和手动试验的方法，检验滑撑、限位器的外观质量和活动性能。

2.6.9 门窗其他配件的检验指标，应符合下列规定：

1 门（窗）锁及其他配件应开关灵活，组装牢固，多点连动锁的配件其连动性应一致。

2 防腐处理应符合设计要求，镀层不得有气泡、露底、脱落等明显缺陷。

2.6.10 门窗其他配件的外观质量和活动性能的检验，应采用观察检查和手动试验的方法。

2.7 质量保证资料

2.7.1 铝合金型材的检验，应提供下列资料：

1 型材的产品合格证。

2 型材的力学性能检验报告，进口型材应有国家商检部门的商检证。

2.7.2 钢材的检验，应提供下列资料：

1 钢材的产品合格证。

2 钢材的力学性能检验报告，进口钢材应有国家商检部门的商检证。

2.7.3 玻璃的检验，应提供下列资料：

1 玻璃的产品合格证。

2 中空玻璃的检验报告。

3 热反射玻璃的光学性能检验报告。

4 进口玻璃应有国家商检部门的商检证。

2.7.4 硅酮结构胶及密封材料的检验，应提供下列资料：

1 结构硅酮胶剥离试验记录。

2 每批硅酮结构胶的质量保证书和产品合格证。

3 硅酮结构胶、密封胶与实际工程用基材的相容性检验报告。

4 进口硅酮结构胶应有国家商检部门的商检证。

5 密封材料及衬垫材料的产品合格证。

2.7.5 五金件及其他配件的检验，应提供下列资料：

1 钢材产品合格证。

2 连接件产品合格证。

3 镀锌工艺处理质量证书。

4 螺栓、螺母、滑撑、限位器等产品合格证。

5 门窗配件的产品合格证。

6 铆钉力学性能检验报告。

3 防火检验

3.1 一般规定

3.1.1 玻璃幕墙工程防火构造应按防火分区总数抽查5%，并不得少于3处。

3.1.2 玻璃幕墙工程的防火构造除应符合本标准规定外，尚应符合现行国家标准《建筑设计防火规范》GBJ 16、《高层民用建筑设计防火规范》GB 50045和《建筑内部装修设计防火规范》GB 50222的规定。

3.2 检验项目

3.2.1 幕墙防火构造的检验指标，应符合下列规定：

1 幕墙与楼板、墙、柱之间应按设计要求设置横向、竖向连续的防火隔断。

2 对高层建筑无窗间墙和窗槛墙的玻璃幕墙，应在每层楼板外沿设置耐火极限不低于1.00h、高度不低于0.80m的不燃烧实体裙墙。

3 同一块玻璃不宜跨两个分火区域。

3.2.2 检验幕墙防火构造，应在幕墙与楼板、墙、柱、楼梯间隔断处，采用观察的方法进行检查。

3.2.3 幕墙防火节点的检验指标，应符合下列规定：

1 防火节点构造必须符合设计要求。

2 防火材料的品种、耐火等级应符合设计和标准的规定。

3 防火材料应安装牢固，无遗漏，并应严密无缝隙。

4 镀锌钢衬板不得与铝合金型材直接接触，衬板就位后，应进行密封处理。

5 防火层与幕墙和主体结构间的缝隙必须用防火密封胶严密封闭。

3.2.4 检验幕墙防火节点，应在幕墙与楼板、墙、柱、楼梯间隔断处，采用观察、触摸的方法进行检查。

3.2.5 防火材料铺设的检验指标，应符合下列规定：

1 防火材料的品种、材质、耐火等级和铺设厚度，必须符合设计的规定。

2 搁置防火材料的镀锌钢板厚度不宜小于1.2mm。

3 防火材料铺设应饱满、均匀、无遗漏，厚度不宜小于70mm。

4 防火材料不得与幕墙玻璃直接接触，防火材料朝玻璃面处宜采用装饰材料覆盖。

3.2.6 检验防火材料的铺设，应在幕墙与楼板和主体结构之间用观察和触摸方法进行，并采用分度值为1mm的钢直尺和分辨率为0.05mm的游标卡尺测量。

3.3 质量保证资料

3.3.1 检验防火构造，应提供下列资料：

1 设计文件、图纸资料。

2 防火材料产品合格证或材料耐火检验报告。

3 防火构造节点隐蔽工程检查记录。

4 防雷检验

4.1 一般规定

4.1.1 玻璃幕墙工程防雷措施的检验抽样，应符合下列规定：

1 有均压环的楼层数少于3层时，应全数检查；多于3层时，抽查不得少于3层，对有女儿墙盖顶的必须检查，每层至少应查3处。

2 无均压环的楼层抽查不得少于2层，每层至少应查3处。

4.1.2 幕墙防雷除应执行本标准的规定外，尚应遵守国家现行标准《建筑物防雷设计规范》GB 50057、《民用建筑电气设计规范》JGJ/T 16的规定。

4.2 检验项目

4.2.1 玻璃幕墙金属框架连接的检验指标，应符合下列规定：

1 幕墙所有金属框架应互相连接，形成导电通路。

2 连接材料的材质、截面尺寸、连接长度必须符合设计要求。

3 连接接触面应紧密可靠，不松动。

4.2.2 检验玻璃幕墙金属框架的连接，应采用下列方法：

1 用接地电阻仪或兆欧表测量检查。

2 观察、手动试验，并用分度值为1mm的钢卷尺、分辨率为 0.05mm 的游标卡尺测量。

4.2.3 玻璃幕墙与主体结构防雷装置连接的检验指标，应符合下列规定：

1 连接材质、截面尺寸和连接方式必须符合设计要求。

2 幕墙金属框架与防雷装置的连接应紧密可靠，应采用焊接或机械连接，形成导电通路。连接点水平间距不应大于防雷引下线的间距，垂直间距不应大于均压环的间距。

3 女儿墙压顶罩板宜与女儿墙部位幕墙构架连接，女儿墙部位幕墙构架与防雷装置的连接节点宜明露，其连接应符合设计的规定。

4.2.4 检验玻璃幕墙与主体结构防雷装置的连接，应在幕墙框架与防雷装置连接部位，采用接地电阻仪或兆欧表测量和观察检查。

4.3 质量保证资料

4.3.1 防雷检验，应提供下列资料：

1 设计图纸资料。

2 防雷装置连接测试记录。

3 隐蔽工程检查记录。

5 节点与连接检验

5.1 一 般 规 定

5.1.1 节点的检验抽样，应符合下列规定：

1 每幅幕墙应按各类节点总数的 5% 抽样检验，且每类节点不应少于 3 个；锚栓应按 5‰抽样检验，且每种锚栓不得少于 5 根。

2 对已完成的幕墙金属框架，应提供隐蔽工程检查验收记录。当隐蔽工程检查记录不完整时，应对该幕墙工程的节点拆开进行检验。

5.2 检 验 项 目

5.2.1 预埋件与幕墙连接的检验指标，应符合下列规定：

1 连接件、绝缘片、紧固件的规格、数量应符合设计要求。

2 连接件应安装牢固。螺栓应有防松脱措施。

3 连接件的可调节构造应用螺栓牢固连接，并有防滑动措施。角码调节范围应符合使用要求。

4 连接件与预埋件之间的位置偏差使用钢板或型钢焊接调整时，构造形式与焊缝应符合设计要求。

5 预埋件、连接件表面防腐层应完整、不破损。

5.2.2 检验预埋件与幕墙连接，应在预埋件与幕墙连接节点处观察，手动检查，并应采用分度值为 1mm 的钢直尺和焊缝量规测量。

5.2.3 锚栓连接的检验指标，应符合下列规定：

1 使用锚栓进行锚固连接时，锚栓的类型、规格、数量、布置位置和锚固深度必须符合设计和有关标准的规定。

2 锚栓的埋设应牢固、可靠，不得露套管。

5.2.4 锚栓连接的检验，应采用下列方法：

1 用精度不大于全量程的2%的锚栓拉拔仪、分辨率为0.01mm的位移计和记录仪检验锚栓的锚固性能。

2 观察检查锚栓埋设的外观质量，用分辨率为0.05mm的深度尺测量锚固深度。

5.2.5 幕墙顶部连接的检验指标，应符合下列规定：

1 女儿墙压顶坡度正确，罩板安装牢固，不松动、不渗漏、无空隙。女儿墙内侧罩板深度不应小于150mm，罩板与女儿墙之间的缝隙应使用密封胶密封。

2 密封胶注胶应严密平顺，粘结牢固，不渗漏，不污染相邻表面。

5.2.6 检验幕墙顶部的连接时，应在幕墙顶部和女儿墙压顶部位手动和观察检查，必要时也可进行淋水试验。

5.2.7 幕墙底部连接的检验指标，应符合下列规定：

1 镀锌钢材的连接件不得同铝合金立柱直接接触。

2 立柱、底部横梁及幕墙板块与主体结构之间应有伸缩空隙。空隙宽度不应小于15mm，并用弹性密封材料嵌填，不得用水泥砂浆或其他硬质材料嵌填。

3 密封胶应平顺严密、粘结牢固。

5.2.8 幕墙底部连接的检验，应在幕墙底部采用分度值为1mm的钢直尺测量和观察检查。

5.2.9 立柱连接的检验指标，应符合下列规定：

1 芯管材质、规格应符合设计要求。

2 芯管插入上下立柱的长度均不得小于200mm。

3 上下两立柱间的空隙不应小于10mm。

4 立柱的上端应与主体结构固定连接，下端应为可上下活动的连接。

5.2.10 立柱连接的检验，应在立柱连接处观察检查，并应采用分辨率为0.05mm的游标卡尺和分度值为1mm的钢直尺测量。

5.2.11 梁、柱连接节点的检验指标，应符合下列规定：

1 连接件、螺栓的规格、品种、数量应符合设计要求。螺栓应有防松脱的措施。同一连接处的连接螺栓不应少于两个，且不应采用自攻螺钉。

2 梁、柱连接应牢固不松动，两端连接处应设弹性橡胶垫片，或以密封胶密封。

3 与铝合金接触的螺钉及金属配件应采用不锈钢或铝制品。

5.2.12 梁、柱连接节点的检验，应在梁、柱节点处观察和手动检查，并应采用分度值为1mm的钢直尺和分辨率为0.02mm的塞尺测量。

5.2.13 变形缝节点连接的检验指标，应符合下列规定：

1 变形缝构造、施工处理应符合设计要求。

2 罩面平整、宽窄一致，无凹瘪和变形。

3 变形缝罩面与两侧幕墙结合处不得渗漏。

5.2.14 变形缝节点连接的检验，应在变形缝处观察检查，并应采用淋水试验检查其渗漏情况。

5.2.15 幕墙内排水构造的检验指标，应符合下列规定：

1 排水孔、槽应畅通不堵塞，接缝严密，设置应符合设计要求。

2 排水管及附件应与水平构件预留孔连接严密，与内衬板出水孔连接处应设橡胶密封圈。

5.2.16 幕墙内排水构造的检验，应在设置内排水的部位观察检查。

5.2.17 全玻幕墙玻璃与吊夹具连接的检验指标，应符合下列规定：

1 吊夹具和衬垫材料的规格、色泽和外观应符合设计和标准要求。

2 吊夹具应安装牢固，位置准确。

3 夹具不得与玻璃直接接触。

4 夹具衬垫材料与玻璃应平整结合、紧密牢固。

5.2.18 全玻幕墙玻璃与吊夹具连接的检验，应在玻璃的吊夹具处观察检查，并应对夹具进行力学性能检验。

5.2.19 拉杆（索）结构接点的检验指标，应符合下列规定：

1 所有杆（索）受力状态应符合设计要求。

2 焊接节点焊缝应饱满、平整光滑。

3 节点应牢固，不得松动。紧固件应有防松脱措施。

5.2.20 拉杆（索）结构的检验，应在幕墙索杆部位观察检查，也可采用应力测定仪对索杆的应力进行测试。

5.2.21 点支承装置的检验指标，应符合下列规定：

1 点支承装置和衬垫材料的规格、色泽和外观应符合设计和标准要求。

2 点支承装置不得与玻璃直接接触，衬垫材料的面积不应小于点支承装置与玻璃的结合面。

3 点支承装置应安装牢固，配合严密。

5.2.22 点支承装置的检验，应在点支承装置处观察检查。

5.3 质量保证资料

5.3.1 节点连接的检验，应提供下列资料：

1 设计图纸资料。

2 隐蔽工程检查验收记录。

3 淋水试验记录。

4 锚栓拉拔检验报告。

5 玻璃幕墙支承装置力学性能检验报告。

6 安装质量检验

6.1 一 般 规 定

6.1.1 幕墙所用的构件，必须经检验合格方可安装。

6.1.2 玻璃幕墙安装，必须提交工程所采用的玻璃幕墙产品的空气渗透性能、雨水渗漏性能和风压变形性能的检验报告，还应根据设计的要求，提交包括平面内变形性能、保温隔热性能等的检验报告。

6.1.3 安装质量检验的抽样，应符合下列规定：

1 每幅幕墙均应按不同分格各抽查5%，且总数不得少于10个。

2 竖向构件或拼缝、横向构件或拼缝各抽查5%，且不应少于3条；开启部位应按种类各抽查5%，且每一种类不应少于3樘。

6.2 检 验 项 目

6.2.1 预埋件和连接件安装质量的检验指标，应符合下列规定：

1 幕墙预埋件和连接件的数量、埋设方法及防腐处理应符合设计要求。

2 预埋件的标高偏差不应大于±10mm，预埋件位置与设计位置的偏差不应大于±20mm。

6.2.2 检验预埋件和连接件的安装质量，应采用下列方法：

1 与设计图纸核对，也可打开连接部位进行检验。

2 在抽检部位用水平仪测量标高及水平位置。

3 用分度值为1mm的钢直尺或钢卷尺测量预埋件的尺寸。

6.2.3 竖向主要构件安装质量的检验，应符合表6.2.3的规定。

表 6.2.3 竖向主要构件安装质量的检验

项目			允许偏差（mm）	检验方法
1	构件整体垂直度	$h \leq 30m$	≤10	用经纬仪测量 垂直于地面的幕墙，垂直度应包括平面内和平面外两个方向
		$30m < h \leq 60m$	≤15	
		$60m < h \leq 90m$	≤20	
		$h > 90m$	≤25	
2	竖向构件直线度		≤2.5	用2m靠尺、塞尺测量
3	相邻两竖向构件标高偏差		≤3	用水平仪和钢直尺测量
4	同层构件标高偏差		≤5	用水平仪和钢直尺以构件顶端为测量面进行测量
5	相邻两竖向构件间距偏差		≤2	用钢卷尺在构件顶部测量
6	构件外表面平面度	相邻三构件	≤2	用钢直尺和尼龙线或激光全站仪测量
		$b \leq 20m$	≤5	
		$b \leq 40m$	≤7	
		$b \leq 60m$	≤9	
		$b > 60m$	≤10	

注：h—幕墙高度；b—幕墙宽度。

6.2.4 横向主要构件安装质量的检验，应符合表6.2.4的规定。

表 6.2.4　横向主要构件安装质量的检验

项	目		允许偏差（mm）	检验方法
1	单个横向构件水平度	$l\leq 2m$ $l>2m$	≤2 ≤3	用水平尺测量
2	相邻两横向构件间距差	$s\leq 2m$ $s>2m$	≤1.5 ≤2	用钢卷尺测量
3	相邻两横向构件端部标高差		≤1	用水平仪、钢直尺测量
4	幕墙横向构件高度差	$b\leq 35m$ $b>35m$	≤5 ≤7	用水平仪测量

注：l—长度；s—间距；b—幕墙宽度。

6.2.5　幕墙分格框对角线偏差的检验，应符合表 6.2.5 的规定。

表 6.2.5　幕墙分格框对角线偏差的检验

项	目	允许偏差（mm）	检验方法
分格框对角线差	$l_d\leq 2m$ $l_d>2m$	≤3 ≤3.5	用对角尺或钢卷尺测量

注：l_d—对角线长度。

6.2.6　明框玻璃幕墙安装质量的检验指标，应符合下列规定：

1　玻璃与构件槽口的配合尺寸应符合设计及规范的要求，玻璃嵌入量不得小于 15mm。

2　每块玻璃下部应设不少于两块弹性定位垫块，垫块的宽度与槽口宽度应相同，长度不应小于 100mm，厚度不应小于 5mm。

3　橡胶条镶嵌应平整、密实，橡胶条长度宜比边框内槽口长 1.5%～2.0%，其断口应留在四角；拼角处应粘结牢固。

4　不得采用自攻螺钉固定承受水平荷载的玻璃压条。压条的固定方式、固定点数量应符合设计要求。

6.2.7　检验明框玻璃幕墙的安装质量，应采用观察检查、查施工记录和质量保证资料的方法，也可打开采用分度值为 1mm 的钢直尺或分辨率为 0.5mm 的游标卡尺测量垫块长度和玻璃嵌入量。

6.2.8　隐框玻璃幕墙组件的安装质量的检验指标，应符合下列规定：

1　玻璃板块组件必须安装牢固，固定点距离应符合设计要求且不宜大于 300mm，不得采用自攻螺钉固定玻璃板块。

2　结构胶的剥离试验应符合本标准第 2.5.1 条的要求。

3　隐框玻璃板块在安装后，幕墙平面度允许偏差不应大于 2.5mm，相邻两玻璃之间的接缝高低差不应大于 1mm。

4　隐框玻璃板块下部应设置支承玻璃的托板，厚度不应小于 2mm。

6.2.9　检验隐框玻璃幕墙组件的安装质量，应在隐框玻璃与框架连接处采用 2m 靠尺测量平面度，采用分度值为 0.05mm 的深度尺测量接缝高低差，采用分度值为 1mm 的钢直尺测量托板的厚度。

6.2.10　明框玻璃幕墙拼缝质量的检验指标，应符合下列规定：

1　金属装饰压板应符合设计要求，表面应平整，色彩应一致，不得有变形、波纹和凹凸不平，接缝应均匀严密。

2　明框拼缝外露框料或压板应横平竖直，线条通顺，并应满足设计要求。

3　当压板有防水要求时，必须满足设计要求；排水孔的形状、位置、数量应符合设计要求，且排水通畅。

6.2.11 检验明框玻璃幕墙拼缝质量时，应与设计图纸核对，观察检查，也可打开检查。

6.2.12 隐框玻璃的拼缝质量的检验，应符合表6.2.12的规定。

表 6.2.12 隐框玻璃的拼缝质量检验

项	目	检验指标	检验方法
1	拼缝外观	横平竖直，缝宽均匀	观察检查
2	密封胶施工质量	符合规范要求，填嵌密实、均匀、光滑、无气泡	查质保资料，观察检查
3	拼缝整体垂直度	$h \leq 30m$ 时，$\leq 10mm$	用经纬仪或激光全站仪测量
		$30m < h \leq 60m$ 时，$\leq 15mm$	
		$60m < h \leq 90m$ 时，$\leq 20mm$	
		$h > 90m$ 时，$\leq 25mm$	
4	拼缝直线度	$\leq 2.5mm$	用2m靠尺测量
5	缝宽度差（与设计值比）	$\leq 2mm$	用卡尺测量
6	相邻面板接缝高低差	$\leq 1mm$	用深度尺测量

注：h—幕墙高度。

6.2.13 玻璃幕墙与周边密封质量的检验指标，应符合下列规定。

1 玻璃幕墙四周与主体结构之间的缝隙，应采用防火保温材料严密填塞，水泥砂浆不得与铝型材直接接触，不得采用干硬性材料填塞。内外表面应采用密封胶连续封闭，接缝应严密不渗漏，密封胶不应污染周围相邻表面。

2 幕墙转角、上下、侧边、封口及与周边墙体的连接构造应牢固并满足密封防水要求，外表应整齐美观。

3 幕墙玻璃与室内装饰物之间的间隙不宜少于10mm。

6.2.14 检验玻璃幕墙与周边密封质量时，应核对设计图纸，观察检查，并用分度值为1mm的钢直尺测量，也可按本标准附录C的方法进行淋水试验。

6.2.15 全玻幕墙、点支承玻璃幕墙安装质量的检验指标，应符合下列规定：

1 幕墙玻璃与主体结构连接处应嵌入安装槽口内，玻璃与槽口的配合尺寸应符合设计和规范要求，其嵌入深度不应小于18mm。

2 玻璃与槽口间的空隙应有支承垫块和定位垫块。其材质、规格、数量和位置应符合设计和规范要求。不得用硬性材料填充固定。

3 玻璃肋的宽度、厚度应符合设计要求。玻璃结构密封胶的宽度、厚度应符合设计要求，并应嵌填平顺、密实、无气泡、不渗漏。

4 单片玻璃高度大于4m时，应使用吊夹或采用点支承方式使玻璃悬挂。

5 点支承玻璃幕墙应使用钢化玻璃，不得使用普通浮法玻璃。玻璃开孔的中心位置距边缘距离应符合设计要求，并不得小于100mm。

6 点支承玻璃幕墙支承装置安装的标高偏差不应大于3mm，其中心线的水平偏差不应大于3mm。相邻两支承装置中心线间距偏差不应大于2mm。支承装置与玻璃连接件的结合面水平偏差应在调节范围内，并不应大于10mm。

6.2.16 检验全玻幕墙、点支承玻璃幕墙安装质量，应采用下列方法：

1 用表面应力检测仪检查玻璃应力。

2 与设计图纸核对，查质量保证资料。

3 用水平仪、经纬仪检查高度偏差。

4 用分度值为 1mm 的钢直尺或钢卷尺检查尺寸偏差。

6.2.17 开启部位安装质量的检验指标，应符合下列规定：

1 开启窗、外开门应固定牢固，附件齐全，安装位置正确；窗、门框固定螺丝的间距应符合设计要求并不应大于 300mm，与端部距离不应大于 180mm；开启窗开启角度不宜大于 30°，开启距离不宜大于 300mm；外开门应安装限位器或闭门器。

2 窗、门扇应开启灵活，端正美观，开启方向、角度应符合设计的要求；窗、门扇关闭应严密，间隙均匀，关闭后四周密封条均处于压缩状态。密封条接头应完好、整齐。

3 窗、门框的所有型材拼缝和螺钉孔宜注耐候胶密封，外表整齐美观。除不锈钢材料外，所有附件和固定件应作防腐处理。

4 窗扇与框搭接宽度差不应大于 1mm。

6.2.18 检验开启部位安装质量时，应与设计图纸核对，观察检查，并用分度值为 1mm 的钢直尺测量。

6.2.19 玻璃幕墙外观质量的检验指标，应符合下列规定：

1 玻璃的品种、规格与色彩应符合设计要求，整幅幕墙玻璃颜色应基本均匀，无明显色差，色差不应大于 3CIELAB 色差单位；玻璃不应有析碱、发霉和镀膜脱落等现象。

2 钢化玻璃表面不得有伤痕。

3 热反射玻璃膜面应无明显变色、脱落现象，其表面质量应符合表 6.2.19-1 的规定。

表 6.2.19-1 每平方米玻璃表面质量要求

项　　目	质　量　要　求
0.1～0.3mm 宽划伤痕	$a<100$mm 时，不超过 8 条
擦　伤	≤500mm²

4 热反射玻璃的镀膜面不得暴露于室外。

5 型材表面应清洁，无明显擦伤、划伤；铝合金型材及玻璃表面不应有铝屑、毛刺、油斑、脱膜及其他污垢。型材的色彩应符合设计要求并应均匀，并应符合表 6.2.19-2 的要求。

表 6.2.19-2 一个分格铝合金料表面质量指标

项　　目	质　量　要　求
擦伤，划痕深度	≤氧化膜厚的 2 倍
擦伤总面积（mm²）	≤500
划伤总长度（mm）	≤150
擦伤和划伤处数	不超过 4 处

6 幕墙隐蔽节点的遮封装修应整齐美观。

6.2.20 检验玻璃幕墙外的观质量，应采用下列方法：

1 在较好自然光下，距幕墙 600mm 处观察表面质量，必要时用精度 0.1mm 的读数显微镜观测玻璃、型材的擦伤、划痕。

2 对热反射玻璃膜面，在光线明亮处，以手指按住玻璃面，通过实影、虚影判断膜面朝向。

3 观察检查玻璃颜色，也可用分光测色仪按本标准附录 D 的方法检验玻璃色差。

6.2.21 玻璃幕墙保温、隔热构造安装质量的检验指标，应符合下列规定：

1 幕墙安装内衬板时，内衬板四周宜套装弹性橡胶密封条，内衬板应与构件接缝严密。

2 保温材料应安装牢固，并应与玻璃保持 30mm 以上的距离。保温材料的填塞应饱满、平整、不留间隙，其填塞密度、厚度应符合设计要求。在冬季取暖的地区，保温棉板的隔汽铝箔面应朝向室内，无隔汽铝箔面时应在室内侧有内衬隔汽板。

6.2.22 检验玻璃幕墙保温、隔热构造安装质量，应采取观察检查的方法，并应与设计图纸核对，查施工记录，必要时可打开检查。

6.3 质量保证资料

6.3.1 玻璃幕墙工程的安装，应提供下列资料：

1 玻璃幕墙的设计文件。

2 玻璃幕墙的空气渗透性能、雨水渗漏性能和风压变形性能的检验报告及设计要求的其他性能的检验报告。

3 幕墙组件出厂质量合格证书。

4 施工安装的自查记录。

5 隐蔽工程验收记录。

附录 A 玻璃幕墙工程质量检验记录表

编号： 共 页第 页

委托单位			工程名称				工程地点		
设计单位			施工单位				工程编号		
检验依据				检验类别			检验时间		
序号	检验项目	检验设备名称、编号	抽样部位、数量	检验结果					备注
				1	2	3	4	5	

校核： 记录： 检验：

附录B　幕墙玻璃表面应力现场检验方法

B.0.1　玻璃表面应力测定点，应按下列方法确定：

1　在距长边100mm的距离处，引平行于长边的两条平行线，并与对角线相交的四点处，即为测量点（图B.0.1-1）。

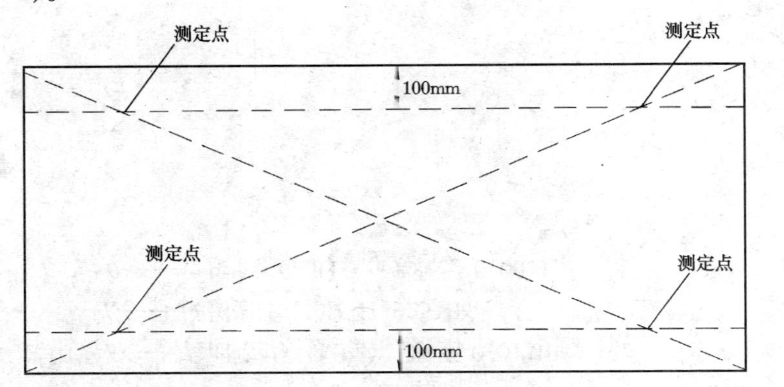

图B.0.1-1　表面应力测量点示意

2　当玻璃短边长度不足300mm时（图B.0.1-2），则在距短边100mm的距离上引平行于短边的两条平行线与中心线相交的两点以及几何中心点，作为测量点。

3　对于已安装到工程上的玻璃，其应力测点可由检验方与被检方共同商定。

B.0.2　测量玻璃表面应力，应安下列方法进行：

1　双折射率法：

1）在被测玻璃的锡扩散层的测点处滴上几滴折射率油；

2）将棱镜放置在被测点处，调整光源灯泡的位置、反射镜角度，使视场内出现明暗台阶图形；

3）用测微目镜读出台阶的高度 d，精确到0.01mm；

4）压应力或拉应力应由图B.0.2确定；

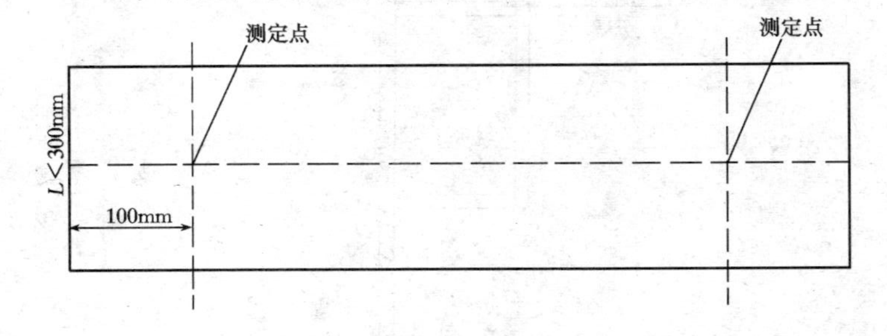

图B.0.1-2　表面应力测量点示意

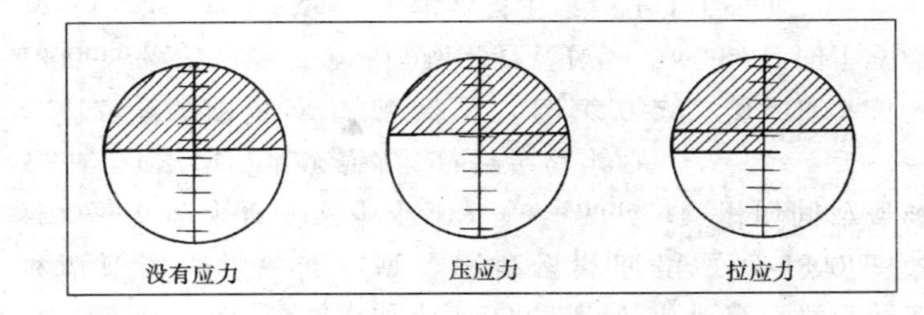

图B.0.2　在视场中反映应力状况图像的示意

5）此时玻璃表面应力应按下式计算：

$$\sigma = Kd \qquad (B.0.2\text{-}1)$$

式中　σ——表面应力，MPa；

K——仪器常数，取352MPa/mm；

d——台阶高度，mm。

2 GASP 角度法：

1）在被测玻璃的锡扩散层的测点处滴上几滴折射率油；

2）将棱镜放置在被测点处，调整光源、反射镜角度，使视场内出现清晰的应力干涉条纹；

3）旋转分度器，使十字丝平行于干涉条纹，读出角度 θ，精确到 0.1°；

4）此时玻璃表面应力应按下式计算：

$$\sigma = K \cdot \mathrm{tg}\theta \quad (B.0.2\text{-}2)$$

式中 σ——表面应力（MPa），取至 0.01MPa；

K——仪器常数，取 41.925MPa；

θ——角度值（rad），$\mathrm{tg}\theta$ 取至 0.0001。

附录 C 幕墙现场淋水检验方法

C.0.1 将幕墙淋水试验装置安装在被检幕墙的外表面，喷水水嘴离幕墙的距离不应小于 530mm，并应在被检幕墙表面形成连续水幕。每一检验区域喷淋面积应为 1800mm × 1800mm，喷水量不应小于 4L/（$m^2 \cdot min$），喷淋时间应持续 5min，在室内应观察有无渗漏现象发生。

C.0.2 幕墙淋水试验装置（图 C.0.2），在 1800mm × 1800mm 范围内，单个喷嘴喷淋直径应为 1060mm，四个喷嘴喷淋面积应为 3.53m^2，淋水总量不应小于 14L/min。

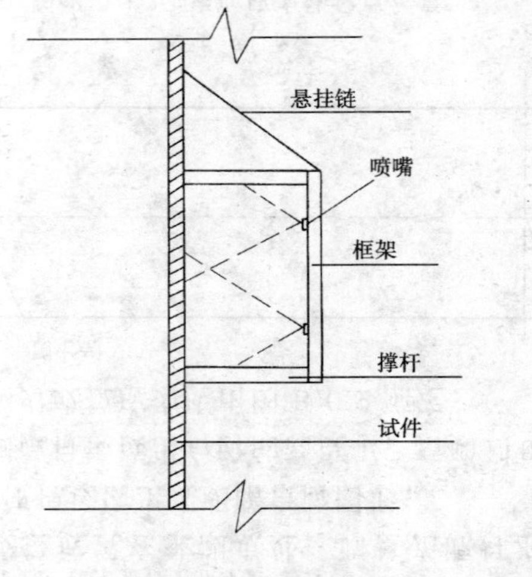

图 C.0.2 幕墙淋水试验装置安装示意

C.0.3 喷嘴应安装在框架上，框架应用撑杆与被测幕墙连接，水管应与喷嘴连接，并引至水源。当水压不够时，应采用增压泵增压。水流量的监测可采用转子流量计或压力表两种形式。

附录 D　幕墙玻璃色差现场检验方法

D.0.1 选取测量点时，同一块幕墙玻璃的色差应在玻璃的中心和四角选取测量点，测量点的位置离玻璃边缘的距离应大于50mm；应以中心点的测量值作为标准，其余 4 点与该点进行色差比较，分别得出 4 个 ΔE^*_{ab} 色差值，其最大色差为该块玻璃的色差。

非同块幕墙玻璃之间的色差，应在目视色差有问题的玻璃上随机选取 5 个测量点，以其中最大或最小的一点作为标准，计算与其他 4 点的色差 ΔE^*_{ab}。（上述色差均为反射色差）。

D.0.2 检验仪器应符合国家标准《彩色建筑材料色度测试方法》GB 11942—89 第 4 条的规定。

D.0.3 ΔE^*_{ab} 色差值大于 3CIELAB 色差单位的幕墙玻璃应判定为不合格。

D.0.4 检验报告应包括下列内容：

1 样品名称、状况、测量点的选取。

2 仪器型号，标准照明体类型，照明观测条件及测孔面积（幕墙玻璃色差测量采用 D_{65} 标准照明体）。

3 偏离本附录的其他测量条件。

4 按要求报告幕墙玻璃色差测量结果（幕墙玻璃的色差采用 CIELAB 色空间的色差单位）。

本标准用词说明

1 为便于在执行本标准条文时区别对待，对要求严格程度不同的用词，说明如下：

1） 表示很严格，非这样做不可的：

正面词采用“必须”，反面词采用“严禁”；

2） 表示严格，在正常情况下均应这样做的：

正面词采用“应”，反面词采用“不应”或“不得”；

3） 表示允许稍有选择，在条件许可时首先应这样做的：

正面词采用“宜”，反面词采用“不宜”。

表示有选择，在一定条件下可以这样做的，采用“可”。

2 条文中指定应按其他有关标准、规范的规定执行的写法为“应符合……的规定（要求）”或“应按……执行”。

中华人民共和国行业标准

玻璃幕墙工程质量检验标准

JGJ/T 139—2001

条 文 说 明

前　言

《玻璃幕墙工程质量检验标准》（JGJ/T 139—2001）经建设部2001年12月26日以建标［2001］261号文批准，业已发布。

为便于广大设计、施工、科研、学校等单位的有关人员在使用本标准时能正确理解和执行条文规定，《玻璃幕墙工程质量检验标准》编制组按章、节、条顺序编制了本标准的条文说明，供使用者参考。在使用中如发现本条文说明有不妥之处，请将意见函寄国家建筑工程质量监督检验中心。

目　次

1 总　　则

1.0.1 本条阐明了制定本标准的目的。近年来，随着玻璃幕墙工程的日益增多，玻璃幕墙工程质量的问题越来越引起重视。为更好地配合行业标准《玻璃幕墙工程技术规范》(JGJ 102—96) 的贯彻执行，保证玻璃幕墙工程在材料进场、安装施工、验收、监督和检验等各环节都有统一的、切实可行的检验方法，制定了本标准。

1.0.2 本条规定了本标准的适用范围。即对在工程现场的玻璃幕墙材料和幕墙工程的安装质量进行检验。

1.0.4 本条规定了进行玻璃幕墙工程安装质量检验工作的人员要经专门培训，检验工作使用的仪器设备应通过计量检定或校准。

2 材料现场检验

2.1.1 在玻璃幕墙工程现场检验幕墙工程中使用的各种材料，应按要求划分检验批，并根据规定的比例进行抽样检验。

2.1.2 玻璃幕墙工程对材料的选用要求较高，因此有关材料的质量指标除应符合本标准的规定，还应符合国家现行的有关产品标准《铝合金建筑型材》(GB/T 5237—2000)、《幕墙用钢化玻璃与半钢化玻璃》(GB 17841—1999)、《建筑用硅酮结构胶》(GB 16776—1997) 及行业标准《玻璃幕墙工程技术规范》(JGJ 102—96) 的规定。

2.2.2～2.2.3 玻璃幕墙受力杆件采用的铝合金型材壁厚应按国家标准《铝合金建筑型材》(GB/T 5237—2000) 和《玻璃幕墙工程技术规范》(JGJ 102—96) 的规定不小于 3mm。检验时，对未安装上墙的铝型材可用游标卡尺选取不同部位进行测量，对已安装上墙的铝型材可用金属测厚仪进行测量。

2.2.4 建筑幕墙使用的铝型材因其工作条件具有永久曝置性和静止性的特点，因此其氧化膜应符合 AA15 级的要求，其最小局部膜厚度可在大约 $1cm^2$ 的面内分别测量 5 个不同点的厚度求得。粉末静电喷涂的涂层厚度根据《粉末静电喷涂铝合金建筑型材》(YS/T 407—1997) 的规定，电泳涂漆复合膜厚度按《电泳涂漆铝合金建筑型材》(YS/T 100—1997) 的规定，最小局部膜厚 21μm。氟碳喷涂膜厚指标见《氟碳漆喷涂型材》(GB/T 5237.5)的涂层厚度。

2.2.6～2.2.7 GB/T 5237 中规定铝型材力学性能可在硬度试验和拉伸试验中只做一项（仲裁试验为拉伸试验），铝型材的硬度试验一般用维氏硬度计进行，由于它不便于现场试验，故目前主要是采用《铝合金韦氏硬度试验方法》（YS/T 420—2000）的钳式硬度计进行现场检测。韦氏硬度（HW）与维氏硬度之间的换算值见 YS/T 420—2000。使用钳式硬度计进行现场检测时，要求型材表面的涂层应彻底清除，如有轻微的擦划伤或模具痕等，需轻轻磨光。

2.2.8 GB/T 5237 中规定铝型材的表面质量，允许由于模具造成的纵向挤压痕深度及轻微的压坑、碰伤、擦伤和划伤等存在，其中在装饰面应不大于 0.06mm，在非装饰面应不大于 0.10mm。

2.4.2 表 2.4.2 中单片玻璃的厚度允许偏差均按《浮法玻璃》（GB 11614—1999）的规定执行。中空玻璃和夹层玻璃的厚度允许偏差分别按新修订的《中空玻璃》、《夹层玻璃》标准的规定执行。

2.4.4 表 2.4.4-1 中单片玻璃的边长允许偏差按《幕墙用钢化玻璃与半钢化玻璃》(GB 17841—1999)的规定，由于用于幕墙，所以中空玻璃和夹层玻璃边长的正偏差值一般不超过负偏差值。

2.4.8 根据玻璃表面的应力可以确定玻璃钢化的程度。半钢化玻璃是针对钢化玻璃自爆而发展起来的一种新型增强玻璃，其强度比普通玻璃高 1～2 倍，耐热冲击性能显著提高，一旦破碎，其碎片状态与普通玻璃类似。

目前，西方国家在建筑上大量采用的是不会自爆的半钢化玻璃或称增强玻璃，半钢化玻璃的一个突出优点是不会自爆。它与钢化玻璃的主要区别在于玻璃的应力数值范围不同。我国国家标准《幕墙用钢化玻璃与半钢化玻璃》（GB 17841—1999）规定了用于玻璃幕墙的钢化玻璃其表面应力应大于 95MPa，主要是为了保证当玻璃破碎时，碎片状态满足钢化玻璃标准规定的要求。

2.4.10 玻璃边缘的机械磨边不能用手持式或砂带式磨边机。

2.4.12 用于玻璃幕墙的中空玻璃必须采取双道密封以减小水蒸气渗透的表面积。根据《中空玻璃》（GB 11944）规定，双道密封外层密封胶宽度应为 5～7mm。同时由于隐框幕墙是靠硅酮结构密封胶承受荷载，所以其外层的硅酮结构密封胶胶层深度还应满足结构计算要求。

2.5.1 硅酮结构胶现场检验包括三项指标。其中：胶的宽度应按设计要求检查，其偏差只允许是正值。对胶的粘结剥离检验应抽取不同分格的单元进行。在检验的单元中当内聚破坏小于 95%，应视该项为不合格。硅酮结构胶的外观质量应包括胶缝的几何形状、尺寸、施工偏差、胶的表面平整度等有关指标。

2.5.3 密封胶的厚度与宽度之比一般应为 1:2，根据密封胶宽度计算其厚度不能小于 3.5mm。胶缝的宽度应同建筑物的层间位移和胶完全固化后的变位承受能力有关。

2.5.5 双面胶带压缩后的厚度在一般情况下应达到设计要求的 90%。因此用手工拉伸检查其弹性变形，可以较方便的检查其材性。

与硅酮结构密封胶接触的材料必须要做相容性试验。

2.6.1 除不锈钢外，其他钢材的防腐处理还可采用涂防火漆和氟碳喷涂等工艺。

2.6.5 紧固件是受力配件，应优先选用不锈钢螺栓。不锈钢螺栓应配有弹簧垫圈或其他防松脱措施（如拧紧后明露螺栓敲毛处理等），以保证螺栓的紧固作用。由于常用的自攻螺钉是粗牙、非等截面的紧固件，紧固效果不够，所以强调受力构件的连接不应采用自攻螺钉。

2.6.7 用于幕墙的滑撑和限位器可按《铝合金不锈钢滑撑》（GB 9300—88）的技术要求进行检验，其装配和表面质量应满足一级品以上指标。

2.6.9 用于幕墙开启窗的窗锁可按《铝合金窗锁》（GB 9302—88）的技术要求进行检验，其各项指标应满足一级品的要求。对多点连动锁还应检查其连动的一致性。

2.7 进行幕墙工程检查时，对所有现场的材料要分别检查有关质量保证资料，这是为了保证使用的材料符合幕墙工程的要求。对于铝型材、钢材的力学性能报告、玻璃的检验报告、结构胶剥离试验记录和相容性试验报告及铆钉的力学性能报告等，因其涉及工程结构的安全性，都要重点检查。

2.7.3 中空玻璃的型式检验及热反射玻璃的光学性能应有具有资质的检验机构提供的检验报告。

2.7.4 对玻璃幕墙单元组件根据《建筑幕墙》（JG 3035—1996）的规定，按每百个组件随机抽取一件进行粘结剥离检验。因此，要检查结构硅酮胶剥离试验记录。

幕墙工程使用的硅酮结构胶必须在其有效期内使用，因此必须提供胶的生产日期及产品合格证。同时根据国家六部委发布的《关于加强硅酮结构密封胶管理的通知》要求，凡进口胶必须经国家商检局按照国家标准在指定的检验机构检验合格，出具报告，方可销售和使用。

用于幕墙工程的硅酮结构胶必须与该工程所有其他接触材料（如：玻璃、铝材、胶条、衬垫材料等）进行相容性试验，相容性试验是通过试验的方法确定幕墙工程中结构胶与各种材料的粘结性，适用于幕墙工程中玻璃结构系统的选材。实践证明试验中那些粘结性丧失和褪色的基材和附件，在实际使用中也会发生同样的情况。

3 防火检验

3.1.1 根据行业标准《玻璃幕墙工程技术规范》（JGJ 102—96）的规定，玻璃幕墙的每层板和隔墙处，均应设置防火隔断。幕墙的防火节点较多，但节点构造形式并不多。只要按不同防火构造抽取一定数量的节点检验，就能较客观地反映出幕墙防火体系的质量状况。

3.1.2 玻璃幕墙工程的防火构造，除了涉及总则1.0.5条中相关规范外，在防火功能上也有其特殊的要求，如防火等级、材料燃烧性能和耐火极限等。所以除了应遵守本标准的规定外，尚应遵守国家和行业现行有关标准和规范的规定。

3.2.1~3.2.2 在火灾中，人员的死亡大部分是由于火灾产生的有害烟雾使人窒息而死。因此在国家标准《高层民用建筑设计防火规范》（GB 50045—95）中规定玻璃幕墙与每个楼层、每个隔墙处的缝隙，应采用不燃烧材料严密填实，其目的是不让烟雾从缝隙中窜到其他楼层或房间，而使危害扩大。这就要求在施工过程中，各自形成防火间隔，不出现任何会窜烟的缝隙。在施工过程中主要加强观察，进行检查，施工结束后，可用手试检查防火隔断的密闭性。一般可用手放在防火层边，感觉是否有空气流通，判断该处防火层是否有间隙。如未达到防火隔断的要求，必须整改。

对高层建筑不设窗间墙和窗槛墙的玻璃幕墙，在每层楼板外沿玻璃幕墙内侧设置高度不低于0.80m的实体裙墙，其耐火极限不低于1.00h，应由不燃烧材料制成，这样有利于阻止和限制火灾垂直方向蔓延。

同一块玻璃不宜跨两个防火区域，是为了避免玻璃破碎影响防火隔断效果。

3.2.3 在幕墙的楼层、楼梯间、墙、柱、梁等不同部位，其防火层的构造均不同。在检查中，经常发现搁置防火棉的防火板不是连续安装固定的，而是间隔很大，不仅造成防火材料搁置不稳，易脱落，而且防火棉与幕墙和主体结构之间的空隙无法封闭，造成窜烟、窜火，达不到防火的要求。所以防火节点构造必须符合设计要求，满足防火层功能的要求。

防火材料除了达到防火要求外，还应避免不同金属之间产生电腐蚀。因此本条还规定采用镀锌钢板作防火板时，应注意不得同铝合金材料直接接触。

根据防火规范的要求，幕墙与每层楼层、隔墙处和缝隙应采用不燃烧材料严密填实。在施工中，往往容易忽略幕墙的平面内变形性能的要求，特别是分隔墙直接顶到幕墙玻璃或幕墙的梁柱，这样就容易损坏幕墙的玻璃或构架。所以防火层与幕墙间必须留出缝隙，对缝隙本条规定采用防火密封胶封闭来达到不漏气的要求。

3.2.5 一般幕墙四周与主体结构之间的空隙和楼层之间的空隙用防火棉作防火层的较普遍。根据防火功能的要求，防火棉应严密填实，这在幕墙与墙体之间较容易做到，而对楼层之间，就必须设置防火板以供搁置、固定防火棉用，防火板应与幕墙固定横梁和主体楼板（梁）连接。目前基本上都采用金属板作防火板，但如金属板太薄，其刚度不足，难以承受施工荷载而变形，不易达到封闭的防火功能要求，太厚又造成浪费，所以本条对金属板的厚度作此规定。如果用其他非金属防火板，则除了在耐火极限方面满足要求外，在刚度上也应满足设计要求。

防火棉的铺设应饱满均匀，厚度符合设计要求，不得出现有漏放防火棉的部位。这是防火层设置防火棉的最基本的要求。但是由于防火棉吸热后，传递热量性能低，使之接触的部位温度升高，而玻璃当局部温差超过其抗温差应力强度时，就会碎裂，所以防火棉不得与玻璃直接接触。

3.3.1 幕墙的防火构造直接影响到建筑物的防火功能，关系到国家和人民的生命财产的安全，非常重要。为了保证幕墙防火构造的安全可靠，在检验质量时，除了检查工程实物外，还要查阅设计资料和质量保证资料，如设计对防火构造的要求从设计资料中了解，通过查防火材料的合格证或耐火性能的检验报告和隐蔽工程验收记录等，可了解检验时无法看到的情况，这样就能较真实地掌握幕墙防火构造的质量状况。

4 防雷检验

4.1.1 根据行业标准《玻璃幕墙工程技术规范》(JGJ 102—96) 中玻璃幕墙工程对构件、拼缝分格的抽样检验数量定为5%，且不得少于3根和10个。在《建筑幕墙》中对竖向和横向构件的抽样规定为10%，且不少于5件，考虑到幕墙在现场检查中往往以楼层作为抽查单位，一般超高层建筑的楼层均不超过100层（国内目前最高的玻璃幕墙工程是上海的金茂大厦为88层），而幕墙避雷接地一般是每三层与均压环连接，这样，如按5%比例抽查，显然数量太少，为此我们将抽查数量定为有均压环楼层不少于3层，不足三层时全数检查，无均压环楼层不少于2层，这样能保证抽样的分布和一定的数量，较客观地反映出该工程防雷连接的质量状况。

4.1.2 幕墙防雷措施在设计，施工过程中涉及一些相关的现行标准规范，如防雷做法，所用材料的材质、规格、连接方式、焊接要求等等，因此在执行本标准时，还应遵守国家和行业现行的有关标准、规范。

4.2.1～4.2.2 根据国家标准《建筑物防雷设计规范》（GB 50057—94）的防雷分类和要求，因大部分幕墙工程都是高层建筑，除了防直击雷外，还应防侧击雷。用幕墙框架作为导电体互相连接，形成导电通路，其连接电阻值一般不大于1Ω。连接不同材料应避免产生电腐蚀。连接的接触面应紧密可靠并符合等电位的要求。

4.2.3 幕墙的金属框架必须同建筑物主体结构的防雷系统

作等电位连接。防雷建筑物设有均压环、引下线和接地线等防雷装置，幕墙的金属框架仅作为外露导体处理，不另设引下线和接地体。建筑物的防雷系统有专门的设计、施工与验收要求，不属本标准规定范围，但幕墙金属框架同防雷系统的连接应按本标准的规定执行。基于高层建筑幕墙面积往往较大，为避免框架上产生过高危险电压，本条中对水平和垂直连接点间距作出规定。

4.3.1 为了保证防雷措施的安全可靠，在检验防雷连接质量时，除了检查工程实际的施工质量，还应检查有关质量保证资料，才能真实反映幕墙防雷体系的质量。如通过设计资料检查是否按图施工，通过测试记录和隐蔽部分的验收记录等检查被隐蔽部位的质量及技术要求。

5 节点与连接检验

5.1.1 根据行业标准《玻璃幕墙工程技术规范》(JGJ 102—96）中规定的抽样检验要求，决定其抽样检验数量。当幕墙工程中采用锚栓时，锚栓的抽样数量是根据《混凝土用建筑锚栓技术规程》（送审稿）的规定执行。

另外在检验中发现有隐蔽部分验收记录不全或其他疑问之处，检验人员应对节点进行深入检查，必要时也可加大节点检查数量。

5.2.1 幕墙受到的荷载及其本身的自重，主要是通过该节点传递到主体结构上。因此，该节点是幕墙受力最大的节点，在检查中发现往往也是质量薄弱环节之一。由于施工中的偏差，连接件的孔位留边宽度太窄，甚至出现破口孔，直接影响该连接节点强度，造成结构隐患，因此连接件的调节范围应符合设计要求。同时为满足钢材预埋件、连接件的性能，对其表面防腐也提出了要求。

5.2.5 幕墙顶部的处理，直接影响到幕墙的雨水渗漏，由于幕墙受到外力环境的影响，其缝隙会产生变化，有朝上、侧向空隙或缝隙，如用硬性材料填充，受力后产生细缝造成雨水渗漏，因此幕墙顶部的处理，必须要保证不渗漏。罩面板的安装牢固不松动且方向正确，也是保证条件之一。

5.2.7 幕墙作为悬挂维护结构，其底部节点的处理很重要，实践中有些细部处理往往疏忽，如立柱底部节点与不同材料之间的处理、底部的伸缩缝隙的设置及密封等，这都直接影响幕墙的安全和使用功能，为此本条作了必要的规定。

5.2.9 幕墙立柱的连接普遍采用芯管套接，行业标准《玻璃幕墙工程技术规范》（JGJ 102—96）中没有对芯管提出具体要求，而在实际中立柱的连接不一定是玻璃的分格处，这就要求幕墙的立柱应能连续传递弯矩。对于芯管的材质，在实践中发现不少表面未作阳极氧化处理，甚至用镀锌钢材的，为此本条强调应符合规范和设计的要求。

5.2.11 根据行业标准《玻璃幕墙工程技术规范》（JGJ 102—96）的规定，与铝合金接触的螺栓及金属配件应采用不锈钢或轻金属制品，而轻金属制品中与铝合金不产生电化反应的应选铝制品，因此本条作了具体规定。在梁柱节点处所用的螺钉和金属配件应符合规范和设计要求，不得使用镀锌钢材制品。目前幕墙中自攻螺钉采用较普遍，由于其牙纹较稀，与铝合金接触摩擦面较少，而幕墙受到外界风雨等环境影响产生震动，使自攻螺钉容易松脱，所以要求不采用自攻螺钉，对其他螺钉也应有防松脱措施。

在梁柱接触处，按规范要求应设置弹性垫片，不能采用硬质的垫片。

5.2.13 在变形缝处，由于主体结构在该部位的构造是断开的，因此幕墙构架在此也必须按设计的要求进行断开，其节点构造必须符合设计要求。由于此处构造复杂，在安装施工中，必须留出构造变形方向的位移空间，在外观上应平整，结合应紧密不渗漏。

5.2.15 当幕墙内排水孔尺寸太小，由于水的表面张力大于水的压力就不起作用，所以本条规定排水孔要按设计要求设置，且幕墙的内排水系统必须保持畅通不堵塞，这在加工制作中必须注意。特别是单元幕墙，在加工时接缝处的胶不宜凸出，加工中的一些铝屑，甚至螺钉等垃圾必须清除干净，否则幕墙安装后这些垃圾极有可能堵塞内排水通道，造成排水不畅，引起渗漏。

5.2.17 玻璃吊夹具的安装位置直接影响幕墙的安全，本条所指的安装牢固，位置准确，不局限在单个吊夹具上，而是指整体吊夹具的安装。在实践中发现有的吊夹具仅在正面玻璃上安装，肋上没有；有的吊夹具不是安装在同一基层上，造成两吊夹具受力后产生不平衡，所以吊夹具的安装必须整体共同受力，才能保证安装牢固。

对吊夹具进行力学性能试验时，应由有资质的检验单位进行检验。

5.2.19～5.2.21 杆（索）和点支承装置是点支式玻璃幕墙配合使用的一种构造形式，其受力形式是由点支承装置通过杆（索）将玻璃幕墙的荷载传递到主体结构上，因此杆（索）、点支承装置的结构必须牢固，受力均匀，不致使玻璃局部受力后破裂。点支承装置组件与玻璃之间应有弹性衬垫材料做垫片，使玻璃有一定活动余地，而且不与支承装置金属直接接触。

5.3.1 幕墙连接节点比较多，各类节点都比较复杂，有些节点在检验时已被覆盖，有些节点虽能查看到，但其功能如何还需测试，因此在幕墙连接节点检验时，需查隐蔽工程的验收资料，包括锚栓拉拔的检验报告，才能客观地反映出各连接节点的质量情况。

6　安装质量检验

6.1.2　本条规定的检验报告指针对该幕墙工程进行设计的幕墙产品，且检验所用的幕墙材料应与工程完全一致。当工程设计有抗震设防要求时，应同时进行平面内变形检验；当工程设计考虑有保温隔热和节能要求时，一般应同时进行保温性能检验。

6.1.3　根据行业标准《玻璃幕墙工程技术规范》（JGJ 102—96）的要求，玻璃幕墙工程应进行安装外观检验和抽样检验，因此按照有关标准，制定了抽样规定。

6.2.3～6.2.5　检查测量一般应在风力小于4级时进行。

6.2.6　对于明框幕墙中，玻璃与槽口配合尺寸很重要，在实践中往往对定位垫块不够重视，这容易造成玻璃破损，所以在本条中强调了胶条、玻璃定位垫块和支承垫块的设置必须符合规范和设计要求，在实践中，对明框幕墙胶条转角或其他需粘结部位，采用透明的密封胶比较多，而这种密封胶属微酸性，与胶条接触部位容易逐渐变黄，影响外观，因此本条要求用于明框幕墙的密封胶不变色。

6.2.8　作为隐框幕墙，其玻璃全靠结构胶粘结固定，所以标准中对结构胶有严格的要求，其剥离试验必须符合国家标准《建筑用硅酮结构密封胶》（GB 16776—1997）标准的规定。作为隐框幕墙的另一个必须重视的部位，就是在车间组装好的隐框组件，当其安装到幕墙构架上时，采用压块和螺钉固定，压块、螺钉所受的力比结构胶还要大，所以对于压块和螺钉的规格、数量必须符合设计要求。目前工程实践中，许多厂家采用自攻螺钉固定玻璃板块，由于自攻螺钉牙纹稀，非等截面，和构架固定接触面少，容易松脱，所以本条中规定不得用自攻螺钉。

6.2.12　隐框幕墙各玻璃拼缝整齐与否对幕墙的外观有很大影响，因此该条规定的6款主要检查其拼缝质量，以保证整幅隐框幕墙各玻璃拼缝的整齐美观。

6.2.13　幕墙是悬挂受力状态下的外围护结构，其构件在荷载和温差影响下，会产生位移，因此幕墙边的立柱，不应埋设在主体结构中，其间隙应用弹性材料填嵌，根据消防和防水的要求，其空隙应用防火材料填充，缝隙应用密封胶填嵌密实。

6.2.15　由于点支承式幕墙玻璃在角部都钻孔，局部应力集中，浮法玻璃强度低，容易破裂，所以应采用钢化玻璃。用于点支承式幕墙玻璃的切角、钻孔等必须在钢化前进行。

中华人民共和国行业标准

古建筑修建工程质量检验评定标准

（南方地区）

Judgement Standard for Examining Quality of Construction in Traditional Chinese Architecture
(for Southern Area)

CJJ 70—96

主编单位：苏州市房地产管理局
批准部门：中华人民共和国建设部
施行日期：1997年5月1日

关于发布行业标准《古建筑修建工程质量检验评定标准》（南方地区）的通知

建标［1996］568号

各省、自治区、直辖市建委（建设厅），计划单列市建委，国务院有关部门：

根据建设部建标（90）407号文的要求，由苏州市房地产管理局主编的《古建筑修建工程质量检验评定标准》（南方地区），业经审查，现批准为行业标准，编号为CJJ70—96，自1997年5月1日起施行。

本标准由建设部房地产标准技术归口单位上海市房屋科学研究院负责归口管理，具体解释等工作由主编单位负责，由建设部标准定额研究所组织出版。

中华人民共和国建设部
1996年11月4日

目　次

1 总　　则

1.0.1 为统一我国南方地区古建筑修建工程质量检验评定标准，确保工程质量，加强对古建筑的保护，制定本标准。

1.0.2 本标准适用于南方地区下列建筑工程的质量检验和评定：

1.0.2.1 各种古建筑的修缮、移建（迁建）、重建（复建）工程（简称：古建筑修、建工程）。

1.0.2.2 各种仿古建筑工程。

1.0.2.3 近代、现代建筑中采用古建筑作法的项目。

1.0.3 在质量检验评定时，除应符合本标准外，尚应符合国家现行的有关标准，规范的规定。

2 质量检验与评定

2.1 工程质量检验评定的划分

2.1.1 古建筑修、建工程的质量按分项、分部和单位工程划分进行检验评定。

2.1.2 古建筑修、建工程分项、分部工程的划分应符合下列规定：

2.1.2.1 分项工程：应按土方工程、砌砖工程、大木构架制作工程、大木构架修缮工程等主要工种划分。

2.1.2.2 分部工程：应按地基与基础工程、主体工程、地面与楼面工程、木装修工程、装饰工程、屋面工程等主要部位划分。

低层及多层房屋工程中的主体分部工程应按楼层（段）划分分项工程；单层房屋中的主体分部工程应按变形缝划分分项工程；其他分部工程的分项工程可按楼层（段）划分。在评定各分部工程质量时，其分项工程均应参加评定。

2.1.2.3 修缮工程的分项工程按修缮工程的主要项目划分。分部工程按修缮房屋的主要部位划分。

2.1.3 分项、分部工程名称应符合表 2.1.3 的规定。

古建筑修、建工程分项分部工程名称　　　**表 2.1.3**

分部工程名称	分项工程名称
地基与基础工程	挖土、填土；三合土地基，夯实地基；石桩、木桩；砖、石加工；砌砖、砌石；台基、驳岸；混凝土；水泥砂浆防水层；模板、钢筋、钢筋混凝土；构件安装；基础、台基、驳岸局部修缮等
主体工程	大木构架（柱、梁、川、枋、老戗、嫩戗、斗拱、桁条、搁栅、椽子、板类等）制作、安装；大木构架修缮、绛直、发平、升高；砖石的加工、安装、砌砖、砌石、砖石墙体的修缮；漏窗制作、安装、修缮；模板、钢筋、钢筋混凝土、构件安装；木楼梯制作、安装修缮等

续表

分部工程名称	分项工程名称
地面与楼面工程	楼面、地面、游廊、庭院、甬路的基层；砖加工、砖墁地；石料加工、石墁地；木楼地面、仿古地面；各种地面的修缮等
木装修工程	古式木门窗隔扇制作与安装；各种木雕件制作与安装；木隔断，天花、卷棚、藻井制作安装；博古架、美人靠、坐槛、古式栏杆、挂落、地罩及其他木装饰件制作与安装；各种木装修件的修缮等
装饰工程	砖细、砖雕、石作装饰、石雕、仿石、仿砖、人造石、琉璃贴件、拉灰条、彩色抹灰刷浆、裱糊、大漆、彩绘、花饰安装、贴金描金、各种装饰工程修缮等
屋面工程	砖料加工，屋面基层。小青瓦屋面，青筒瓦屋面，琉璃瓦屋面；各种屋脊、戗角及饰件；灰塑、陶塑屋面饰件；各种屋面、屋脊、戗角饰件的修缮等

注：①地基与基础工程系指磉石顶以下全部工程。
②表2.1.3分项分部工程名称仅列出古建筑修、建工程中的专用和常用项目，其余项目名称按现行国家标准《建筑安装工程质量检验评定统一标准》的规定执行。

2.1.4 古建筑修、建工程单位工程的划分应符合下列规定：

2.1.4.1 古建筑及仿古建筑以殿、堂、楼、阁、榭、舫、台、廊、亭、幢、塔、牌坊等的建筑工程和设备安装工程共同组成各自的单位工程。

2.1.4.2 修缮工程的单位工程。根据修缮工程的内容可由单体建筑或由若干个有关联的单体建筑组成单位工程。

2.1.4.3 室外的庭园、甬路、水池和围墙等为一个单位工程。室外建筑设备安装工程的单位工程划分应符合现行国家标准《建筑安装工程质量检验评定统一标准》的规定。

2.2 工程质量检验评定的等级

2.2.1 本标准的分项、分部、单位工程的质量均分为“合格”与“优良”两个等级。

2.2.2 分项工程的质量等级应符合下列规定：

2.2.2.1 合格：

（1）保证项目应符合相应质量检验评定标准的规定；

（2）基本项目每项抽检的处（件）应符合相应质量检验评定标准的合格规定；

（3）允许偏差项目抽检的点数中，建筑工程有70%及以上的实测值，在相应质量检验评定标准的允许偏差范围内。

2.2.2.2 优良：

（1）保证项目应符合相应质量检验评定标准的规定；

（2）基本项目每项抽检的处（件）应符合相应质量检验评定标准的合格规定；其中有50%及以上的处（件）符合优良规定，该项即为优良，且优良项数应占检验项数50%及其以上。

（3）允许偏差项目抽检的点数中，有90%及以上的实测值应在相应质量检验评定标准的允许偏差范围内。

2.2.3 分部工程的质量等级应符合下列规定：

2.2.3.1 合格：所含分项工程的质量全部合格。

2.2.3.2 优良：所含分项工程的质量全部合格，其中有50%及以上为优良。

2.2.4 单位工程的质量等级应符合下列规定：

2.2.4.1 合格：

（1）所含分部工程的质量应全部合格：

（2）质量保证资料应基本齐全；

（3）观感质量的评定得分率应达到70%及其以上。

2.2.4.2 优良：

（1）所含分部工程的质量应全部合格，其中有50%及其以上应为优良，含主体和木装修分部工程；

(2) 质量保证资料应基本齐全；

(3) 观感质量的评定得分率应达到85%及其以上。

注：室外单位工程不进行观感质量评定。

2.2.5 当分项工程质量不符合相应质量检验评定标准合格的规定时，必须及时处理，并按下列规定确定其质量等级：

2.2.5.1 返工重做的可重新评定质量等级；

2.2.5.2 经加固补强或经法定检测单位鉴定能够达到设计要求的，其质量仅应评为合格；

2.2.5.3 经法定检测单位鉴定达不到原设计要求，但经设计单位认可能够满足结构安全和使用功能要求可不加固补强或经加固补强改变外形尺寸或造成永久性缺陷的，其质量可定为合格。

2.2.6 当分部工程中有分项工程质量不符合合格的规定、但满足了本标准第2.2.5.3款的要求时，该分部工程不得评为优良。

2.3 工程质量检验评定程序及组织

2.3.1 分项工程质量应在班组自检的基础上，由单位工程负责人组织建设单位和有关人员进行评定，并应由专职质量检查员核定。

分项工程质量检验评定表应采用本标准附录A的统一格式。

2.3.2 分部工程质量应由相当于施工队一级的技术负责人组织建设单位和有关人员进行评定，并应由专职质量检查员核定。其中地基与基础，主体、屋面、木装修分部工程质量应由企业技术部门和质量监督部门组织核定。

分部工程质量检验评定表应采用本标准附录B的统一格式。

2.3.3 单位工程质量应由企业技术负责人组织建设单位、设计等单位及企业有关部门进行检验评定，并应将有关评定资料提交当地工程质量监督或主管部门核定。

古建筑修、建工程质量保证资料核查表应采用本标准附录C的统一格式。

古建筑修、建工程观感质量评定表应采用本标准附录D的统一格式。

单位工程质量综合评定表应采用本标准附录E的统一格式。

注：凡本标准未列入的设备安装工程的分项、分部工程的检验评定项目应符合现行国家标准《建筑采暖卫生与煤气工程质量检验评定标准》、《通风与空调工程质量检验评定标准》、《建筑电气安装工程质量检验评定标准》的规定。

2.3.4 单位工程当由几个分包单位施工时，其总包单位应对工程质量全面负责；各分包单位应按本标准和相应质量检验评定标准的规定，检验评定所承建的分项、分部工程的质量等级，并应将评定结果及资料交总包单位。

3 土方、地基与基础工程

3.0.1 本章适用于土方、人工地基、桩基、台基、基础、驳岸建设工程和基础驳岸修缮工程的质量检验和评定（图 3.0.1）。

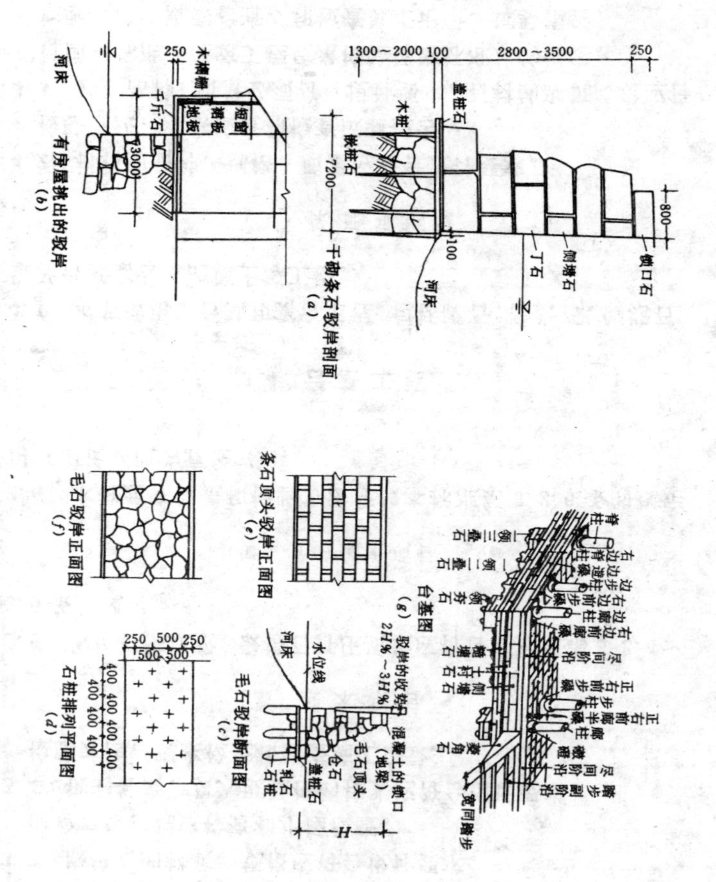

图 3.0.1 台基和驳岸

3.1 土方、地基工程

3.1.1 土方、地基工程的质量检验与评定，应符合现行国家标准《建筑工程质量检验评定标准》的规定。

3.2 石 桩 工 程

（Ⅰ）保 证 项 目

3.2.1 石桩（石丁）的材质、规格应符合设计要求。

检验方法：观察检查和尺量检查及小锤检查。

3.2.2 嵌桩石的材质、规格应符合设计要求。

检验方法：观察检查和小锤检查。

3.2.3 打桩的标高或贯入度应符合设计要求或当地传统做法。

检验方法：观察检查和检查施工记录。

（Ⅱ）基 本 项 目

3.2.4 石桩打桩质量应符合下列规定：

合　　格：位置基本正确，标高基本一致、竖向基本垂直。

优　　良：位置正确，标高一致、竖向垂直。

检查数量：按桩数抽查10%，且不应少于3根。

3.2.5 嵌桩石打压质量应符合下列规定：

合　　格：摆放基本均匀，嵌固基本密实，夯泥基本除清。

优　　良：摆放均匀，嵌固密实，夯泥除清。

检查数量：每个独立基础应检查一处，条形基础每5m应检查一处，板式基础每$30m^2$检查一处，且不应少于3处。

检验方法：观察和尺量检查。

（Ⅲ）允许偏差项目

3.2.6 石桩打桩的允许偏差和检验方法应符合表3.2.6的规定。

石桩打桩的允许偏差和检验方法　　表3.2.6

项目		允许偏差 (mm)	检验方法
中心偏置位移	边缘桩	$a/3$	拉线和尺量检查
	中间桩	$a/2$	拉线和尺量检查
标高	桩顶面标高	±30	用水准仪或拉线和尺量检查
	嵌桩石顶面标高	±30	用水准仪或拉线和尺量检查
桩的垂直度		$3H\%$	吊线和尺量检查

注：a为石桩的边长，H为桩长。

检查数量：按桩数的10%，且不得少于3根。

3.3 木桩工程

（Ⅰ）保证项目

3.3.1 木桩的材质、规格、树种应符合设计要求。

检验方法：观察和尺量检查。

3.3.2 木桩的防腐处理应符合设计要求。

检验方法：观察检查。

3.3.3 嵌桩石的材质、规格应符合设计要求。

检验方法：观察检查和小锤检查。

3.3.4 桩的标高、贯入度及桩的接头应符合设计要求。

检验方法：观察检查和检查施工记录。

（Ⅱ）基本项目

3.3.5 木桩打桩质量、嵌桩石打压质量应符合本标准第3.2.4～3.2.5条的规定。

（Ⅲ）允许偏差项目

3.3.6 木桩允许偏差和检验方法应按本标准第3.2.6条的规定采用（边长a改为直径d）。

3.4 台基工程

3.4.1 本节适用于台基和露台工程。包括磉石、阶沿石、侧塘石、石级及台基露台内的填土等工程。

（Ⅰ）保证项目

3.4.2 材料的品种、规格、质量应符合设计要求。

检验方法：观察检查和检查试验报告。

3.4.3 砂浆品种、质量必须符合设计要求。石材的砌筑质量应符合现行国家标准《建筑工程质量检验评定标准》的规定。

检验方法：观察检查，和检查施工记录、试验报告。

3.4.4 台基内填土的土质、含水量、夯实后的干土密度应符合设计要求和现行国家标准《建筑工程质量检验评定标准》的规定。

检查数量：用环刀取样每层土每个自然间取一组，且不应少于一组。用灌砂或灌水法取样数量可适当减少。

检验方法：观察检查和检查试验报告。

（Ⅱ）基 本 项 目

3.4.5 侧塘石、阶沿石组砌形式应符合下列规定：

合　　格：内外搭砌，上下错缝，拉结石和侧塘石基本交错设置。

优　　良：内外搭砌，上下错缝，拉结石和侧塘石交错设置。

检查数量：台基四周侧墙每开间和进深检查一处，每处3延米，但不应少于3处。

检验方法：观察检查。

3.4.6 台基的灰缝应符合下列规定：

合　　格：勾缝密实，粘结牢固，厚度基本均匀，墙面基本洁净。

优　　良：勾缝密实，粘结牢固，厚度均匀一致，墙面洁净。

检查数量：同本标准第3.4.5条的规定。

检验方法：观察检查。

3.4.7 阶沿石应符合下列规定：

合　　格：宽厚基本一致，表面基本平整，楞角基本顺直。

优　　良：宽厚一致，表面平整，楞角平直。

检查数量：同本标准第3.4.5条的规定。

检验方法：观察和尺量检查。

（Ⅲ）允许偏差项目

3.4.8 台基、露台允许偏差和检验方法应符合表3.4.8的规定：

台基、露台允许偏差和检验方法　　表3.4.8

项目		允许偏差(mm)		检验方法
		半细料石	细料石	
阶沿石	平整度	7	5	用2m直尺和楔形塞尺检查
	宽度	±3	±2	尺量检查
	厚度	±3	±2	尺量检查
	标高	±3	±3	用水准仪和尺量检查
侧塘石	垂直度	3	2	用经纬仪或吊线和尺量检查
	平整度	7	5	用2m直尺和楔形塞尺检查
磉石	标高	+3	+3	用水准仪和尺量检查
	中心线位移	±3	±3	尺量检查
	平面尺寸	±3	±2	尺量检查
	平整度	±3	±3	用直尺和楔形塞尺检查
石级	平整度	7	5	用直尺和楔形塞尺检查
	标高	±3	±3	用水准仪和尺量检查
	宽度	±3	±2	尺量检查
	级高	±3	±2	尺量检查
	级宽	±3	±2	尺量检查

检查数量：同本标准3.4.5条的规定。

3.5 基础的修缮工程

（Ⅰ）保 证 项 目

3.5.1 基础修缮应有修缮设计和施工技术方案。

检验方法：检查设计和施工文件。

3.5.2 基础修缮必须分段、间隔掏修，每段长度不得超过1.0m或基础底面积的20%。并应有施工安全措施。基础的损坏部分应清除干净。

检验方法：观察检查和尺量检查。

3.5.3 修缮基础的材料品种、质量、规格应符合设计要求，其露明部分应与原基础相一致。

检验方法：观察和尺量检查及检查出厂合格证书、试验报告。

3.5.4 基础修缮的砌筑质量应符合现行国家标准《建筑工程质量检验评定标准》的规定。

检验方法：观察检查。

（Ⅱ）基本项目

3.5.5 基础修缮后应符合下列规定：

合　格：新旧基础接槎基本平顺、密实牢固，露明部分色泽基本一致。

优　良：新旧基础接槎平顺、密实牢固，露明部分色泽一致。

检查数量：以一个自然间的一面为一个检查点，当修补处小于2m时，每一个修补处为一个检查点。

检验方法：观察和尺量检查。

（Ⅲ）允许偏差项目

3.5.6 基础修补后的允许偏差和检查方法应符合表3.5.6的规定。

基础修补后的允许偏差和检查方法　表3.5.6

项　目	允许偏差(mm)		检验方法
	毛石	砖	
表面平整度	20	10	用2m直尺和楔形塞尺检查
新旧接槎高低差	±15	±5	用直尺和楔形塞尺检查
轴线位移	±20	±10	尺量检查

检查数量：同本标准第3.5.5条的规定。

3.6 石驳岸（挡墙）石料的加工工程

（Ⅰ）保证项目

3.6.1 石料的品种、材质、规格及加工程度，应符合设计要求和传统作法。

检验方法：观察和尺量检查。

3.6.2 石料的纹理应符合受力要求。

检验方法：观察检查。

（Ⅱ）基本项目

3.6.3 石料表面应符合下列规定：

合　格：石料表面整洁，基本平直，无明显缺棱掉角。

优　良：石料表面整洁、平直、无缺棱掉角。

检查数量：按加工石料总数抽查10%

检验方法：观察检查。

3.6.4 表面剁斧的石料应符合下列规定：

合　格：斧印基本顺直、均匀、深浅基本一致，刮边宽度基本一致。

优　良：斧印顺直均匀，深浅一致，刮边宽度一致。

检查数量：同本标准第3.6.3条的规定。

检验方法：观察检查。

3.6.5 石料色泽外观应符合下列规定：

合　格：外观无明显缺陷、污斑、杂色。

优　良：外观无明显缺陷，色泽均匀一致。

检查数量：同本标准第3.6.3条的规定。

检验方法：观察检查。

（Ⅲ）允许偏差项目

3.6.6　石料加工的允许偏差，应符合表 3.6.6 的规定。

石料加工的允许偏差和检验方法　　表 3.6.6

项目	允许偏差(mm)		检验方法
	宽度厚度	长度	
细料石、半细料石	±3	±5	尺量检查
粗料石	±5	±7	尺量检查
毛料石	±10	±15	尺量检查

注：设计有特殊要求者，按设计要求加工。

检查数量：同本标准第 3.6.3 条的规定。

3.7　石驳岸（挡墙）石料的砌筑工程

3.7.1　本节适用于毛石、料石驳岸（挡墙）的砌筑

检查数量：料石驳岸每 10m 检查一处，不足 10m 逐处检查，每处 3m。毛石驳岸每 $40m^2$ 检查一处，不足 $40m^2$ 逐处检查，每处 $5m^2$。

（Ⅰ）保证项目

3.7.2　石驳岸的盖桩石，锁口石，挑筋石，镂孔石的安放位置，组砌方法，收势应符合设计要求。

检验方法：观察检查。

3.7.3　连接铁件的品种、型号、规格、质量和安放位置应符合设计要求。

检验方法：检查出厂合格证和试验报告。

3.7.4　砂浆的品种、强度应符合设计要求和现行国家标准《建筑工程质量检验评定标准》的规定。

检验方法：检查试块试验报告。

3.7.5　毛石驳岸所用仓石（衬石）应填实、稳固，强度不得低于毛石。

检验方法：观察检查。

3.7.6　驳岸出水口的设置应符合设计要求和传统做法。

检验方法：观察检查。

3.7.7　驳岸（挡土墙）的填土，应符合设计要求，当无设计要求时，应符合本标准第 3.4.4 条的规定。

（Ⅱ）基本项目

3.7.8　料石驳岸灰缝应符合下列规定：

合　　格：灰缝基本顺直，厚度基本均匀、勾缝密实牢固，锁口面基本平整不积水。

优　　良：灰缝顺直、厚度均匀，勾缝整齐密实牢固，墙面洁净，锁口面平整，排水流畅。

检验方法：观察和尺量检查。

3.7.9　毛石驳岸灰缝应符合以下规定：

合　　格：灰浆饱满，勾缝密实牢固，厚度基本均匀，凹凸基本一致，墙面洁净。

优　　良：灰浆饱满，勾缝密实牢固，厚度均匀，凹凸一致，墙面洁净美观。

检验方法：观察和尺量检查。

3.7.10　料石驳岸表面应符合下列规定：

合　　格：石料完整，无缺楞掉角，基本无炸纹裂缝，表面基本平整洁净。

优　　良：石料完整，无缺楞掉角，无炸纹裂缝，表面平整洁净。

检验方法：观察检查。

3.7.11　毛石驳岸表面应符合下列规定：

合　　格：毛石无风化，无炸纹裂缝，块石摆砌基本均匀，表

面基本洁净。

优　　良：毛石无风化，无炸纹裂缝，块石摆砌均匀，表面整齐洁净。

检验方法：观察检查。

（Ⅲ）允许偏差项目

3.7.12　石驳岸砌筑的允许偏差和检验方法，应符合表3.7.12的规定。

石驳岸砌筑的允许偏差和检验方法　　表3.7.12

项目		允许偏差(mm)				检验方法
		毛石驳岸	料石驳岸			
			毛料石	粗料石	细料石	
轴线位置偏移		15	15	10	10	用经纬仪或拉线和尺量检查
驳岸厚度		+20 −10	+20 −10	+10 −5	+10 −5	尺量检查
垂直度	H在5m以内	20	20	15	15	用经纬仪或吊线和尺量检查
	H在5m以上	30	30	20	20	
表面平整度		20	20	10	7	用2m直尺和楔形塞尺检查
水平灰缝平直度		—	—	10	7	拉10m线和尺量检查
锁口石顶面标高		±15	±15	±15	±10	用水准仪和尺量检查

注：1 为驳岸高度。
2 垂直度有收势要求的，按收势要求检验，偏差要求同本表垂直度一栏的规定。

3.8　石驳岸的修缮工程

（Ⅰ）保证项目

3.8.1　驳岸修缮应有修缮设计和施工技术方案。其他各项要求按本标准第3.7.2～3.7.7条规定执行。

检验方法：检查设计和施工记录。

检查数量：逐处检查。

（Ⅱ）基本项目

3.8.2　驳岸修缮应符合下列规定：

合　　格：损坏部分基本清除干净，新旧石料接槎基本嵌紧、平顺、稳固、砂浆基本饱满。

优　　良：损坏部分清除干净彻底，新旧石料接槎嵌紧、平顺牢固，砂浆饱满。

检验方法：观察检查。

3.8.3　驳岸修缮灰缝应符合下列规定：

合　　格：新旧接槎处灰缝基本平顺，灰缝厚度基本均匀，凹凸基本一致。

优　　良：新旧接槎处灰缝平顺、厚度均匀、凹凸一致。

检验方法：观察和尺量检查。

3.8.4　驳岸修缮表面应符合下列规定：

合　　格：色泽基本一致，表面基本平整洁净，新旧接槎基本和顺、严实。

优　　良：色泽一致，表面平整洁净，新旧接槎和顺、严实。

检验方法：观察检查。

（Ⅲ）允许偏差项目

3.8.5　石驳岸修缮允许偏差和检验方法应符合表3.8.5的规定。

石驳岸修缮允许偏差和检验方法　　表3.8.5

项目	允许偏差(mm)				检验方法
	毛石驳岸	料石驳岸			
		毛料石	粗料石	细料石	
新旧接槎处高低差	15	15	10	5	用直尺和楔形塞尺检查
其他项目的允许偏差和检验方法按本标准表3.7.12的规定采用					

4 大 木 工 程

4.0.1 本章适用于大木构架中柱、梁、川（穿）、枋、桁（檩）、椽、木基层、斗拱、楼梯的制作、安装与修缮。

4.0.2 选用木材的树种、规格、等级应符合设计要求。

检验方法：观察检查和检查测定记录。

4.0.3 大木构架的选材，应符合表 4.0.3 的规定。

大木构架材质标准 **表 4.0.3**

构件类别 \ 木材缺陷	腐朽	木节	斜纹	虫蛀	裂缝	髓心	含水率
柱类构件	不允许	在构件任何一面，任何 150mm 长度上所有木节尺寸的总和不得大于所在面宽的 2/5	斜率不得大于 12%	允许表面层有轻微虫眼	径裂不得大于直径 1/3，轮裂不允许，榫卯处不允许	不限	不大于 25%
梁类构件	不允许	在构件任何一面，任何 150mm 长度上所有木节尺寸的总和不得大于所在面宽的 2/5	斜率不得大于 8%	不允许	外部裂缝不得大于材宽（或直径）的 1/4，径裂不得大于材宽（或直径）的 1/3，轮裂不允许，榫卯处不允许	应避开受剪面	不大于 25%
枋类构件	不允许	在构件任何一面，任何 150mm 长度内所有木节尺寸的总和不大于所在面宽的 1/3，死节面积不得大于截面的 1/20，榫卯处不允许	斜率不得大于 8%	不允许	榫卯处不允许。其它处外部裂缝径裂不得大于材料宽度的 1/3。轮裂不允许	应避开受剪面	不大于 25%

续表

构件类别 \ 木材缺陷	腐朽	木节	斜纹	虫蛀	裂缝	髓心	含水率
板类构件	不允许	在任何一面，任何 150mm 长度内所有木节尺寸的总和不得大于所在面宽的 1/3，榫卯处及其附近不允许	斜率不得大于 8%	不允许	外部裂缝不得大于板宽的 1/4，轮裂不允许。榫卯处及其附近不允许	不限	不大于 18%
桁檩类构件	不允许	在任何 150mm 长度内所有活节的总和不得大于所在部位周长的 1/3，单个木节的直径不得大于桁（檩）直径的 1/6，死节不允许，榫卯处及其附近不允许	斜率不得大于 8%	不允许	榫卯处不允许，其它处不得大于桁（檩）径的 1/4。轮裂不允许	不限	不大于 20%
椽类构件	不允许	死节不允许，活节不得大于所在面宽的 1/3	斜率不得大于 8%	不允许	裂缝深度不大于材宽的 1/4，轮裂不允许	不限	不大于 18%
斗拱类构件 各类斗拱	不允许	在构件任何一面，任何 150mm 长度内所有木节尺寸的总和不得大于所在面宽的 1/4，死节不允许。榫卯处及其附近不允许	不大于 5%	不允许	不允许	不限	不大于 18%
斗拱类构件 各类枋	不允许	在构件任何一面，任何 150mm 长度内所有木节尺寸总和不得大于所在面宽的 2/5，榫卯处及其附近不允许	不大于 5%	不允许	不允许	不允许	不大于 18%

续表

构件类别 \ 木材缺陷		腐朽	木节	斜纹	虫蛀	裂缝	髓心	含水率
斗拱类构件	座斗	不允许	在构件任何一面，任何150mm长度内，所有木节尺寸总和不得大于所在面宽的1/2死节不允许	不大于8%	不允许	不允许	不允许	不大于18%
	各类昂	不允许	在构件任何一面，任何150mm长度内，所有木节尺寸的总和不得大于所在面宽的1/4，死节不允许，榫卯及其附近不允许	不大于5%	不允许	不允许	不允许	不大于18%
	牌条高连机	不允许	在构件任何一面，任何150mm长度内，所有木节尺寸的总和不得大于所在面宽的2/5，榫卯及其附近不允许	不大于5%	不允许	不允许	不允许	不大于18%

检验方法：观察检查和检查测定记录。

4.0.4 木构件的防腐，防虫、防火、抗震处理必须符合设计要求和有关规范规定。

检验方法：观察检查和检查施工记录。

4.1 抬梁式柱类构件制作工程

4.1.1 本节适用于抬梁式（帖式）柱类构件（廊柱、步柱、金柱、脊柱、童柱等）的制作工程（图4.1.1）。

检查数量：抽查构件总数的10%，但各式柱均不应少于3根。

（Ⅰ）保证项目

4.1.2 内柱的收势，廊（檐）柱的侧脚，升起应符合设计要求或传统做法。

检验方法：观察和尺量检查。

4.1.3 柱类构件榫卯节点应符合设计要求。当设计无明确规定时，应符合下列规定。

（1）柱子下端做管脚榫者，圆柱榫长不应小于该柱端直径的1/4，并不应大于该柱端直径的1/3，榫宽应与榫长相同；方柱榫长不应小于该柱截面宽的1/4，并不应大于该柱截面宽的3/10，榫宽应与榫长相同［图4.1.3-1（*a*）］。

（2）廊（檐）柱上端应与座斗相接，其上端应做馒头肩榫卯接。圆柱榫长不应小于该柱端直径的1/4，并不应大于该柱端直径的1/3，榫宽应与榫长相同；方柱榫长不应小于该柱截面宽的1/4，并不应大于该柱截面宽的3/10，榫宽应与榫长相同［图4.1.3-1（*c*）］和［图4.1.3-2（*h*）］。

（3）脊柱、脊童柱应与桁相接，其上端应做顶拱榫卯接。圆柱榫长不应小于该柱直径的1/4，并不应大于该柱直径的1/3；方柱榫长不应小于该柱截面宽的1/4，并不应大于该柱截面宽的3/10。单榫宽均应为该柱直径的1/10，榫深不应小于桁直径的1/4，并不应大于该桁直径的1/3［图4.1.3-1（*d*）］。

（4）各式廊、步、金柱应与梁、川（穿）相交，其上端应做榫（箍头榫）卯接。圆柱榫宽不应小于该柱端直径的1/4，并不应大于该柱端直径的1/3；方柱榫宽不应小于该柱截面宽的1/4，并不应大于该柱截面宽的3/10［图4.1.3-1（*e*）］。

（5）柱子中部需做透榫者，均应采用大进小出做法，半榫与透榫的高度比宜为4：6；圆柱透榫的宽度不应小于该柱直径的1/4，并不应大于该柱端直径的1/3；方柱透榫的宽度不应小于该柱截面宽的1/4，并不应大于该柱截面宽的3/10［图4.1.3-1（*f*）］。

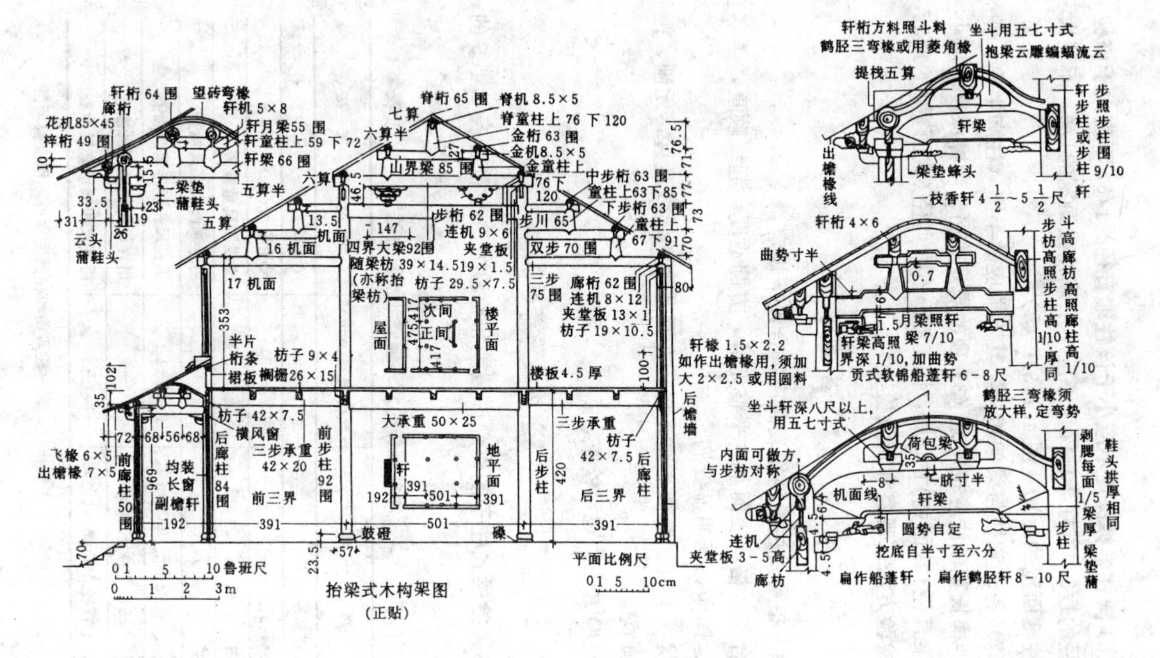

图 4.1.1 抬梁式木构架图

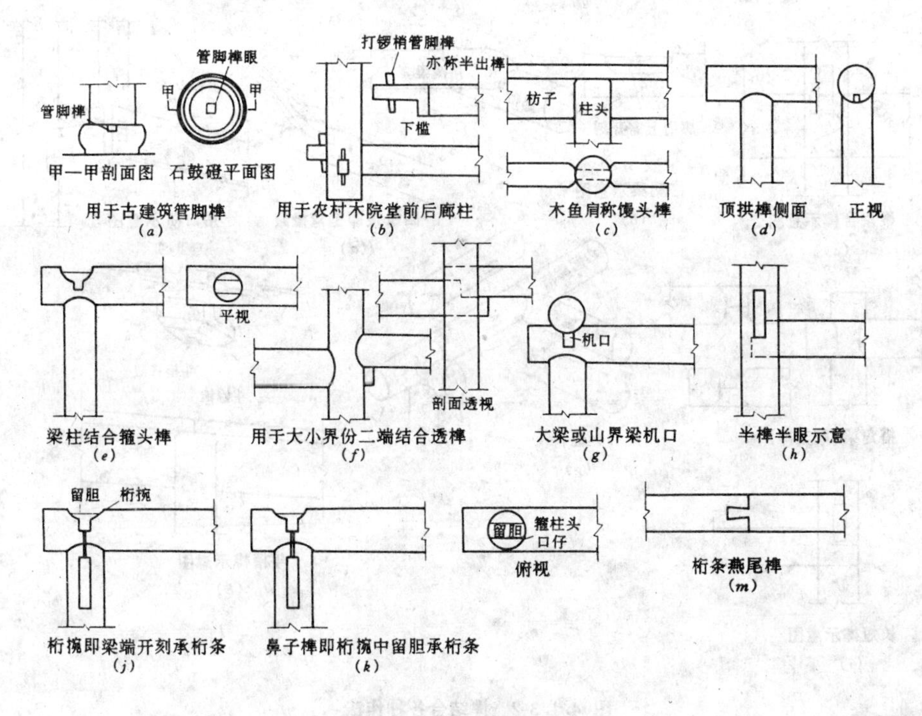

图 4.1.3-1 榫结合各种作法

(6) 圆柱半榫深度不应小于该柱端直径的1/6，不应大于该柱端直径的1/3；方柱半榫深度不应小于该柱截面宽的1/6，不应大于该柱截面宽的3/10［图 4.1.3-1 (*h*)］。

(7) 各式童柱与梁架相接，其下端应做半榫（柱脚半榫）卯接，半榫长宽做法应按本条（3）项的规定执行。半榫深度不应小于该梁直径（截面宽）的 1/4，不应大于该梁直径（截面宽）的1/3。

检验方法：观察和尺量检查。

（Ⅱ）基 本 项 目

4.1.4 抬梁式柱子制作表面应符合以下规定：

合　　格：表面基本平整光滑，方圆适度，起线顺直，基本无刨、锤印，无明显疵病。

优　　良：表面平整光滑，方圆适度，起线顺直，无刨、锤印无疵病。

检验方法：观察检查。

（Ⅲ）允许偏差项目

4.1.5 抬梁式柱子制作允许偏差和检验方法应符合表 4.1.5 的规定。

木柱制作的允许偏差和检验方法　　　表 4.1.5

项　　目		允许偏差(mm)	检　验　方　法
柱长(柱高)		±3	尺量检查
柱直径截面尺寸		−3	尺量检查
柱弯曲		5	拉线和尺量检查
柱圆度		4	用专制圆度工具检查
榫卯平整度	柱径小于 300mm	±1	用直尺和楔形塞尺检查
	柱径 300～500mm	±2	用直尺和楔形塞尺检查
	柱径 500mm 以上	±3	用直尺和楔形塞尺检查

注：少数地区采用原木制作柱，表中柱弯曲和柱圆度项可不作检验项目。

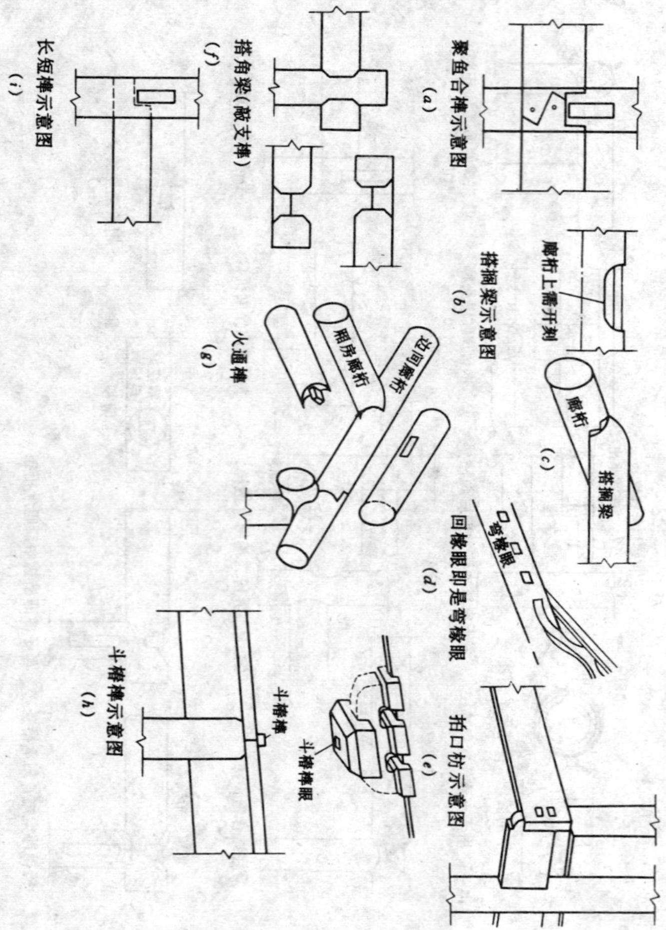
聚鱼合榫示意图
(a)
廊桁上需开刻
搭搁梁示意图
(b)
廊桁
搭搁梁
(c)
弯椽眼
回椽眼即是弯椽眼
(d)
拍口枋示意图
(e)
搭角梁(敲支榫)
(f)
边间廊桁
厢房廊桁
火通榫
(g)
斗榫榫眼
斗榫榫
斗榫榫示意图
(h)
长短榫示意图
(i)

图 4.1.3-2　榫结合各种作法

4.2 抬梁式梁类构件制作工程

4.2.1 本节适用于抬梁式（帖式）梁、川（穿）构件（四界梁、山界梁承重梁、双步、川金等）的制作工程。

检查数量：抽查构件总数10%，但各式梁、川均不应少于3根。

（Ⅰ）保 证 项 目

4.2.2 采用铁件的材质、型号、规格和连接方法应符合设计要求。

检验方法：观察和尺量检查，检查出厂合格证及试验报告。

4.2.3 梁类构件制作时，应弹出机面线，作为高度的水平线。

检验方法：观察检查。

4.2.4 梁类构件榫卯节点应符合设计要求。当设计无明确规定时，应符合以下规定：

（1）梁头支承桁（檩）处，应采用挖桁碗，留胆（鼻子榫）做法。桁碗深度应座落在机面线上。碗深不应小于桁直径的1/4，不应大于桁直径的1/3。桁碗中胆（鼻子榫）高不应小于桁直径的1/6，不应大于桁直径的1/4。胆宽不应小于柱直径的1/4，不应大于柱直径的1/3［图4.1.3-1（*j*）（*k*）］；

（2）梁头两侧机口深度不应大于机的宽度。夹樘板（垫板）槽深不应大于自身厚度，且不应少于10mm［图4.1.3-1（*g*）］；

（3）各式圆、方形梁、川与柱相交，采用箍头榫、顶拱榫、柱脚半榫、透榫、半榫做法应使榫与卯对应一致，当同一水平高度两根构件对接相交于柱者，榫样应采用聚鱼合榫；当单根构件与柱相交者应采用透榫［图4.1.3-2（*a*）］和［图4.1.3-2（*j*）］；

（4）搭角梁、角梁（老戗）草架梁与桁（檩）扣搭，梁头外端应压过桁（檩）中线。过中线长度不得小于1.5/10桁直径，扣搭处梁头下端应开刻做阶梯榫与桁相交吻合，榫头与桁咬合部分面积不应大于桁截面积的1/5，角梁、草架梁端上皮应沿椽上皮抹角［图4.1.3-2（*b*）］和［图4.1.3-2（*c*）］；

（5）短搭角梁扣搭长搭角梁，其扣搭长度不应小于1/2长搭角梁直径（截面宽），榫卯咬合部分的面积不应大于长搭角梁截面积的1/5［图4.1.3-2（*f*）］。

检验方法：观察和尺量检查。

（Ⅱ）基 本 项 目

4.2.5 抬梁式梁类构件制作表面应符合下列规定：

合　　格：表面基本平整光滑，方圆适度，起线顺直，基本无刨、锤印，无明显疵病。

优　　良：表面平整光滑，方圆适度，起线顺直，无刨、锤印，无疵病。

检验方法：观察检查。

（Ⅲ）偏 差 项 目

4.2.6 抬梁式梁类构件制作的允许偏差和检验方法应符合表4.2.6的规定：

梁类构件制作允许偏差和检验方法　　表4.2.6

项　目		允许偏差(mm)	检 验 方 法
梁长度	长度小于、等于10m	±5	尺量检查
	长度大于10m	±10	
梁端直径(截面尺寸)		−3	尺量检查
大梁起拱(跨度的1/200)		+4 −2	拉通线和尺量检查(利用原材的弯势)
圆　度		4	用专制圆度工具检查

注：少数地区采用原木做梁、川（穿）表中大梁起拱、圆度可不作检验项目。

4.3 抬梁式枋类构件制作工程

4.3.1 本节适用于抬梁式枋类构件（廊枋、步枋、拍口枋、四平枋随梁枋等）的制作工程。

检查数量：抽查构件总数的10%，且各式枋子均不应少于3件。

（Ⅰ）保证项目

4.3.2 采用铁件的材质、型号、规格和连接方法应符合设计要求。

检验方法：观察和尺量检查，检查出厂合格证及试验报告。

4.3.3 枋类构件的榫卯节点应符合设计要求，如设计无明确规定时，必须符合下列规定：

（1）各檐（额）枋，步枋、脊枋与柱相交，透榫、半榫做法应榫与卯一致，当同一水平高度两根枋对接相交于柱者，榫样应采用聚鱼合榫；当单根枋与柱相交者，应采用透榫；

（2）廊轩（卷棚）或内轩、其用枋子承椽者，应凿回椽眼，其深度不应小于椽断面长边的1/2［图4.1.3-2（*d*）］；

（3）拍口枋与楼承重梁相交者，应做榫（拍口榫）卯接［图4.1.3-2（*e*）］；

（4）建筑物外围檐（额）枋在角柱处相交时，应做敲交（刻半）榫，其榫宽不应小于柱端直径的1/4，不应大于柱端直径的3/10；

（5）圆形、扇形建筑的檐枋、廊枋等弧形构件，其弧度应做样板，样板应符合设计要求。

检验方法：观察和尺量检查。

（Ⅱ）基本项目

4.3.4 抬梁式枋类构件制作应符合下列规定：

合　　格：中心线正确，表面平整，基本无刨、锤印、无明显疵病。

优　　良：中心线正确，表面平整，无刨、锤印、无疵病。

检验方法：观察检查。

（Ⅲ）允许偏差项目

4.3.5 枋类构件制作的允许偏差和检验方法应符合表4.3.5的规定：

枋类构件制作的允许偏差和检验方法　　表4.3.5

项目		允许偏差（mm）	检验方法
构件截面尺寸	高度	±3	尺量检查
	宽度	±2	尺量检查
侧向弯曲		1/500枋长	拉通线尺量检查

注：少数地区采用原木做枋时，表中侧向弯曲可不作检验项目。

4.4 穿斗式柱类构件制作工程

4.4.1 本节适用于穿斗（逗）式柱类构件（檐柱、二柱、三柱、中柱、瓜柱等）的制作工程（图4.4.1）。

检查数量：抽查构件总数的10%，且各式柱均不应少于3根。

（Ⅰ）保证项目

4.4.2 内柱的收势（分），檐柱的侧脚、升起应符合设计要求。

检验方法：观察检查。

4.4.3 柱类构件榫卯节点应符合设计要求。当设计无明确规定时，应符合下列规定：

（1）柱子下端做管脚榫（地脚榫）者，圆柱榫长不应小于该柱端直径的 1/4，不应大于该柱端直径的 1/3；榫宽与长相同；方柱榫长不应小于该柱截面宽的 1/4，不应大于该柱截面宽的 3/10，榫宽与长相同。

(2) 柱子上端与桁相接，其上端做桁碗卯接。圆柱榫长不应小于该柱直径的 1/4，不应大于该柱直径的 1/3；方柱榫长不应小于该柱截面宽的 1/4，不应大于该柱截面宽的 3/10。单榫宽均为该柱直径的 1/10，榫深不应小于桁直径的 1/4，不应大于该桁直径的 1/3；

(3) 柱子中部需做透榫者，均应采用大进小出做法，半榫与透榫的高度比宜为 4：6。圆柱透榫的宽度不应小于该柱直径的 1/4，不应大于该柱端直径的 1/3；方柱透眼的宽度不应小于该柱截面宽的 1/4，不应大于该柱截面宽的 3/10（图 4.4.1）。

(4) 圆柱半榫深度不应小于该柱端直径的 1/6，不应大于该柱端直径的 1/3；方柱半榫深度不应小于该柱截面宽的 1/6，不应大于该柱截面宽的 3/10。

(5) 各式瓜柱与梁架相接，其下端应做叉榫卯接，叉榫宽度不应大于柱直径的 1/3。

检验方法：观察和尺量检查。

(Ⅱ) 基 本 项 目

4.4.4 穿斗（逗）式柱子制作表面应符合下列规定：

合　　格：表面平整，方圆适度，起线顺直，基本无刨、锤印无明显疵病。

优　　良：表面平整，方圆适度，起线顺直，无刨、锤印，无疵病。

检验方法：观察检查。

(Ⅲ) 允许偏差项目

4.4.5 穿斗（逗）式柱子制作允许偏差和检验方法应符合表 4.4.5 的规定。

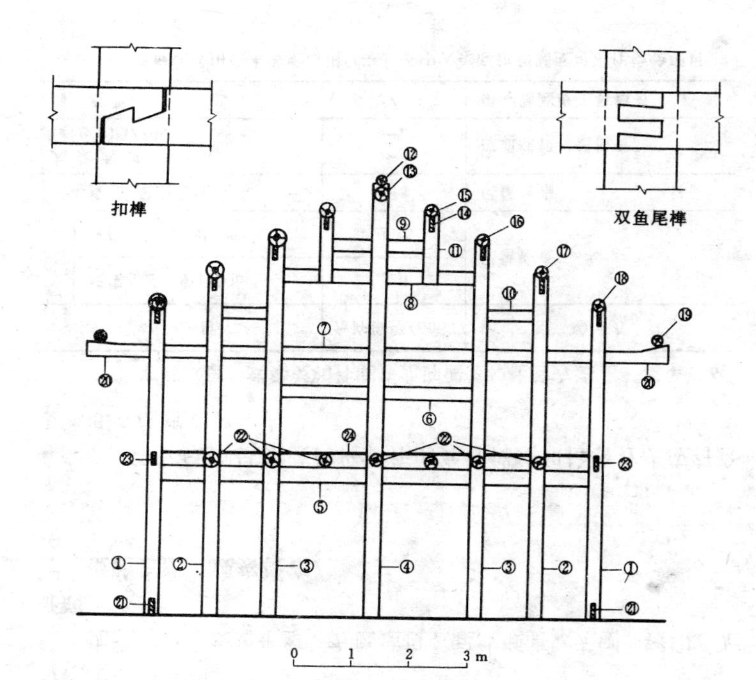

贵州常见穿斗房屋结构

1-檐柱；2-三柱；3-二柱；4-中柱；5-头穿（一穿）；6-二穿；7-三穿；8-四穿；9-五穿；10-步枋；11-瓜柱；12-分水檩；13-大梁（梁木）（正梁）；14-枋；15-瓜柱檩；16-二柱檩；17-三柱檩；18-檐柱檩；19-檐檩；20-挑枋；21-地脚；22-楼枕；23-照面枋（落檐）；24-楼板

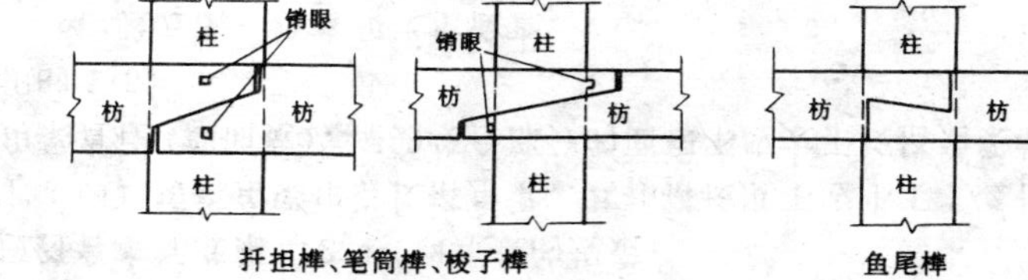

图 4.4.1　穿斗式

木柱制作的允许偏差和检验方法　　　　表 4.4.5

项　目		允许偏差（mm）	检 验 方 法
柱长（柱高）		±3	尺量检查
柱直径截面尺寸		−3	尺量检查
柱弯曲		5	拉线和尺量检查
柱圆度		4	用专制圆度工具检查
榫卯平整度	柱径 300mm 以内	±1	用直尺和楔形塞尺检查
	柱径 300～500mm	±2	用直尺和楔形塞尺检查
	柱径 500mm 以上	±3	用直尺和楔形塞尺检查

注：少数地区采用原木做柱，表中柱弯曲和柱圆度可不作检验项目。

4.5 穿斗式梁类构件制作工程

4.5.1 本节适用于穿斗（逗）式中梁、川（穿）构件的制作工程。

检查数量：抽查构件总数 10%，但各式梁、川均不应少于 3 根。

（Ⅰ）保 证 项 目

4.5.2 采用铁件的材质、型号、规格和连接方法应符合设计要求。

检验方法：观察和尺量检查，检查出厂合格证及试验报告。

4.5.3 梁类构件制作时，应弹出机面线，作为高度的水平线。

检验方法：观察检查。

4.5.4 穿斗（逗）式梁类构件榫卯节点应符合设计要求。当设计无明确规定时，应符合下列规定：

(1) 梁头两侧机口深度不应大于机的宽度。夹樘板（垫板）槽深不应大于板自身厚度，不应少于 10mm；

(2) 梁、川与柱相交，采用透榫、半榫做法应榫与卯对应一致，当同一水平高度两根构件对接相交于柱者，应做鱼尾榫；当单根构件与柱相交者应采用透榫（图 4.4.1）；

(3) 搭角梁、角梁（老戗、大刀木）、草架梁与桁（檩）扣搭，应符合本标准第 4.2.4-（4）条的规定；

(4) 短搭角梁扣搭长搭角梁，其扣搭长度不应小于 1/2 长搭角梁直径（截面宽），榫卯咬合部分的面积不应大于长搭角梁截面积的 1/5。

检验方法：观察和尺量检查。

（Ⅱ）基 本 项 目

4.5.5 穿斗（逗）式梁类构件制作表面应符合下列规定：

合　　格：表面平整，方圆适度，起线顺直，基本无刨、锤印、无明显疵病。

优　　良：表面平整，方圆适度，起线顺直，无刨、锤印、无疵病。

检验方法：观察检查。

（Ⅲ）偏 差 项 目

4.5.6 穿斗（逗）式梁类构件制作的允许偏差和检验方法应符合表 4.5.6 的规定：

穿斗（逗）式梁类构件制作允许偏差和检验方法　　表 4.5.6

项　目		允许偏差（mm）	检 验 方 法
梁长度	长度小于、等于 10m	±5	尺量检查
	长度大于 10m	±10	
梁端直径（截面尺寸）		−3	尺量检查
大梁起拱（跨度的 1/200）		+4 −2	拉通线和尺量检查
圆　度		4	用专制圆度工具检查

注：少数地区采用原木做梁，川（穿）表中大梁起拱和圆度可不作检验项目。

4.6 穿斗式枋类构件制作工程

4.6.1 本节适用于穿斗式枋类构件的制作工程。

检查数量：抽查构件总数的10%，且不应少于3件。

（Ⅰ）保 证 项 目

4.6.2 采用铁件的材质、型号、规格和连接方法应符合设计要求。

检验方法：观察和尺量检查，检查出厂合格证及试验报告。

4.6.3 枋类构件的榫卯节点应符合设计要求，如设计无明确规定时，应符合下列规定：

（1）各檐（额）枋、步枋、脊枋与柱相交，透榫、半榫做法应榫与卯一致，当同一水平高度两根枋对接或相交于柱者，应采用鱼尾榫；当单根枋与柱相交者，应采用透榫。

（2）圆形扇形建筑的檐（枋）、廊枋等弧形构件，其弧度应做样板，样板应符合设计要求。

检验方法：观察和尺量检查。

（Ⅱ）基 本 项 目

4.6.4 穿斗式枋类构件制作应符合下列规定：

合　格：中心正确，表面平整，基本无刨、锤印，无明显疵病。

优　良：中心正确，表面平整，无刨、锤印、无疵病。

检验方法：观察检查。

（Ⅲ）允许偏差项目

4.6.5 穿斗式枋类构件制作的允许偏差和检验方法应符合表4.6.5的规定：

枋类构件制作的允许偏差和检验方法　　表4.6.5

项目		允许偏差(mm)	检验方法
构件截面尺寸	高度	±3	尺量检查
	宽度	±2	
侧向弯曲		1/500枋长	拉通线和尺量检查

注：少数地区采用原木做枋时，表中侧向弯曲可不作检验项目。

4.7 搁栅、桁（檩）类构件制作工程

4.7.1 本节适用于各类搁栅、桁（檩），扶（帮）脊木、长短机等构件的制作工程。

检查数量：按构件总数10%抽查，且每类均不应少于3根。

（Ⅰ）保 证 项 目

4.7.2 搁栅、桁（檩）、扶（帮）脊木，长短机等构件的榫卯节点应符合设计要求。当设计无明确规定时，应符合下列规定：

（1）桁（檩）连续相接处，应做燕尾榫。榫宽不应小于该桁直径的1/4，不大于该桁直径的1/3；榫长不应小于该桁直径的2/5，不应大于该桁直径的3/5；榫长下端开刻与相应梁头桁碗内胆（鼻子榫）吻合［图4.1.3-1（*m*）］。

（2）建筑物外围在同一平面上，二桁以任何角度相交于端部应做敲交（刻半）榫。榫宽不应小于该桁直径的1/4，不应大于该桁直径的1/3；敲交（刻半）榫扣搭［图4.1.3-2（*f*）］。

（3）建筑物外围在同一平面上，二桁以任何角度相交于其中一桁跨中，应做榫（火通榫）卯接。榫宽不应小于该桁直径的1/4，不应大于该桁直径的1/2。榫长不应小于该桁直径的1/3，不应大于该桁直径的1/2，两桁机面线应在同一水平上［图4.1.3-2（*g*）］。

(4) 搁栅（楼枕）与进深承重大梁（头穿）相交，搁栅端部应做长短榫。长榫的榫长不应小于承重梁宽度的 2/5，不应大于承重梁宽度的 1/2；短榫的榫长不应小于承重梁宽度的 1/10，不应大于承重梁宽度的 1.5/10，长短榫的榫宽与搁栅同宽。承重梁上部开刻与短榫榫卯相接。

(5) 桁（檩）与扶（帮）脊木，长短机相迭，不得在桁上刨平面，扶脊木，长短机应挖芦壳（凹弧）与桁（檩）相迭；并在长短机、桁（檩）上做梢榫结合。

(6) 扶（帮）脊木两侧做椽碗，其深度不应小于椽断面长边的 1/2，不应大于椽断面长边的 2/3。

检验方法：观察和尺量检查。

(Ⅱ) 基 本 项 目

4.7.3 桁（檩）制作表面应符合下列规定：

合　　格：中线、椽花线正确清晰，表面基本光滑、顺直、无明显疵病。

优　　良：中线、椽花线正确清晰通顺，表面浑圆光滑、顺直无疵病。

检验方法：观察检查。

4.7.4 搁栅制作表面应符合下列规定：

合　　格：起线正确清晰，表面基本平整、顺直，基本无刨印无明显疵病。

优　　良：起线正确清晰，表面平整顺直。无刨印、无疵病。

检验方法：观察检查。

4.7.5 扶（帮）脊木制作表面应符合下列规定：

合　　格：中线、椽花线正确清晰，表面基本平直，椽花深度基本一致，基本无刨印、疵病。

优　　良：中线、椽花线正确清晰通顺，表面平直，椽花深度一致，无刨印、疵病。

检验方法：观察检查。

(Ⅲ) 允许偏差项目

4.7.6 搁栅、桁（檩）、扶脊木的制作的允许偏差和检验方法应符合表 4.7.6 的规定：

搁栅、桁（檩）、扶脊木的允许偏差和检验方法　　表 4.7.6

项　　目	允许偏差 (mm)	检 验 方 法
圆形构件圆度	4	用专制圆度工具检查
圆形构件端头直径	±4	尺量检查
矩形构件截面	±3	尺量检查
矩形构件侧向弯曲 1/500 构件长	±3	拉通线尺量检查

4.8 板类构件制作工程

4.8.1 本节适用于各类板（山花板、夹樘板、楣板、垫板、裙板、博风板、封檐板、瓦口板、楼板等）的制作工程。

检查数量：楼板按有代表性的自然间抽查 10%，其它按每 10 延米抽查一处，但均应不少于 3 间（处）。

(Ⅰ) 保 证 项 目

4.8.2 板类构件的连接方法应符合设计要求，当设计无明确规定时，应符合下列规定：

(1) 板接长应榫接；

(2) 山花板、垫板应作高低榫；

(3) 博风板、封檐板拼接时应穿肖（带），间距不应大于板厚的 20 倍，深度板厚的 1/3；

(4) 异形板类构件应按样板制作，样板应符合设计要求。

（Ⅱ）基 本 项 目

4.8.3 板类构件制作应符合下列规定：

合　　格：拼缝基本顺直、表面基本平整，基本无刨印，穿肖（带）扣接牢固，无明显疵病。

优　　良：拼缝顺直、表面平整洁净，无刨印，穿肖（带）扣接牢固，无疵病。

检验方法：观察检查。

（Ⅲ）允许偏差项目

4.8.4 板类构件制作的允许偏差和检验方法应符合表 4.8.4 的规定：

板类构件制作的允许偏差和检验方法　　　表 4.8.4

项　　目	允许偏差(mm)	检　验　方　法
表面平整度	2	用 2m 直尺和楔形塞尺检查
上、下口平直	3	拉 5m 线(不足 5m 拉通线)和尺量检查
板面拼缝顺直	3	拉 5m 线(不足 5m 拉通线)和尺量检查
缝隙宽度不大于	0.5	尺量检查

4.9 屋面木基层构件制作工程

4.9.1 本节适用于屋面木基层中的椽类（眠檐、界椽、飞椽、摔网椽、立脚飞椽等）、勒望、里口木、闸椽板、望板等构件的制作工程。

（Ⅰ）保 证 项 目

4.9.2 屋面木基层的做法应符合设计要求，当设计无明确规定时，应符合下列规定：

（1）翼角摔网椽、立脚飞椽的作法应符合图 4.9.2 的要求；

（2）各类轩椽下端与轩桁（檩）或枋的搁置面不得小于椽截面的 1/2；

（3）出檐椽伸出外墙面的长度，不得超过廊界的 1/2。飞椽伸出的长度不得超出檐椽挑出长度的 1/2；

（4）望板接头应设在桁（檩）条处，并应错开布置，每段接头总宽不应超过 1m。

检验方法：观察和尺量检查。

（Ⅱ）基 本 项 目

4.9.3 屋面板制作应符合下列规定：

合　　格：拼缝基本密实，表面平整。

优　　良：拼缝密实，表面平整，基本无刨印。

检查数量：按有代表性的自然间抽查 10%，其中过道按 10 延米抽查一处，但均不得少于 3 间（处）。

检查方法：观察和尺量检查。

4.9.4 各类椽子制作表面应符合下列规定：

合　　格：圆椽浑圆顺直，扁方椽方正顺直，表面基本平整，基本无刨印、疵病。

优　　良：圆椽浑圆顺直，扁方椽方正顺直，表面平整洁净无刨印、疵病。

检查数量：抽查 10%，椽子不应少于 10 根。

检验方法：观察检查。

4.9.5 摔网椽、立脚飞椽的弧形外形应符合下列规定：

合　　格：弯势基本和顺，棱角分明，曲线基本对称，造型正确。

优　　良：弯势和顺一致，棱角分明，曲线对称吻合，造型正确。

检查数量：按翼角抽查 30%，且不应少于 3 处。

检验方法：观察检查。

（Ⅲ）允许偏差项目

4.9.6 屋面木基层构件制作的允许偏差和检验方法应符合表 4.9.6 的规定：

屋面木基层构件制作的允许偏差和检验方法　　表 4.9.6

项目		允许偏差(mm)	检验方法
露明椽截面	方	±2	尺量检查
	圆	±2	
立脚飞椽截面		±2	尺量检查
表面平整	方椽	2	用直尺和楔形塞尺检查
	圆椽	2	
望板厚度		±1	尺量检查
望板平整度		4	用 2m 直尺和楔形塞尺检查

检查数量：眠檐、望板同本标准第 4.9.3 条；椽类同本标准第 4.9.4 条；翼角飞椽等同本标准第 4.9.5 条的规定。

4.10 下架木构架的安装工程

4.10.1 本节适用于柱头以下木构架的柱、梁、枋、川（穿）的安装工程。

检查数量：按构架的 50%抽查，且不应少于 2 榀。

（Ⅰ）保 证 项 目

4.10.2 下架构件安装的轴线，标高，收势，侧脚，升起做法应符合设计要求。

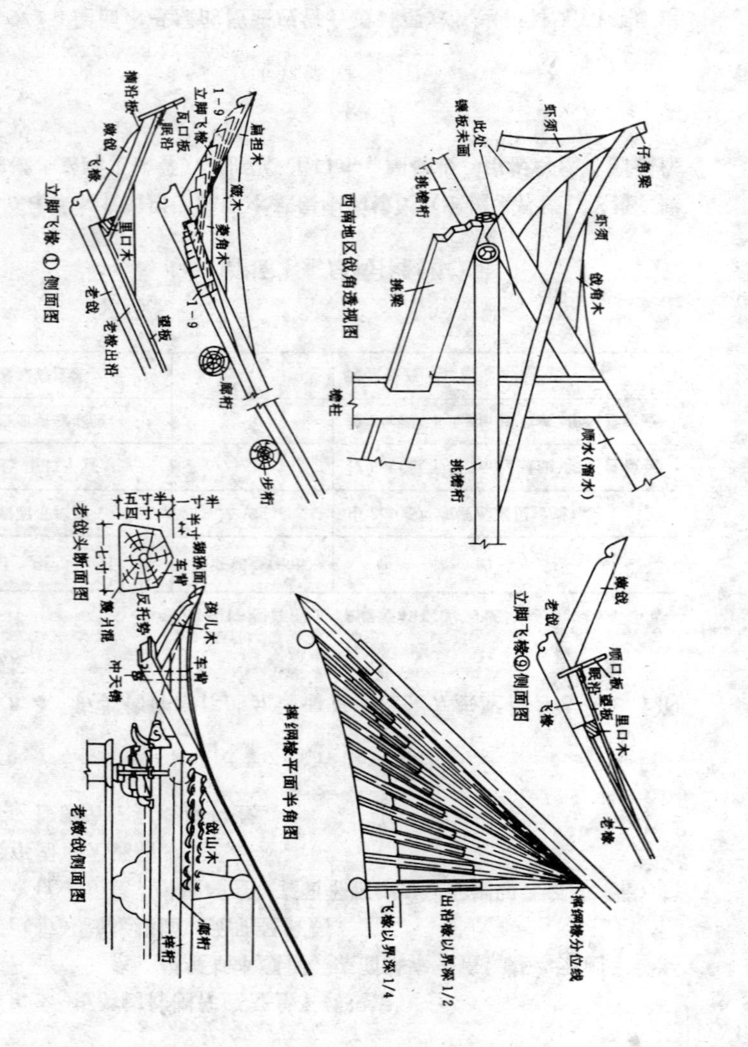

图 4.9.2　戗角

检验方法：观察和尺量检查。

4.10.3 采用铁件的材质、型号、规格和连接方法应符合设计要求或传统做法。

检验方法：观察和尺量检查，检查出厂合格证或试验报告。

4.10.4 下架构件安装之前，应对磉石、榫卯节点的位置、标高轴线进行预检，合榫试装。

检验方法：观察尺量和检查施工记录。

（Ⅱ）基 本 项 目

4.10.5 下架构件中的铁件、垫板、螺栓安装应符合下列规定：

合　　格：位置正确，联结基本紧密，垫板平整，铁件防锈处理均匀不漏。

优　　良：位置正确一致，联结紧密，垫板平整严密，铁件防锈处理均匀不漏。

检验方法：观察和尺量检查。

4.10.6 大木构件的榫卯安装应符合下列规定：

合　　格：榫卯基本严密，标高一致。

优　　良：榫卯坚实、严密、标高正确一致。

检验方法：观察尺量检查和手推拉检查。

（Ⅲ）允许偏差项目

4.10.7 下架木构件安装的允许偏差和检验方法应符合表4.10.7的规定。

下架木构件安装的允许偏差和检验方法　　表4.10.7

项　　目	允许偏差(mm)	检 验 方 法
面宽、进深的轴线偏移	±10	尺量检查
垂直度(有收势侧脚扣除)	±3	用经纬仪或吊线尺量检查
榫卯结构节点的间隙不大于	1	用楔形塞尺检查
梁底中线与柱子中线相对	2	尺量检查

4.11　上架木构架的安装工程

4.11.1 本节适用于柱头以上木构架的柱、梁、枋、川、桁（檩）、垫板、木基层等构件的安装工程。

检查数量：按构架的50%抽查，且不应少于2榀。

（Ⅰ）保 证 项 目

4.11.2 上架木构件按装之前，应对下架构件与上架之间的榫卯节点的位置、标高、轴线进行预检，合榫试装。

检验方法：观察尺量和检查施工记录。

4.11.3 采用铁件的材质、型号、规格和连接方法应符合设计要求。

检验方法：观察和尺量检查，检查出厂合格证或试验报告。

（Ⅱ）基 本 项 目

4.11.4 上架构件中采用的铁件，垫板、螺帽安装应符合下列规定：

合　　格：位置正确，联结基本紧密，垫板基本平整，防锈处理均匀不漏。

优　　良：位置正确一致，联结紧密，垫板平整严密，防锈处理均匀不漏。

检验方法：观察和尺量检查。

4.11.5 大木构件的榫卯安装必须符合以下规定：

合　　格：榫卯基本严密，标高一致。

优　　良：榫卯坚实，严密，标高一致。

检验方法：观察检查。

（Ⅲ）允许偏差项目

4.11.6 上架木构件安装的允许偏差和检验方法应符合表

4.11.6的规定：

上架木构件安装的允许偏差和检验方法　　表 4.11.6

项目		允许偏差(mm)	检验方法
面宽进深的轴线偏移		±10	尺量检查
每座建筑物的檐口(桁条底)标高		±5	用水准仪和尺量检查
整榀梁架上下中线错位		3	吊线和尺量检查
矮柱中线与梁背中线错位		3	吊线和尺量检查
桁(檩)与连机垫板枋子迭置面间隙		3	用楔形塞尺检查
桁条与桁碗之间的间隙		3	用楔形塞尺检查
老嫩戗中心线与柱中心线偏差		10	吊线和尺量检查
每座建筑的嫩戗标高	亭	±10	用水准仪和尺量检查
	厅、堂	±20	
每座建筑的老戗标高	亭	±5	用水准仪和尺量检查
	厅、堂	±10	
梁柱枋川榫卯节点的间隙		2	用楔形塞尺检查
桁条接头间隙		3	用楔形塞尺检查
封檐板、博风板平直(翼角除外)	下边缘	5	拉10m线(不足10m拉通线)和尺量检查
	表面	8	用2m直尺和楔形塞尺检查
垫板平直	下边缘	5	拉10m线(不足10m拉通线)和尺量检查
	表面	6	用2m直尺和楔形塞尺检查
单构件的标高		±3	用水准仪和尺量检查
每步架的举高		±5	用水准仪和尺量检查
举架的总高		±15	用水准仪和尺量检查
翼角起翘高		±10	用水准仪和尺量检查
翼角伸出		±10	尺量检查

4.12 屋面木基层构件的安装工程

4.12.1 本节适用于屋面木基层中椽类、眠檐、勒望、里口木、望板等构件的安装工程。

检查数量：按有代表性的自然间抽查10%，其中过道以10延长米检查一处，且均不应少于3间（处）；翼角抽查30%，且不应少于1处（座）。

（Ⅰ）保证项目

4.12.2 屋面木基层安装的坡度曲线应符合设计要求或传统做法。

检验方法：观察和尺量检查。

4.12.3 各式木构件安装之前，应对前道工序进行预检、合榫、试装。

检验方法：观察和检查施工记录。

4.12.4 椽类、望板、里口木、眠檐等安装应符合设计要求。

检验方法：观察和尺量检查，用手推拉检查。

（Ⅱ）基本项目

4.12.5 椽类构件安装应符合下列规定：

合　　格：椽档基本均匀，侧面基本垂直，钉置牢固，出檐椽与飞椽基本吻合，坡度基本符合设计要求。

优　　良：椽档均匀一致，侧面垂直，钉置牢固，出檐椽与飞椽吻合紧密，坡度符合设计要求。

检验方法：观察和尺量检查。

4.12.6 板类构件安装应符合下列规定：

合　　格：拼接基本严密，安装牢固，表面基本平整，接头作法应符合现行国家标准《建筑工程质量检验评定标准》第7.3.5条的规定。

优　　良：拼接严密，安装牢固，表面平整洁净，接头作法应符合现行国家标准《建筑工程质量检验评定标准》第7.3.5条的规定。

检验方法：观察检查。

4.12.7　摔网椽、嫩老戗（角梁）、里口木的安装应符合下列规定：

合　　格：安装牢固，凹势基本和顺，沿口基本齐直，搭接基本紧密。

优　　良：安装牢固，凹势和顺一致，沿口齐直均匀，搭接紧密吻合。

检验方法：观察检查。

（Ⅲ）允许偏差项目

4.12.8　屋面木基层构件安装的允许偏差和检验方法应符合表4.12.8的规定：

屋面木基层构件安装允许偏差和检验方法　　表4.12.8

项　　目	允许偏差（mm）	检　验　方　法
檐椽、飞椽椽头齐直	3	以间为单位拉线尺量检查
椽　　档	±4	尺量检查
眠檐、里口木头齐直	±2	以间为单位拉通线尺量检查
露明处望板隙缝	3	用楔形塞尺检查

检验方法：观察检查。

4.13　木楼梯制作与安装工程

4.13.1　本节适用于古建筑的木楼梯制作与安装工程。

检查数量：梯段全数检查，栏杆、踏步抽10%，且不应少于三根（步）。

（Ⅰ）保证项目

4.13.2　采用铁件的材质、型号、规格和连接方法应符合设计要求。

检验方法：观察和检查产品合格证及试验报告。

4.13.3　各式楼梯、栏杆、扶手制作应放实样、套样板、样板应须符合设计要求。

检验方法：观察检查。

4.13.4　楼梯梁、栏杆、扶手等构件榫卯节点做法应符合设计要求。

检验方法：观察检查。

（Ⅱ）基本项目

4.13.5　各式楼梯制作表面应符合下列规定：

合　　格：表面基本平整，基本无刨、锤印，楞角基本直顺。

优　　良：表面平整光滑，无刨、锤印，楞角方正直顺。

检验方法：观察检查。

4.13.6　楼梯梁、板、柱、扶手、栏杆榫卯节点安装应符合下列规定：

合　　格：榫卯基本严密坚实，坡度正确，踏步均匀，角边基本整齐平直。

优　　良：榫卯严密坚实，坡度正确一致，踏步均匀，角边整齐平直。

检验方法：观察及手摇晃检查。

4.13.7　各式楼梯的安装应符合下列规定：

合　　格：位置正确，割角整齐，接缝基本严密，表面基本平整，宽、高基本一致。

优　　良：位置正确，割角整齐平正，接缝严密，表面平整光洁，宽、高一致。

检验方法：观察、手摸、尺量检查。

（Ⅲ）允许偏差项目

4.13.8 各式楼梯梁、板、柱、栏杆构件制作与安装的允许偏差和检验方法应符合表 4.13.8 的规定：

楼梯各类构件的允许偏差和检验方法 表 4.13.8

项目	允许偏差(mm)	检验方法
踏步平板截面	±2	尺量检查
踏步立板截面	±2	尺量检查
栏杆垂直	2	吊线和尺量检查
栏杆间距	3	尺量检查
踏步平板水平	2	用水平尺和楔形塞尺检查
踏步立板高度	±2	尺量检查
扶手纵向弯曲	4	拉线和尺量检查
踏步板外口平直	3	用直尺和楔形塞尺检查
缝隙宽度不大于	1	用楔形塞尺检查

4.14 斗拱（牌科）的制作和安装工程

4.14.1 本节适用于各类斗拱（牌科）的制作和安装工程（图 4.14.1）。

检查数量：按构件总数抽 10%，且不应少于 3 座（件）。

（Ⅰ）保证项目

4.14.2 各类斗拱制作之前应放实样套样板，样板应符合设计要求。

检验方法：观察检查。

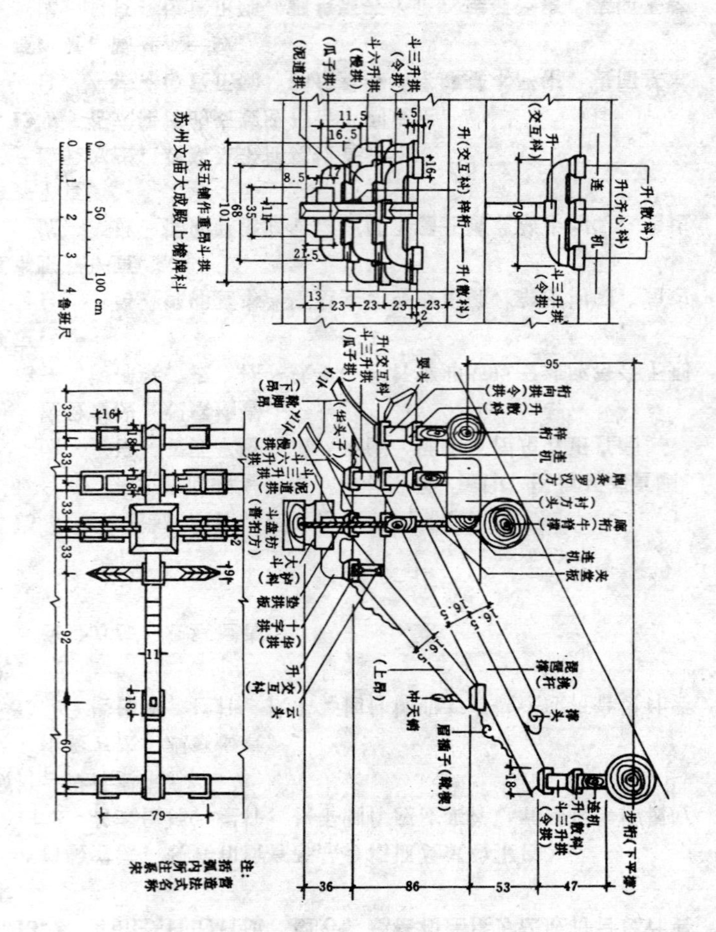

图 4.14.1 斗拱

4.14.3 各式斗拱榫卯节点做法应符合设计要求，当设计无明确规定时，应符合下列规定：

（1）斗拱纵横构件刻半相交，要求昂、耍、云头在腹面刻口，横拱（斗三升、斗六升）在背面刻口，角斜斗拱等三层构件相交时，斜出构件应在腹面刻口。

（2）斗盘枋与座斗面，以斗桩榫结合，大斗内留五分胆与三升拱相嵌连，拱面作小榫与升子相嵌连，每座斗拱自顶至底贯以半寸硬木梢子，每层用于固定作用的暗梢不应少于2个，坐斗、斗三升、斗六升等不应少于1个。

4.14.4 斗拱构件在正式安装之前应进行检验，试装，并分组编码，不得混淆。

检验方法：观察和检查施工记录。

4.14.5 斗拱安装时，各类构件必须齐全，不得使用有残和缺棱掉角等有缺陷的构件。

检验方法：观察检查。

（Ⅱ）基 本 项 目

4.14.6 斗拱构件的制作外观应符合下列规定：

合　　格：表面平整，线条顺直，棱角完整基本无刨、锤印。

优　　良：表面平整光洁，线条清晰顺直，棱角完整，无刨、锤印。

检验方法：观察检查。

4.14.7 斗拱的榫卯节点应符合下列规定：

合　　格：结合严密，安装牢固，梢子齐全，基本无翘曲、无缝隙和松动。

优　　良：结合严密，坚实，安装牢固稳正，梢子齐全，无翘曲、缝隙和松动。

检验方法：观察检查。

4.14.8 斗拱的安装外观应符合下列规定：

合　　格：构件齐全，层次清楚，棱角分明，斗拱配置基本均匀一致。

优　　良：构件齐全，层次清楚，棱角分明，斗拱配置均匀一致。

检验方法：观察检查。

（Ⅲ）允许偏差项目

4.14.9 斗拱制作安装的允许偏差和检验方法应符合表4.14.9的规定：

斗拱制作安装的允许偏差和检验方法　　表4.14.9

项　目	允许偏差(mm)	检　验　方　法
上口平直	7	以间为单位，拉线尺量检查
出挑齐直	5	以间为单位，拉线尺量检查
榫卯间隙	0.5	用楔形塞尺检查
垂直度	3	吊线和尺量检查
轴线位移	2	尺量检查

4.15 立帖屋架的牮直、发平、升高、位移工程

4.15.1 本节适用于古建筑修缮中的立帖屋架的牮直、位移、楼面的升高、发平工程。

检查数量：木构架全数检查；楼面按有代表性的自然间抽查50%，且抽查总数不应少于3间。

（Ⅰ）保 证 项 目

4.15.2 牮屋工程，应符合修缮设计要求。

检验方法：观察、吊线和尺量检查

4.15.3 立帖屋架的位移工程应符合修缮设计要求。

检验方法：用经纬仪和尺量检查。

4.15.4 柱子升高工程应符合修缮设计要求。

检验方法：观察、水准仪和尺量检查。

4.15.5 楼面发平工程应符合修缮设计要求。

检验方法：观察、水准仪和尺量检查

4.15.6 修缮中采用铁件的材质、型号、规格和连接方法应符合修缮设计要求。

检验方法：观察和检查产品合格证及试验报告。

（Ⅰ）基 本 项 目

4.15.7 屋架牮直位移后垂直度应符合下列规定：

合　　格：纵横轴垂线基本与上下架各柱中心线重合，柱底平整。

优　　良：纵横轴垂线与上下架各柱中心线重合、柱底平整。

检验方法：观察，吊线和尺量检查。

4.15.8 楼面发平后平整度应符合下列规定：

合　　格：楼面基本平整，标高一致。

优　　良：楼面平整，标高一致。

检验方法：观察，水准仪和尺量检查。

4.15.9 柱子升高工程应符合下列规定：

合　　格：楼面基本平整，标高一致，柱中心线基本垂直。

优　　良：楼面平整，标高一致，柱中心线垂直。

检验方法：观察、吊线，水准仪和尺量检查。

4.15.10 牮直、位移、升高、发平工程的各构架榫卯节点应符合下列规定：

合　　格：榫卯基本完好，平直，密实。

优　　良：榫卯完好，平直，严密。

检验方法：观察检查。

（Ⅲ）允许偏差项目

4.15.11 牮直、位移、升高、发平的允许偏差和检验方法应符合表4.15.11的规定：

牮直、位移、升高、发平的允许偏差和检验方法　表4.15.11

项　目		允许偏差(mm)	检　验　方　法
各柱垂直度		H/200 且不大于 20	吊线和尺量检查
楼面平整度		10	用 2m 直尺和楔形塞尺检查
标　高	屋　架	±10	用水准仪和尺量检查
	楼　面	±10	
榫卯节点间隙		2	用楔形塞尺检查

注：H 为柱高。

4.16 大木构架的修缮工程

4.16.1 本节适用于大木构件的修缮工程。

检查数量：全数检查。

（Ⅰ）保 证 项 目

4.16.2 采用铁件的材质、型号、规格和连接方法应符合修缮设计要求。

检验方法：观察和尺量检查，检查出厂合格证和试验报告。

4.16.3 利用旧木材时，材质应符合本标准表4.0.3的选材要求。旧桁（檩）的上下面不得颠倒搁置。

检验方法：观察检查。

4.16.4 文物古建筑的修缮应符合“不改变文物原状”的原则，按原样进行修缮。对原物的材质、树种、规格、色泽、法式、特征和建筑风格必须认真察勘记录。

检验方法：观察检查和检查察勘记录。

4.16.5 修缮木柱，应符合修缮设计要求，如修缮设计无明确规定时，应符合下列规定：

（1）当柱脚损坏高度超过 80cm 时，应采用榫和螺栓牢固换接，不得使用铁钉代替。

（2）当柱损坏深度不超过柱直径的 1/2，采用剔补包镶做法时，应用同一种木材，加胶填补、楔紧。包镶较长时，应用铁件加固。所用胶料的品种质量应符合有关设计和施工规范的要求。

(3) 当柱外皮完好，柱心糟朽时应采用化学材料浇注法加固。其用材料和做法应符合有关设计和施工规范的要求。

检验方法：观察、尺量检查和检查施工记录。

4.16.6 修缮梁、川（穿）、枋、檩（桁）等大木构件应符合修缮设计要求，如修缮设计无明确规定时，应符合下列规定：

(1) 当顺纹裂缝的深度不大于构件直径的 1/4，宽度不应大于 10mm，裂缝的长度不应大于构件自身长度的 1/2；斜纹裂缝在短型构件中不应大于 180°，在圆形构件中裂缝长度不应大于周长的 1/3 时，可用胶结法，化学材料浇注加固法，铁件加固法修补，超过上述规定，应更换构件。

(2) 当梁类构件糟朽断面面积大于原构件断面的 1/5，且角梁糟朽程度大于挑出长度 1/5 时，不宜修补加固，应更换构件。

检验方法：观察和尺量检查。

4.16.7 斗拱修缮应符合修缮设计要求，如修缮设计无明确规定时应符合下列规定：

(1) 斗劈裂为两半，断纹能对齐的，可采取胶粘方法。座斗被压扁的超过 3mm 的可在斗口内用硬木薄板补齐，薄板的木纹与原构件木纹一致，断纹不能对齐或严重糟朽的应更换。

(2) 拱劈裂未断的可采用浇注法，糟朽严重的应锯掉后榫接，并用螺栓加固。

(3) 牌条、琵琶撑等构件糟朽超过断面的 2/5 以上或折断时应更换。

检验方法：观察和尺量检查。

(Ⅱ) 基 本 项 目

4.16.8 修补大木构件中所用铁件安装应符合下列规定：

合　　格：铁件位置基本正确，联结基本严密牢固，外观基本整齐美观，防锈处理均匀无漏涂。

优　　良：铁件位置正确，联结严密牢固，外观整齐美观，防锈处理均匀无漏涂。

检验方法：观察和尺量检查。

4.16.9 大木修补表面应符合下列要求：

合　　格：接槎基本平整，基本无刨，锤印。

优　　良：接槎平整，无刨、锤印、胶迹。

检验方法：观察检查。

4.16.10 大木构件榫卯修补后的安装应符合下列规定：

合　　格：榫卯基本严密牢固，标高基本一致，表面基本洁净无污物。

优　　良：榫卯严密牢固，标高一致，表面洁净无污物。

检验方法：观察检查。

(Ⅲ) 允许偏差项目

4.16.11 大木构件修补的允许偏差和检验方法应符合表 4.16.11 的规定。

大木构件修补的允许偏差和检验方法　　表 4.16.11

项　　目	允许偏差(mm)	检　验　方　法
圆形构件圆度	4	用专制圆度工具检查
垂直度	3	吊线尺量检查
榫卯节点的间隙	2	用楔形塞尺检查
表面平整(方木)	3	用直尺和楔形塞尺检查
表面平整(圆木)	4	用直尺和楔形塞尺检查
上口平直	8	以间为单位拉线尺量检查
出挑齐直	6	以间为单位拉线尺量检查
轴线位移	±5	尺量检查

4.17　大木构架的移建工程

4.17.1　本节适用于古建筑的大木构架的移建工程。

检查数量：屋架：按总数的50%抽查，但不应少于2榀。屋面、楼面：按有代表性的自然间抽查30%，且不应少于3间(处)。

（Ⅰ）保 证 项 目

4.17.2　古建筑的移建应严格遵照“不改变文物原状”的原则，移建前对原构架的建筑风格、法式、特征、材质、树种、规格、色泽，应认真检查并记录、摄影。

4.17.3　构件拆卸前，应认真检查，分组编码，不得损坏构件和榫卯，确保构件的完整无损。

4.17.4　构件安装前，应认真检查，构件是否齐全。有损构件应按本标准第4.16节有关条文的规定进行修补，损坏严重的必须更换。决不允许将伤残构件使用到构架中去。

4.17.5　构架安装的轴线、标高、收势、侧脚、升起、弯势应符合原状及记录的要求。

4.17.6　移建工程中采用铁件加固，其铁件的材质、型号、规格和连接方法应符合移建设计的要求。

4.17.7　构架移建中所需更换的构件，其制作安装应符合本章第4.1～4.14各节有关条文的规定。

（Ⅱ）基 本 项 目

4.17.8　构件加固的铁件应符合下列规定：

合　　格：铁件位置正确，联结密实，牢固，外观基本平整、美观，防锈处理均匀无漏涂。

优　　良：铁件位置正确，联结严密牢固，外观平整、美观，防锈处理均匀无漏涂。

4.17.9　构件的榫卯安装应符合下列规定：

合　　格：榫卯基本密实，标高一致。

优　　良：榫卯严密，坚实，标高正确一致。

（Ⅲ）允许偏差项目

4.17.10　大木构架的移建工程允许偏差和检验方法应符合表4.17.10的规定。

大木构架移建工程的允许偏差和检验方法　　表 4.17.10

项　　目	允许偏差(mm)	检　验　方　法
轴线偏移	±15	尺量检查
垂直度(有收势侧脚扣除)	10	用经纬仪或吊线尺量检查
榫卯节点的间隙	2	用楔形塞尺检查
檐口标高	±10	用水准仪和尺量检查
翼角起翘标高	±15	用水准仪和尺量检查

续表

项　　目	允许偏差(mm)	检　验　方　法
翼角伸出	±15	尺量检查
檐椽椽头齐直	5	以间为单位拉线尺量检查
楼面平整度	15	用 2m 直尺和楔形塞尺检查

5 砖 石 工 程

5.0.1 本章适用于古建筑修、建工程的砖石（细）加工、砌筑、安装及修缮工程的质量检验和评定（图 5.0.1）。

5.1 砖细加工与安装工程

5.1.1 本节适用于砖细的加工与安装工程。

（Ⅰ）保 证 项 目

5.1.2 砖料的品种、规格、标号、色泽应符合设计要求。

检验方法：观察检查，检查出厂合格证和试验报告。

5.1.3 砖细加工的图案和线条应符合设计要求。

检验方法：对照设计、观察检查。

5.1.4 砖细安装所用的铁（木）件规格、品种、材质应符合设计要求。

检验方法：观察检查、检查出厂合格证和试验报告。

5.1.5 砖细安装采用的砂浆、油灰应符合设计要求。

检验方法：检查施工记录和试验报告。

（Ⅱ）基 本 项 目

5.1.6 砖细加工的表面应符合下列规定：

合　格：表面平整、楞角整齐，基本无刨印、翘曲、裂纹、线脚清楚、色泽相近。

优　良：表面平整、光滑、楞角整齐，无刨印、翘曲、裂纹、线脚清楚均匀、色泽均匀一致。

检查数量：抽查总数的 10%，且不应少于 10 块。

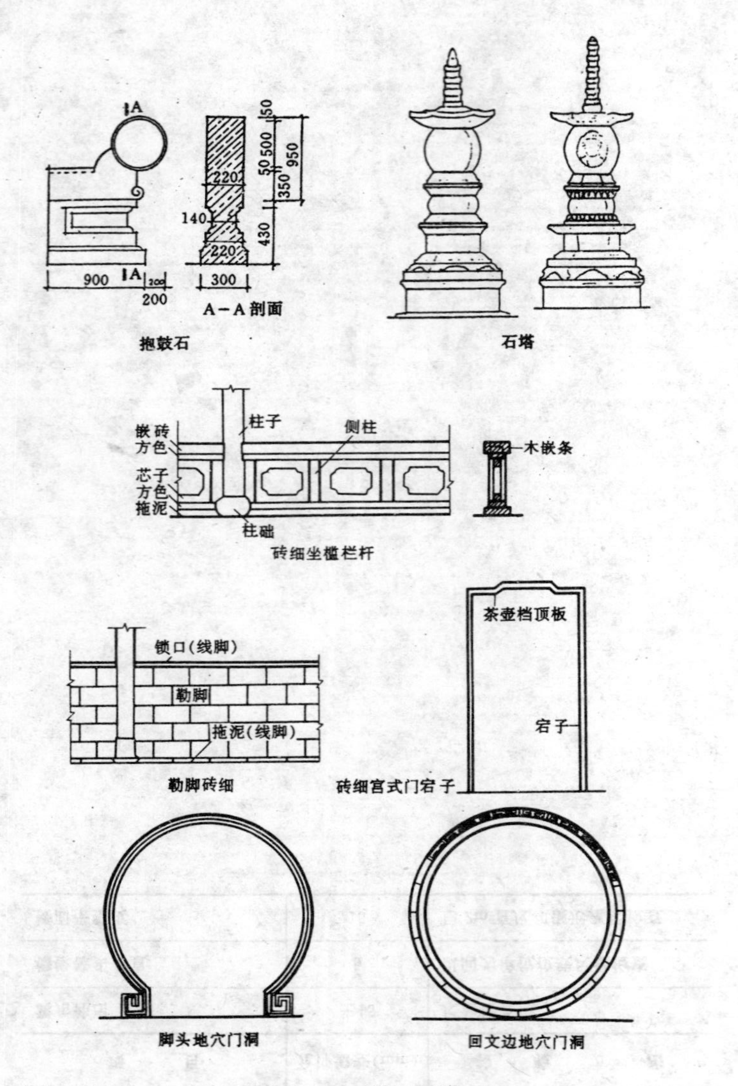

图 5.0.1 砖细、石细

检验方法：与样品对照检查。

5.1.7 砖细安装应符合下列规定：

合　　格：砂浆饱满、垫层厚度基本一致，粘结牢固。

优　　良：砂浆饱满、垫层厚度均匀一致，粘结牢固。

检查数量：每 1m（或 $1m^2$）检查一处，每处 0.5m（或 $0.5m^2$），且不应少于三处。

检验方法：观察和尺量检查。

5.1.8 砖细安装后表面应符合下列规定：

合　　格：组砌方法正确、灰缝饱满、厚度基本均匀平直、墙面基本平整洁净。

优　　良：组砌方法正确、灰缝饱满均匀平直，墙面平整、洁净美观。

检查数量：同本标准第 5.1.7 条的规定。

检验方法：观察检查。

（Ⅲ）允许偏差项目

5.1.9 砖细加工与安装允许偏差和检验方法应符合表 5.1.9 的规定。

砖细加工与安装允许偏差和检验方法　　表 5.1.9

项　　目	允许偏差(mm)	检　验　方　法
方砖单块对角线(方正)	1	尺量检查
平面尺寸	0.5	尺量检查
方砖缝格平直	3	拉 5m 线检查(不足 5m 拉通线)和尺量检查
各种线脚拼缝	1	尺量检查
各式门窗套异形洞的油灰缝	1.5	尺量检查
砖细铺贴的平整度	2	用 2m 直尺和楔形塞尺检查

续表

项　　目	允许偏差(mm)	检　验　方　法
各式门窗套异型洞垂直度	2	用经纬仪或吊线和尺量检查
阴阳角方正	2	用方尺和楔形塞尺检查
砖细勒脚的压线平直	1.5	拉 5m 线检查(不足 5m 拉通线)和尺量检查
垛头抛方博风的油灰缝宽	1.5	尺量检查

检查数量：同本标准第 5.1.7 条的规定。

5.2　砌 砖 工 程

5.2.1　本节适用于各种砖的砌体工程。

（Ⅰ）保 证 项 目

5.2.2　砖砌体的收势应符合设计要求。

检验方法：吊线和尺量检查。

5.2.3　砌砖工程的其他各项质量检验评定标准除应符合本标准外，尚应符合现行国家标准《建筑工程质量检验评定标准》的规定。

5.3　砖细工程的修缮工程

5.3.1　本节适用于各种砖细工程的修缮。

检查数量：应逐处检查。

（Ⅰ）保 证 项 目

5.3.2　添配砖细的选材加工和安装应符合本标准第 5.1.2～5.1.9 条的规定。

5.3.3　新旧墙的接槎应严实顺直，新旧墙里外皮应拉结牢固，填里饱满、收势与旧墙一致。

检验方法：观察和吊线尺量检查。

5.3.4　砖细局部修补时的组砌方法、图案、线角，风格应与原砖细一致。

检查方法：观察检查。

（Ⅱ）基 本 项 目

5.3.5　维修砖细墙面的外观应符合下列规定：

合　　格：与原有砖细墙面无明显差别。

优　　良：与原有砖细墙面一样。

检验方法：观察检查。

（Ⅲ）允许偏差项目

5.3.6　砖细局部修理的允许偏差和检验方法应符合表 5.3.6 的规定：

砖细局部修理的允许偏差和检验方法　　　　表 5.3.6

项　　目	允许偏差(mm)	检　验　方　法
新旧墙面接槎高低差	2	用直尺和楔形塞尺检查
新旧墙面接槎错缝	3	拉线和尺量检查
新旧墙面接槎砖缝顺直度	3	拉线和尺量检查
新旧墙面接槎平整度	3	用 2m 直尺和楔形塞尺检查

5.4　石料（细）的加工和安装工程

5.4.1　本节适用于石料（细）的加工与安装工程。

（Ⅰ）保 证 项 目

5.4.2　石料的品种、质量、加工标准、规格尺寸，应符合设计要求。

检验方法：观察检查。

5.4.3 石料的纹理走向应符合受力要求。

检验方法：观察检查。

5.4.4 安装石料（细）构件的灰浆应符合设计要求。

检验方法：检查试块试验报告。

5.4.5 石料（细）安装采用的铁件应符合设计要求。

检验方法：检查出厂合格证和试验报告。

5.4.6 石料（细）安装的图案和形式应符合设计要求。

检验方法：观察检查。

（Ⅱ）基本项目

5.4.7 石料加工表面应符合以下规定：

合　格：无裂纹和缺棱掉角、表面基本平整整洁。

优　良：无裂纹和缺棱掉角、表面平整整洁。

检查数量：抽查总数的 10%，且不应少于 3 件。

检验方法：观察和尺量检查。

5.4.8 石料表面剁斧凿细应符合下列规定：

合　格：斧印基本均匀，深浅基本一致，刮边（勒口）宽度基本一致。

优　良：斧印均匀，深浅一致，刮边（勒口）宽度一致。

检查数量：同本标准第 5.4.7 条的规定。

检验方法：观察检查。

5.4.9 石梁、柱、枋、川等节点的榫卯做法和安装应符合下列规定：

合　格：位置正确大小合适，节点基本严密，灌浆基本饱满，安装牢固。

优　良：位置正确大小适宜，节点严密平整，灌浆饱满，安装坚实牢固。

检查数量：同本标准第 5.4.7 条的规定。

检验方法：观察和尺量检查。

5.4.10 表面起线、打亚面、起浑面等形式的石料应符合以下规定：

合　格：线条流畅，造型准确，边角基本整齐圆满。

优　良：线条流畅清晰，造型准确，边角整齐圆满。

检查数量：同本标准第 5.4.7 条的规定。

检验方法：观察、拉线和尺量检查。

5.4.11 石料外观色泽应符合以下规定：

合　格：色泽基本一致，无杂色和污点。

优　良：色泽均匀一致，无杂色和污点。

检查数量：同本标准第 5.4.7 条的规定。

检验方法：观察检查。

（Ⅲ）允许偏差项目

5.4.12 石料加工的允许偏差和检验方法应符合表 5.4.12 的规定：

石料加工的允许偏差和检验方法　　表 5.4.12

项目	允许偏差(mm)		检验方法
	宽厚度	长度	
细料石、半细料石	±3	±5	尺量检查
粗料石	±5	±7	尺量检查
毛料石	±10	±15	尺量检查

检查数量：同本标准第 5.4.7 条的规定。

5.4.13 石料安装允许偏差和检验方法，应符合表 5.4.13 的规定。

石料安装允许偏差和检验方法　　表 5.4.13

名称	项目	允许偏差(mm)		检验方法
		粗料石	细料石	
石鼓墩	圆径或长、宽、高尺寸	±4	±2	尺量检查
	高度	±4	±3	尺量检查

续表

名称	项目	允许偏差(mm)		检验方法
		粗料石	细料石	
石柱	弯曲	±3	±2	拉线和尺量检查
	平整度	±5	±4	用 2m 直尺和楔形塞尺检查
	扭曲	±3	±2	拉线和尺量检查
	标高	±10	±5	用水准仪和尺量检查
	垂直度	4	2	吊线和尺量检查
梁川枋类	截面每边尺寸	±6	±4	尺量检查
	平整度	5	4	用 2m 直尺和楔形塞尺检查
	接缝宽	4	3	尺量检查
须弥座压顶	水平	2	1	水准仪和尺量检查
	线脚接头	2	1	尺量检查
	垂直度	2	1	吊线和尺量检查
栏杆裙板菱角石等	轴线位移	3	2	尺量检查
	榫卯接缝	2	1	尺量检查
	垂直度	2	1	吊线和尺量检查
	相邻两块高差	2	1	用直尺和楔形塞尺检查
花曲纹线	弧度吻合	1	0.5	用样板和尺量检查

检查数量：每 20m 及不足 20m 检查一处，每处 3m 长。石鼓墩、石柱、梁、川、枋类按总数 30%抽查，且不得少于 3 件。

5.5 砌 石 工 程

5.5.1 本节应按现行国家标准《建筑工程质量检验评定标准》的规定执行。

5.6 石料（细）的修缮工程

5.6.1 本节适用于石料（细）工程的修缮。

检查数量：应逐处检查。

（Ⅰ）保 证 项 目

5.6.2 添配石料的选材应符合本标准第 5.4.2～5.4.6 条的规定。

5.6.3 修补后的石活应砂浆饱满密实，搭砌牢固，接槎做法符合设计要求。

检验方法：观察检查。

（Ⅱ）基 本 项 目

5.6.4 添配石料的加工应按本标准第 5.4.7～5.4.11 条的规定采用。

5.6.5 添配石料（细）的外观应符合下列规定：

合　　格：石料品种、规格、质感、色泽基本与原石活相同，无明显差别。

优　　良：石料品种、规格、质感、色泽应与原石活相同，基本无差别。

检验方法：观察检查。

5.6.6 修补毛石砌体应符合下列规定：

合　　格：墙面基本平整，搭砌合理，灰浆饱满，勾缝高厚基本均匀一致，接槎基本合顺，色泽基本相同。

优　　良：墙面平整，搭砌合理，灰浆饱满，勾缝高厚均匀一致，接槎合顺，色泽相同。

检验方法：观察和尺量检查。

5.6.7 修补料石砌体应符合下列规定：

合　　格：墙面平整，组砌合理，灰缝饱满，接槎基本严密平顺，灰缝厚度基本均匀一致，色泽相近，墙面基本洁净。

优　　良：墙面平整，组砌合理，灰浆饱满，接槎严密平顺，灰缝厚度均匀一致，色泽相同，墙面洁净。

检验方法：观察和尺量检查。

（Ⅲ）允许偏差项目

5.6.8 石砌体局部修缮的允许偏差和检验方法应符合表5.6.8的规定：

石砌体局部修理的允许偏差和检验方法　　表5.6.8

项目	允许偏差(mm)			检验方法
	毛石	毛料石 粗料石	半细料石 细料石	
新旧墙面接槎高低差	15	10	5	用直尺和楔形塞尺检查
新旧墙面接槎错缝	10	3	2	尺量检查
新旧墙面接槎灰缝平顺度		10	7	拉线和尺量检查
新旧墙拉结石	每0.7m²拉结一处	隔块拉结	隔块拉结	观察检查

5.7 漏窗的制作与安装工程

5.7.1 本节适用于砖、瓦、石、灰等材料制做的各种漏窗的制作与安装工程。

检查数量：逐个检查。

（Ⅰ）保证项目

5.7.2 制作漏窗的砖、瓦、石、灰等材料的品种、规格、质量应符合设计要求。

检验方法：检查出厂合格证和试验报告。

5.7.3 漏窗的图案、内容、风格，应符合设计要求或传统作法。

5.7.4 漏窗的安装应牢固稳定。

检验方法：以手轻推检查。

（Ⅱ）基本项目

5.7.5 漏窗的外观应符合下列规定：

合　　格：线条光滑流畅，楞角完整，表面基本洁净。

优　　良：线条均匀光滑流畅，楞角完整，表面洁净。

（Ⅲ）允许偏差项目

5.7.6 漏窗制造安装的允许偏差和检验方法应符合表5.7.6的规定。

漏窗制造安装的允许偏差和检验方法　　表5.7.6

项目	允许偏差(mm)	检验方法
漏窗的平面尺寸(直径)	±2	尺量检查
矩形漏窗的对角线	±3	尺量检查
平整度	2	用直尺和楔形塞尺检查
垂直度	2	吊线和尺量检查
位置偏移	2	尺量检查

5.8 漏窗的修缮工程

5.8.1 本节适用于各种漏窗的修缮工程。

检查数量：逐个检查。

（Ⅰ）保 证 项 目

5.8.2 修理漏窗的砖、瓦、石、灰材料的品种、规格、质量应符合设计要求。

检验方法：检查出厂合格证和试验报告。

5.8.3 漏窗修补的图案、内容、风格，应符合设计要求，与原漏窗一样。

检验方法：观察和对照设计文件检查。

（Ⅱ）基 本 项 目

5.8.4 修补后的外观应符合下列规定：

合　　格：接槎平顺，无明显修补痕迹，色泽基本一致。

优　　良：接槎平顺，无修补痕迹，色泽一致。

检验方法：观察检查。

5.8.5 修补接槎应符合下列规定：

合　　格：新旧联结牢固，结合严密，接槎基本平顺，表面基本洁净。

优　　良：新旧联结牢固，结合严密，接槎平顺，表面洁净。

检验方法：观察检查。

（Ⅲ）允许偏差项目

5.8.6 漏窗修缮允许偏差和检验方法按本标准第 5.7.6 条的规定采用。

6 屋 面 工 程

6.0.1 本章适用于屋面工程中望砖、望瓦、小青瓦、冷摊瓦、筒瓦、琉璃瓦、屋脊、饰件工程的质量检验和评定（图 6.0.1）。

6.1 望 砖 工 程

6.1.1 本节适用于各种形式的细望、糙望的制作和按装。

检查数量：按屋面望砖面积 $50m^2$ 抽查 1 处，每处 $10m^2$，但每坡不应少于 2 处。

（Ⅰ）保 证 项 目

6.1.2 望砖的规格、品种、标号和外观质量及铺设方法应符合设计要求。

检验方法：观察检查及检查出厂合格证。

6.1.3 望砖浇刷，披线所用的灰浆材料的品种、质量、色泽及做法应符合设计要求或传统做法。

检验方法：观察检查和检查施工记录。

6.1.4 异形望砖的制作应按样板制作，样板应符合设计要求。

检验方法：观察检查。

（Ⅱ）基 本 项 目

6.1.5 望砖铺设应符合下列规定：

合　　格：铺设平整，接缝基本均匀，行列基本齐直，无明显翘曲。

优　　良：铺设平整，接缝均匀，行列齐直，无翘曲。

检验方法：观察检查。

6.1.6 望砖磨细项目应符合下列规定：

合　　格：表面平整，基本无刨印翘曲，楞角整齐。

优　　良：表面平整，无刨印翘曲，楞角整齐。

检验方法：观察检查。

6.1.7 望砖浇刷披线项目应符合下列规定：

合　　格：色泽一致，线条基本均匀、直顺，基本无污迹。

优　　良：色泽一致，线条均匀、直顺，表面洁净。

检验方法：观察检查。

6.1.8 异形望砖项目应符合下列规定：

合　　格：接缝均匀，弧形基本和顺自然，无明显翘曲，行列齐直。

优　　良：接缝均匀，弧形和顺自然，无翘曲，行列齐直美观。

检验方法：观察检查。

（Ⅲ）允许偏差项目

6.1.9 望砖安装的允许偏差和检验方法应符合表 6.1.9 的规定：

望砖安装的允许偏差和检验方法　　　　表 6.1.9

项　　目	允许偏差(mm)	检　验　方　法
磨细望砖纵向线条直顺	3	每间拉线和尺量检查
磨细望砖纵向相邻二砖线条齐直	1	尺量检查
浇刷披线望砖纵向线条齐直	8	每间拉线和尺量检查
浇刷披线望砖纵向相邻二砖线条齐直	2	尺量检查

6.2 望 瓦 工 程

6.2.1 本节适用于望瓦的制作和安装工程。

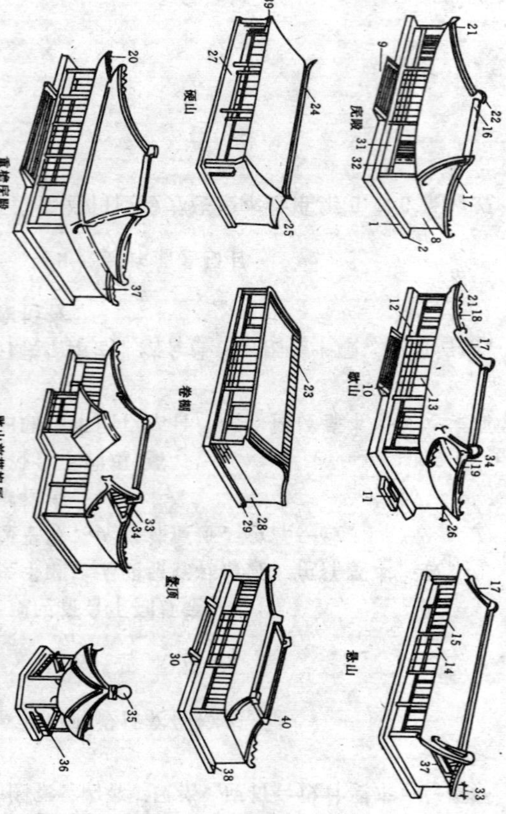

古建筑屋顶几种形式

庑殿　歇山　悬山　硬山　卷棚　盝顶　重檐庑殿　歇山前带抱厦　攒尖

1-台座　2-台明　3-"间"明间　4-次间　5-梢间　6-通面阔　7-总进深　8-山面　9-踏跺　10-垂带石　11-如意踏跺　12-檐柱　13-外檐装修　14-格扇　15-蓝窗　16-正脊　17-垂脊　18-戗脊　19-博脊　20-角脊　21-走兽　22-正吻　23-剪边　24-清水脊　25-砖博缝　26-檐出　27-外廊　28-下碱　29-金边　30-象眼　31-槛墙　32-槅板　33-悬鱼　34-山花板　35-宝顶　36-吴王靠　37-副檐　38-下檐出　39-挑山　40-合角兽

图 6.0.1　古建层面的几种形式

检查数量：按屋面望瓦面积 50m² 抽查 1 处，每处 10m²，但每坡不应少于 2 处。

（Ⅰ）保证项目

6.2.2 选用望瓦的规格、品种、质量及铺设方法应符合设计要求。

检验方法：观察检查和检查出厂合格证。

6.2.3 望瓦浇制，披线中所用的灰浆材料的品种、质量、色泽及做法应符合设计要求或传统做法。

检验方法：观察检查和检查施工记录。

（Ⅱ）基本项目

6.2.4 望瓦铺设应符合下列规定：

合　格：铺设平顺、接缝基本均匀，行列基本齐直，无明显翘曲。

优　良：铺设平顺、接缝均匀，行列齐直无翘曲。

检验方法：观察检查。

6.2.5 望瓦浇刷披线项目应符合下列规定：

合　格：色泽基本一致，线条基本均匀，直顺，基本无污迹。

优　良：色泽一致，线条均匀，直顺整洁。

检验方法：观察检查。

（Ⅲ）允许偏差项目

6.2.6 望瓦的允许偏差和检验方法应符合表 6.2.6 的规定：

望瓦安装的允许偏差和检验方法　　表 6.2.6

项目	允许偏差(mm)	检验方法
浇刷披线望瓦纵向线条齐直	10	每间拉线和尺量检查
浇刷披线望瓦纵向相邻二瓦线条齐直	4	尺量检查

6.3 小青瓦屋面工程

6.3.1 本节适用于望砖、望瓦、望板、混凝土斜屋面为基层的小青瓦屋面工程。

检查数量：按屋面面积 50m² 抽查 1 处，每处 10m²，但每坡不应少于 2 处。

（Ⅰ）保证项目

6.3.2 屋面不得漏水，屋面的坡度曲线应符合设计要求。

检验方法：观察和尺量检查。

6.3.3 选用瓦的规格、品种、质量应符合设计要求。

检验方法：观察检查和检查出厂合格证。

6.3.4 坐浆铺瓦及瓦楞中所用的泥灰、砂浆等粘结材料的品种、质量及分层做法应符合设计要求。

检验方法：观察检查和检查施工记录。

6.3.5 瓦的搭接要求应符合设计要求。当无明确要求时，应符合下列规定：

（1）老头瓦伸入脊内长度不应小于瓦长的 1/2，脊瓦应座中，两坡老头瓦应碰头。

（2）滴水瓦瓦头挑出瓦口板的长度不得大于瓦长的 2/5，且不得小于 20mm。

（3）斜沟底瓦搭盖不得小于 150mm（或底瓦搭接不得少于一搭三）。

（4）斜沟两侧的百斜头伸入沟内不得小于 50mm。

（5）底瓦搭盖外露不得大于 1/3 瓦长（一搭三）。

（6）盖瓦搭盖外露不得大于 1/4 瓦长（一搭四），厅堂、亭阁、大殿的盖瓦搭盖外露不得大于 1/5 瓦长（一搭五）。

（7）盖瓦搭盖底瓦，每侧不得小于 1/3 盖瓦宽。

（8）突出屋面的墙的侧面底瓦伸入泛水宽度不得小于 50mm。

(9) 天沟伸入瓦片下的长度不得小于100mm。

(10) 所有小青瓦的铺设底瓦大头应向上，盖瓦大头应向下。

检验方法：观察和尺量检查。

（Ⅱ）基 本 项 目

6.3.6 底盖瓦铺设应符合下列规定：

合　　格：搭接吻合，行列基本齐直，檐口底瓦无倒泛水。

优　　良：搭接吻合，行列齐直，檐口底瓦排水流畅。

检验方法：观察检查。

6.3.7 坐浆铺瓦及瓦楞中所用的泥灰、砂浆应符合下列规定：

合　　格：粘结牢固，坐浆基本平伏密实，屋面基本洁净无积灰。

优　　良：粘结牢固，坐浆平伏密实，屋面洁净。

检验方法：观察检查。

6.3.8 屋面檐口部分应符合下列规定：

合　　格：檐口直顺，瓦楞均匀，基本无起伏。

优　　良：檐口直顺，瓦楞均匀一致，无高低起伏。

检验方法：观察检查。

6.3.9 屋面外观应符合下列规定：

合　　格：瓦楞直顺，瓦档均匀，瓦面平整，坡度曲线基本和顺一致，屋面基本整洁。

优　　良：瓦楞整齐直顺，瓦档均匀一致，瓦面平整，坡度曲线和顺一致，屋面整洁美观。

检验方法：观察检查。

（Ⅲ）允许偏差项目

6.3.10 小青瓦屋面的允许偏差和检验方法应符合表6.3.10的规定：

小青瓦屋面的允许偏差和检验方法　　表6.3.10

项　目		允许偏差(mm)	检　验　方　法
老头瓦伸入脊内		10	拉10m线(不足10m,拉通线)和尺量检查
滴水瓦的挑出长度		5	每间拉线和尺量检查
檐口花边齐直		4	每间拉线和尺量检查
檐口滴水瓦头齐直		8	拉10m线(不足10m,拉通线)和尺量检查
瓦楞单面齐直		6	每条上下两端拉线和尺量检查
相邻瓦楞档距差		8	每条上下两端拉线和尺量检查
瓦面平整度	檐　口	20	用2m直尺横搭于瓦面檐口、中腰、上口各抽1处和尺量检查
	中腰、上口	25	

6.4 冷摊瓦屋面工程

6.4.1 本节适用于底瓦直接搁置在椽板（椽皮）上的冷摊瓦屋面工程。

检查数量：按屋面面积50m² 抽查1处，每处10m²，但每坡不应少于2处。

（Ⅰ）保 证 项 目

6.4.2 屋面不得漏水，屋面的坡度曲线应符合设计要求。

检验方法：观察、尺量和雨后检查。

6.4.3 选用瓦的规格、品种、质量等应符合设计要求。

检验方法：观察检查和检查出厂合格证。

6.4.4 瓦楞中所用的泥灰、砂浆等粘结材料的品种、质量及做法应符合设计要求。

检验方法：观察检查和检查施工记录。

6.4.5 瓦的搭接要求应符合设计要求，当设计无明确要求时，应符合下列规定：

(1) 老头瓦伸入脊内长度不应小于瓦长的1/2，脊瓦应座中，两坡老头瓦应碰头。

(2) 滴水瓦瓦头挑出瓦口板的长度不得大于瓦长的2/5，且不得小于20mm。

(3) 斜沟底瓦搭盖不应小于150mm或底瓦搭接不应少于一搭三。

(4) 斜沟两侧的百斜头伸入沟内不应小于50mm。

(5) 底瓦搭盖外露不应大于1/3瓦长（一搭三）。

(6) 盖瓦搭盖外露不应大于1/4瓦长（一搭四），厅堂、亭阁、大殿的盖瓦搭盖外露不应大于1/5瓦长（一搭五）。

(7) 盖瓦搭盖底瓦，每侧不应小于1/3盖瓦宽。

(8) 突出屋面墙的侧面底瓦伸入泛水宽度不应小于50mm。

(9) 天沟伸入瓦片下的长度不应小于100mm。

(10) 所有冷摊瓦底瓦的铺设大头应向上，盖瓦铺设大头应向下。

检验方法：观察和尺量检查。

（Ⅱ）基 本 项 目

6.4.6 底、盖瓦铺设应符合下列规定：

合　　格：搭接吻合，行列基本齐直，檐口底瓦无倒泛水。

优　　良：搭接吻合，行列齐直，檐口底瓦排水流畅。

检验方法：观察检查。

6.4.7 瓦楞中所用的泥灰或填料做法应符合下列规定：

合　　格：泥灰基本密实，填料基本稳固，屋面基本整洁无污物。

优　　良：泥灰密实，填料稳固，屋面整洁无污物。

检验方法：观察检查。

6.4.8 屋面檐口部分应符合下列规定：

合　　格：檐口直顺，瓦楞均匀，基本无起伏。

优　　良：檐口直顺，瓦楞均匀一致，无高低起伏。

检验方法：观察检查。

6.4.9 屋面外观应符合下列规定：

合　　格：瓦楞直顺，瓦档均匀，瓦面平整，坡度曲线基本和顺一致，屋面基本整洁。

优　　良：瓦楞整齐直顺，瓦档均匀一致，瓦面平整，坡度曲线和顺一致，屋面整洁美观。

检验方法：观察检查。

（Ⅲ）允许偏差项目

6.4.10 冷摊瓦屋面的允许偏差和检验方法应符合表6.4.10的规定：

冷摊瓦屋面的允许偏差和检验方法　　表6.4.10

项目		允许偏差(mm)	检验方法
老头瓦伸入脊内		10	拉10m线(不足10m,拉通线)和尺量检查
滴水瓦的挑出长度		5	每间拉线和尺量检查
檐口花边齐直		4	每间拉线和尺量检查
檐口滴水瓦头齐直		8	拉10m线(不足10m,拉通线)和尺量检查
瓦楞单面齐直		6	每条楞上下两端拉线和尺量检查
相邻瓦楞档距差		8	每条楞上下两端拉线和尺量检查
瓦面平整度	檐口	25	用2m直尺横搭于瓦面檐口、中腰、上口各抽1处和尺量检查
	中腰、上口	25	

6.5 筒瓦屋面工程

6.5.1 本节适用于清水、混水、仿筒瓦屋面工程。

检查数量：按屋面面积 $50m^2$ 抽查1处，每处 $10m^2$，且每坡不应少于2处。

（Ⅰ）保 证 项 目

6.5.2 屋面不得漏水，屋面的坡度曲线应符合设计要求。

检验方法：观察和尺量检查。

6.5.3 瓦的规格、品种、质量等应符合设计要求。

检验方法：观察检查和检查出厂合格证。

6.5.4 坐浆铺瓦，挨（压）楞及裹楞中所用的泥灰、砂浆等粘结材料的品种、质量及其做法应符合设计要求。

检验方法：观察检查和检查施工记录。

6.5.5 底瓦的搭接要求，盖瓦的上下两张接头做法应符合设计要求。当设计无明确要求时，应符合下列规定：

（1）老头瓦伸入脊内长度不得小于瓦长的1/2，脊瓦应座中，两坡老头瓦应碰头；

（2）滴水瓦瓦头挑出瓦口板的长度不得大于瓦长的2/5，且不得小于20mm；

（3）斜沟底瓦搭盖不应小于150mm或底瓦搭接不应少于一搭三；

（4）底瓦搭盖外露不应大于1/3瓦长（一搭三），当坡度超过六算（分）半（即坡度大于1：0.65）时应用刺丝或钉绑扎固定；

（5）盖瓦上下两张的接缝，清水筒瓦不得大于3mm，混水筒瓦不得大于5mm，当提栈（坡度）超过六算（分）半时，每隔三、四张瓦须加钉荷叶钉1只；

（6）筒瓦、仿筒瓦搭盖底瓦部分：混水瓦，仿筒瓦每侧不得小于1/3盖瓦宽，清水瓦每侧不得小于2/5盖瓦宽；

（7）突出屋面墙的侧面底瓦伸入泛水宽度不得小于50mm；

（8）天沟伸入瓦片下的长度不得小于100mm；

（9）底瓦铺设大头应向上；

（10）筒瓦脚下口应高出底瓦瓦面高度：1号、2号筒瓦高30mm；10号筒瓦高20mm。

检验方法：观察和尺量检查。

（Ⅱ）基 本 项 目

6.5.6 底瓦铺设应符合下列规定：

合　　格：搭接吻合，行列齐直，无明显歪斜，檐口部位无坡度过缓现象。

优　　良：搭接吻合紧密，行列齐直，无歪斜，檐口部位排水流畅。

检验方法：观察检查。

6.5.7 清水筒瓦铺设应符合下列规定：

合　　格：搭接吻合，接头平顺，行列齐直，夹楞饱满。

优　　良：搭接吻合紧密，接头平顺一致，行列齐直整洁，夹楞坚实饱满。

检验方法：观察和手轻扳检查。

6.5.8 混水筒瓦、仿筒瓦铺设应符合下列规定：

合　　格：粘结牢固，下口平顺，瓦楞圆滑紧密，浆色基本均匀，行列基本齐直。

优　　良：粘结牢固紧密，下口平顺齐直，瓦楞圆滑紧密，浆色均匀一致，行列齐直整洁。

检验方法：观察和手轻扳检查。

6.5.9 坐浆铺瓦及挨（压）楞、裹楞应符合下列规定：

合　　格：灰浆饱满，粘结牢固，瓦楞基本圆滑紧密。

优　　良：灰浆饱满，粘结牢固，瓦楞圆滑紧密。

6.5.10 屋面檐口部位应符合下列规定：

合　　格：檐口直顺，瓦楞均匀，基本无起伏。

优　　良：檐口齐直平顺，瓦楞均匀一致，无高低起伏。

检验方法：观察检查。

6.5.11 清、混、仿筒瓦屋面外观应符合下列规定：

合　　格：屋面整洁，色泽均匀，瓦楞直顺，瓦档均匀，瓦面基本平整，坡度曲线基本和顺一致。

优　　良：屋面洁净美观、色泽均匀一致，瓦楞齐直平顺，瓦档均匀，瓦面平整、坡度曲线和顺一致。

检验方法：观察检查。

（Ⅲ）允许偏差项目

6.5.12　各类筒瓦屋面的允许偏差和检验方法应符合表 6.5.12 的规定：

各类筒瓦屋面的允许偏差和检验方法　　表 6.5.12

项目		允许偏差(mm)	检验方法
老头瓦伸入脊内		10	拉 10m 线(不足 10m,拉通线)和尺量检查
滴水瓦挑出长度		5	每自然间拉线和尺量检查
檐口勾头齐直		8	拉 10m 线(不足 10m,拉通线)和尺量检查
檐口滴水头齐直		8	拉 10m 线(不足 10m,拉通线)和尺量检查
瓦楞直顺		6	每条上下两端拉线和尺量检查
相邻瓦楞档距差		8	在每条瓦楞上下两端拉线和尺量检查
瓦面平整度	檐口	15	用 2m 直尺横搭于瓦楞面在檐口、中腰、上口各抽查一处和尺量检查
	中腰、上口	20	
盖瓦相邻上下两张接缝	清水	1	尺量检查,檐口、中腰、上口各抽查一处
	混水	2	
筒瓦脚距底瓦面高		±10	尺量检查,檐口、中腰、上口各抽查一处
混水筒瓦粗细差		3	尺量检查

6.6　琉璃瓦屋面工程

6.6.1　本节适用于琉璃瓦屋面。

检查数量：按屋面面积 $50m^2$ 抽查 1 处，每处 $10m^2$，但每坡不应少于 2 处。

（Ⅰ）保 证 项 目

6.6.2　屋面不得漏水，屋面的坡度曲线应符合设计要求。

检验方法：观察和尺量检查。

6.6.3　瓦件的规格、品种、质量应符合设计要求。

检验方法：观察检查和检查出厂合格证。

6.6.4　坐浆铺瓦，挨（压）楞所用的泥灰、砂浆等粘结材料的品种、质量及做法应符合设计要求。

检验方法：观察检查和检查施工记录。

6.6.5　底瓦的搭接要求、盖瓦的上下两张接头做法应符合设计要求。当设计无明确规定时，应符合下列规定：

（1）老头瓦伸入脊内长度不得小于瓦长的 1/2，脊瓦应座中，两坡老头瓦必须碰头；

（2）滴水瓦挑出瓦口板的长度不得大于瓦长的 2/5，且不得小于 20mm；

（3）斜沟底瓦搭盖不得小于 150mm；

（4）斜沟两侧的百斜头伸入沟内不得小于 50mm；

（5）底瓦搭盖外露不得大于 1/3 瓦长（一搭三）；

（6）盖瓦相邻上下两张的接缝不得大于 3mm，当提栈超过六算半（即坡度大于 1：0.65）时，每隔三、四张瓦应加钉荷叶钉 1 只；

（7）琉璃盖瓦搭盖底瓦，每侧宽度不得小于 2/5 盖瓦宽；

（8）突出屋面墙的侧面底瓦深入泛水宽度不得小于 50mm；

（9）天沟伸入瓦片下的长度不得小于 100mm；

(10) 底瓦铺设必须大头向上；

(11) 盖瓦下脚高出底瓦面高度：1号、2号瓦高30mm，10号瓦高20mm。

检验方法：观察和尺量检查。

（Ⅰ）基 本 项 目

6.6.6 底瓦铺设应符合下列规定：

合　　格：搭接吻合，行列齐直，无明显歪斜，檐口部位无坡度过缓现象。

优　　良：搭接吻合紧密，行列齐直，无歪斜，檐口部位排水流畅。

检验方法：观察检查。

6.6.7 盖瓦铺设应符合下列规定：

合　　格：搭接吻合，接头平顺，行列齐直，挨（压）楞饱满。

优　　良：搭接吻合紧密，接头平顺一致，行列齐直整洁，挨（压）楞坚实饱满。

检验方法：观察和手轻扳检查。

6.6.8 坐浆铺瓦及挨（压）楞中的泥灰、砂浆做法应符合下列规定：

合　　格：灰浆饱满，粘结牢固，瓦楞基本圆滑紧密。

优　　良：灰浆饱满，粘结牢固，瓦楞圆滑紧密。

检验方法：观察和手轻扳检查。

6.6.9 屋面檐口部位应符合下列规定：

合　　格：檐口直顺，瓦楞均匀，基本无起伏。

优　　良：檐口齐直平顺，瓦楞均匀一致，无高低起伏。

检验方法：观察检查。

6.6.10 琉璃瓦屋面外观应符合下列规定：

合　　格：瓦楞直顺，瓦档基本均匀，瓦面基本平整，坡度曲线基本一致。

优　　良：瓦楞整齐直顺，瓦档均匀，瓦面平整，坡度曲线柔和一致。

检验方法：观察检查。

（Ⅲ）允许偏差项目

6.6.11 琉璃瓦屋面的允许偏差和检验方法应符合表6.6.11的规定：

琉璃瓦屋面的允许偏差和检验方法　　表6.6.11

项目		允许偏差(mm)	检验方法
老头瓦伸入脊内		10	拉10m线(不足10m,拉通线)和尺量检查
滴水瓦的挑出长度		5	每自然间拉线和尺量检查
檐口滴水头齐直		8	拉10m线(不足10m,拉通线)和尺量检查
瓦楞直顺		6	每条楞上下两端拉线和尺量检查
檐口勾头瓦齐直		8	拉10m线(不足10m,拉通线)尺量检查
相邻瓦楞档距差		8	在每条瓦楞上下两端拉线和尺量检查
瓦面平整度	中腰、上口	20	用2m直尺横搭于瓦楞面在檐口、中腰、上口各抽查1处和尺量检查
	檐口	15	
盖瓦上下两张接缝		1	尺量检查。在檐口、中腰、上口各抽查1处
琉璃瓦脚距底瓦面高		±10	尺量检查。在檐口、中腰、上口各抽查1处

6.7 盝顶屋面工程

6.7.1 本节适用于盝顶屋面及其它平屋面垫层工程。

检查数量：按屋面面积$50m^2$抽查1处，每1处$10m^2$，但不应少于2处。天沟、泛水每8m抽查1处，但不应少于2处。

6.7.2 盝顶屋面的坡屋面部分及其饰件，应按本标准本章的相关条文的规定采用。

6.7.3 盝顶屋面的平屋面部分及保温隔热层做法的质量检验评定标准应符合现行国家标准《建筑工程质量检验评定标准》的规定。

6.8 屋脊及其饰件工程

6.8.1 本节适用于小青瓦、筒瓦、琉璃瓦屋面工程的正脊、垂脊、围脊、戗脊等及其饰件工程（图 6.8.1）。

检查数量：按屋脊总数的 30%抽查，每 5m 抽查 1 处，每条屋脊不应少于 2 处；饰件按总件数 10%抽查，但不应少于 3 件。

（Ⅰ）保 证 项 目

6.8.2 选用屋脊及饰件材料的规格、品种、质量应符合设计要求。

检验方法：观察检查和检查出厂合格证。

6.8.3 采用铁件的材质、规格和连接方法应符合设计要求。

检验方法：观察、尺量检查和检查产品合格证。

6.8.4 各式屋脊及其饰件的位置、造型、弧度曲线、尺度及分层做法应符合设计要求。

检验方法：观察检查。

6.8.5 各式屋脊及其饰件中所用的泥灰、砂浆的品种、质量、色泽等应符合设计要求。其表面不得空鼓、开裂、翘边、断带、爆灰。

检验方法：观察检查和检查施工记录。

（Ⅱ）基 本 项 目

6.8.6 各式屋脊砌筑应符合下列规定：

合　　格：砌筑牢固，线条通顺，高度与宽度基本一致。

优　　良：砌筑牢固，线条通顺美观，高度与宽度对称一致。

检验方法：观察和手轻扳检查。

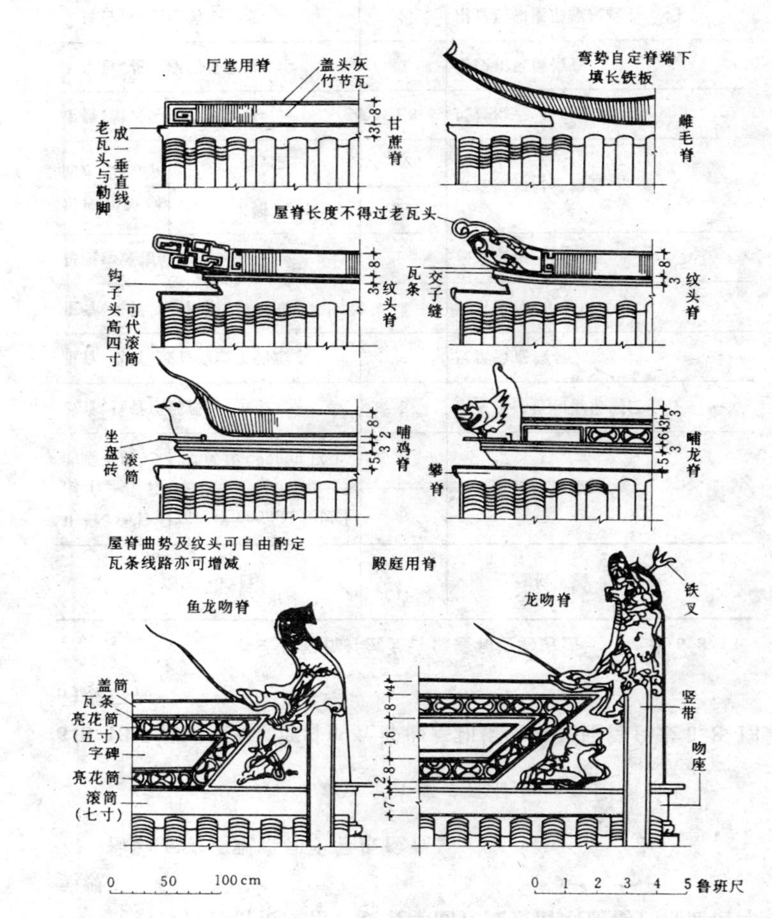

图 6.8.1 屋脊

6.8.7 正脊、围脊等外观应符合下列规定：

合　　格：造型正确，线条通顺，高低基本一致。

优　　良：造型正确，线条流畅通顺，高低均匀一致，整洁美观。

检验方法：观察检查。

6.8.8 垂脊、戗脊外观应符合下列规定：

合　　格：造型正确，弧形曲线基本和顺对称一致，线条基本通顺，高度基本一致。

优　　良：造型正确，弧形曲线和顺对称一致，线条清晰通顺，高度一致，整洁美观。

检验方法：观察和尺量检查。

6.8.9 各式屋脊之间交接部位应符合下列规定：

合　　格：砂浆饱满，表面基本无裂缝、翘边等现象，排水通畅。

优　　良：砂浆严实饱满，表面无裂缝，翘边等现象，排水通畅。

检验方法：观察检查。

6.8.10 凡屋脊要求涂刷颜色者应符合下列规定：

合　　格：浆色均匀，无明显斑点、挂浆现象。

优　　良：浆色均匀一致，无斑点、挂浆现象。

检验方法：观察检查。

6.8.11 檐人、走兽、天皇台、花兰座等饰件的安装应符合下列规定：

合　　格：位置正确，安装牢固，对称部分基本对称、高度基本一致。

优　　良：位置正确，安装牢固正直，对称部分对称、高度一致。

检验方法：观察和手轻扳检查。

6.8.12 各式釉面屋脊、饰件的外观应符合下列规定：

合　　格：拼装基本严密，安装牢固，线条通顺，釉面基本整洁。

优　　良：拼接严密，安装牢固，线条清晰通畅，釉面洁净美观。

检验方法：观察和手轻扳检查。

（Ⅲ）允许偏差项目

6.8.13 各式屋脊、饰件的允许偏差和检验方法应符合表6.8.13的规定：

各式屋脊饰件的允许偏差和检验方法　　表6.8.13

项目		允许偏差(mm)	检验方法
正脊、垂脊、围脊、戗脊的垂直度	高度在500mm及以上	5	水平尺和尺量检查
	高度在500mm以下	3	
戗脊、垂脊顶部弧度(每条)		5	用弧形样板和楔形塞尺检查
正脊、垂脊、戗脊等线条间距		5	尺量检查
正脊、垂脊、戗脊等线条宽深		3	尺量检查
每座建筑物的纹头标高		±8	水准仪和尺量检查
每座建筑物的水戗标高	水榭、亭	±10	水准仪和尺量检查
	厅、堂	±20	
走兽、檐人等中心线位移		±8	尺量检查
天皇台、花兰座的垂直度		3	吊线和尺量检查
天皇台、花兰座的平整度		2	用直尺和楔形塞尺检查
正脊、戗脊、垂脊侧面直顺度	长3m以内	15	拉5m线(不足5m,拉通线)和尺量检查
	长3m及以外	20	

6.9 各类瓦屋面及其屋脊饰件的修缮工程

6.9.1 本节适用于小青瓦、同瓦、琉璃瓦屋面、各式屋脊及附件的修缮工程。全部拆换应按本标准第6.1～6.8节的规定采用。

检查数量：屋面每$50m^2$抽查1处，每处$10m^2$，但每坡不应少于2处；各式屋脊每5m检查1处，且不应少于2处；斜沟、天沟泛水每3m检查1处，且不应少于3处。

（Ⅰ）保 证 项 目

6.9.2 经修缮后的屋面不得漏水，屋面的坡度曲线应与原样一致。

检验方法：观察检查。

6.9.3 添修瓦件的规格、品种、质量应符合设计要求，应与原存瓦件规格、色泽接近，其外型应整齐，无裂缝、缺棱掉角等残次缺陷。

检验方法：观察检查。

6.9.4 坐浆铺瓦或瓦楞中所用的泥灰、砂浆的材料、品种规格、质量等应符合设计要求。应与原存部分相接吻合。修缮后砂（泥）浆不得空鼓、开裂翘边、爆灰。

检验方法：观察检查和检查施工记录。

6.9.5 局部修缮、抽换瓦件，新旧粘结层应在新旧瓦交接处的上部接槎，并用砂浆堵实、抹顺，新旧瓦的接槎底瓦严禁倒泛水，添置新瓦应集中分楞铺设，严禁新旧瓦混铺。

检验方法：观察检查。

（Ⅱ）基 本 项 目

6.9.6 经修缮后的小青瓦屋面应符合下列规定：

合　　格：屋面基本整洁平整，瓦档均匀，排水通畅。

优　　良：屋面整洁平整，瓦档均匀，排水通畅。

检验方法：观察检查。

6.9.7 瓦楞中裹楞、挨（压）楞铺瓦应符合下列规定：

合　　格：粘结牢固，瓦楞基本直顺，无翘边、开裂。浆色基本均匀，釉面基本洁净美观。

优　　良：粘结牢固，灰浆饱满，瓦楞齐直，无翘边、开裂。浆色均匀一致，釉面洁净美观。

检验方法：观察检查和手轻扳检查。

6.9.8 局部修缮、添换瓦件应符合下列规定：

合　　格：搭接吻合，新旧瓦件接槎平整。

优　　良：搭接吻合紧密，新旧瓦件接槎平整齐直。

检验方法：观察检查。

6.9.9 零星添配修补的脊件、各式饰件应符合下列规定：

合　　格：配件比例与原件接近，摆砌牢固，弧形曲线吻合。

优　　良：配件比例与原件一致，摆砌牢固、正直，弧形曲线和顺吻合一致。

检验方法：观察和手轻扳检查。

6.9.10 经修补后的筒瓦、琉璃瓦屋面应符合下列规定：

合　　格：屋面整洁，瓦楞基本直顺、接缝基本吻合，新老瓦屋面坡度曲线基本和顺，刷浆色与原瓦色泽相近。

优　　良：屋面整洁美观、瓦楞直顺、接缝吻合，新老瓦屋面坡度曲线和顺一致，刷浆色与原瓦色泽一致。

检验方法：观察检查。

（Ⅲ）允许偏差项目

6.9.11 各类瓦屋面及其饰件修缮的允许偏差和检验方法应符合表6.9.11的规定：

各类瓦屋面及其饰件修缮的允许偏差和检验方法　表 6.9.11

项　　目	允许偏差(mm)	检　验　方　法
瓦楞直顺度	6	每条上下两端拉线和尺量检查
瓦面平整度	25	用 2m 直尺横搭于瓦面，在檐口、中腰、上口各抽查一处和尺量检查。
檐口花边沟头齐直	8	拉 10m 线(不足 10m，拉通线)和尺量检查
檐口滴水齐直	10	拉 10m 线(不足 10m，拉通线)和尺量检查
上下瓦楞粗细差	5	每条上下两端拉线和尺量检查
上下瓦接缝宽度	5	尺量检查
相邻瓦楞档距差	10	在每条瓦楞上下两端拉线和尺量检查

7　地面与楼面工程

7.0.1　本章适用于古建筑修、建工程的地面与楼面工程及庭院、游廊、甬路工程的质量检验和评定。

7.1　基 层 工 程

7.1.1　本节适用于各种地面与楼面的基层和庭院、游廊、甬路路面的基层。

检查数量：各种基层应按有代表性的自然间抽查 10%；庭院地面基层按 10m² 抽查 1 处；游廊、甬路按 5m 抽查 1 处，但均不应少于三（间）处。

7.1.2　各种地面与楼面、庭院、游廊、甬路基层的质量检验评定标准应符合现行国家标准《建筑工程质量检验评定标准》的规定。

7.2　墁砖地面工程

7.2.1　本节适用于方砖细墁、粗墁地面工程。

检查数量：同 7.1.1 条的规定。

（Ⅰ）保 证 项 目

7.2.2　砖料的品种、规格、质量应符合设计要求。

检验方法：观察检查、检查出厂合格证或试验报告。

7.2.3　地面分中，砖缝排列、图案应符合设计要求。

检验方法：观察检查。

7.2.4　砖安装应稳固，与基层结合（粘结）应牢固，无空鼓、无松动。

检验方法：观察检查和用小锤轻击。

（Ⅱ）基 本 项 目

7.2.5 庭院、游廊和甬路需要自然排水的地面应符合下列规定：

合　格：泛水适宜，无明显积水现象。

优　良：泛水适宜，排水通畅，无积水现象。

检验方法：观察检查或泼水检查。

7.2.6 砖细墁地面的砖料加工表面应符合下列规定：

合　格：表面平整，无裂纹、缺角、基本无刨印。

优　良：表面平整，无裂纹、缺角、砂眼和刨印。棱角整齐美观。

检验方法：观察检查。

7.2.7 安装细墁地面的外观应符合下列规定：

合　格：地面整洁，组铺正确，接缝基本顺直均匀，油灰饱满。

优　良：地面整洁美观，组铺正确，接缝顺直均匀，油灰饱满严实。

检验方法：观察检查。

7.2.8 粗墁地的外观应符合下列规定：

合　格：表面整洁，无明显缺棱掉角，砖缝基本均匀直顺，扫灰缝或灌缝基本密实。

优　良：表面洁净，无缺棱掉角，砖缝均匀直顺，扫灰缝或灌缝严密。

检验方法：观察检查。

（Ⅲ）允许偏差项目

7.2.9 砖墁地面的允许偏差和检验方法应符合表7.2.9的规定：

砖墁地面的允许偏差和检验方法　　表7.2.9

项目		允许偏差（mm）			检验方法
		细墁地	粗墁地		
			室内	室外	
每块对角线		1	1.5	2	尺量检查
每块平面尺寸		0.5	1.5	2	尺量检查
缝格平直		3	5	6	拉5m线（不足5m拉通线）和尺量检查
表面平整度		2	5	7	用2m直尺和楔形塞尺检查
灰缝宽度	细墁地（1.5mm宽）	±0.5	—	—	尺量检查
	粗墁地（3mm宽）	—	1.5	2	
接缝高低差		0.5	1.5	3	用直尺和楔形塞尺检查

7.3 墁石地面工程

7.3.1 本节适用于楼地面、庭院、游廊、甬路墁石地面工程。

检查数量：同7.1.1条的规定。

（Ⅰ）保 证 项 目

7.3.2 石料的品种、质量、色泽、规格应符合设计要求。

检验方法：观察检查。

7.3.3 墁石地面的图案、式样和铺设方法应符合设计要求。

检验方法：观察检查。

7.3.4 粗细墁石地面的面层与基层结合应密实、稳固。卵石、瓦片嵌固必须牢固。

检查方法：观察检查和小锤轻击检查。

（Ⅱ）基本项目

7.3.5 庭院、游廊、甬路需要做排水坡度的，其面层应符合下列规定：

合　　格：坡度基本符合设计要求，排水流畅，基本无积水。

优　　良：坡度符合设计要求，排水流畅，无积水。

检查方法：观察检查和泼水检查。

7.3.6 錾细加工的石料应符合下列规定：

合　　格：斧印基本均匀、深浅基本一致，刮边宽度基本顺直一致。

优　　良：斧印均匀，深浅一致、刮边宽度顺直一致。

检验方法：观察检查。

7.3.7 墁石子地面的表面应符合下列规定：

合　　格：石子排列基本均匀，显露基本一致，表面基本无残留灰浆脏物，无明显坑洼隆起，与路沿接缝基本平直均匀。

优　　良：石子排列均匀，显露一致，表面无残留灰浆脏物，整洁美观，无坑洼隆起，与路沿接缝平直均匀。

检验方法：观察检查。

7.3.8 片石、瓦片墁地表面应符合下列规定：

合　　格：片石、瓦片排列基本均匀，显露基本一致、无明显坑洼隆起，表面基本无残留灰浆脏物，与路沿接缝基本平直均匀。

优　　良：片石、瓦片排列均匀一致，显露一致，无坑洼隆起，表面无残留灰浆脏物，与路沿接缝平直均匀。

检验方法：观察检查。

7.3.9 细墁石地面表面应符合下列规定：

合　　格：无缺楞掉角和裂纹，接缝基本均匀，周边基本顺直，表面无灰浆脏物。

优　　良：完整无缺陷，接缝均匀，周边顺直，表面洁净。

检验方法：观察检查。

7.3.10 粗墁石地面的表面应符合下列规定：

合　　格：表面平整，基本洁净，无明显缺棱掉角，接缝基本均匀。

优　　良：表面平整美观、洁净，无缺棱掉角，接缝均匀，平顺。

检验方法：观察检查。

7.3.11 墁石地面镶边应符合下列规定：

合　　格：镶边基本完整，宽窄基本一致，边线基本顺直、光滑（当镶边为曲线时）。

优　　良：镶边完整，宽窄一致，边线顺直、光滑。

检验方法：观察检查。

（Ⅲ）允许偏差项目

7.3.12 墁石地面的允许偏差和检验方法应符合表7.3.12的规定。

墁石地面的允许偏差和检验方法　　表7.3.12

项　目	允许偏差（mm）			检验方法
	细墁	粗墁	墁石子（片石、瓦片）	
每块料石平面尺寸	±2	±3	—	尺量检查
每块料石对角线差	2	3	—	尺量检查
表面平整度	3	5	10	用2m直尺和楔形塞尺检查

续表

项目		允许偏差（mm）			检验方法
		细墁	粗墁	墁石子（片石、瓦片）	
石板接缝宽度	粗料石	—	5	—	尺量检查
	半细料石	4	—	—	尺量检查
	细料石	3	—	—	尺量检查
接缝高低差		2	3	—	用直尺和楔形塞尺检查
缝格平直		3	5	—	拉5m线（不足5m拉通线）和尺量检查

7.4 木楼地面工程

7.4.1 本节适用于木板、拼花地板等木质楼地面工程。

检查数量：面层按有代表性的自然间抽查10%，其中过道按5m检查1处，楼梯踏步、台阶按每层梯段为1处，但均不应少于3间（处）。

7.4.2 各种木质楼地面的质量检验评定标准，应符合现行国家标准《建筑工程质量检验评定标准》的规定。

7.5 仿古地面工程

7.5.1 本节适用于用水泥砂浆、细石混凝土作的整体面层仿古地面和预制块料仿古地面工程。

检查数量：按有代表性的自然间抽查10%，游廊、甬路按5m检查1处，庭院按每$10m^2$检查1处，但均不应少于3间（处）。

（Ⅰ）保证项目

7.5.2 材料的品种、质量、色泽、图案和铺设形式应符合设计要求。

检验方法：观察检查和检查试验报告。

7.5.3 基层与面层应结合牢固无空鼓。

检验方法：用小锤轻击检查。

注：空鼓面积不大于$400cm^2$，无裂纹且在一个检查范围内不多于2处者，可不计。

（Ⅱ）基本项目

7.5.4 面层表面应符合下列规定：

合　格：表面基本密实光滑，基本无裂纹，脱皮、麻面、水纹、抹痕等缺陷，基本无残留砂浆脏物，接槎自然、色泽基本一致。

优　良：表面密实光滑，无裂纹、脱皮、麻面、水纹、抹痕等缺陷，表面无残留砂浆脏物。接槎平顺、自然、色泽一致。

检验方法：观察检查。

7.5.5 需做排水坡度的面层应符合下列规定：

合　格：坡度基本符合设计要求，不倒泛水，基本无积水、渗漏。

优　良：坡度符合设计要求，不倒泛水，无积水、无渗漏。

检验方法：观察检查或泼水检查。

7.5.6 分格和留缝应符合下列规定：

合　格：分格宽窄深度基本一致，分块留缝基本整齐顺直，表面基本光滑平整。

优　　良：分格宽窄深度一致，分块留缝整齐顺直，表面光滑平整。

检验方法：观察检查和尺量检查。

7.5.7 踢脚线的做法应符合下列规定：

合　　格：高度基本一致，局部空鼓长度不得大于300mm，且在一个检查范围内不得多于2处。

优　　良：高度一致，局部空鼓长度不得大于150mm，且在一个检查范围内不得多于2处。

检验方法：用小锤轻击和尺量检查。

（Ⅲ）允许偏差项目

7.5.8 整体面层和预制仿古地面的允许偏差和检验方法应符合表7.5.8的规定：

整体面层和预制仿古地面的允许偏差和检验方法　　表7.5.8

项　目	允许偏差（mm）		检验方法
	室内	室外	
每块平面尺寸	1.5	2.0	尺量检查
每块对角线（正方）	2.0	2.0	尺量检查
铺砌平整度	3	4	用2m直尺和楔形塞尺检查
铺地缝格平直度	2	3	拉5m线（不足5m拉通线）和尺量检查
假方砖地面油灰缝宽度不大于	2	3	尺量检查
方砖分缝宽度不大于	1.5	2.0	尺量检查
整体面层平整度	2	3	用2m直尺和楔形塞尺检查

续表

项　目	允许偏差（mm）		检验方法
	室内	室外	
整体面层分块缝格平直度	3	4	拉5m线（不足5m拉通线）和尺量检查
踢脚线上口平直度	4	—	拉5m线（不足5m拉通线）和尺量检查

7.6 地面与楼面的修补工程

7.6.1 本节适用于各种地面与楼面的局部修补工程。

检查数量：逐处检查。

（Ⅰ）保证项目

7.6.2 修补地面与楼面选用的块材和整体面层及粘结材料的规格、品种、质量应与原地面一致，使用替代材料应符合设计要求。

检验方法：观察检查。

7.6.3 修补地面与楼面的做法，图案应与原地面、楼面一样。

检验方法：观察检查。

7.6.4 修补部分的基层应坚实、预制块安装必须牢固不得松动；水泥砂浆面层要密实无空鼓裂纹。

检验方法：观察检查。

（Ⅱ）基本项目

7.6.5 修补的地面与楼面的外观应符合下列规定：

合　　格：与原地面、楼面接槎和顺，无明显接槎痕迹，色泽基本一致。

优　　良：与原地面、楼面接槎和顺，无接槎痕迹，色泽一致。

（Ⅲ）允许偏差项目

7.6.6 修补地面与楼面的允许偏差和检验方法应符合表7.6.6的规定：

修补地面与楼面的允许偏差和检验方法　　表7.6.6

<table>
<tr><th rowspan="2">项　目</th><th colspan="3">允许偏差（mm）</th><th rowspan="2">检 验 方 法</th></tr>
<tr><th>细墁</th><th>粗墁</th><th>整体面层</th></tr>
<tr><td>表面平整度</td><td>2.5</td><td>6</td><td>5</td><td>用2m直尺和楔形塞尺检查</td></tr>
<tr><td>缝格平直度</td><td>3</td><td>4</td><td>3</td><td>拉5m线（不足5m拉通线）和尺量检查</td></tr>
<tr><td>相邻板块高低差</td><td>1</td><td>2</td><td>—</td><td>用直尺和楔形塞尺检查</td></tr>
<tr><td>新旧接槎高低度</td><td>1</td><td>2</td><td>2</td><td>用直尺和楔形塞尺检查</td></tr>
<tr><td>新旧地面接缝平直度</td><td>1</td><td>2</td><td>2</td><td>拉线和尺量检查</td></tr>
</table>

注：修补地面与楼面每处修补面积未超过 $2m^2$ 的，只检查新旧接槎高低差和新旧接缝平直度。

8 木装修工程

8.0.1 本章适用于各式木门窗、隔扇、坐槛、栏杆、挂落、博古架、裙板、天花（藻井）、卷棚、美人靠（飞来椅、吴王靠）、飞罩、落地罩等小木作构件的制作和安装工程的质量检验和评定。

8.0.2 木材的树种、规格、等级应符合设计要求。材质应符合表8.0.2的选材标准规定。

装修构件材质标准　　表8.0.2

<table>
<tr><th colspan="2" rowspan="2">材料名称 / 规格 / 木材缺陷名称</th><th colspan="2">方　材</th><th colspan="2">板　材</th></tr>
<tr><th>截面短边在100mm及以下</th><th>截面短边在100mm以上</th><th>厚度在22mm及以下</th><th>厚度在22mm以上</th></tr>
<tr><td rowspan="2">活节</td><td>单个直径（mm）</td><td colspan="2">不超过截面短边的1/4（不在榫卯位置）</td><td>20</td><td>30</td></tr>
<tr><td>任何延长米活节的个数</td><td>2</td><td>3</td><td>2</td><td>3</td></tr>
<tr><td colspan="2">死　节</td><td>不允许</td><td>不允许贯通</td><td>不允许</td><td>不允许贯通</td></tr>
<tr><td colspan="2">斜　纹</td><td>4%</td><td>6%</td><td>10%</td><td>15%</td></tr>
<tr><td colspan="2">腐　朽</td><td>不允许</td><td>不允许</td><td>不允许</td><td>不允许</td></tr>
<tr><td colspan="2">表面虫蛀</td><td>不允许</td><td>不允许</td><td>不允许</td><td>不允许</td></tr>
<tr><td colspan="2" rowspan="2">裂　缝</td><td colspan="2">深度不大于截面短边的1/6</td><td colspan="2">深度不大于板厚的1/5</td></tr>
<tr><td colspan="2">长度不大于长边的1/5</td><td colspan="2">长度不大于板宽的1/4</td></tr>
<tr><td colspan="2">髓　心</td><td>不　限</td><td>不　限</td><td>不　限</td><td>不　限</td></tr>
<tr><td colspan="2">含水率</td><td><15%</td><td><18%</td><td><15%</td><td><18%</td></tr>
</table>

注：表中材料规格均为毛料规格。

8.1 窗扇制作工程

8.1.1 本节适用于各式短窗、横风窗、和合窗等古式窗（含窗框）的制作工程［图 8.1.1-（*a*）］。

检查数量：按不同规格的件数各抽查 10%但均不应小于 3 扇。

（Ⅰ）保 证 项 目

8.1.2 各式窗扇内花格制作应按样板制作，样板应符合设计要求。

检验方法：观察检查。

8.1.3 窗扇、框的榫槽应嵌合严密，胶料胶结应用胶楔加紧。胶料品种应符合设计要求和现行国家标准《木结构工程施工及验收规范》的规定。

检验方法：观察和手推拉检查。

8.1.4 窗扇、框的榫卯结点应符合设计要求。当设计无明确规定时，应符合下列规定：

（1）窗（框）榫采用出榫做法，其宽不应小于其厚度的 1/4，不得大于 1/3；

（2）窗扇（框）断面厚度大于 50mm 的应采用双夹榫做法；

（3）窗饰芯子采用搭接开刻的做法，其开刻深度应为 1/2 厚度；

（4）短窗采用裙板，其里裙板应开槽镶嵌，外裙板应采用高低缝形式拼接；

（5）榫卯处胶结牢固，接槎平整，均不得采用铁钉之类材料代用榫卯结合。

检验方法：观察和尺量检查。

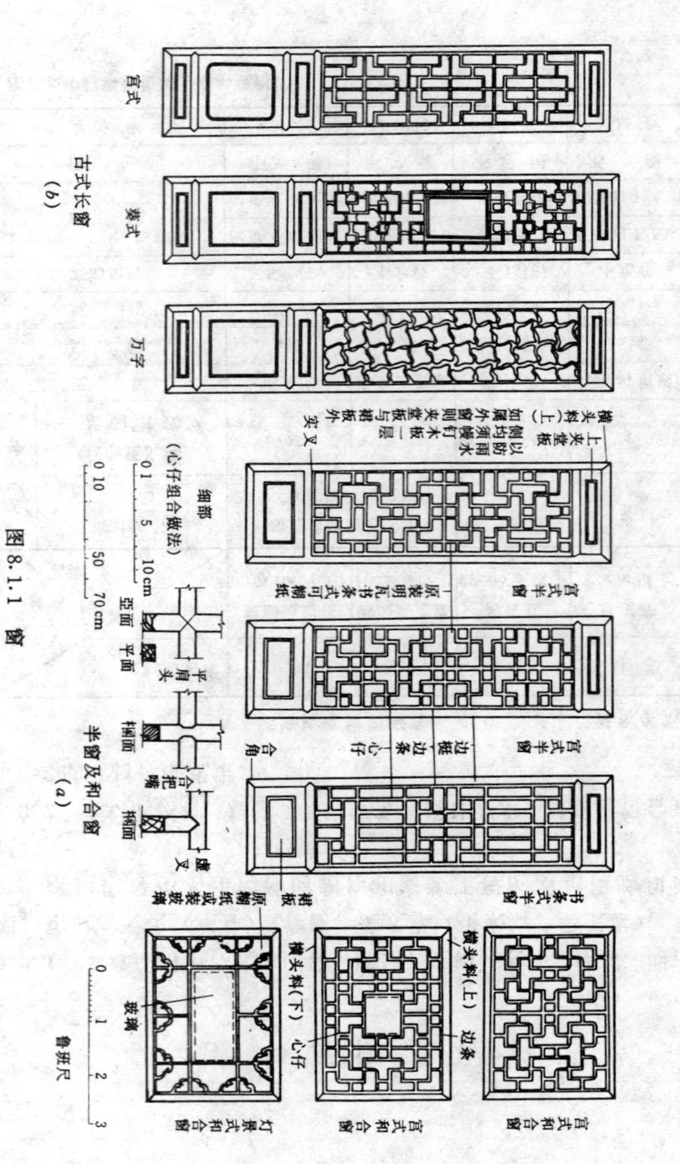

图 8.1.1 窗

（Ⅱ）基 本 项 目

8.1.5 窗扇（框）制作的表面应符合下列规定：

合　　格：表面平整、无缺棱、掉角、基本无刨印、戗槎，清油制品色泽基本一致。

优　　良：表面平整光洁，无缺棱掉角，无刨印、戗槎、锤印。清油制品色泽一致。

检验方法：观察和手摸检查。

8.1.6 裁口起线割角、拼缝应符合下列规定：

合　　格：裁口、起线基本整齐顺直、割角准确、拼缝基本严密。

优　　良：裁口、起线整齐顺直、割角准确、交圈整齐、拼缝严密，无胶迹。

检验方法：观察和手摸检查。

8.1.7 各式窗扇花饰的外观应符合下列规定：

合　　格：图案准确、线条基本流畅自然，表面基本光滑美观色泽基本一致。

优　　良：图案准确　线条清晰流畅自然，表面光滑平整美观色泽一致。

检验方法：观察检查。

注：如为雕刻花饰尚应符合本标准第 9.1.8 条的规定。

8.1.8 窗扇裙板的外观应符合下列规定：

合　　格：表面平整，与窗梃结合牢固，下口基本齐直，拼缝基本严密。基本无刨印、锤印及戗槎。

优　　良：表面平整光滑，与窗梃结合牢固，下口齐直，拼缝严密，无刨印、锤印及戗槎。

检验方法：观察和手轻扳检查。

（Ⅲ）允许偏差项目

8.1.9 古式窗扇（框）制作的允许偏差和检验方法应符合表 8.1.9 的规定：

古式窗扇（框）制作允许偏差和检验方法　　表 8.1.9

项　目	允许偏差（mm）	检　验　方　法
构件截面	±2	尺量检查
框（宽、高）	+0 −1	尺量检查，框量内裁口
扇（宽、高）	+1 −0	尺量检查，扇量外缘
扇（框）的平面翘曲	2	将扇（框）平卧在检查平台上用楔形塞尺检查
框、扇对角线长度差	2	尺量检查
裁口线条和结合处高差（框扇）	0.5	用直尺和楔形塞尺检查
窗扇芯子交接处（高低差）	1	用直尺和楔形塞尺检查

8.2 隔扇、长窗制作工程

8.2.1 本节适用于各式隔扇、长窗（含框）的制作工程[图 8.1.1-(*b*)]。

检查数量：按不同规格的件数各抽查 10%，但均不应少于 3 件。

（Ⅰ）保 证 项 目

8.2.2 各类隔扇、长窗内花格制作应按样板制作，样板应符合设计要求。

检查方法：观察检查。

8.2.3 隔扇、长窗（框）的榫槽应嵌合严密，胶料胶结应用胶楔加紧。胶料的品种、质量应符合设计要求和现行国家标准《木结构工程施工及验收规范》的规定。

检验方法：观察和手推拉检查。

8.2.4 隔扇、长窗（框）的榫卯结点应符合设计要求。当设计无明确规定时，应符合下列规定：

（1）隔扇、长窗（框）榫采用出榫做法，其榫宽不应小于其厚度的1/4，不得大于1/3；

（2）隔扇、长窗（框）的断面厚大于50mm的，应采用双夹榫做法；

（3）隔扇、长窗饰件蕊子采用搭接开刻做法的，其开刻应为1/2厚度；

（4）榫卯处胶结牢固，接槎平整，均不得采用铁钉之类材料代替榫卯结合。

检验方法：观察和尺量检查。

（Ⅱ）基 本 项 目

8.2.5 隔扇、长窗（框）制作的表面应符合下列规定：

合　　格：表面平整、无缺棱、掉角，基本无刨印、戗槎，清油制品色泽基本一致。

优　　良：表面平整光滑，无缺棱、掉角，无刨印、戗槎、锤印。清油制品色泽一致。

检验方法：观察和手摸检查。

8.2.6 裁口起线割角、拼缝应符合下列规定：

合　　格：裁口、起线基本整齐顺直，割角准确、拼缝基本严密。

优　　良：裁口、起线整齐顺直，割角准确、交圈整齐、拼缝严密，无胶迹。

检验方法：观察和手摸检查。

8.2.7 各式隔扇、长窗花饰的外观应符合下列规定：

合　　格：图案准确、线条基本流畅自然，表面基本光滑平整美观，色泽基本一致。

优　　良：图案准确、线条流畅自然，表面光滑平整美观，色泽一致。

检验方法：观察和检查。

注：如为雕刻花饰尚应符合本标准第9.1.8条的规定。

8.2.8 隔扇、长窗夹樘板的外观应符合下列规定：

合　　格：表面平整、与梃结合牢固，拼缝基本严密，基本无刨印、锤印及戗槎。

优　　良：表面平整光滑、与梃结合牢固，拼缝严密，无刨印、锤印及戗槎。

检验方法：观察和手轻扳检查。

（Ⅲ）允许偏差项目

8.2.9 隔扇、长窗（框）制作的允许偏差和检验方法应符合表8.2.9的规定。

古式隔扇、长窗（框）制作的允许偏差和检验方法　表8.2.9

项　目	允许偏差（mm）	检　验　方　法
构件截面	±2	尺量检查
单扇（框）长度	2	尺量检查
单扇（框）宽度	2	尺量检查
隔扇长窗的平面翘曲	2	将扇平放在检查平台上，用楔形塞尺检查
隔扇长窗的对角线长度	3	尺量检查外角
框的对角线长度	3	尺量检查内角
隔扇芯交接处（高低差）	1	用直尺和楔形塞尺检查

8.3 门扇制作工程

8.3.1 本节适用于各式屏门、对子门、库门（含框）（实拼门、敲框档板门）等古式门扇制作工程。

检查数量：按不同规格的件数各抽查10%，但均不应少于3扇。

（Ⅰ）保 证 项 目

8.3.2 各类门扇（框）的榫槽应嵌合严密，胶料胶结应用胶楔加紧。胶料质量品种必须符合设计要求和现行国家标准《木结构工程施工及验收规范》的规定。

检验方法：观察和手轻扳检查。

8.3.3 门扇（框）的榫卯结合点应符合设计要求。当设计无明确规定时，应符合下列规定：

1. 门（框）榫采用出榫的榫宽不得小于该门梃厚度的1/4，不得大于梃厚的1/3；

2. 板的拼接薄板应用竹梢，并且托档穿带，厚板采用高低榫、棱角钉（忌用铁钉）拼接；

3. 板厚超过50mm时，除用高低榫外，还应用穿旦梢拼接，所用穿带梢做法其间距不应超过其板厚的20倍。

检验方法：观察和尺量检查。

（Ⅱ）基 本 项 目

8.3.4 门扇（框）的制作表面应符合下列规定：

合　　格：表面平整、无缺棱、掉角，基本无刨印、戗槎、锤印，无明显疵病。

优　　良：表面平整光滑，无缺棱掉角，无刨印、戗槎、锤印、疵病。

检验方法：观察和手摸检查。

8.3.5 门扇的裁口、起线、割角、拼缝、榫卯应符合下列规定：

合　　格：裁口、起线基本顺直，割角准确，榫卯拼缝基本严密平整。

优　　良：裁口、起线顺直，割角准确，拼缝严密坚实。

检验方法：观察和手推拉检查。

（Ⅲ）允许偏差项目

8.3.6 门制作的允许偏差和检验方法应符合表8.3.6的规定：

门制作的允许偏差和检验方法　　表8.3.6

项　目	允许偏差（mm）	检 验 方 法
构件截面	±2	尺量检查
框（宽、高）	+0 −1	尺量检查，框量内裁口
扇（宽、高）	+1 −0	尺量检查，扇量外缘
门扇（框）的平面翘曲	2	将门扇（框）平卧在检查平台上用楔形塞尺检查。
框的对角线长度差	2	尺量检查，裁口内角
扇的对角线长度差	2	尺量检查，量外角

8.4 窗扇、隔扇、门扇的安装工程

8.4.1 本节适用于各类窗扇、隔扇、门扇（包括抱柱、门槛附件）的安装工程。

检查数量：按不同式样规格的门窗扇件各抽查10%，但均不应少于3件（扇）。

（Ⅰ）保 证 项 目

8.4.2 采用铁件的材质、型号、规格和连接做法等应符合设计要求：

检验方法：观察和检查测定记录。

8.4.3 窗、门、隔扇、抱柱、门槛安装应符合设计要求。

检验方法：观察检查。

（Ⅱ）基 本 项 目

8.4.4 门、窗、隔扇安装其表面应符合下列规定：

合　格：裁口正确，线条顺直，刨面平整、开关灵活、无倒翘、基本无刨印、戗槎、疵病。

优　良：裁口正确、线条顺直，刨面平整、开关灵活、无回弹和倒翘，无刨印、戗槎、疵病。

检验方法：观察和手摸检查。

8.4.5 门、窗小五金安装应符合下列规定：

合　格：位置正确、槽深基本一致，小五金齐全，规格符合要求，木螺丝基本拧紧平整，插销关启基本灵活。

优　良：位置正确、槽深一致，小五金齐全，规格符合要求，木螺丝拧紧平整，插销关启灵活。

检验方法：尺量，用螺丝刀拧试、开关检查。

（Ⅲ）允许偏差项目

8.4.6 窗扇、门扇、隔扇安装的允许偏差和检验方法，应符合表8.4.6的规定：

窗扇、隔扇、门扇安装的允许偏差和检验方法　　表 8.4.6

项　目		允许偏差（mm）	检 验 方 法
抱柱正侧面垂直度		2	吊线和尺量检查
抱柱、槛对角线长度差	2扇以上	5	整樘拉线尺量检查
	2扇及以下	3	
整樘相邻二扇水平高低差		2	拉线和尺量检查
整樘中夹樘板水平高低差		3	尺量检查
门、窗风缝		2	用楔形塞尺检查
门、窗扇与框之间风缝	长窗、隔扇	3	用楔形塞尺检查
	短窗	2	用楔形塞尺检查

8.5 普通门窗制作与安装工程

8.5.1 本节适用于一般门窗的制作与安装工程。

8.5.2 普通门窗的制作与安装工程质量检验和评定应符合现行国家标准《建筑安装工程质量检验评定标准》的规定。

8.6 木栏杆的制作与安装工程

8.6.1 本节适用于各式木栏杆制作和安装工程[图 8.6.1-(*a*)]。

检查数量：抽查10%，且不应少于1扇（段）

（Ⅰ）保 证 项 目

8.6.2 各式栏杆的制作与安装应放样、按样板制作，样板应符合设计要求。

检验方法：观察检查。

8.6.3 各式栏杆的榫槽应嵌合严密，胶料胶结，应并用胶楔加紧，胶料质量品种必须符合现行国家标准《木结构工程施工及验收规范》的规定。

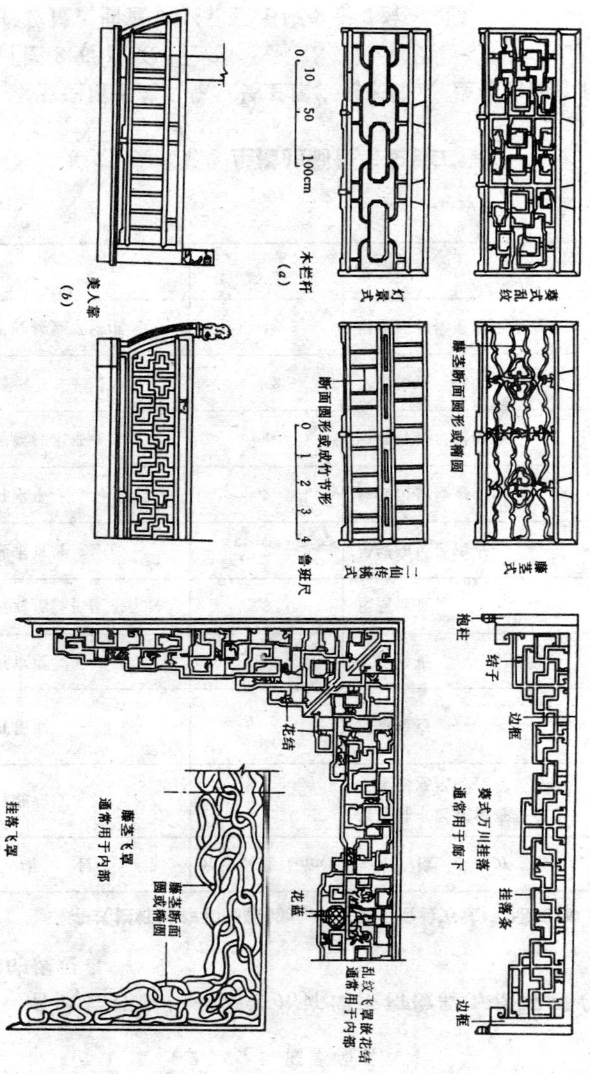

图 8.6.1　挂落飞罩栏杆

检验方法：观察和手轻扳检查。

8.6.4　各式栏杆的榫卯节点应符合设计要求。

检验方法：观察检查。

（Ⅱ）基 本 项 目

8.6.5　各式栏杆的制作表面应符合下列规定：

合　　格：表面平整、无缺棱、掉角，清油制品色泽基本一致基本无刨痕、戗槎、锤印。

优　　良：表面平整，无缺棱、掉角，清油制品色泽均匀一致无刨痕、毛刺、戗槎、锤印。

检验方法：观察和手摸检查。

8.6.6　各式构件起线、割角、拼缝应符合下列规定：

合　　格：起线顺直、割角准确、拼缝基本严密。

优　　良：起线顺直、割角准确、拼缝严密，无胶迹。

检验方法：观察和手摸检查。

8.6.7　各式栏杆花饰图案的外观应符合下列规定：

合　　格：图案正确、美观、线条基本流畅自然。

优　　良：图案正确、美观、线条清晰流畅自然。

检验方法：观察检查。

8.6.8　各式构件安装应符合下列规定：

合　　格：线条顺直，表面平整，脱卸基本灵活无翘曲。

优　　良：线条顺直美观，表面平整光滑，脱卸灵活方便，无翘曲。

检验方法：观察和脱卸检查。

8.6.9　里裙板的安装应符合下列规定：

合　　格：表面平整、结合牢固、拼缝基本严密。

优　　良：表面平整光滑、结合牢固、拼缝严密。

检验方法：观察和手摸手推检查。

（Ⅲ）允许偏差项目

8.6.10 各式栏杆制作和安装允许偏差和检验方法应符合表8.6.10的规定：

各式栏杆制作和安装的允许偏差和检验方法　表 8.6.10

项　目	允许偏差（mm）	检　验　方　法
单片栏杆翘曲	2	将构件平卧在检查平台上，用楔形塞尺检查
单片栏杆长度	+0 −4	尺量检查
单片栏杆宽度	±2	尺量检查
单片栏杆对角线长度差	3	尺量检查
栏杆安装垂直度	2	吊线和尺量检查
相邻栏杆水平	2	拉线尺量检查
整幢房屋栏杆水平	4	整幢拉线尺量检查
构件截面	±2	尺量检查
各类芯子交接处平整度	1	用直尺和楔形塞尺检查
线条错位	0.5	尺量检查

8.7 美人靠、坐槛的制作与安装工程

8.7.1 本节适用于美人靠（吴王靠、飞来椅）、坐槛的制作和安装工程[图 8.6.1-(*b*)]。

检查数量：抽查20%，且不应少于2片（处）

（Ⅰ）保证项目

8.7.2 各式美人靠、坐槛的制作应按样板制作，样板应符合设计要求。

检验方法：观察检查。

8.7.3 采用铁件的材质、型号、规格和连接方法等应符合设计要求。

检验方法：观察检查和检查出厂合格证。

8.7.4 各类构件的榫槽应嵌合严密，胶料胶结应用胶楔加紧，胶料质量品种必须符合现行国家标准《木结构工程施工及验收规范》的规定。

检验方法：观察和手轻扳检查。

8.7.5 各式美人靠、坐槛的榫卯结点应符合设计要求。

检验方法：观察和检查。

（Ⅱ）基本项目

8.7.6 美人靠、坐槛的制作表面应符合下列规定：

合　格：榫卯严实，无明显刨痕、锤印、戗槎，料面基本平整，线条基本通顺。

优　良：榫卯严密、坚实，无刨痕、锤印、戗槎，料面平整光滑，线条通顺。

检验方法：观察检查。

8.7.7 各式花饰的制作应符合下列规定：

合　格：图案正确，曲线自然，线条通畅，脱卸基本灵活方便。

优　良：图案准确，曲线自然美观，线条清晰通顺，脱卸灵活方便。

检验方法：观察和脱卸检查。

注：如为雕刻花饰尚应符合本标准第9.1.8条的规定。

8.7.8 铁件、五金安装应符合下列规定：

合　　格：位置正确，槽深基本一致，五金齐全、规格符合要求，脱卸基本灵活。

优　　良：位置正确，槽深整齐一致，五金齐全、规格符合要求，脱卸灵活。

检验方法：尺量和脱卸检查。

（Ⅲ）允许偏差项目

8.7.9 美人靠、坐槛制作安装的允许偏差和检验方法应符合表8.7.9的规定。

美人靠、坐槛制作安装的允许偏差和检验方法　　表8.7.9

项　　目	允许偏差（mm）	检　验　方　法
美人靠制作的长度	+0 −2	尺量检查
美人靠制作的宽度	±2	尺量检查
美人靠和坐槛安装的水平度	2	用水平尺和楔形塞尺检查
美人靠连接处缝隙	2	楔形塞尺检查
美人靠坐槛构件的截面	±2	尺量检查
各类芯子交接处平整度	1	用直尺和楔形塞尺检查
美人靠的弯曲弧度	2	用样板和塞尺检查
相邻两片水平平直度	4	拉线、尺量检查

8.8　挂落、飞罩、落地罩的制作与安装工程

8.8.1 本节适用于挂落、飞罩、落地罩等构件的制作和安装工程[图8.6.1-（*c*）]。

检查数量：抽查20%，且不应少于2片（段）。

（Ⅰ）保证项目

8.8.2 各式构件的制作应按样板制作，样板应符合设计要求。

检验方法：观察检查。

8.8.3 采用铁件的质量、型号、规格和连接方法等应符合设计要求。

检验方法：观察检查和检查出厂合格证。

8.8.4 各式构件的榫卯结点应符合设计要求。

检验方法：观察检查。

8.8.5 各类构件的榫槽应嵌合严密，胶料胶结应用胶楔加紧。胶料质量品种必须符合现行国家标准《木结构工程施工及验收规范》的规定。

检验方法：观察和手轻扳检查。

（Ⅱ）基本项目

8.8.6 各式构件的制作表面应符合下列规定：

合　　格：榫卯严密，表面光洁，无明显刨痕、锤印、戗槎，合角基本严密整齐。

优　　良：榫卯严密坚实，表面平整光洁，无刨痕、锤印、戗槎，合角严密整齐。

检验方法：观察和手摸检查。

8.8.7 各式构件花饰的制作应符合下列规定：

合　　格：图案正确，花格均匀，左右对称，线条基本通畅，脱卸基本方便。

优　　良：图案正确，花格均匀，左右对称一致，线条清晰通顺，脱卸灵活方便。

检验方法：观察和脱卸检查。

8.8.8 铁件五金安装应符合下列规定：

合　　格：位置正确，槽深基本一致，五金齐全、规格符合要求，脱卸基本灵活。

优　　良：位置正确，槽深整齐一致，五金齐全，规格符合要求，脱卸灵活方便。

检验方法：尺量和脱卸检查。

（Ⅲ）允许偏差项目

8.8.9 各式挂落、飞罩、落地罩制作和安装的允许偏差和检验方法应符合表 8.8.9 的规定。

挂落、飞罩、落地罩的允许偏差和检验方法　　表 8.8.9

项　目	允许偏差（mm）	检　验　方　法
构件长度	+0 −4	尺量检查
构件宽度	±2	尺量检查
平面翘曲	2	将构件平卧在检查平台上用楔形塞尺检查
两对角线长度差	3	尺量检查
安装水平度	3	用水平尺和楔形塞尺检查
安装垂直度	2	吊线和尺量检查
构件断面	±2	尺量检查
各类芯子交接处平整度	1	用直尺和楔形塞尺检查
各类线条竖横交接处错位	0.5	尺量检查
相邻两片挂落水平平直	4	拉线和尺量检查

8.9　天花（藻井）制作与安装工程

8.9.1 本节适用于木龙骨、板面层的天花（藻井）制作和安装工程。其他灰板条、胶合板、纤维板、刨花板、钢木骨架的天棚工程应符合现行国家标准《建筑安装工程质量检验评定标准》的规定。

检查数量：每 $10m^2$ 检查 1 处，且不应少于 3 处。

（Ⅰ）保 证 项 目

8.9.2 采用钢材及附件的材质、型号、规格和连接方法应符合设计要求。

检查方法：观察检查和检查出厂合格证、试验报告。

8.9.3 天花（藻井）的连接方法、榫卯节点应符合设计要求。

检查方法：观察和尺量检查。

（Ⅱ）基 本 项 目

8.9.4 天花（藻井）板面层表面制作应符合下列规定：

合　　格：表面平整、洁净、颜色基本一致，基本无刨印、戗槎、毛刺。

优　　良：表面平整、洁净，颜色一致，无刨印、戗槎、毛刺和锤印。

检验方法：观察和手摸检查。

8.9.5 面板安装的质量应符合下列规定：

合　　格：拼缝基本严密、无翘曲，需脱卸的脱卸基本灵活。

优　　良：拼缝严密直顺、无翘曲，需脱卸的脱卸灵活方便。

检验方法：观察和脱卸检查。

8.9.6 天花（藻井）的梁格外观质量应符合下列规定：

合　　格：无裂缝翘曲，无缺楞掉角，位置基本正确，表面基本平整，楞角基本方正。

优　　良：无裂缝翘曲，无缺楞掉角，位置正确，表面平整光滑，楞角方正洁净。

检验方法：观察检查。

8.9.7 天花（藻井）梁、枋的安装应符合下列规定：

合　　格：安装牢固，位置正确，榫卯基本密实，标高基本一致。

优　　良：安装牢固，位置正确，榫卯严密坚实，标高一致。

检查方法：观察和手推拉检查。

8.9.8 天花（藻井）中采用的铁件、垫板、螺帽安装应符合下列规定：

合　　格：位置正确，安装牢固，垫板平整，防锈处理基本均匀。

优　　良：位置正确，安装牢固，垫板平整，防锈处理均匀一致。

检查方法：观察和手扳检查。

8.9.9 天花（藻井）面板及梁格安装的允许偏差和检验方法应符合表8.9.9的规定：

天花（藻井）面板及梁格安装允许偏差和检验方法　表8.9.9

项目		允许偏差（mm）	检验方法
罩面板	表面平整度	2	用2m直尺和楔形塞尺检查
	接缝平直	3	拉5m线（不足5m拉通线）和尺量检查
	相邻板高低差	C.5	用直尺和楔形塞尺检查
梁格	藻井梁格长度	−5	尺量检查
	梁格截面尺寸	±2	尺量检查
	顶棚起拱高度 1/200梁跨	−5 +20	拉线、尺量检查
	天花四周水平差	5	用水准仪和尺量检查
	梁格井架外围尺寸	±2	尺量检查
	梁格井架对角线差	3	尺量检查
标高		±10	用水准仪和尺量检查

8.10　卷棚制作与安装工程

8.10.1 本节适用于木龙骨、板面层的弧形卷棚的制作和安装工程。其它灰板条、胶合板、纤维板、刨花板、钢木骨架的卷棚工程应符合现行国家标准《建筑安装工程质量检验评定标准》的规定。

检查数量：每5m检查1处，且不应少于3处。

（Ⅰ）保证项目

8.10.2 弧形卷棚的制作应按样板制作，样板应符合设计要求。

检验方法：观察检查。

8.10.3 采用铁件及附件的材质、型号、规格和连接方法应符合设计要求。

检查方法：观察检查和检查出厂合格证、试验报告。

8.10.4 卷棚连接方法和榫卯节点应符合设计要求。

检查方法：观察和尺量检查。

（Ⅱ）基本项目

8.10.5 卷棚板面层的做法应符合下列规定：

合　　格：表面平整、洁净、颜色基本一致，基本无刨印、戗槎、毛刺和锤印。

优　　良：表面平整、洁净、颜色一致，无刨印、戗槎、毛刺和锤印。

检验方法：观察和手摸检查。

8.10.6 面板的安装应符合下列规定：

合　　格：拼缝基本严密、无翘曲，弧形基本自然和顺。

优　　良：拼缝严密、无翘曲，弧形自然美观和顺。

检验方法：观察检查。

8.10.7 卷棚的梁格外观质量应符合下列规定：

合　　格：无裂缝翘曲，无缺楞掉角、表面基本平整、楞角基本方正。

优　　良：无裂缝翘曲，无缺楞掉角，表面平整光滑，楞角方正洁净。

检验方法：观察检查。

8.10.8 卷棚梁、枋的安装应符合下列规定：

合　　格：位置正确、安装牢固，榫卯基本密实，标高基本一致。

优　　良：位置正确，安装牢固，榫卯严密坚实、标高一致。

检查方法：观察和手轻扳检查。

8.10.9 卷棚中采用的铁件、垫板、螺帽安装应符合下列规定：

合　　格：位置正确，安装牢固，垫板平整，铁件防锈处理基本均匀。

优　　良：位置正确，安装牢固，垫板平整，铁件防锈处理均匀一致。

检查方法：观察和手轻扳检查。

8.10.10 面板及梁格安装的允许偏差和检验方法应符合表8.10.10的规定：

卷棚面板及梁格安装允许偏差和检验方法　表8.10.10

项目		允许偏差（mm）	检验方法
罩面板	表面平整度	2	用2m直尺和楔形塞尺检查
	接缝平直	3	拉5m线（不足5m拉通线）和尺量检查
	相邻板高低差	0.5	用直尺和楔形塞尺检查
梁格	梁格长度	5	尺量检查
	梁格截面尺寸	±2	尺量检查
	起拱高度 1/200梁跨	−5 +10	拉线、尺量检查
	卷棚上下边水平差	5	用水准仪和尺量检查
	梁格井架外围尺寸	±2	尺量检查
	梁格井架对角线差	3	尺量检查
标高		±10	水准仪和尺量检查

8.11 木装修构件的修缮工程

8.11.1 本节适用于木装修构件的修缮制作与安装工程。

检查数量：按施工面的30%抽查，且不应少于2处。

（Ⅰ）保证项目

8.11.2 选用木材的树种、材质应与原构件相同，并应符合本标准表8.0.2的规定。

8.11.3 采用铁件的材质、型号、规格和连接方法应符合设计要求。

检验方法：观察检查和检查出厂合格证、试验报告。

8.11.4 各类修补构件的制作安装，应按原存构件相同的方法进行。

检验方法：观察检查。

8.11.5 各类构件修理的榫槽应嵌合严密，胶料胶结应用胶楔加紧，胶料质量品种必须符合现行标准《木结构工程施工及验收规范》的规定。

检查方法：观察和手轻扳检查。

（Ⅱ）基本项目

8.11.6 各类构件经修补后，其表面质量应符合下列规定：

合　　格：表面基本平整、无缺棱、掉角、翘曲缺陷。

优　　良：表面平整、无缺棱、掉角、翘曲缺陷。

检验方法：观察和手摸检查。

8.11.7 各类构件经修补后，线条、割角、拼缝应符合下列规定：

合　　格：起线顺直、通畅、割角准确、拼缝基本严密。

优　　良：起线清晰顺直通畅、割角准确平整，拼缝严密。

检验方法：观察和手摸检查。

8.11.8 各类构件花饰外观应符合下列规定：

合　　格：线条基本通顺，图案与原图基本一致。

优　　良：线条清晰通顺、图案与原图一致。

检验方法：观察检查。

8.11.9 各类构件安装应符合下列规定：

合　　格：位置正确，开关基本灵活，脱卸基本方便，小五金齐全，安装基本严密牢固。

优　　良：位置正确，开关灵活，脱卸方便，小五金齐全，安装严密牢固。

检验方法：观察和手轻扳检查。

（Ⅲ）允许偏差项目

8.11.10 各类构件修补的允许偏差和检验方法应符合表8.11.10的规定：

各类构件修补的允许偏差和检验方法　　表 8.11.10

项目		允许偏差（mm）	检验方法
芯子交接处高低差		0.5	用直尺和楔形塞尺检查
各种线条横竖交接		1	尺量检查
表面平整翘曲		4	将构件平卧在检查台上，用楔形塞尺检查
垂直度		2	用吊线和尺量检查
相邻两槛窗、挂落平直度		4	拉线和尺量检查
上风缝留缝宽度		2	用楔形塞尺检查
下风缝	长窗留缝宽度	5	用楔形塞尺检查
	短窗留缝宽度	3	

9　雕　塑　工　程

9.0.1 本章适用于古建筑修、建工程的各类木雕、砖雕、石雕工程和灰塑、陶塑工程的质量检验和评定。

9.1　木 雕 工 程

9.1.1 本节适用于各类大木构件和木装修件的雕刻工程。

检查数量：大木雕刻按总数抽查30%，且不应少于3件；木装修件雕刻按总数抽查50%，且不应少于3件。

（Ⅰ）保 证 项 目

9.1.2 选用木材的树种、规格、材质等级、含水率应符合设计要求和本标准表4.0.3的规定。

检验方法：观察检查和检查测定记录

9.1.3 雕花板材拼缝应严密，胶结应牢固，胶结材料除应符合设计要求外尚应符合现行国家标准《木结构工程施工及验收规范》的规定。

检验方法：观察检查和手轻晃检查。

9.1.4 木材的防腐、防虫、防火处理除应符合设计要求外尚应符合现行国家标准《木结构工程施工及验收规范》的规定。

检验方法：观察检查和检查处理记录。

9.1.5 雕刻内容、形式应符合设计要求。

检验方法：观察检查。

9.1.6 对文物古建筑的木雕，其花形纹样、刀法、应符合相应历史时代的风格特点和传统做法。

检验方法：观察检查。

9.1.7 木雕应放实样、套样板、拓样进行雕刻。

检验方法：对照图样样板观察检查。

（Ⅱ）基 本 项 目

9.1.8 木雕表面外观应符合下列规定：

9.1.8.1 阴雕（阴刻、反雕）（其外形见书后彩页图 9.3.11-1）。

合　格：图样清晰，深浅基本协调，刀法有力，边沿基本整齐，雕地表面基本光滑平整。

优　良：图样清晰、深浅协调一致，刀法有力，边沿整齐，雕地表面光滑平整。

检验方法：观察和尺量检查。

9.1.8.2 线雕（线刻）（其外形见书后彩页图 9.3.11-2）。

合　格：线条清晰，深浅宽窄基本协调一致，刀工较精细、边沿基本整齐，表面基本光滑平整。

优　良：线条清晰，深浅宽窄协调一致，刀工较精细、边沿整齐，表面光滑平整。

检验方法：观察和尺量检查。

9.1.8.3 平浮雕（其外形见书后彩页图 9.3.11-3）。

合　格：图样清晰、凹凸基本一致，边沿基本整齐，表面基本光滑平整。

优　良：图样清晰，凹凸一致，边沿整齐，表面光滑平整。

检验方法：观察和尺量检查。

9.1.8.4 浅浮雕（薄肉雕、图案凸出雕地小于 5mm）（其外形见书后彩页图 9.3.11-4）。

合　格：图样自然优美，对称部分应对称，表面基本光滑，无水波雀斑；线条清晰，凹凸台级基本匀称，层次分明；拼接基本严密无松动；雕底基本平整，沟角部位基本无刀痕错印。

优　良：图样自然优美，对称部分对称，表面光滑、无水波雀斑；线条清晰，凹凸台级匀称一致，层次分明；拼接严密牢固；雕底平整；沟角处无刀痕错印。

检验方法：观察和尺量检查。

9.1.8.5 深浮雕（高浮雕、图样凸出雕地大于 5mm）（其外形见书后彩页图 9.3.11-5）。

合　格：图样优美自然，对称部分应对称，表面基本光滑，无水波雀斑；层次多，有一定立体感，凹凸台级基本匀称；拼接基本严密整齐；雕底基本平整，沟角基本无刀痕错印。

优　良：图样优美自然，对称部分对称，表面光滑，无水波雀斑；层次多并有立体感，凹凸台级匀称，拼接严密牢固，雕底平整，沟角楞处无刀痕错印。

检验方法：观察检查。

9.1.8.6 镂雕（玲珑雕（其外形见书后采页图 9.3.11-6）。

合　格：图样生动自然，表面基本光滑，无水波雀斑，层次多，有一定视野深度，部分图案脱离雕地镂空，有较强的立体感，凹凸台级基本匀称，拼缝基本严密牢固，沟角棱处无刀痕错印。

优　良：图样生动自然，表面光滑，无水波雀斑，层次多，有较深的视野，镂空部分有很强的立体感，凹凸台级匀称，拼缝严密牢固，沟角棱处洁净无刀痕错印。

检验方法：观察检查。

9.1.8.7 透雕（通雕）（见书后彩页图 9.1.8-7）。

合　格：图样优美自然，表面基本光滑，楞、角、弧基本丰满圆滑，层次分明，线条连接基本和顺，沟、角、棱处基本无刀痕错印；根底联结牢固。

优　良：图样优美自然，表面光滑，楞、角、弧丰满圆滑，层次分明，线条连接和顺，沟、角、棱处无刀痕错印；根底联结牢固。

检验方法：观察检查。

9.1.8.8 圆雕（立雕、体雕、混雕）（其外形见书后彩页图 9.3.11-8）。

合　　格：造型优美自然，表面光滑，线条基本流畅和顺，雕刻较精细，层次分明，沟、棱、角处基本干净圆滑。

优　　良：造型生动有神，表面光滑丰满，线条流畅和顺，雕刻精细，层次清楚分明，沟、棱、角处干净圆滑。

检验方法：观察检查。

（Ⅲ）允许偏差项目

9.1.9　木雕件制作的允许偏差和检验方法应符合表9.1.9的规定。

木雕件制作允许偏差和检验方法　　**表 9.1.9**

项　目		允许偏差（mm）	检　验　方　法
雕件长、宽≤200mm		±4	尺量检查
雕件长、宽>200mm		±5	尺量检查
雕件厚度		±1	尺量检查
雕件表面翘曲度	当边长≤200mm	[illegible]	将雕件平放在检查平台上用楔形塞尺检查
	当边长>200mm	1.5	将雕件平放在检查平台上用楔形塞尺检查
边角的方正度	当边长≤200mm	1	用方尺和楔形塞尺检查
	当边长>200mm	1.5	用方尺和楔形塞尺检查

9.1.10　木雕件安装允许偏差和检验方法应符合表9.1.10的规定。

木雕件安装允许偏差和检验方法　　**表 9.1.10**

项　目	允许偏差（mm）	检　验　方　法
位置偏移	±2	尺量检查
上口平直	2	拉通线和尺量检查
垂直度	1.5	吊线和尺量检查
接缝高低差	0.5	用直尺和楔形塞尺检查

9.2　砖雕工程

9.2.1　本节适用于各类砖雕件的制作与安装工程。

检查数量：逐件检查。

（Ⅰ）保证项目

9.2.2　砖料的品种、规格、标号、外观应符合设计要求。

检验方法：观察检查，检查出厂合格证或试验报告。

9.2.3　砖雕安装所采用的油灰砂浆的品种、质量，应符合设计要求。

检验方法：检查试验报告和施工记录。

9.2.4　砖雕安装所采用铁件的品种、型号、规格和质量应符合设计要求和现行国家标准《建筑工程质量检验评定标准》的规定。

检验方法：检查出厂合格证和试验报告。

9.2.5　砖雕安装应牢固，图案完整，无缺棱掉角。

检验方法：观察和手轻扳检查。

9.2.6　砖雕图案的内容、形式，应符合设计要求。

检验方法：观察检查。

9.2.7　砖雕应放实样、绘纸样、套样板。实样、样板、纸样应符合设计要求。

检验方法：对照实样、样板，观察检查。

9.2.8　对文物古建筑的砖雕，其花形纹样、刀法应符合相应历史时代的风格、特点和传统做法。

检验方法：观察检查。

（Ⅱ）基本项目

9.2.9 砖雕表面外观应符合下列规定：

9.2.9.1 阴雕（阴刻、反雕）（其外形见书后彩页图 9.3.11-1）。

合　格：图样清楚，深浅基本协调，边沿基本整齐，雕地表面基本平整。

优　良：图样清晰、深浅协调一致，边沿整齐，雕地表面平整。

检验方法：观察检查。

9.2.9.2 线雕（线刻）（其外形见书后彩页图 9.3.11-2）。

合　格：线条清楚，深浅宽窄基本协调，边沿基本整齐，表面基本平整。基本无砂眼和细裂缝。

优　良：线条清楚，深浅宽窄协调一致，边沿整齐，表面平整。无砂眼和细裂缝。

检验方法：观察检查。

9.2.9.3 平浮雕（其外形见书后彩页图 9.3.11-3）。

合　格：图样清晰、凹凸基本一致，边沿基本整齐，表面基本平整。

优　良：图样清晰，凹凸一致，边沿整齐，表面平整。

检验方法：观察检查。

9.2.9.4 浅浮雕（薄肉雕、图样凸出雕地＜5mm）（其外形见书后彩页图 9.3.11-4）。

合　格：图样自然优美，线条基本丰满无缺损，凹凸台级基本匀称，层次分明，拼缝基本严密整齐，沟角部位基本洁净无刀痕。

优　良：图案自然优美，线条丰满无缺损，凹凸台级匀称，层次分明；拼缝严密整齐；沟角部位洁净无刀痕。

检验方法：观察检查。

9.2.9.5 深浮雕（高浮雕、图样凸出雕地＞5mm）（见书后彩页图 9.2.9-5）。

合　格：图样自然优美，表面基本光滑无刀痕，线条基本丰满无缺损，凹凸台级基本匀称；层次多，有一定立体感，拼缝基本严密整齐；雕底基本平整洁净，沟角部位基本洁净无刀痕。

优　良：图样自然优美，表面光滑无刀痕，线条丰满无缺损凹凸台级匀称、层次分明，有立体感；拼缝严密整齐，雕地平整洁净，沟角部位洁净无刀痕。

检验方法：观察检查。

9.2.9.6 镂雕（玲珑雕）（见书后彩页图 9.2.9-6）。

合　格：图样生动自然；表面基本光滑无刀痕、砂眼；层次多、有一定视野深度；部分图案镂空，有较强的立体感；拼缝基本严密牢固；沟角棱处基本洁净无刀痕。

优　良：图样生动自然；表面光滑无刀痕、砂眼；层次多、有较深的视野；镂空部分有很强的立体感；拼缝严密牢固，沟角棱楞处洁净无刀痕。

检验方法：观察检查。

9.2.9.7 透雕（通雕）（其外形见书后彩页图 9.1.8-7）。

合　格：图样优美自然，表面基本丰满无刀痕，线条基本流畅和顺，接缝基本严密整齐，沟角部位基本洁净圆滑，根底联结牢固。

优　良：图样优美自然有立体感，表面丰满无刀痕，线条流畅和顺，拼缝严密整齐，沟角部位洁净圆滑；根底联结牢固。

检验方法：观察检查。

（Ⅲ）允许偏差项目

9.2.10 砖雕件制作的允许偏差和检验方法应符合表 9.2.10 的规定。

砖雕件制作允许偏差和检验方法　　　表 9.2.10

项　　目	允许偏差（mm）	检　验　方　法
雕件平面尺寸	±0.5	尺量检查
雕件厚度	1.0	尺量检查
雕件边角方正	2	用方尺和楔形塞尺检查
雕件翘曲	1.5	雕件平放在检查平台上用楔形塞尺检查

检查数量：雕刻图样相同的雕件，抽查总数的 50%，且不应少于 3 件；雕刻图样各异的雕件逐件检查。

9.2.11 砖雕件安装允许偏差和检验方法应符合表 9.2.11 的规定。

砖雕件安装允许偏差和检验方法　　　表 9.2.11

项　　目	允许偏差（mm）	检　验　方　法
位置偏移	±2	尺量检查
上口平直	2	拉通线和尺量检查
拼缝宽度	0.5	尺量检查
拼缝高低差	0.5	用直尺和楔形塞尺检查

9.3 石 雕 工 程

9.3.1 本节适用于各类石雕构件的制作与安装工程。

检验数量：逐件检查。

（Ⅰ）保 证 项 目

9.3.2 石雕材料的质量、品种、规格，应符合设计要求和现行国家标准《建筑工程质量检验评定标准》的规定。

检验方法：观察检查和检查试验报告。

9.3.3 石雕件的纹理走向应符合构件的受力要求。

检验方法：观察检查。

9.3.4 石雕不得使用有裂纹、炸纹、隐残的石料。

检验方法：观察检查。

9.3.5 石雕安装所采用的砂浆品种、质量，应符合设计要求。

检验方法：检查试验报告或施工记录。

9.3.6 石雕安装所采用的铁件品种、型号、规格、质量，应符合设计要求和现行国家标准《建筑工程质量检验评定标准》的规定。

检验方法：检查出厂合格证和试验报告。

9.3.7 石雕应放实样、套样板或做模型。样板、模型应符合设计要求。

检验方法：观察检查。

9.3.8 石雕图案的内容、形式应符合设计要求。

检验方法：观察检查。

9.3.9 对文物古建筑上的石雕，其花形纹样、刀法应符合相应历史时代的风格、特点和传统做法。

检验方法：观察检查。

9.3.10 石雕安装应牢固、图案完整、无缺棱掉角。

检验方法：观察检查和手轻扳检查。

（Ⅱ）基 本 项 目

9.3.11 石雕表面外观应符合下列规定：

检验方法：观察检查。

9.3.11.1 阴雕（阴刻、反雕）（见书后彩页图 9.3.11-1）。

合　　格：图样清楚，深浅基本协调，边沿整齐，雕地基本平整光滑，色泽基本一致。

优　　良：图样清晰、深浅协调一致，边沿整齐，雕地平整光滑，色泽一致。

9.3.11.2 线雕（线刻）（见书后彩页图 9.3.11-2）。

合　格：图样完整，线条清楚，深浅宽窄基本协调一致，边沿整齐，表面基本平整光滑，色泽基本一致。

优　良：图样完整，线条清楚，深浅宽窄协调一致，边沿整齐，表面平整光滑，色泽一致。

9.3.11.3 平浮雕（见书后彩页图 9.3.11-3）。

合　格：图样清楚完整、凹凸基本一致，边沿基本整齐，表面基本平整光滑，色泽基本一致。

优　良：图样清楚完整，凹凸协调一致，边沿整齐，表面平整光滑，色泽一致。

9.3.11.4 浅浮雕（薄肉雕、图案凸出雕地＜5mm）（见书后彩页图 9.3.11-4）。

合　格：图样自然优美，线条基本丰满圆滑，凹凸台级基本匀称，层次分明，拼缝基本严密整齐，沟角部位基本洁净无錾印，色泽基本一致。

优　良：图样自然优美，线条丰满圆滑，凹凸台级匀称，层次分明；拼缝严密整齐；沟角部位洁净无錾印，色泽一致。

9.3.11.5 深浮雕（高浮雕、图样凸出雕地＞5mm）（见书后彩页图 9.3.11-5）。

合　格：图样自然优美，表面基本光滑无錾印，线条基本丰满圆滑，凹凸台级基本匀称协调；层次多，有一定的立体感，拼缝基本严密整齐；雕地基本平整洁净，沟角部位基本洁净无錾印，色泽基本一致。

优　良：图样自然优美，表面光滑无錾印，线条丰满圆滑，凹凸台级匀称协调一致，层次多，有立体感，拼缝严密整齐，雕地平整洁净，沟角部位洁净无錾印，色泽一致。

9.3.11.6 镂雕（玲珑雕）（见书后彩页图 9.3.11-6）。

合　格：图样生动自然，表面基本光滑无錾印，层次多，有一定视野深度，部分镂空图样牢固，有较强的立体感，拼缝基本严密牢固，沟角楞处基本洁净无錾印，色泽基本一致。

优　良：图样生动自然，表面光滑无錾印，层次多，有较深的视野，镂空图样牢固，有很强的立体感，拼缝严密牢固，沟角楞处洁净无錾印，色泽一致。

9.3.11.7 透雕（通雕）（其外形见书后彩页图 9.1.8-7）。

合　格：图样优美自然，表面基本丰满圆滑无錾印，层次分明，线条基本流畅和顺，拼缝基本严密整齐，沟、角、楞部位基本洁净圆滑，根底联结牢固，色泽基本一致。

优　良：图样优美自然，表面丰满圆滑无錾印、层次分明，线条流畅和顺，拼缝严密整齐，沟、角、楞部位洁净圆滑；根底联结牢固，色泽一致。

9.3.11.8 圆雕（体雕、混雕、立雕）（见书后彩页图 9.3.11-8）。

合　格：造型优美自然，表面基本丰满光滑无錾印，凹凸台级基本均匀协调、层次分明，线条基本流畅和顺，沟、角部位基本洁净圆滑，色泽基本一致。

优　良：造型生动有神，表面丰满光滑无錾印，凹凸台级均匀协调，层次分明，线条流畅和顺，沟、角部位洁净圆滑，色泽一致。

9.3.11.9 影雕（见书后彩页图 9.3.11-9）。

合　格：雕琢较精细，雕琢点的轻重、深浅、大小基本一致图像清楚，表面基本平整光滑。

优　良：雕琢精细，雕琢点的轻重、深浅、大小均匀一致；图像清楚，表面平整光滑。

（Ⅲ）允许偏差项目

9.3.12 石雕件制作允许偏差和检验方法，应符合表 9.3.12 的规定。

检查数量：雕刻图样相同的雕件抽查总数的 30%，且不应少于 3 件；雕刻图样各异的雕件逐件检查。

石雕件制作允许偏差和检验方法　　表 9.3.12

项目	允许偏差（mm）	检验方法
雕件长度	±5	尺量检查
雕件宽度	±3	尺量检查
雕件厚度	±5	尺量检查
雕件边角方正	2	用方尺和楔形塞尺检查
雕件翘曲	2	拉通线尺量检查

9.3.13 石雕件安装允许偏差和检验方法应符合表 9.3.13 的规定。

石雕件安装允许偏差和检验方法　　表 9.3.13

项目	允许偏差（mm）	检验方法
位置偏移	10	尺量检查
上口平直	5	拉通线和尺量检查
拼缝宽度	1	尺量检查
拼缝高低差	0.5	用直尺和楔形塞尺检查

9.4 各类雕刻件的修缮工程

9.4.1 本节适用于木雕、砖雕、石雕的修缮工程。

检查数量：逐件检查。

（Ⅰ）保证项目

9.4.2 各类雕刻修缮所用的材料，应符合设计要求，并与原雕刻材料相一致。

检验方法：观察检查和检查出厂合格证，试验报告。

9.4.3 修缮后的雕刻内容、形式、图样应符合设计要求并和原雕刻相一致。

检验方法：观察检查。

9.4.4 修缮的对象比较复杂时，应放实样、套样本、做模型、才可进行雕修。

检验方法：观察检查。

（Ⅱ）基本项目

9.4.5 修补后的各类雕刻、安装应符合下列规定：

合　格：新旧联结牢固，拼缝基本严密。

优　良：新旧联结牢固，拼缝严密。

9.4.6 修补后的各类雕刻的接槎应符合下列规定：

合　格：接槎平顺，无明显的修补痕迹，新旧色泽基本一致。

优　良：接槎平顺，无修补痕迹，新旧色泽一致，保持原雕刻的风格。

9.4.7 修补后的表面外观质量应符合下列规定：

9.4.7.1 木雕应符合本标准第 9.1.8 条的有关规定。

9.4.7.2 砖雕应符合本标准第 9.2.9 条的有关规定。

9.4.7.3 石雕应符合本标准第 9.3.11 条的有关规定。

9.5 灰塑工程

9.5.1 本节适用于各种灰塑工程（见书后彩页图 9.5-1）。

检验数量：逐件检查。

（Ⅰ）保证项目

9.5.2 灰塑中采用骨架材料的材种、材质、规格、连接方式应符合设计要求。

检验方法：观察检查和检查施工记录。

9.5.3 灰塑中采用泥质、灰、砂、纸筋、布、麻及其它辅料，配比应符合设计要求和传统做法。

检验方法：观察检查和检查施工记录。

9.5.4 灰塑的内容、花形纹样应符合设计要求。

检验方法：观察检查。

9.5.5 灰塑件应放样、套样或做纸样。应分层抹布上灰，各灰层之间和灰层与基层之间不得有脱层、裂缝（风裂除外）等缺陷。

检验方法：观察检查和检查施工记录。

（Ⅱ）基 本 项 目

9.5.6 灰塑表面应符合下列规定：

合　　格：表面光滑，线条流畅，形象自然，层次分明。

优　　良：表面光滑，线条清晰流畅，形象生动逼真，层次清楚、立体感强。

检验方法：观察检查。

9.5.7 灰塑安装应符合下列规定：

合　　格：安装牢固，结合严密，表面基本洁净。

优　　良：安装牢固正直，结合严密，表面洁净。

检验方法：观察检查和手轻扳检查。

9.6 灰塑的修缮工程

9.6.1 本节适用于灰塑件的修缮工程。

检查数量：逐件检查。

（Ⅰ）保 证 项 目

9.6.2 修缮灰塑件的各种材料的材种、材质、规格、配合比等应符合设计要求。

检验方法：观察检查。

9.6.3 对文物古建筑上的灰塑修缮应采用与原物一样的材料和作法。当修补材料选用与原件一样有困难时，可选用代用材料，但应符合设计和文管部门的要求。

检验方法：观察检查。

9.6.4 修缮灰塑应按设计要求，放实样、套样或作纸样。并反映原建筑历史时代特点和风格。

检验方法：观察检查。

（Ⅱ）基 本 项 目

9.6.5 经修缮后的灰塑其外型应符合下列规定：

合　　格：接槎平整，线条流畅，无明显修缮痕迹，与原灰塑基本一样。

优　　良：接槎平整光滑，线条清晰流畅，表面洁净，无修缮痕迹，与原灰塑一样。

检验方法：观察检查。

9.6.6 经修缮后的灰塑其安装应符合下列规定：

合　　格：安装牢固，结合基本严密。

优　　良：安装牢固，结合严密。

检验方法：观察和手轻扳检查。

9.7 陶 塑 工 程

9.7.1 本节适用于各种陶塑工程（见书后彩页图 9.7.1）。

检查数量：逐件检查。

（Ⅰ）保 证 项 目

9.7.2 陶塑件的规格、品种、质量应符合设计要求。（不得有伤残、缺棱掉角）

检验方法：观察检查。

9.7.3 陶塑的彩色和造型应符合设计要求。

检验方法：观察检查。

（Ⅱ）基本项目

9.7.4 陶塑件的外观应符合下列规定：

合　格：造型自然生动，线条流畅和顺，色彩基本一致，表面基本光滑，无裂纹炸点。

优　良：造型自然生动，线条流畅和顺，色彩均匀一致，表面光滑无裂纹炸点。

检验方法：观察检查。

9.7.5 陶塑件的安装应符合下列规定：

合　格：安装牢固，位置正确且较周正，接缝基本严密洁净。

优　良：安装牢固，位置正确周正，接缝严密洁净。

检验方法：观察检查和手轻扳检查。

9.7.6 陶塑件的修缮应符合下列规定：

合　格：造型、色彩与原物基本一致，联结基本严密平顺，安装牢固。

优　良：造型、色彩与原物一样，联结严密平顺，安装牢固。

检验方法：观察检查和手轻扳检查。

10　装　饰　工　程

10.0.1 本章适用于古建筑修、建工程室外和室内粉刷、油漆、彩绘等装饰工程的质量检验和评定。

10.0.2 装饰工程中所选用材料的品种、规格、颜色和图案应符合设计要求。

检验方法：观察检查、检查出厂合格证或试验报告。

10.1　一般抹灰工程

10.1.1 本节适用于水泥砂浆、混合砂浆、石灰砂浆、纸巾灰、麻刀灰等抹灰工程。

10.1.2 抹灰工程的质量检验和评定，应符合现行国家标准《建筑工程质量检验评定标准》的规定。

10.2　装饰抹灰工程

10.2.1 本节适用于錾假石、仿砖、仿石、青灰、白灰、石红、烟红等装饰抹灰工程。

检查数量：室外，以 4m 左右高为一检查层，每 10m 长抽查一处（每处 3m）且不应少于 3 处；室内，按有代表性的自然间抽查10%，游廊、过道按 10m 抽查一处，且不应少于 3 间（3 处）。

（Ⅰ）保证项目

10.2.2 各抹灰层之间及抹灰层与基层之间应粘结牢固，无脱层，空鼓和裂缝等缺陷。

检验方法：用小锤轻击和观察检查。

注：空鼓而不裂的面积不大于 200cm² 者可不计。

（Ⅱ） 基 本 项 目

10.2.3 装饰抹灰的表面应符合下列规定：

10.2.3.1 青灰、白灰、石红、烟红等彩色抹灰：

合　　格：表面光滑，基本无麻丝露底，接槎平整，线角基本顺直，色泽基本均匀。

优　　良：表面光滑、无麻丝露底，接槎平整，线角顺直，色泽均匀。

检验方法：观察和尺量检查。

10.2.3.2 錾假石：

合　　格：楞角完整，剁纹基本均匀直顺，色泽深浅基本一致，留边宽窄基本相同。

优　　良：楞角完整，剁纹均匀直顺，色泽深浅一致。留边宽窄一致。

检验方法：观察和尺量检查。

10.2.3.3 仿砖、石：

合　　格：表面密实，线条纹理清晰，色泽基本协调一致，基本无抹灰痕和接槎，有一定质感。

优　　良：表面密实，线条纹理清晰，色泽协调一致，无抹灰痕和接槎，质感强。

检验方法：观察检查。

10.2.3.4 清水砖墙、石墙勾缝：

合　　格：粘结牢固，压实抹光、横平竖直（毛石墙除外），交接处基本平顺，深浅宽窄基本一致。墙面基本洁净。

优　　良：粘结牢固，压实抹光、横平竖直（毛石墙除外），交接处平顺，深浅宽窄一致，墙面洁净。

检验方法：观察，手摸检查。

10.2.4 分格（缝）的质量应符合下列规定：

合　　格：格（缝）宽窄基本一致，压实抹光，横平竖直；接槎基本平顺；色泽基本均匀，表面基本洁净。

优　　良：格（缝）宽窄一致，压实抹光，横平竖直，接槎平顺，色泽均匀一致，表面洁净。

检验方法：观察检查。

10.2.5 滴水线的质量应符合下列规定：

合　　格：滴水槽深宽均应大于 10mm，流水坡向正确、滴水线基本顺直，滴水槽内洁净通畅。

优　　良：滴水槽深宽均应大于 10mm，流水坡向正确，滴水线顺直，滴水槽洁净通畅。

检验方法：观察、尺量和手摸检查。

（Ⅲ）允许偏差项目

10.2.6 装饰抹灰的允许偏差和检验方法应符合表 10.2.6 的规定。

装饰工程的允许偏差和检验方法　　表 10.2.6

项　目	允许偏差（mm）			检 验 方 法
	錾假石	仿砖石	青灰、白灰等彩色抹灰	
表面平整	3	4	4	用 2m 直尺和楔形塞尺检查
阴阳角垂直度	3	4	4	用吊线和尺量检查
立面垂直	4	5	5	用吊线和尺量检查
阴阳角方整	3	4	4	用方尺和楔形塞尺检查
分格缝（条）平直度	3	3	3	拉 5m 线（不足 5m 拉通线）和尺量检查

续表

项目	允许偏差（mm）			检验方法
	錾假石	仿砖石	青灰、白灰等彩色抹灰	
墙裙、勒脚上口平直度	3	3	3	拉5m线（不足5m拉通线）和尺量检查

10.3 刷浆（喷浆）工程

10.3.1 本节适用于石灰浆、大白浆、水泥浆和水溶性涂料、无机涂料等刷浆（喷浆）工程和室内美术刷浆（喷浆）工程。

10.3.2 刷浆（喷浆）工程的质量检验和评定标准，应按现行国家标准《建筑工程质量检验和评定标准》的规定执行。

10.4 地 仗 工 程

10.4.1 本节适用于油漆、彩画地仗工程。

检查数量：室内外按有代表性的自然间抽查10%，游廊、过道按10m检查一处，且不应少于3间（处）；亭、垂花门、牌楼等按座检查，每座不应少于3处。

（Ⅰ）保 证 项 目

10.4.2 地仗工程所选用的材料品种、规格、质量、颜色应符合设计要求。材料进场应经验收合格后方可使用。

检验方法：检查材料合格证和试验报告。

10.4.3 地仗材料的配比和加工应符合设计要求。

检验方法：检查施工记录。

10.4.4 各遍灰之间及地仗与基层之间应粘结牢固，无脱层、空鼓、翘皮和裂缝等缺陷。生油应钻透，不得挂甲。

检验方法：观察、手摸和小锤轻击检查。

（Ⅱ）基 本 项 目

10.4.5 麻糊布地仗表面应符合下列规定：

合　格：表面基本平整、光滑，楞角基本直顺，接楂平顺，颜色基本均匀。基本无砂眼、无龟裂，表面基本洁净。

优　良：表面平整、光滑，楞角直顺，接楂平整，颜色均匀一致。无砂眼，无龟裂，表面洁净，清晰美观。

检验方法：观察检查。

10.4.6 单披灰地仗表面应符合下列规定：

合　格：表面光滑，楞角整齐，接楂平整，基本无砂眼，无龟裂。

优　良：表面平整光滑，楞角整齐直顺，接楂平整，无砂眼无龟裂。

检验方法：观察检查。

10.4.7 混凝土表面地仗应符合下列规定：

合　格：表面基本光滑，楞角整齐，无空鼓、翘皮，无较大砂眼和龟裂，操油基本饱满无遗漏。

优　良：表面光滑，楞角整齐，无空鼓、翘皮，无砂眼和龟裂，操油饱满无遗漏。

检验方法：观察检查。

10.5 普通油漆工程

10.5.1 本节适用于混色油漆、清漆和美术油漆工程以及木地板烫蜡，装饰地面打蜡工程。

10.5.2 各种油漆、烫蜡工程的质量检验和评定标准应按现行国家标准《建筑工程质量检验和评定标准》的规定执行。

10.6 大漆工程

10.6.1 本节适用于生漆、广漆、推光漆和揩漆等大漆工程。

检查数量：室外按油漆面积抽查10%；室内按有代表性的自然间抽查10%，游廊、过道按10m抽查一处，且不应少于3间（3处）。

检验方法：观察和手摸检查。

（Ⅰ）保证项目

10.6.2 大漆工程所选用的材料品种、规格、质量、颜色应符合设计要求，对无合格证书的材料应抽样检验，合格才能使用。

检验方法：检查出厂合格证或试验报告。

10.6.3 大漆工程的施工操作程序，应符合设计要求。

检验方法：观察和检查施工记录。

（Ⅱ）基本项目

10.6.4 大漆工程基本项目应符合表10.6.4的规定。

大漆工程基本项目表　　表10.6.4

项目	等级	中　级	高　级
流坠皱皮	合格	大面无流坠，小面有轻微流坠，无皱皮。	大面无流坠、皱皮、小面明显处无流坠皱皮
	优良	大面无流坠、皱皮、小面明显处无流坠、皱皮	大小面均无流坠皱皮
光亮光滑	合格	大面光亮、光滑，小面有轻微缺陷	光亮均匀一致，无挡手感
	优良	光滑、光亮均匀一致	光亮足，光滑无挡手感
颜色刷纹	合格	颜色一致，刷纹通顺	颜色一致，无明显刷纹
	优良	颜色一致，无明显刷纹	颜色一致，无刷纹

续表

项目	等级	中　级	高　级
划痕砂眼	合格	大面无，小面3处以内	大面无，小面2处以内
	优良	大面、小面明显处无	大小面均无
裹楞分色线	合格	大面无，小面3mm以内	大面无，小面2mm以内
	优良	大小面明显处无	大小面均无
五金玻璃	合格	基本洁净	洁净
	优良	洁净	洁净

注：①大面指上下架大木表面，门窗关闭后的里外面，各种形式木装修里外面。
②小面明显处指除大面外，视线所能见到的地方。
③小面指上下架木枋上面，隔扇、槛窗等口边。
④大漆分为高中级，不设普通级。
⑤推光漆与揩漆，除应达到上述要求外，推光漆的瓦灰、推光应分层按施工顺序进行，打底应光滑、粘牢，圆度偏差允许1mm。揩漆更应光亮光滑，达到三级以上要求。

检验方法：观察检查。

10.7 彩画工程

10.7.1 本节适用于各种彩画工程（图10.7.1）。

检查数量：按有代表性的自然间抽查10%，亭、垂花门、牌楼等按座检查。每间、座检查点不应少于3处。

检验方法：观察、手摸检查。

（Ⅰ）保证项目

10.7.2 各种彩画所需的材料品种、规格、质量、色泽应有合格证并符合设计要求。无合格证书的材料应抽样检验，验收合格后才能使用。

检验方法：检查出厂合格证或检验报告。

10.7.3 各种彩画的图案、花纹、线条、色泽应符合设计要求。

检验方法：对照设计文件检查。

10.7.4 彩画的基层应平整、坚实、牢固、棱角整齐，无针孔、裂缝、皱纹、脱皮、掉粉、漏刷等现象。

检验方法：观察和手摸检查。

（Ⅱ）基 本 项 目

10.7.5 各式大木彩画质量基本项目应符合表 10.7.5 的规定。

各式彩画工程质量基本项目表　　表 10.7.5

项目	等级	质量要求
沥粉	合格	光滑、直顺、无刀子灰、基本无明显的疙瘩粉和接头
	优良	光滑顺直、饱满，无刀子灰，无疙瘩粉和接头
各种线条顺直	合格	线条基本直顺，均匀一致，无错位、离缝现象
	优良	线条准确直顺，宽窄一致，无搭接错位离缝现象
色彩均匀度	合格	色彩均匀，不透底，层次清楚
	优良	色彩均匀一致，不透底，层次清晰
图案规整度	合格	图案基本工整、规则，构图匀称
	优良	图案工整、规则、构图匀称
洁净度	合格	基本洁净，无明显修补痕迹
	优良	洁净美观，无修补痕迹
艺术印象	合格	基本良好
	优良	良好
裱糊	合格	牢固平整、无空鼓、翘边允许有少量微小折皱
	优良	牢固平整、无空鼓、翘边、折皱

检验方法：观察、手摸检查。

10.8　贴金描金工程

10.8.1 本节适用于室内外彩画贴金描金工程。

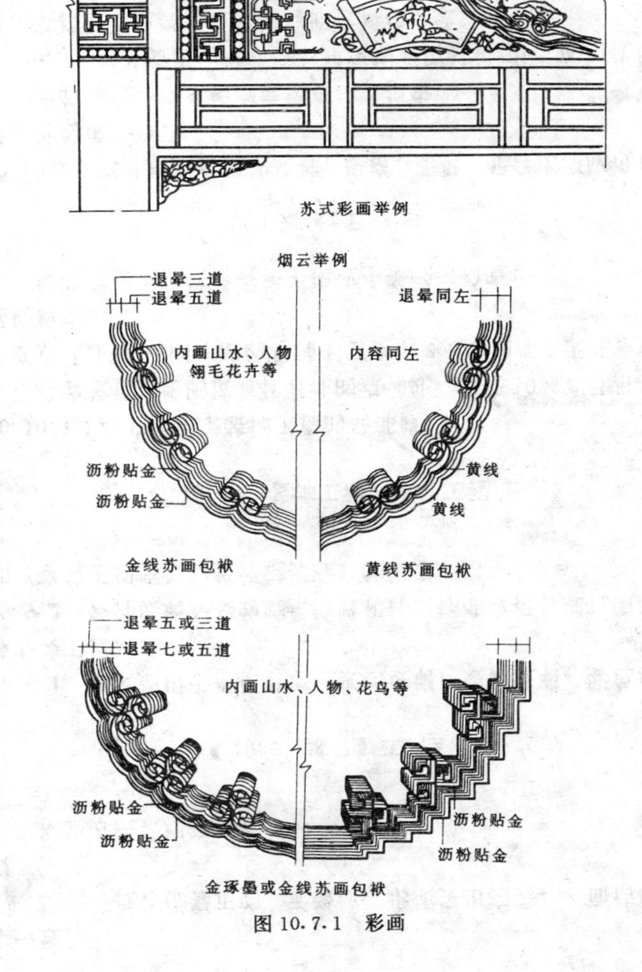

苏式彩画举例

烟云举例

图 10.7.1　彩画

检验数量：按有代表性的点（处）抽查10%，且不应少于3点（处），对独立式的物件全部检查。

（Ⅰ）保 证 项 目

10.8.2 各种贴金、描金所用材料的品种、规格、质量应符合设计要求。

检验方法：观察检查和检查合格证或试验报告。

10.8.3 贴金、描金的图样应符合设计要求。

检验方法：对照设计文件检查。

10.8.4 贴金、描金的操作程序应符合国家现行施工规范或传统作法。

检验方法：检查施工记录。

10.8.5 贴金、描金与金胶油和基层应联结严密、牢固、不得有脱层、空鼓、裂缝。

检验方法：观察和手摸检查。

（Ⅱ）基 本 项 目

10.8.6 贴金扣罩油应符合下列规定：

合　　格：扣罩油厚度基本均匀一致，表面光滑无疙瘩刷纹，表面基本洁净。

优　　良：扣罩油厚度均匀一致，表面光亮无疙瘩刷纹，表面洁净。

检验方法：观察检查。

10.8.7 贴金应符合下列规定：

合　　格：粘贴牢固，基本无皱纹和漏贴，无明显的接缝痕迹。

优　　良：粘贴牢固，无皱纹和漏贴，无接缝痕迹。

检验方法：观察检查。

10.8.8 描金应符合下列规定：

合　　格：厚度基本均匀一致，表面基本光滑平整，色泽基本一致。

优　　良：位置正确、无皱纹、形质突出完美，表面洁净美观。

检验方法：观察检查。

10.9 玻 璃 工 程

10.9.1 本节适用于平板玻璃，夹丝玻璃，磨砂玻璃，彩色玻璃等安装工程。

10.9.2 各种玻璃安装的质量检验和评定标准应符合现行国家标准《建筑工程质量检验评定标准》的规定。

10.10 装饰工程的修补工程

10.10.1 本节适用于装饰工程的局部修补。

检验数量：粉刷按有代表性的点（处）抽查10%，且不应少于2点（处），不同作法的每种不应少于2处。油漆、天花、彩画逐处检查。

检验方法：观察检查和手摸或小锤轻击检查。

（Ⅰ）保 证 项 目

10.10.2 修补所用材料的品种、规格、质量、配合比等应符合修缮设计要求。

检验方法：观察检查或检查试验报告。

10.10.3 修补所用的材料应与建筑物原用材料相同。如用代用材料、其性能、色泽、效果应与原材料相一致。

检验方法：观察检查或检查试验报告。

10.10.4 修补项目中的胶结制品应符合设计要求。

检验方法：观察、检查出厂合格证，或试验报告。

10.10.5 各类粉刷修补的墙面应联结紧密牢固，不得有空鼓、脱皮、开裂、爆灰。

检验方法：观察和手摸检查。

10.10.6 油漆修补，需铲底的应铲底。新旧灰、麻、布、纸基层及新旧接槎处，应粘接牢固，无脱皮、空鼓、翘边等现象。

检验方法：观察和小锤轻击检查。

10.10.7 文物建筑彩画修补，应有修补设计方案。所选用材料、彩画风格和作法应与原彩绘相一致。

检验方法：观察检查。

（Ⅱ）基本项目

10.10.8 经修补的粉刷面其外观应符合下列规定：

合　　格：表面光滑，接槎基本平整，线条基本齐顺吻合。

优　　良：表面光洁，接槎平整，线条齐顺吻合一致。

检验方法：观察检查。

10.10.9 经修补后的刷浆表面应符合下列规定：

合　　格：接槎自然，颜色深浅均匀，基本无流坠、疙瘩、溅沫、刷印。分色线条平齐。

优　　良：接槎自然、平整，颜色深浅均匀一致，无流坠、疙瘩、溅沫、刷印。分色线条齐顺洁净。

检验方法：观察检查。

10.10.10 经修补后的油漆外观应符合下列规定：

合　　格：接槎平整，无泛色，颜色深浅基本均匀，刷纹通顺。

优　　良：接槎平整美观，无泛色透底，颜色深浅均匀一致，刷纹通顺洁净。

检验方法：观察检查。

10.10.11 经修补的彩画，贴金、描金其外观应符合下列规定：

合　　格：接槎平整，图案色彩与原样基本一致，线条直顺，色彩均匀，裱糊牢固，表面基本洁净。

优　　良：接槎自然平整，图案色彩与原样一致，线条直顺吻合，色彩均匀一致，裱糊牢固，表面洁净美观。

检验方法：观察检查。

11 钢筋混凝土工程

11.0.1 本章仅用于仿古建筑中小型预制构件：椽子、斗拱（牌科）、连机、短机、云头，麻叶头（蒲鞋头）、封檐板、博风板、木虾须、垂花柱、挂落、美人靠（吴王靠）、望柱（莲柱）、栏板、哺鸡、纹头、龙吻、块体等的模板、钢筋、混凝土、构件的制作与安装工程的质量检验和评定。

11.1 模板工程

（Ⅰ）保证项目

11.1.1 木模板应刨光或用钢模，支架必须坚固稳定。如安装在基土上，基土应坚实并有排水措施。

检验方法：对照模板设计，现场观察或尺量检查。

（Ⅱ）基本项目

11.1.2 模板板缝宽度应符合下列规定：

合　　格：不大于1.5mm

优　　良：不大于1.0mm

检查数量：同类构件抽查10%，且不应少于3件。

检验方法：观察和用楔形塞尺检查。

11.1.3 模板与混凝土的接触面必须清理干净，并涂刷隔离剂。

（1）每个预制件的模板上粘浆和漏涂隔离剂，每处大小应符合下列规定：

合　　格：宽度不应超过构件相应面宽的1/2，长度不应超过相应面宽的2倍。

优　　良：宽度不应超过构件相应面宽的1/3，长度不应超过相应面宽的1.5倍。

（2）每个预制件的模板上粘浆和漏涂隔离剂累计面积应符合下列规定：

合　　格：不大于200cm^2。

优　　良：不大于100cm^2。

检查数量：同11.1.2条的规定。

检验方法：观察和尺量检查。

（Ⅲ）允许偏差项目

11.1.4 模板安装和预埋件、预留孔洞的允许偏差和检验方法应符合表11.1.4的规定。

检查数量：同11.1.2条的规定。

模板安装和预埋件、预留孔洞的允许偏差和检验方法

表 11.1.4

项目		允许偏差（mm）	检验方法
表面平整度	封檐板、博风板、连机、椽子、望柱、栏板	2.5	用2m直尺和楔形塞尺检查
	其他构件	1.5	用2m直尺和楔形塞尺检查
长度	哺鸡、纹头、龙吻	±3	尺量检查
	云头、麻叶头	±3	尺量检查
	封檐板、博风板	±3	尺量检查
	连机、短机、椽子	±3	尺量检查
	斗拱（牌科）、花纹条子	±2	尺量检查
	垂花柱、望柱、栏板	±3	尺量检查
	挂落、美人靠（吴王靠）	−2	尺量检查

续表

项目		允许偏差(mm)	检验方法
截面尺寸	哺鸡、纹头、龙吻、块体高 厚	±3 ±2	尺量检查
	美人靠（吴王靠）、斗拱（牌科）宽 高	±2 ±2	尺量检查
	云头、麻叶头宽 高	±2	尺量检查
	连机、短机、椽子、木虾须、宽 高	±3	尺量检查
	封檐板、博风板、栏板、高 厚	±3 ±2	尺量检查
	挂落、花纹条子	−2	尺量检查
	垂花柱、望柱、矮柱	±3	尺量检查
	戗叶板、望板、宽 厚	−5 ±2	尺量检查
美人靠（吴王靠）、弯椽、木虾须的弧度		2	用样板和尺量检查
云头、麻叶头、连机、斗拱（牌科）线条间距		2	尺量检查
挂落条子，花纹条子间距		2	尺量检查
椽子档距		3	尺量检查
预埋铁件、预留洞中心位移		3	尺量检查
预埋螺栓中心位移		2	尺量检查

11.2 钢筋工程

11.2.1 按现行国家标准《建筑工程质量检验评定标准》的规定执行。

11.3 混凝土工程

（Ⅰ）保证项目

11.3.1 按现行国家标准《建筑工程质量检验评定标准》的规定执行。

（Ⅱ）基本项目

11.3.2 混凝土应振捣密实，每个检查件的任何一处蜂窝面积应符合下列规定：

合　　格：封檐板、博风板、栏板、垂花柱、望柱、哺鸡、纹头、龙吻、块体一处不应大于 200cm^2，累计不应大于 400cm^2。其他预制件一处不应大于 100cm^2，累计不应大于 200cm^2。

优　　良：封檐板、博风板、栏板、垂花柱、望柱、哺鸡、纹头、龙吻、块体一处不应大于 100cm^2，累计不应大于 200cm^2，其他预制件一处不应大于 50cm^2，累计不应大于 100cm^2。

检查数量：同 11.1.2 条的规定。

检验方法：尺量外露石子面积及深度。

注：蜂窝系指混凝土表面无水泥浆，露出石子深度大于 5mm，但小于保护层厚度的缺陷。

11.3.3 混凝土应振捣密实、孔洞面积每个检查件的任何一处孔洞，其面积应符合下列规定：

合　　格：封檐板、博风板、垂花柱、望柱、栏板、哺鸡、纹头、龙吻、块体一处孔洞不得大于 15cm^2，其宽度且不得大于孔洞所在面宽的 1/2，累计不应大于 30cm^2；其他构件一处不应大于 5cm^2，其宽度且不应大于孔洞所在面宽的 1/2，累计不应大于 10cm^2。

优　　良：无孔洞。

检查数量：同 11.1.2 条的规定。

检验方法：凿去孔洞周围松动石子，尺量孔洞面积及深度。

注：孔洞系指深度超过保护层厚度，但不超过截面尺寸 1/3 的缺陷。

11.3.4 每个检查件任何一根主筋露筋，长度均应符合下列规定：

合　　格：一处露筋长度不得大于 4cm，累计不得大于 8cm。

优　　良：无露筋。

检查数量：同 11.1.2 条的规定。

检验方法：尺量钢筋外露长度。

注：露筋系指主筋没有被混凝土包裹而外露的缺陷。

（Ⅲ）允许偏差项目

11.3.5 装配式混凝土构件允许偏差和检验方法应符合表 11.3.5 的规定。

检查数量：同 11.1.2 条的规定。

装配式混凝土构件允许偏差和检验方法　　表 11.3.5

项目		允许偏差 (mm)	检验方法
表面平整度	封檐板、博风板、连机、椽子、栏板	±3	用 2m 直尺和楔形塞尺检查
	其他构件	±2	用 2m 直尺和楔形塞尺检查
长度	哺鸡、纹头、龙吻、块体	±3	尺量检查
	云头、麻叶头	±3	尺量检查
	连机、短机、椽子、木虾须	±3	尺量检查
	封檐板、博风板、栏板	±3	尺量检查
	垂花柱、望柱、矮柱	±3	尺量检查
	斗拱（牌科）、花纹条子	±3	尺量检查
	挂落、美人靠（吴王靠）	−2	尺量检查
截面尺寸	哺鸡、纹头、龙吻、块体、高 厚	±3 ±2	尺量检查
	斗拱（牌科）、美人靠（吴王靠）、高 厚	±2 ±2	尺量检查
	云头、麻叶头	±2	尺量检查
	连机、短机、椽子、木虾须	±3	尺量检查
	封檐板、博风板、栏板、高 厚	±3 ±2	尺量检查
	挂落、花纹条子	−2	尺量检查
	垂花柱、望柱、矮柱	±3	尺量检查
美人靠（吴王靠）、木虾须、弯椽弧度		2	用样板和尺量检查
云头、麻叶头、连机、斗拱（牌科）的线条间距		2	尺量检查
挂落、花纹条子间距		2	尺量检查
预埋铁件、预留孔、预留洞中心位移		3	尺量检查
预埋螺栓中心位移		2	尺量检查

11.4 构件安装工程

（Ⅰ）保证项目

11.4.1 按现行国家标准《建筑工程质量检验评定标准》的规定执行。

（Ⅱ）基本项目

11.4.2 按现行国家标准《建筑工程质量检验评定标准》的规定

执行。

（Ⅲ）允许偏差项目

11.4.3 混凝土构件安装偏差和检验方法应符合表 11.4.3 的规定。

检查数量：同 11.1.2 条的规定。

混凝土构件安装偏差和检验方法 **表 11.4.3**

项目	允许偏差（mm）	检验方法
哺鸡、纹头、龙吻位置偏移	沿脊纵向 3 横向±2	尺量检查
美人靠、斗拱（牌科）位置偏移	±2	尺量检查
云斗、麻叶头位置偏移	±2	尺量检查
连机、短机、木虾须位置、椽子间距偏移	±3	尺量检查
封檐板、博风板位置偏移	±3	尺量检查
挂落、花纹条子位置偏移	±2	尺量检查
垂花柱、望柱中心线、对轴线位置偏移	5	尺量检查
栏板位置偏移	±2	尺量检查

注：位置偏移是指以设计要求为准，在高度上的安装偏差和在二个方向上的水平安装偏差。

附录 A 分项工程质量检验评定表

工程名称： 部位：

		项目		质量情况										
保证项目	1													
	2													
	3													
基本项目		项目		质量情况										等级
				1	2	3	4	5	6	7	8	9	10	
	1													
	2													
	3													
	4													
允许偏差项目		项目	允许偏差（mm）	实测值（mm）										
				1	2	3	4	5	6	7	8	9	10	
	1													
	2													
	3													
	4													
	5													
检查结果	保证项目													
	基本项目		检查　项，其中优良　项，优良率　%											
	允许偏差项目		实测　点，其中合格　点，合格率　%											
评定等级	工程负责人 队长（工长） 班（组）长 建设单位代表								核定等级				质量检查员：	

注：对隐蔽工程等应有建设单位和设计单位代表参加。

年　月　日

附录B　分部工程质量检验评定表

工程名称：

序号	分项工程名称	项数	其中优良项数	备　　注
1				
2				
3				
4				
5				
6				
7				
8				
9				
10				
合　计				优良率　　%
评定等级	技术负责人： 工程负责人： 建设单位负责人：		核定意见	核定人签名：

年　月　日

附录C　质量保证资料核查表

工程名称：

序号	项　目　名　称	份数	核查情况
1	钢材出厂合格证，试验报告		
2	焊接试验报告，焊条（剂）合格证		
3	水泥出厂合格证或试验报告		
4	砖出厂合格证或试验报告		
5	石材材质的选用资料		
6	各种瓦件出厂合格证或试验报告		
7	木材材质证明书，木材含水率		
8	油漆材质证明书、产品合格证		
9	混凝土试块试验报告		
10	砂浆试块试验报告		
11	土壤试验，打桩（试桩）记录		
12	地基验槽记录		
13	构件合格证		
14	结构吊装、结构验收记录		
15	大木构架修缮中旧木材利用报告		
16	木制品、木构件选用防腐剂的材质证明书		
17	防水材料出厂合格证书		
18	白蚁防治报告		
19	防腐处理资料		
检查结果	企业技术部门 或监督部门　　章 负　责　人　　　年　月　日		

注：① 本表适用于一般古建筑修、建工程，有特殊要求者可据需要增加保证资料项目；

② 表中所列出的合格证、试验报告、施工验收记录、报告、资料等都应真实明确。复制件应注明原件存放单位，并有复制件人、单位签字盖章。

附录D 古建筑工程观感质量评定表

工程名称：

序号	项目名称	标准分	评定等级 一级 100%	二级 90%	三级 80%	四级 70%	五级 ○	备注
1	台基（须弥座）	3(5)						
2	台阶、踏步散水、明沟	2						
3	望柱、栏板	2						
4	室外墙面	3(5)						
5	室外大角	2						
6	外墙面横竖线条	2						
7	歇山、封檐板、檐口平直度	2						
8	屋面、曲线、瓦棱顺直	3						
9	屋脊、戗脊、屋面饰件	3						
10	飞檐、戗角	3						
11	内、外檐装饰	5(8)						
12	室内墙面、裱糊	4(6)						
13	室内天花、顶棚、卷棚、藻井	4(8)						
14	挂落、飞罩、落地罩、垂花	4(8)						
15	木隔断、隔扇	4(6)						
16	地面、楼面	4(8)						
17	楼梯、栏杆、扶手	2(4)						
18	美人靠、木栏杆、裙板	4(6)						
19	门安装	5						

续表

序号	项目名称	标准分	评定等级 一级 100%	二级 90%	三级 80%	四级 70%	五级 ○	备注
20	窗安装	5						
21	玻璃	2						
22	油漆	4(6)						
23	彩画	2(4)						
24	木雕	4(8)						
25	砖雕、石雕	3(5)						
26	泥塑、陶塑	3(5)						
27	大木构件外形	5(8)						
28	地穴、门景、月洞	3						
29	漏窗、围墙	3(4)						
合计	应得　　分　实得　　分　得分率　　%							

检查人签字：　　　　　　　　　　年　月　日

注：

① 表中项目含有若干分项时，其标准分值可根据比重大小先行分配，然后分别评定等级；

② 项目的数量和标准分的确定，各地可根据各地的情况和具体工程内容进行增减；

③ 检查数量：室外和屋面全数检查（分为若干个检查点）；室内按有代表性的自然间抽查10%，应包括附属房间、厅道、廊等，最少抽查两间，少于两间全查；

④ 评定等级标准：抽查或全数检查的点（房间）均符合相应质量检验评定标准合格规定的项目，评为四级；其中，有20%～49%的点（房间）达到优良标准规定者，评为三级；有50%～79%的点（房间）达到优良标准规定者，评为二级；有80%及其以上的点（房间）达到优良标准规定者，评为一级。有不符合合格标准规定的点（房间），评为五级，并应予以处理；

⑤ 表中带括号的标准分，是表示工作量大或技术难度较高时的标准分。

⑥ 由于观感评分受评分人的技术水平，经验等的主观影响，所以评定时应由三人以上共同评定。

附录E 单位工程质量综合评定表

工程名称：　　施工单位：　　开工日期　　年　月　日

建筑面积：　　结构类型：　　竣工日期　　年　月　日

项次	项　目	评定情况	核定情况
1	分部工程质量评定汇总	共　分部 其中优良　分部 优良率　% 主体分部质量等级 木装修分部质量等级 安装主要分部质量等级	
2	质量保证资料	共核查　项 其中符合要求　项 经鉴定符合要求　项	
3	观感质量评定	应得　分 实得　分 得分率　%	
4	企业评定等级： 企业经理：　公章 企业技术负责人： 年　月　日		工程质量监督 或主管部门核定 负责人：　公章 建设单位： 年　月　日

注：文物保护工程，要请文管部门参加。

附录F 本标准技术用语解释

序号	本标准用语	其它地区用语			解释
		苏南	东南	西南	
1	台基	阶台	台基	基台	以砖石砌成之平台上立建筑物者
2	驳岸	驳岸	驳岸	保坎（挡土墙）	沿河叠石成墙，以阻挡泥土者为岸
3	石桩	石丁	石桩	石桩	一般断面 200×200mm，长 1.5m，打入土中提高地基承载力
4	嵌桩石	夯块石		嵌桩石	打入石桩之间的块石，起固定桩位，增强地基承载力的作用
5	阶沿石	阶沿	阶沿石	阶沿石	沿阶台四周之石，包括踏步
6	拉结石	丁头石	丁头石	丁头石	砌于驳岸中，类似于砖墙中丁头砖作用之石
7	仓石	仓石	仓石		驳岸内衬之填充石料
8	磉石	磉石	磉磴	磉石	鼓磴下所填之方石
9	侧塘石	塘石	塘石	侧塘石	以塘石侧砌，用于阶台及驳岸者
10	莲柱	柱头	望柱	柱头	石栏上之石柱
11	大木构架	屋架	屋架		以柱梁川枋构成之屋架，有抬梁式，穿逗式古建筑中屋顶承重结构的总称
12	贴式	贴式	排山		明间之构架称正贴，次间称边贴
13	抬梁式	抬梁式	过梁式	抬梁	又称迭梁式，立柱上支承大梁，大梁上再通过短柱迭放数层，逐层减短的梁。檩（桁）条置于各层梁端，在主要的建筑中，还在梁柱交接处垫以斗拱。

续表

序号	本标准用语	其它地区用语			解释
		苏南	东南	西南	
14	穿逗式	穿斗	穿斗	穿斗	每檩（桁）下，直接由柱支承，不用梁，柱间只有川（枋）将柱拉结起来
15	汇榫	汇榫	汇榫	汇榫	构架安装前先将各有关构件进行试装
16	轩	翻轩	卷棚	卷棚	厅、堂之一部，深一界或二界，甚至顶架椽作假屋面，使内部对称者
17	斗拱	牌科	斗拱	斗拱	由方块形的斗，弓形的拱翘，斜伸的昂和矩形断面的枋层层铺迭而成的，组合构件置于大建筑物之柱与屋顶之间，传布屋顶重量于柱上之过渡部分
18	檩	桁条	桁条	桁条	置于梁端或柱端，承载屋面荷重的重要构件
19	机面线	机面线	水口线	机面线	自机面至梁底之距离，定此线为定标高之用
20	提线	提线	迭槽		为使屋面斜坡成曲线面，从檐檩（桁）开始向上，每根上层檩较下层檩按比例加高之方法
21	搭角梁	搭角梁	搭角梁	搭角梁	在建筑物转角处，内角与斜角线成正角之梁
22	老戗（老角梁）	老戗	老角戗	顺水	房屋转角处设角梁置于廊桁与步桁之上者
23	嫩戗（仔角梁）	嫩戗	仔角戗	关丁木	仔角梁置于老角梁以上其断面方向与老角梁同
24	帮脊木	帮脊木	扶脊木	扶脊木	脊桁上通长帮木条与其平行，以助其负重者
25	拍口枋	拍口枋	拍口枋	照面枋	楼层承重大梁挑出之端部（开间方向）封头枋

续表

序号	本标准用语	其它地区用语			解释
		苏南	东南	西南	
26	垫板	垫板	垫板	垫板	大门门框腰枋间用来遮空档的木板
27	夹堂板（垫板）	夹堂板	夹堂板		桁与枋间之板，按位置分有脊垫板，老檐垫板，上，中，下金垫板，额垫板等。
28	封檐板	遮瓦板	封檐板	封檐板	檐口瓦下钉于飞檐上之木板
29	博缝板	博缝板	博风板	博缝板	悬山歇山屋顶两山沿屋面斜坡钉在桁头上之木板
30	山花 山花板	山花 山花板	山花 山花板	山花板	歇山两坡屋面相交之三角形称山花，山尖外钉之板称“山花板”
31	连机	连机	实垫		位于桁下的辅助木枋，相当于通长替木
32	机	机	连机		位于桁与斗拱联系处之短枋木，按部位分有短机、金机、川胆机。按形状分有水浪机、幅云机、花机、滚机等，与桁同长者又称连机
33	裙板	裙板	裙板	裙板	装于窗下栏干内之木板，又长窗的中夹堂横料与下夹堂横头料间之木板
34	飞椽	飞椽	扶沿椽	飞檐 送水	出檐椽之上，檐端伸出稍翘起，以增加屋檐伸出之长度
35	摔网椽	摔网椽（戗椽）	燕尾椽		出檐及飞椽，至翼角处，其上端以步柱为中心，下端依次分布，逐根伸长成曲弧与戗端相平者似摔网而得名，在角翘头起的飞椽称“翘飞椽”
36	立角 飞椽	立脚 飞椽	翘飞椽		戗角处之飞椽作摔网状，其上端逐渐翘立起，与嫩戗之端相平
37	挂落	挂落	挂落	挂落	柱间枋下之木制似网络漏空之装饰品

续表

序号	本标准用语	其它地区用语			解释
		苏南	东南	西南	
38	插角	插芽	插芽		置于额枋之下与柱相交处从柱中伸出承托额枋的构件,用以加强额与柱的连结
39	落地罩	落地罩	落地罩	落地罩	与飞罩同,唯两端下垂至地,起分隔作用的装饰,内缘作方、圆、八角等式。
40	飞罩	飞罩	飞罩	飞罩	与挂落相似,花纹较为精致,两端下垂似拱门,悬装于屋内部者
41	美人靠	吴王靠	美人靠	美人靠	可以坐的半栏在外缘附加曲形靠背
42	天花	藻井(棋盘顶)	天花	天花(藻井)	又称棋盘顶,屋内上部用方木交叉为方格放木板,板下施彩画或彩纸称天花,亦称“藻井”
43	坐槛	坐槛	坐槛		半栏上铺之木板备坐息用
44	长窗	长窗	长格扇	长窗格扇	窗之通长落地,装于上槛与下槛之间者
45	短窗	短窗	短格扇	短窗	窗下有矮墙,可以里外启闭之窗
46	纱隔(纱窗)	纱窗	纱窗	纱窗	纱隔又称格扇,形与长窗相似,但内心仔钉以窗纱或书画装于内部,作为分隔内外之用
47	和合窗	和合窗	支撑窗	支折窗	窗之装于捺槛与上槛或中槛之间,成长方形,上部有铰链,下部可支起的窗
48	横风窗	横风窗	眉窗	辖口窗	窗之装于上槛与中槛之间,成扁长方形,窗可以向上、下开
49	屏门	屏门	屏门		装于厅堂后两步柱间成屏列之门
50	对子门	对子门	对开房门		装于明正贴廊柱、步柱之间的次间房门

续表

序号	本标准用语	其它地区用语			解释
		苏南	东南	西南	
51	敲框挡(皮门)	皮门	屏门		装于厅堂后两步柱间屏门,边侧门分隔与开闭之门
52	库门	实拼门	穿闩门		门头上施数重砖砌仿木结构,有枋,有斗拱等装饰,上复屋面,其高度低于墙者称“库门”高于墙者称“门楼”
53	云头	云头	云头	云头	梁头伸出廊桁外雕云形装饰,以承桁条者,或十字科之拱头作云头装饰
54	蒲鞋头	蒲鞋头	蒲鞋头		不用大斗,由拱身直接挑出半截华拱,来承托梁枋
55	垂花柱	荷花柱(倒挂柱)	垂花柱	垂花柱	亦名荷花柱,即花蓝厅之步柱不落地所代之短柱
56	抱柱	抱柱	叉芦	抱柱坊	柱旁用以安置窗户之木框,在梁枋与柱汇榫处,因脱榫,腐蚀梁头依柱临时立撑,亦称抱柱
57	槛附件	附件			因门窗开启,上、下槛用楹子,有单双连楹亦有铁制之单,双楹
58	榫卯	榫卯		榫卯	有六种不同要求的榫卯 一、固定垂直构件榫(各种柱子) 二、垂直构件与水平构件拉结相交(柱与枋) 三、水平构件互交(正身桁帮脊木) 四、水平及倾斜构件重叠相交(额枋、平枋板与斗拱、老戗与嫩戗等) 五、水平与倾斜构件半迭交(扒梁抹角梁角梁与由戗桁与梁头) 六、板缝拼接(榻板、博缝板、实拼门、山花)

续表

序号	本标准用语	其它地区用语			解释
		苏南	东南	西南	
59	正脊	正脊	正脊	正脊	屋顶前后两斜坡相交而成之脊，以砖瓦叠砌
60	垂脊	竖带	垂脊	垂脊	自正脊处沿屋面下垂之脊
61	围脊	起岩脊（博脊）	围脊		一面斜坡之屋顶与建筑物垂直之部分相交之脊
62	戗脊	戗、水戗	翘脊	戗脊	用于歇山，庑殿屋面角上，与建筑物平面四角成45°挑出之角
63	小青瓦	蝴蝶瓦	小瓦	小青瓦	灰色无釉之瓦，又称“片瓦”
64	哺鸡	哺鸡	哺鸡		筑脊两端作鸡形之饰物，有此哺鸡者称哺鸡脊
65	纹头	纹头	纹头	纹头	正脊两端翘起作各种复杂之花纹，称为纹头脊
66	鱼龙吻	鱼龙吻	鱼龙纹	鱼龙纹	殿庭正脊两端作鱼形之饰物
67	檐人	檐人	檐人		又名钉帽子，屋面出檐头，盖瓦上有瓦人或其他饰物
68	走兽	走兽	走兽	走兽	殿庭水戗上之脊兽，用以装饰
69	天皇台	天皇台	天皇座		殿庭屋顶垂脊下端之人形饰物
70	兰花座	兰花座	兰花座		殿庭屋顶垂脊下端承托花兰之饰物
71	细望	细望	细望		望砖经刨磨加工者称做细望砖
72	糙望	糙望	望砖		望砖未经过加工者称糙望砖
73	轩望	轩望	细望		望砖经刨磨加工，用于各式翻杆
74	老头瓦	老头瓦	老头瓦	老头瓦	硬山于攀脊之端复花瓦，称老头瓦
75	滴水瓦	滴水瓦	滴水	滴水瓦	底瓦于檐口处，其下端有下垂之圆尖形瓦片

续表

序号	本标准用语	其它地区用语			解释
		苏南	东南	西南	
76	花边	花边	猫头		盖瓦于檐口处，其下端翻起有边之瓦，瓦边做曲折花纹
77	百斜	百斜	斜沟		走廊，厢房，抱厦屋面与正房屋面相接之二侧瓦楞盖瓦，随斜沟砍角成斜形的称百斜
78	廊（外廊）	廊	廊	廊	廊为连络建筑物，分隔院宇，用以通行。分“明廊”“内廊”“走廊”“曲廊”“通廊”等
79	甬道	走道	走道	走道（园路）	庭院中无屋盖之走道，铺有各式图案之花街
80	砖细墁	做细地坪	砖铺地坪		地面砖（方砖）经过加工刨磨铺作地面
81	粗墁	砖铺地坪	砖铺地坪	砖铺地坪	未经加工的砖（方砖）铺设地面
82	仿古地面	假地坪	假方砖	仿古地坪	指素混凝土的仿古方砖地坪，粉面加轻煤成青灰色，有预制和整块划线成砖形两种
83	大漆	广漆	国漆	生漆	俗称生漆，又称金漆，使用要加熟石膏粉、铁红、银珠，按程序经过配料调合才能施工
84	退光漆	退光漆	退光漆	退光漆	最高一种油漆，黑色用于匾额店照
85	揩漆	揩漆	揩漆		用于由银杏木，楠木，红木等制作的装修件用揩漆保护其本色
86	贴金	贴金	贴金	贴金	宫殿，寺庙，馆堂等建筑之匾额的刻字及彩画贴上金箔，谓之贴金
87	地杖	地杖	地杖	地杖	在木结构的表面用油灰与麻布层叠包裹，由一麻三灰到三麻二布七灰共十几种做法或彩画打底方法，又称披麻捉灰

续表

序号	本标准用语	其它地区用语			解释
		苏南	东南	西南	
88	方圆光线				天花板彩画，井字形之内圆光之外方形部分称方光，正中圆部分谓圆光
89	金琢墨	金琢墨	金琢墨		天花彩画方光内圆光外之四角
90	燕尾	燕尾	燕尾		天花板条相交之彩画
91	沥粉	沥粉	沥粉	沥粉	经配制成的粉浆，沥于彩画花纹部位上，叫作沥粉
92	晕色	晕色	晕色		彩画内同颜色逐渐加深或逐渐减淡之法谓晕色
93	灰塑	灰塑	灰塑	泥塑	石灰、纸筋，加麻丝为塑造主料。用于屋脊与墙恒上各种饰物，构成各种图案
94	深浮雕	深浮雕	深浮雕	浮雕	雕制凸出雕地$>$5mm的浮雕，有多个层次，具有一定层次立体感
95	浅浮雕	浅浮雕	浅浮雕	浮雕	雕制凸出雕地$<$5mm的浮雕，也有一定层次
96	镂雕	镂雕	镂雕	镂雕	在深浮雕基础上，加有部分图案脱离雕地悬空而立，立体感强
97	透雕	透雕	透雕	透雕	将非图案部分雕去，成漏空，有双面透雕（两个面都成图案）单面透雕（单面成图）
98	阴雕	阴纹	阴雕	阴雕	在平整板上雕制出凹形图案
99	平雕	素平	平雕	平雕	在平整板面上雕制出表面平整的凸起图案
100	影雕				在平整板面上，用细小的琢点构成图案，是一种新的雕刻工艺
101	圆雕	圆雕	圆雕	圆雕	雕刻成立体的图像，如大门口外的镇兽石狮子

续表

序号	本标准用语	其它地区用语			解释
		苏南	东南	西南	
102	线雕	线雕	线刻	线雕	在平整的板面上，用细阴线将图案的外形和特征雕出来
103	牮直	发牮（牮屋）	牮正	牮正	房屋倾斜，拆卸墙瓦将木构架校直或不拆卸屋盖及墙恒，校直后，只需进行整修
104	移建	移建			对列入保护古建筑因有新建设项目，在原址不能保留的，按原建筑结构，顺序拆卸，择地保持原貌，再复建谓移建
105	复建（重建）	复建			对有历史价值，纪念价值的古建筑，基本已不存在，而需要恢复，参照原建筑结构法式，原造型，再建起来叫复建（或重建）
106	毛石	双细			石坯（毛料）在采石场上稍加以剥凿之石料
107	毛料石	出潭双细			石料运至石作后，始加以剥高去潭之工作
108	粗料石	市双细			石料经第一次剥凿“双细”后，再加一次凿平，令深浅齐匀称“市双细”
109	半细料石	錾细			石料经“双细”“出潭双细”“市双细”等加工后，再以錾斧密布斩平，称錾细
110	细料石	督细			经“双细”或“出潭双细”“市双细”“錾细”后，再用蛮凿细督，使面平细称督细
111	发平	发撑（发牮）	发平	发平	柱，梁，腐朽原榫而影响局部楼面下沉，经发撑达到原水平，谓发平

附录G 检验工具表

序号	名称	规格型号
1	钢卷尺	1m、2m、20m、50m
2	楔形塞尺	15×15×120mm 其 70mm 长斜坡上分 15 格
3	方尺（斗方）	自制
4	活尺	自制
5	丈杆	按需要自制
6	水平尺	镶有水平珠的直尺，长度 15～100cm
7	坡度尺	自制
8	圆卡板	自制
9	样板	自制
10	弧形塞尺	自制
11	样杆	自制
12	放样靠尺	自制
13	短平尺	长 40cm
14	靠（直）尺	长 1m 或 2m
15	托线板	长 1m 或 2m
16	线坠	
17	小锤	10g
18	经纬仪	二级或三级
19	水准仪	二级或三级
20	百格网	按砖规格自制，纵横各均分 10 格
21	弦线	尼龙线或弦线 5～20m

附录H 本标准用词说明

H.0.1 为便于在执行本标准条文时区别对待，对于要求严格程度不同的用词说明如下：

（1）表示很严格，非这样作不可的：正面词采用“必须”，反面词采用“严禁”；

（2）表示严格，在正常情况下均应这样作的：正面词采用“应”反面词采用“不应”或“不得”；

（3）表示允许稍有选择，在条件许可时，首先应这样作的：正面词采用“宜”或“可”，反面词采用“不宜”。

H.0.2 条文中指明必须按其他有关标准执行的写法为，“应按……执行”或“应符合……的要求（或规定）”。非必须按所指定的标准执行的写法为，“可参照……的要求（或规定）”。

附加说明

本标准主编单位、参加单位、主要起草人名单

主编单位：苏州市房地产管理局

参加单位：贵阳市房地产管理局
成都市房地产经营公司
扬州市房地产公司
常熟市房地产公司

主要起草人：张　斌　田世荣　殷云鹤　李德俊　余盛则
戴宏强　陈宝春　陶仕龙　朱翠华　赵立昌
顾家椽　叶继光　康　俊　朱喜锋　蔡保海
陈瑞坤　王桂云

中华人民共和国行业标准

古建筑修建工程质量检验评定标准

（南方地区）

CJJ　70—96

条　文　说　明

前　言

根据建设部建标（90）407号文要求，由苏州市房地产管理局主编，贵阳市房地产管理局、成都市房地产经营公司、扬州市房地产公司、常熟市房地产公司参加共同编制的《古建筑修建工程质量检验评定标准》（南方地区）CJJ70—96，经建设部1996年11月4日以建标［1996］568号文批准，业已发布。

为便于广大设计、施工、科研、学校等单位的有关人员在使用本标准时能正确理解和执行条文规定，《古建筑修建工程质量检验评定标准》编制组按章、节、条顺序编制了本标准的条文说明，供国内使用者参考。在使用中如发现本条文说明有欠妥处，请将意见函寄苏州市房地产管理局。

本《条文说明》由建设部标准定额研究所组织出版。

目　次

1 总 则

1.0.1 我国是一个历史悠久的文明古国，保存了大量的古建筑，这些古建筑具有很高的文物和建筑艺术价值，需要很好的维修保护。目前我国实行改革开放，为了发展经济，又新建了一大批仿古建筑，使我国的传统建设技术有了新的发展，为了适应这一形势的要求，建设部下达了编写《古建筑修建工程质量检验评定标准》(以下简称《古建标准》)的任务。但由于我国南北方地理环境的不同，古建筑的风格作法有较大的差别。为此，由北京房管局主编出版了适用于北方地区的《古建标准》。这里编写了适用于南方地区的《古建标准》。南方的古建筑有的是按照北方古建筑的某些特点建造的，在质量检验评定时，除按本标准执行外，尚应参照北方地区《古建标准》的有关章节执行。

本标准的编制是根据：国家现行《统一标准》《新建标准》及有关施工规范;《中华人民共和国文物保护法》及国务院颁发的有关文物保护管理规定;《营造法原》及宋《营造法式》清《工程作法则例》;南方地区古建筑传统作法中一些普遍的、先进的、典型的作法要求；现存的一些古建筑实例和建国以来古建筑修、建方面的经验编制的。

1.0.2 本标准的使用范围,条文中已明确规定适应于南方地区的三种建筑，这是指一般的古建筑和仿古建筑。对文物古建筑的修缮工程必须遵守《中华人民共和国文物保护法》的规定，特别是不改变文物原状，“四保存”的要求（保存原形制、原结构、原材料、原工艺)。在具体的修缮施工中，在不改变文物原状的前提下积极推广新技术，新材料。其维修方案必须经过相应级的文管部门批准才能动工。以防止在维修中有改变文物原状的现象发生。对于南方，少数民族地区，各地有各地的传统建筑特性，所以各少数民族地区的传统古建筑可参照本标准执行。

1.0.3 一些古建筑，特别是仿古建筑中有些工程项目的质量检验与评定在国家现行《建筑安装工程质量检验评定统一标准》(以下简称《统一标准》)、《建筑工程质量检验评定标准》(以下简称《新建标准》) 中已有明确规定，为减少重复，本标准只对与古建工程联系密切或古建工程所特有的工程内容做了规定。

2 质量检验与评定

2.1 工程质量检验评定的划分

2.1.1 本条规定的古建筑修、建工程的质量检验与评定是按照分项、分部、单位工程的先后程序进行的。与国家现行《统一标准》的办法是一致的。

2.1.2 本条根据古建筑工程的特点，规定了分项、分部工程的划分原则，把古建筑的修与建都划分成六个部分，并把门窗工程扩大为木装修工程（即一切小木作工程）。

2.1.3 分项、分部工程的名称表只列出了古建筑中的特有项目和与古建筑比较密切的项目，与《新建标准》相同的项目参照国家现行的《统一标准》表2.0.2的规定执行。

2.1.4 单位工程的划分在古建筑移建，复建中，在仿古建筑中与国家现行《统一标准》的划分基本相同。在古建筑的修缮工程中就有些不同了。如果是大修工程可以将一个单体建筑作为一个单位工程。如果在成片修缮工程中，只对个别分项工程或分部工程进行维修，就可以将几个单体工程或一片工程作为一个单位工程进行评定。

2.2 工程质量检验评定的等级

2.2.1 本条规定了工程质量评定按照分项、分部、单位工程三个层次，合格、优良两个等级进行评定。这种分法是按照与国家现行《统一标准》相一致的原则划分的。

2.2.2 本条对各分项工程按照保证项目、基本项目，允许偏差项目三项内容，合格、优良两个等级进行评定。每项内容都规定了相应的质量评定标准，但要求的严格程度是不同的，保证项目是必须做到合格或优良的，它对工程的安全、使用效果和功能起着保证作用；基本项目在一般情况下也是必须做到的，它对工程质量起着重要作用；允许偏差项目在规定的范围内允许有偏差，但不能超过允许的范围，超过允许范围也将对工程的使用、质量、美观受到影响。

2.2.3 本条规定了分部工程的质量评定标准，每个分部工程包括若干分项工程，根据古建工程的特点，把“门窗工程”，纳入“木装修工程”，木装修分部工程所包括的分项工程见本标准表2.1.3的规定。

2.2.4 本条规定的单位工程的质量评定是按照分部工程的质量、质量保证资料、观感质量三个方面的内容进行评定，根据古建工程的特点，单位古建工程和仿古建筑工程的优良工程必须含主体和木装修工程。

2.2.5 本条规定了当分项工程质量不合格时具体处理的规定。经处理后达到本条的要求时也只能评为合格，所在的分部工程不能评为优良。由此看出工程质量一定要认真对待，保证所有分项工程一次检验达到合格以上等级。

2.3 工程质量检验评定程序及组织

2.3.1 本条规定了分项工程的质量检验与评定在工人班组基础上进行，由单位工程负责人组织，由专职质量检查员核定。这既体现了质量管理要扎根于群众的观点，也体现了领导与群众，专职人员与群众相结合的观点。古建筑工程有很多分项工程完全是靠手工操作的（如木装修工程、雕塑工程等），质量的好坏很大程度上要依靠工人的质量意识。对分项工程的质量检验与评定必须坚持作完一项检查一项的制度。分项工程质量检验评定表按本标准附录A的统一格式进行。由于隐蔽工程的特殊性，在表“注”中提出质量检验评定时应请建设单位，设计单位参加。

2.3.2 本条规定了分部工程质量检验与评定由施工队一级的技术负责人组织专职质量检查员核定。根据古建工程的特点地基与基础，主体分部工程，还应包括屋面工程和木装修工程，其质量检验与评定应由企业技术部门和质量监督部门组织核定。

2.3.3 单位工程质量的评定是竣工验收的主要依据，除了施工企业的有关部门参加外，还应请建设单位、设计单位参加。对文物保护工程还应请文管部门参加。并将分项、分部工程评定资料，质量保证资料，观感质量评定资料一并提交当地工程质量监督部门或主管部门核定。

2.3.4 当由几个分包单位共同承包一个单位工程时，应由总包单位对质量全面负责。各分包单位除按本标准及有关标准评定本单位所承担的分项、分部工程质量等级外，还应接受总包单位的质量监督管理，并应将全部评定资料结果交总包单位，以保证整个单位工程的质量评定。

3 土方、地基与基础工程

3.0.1 本章针对古建筑中常见的地基处理及基础形式，设置了石桩、木桩、台基、驳岸的质量检验评定。其他形式的地基与基础的质量检验和评定，应符合现行的《新建标准》的规定。

3.1 土方、地基工程

3.1.1 在古建筑人工地基处理中除了石桩、木桩外，其它形式的人工地基处理基本上按现代技术手段处理。因此均按国家现行的《新建标准》的规定执行。

3.2 石桩工程

3.2.1 石桩的质量在使用前必须按设计要求进行严格检查。不合格者不得使用。

3.2.2 嵌桩石除了起到固定石桩的桩位作用外，还对复合地基的强度起到重要作用。因此，对嵌桩石的质量在使用前必须严格检查。

3.2.3 目前在打石桩工程中，对石桩的贯入度不够重视，因此特设本条对贯入度提出了要求，以便引起重视。

3.2.6 打（压）石桩的允许偏差表是参考了国家现行《新建标准》表 3.7.4 以及根据打（压）石桩的应用经验而编制的。

3.3 木桩工程

3.3.1 木桩的质量必须严格掌握，认真按设计要求检查。

3.3.2 木桩的防腐处理是根据木材容易腐蚀这个特点而要求的，因此对木桩防腐处理，在打桩前必须进行严格检查。

3.3.3 同 3.2.2。

3.3.4 桩的接头处理是涉及一根桩的整体强度的一个重要问题。由于接头处理质量不良，或接头处上下桩的同心度不准，使桩的中心线成折线，在锤击时形成偏心而使桩破坏，所以桩的接头必须严格按照设计要求进行检查。

3.4 台基工程

3.4.1 台基是古建筑的一个重要组成部分，它包括磉石以下的全部工程。

3.4.2 为了保证台基工程的质量，应严格掌握材料的质量。

3.4.3 一般古建筑的台基都由石材砌筑，由于石材尺寸较大，砂浆铺设较厚，为保证砂浆的强度，应尽量用粗砂配制砂浆。

3.4.4 台基内的回填土，必须按设计要求或施工规范的规定分层夯实，每层夯实后按规定取土样检查，夯实后土的干容重，直到检查符合设计要求后才能进行上层土的铺设夯实。

3.4.5 此条实质应属“施工规范”的范围，但目前尚无古建筑的施工规范，因此此条暂列入本标准内。

3.4.8 台基的允许偏差是在总结各地经验的基础上，经过分析研究编写的，在使用中进一步改进提高。

3.5 基础的修缮工程

3.5.1 为保证基础修缮的质量和安全，本条强调了基础修缮前要有修缮设计和施工方案的规定。

3.5.2 此条是为了在基础修缮时保证房屋的安全而规定的。特别是对分段间隔掏修的规定，必须遵照执行。

3.5.3 本条中除了提出保证基础修缮材料的质量外，还提出了所采用的材料与原基础相一致的要求。这是根据古建筑本身的特点而规定的。

3.5.5 古建筑基础的修缮，在露明部分要求新旧接槎，平整、色泽基本一致，对地下部分只要满足结构强度要求即可。

3.5.6 表3.5.6的有关数据是在调查研究，总结各地基础修缮方面的经验基础上，根据古建筑修缮工程中的实际情况而编制的。

3.6 石驳岸（挡墙）石料的加工工程

3.6.1 石驳岸（挡墙）同基础一样有露明部分，也有不露明部分，露明部分对石材表面要求较高，必须严格按设计要求加工。

3.6.2 石料与木料相似，都有纹理走向。必须使纹理走向符合构件的受力要求，否则会影响结构安全。

3.6.3～3.6.5 此三条是对石料加工表面质量的规定，一般用于露明部分。不露明部分只要满足强度要求，对表面加工可不作严格要求。

3.7 石驳岸（挡墙）石料的砌筑工程

3.7.2 石驳岸的收势除了设计要求外，各地的传统做法不一，因此本条对收势不作详细规定，可根据各地的传统做法砌筑。

3.7.4 同3.4.3。

3.7.5 仓石在毛石驳岸的砌体中是保证砌体强度的重要因素之一，因此本条设置了对仓石强度的要求。

3.7.7 同3.4.4条。

3.7.8～3.7.9 驳岸灰缝质量，不但要求整齐，尤要密实。石料的寿命较长，如灰缝不密实，不断遭水的浸蚀、冻融、冲刷，使驳岸受到破坏。

3.7.12 本条规定的允许偏差是在调查研究、总结各地的经验基础上提出的。在施工中应严格执行。

3.8 石驳岸的修缮工程

3.8.1 本条是为了保证修缮质量而规定的，在修缮工程中如需添石料（包括使用旧料）其表面加工要求应按本标准3.6.1～3.6.5条的有关规定执行，但其安装仍按本节的规定执行。

3.8.2 为保证驳岸修缮部分的质量及新旧砌体的整体强度，原驳岸损坏部分要清理干净。保证修补后结合牢固，同时新旧石料接槎嵌紧、平整、稳固及砂浆饱满。

3.8.4 对于添配石料的色泽，要求完全与原石料相同难度较大。对用在露明处的石料色泽要求尽量一致，对用在不露明处的石料色泽可不做严格要求。

3.8.5 石驳岸修缮的允许偏差是在调查研究，总结各地经验的基础上提出的，在使用中应进一步改进提高。

4 大 木 工 程

4.0.1 中国古建筑的木构件制作和安装是分阶段进行的。大木工程泛指柱、梁、枋、川（穿）、桁（檩）、椽、望板、斗拱（牌科）等构件的制作和安装。为便于质量检验，本标准针对苏南和西南地区大木构架形式作法的不同，对柱、梁、枋、川（穿）分别规定了抬梁式和穿斗式两种质量检验评定标准。

4.0.3 不同树种的木材强度和弹性模量各不相同。不同材质等级的木材，强度也有很大差别，本条是根据古建筑特征和各类构件在不同的受力情况下进行定性分析基础上并参照《木结构工程施工及验收规范》第2.1.1条、2.1.4条编制的。

由于古建筑大木构件多数直径（截面）较大（如柱直径达200～300mm左右，梁截面高达600mm左右），故在选材上，用材标准方面较《木结构工程施工及验收规范》提出的木结构选材标准均有不同程度的调整。如对木材裂缝的限制，一般外部裂缝或径裂不大于构件宽或高、直径的1/3即不影响使用；由于构件偏大，木材的髓心基本不做限制；考虑木材供应和施工周期等实际情况，对木材的含水率也根据实际情况作了相应的调整。

古建筑大木构架中榫卯结合处是木结构截面较为薄弱的部位。对节点部位的材质要求比较严格。虫蛀、腐朽等影响结构安全的木材疵病，本标准作了较为严格的要求。

4.1 抬梁式柱类构件制作工程

4.1.1 柱类构件中的廊柱、步柱、金柱、脊柱、童柱等构件名称均参照《营造法原》的名称。

4.1.2 有些古建筑的柱在四个方向有自下向上的收势，边柱有侧脚和升起。为此，在设计中应有明确的规定，按设计要求施工。当设计上无明确规定时，按当地传统做法确定收势、侧脚、升起程度的比例。

4.1.3 本条规定的柱、梁、川、枋等构件的榫卯作法和联结方法是参照《营造法原》上的规定。在总结传统做法和经验的基础上，经过研究分析，在安全可靠的基础上确定的。同时，兼顾了榫卯、柱节点处构件截面大小和榫卯作法之间的相互关系。为保证工程质量，本标准把这些榫卯作法都列入了保证项目。

本节的榫卯节点做法泛指大量的清代建筑而言。至于宋、明建筑，凡榫卯节点构件做法不同者，均应按原建筑的制式施工。

4.1.4 本条根据加工水平，将质量分为合格和优良两个等级，其目的是为了促进质量的不断提高。

4.1.5 柱类构件制作，重要控制柱中心线正确。

在施工中要注意：

（1）同一方向的柱中心线处于一条直线上；

（2）柱底的十字中心线要与磉石的十字中心线吻合；

（3）柱顶的十字中心线要与梁、桁、枋的中心线吻合；

（4）柱身的十字中心线互相垂直。

少数地区利用原材制作柱子，其自身弯曲度较大，不能保证柱中心线的垂直时，可不作为检验项目不作评定。

4.2 抬梁式梁类构件制作工程

4.2.1 考虑梁类构件的受力情况和各地传统做法，本节把梁、川（穿）并成一节制定相应的检验评定标准。其名称均参照《营造法源》的名称。

4.2.2 在古建筑中铁件仍较普遍的应用于构件的固定和连接，因此对采用铁件的材质、型号、规格和连接方法均必须符合设计要求。

4.2.3 中心线和机面线是古建筑施工中的重要一环。在调研中各地普遍指出应写进大木构架章节内，并作为保证项目来检验。

在施工中柱要弹出中心线，便于控制构件的垂直度。梁要弹出机面线，便于控制建筑物的标高。

4.2.4 本条规定了梁的各部榫卯节点的具体尺寸和做法。这些尺度参照《营造法原》及各地传统做法，并根据不同节点的受力情况进行具体分析确定的。比如，条文中在梁头处的桁碗内必须留胆榫卯。檐角梁、老戗端头与桁（檩）相交必须压过中线，这些规定是在分析了木构件在受地震等外力作用时，节点处可能产生的位移提出的。并作为保证项目来检验。

4.2.5 同4.1.4。

4.2.6 梁类构件为受弯构件，对材料的要求比柱类要高，在挑选材料时应严格按本标准表4.0.3的规定进行，特别是梁的截面不能小于设计要求。

在制作梁类构件中考虑构件受力产生挠度，在选材中要尽量利用木材本身的弯曲结合考虑起拱要求，一般控制在梁跨度的1/200范围内。

4.3 抬梁式枋类构件制作工程

4.3.1 枋类构件中的廊枋、步枋、拍口枋、四平枋、随梁枋及西南地区的川（穿）枋，桃枋等都是起拉弯作用的构件，本节据此提出了这些方面的质量检验和评定标准。

4.3.2 同4.2.2。

4.3.3 枋类构件在古建大木构架中，属拉弯构件，在连结上又称装配构件。因此，对其端头榫卯形状，尺度比例要求十分严格。如聚鱼合榫、箍头榫、半榫以及连机与梁联结的处理方法，都是构造上的需要。将这些内容列入保证项目，要求施工中必须按规定做法进行制作。

4.3.4 同4.1.4。

4.3.5 由于枋所处的位置决定，枋类构件的截面尺寸要求较严，不能任意增加或减少，允许偏差项目中作了明确的规定。

在调研中发现安徽一些地区用原木制作枋类构件，对其侧向弯曲可不作检验和评定。

4.4 穿斗式柱类构件制作工程

4.4.1 穿斗式构件在我国西南地区应用较多，苏南地区的边帖木构件亦常用。故在此标准中单列章节分别规定质量检验与评定。

4.4.2 同4.1.2。

4.4.3 在穿斗式构件中柱与桁（檩）相承接采用顶拱榫较多。柱与梁、川（穿）枋相交多采用半榫和透榫。本条规定了这些榫卯的尺度。这些尺度主要参照《营造法原》提出的。有些数据是根据传统做法和经验数据，经过调查分析，在安全可靠的基础上确定的。同时兼顾了榫卯节点处构件截面大小和榫卯尺寸之间的协调关系。

为保证工程质量，本标准把这些榫卯尺寸都列入了保证项目。

本节的榫卯节点做法泛指大量的清代民居建筑，至于宋、明建筑，凡榫卯节点做法相异者，均应按原建筑的法式进行检验与评定。

4.4.4 同4.1.4。

4.4.5 同4.1.5。

4.5 穿斗式梁类构件制作工程

4.5.1 考虑结构受力和各地传统做法，本节把梁、川（穿）合并成一节，制定相应的检验评定标准。

4.5.2 同4.2.2。

4.5.3 同4.2.3。

4.5.4 梁类构件对选材的要求，一般比其他构件为严，材料选择时应严格按规定进行。特别是梁的截面一律不得小于设计要求。

大梁起拱的要求是根据梁受力后产生下弯变形提出来的，所以在选材时尽量利用原木本身的弯曲结合大梁起拱的要求制作。起拱一般控制在跨度 1/200 范围内。

对于少数地区利用原木作梁类构件，其起拱及圆度可不作检验项目。

4.6 穿斗式枋类构件制作工程

4.6.1 枋类构件中的廊枋、步枋、拍口枋、四平枋、梁枋及西南地区的穿枋、桃枋等构件名称均参照《营造法原》和西南地区作法提出的。本节按照穿斗式的作法提出了质量检验与评定标准。

4.6.2 同 4.2.2。

4.6.3 同 4.3.3。

4.6.4 同 4.3.4。

4.6.5 枋类构件的截面规定，侧向弯曲要求较严，不能任意增加或减少，对其允许偏差项目作了明确的规定。

在大量的调研中发现安徽和西南一些地区利用原木作为枋类构件，对其截面的圆度、侧向弯曲可不作检验评定项目。

4.7 搁栅、桁（檩）类构件制作工程

4.7.1 本节所指的搁栅是指木楼面面层下承受楼板荷载的受弯构件。

4.7.2 桁（檩）、搁栅均为承重受弯构件，并兼有拉结作用。其榫卯节点做法依部位不同各有区别，本标准将这些榫卯尺度、规格作了具体的规定，做为制作桁（檩）、搁栅等构件的质量检验依据。

本节的榫卯节点做法泛指大量的清代建筑而言的，至于宋、明建筑，凡榫卯节点做法与此不同时，均应按原建筑的制式制作。

4.7.3～4.7.5 检验桁（檩）、搁栅、扶（帮）脊木等构件应注意下列各点：

（1）构件表面质量的好坏，将直接影响构件的油漆工程和洁净美观。为此把构件的表面质量分为两个等级进行检验与评定。目的是为了提高构件表面的加工质量。

（2）构件表面上中线等各种弹线是结构安装就位的重要依据，是保证安装质量的重要措施，必须引起高度重视，在加工过程中严禁把弹线毁坏。

4.7.6 在制定桁（檩）、搁栅构件的质量检验标准时，各地都提出了对侧向弯曲的要求，在选择材料时一定要在规定范围内选用及加工。防止侧向弯曲过大影响安全及椽子等构件的安装质量和整体美观。

4.8 板类构件制作工程

4.8.1 本节提出的各种板的名称，如山花板、夹樘板、楣板、垫板、裙板、博风板、封檐（围台板）板、瓦口板、楼板等构件名称均参照《营造法源》提出。

4.8.2 板类构件。木材含水率不应超过表 4.0.3 的规定，并强调所有板类镶拼一定要榫接（企口榫、高低榫、银锭榫）其目的是为了保证构件的整体牢固和美观。

4.8.3 本条根据拼缝和加工水平，对板表面质量提出了具体的要求，其目的是为了促进其镶拼和表面质量的提高。

4.8.4 本条文是根据《木结构施工规范》的要求，统一了各类树种板材拼接缝隙宽度的允许偏差，较一般建筑严格些。如新规范对松木板缝隙宽度规定不大于 1mm，对古建筑工程的要求，缝隙不大于 0.5mm。

4.9 屋面木基层构件制作工程

4.9.1 本条把桁（檩）以上，瓦屋面以下部位的构件均归入屋面

木基层。考虑这些构件的属性分别列条阐述，提出相应的质量检验评定标准。

4.9.2 本条文中椽类构件的制作均参照《营造法原》作法。望板制作参照《木结构施工规范》的规定。椽类、望板是受力构件，对其断面有严格规定，必须符合设计要求。

4.9.3 根据规范规定，望板接头必须错开，在质量检验评定时对接头和拼缝都应符合本标准的规定。

4.9.4、4.9.5 椽类构件在外形美观上做到弯势和顺、起翘一致，曲线对称，线条顺直，棱角分明，是非常重要的，为此针对合格和优良两个标准提出了相应的规定和要求。

4.9.6 根据古建筑的特点，露明椽类除必须满足截面要求外，还必须做到尺度、规格统一。因此本条中椽类构件对截面的上、下限的允许偏差都作了具体的规定。

4.10 下架木构架的安装工程

4.10.1 古建筑的大木工程的安装是分阶段进行的。按照工艺及结构划分为上架和下架。柱头以下为下架（含柱、梁、川、枋）。柱头以上为上架（含柱、梁、川、枋、桁、屋面木基层等构件）。对两个阶段安装，都提出了具体要求和相应的检验评定标准。

4.10.2 下架工程的安装和检验必须注意以下各点：

（1）轴线和构件中心线要重合，纵横十字线要互相垂直。

（2）机面线的位置要正确，并与标高吻合一致。

（3）柱底的平整、收势、侧脚要一致、对称。升起的起翘要对称等。

4.10.3 在下架工程安装的过程中铁件用于榫卯结合处。起着重要的联结固定作用。因此对采用铁件的材质、型号，规格和连接方法等，均必须符合设计要求。

4.10.4 下架工程安装之前必须检验磉石、榫卯节点的位置、标高、轴线。一般检验手段均采用传统建筑工具——丈杆。

丈杆的制备必须符合传统做法，用含水率低、材质优良的木材制作。丈杆制成后，必须经质量员验核后，确认准确无误后才可使用，并应有检核记录。

通常在大木构架安装之前，必须对所有重要构件进行试装、汇榫，以便发现问题及时调整处理。

安装后要经检验员复核，确认正确无误，符合设计要求，然后再在榫卯处用梢子固定。

4.10.5 本条款较《新建标准》的要求有所提高，《新建标准》中的合格仅指各铁件作防锈处理。考虑到铁件在榫卯结节处的位置和作用，提出对铁件防锈处理均匀不漏的要求。

4.10.6 大木构架中的榫卯处理，半榫要紧密无缝隙，透榫部位要用楔料填紧，做到严密无松动。

4.10.7 榫卯间隙的允许偏差，各地反映不一，有的提出2mm，有的提出不允许有间隙，经分析研究最后定为允许偏差1mm，但必须加楔料敲紧不允许有摇晃感。

4.11 上架木构架的安装工程

4.11.1 本节提出了上架工程的适用范围和检验标准。

4.11.2 进行上架工程安装前必须对已安装固定好的下架构架的榫卯节点、标高轴线等再进行复检，发现问题及时校正。

4.11.3 同4.10.3。

4.11.4 同4.10.5。

4.11.5 同4.10.6。

4.11.6 上架构架的安装应注意以下各点：

（1）中心轴线正确。

（2）机面线的标高正确。

（3）榫卯间隙符合要求。

（4）板类构件的平直程度。

本条对上述方面都作了十分详尽的阐述，特别对榫卯节点的间隙作了严格的规定。

4.12 屋面木基层构件的安装工程

4.12.1 本节提出了屋面木基层质量检验评定标准的适用范围。

4.12.2 屋面木基层必须遵循古建筑的作法。桁（檩）之间坡度（提栈）必须符合设计要求或传统作法。

4.12.3 屋面木基层安装之前，应对翼角处各式椽类、板类、里口木等构件进行预检、汇榫、试装。发现问题及时校正。

4.12.4 本条的安装做法应符合本标准4.9.2的规定，做到制作与安装一致。

4.12.5 椽档均匀与否，直接影响望砖、望瓦铺作质量，又在一定程度上影响美观。在检验时一定要充分注意到这一点。

4.12.6 板类构件安装位置要符合《木结构施工规范》的规定，接头处要错开。

4.12.7 摔网椽、嫩老戗（角梁）、里口木的安装应注意以下各点：

（1）檐口下口部位；

（2）挑出长度；

（3）起翘弧度；

（4）端部与桁（檩）的连接。

4.12.8 本条第一点中檐椽、飞椽不包括翼角处摔网椽。摔网椽还应检查起翘和弯势。本条考虑厅、堂、轩、亭建筑的特点，对椽档要求比较高。

4.13 木楼梯制作与安装工程

4.13.1 本条提出了按抽槽镶嵌作法制作踢板、踏脚板的木楼梯的质量检验和评定标准。

4.13.2 本条中提及的"连接方式"是指铁件以螺栓或焊接等的连接方式。铁件的规格尺寸和作法必须符合设计要求。

4.13.3 古式楼梯的栏杆、扶手在施工时均应放大样、套样板。然后根据大样，样板制作。大样、样板必须符合设计要求。

4.13.4 木楼梯的榫卯节点必须构造正确，才能保证整体结构的安全可靠。楼梯与墙和地坪接触部位应作防腐处理。

4.13.5 同4.1.4。

4.13.6 楼梯踏步板应用整幅木板制作，踏步板要平直，不得向内外倾斜。踢脚板要稍向里侧倾斜，高低分格要均匀，休息平台接缝要平整严密。

4.13.8 本条对照《新建标准》增加了扶手纵向弯曲允许偏差。扶手发生纵向弯曲主要是材质含水率高造成的，因此要控制含水率。如发生轻微纵向弯曲，弯曲面应放在外侧。

4.14 斗拱（牌科）的制作和安装工程

4.14.1 古建筑中斗拱种类繁多，按部位划分有外檐斗拱、内檐斗拱、出串斗拱、柱头斗拱、装饰斗拱等。按形式分，可分为斗三升、斗六升。按尺度划分可分为四六式、五七式。本条提出了上述各式斗拱的适用范围。

4.14.2 斗拱构件制作通常是成批一次性加工，为保证制作质量，需要套样板按样板制作，以保证构件的尺度和制式的一致性。

4.14.3 本条所列各款为施工操作规范性质的内容。其中对斗拱构件刻口方向、留胆、暗梢固定的要求均为保证斗拱制作、安装质量的重要规定。

4.14.4 本条要求在安装斗拱前，必须进行草验和试装，并不得使用残缺构件，发现问题及时改正。斗拱试装草验后必须按安装顺序编号堆放，按组合顺序安装，以保证斗拱安装保质保量的顺利完成。

4.14.5 本条外观上提出斗拱表面的质量标准，旨在提高表面加工的质量。

4.14.6～4.14.7 检验斗拱榫卯和安装的质量应注意以下事项：

（1）上口平整水平度；

（2）出挑齐直、高低一致；

（3）榫卯间隙严密；

（4）斗拱垂直；

（5）斗拱轴线位置正确。

4.14.8 本条为控制斗拱榫卯及装配质量，从五个方面提出的允许偏差项目，其中榫卯间隙的偏差最为重要，为提高制作安装质量，把间隙偏差缩小到最小限度，最后定为允许偏差0.5mm。

4.15 立帖屋架的牮直、发平、升高、位移工程

4.15.1 立帖屋架的牮直、移位、升高和发平工程是指大木结构的构架在长期使用过程中，由于外力，地基沉降、振动、使用情况的改变等诸因素的影响，逐渐使房屋产生楼面不均匀下沉，屋架倾斜以至成为危险房屋的一种修缮工艺。

牮直就是把倾斜的木构架牮拉垂直；发平就是把局部下沉的柱和楼面升高，使楼面恢复水平；升高是指把整个房子抬高的作法；移位是指把整幢房屋搬移至附近另一地方的过程。本节提出了适用于上述项目的质量检验和评定标准。

4.15.2～4.15.5 正确的施工工艺和操作顺序是牮直（纠偏）、位移、升高、发平工程的重要环节，必须按有关规定进行施工，才能保证整个修缮工程的安全和质量。在修缮中应注意以下几个方面：

（1）施工前应检查木构架榫卯部位的蛀蚀、糟朽等缺陷，必要时应加固后才能施工。

（2）牮直、位移、升高、发平工程所选用工具、设备材料的型号、规格、连接方式和安装部位等都应在施工前进行详细检查。

（3）在修缮操作之前要用铁件、撑木加固，增强房屋的整体性。必要时卸荷修缮，防止在修缮中产生反方向变形破坏。

（4）施工顺序必须认真合理安排，要分方向、分层次渐进施工，加力要均匀。修缮完毕复位后应增加建筑平面和空间的刚度，增加纵横间支撑和墙体，防止倾斜返回。

4.15.6 在牮直、移位、升高、发平修缮施工中，采用铁件进行连结、加固是经常采用的。因此所采用铁件的材质型号、规格、连接方法均必须符合设计要求。

4.15.7～4.15.10 在牮直、移位、升高、发平项目中，主要控制垂直度、平整度、标高及榫卯节点的牢固和间隙。本条针对上述情况提出了达到合格或优良的规定标准。

4.15.11 大木构架的牮直、升高、发平都是在原建筑倾斜、楼面下沉的情况下施工的，因此操作较新建项目困难，所以对允许偏差项目相应放宽些，主要目的在于修复解危。

4.16 大木构架的修缮工程

4.16.1 本节适用于大木构件的所有修缮范围。

4.16.2 大木构件的修缮，一般都是榫卯节点处发生损坏或松动，常用铁件进行加固。但对重要的古建筑，使用什么材料进行加固要慎重考虑，不要修缮不当而破坏了古建筑的特征和风貌。

4.16.3 一般修缮更换构件采用旧木材情况较多，对旧木材应认真检查，并应有鉴定资料，材质必须符合表4.0.3的规定。桁（檩）搁栅严禁颠倒搁置，以免造成裂缝和断裂。

4.16.4 文物古建筑修缮工程，在大木构件拆换之前应反复察勘原状外形，图案，榫卯制式，记录拍照摄影并制作样板。使修换后的构件不失原物风貌。

4.16.5～4.16.7 本条着重对大木构件架修补更换的范围和方法提出了原则性的规定。主要是根据木材的受力情况、损坏程度在认真总结各地实践经验的基础上提出的。对一般性虫蛀、腐蚀、糟朽、劈裂等常规缺陷，也提出了墩接、挖补、包镶、化学材料浇铸、胶结等加固方法。对超过一定损坏范围的应拆换处理。

4.16.8 本条对修缮中所使用铁件的安装质量提出了具体的要

求，特别要注意铁件的形状、安装的位置，既要保证质量，又不影响古建筑的风貌。

4.16.9 为了保证大木构架的修补质量，提出相应的质量检验评定标准。

4.16.10 大木构架榫卯修缮后质量检验主要注意二条：

（1）榫卯处构造正确、缝隙严密；

（2）标高的正确一致。

4.16.11 修缮大木构件，由于施工条件的限制与原存构件的情况各异，增加修缮难度。因此在允许偏差中较新建工程允许偏差适当放宽。

4.17 大木构架的移建工程

4.17.1 本节是根据有保护价值的古建筑，因某种需要在原地将大木构架整幢拆除，移地再复建的工程，而制定的质量检验评定标准。

4.17.2 大木构架移建，在拆卸前应反复查勘原状外形、法式特征、榫卯制式等，进行详细的查勘记录，摄影、存档。

4.17.3 构件拆卸前应分组编码。构件拆卸时要注意保护原构件和榫卯不被损坏。拆卸后要分类分榀堆放，妥善保管。

4.17.4 构件安装前必须检验构件是否齐全，损坏的构件是否已修补，该更换的构件是否更换。各部分构件的榫卯要试装，保证安装的顺利进行。

4.17.5 大木构架移建安装后，其轴线、标高、收势、升起、侧脚等，必须与移建前的原状基本相同。

4.17.6 在安装过程中，当需要铁件加固时，所用铁件的形状和色泽，要注意与古建筑的外貌相协调。

4.17.7 需要修补的构件应按本标准 4.16.1～4.16.11 条的规定修补。需要更换的构件应按本标准 4.0.1～4.14.9 条的规定进行制作。

4.17.8 同 4.16.8。

4.17.9 同 4.16.10。

4.17.10 大木构件的移建，由于建筑使用年久，再加上拆卸、运输、构件变形等原因，移地安装很难达到新建标准的要求，为此在检验标准允许偏差方面都有所放宽，只对下述各点进行控制：

（1）轴线；

（2）垂直度；

（3）榫卯拼装的间隙；

（4）标高；

（5）平整度。

（6）对抗震、防火、防潮、防腐、防虫应进行妥善处理；

（7）水、电、气管线的敷设应与主要承重构件保持一定的距离。

5 砖 石 工 程

5.0.1 南方古建筑中的砖石（组）加工较为普遍，一般都具有装饰要求，例如门楼、照壁、墙门、垛头、抛方、门景、地穴、月洞、部分漏窗等，都用砖石（细）做装饰。形式多样，丰富多采。因此本章主要对砖石（细）的加工与安装以及砖石（细），漏窗的修缮，提出了质量评定标准。

5.1 砖细加工与安装工程

5.1.2 目前古建筑工程中需进行砖细加工的砖料质量不稳定，往往达不到所要求的质量，影响砖细的加工与安装。所以，作为砖细的砖料一般强度等级应在 MU10 以上。

5.1.3 砖细加工图案的质量检验与评定，常常与检验人员的素质有关。为此，本条只要求符合设计要求即可。

5.1.5 砖细安装采用的砂浆与砌筑砂浆不一样，一般要求较高，所以必须符合设计要求或当地的传统做法。

5.1.6 砖细加工的规定是根据图样要求提出的。为保证加工质量，必须把料选好。按照先粗后细的加工程序进行加工，达到标准的规定要求。

5.1.7～5.1.8 砖细安装时要保证垫层均匀一致，砖与垫层粘结牢固。安装方法要符合设计要求或当地的传统做法。

5.2 砌 砖 工 程

5.2.2 南方古建筑中，有的墙体自下而上向内倾斜，称为“收势”（也称为“收分”）。根据有关古建筑文献资料及对现存古建筑的调查，一般收势率在1%～3%之间，但考虑到南方古建筑差异较大，本标准未提出收势率的具体规定，各地可根据设计要求施工。若设计有收势要求，而未具体提出收势率时，可考虑收势率在1%～3%之间选择或根据各地的传统做法确定。

5.3 砖细工程的修缮工程

5.3.2 在修缮工程中，如需添配砖细（包括使用旧料），其选材和加工质量要求，应按本标准第 5.1.2～5.1.6 条的规定采用。

5.3.3 本条规定是根据砖细修缮新旧接槎处可能产生的问题提出的。施工中必须十分注意接槎处的砌筑质量和外观质量。

5.3.4 本条规是为保让原砖细的图案、线角、风格不受影响提出的，在施工时必须达到规定要求，保持原砖细的风格。

5.3.5 本条也是为保证修补处的墙面与原样要保持一致提出的，因为是古建筑，必须注意本条的要求。

5.4 石料（细）的加工和安装工程

5.4.2 选择石料时必须符合设计要求，保证质量，不得选择带有裂缝、炸纹、火烧及隐残等缺陷的石料，并且要注意石料的色泽一致。

5.4.3 同 3.6.2。

5.4.9 石结构建筑在我国南方古建筑中应用较少，只在福建等少数地区存在。因此，本文对石结构只作原则上的要求，具体细部要求各地可根据本地的实际情况另行作出具体规定。

5.4.12～5.4.13 石料加工及安装的允许偏差表是在调查研究、总结各地经验的基础上编制的。

5.6 石料（细）的修缮工程

5.6.2 同5.4.2。

5.6.4～5.6.7 条的规定是根据石料（细）修缮的特点提出的，主要目的是要与原有石活的风格特点保持一致。在施工中应按规定要求加工安装。

5.7 漏窗的制作和安装工程

5.7.1 古建筑中的漏窗所用的材料一般有砖、瓦、石、灰等。本节适用于上述材料的各种漏窗的制作与安装。其它材料制作的漏窗可参照执行。

5.7.2 漏窗材料的品种、规格、质量必须根据设计要求选择，以确保漏窗的质量。

5.7.3 漏窗的图案制作必须按照设计图纸的要求进行，精心制作施工。

5.8 漏窗的修缮工程

5.8.1 同5.7.1。

5.8.2 同5.7.2。

5.8.3 漏窗修补的图案、风格必须同原窗相同，不得随意更改原窗的内容及风格。

5.8.4 漏窗修补后的外观要符合原有风貌，不能破坏原来的艺术效果。

6 屋面工程

6.0.1 我国古建筑的主要特点是屋面造形优美、做工考究、屋面材料品种较多。本章列出九节，分别对望砖、望瓦、小青瓦、冷摊瓦、筒瓦、琉璃瓦、盝顶、屋脊、饰件及瓦屋面、屋脊饰件的修缮等质量检验和评定做了较详细的阐述。

6.1 望砖工程

6.1.1 望砖工程按加工程度划分为细望和糙望两种，按平面形状又可划分为直望和弧望两种，本节分别对上述项目提出了相应的质量检验和评定标准。

6.1.2 影响古建筑屋面质量的主要因素之一是材料质量，所以本条对望砖的质量要求包括两个方面，一方面要保证望砖的强度质量，一方面还要保证外观质量，即无缺楞掉角、无裂缝、隐残，无严重砂眼爆裂等。

6.1.3 望砖浇刷，披线是古建筑屋面工艺中的一项传统工艺。为保证外观质量，本条特别强调灰浆材料的质量必须符合设计要求。

6.1.4 异形望砖的制作要根据弯椽的弧度、形状预先制作样板，然后再加工磨细。

6.1.5 望砖铺设要平整、无翘曲。在施工中要剔除有裂缝、隐残、缺棱掉角的望砖。

6.1.6 望砖磨细加工主要用于大殿、厅堂、亭等较重要的建筑物。望砖磨细过程中对个别不影响质量的较大砂眼要用原砖灰胶结嵌补，色泽要和望砖一致。

6.1.7 望砖浇刷，披线的色泽应先试做样板。样板验证合格后再全面施工。

6.1.8 异形望砖在安装前要注意检查其平顺度、加工弧度，与弯椽相联的紧密度等。以便保证质量，达到规定要求。

6.1.9 检测望砖安装允许偏差项目应注意一定要在望砖做完后及时进行，并注意检查望砖规格是否一致，线条是否直顺，是否有破损望砖。

6.2 望 瓦 工 程

6.2.1 望瓦工程在我国西南地区应用较普遍，本节针对望瓦工程施工要求提出了质量检验和评定标准。

6.2.2 古建筑中的屋面是古建筑的主要特征之一，所以对屋面选用的瓦材应有严格的要求，既要保证强度要求，又要满足外观质量要求，即：瓦形端正，无缺棱掉角，无炸纹和严重砂眼等。

6.2.3 同6.1.3。

6.2.4 同6.1.5。

6.2.5 同6.1.7。

6.2.6 望瓦铺设主要检测瓦垅的齐直度和瓦两边搭入椽板（椽皮）的长度，本条提出检测的目的是为保证望瓦铺设的质量和整洁美观。

6.3 小青瓦屋面工程

6.3.1 本节提出的小青瓦屋面泛指有望砖、望瓦、望板、混凝土板等屋面基层之上铺设小青瓦的工程。本节针对小青瓦施工要求提出保证项日，基本项目和允许偏差项目进行质量检测。

6.3.2 南方部分地区铺瓦时一般不坐浆（大殿、亭除外），屋面漏水是小青瓦屋面的通病。为此，为保证屋面不漏水，在施工中提出如下注意事项：

1. 瓦的质量。不但要保证强度质量、更要注意保证外观质量，即无裂缝、无砂眼、无隐残；

2. 屋面的坡度曲线要正确；

3. 施工操作要按照各地的传统作法进行。

6.3.3 同6.2.2。

6.3.4 各地坐浆铺瓦中的砂浆、灰浆等粘结材料做法各异，但均必须符合设计要求。

6.3.5 小青瓦屋面施工最主要的问题是搭接必须符合古建筑传统做法的要求。在调研中发现在设计图中对小青瓦的搭接不提什么要求，各地做法差异又较大。为此，本节对小青瓦搭接提出了明确的要求。作为质量检验评定标准的保证项目。

6.3.6 施工的质量是衡量各式瓦屋面使用功能、耐久年限、整洁美观的重要一环。在施工中应注意底盖瓦铺设要行列齐直，无明显歪斜及开口喝风。檐口底瓦无坡度过缓现象，防止倒泛水造成漏水。

6.3.7 坐浆铺瓦其垫层与基层必须粘结牢固，瓦件与泥灰（砂浆）粘结必须牢固。

6.3.8 檐口齐直指二方面：

1. 沿口水平高度为一水平直线（翼角处除外）；

2. 沿口出挑长度为一条直线。

6.3.9 屋面外观质量是屋面检测项目中的重要一环。要曲线柔和，瓦拢齐直，整洁美观。

6.3.10 小青瓦及其屋面的质量检验与评定必须按照施工程序，做一项检查一项，决不能等屋面全部做完再检查。本条的检验标准在调查研究的基础上，总结各地传统作法提出的。

6.4 冷摊瓦屋面工程

6.4.1 本节提出的冷摊瓦屋面泛指无望砖、望瓦、望板等屋面基层，而在椽板（椽皮）上直接铺设底瓦盖瓦的屋面工程。这种做法在西南地区使用较多，为此，把冷摊瓦单列一节。提出相应的检验评定标准。

6.4.2 同 6.3.2。
6.4.3 同 6.2.2。
6.4.4 同 6.3.4。
6.4.5 同 6.3.5。
6.4.6 同 6.3.6。
6.4.7 同 6.3.7。
6.4.8 同 6.3.8。
6.4.9 同 6.3.9。
6.4.10 同 6.3.10。

6.5 筒瓦屋面工程

6.5.1 筒瓦工程一般分清、混二种。混水筒瓦又可分为裹楞及仿筒瓦二种。本节对上述做法提出相应的质量要求和检验方法。
6.5.2 筒瓦屋面一般均坐浆铺设。但屋面漏水状况仍属普遍。为强调屋面质量本节把屋面不得漏水作为保证项目来检测。对瓦的质量要求，不但是强度质量的要求，也要满足外观质量的要求，即无裂缝，无缺楞掉角，无砂眼、隐残等。
6.5.3 同 6.2.2。
6.5.4 同 6.3.4。
6.5.5 筒瓦屋面工程施工时必须注意底瓦、盖瓦的搭接要求。在调研中发现各地做法差异较大，施工图中一般又不作明确的规定，因此，本条提出了详细的要求，对质量检验与评定规定了标准。
6.5.6 筒瓦底瓦铺设应注意瓦垄齐直、平整及牢固。
6.5.7 清水筒瓦搭接特别强调筒瓦搭接吻合、齐直及夹楞饱满等。
6.5.8 混水筒瓦检验主要注意搭接、粘结牢固、夹楞饱满、浆色均匀。
6.5.9 同 6.3.7。
6.5.10 同 6.3.8。
6.5.11 同 6.3.9。
6.5.12 本条所提出的质量检验评定标准是在调查研究，总结各地传统作法的基础上提出的。筒瓦屋面的允许偏差与检验方法，除与小青瓦有相似要求外，特别应注意搭接紧密，瓦楞高度粗细均匀一致。

6.6 琉璃瓦屋面工程

6.6.2 同 6.5.2。
6.6.3 同 6.2.2。
6.6.4 同 6.3.4。
6.6.5 同 6.5.5。
6.6.6 同 6.5.6。
6.6.7 同 6.5.7。
6.6.8 同 6.5.9。
6.6.9 同 6.5.10。
6.6.10 釉面整洁光亮是影响琉璃瓦屋面外观质量的重要因素，因此在施工中应注意整洁、美观、不积浆，无尘灰，无污点、接缝均匀，接头紧密，提高屋面整洁美观的效果。
6.6.11 同 6.5.12。

6.7 盝顶屋面工程

6.7.1 盝顶屋面即是四周为坡屋面，围脊中间为平顶屋面的建筑。一般仅在庙宇建筑中使用。其坡屋面部分依其所使用瓦材的不同，按本标准第 6.3、6.5、6.6 节的有关条文规定执行；其平屋面部分应符合现行的《新建标准》的规定。

6.8 屋脊及其饰件工程

6.8.1 屋脊的类型很多，按部位划分有正脊、垂脊、围脊、戗脊；按构造划分有砖出线一路、二路、三路、滚筒脊；根据形式划分有甘蔗脊、纹头脊、雌毛脊、哺鸡脊、龙吻脊；按瓦件材料又可划分为小青瓦屋脊、筒瓦屋脊，琉璃瓦屋脊。屋面饰件指檐人、走兽、天皇台、花兰座等。本节对这些工程项目提出了相应的质量检验和评定标准。

6.8.2 各式瓦件材料的规格都有十分严谨的要求，必须符合设计要求，当设计无明确规定时，均必须符合各地传统做法。

6.8.3 各式屋脊、饰件与基底连接一般都有铁件连结。采用铁件的材质、规格，必须符合设计要求及施工验收规范的规定。

6.8.4 屋面饰件有灰塑制品，有陶制品（有釉面陶制品、无釉面陶制品），因此各式屋脊及其饰件的位置、造型、尺度、连结方法都必须符合设计要求。

6.8.5 屋脊、饰件的安装牢固取决于泥灰、砂浆的强度。为此，砂（灰）浆材料的选择、配比、制作都应严格要求。

6.8.6 屋脊在古建工程中占有十分重要的地位，在施工中要特别注意高度一致、轴线对称、线条通顺，柔和美观。

6.8.7 正脊、围脊指横向水平部位的屋脊，施工中要特别注意造型正确，横向水平，竖向垂直。

6.8.8 垂脊、戗脊泛指角脊、嫩戗。必须注意其弧度自然，脊身垂直曲线对称，高度一致。

6.8.9 正脊与垂脊，垂脊与戗脊之间交接部位是薄弱部位。施工过程中要特别注意处理好这些交接部位。底瓦、盖瓦伸进屋脊的长度要足够，砂浆要饱满，线条要柔和，屋面要整洁等。

6.8.10 各式屋脊一般均需涂刷颜色。施工时要注意检查材料的质量、色泽的调试。以便做到屋面无斑点、挂浆、污物，色泽一致、整洁美观。

6.8.11 檐人、走兽、天皇台、花兰座等都为屋面工程中的饰件，其安装必须牢固。特别要注意：对称部位要对称、高度要一致。

6.8.12 各式釉面屋脊、饰件的外观要整洁，施工中要随装随揩、线条通顺，接缝严密。曲线弧度对称和顺一致，没有硬弯。

6.8.13 正脊、戗角、垂脊允许偏差的检验评定标准，各地要求检查的内容标准是不一样的，本标准中所提的要求是在调查研究的基础上，总结各地的经验提出的。在施工中应认真执行，特别要注意随施工随检查，不能等屋面工程作完再检查。

6.9 各类瓦屋面及其屋脊饰件的修缮工程

6.9.1 本节所提修缮工程是指中修以上（包括综合维修工程）的修缮工程，以及屋面翻做，屋脊拆做，全部饰件的更换等工程，修缮后必须按本节的规定进行验收。

6.9.2 防雨是屋面的主要功能之一。在进行屋面的修缮时，应注意严格按本标准的有关条款规定执行。特别要注意满足底瓦、盖瓦的搭盖规定，需要用灰浆挟（压）楞、裹楞的，要做到灰浆饱满，缝隙严密。

6.9.4 修缮古建筑应达到“修旧如旧”“修古如古”的要求，因此对新的瓦件、泥（砂）浆应与原物相一致，屋面弧度经修缮后仍应与原弧度吻合。不得有漏雨、积水现象。

6.9.5 在调研中发现，屋面新旧瓦混铺现象普遍存在，因此本条规定添置新瓦应集中分楞铺设，理由如下：

1. 新旧瓦规格不一，不宜混铺。集中铺设便于瓦楞齐直、瓦档均匀。

2. 混铺瓦件影响美观。

6.9.6 屋面修缮后瓦豁瓦楞基本平整，排水通畅。

6.9.7 修缮工程用灰浆施工的筒瓦、仿筒瓦，新旧瓦件浆色应均匀一致，接槎平整。

6.9.8 局部修缮、添换瓦件接槎要平整，不得有开口喝风，倒泛水。

6.9.9 零星添配的脊件，饰件要基本与原物一致。弧形曲线与原脊一致吻合。

6.9.10 筒瓦、琉璃瓦屋面经修补后釉面整洁，刷浆（漆）色要与原物色泽相近。

6.9.11 考虑修缮屋面施工的难度，修理不如新做方便，质量评定标准比新做略放宽些。对于屋脊、饰件等拆换、添补的质量标准未作具体规定，但应按本标准 6.8 节的有关规定执行。

7 地面与楼面工程

7.0.1 本章所讲的地面与楼面及庭院、游廊、甬路工程主要是指砖粗、细墁地面，石粗、细墁地面，片石、卵石地面，各种仿古地面及以上各种地面与楼面维修工程的质量检验评定标准，其他材料的地面与楼面工程检验评定标准按国家现行《新建标准》的规定执行。

7.1 基 层 工 程

7.1.1 本节所指的各种地面、楼面、游廊、庭院、甬路下的基层质量检验评定与一般新建工程相同，按国家现行《新建标准》第 9.1.2～9.1.5 条的规定执行。

7.2 墁砖地面工程

7.2.1 砖细地面的砖是经过刨磨加工的砖料。粗墁地面的砖只需经过外观选择不需要加工的砖料。本节的重点是砖细的加工和墁地。其质量检验评定标准是根据南方各地古建筑实例及传统做法提出的。

7.2.2 做砖细的砖料要选择尺寸标准，棱角完整方正，表面无炸纹、砂眼、强度要在 MU10 以上的砖，否则不易保证加工的精度和质量。

7.2.3 地面分中、图案位置排列前，应先将基层找平清理干净，而后坐中弹线，再行墁砖铺地，以确保质量。

7.2.4 砖料的铺墁不管是砂垫层还是砂浆垫层，都应铺墁稳固，不得空鼓和松动。

7.2.5 庭院、游廊和甬路为保证雨季使用，应做好排水系统，留好排水口，并向排水口做好排水坡度，保证雨水顺利排除。

7.2.6 砖料的加工必须按标准条文要求进行，按传统加工方法细致加工，并随时进行检查，发现有损坏的及时更换。

7.2.7 砖细墁地铺砌时，为保证格缝顺直，表面平整应拉线进行，并随铺随检查，以保证质量。

7.2.8 粗墁地面除按本标准进行评定外，尚应按《新建标准》的有关规定执行。

7.3 墁石地面工程

7.3.1 本条指的墁石地面包括室内地面和室外庭院、游廊、甬路的地面。所用材料有细石（经细加工的石料），粗石（未经细加工的石料），片石、瓦片、卵石等。粗细墁石地面的质量检验评定标准是根据《新建标准》的要求提出的。片石、瓦片、卵石地面的质量检验评定标准是根据各地的经验和传统做法提出的。

7.3.2 面层材料的质量直接影响地面的质量，对于粗墁石地面的材料必须要满足设计对品种、质量、规格、色泽的要求。对片石、卵石、瓦片地面的材料只要求材料的品种质量符合要求，对色泽、规格的要求，只要差别不大，方便施工即可。

7.3.3 墁石地面的图案、花纹，在铺设前应在基层上画线或作样板，以保证图案的正确规整。

7.3.4 粗细墁石地面一般是用砂做垫层铺设，砂垫层应严格按施工规范施工，要作到铺砂密实，墁石稳固。对卵石、片石、瓦片则必须做到嵌固牢稳，当用砂填缝时填缝必须密实。

7.3.5 庭院、游廊、甬路的排水坡度施工中常被忽视，造成地面积水影响使用，施工中必须以排水口为起点，用标桩、拉线或坡度尺做好排水坡度。

7.3.6 石料的表面加工，应严格按操作规程加工，保证加工质量。

7.3.7 墁石子地面是古建筑中庭院、甬路经常用的一种。该地面作法无国家施工规范，本条的评定要求是根据各地的施工经验总结提出的，在使用中应不断总结提高。

7.3.8 片石、瓦片地面也是古建筑中庭院、游廊、甬路常用的一种。一般采用10cm～15cm大小的片石或瓦片，以竖立的方向铺砌、挤密、稳固后用砂填缝。该种地面也无国家施工规范，是在总结各地施工经验的基础上提出的。在使用中应不断总结提高。

7.3.9，7.3.10 细墁石地面，粗墁石地面（指粗料石）的验收标准是在总结各地经验的基础上，参照国家现行《地面与楼面工程施工及验收规范》提出的。但应注意对古建筑的要求比一般工程的质量要求要严些。

7.3.11 墁石地面的镶边应注意到两个边。一个镶边与墁石的联结，一个镶边与其材料的联结，两个边的留缝都应顺直，大小基本一致。

7.3.12 该条提出的允许偏差标准是根据各地古建筑传统做法的经验，参照国家现行《地面与楼面工程施工及验收规范》提出的。执行中应不断总结提高。

7.4 木楼地面工程

7.4.1，7.4.2 本节的适用范围和质量检验评定标准，都是根据《新建标准》提出的，按《新建标准》的有关章节执行。

7.5 仿古地面工程

7.5.1 本节所指的仿古地面是用现代材料（砂浆或混凝土）做成古式地面形式的一种地面。常见仿金砖地面。有板块和整体两种做法，由于是用现代材料制作的，此种地面的质量检验评定标准，除按本标准执行外，尚应按《新建标准》的有关章节的规定执行。施工中应特别注意面层的质量、色泽和光滑平整的要求，仿古地面要达到“做像”。

7.6 地面与楼面的修补工程

7.6.1 本节所指楼地面的修补是指本节以前各节所提到各种楼地面的修补。修补楼地面的质量检验评定标准是根据各地修补工作的经验和古建筑维修的经验提出的。

7.6.2 关于修补材料要与原楼地面一致的要求，只对露明部分这样要求，对不露明部分可以用代用材料，只要保证强度质量即可。

7.6.5 修补楼地面的接槎是一个施工难点，施工中应特别注意，应先做样品，经与原楼地面对比质感色泽基本一样时方可进行施工修补。

7.6.6 修补楼地面的允许偏差是根据各地的修补经验和《新建标准》的要求提出的。表7.6.6中的细墁是指砖细墁、石细墁。粗墁是指粗墁砖、粗墁石地面的修补。整体面层是指各类整体楼、地面的修补。

8 木 装 修 工 程

8.0.1 本章内容在《营造法原》中属装拆工程。在本标准中为了通俗适用改称木装修工程。根据古建筑工程的要求，除明确了本章适用范围外，并按制作和安装两个方面，分别提出了质量检验评定标准。

8.0.2 木装修工程构件一般断面都比较小，对木材的树种、规格、质量、等级要求都比较严，特别是榫卯部位是木装修件的薄弱部位，对选材要求更严。必须严格按本标准表8.0.2选材。

8.1 窗扇制作工程

8.1.1 古建筑中窗扇的式样繁多，按形状分有长窗和短窗；按开启方法分有平开窗和翻窗；按部位划分有檐窗和内窗；按图案划分有万字和宫式。本章分别对上述窗的制作提出了相应的质量检验和评定标准。

8.1.2 窗扇中的花格式样繁多；大都为榫卯结合，脱卸镶嵌。对比较复杂的应作样板制作，样板必须符合设计要求。

8.1.3 一般情况下厚度大于50mm的窗扇应采用双榫，并且紧密连接。在调研中发现有的工程门窗榫槽不加胶，也有的加楔而不用胶，此种做法长期使用后，木楔逐渐退出，使窗扇节点松动，不能耐久，因此本标准强调了榫槽必须胶结并用胶楔加紧。对于易受潮的窗扇，胶料的品种应按《木结构工程施工及验收规范》第4.2.1条的规定采用耐水或半耐水胶，不得采用非耐水胶。

8.1.4 榫卯结合是古建筑窗扇构件拼接的主要特点。在调查中了解到各地的作法差异较大。为了保证窗扇制作的质量，在本条中对此提出了明确的规定。并作为保证项目。在质量检验与评定中，要强调不得采用铁钉之类的材料代替榫卯结合。

8.1.5 本条在评定等级中明确了在窗扇制作中经常碰到的戗槎、缺棱、掉角、毛刺等缺陷的规定，以便更好的保证质量。

8.1.6 本条的评定对裁口起线、割角、拼缝作了阐述，并提出了严格的规定。

8.1.7 扇饰图案的外观反映图案的完整、美观、自然。本条对图案、线条都分别作了规定。

8.1.8 窗扇板有内外两个部位。在内侧的称樘板，在外侧的称裙板；对裙板要求较详细。本条对外侧裙板拼接、镶嵌、下口平直，表面光滑等都相应提出了具体的要求。

8.1.9 本条中表 8.1.9 中数据是在调查研究的基础上总结南方地区传统要求提出的。各地在使用中应严格按标准执行，以便不断总结提高。

8.2 隔扇、长窗制作工程

8.2.1 本条所提隔扇长窗的制作包括框和扇两个部分。在古建筑中的长窗又叫落地长窗，既作窗又作门。所提的隔扇均为按照古建筑的要求制作的，作为室内分隔的隔断。有的隔扇可以开启和长窗类似。古建筑中隔扇长窗式样不一，图案变化繁多；并常常配有书画字景，既起分隔作用，又具有一定的观赏效果。本节对上述隔扇长窗都提出了相应的质量检验和评定标准。

8.2.2 同 8.1.2。

8.2.3 同 8.1.3。

8.2.4 同 8.1.4。

8.2.5 同 8.1.5。

8.2.6 同 8.1.6。

8.2.7 同 8.1.7。

8.2.8 同 8.1.8。

8.2.9 同 8.1.9。

8.3 门扇制作工程

8.3.1 门扇制作工程包括门框（樘子）和门扇两部分制作，本条提出了门扇制作的适用范围。

8.3.2 同 8.1.3。

8.3.3 在调研中各地普遍存在设计中对门扇制作未提出严格要求。为了检验评定质量的需要，本条对窗扇制作的榫卯结合提出了具体的要求。并强调不得用铁钉代替榫卯结合。

8.3.4 同 8.1.5。

8.3.5 同 8.1.6。

8.3.6 同 8.1.9。

8.4 窗扇、隔扇、门扇的安装工程

8.4.1 本条提出了窗扇、隔扇、门扇的安装，包括抱柱、窗框、门框、门槛等的安装。

8.4.2 铁件大都应用在窗扇、门扇中的摇梗及连接件，小五金等。本条分别对材质、型号、规格和连接方法提出了相应要求和规定。

8.4.3 在检验和评定窗扇、隔扇、门扇安装质量时应注意以下各点：

1. 脱卸灵活方便；
2. 摇梗连接安全可靠；
3. 线槽镶嵌吻合。

8.4.4 门窗安装的通病较多，有的影响正常使用。因此对安装质量作了较全面的规定。

8.4.5 本条规定了小五金的规格，挖槽尺寸和插销关启灵活等要求。这些问题在施工中常常被忽视而影响了质量，本标准予以明确的规定。

8.4.6 同 8.1.9。

8.5 普通门窗制作与安装工程

8.5.1 本条提出适用范围。凡按现代操作工艺、尺度、榫卯结点、裁口处理做法均为普通门窗。
在钢门窗扇内配置花饰的做法其外框按相应的项目进行检验。其花饰图案按本章相关条文执行。

8.6 木栏杆的制作与安装工程

8.6.1 条文中各式木栏杆泛指楼梯、阳台、晒台、走廊等部位栏杆制作和安装工程。

8.6.2 古建中栏杆花饰繁多，形状不一，制作上述栏杆时应按样板制作，样板必须符合设计要求。

8.6.3 本条提出为防止节点松动，构件不牢，强调榫槽必须胶结，并用胶楔加紧。对于易受潮的栏杆，胶料应用耐水胶或半耐水胶，不得采用非耐水胶。

8.6.4 在检验和评定栏杆质量时必须符合设计要求。并要着重对下列方面加强检测：

1. 连结方式是否合理；
2. 脱卸做法和材料采用是否正确；
3. 栏杆裙板的榫接形式是否合适；
4. 栏杆与墙体或柱之间的连结是否牢固。

8.6.5 同8.1.5。

8.6.6 同8.1.6。

8.6.7 同8.1.7。

8.6.8 安装平整、脱卸方便是检验栏杆构件安装质量的主要检测项目，本条提出了相应的规定。

8.6.9 里裙板的拼接安装必须符合本条的规定。

8.6.10 在调研中各地提出要控制相邻栏杆及通长栏杆的水平高度差，本条把这些要求归纳提出允许偏差和检验方法。

8.7 美人靠、坐槛的制作与安装工程

8.7.1 本条提出的美人靠又称飞来椅、吴王靠；坐槛又称平盘槛、都起休息观赏的功能。

8.7.2 各式美人靠的弧度、图案不一，制作前必须按设计要求翻样板制作。

8.7.3 美人靠与坐槛、柱的连结一般均采用铁件连接。本条分别对铁件的型号、规格和连接方式提出相应的规定。

8.7.4 同8.1.3。

8.7.5 同8.1.4。

8.7.6 同8.1.5。

8.7.7 同8.1.7。

8.7.8 同8.4.5。

8.7.9 在各地调研时，发现相邻两片美人靠的弧度、坐槛的水平度不一致，为此，在调查研究的基础上，总结各地传统作法，提出了上述问题的检验方法和允许偏差，而达到整体一致、和谐美观。

8.8 挂落、飞罩、落地罩的制作与安装工程

8.8.1 本条提出的挂落，飞罩、落地罩等装修构件是制作非常精细的构件。为此，本节根据上述要求提出了质量检验和评定标准。

8.8.2 各式构件的形式、尺度、图案不一，制作前必须根据设计要求制作样板。按样板进行制作。

8.8.3 各式构件一般均用铁件连结固定，本条分别对铁件的材质、型号、规格和连接方式都提出了相应的规定。

8.8.4 同8.6.4。

8.8.5 同8.6.3。

8.8.6 同8.1.5。

8.8.7 同8.1.7。

8.8.8 同8.4.5。

8.8.9 挂落、飞罩、落地罩等构件除检查一般构件尺寸偏差外，对其外观质量也提出了具体要求。

8.9 天花（藻井）制作与安装工程

8.9.1 本条提出的天花一般指厅殿建筑中的天棚。常见有清水（板质平顶）及混水（分格、彩绘）两种；藻井一般指天花工程中隆起的天棚部分。天花（藻井）除起隔热隔音防尘作用外，还有观赏功能。

8.9.2 天花工程中所采用的木材材质等级和所采用的铁件材质、规格、型号均直接影响结构安全。故所选用材料必须符合设计要求，施工不得随意改变，确保工程质量。

8.9.3 传统的天花（藻井）施工工艺采用榫卯结合，因此榫卯作法和部位是工程质量的重要环节。其榫卯节点，连接方式，加固处理必须符合设计要求。

8.9.4 天花（藻井）面层一般情况均需油漆或彩绘，因此对其表面的平整、洁净、毛刺、戗槎等缺陷均提出了具体要求。不然将直接影响表面的质量。

8.9.5 对天花（藻井）面板的安装不但应注意拼缝严密平整，还应注意拆装灵活方便。

8.9.6 天花（藻井）的梁格（条）处，在露明部位的表面质量应符合条文的要求。

8.9.7 天花、（藻井）的梁枋与柱榫卯结合，不但要注意位置正确、安装牢固，还应注意标高的一致。

8.9.8 对天花（藻井）中的铁件安装、位置、连接都应进行严格的质量检查。

8.9.9 天花（藻井）的允许偏差主要检查以下各点：

1. 截面和几何尺寸；
2. 标高位置；
3. 表面平整度；
4. 分格位置。

8.10 卷棚制作与安装工程

8.10.1 本条提出的卷棚是在南方各地古建筑中常用的一种檐下装饰作法。

8.10.2 同8.8.2。

8.10.3 同8.9.2。

8.10.4 同8.9.3。

8.10.5 同8.9.4。

8.10.6 同8.9.5。

8.10.7 同8.9.6。

8.10.8 同8.9.7。

8.10.9 同8.9.8。

8.10.10 同8.9.9。

8.11 木装修构件的修缮工程

8.11.1 本条所提木装修构件的修缮是指木工装修工程中的各种项目的修缮。凡拆换的构件（整樘或扇）皆应按本章有关条文的规定执行。

8.11.2 装修构件中其材质、树种、规格、制作工艺必须保留原建筑的法式、特征。使修缮后的构件与原有构件基本一致。

8.11.3 修缮工程中对构件的加固一般采用铁件连接方法。本条对铁件的材质、型号、规格和连接方法都提出了相应的要求和规定。但是在确定修缮方法时，特别要注意不要破坏古建筑的特征和原貌。

8.11.5 本条规定了修补中榫卯结合、镶嵌部位须用胶料胶结，并用胶楔加紧。对于易受潮的构件，胶料的品种应按《木结构工程施工及验收范围》第4.2.1条的规定采用耐水或半耐水胶，不得采用非耐水胶。

8.11.6 同8.1.5。

8.11.7 同8.1.6。

8.11.9 木装修构件修缮后的安装质量，应按本章前面各节有关条文的规定检验。

8.11.10 考虑修补构件有一定难度，在调研中各地普遍提出对其允许偏差应适当放宽。主要要求修补构件的截面尺度应与原存构件截面尺度相一致。对接槎、翘曲、水平、接缝方面予以检控。

9 雕 塑 工 程

9.0.1 本章编写的内容是根据南方各省现存古建筑常见的木雕、砖雕。石雕、灰塑、陶塑进行编写的。其质量检验评定标准也是根据各地的施工经验和传统作法，经过整理分析提出来的。在检验中除了应该注意其功能外，尚应注意美观和艺术性。

9.1 木 雕 工 程

9.1.1 木雕根据其外观和雕刻方法的不同，分为阴雕、线雕、平浮雕、浅浮雕、深浮雕、镂雕、透雕、圆雕八种，其质量检验评定标准是各不相同的，应按照标准条文的规定分别进行质量检验评定。

9.1.2 木雕刻件的选材从材质、外观、含水率、到等级都必须符合本标准的规定，以保证雕刻的质量。

9.1.3 板材胶结时一定要采用简单的夹紧工具把胶好的材料夹紧，待胶达到要求强度后拆掉夹紧工具。当使用热胶料时，一定要在保证施工温度的情况下，进行上胶，以保证胶结的质量。

9.1.4 木材的防腐、防虫、防火处理，应按施工规范、设计要求或当地的传统作法认真做好，特别是不露明的部位更应认真对待。

9.1.6 对文物古建筑中的木雕，必须进行认真调查研究和历史考证工作，在弄清其木雕所代表的历史时代特征的情况下再进行雕刻。

9.1.7 根据木雕对象的图样大小、复杂程度和雕刻类型，在雕刻前必须放实样，做纸样、拓样或套样板进行。对特别复杂大型的圆雕还应先做模型，再行雕刻。

9.1.8 大木构件上的雕刻是以使用功能为主，装饰功能为副的。

在质量检验评定时，应以满足使用功能为主进行，装饰作用进行一般的检验评定；木装修（即小木）上的雕刻，一般是以装饰美化作用为主，如挂落、飞罩等。在质量检验评定时应从雕刻质量、工艺性的好坏为重点进行检验评定。木雕既是房屋上的一个部件，又是一个艺术品，其质量评定的好坏与检验人员的素质有关，所以对检验评定人员素质应有一定的要求。

9.1.8.1 阴雕是指在表面光滑平整的板面上，雕刻出凹下的图案，保证质量的关键是雕刻的边沿整齐，深浅协调一致。

9.1.8.2 线雕是在表面光滑平整的板面上，用凹下去的细线条（线条一般宽1mm左右、深0.1～0.5mm左右）把图案的轮廓线和特征雕刻出来。保证质量的关键是线条边沿整齐，粗细深浅协调一致。

9.1.8.3 平浮雕是指在光滑平整的板面上，把没图案的部分雕去，把图案凸出来的一种雕刻。雕刻时要特别注意保证图案边角的整齐，凸出高低一致。

9.1.8.4 浅浮雕是指图案凸出雕地小于5mm。有凹凸台级和层次，有一定的立体感的雕刻。保证质量的重点是凹凸台级均匀，层次分明，线条清晰，表面丰满光滑。

9.1.8.5 深浮雕是指图案凸出雕地大于5mm，有凹凸台级和层次，有较强的立体感。雕作前一定要根据深浮雕要求，选好材料，注意先粗雕，再细雕、精雕。一定要保证台级协调一致，层次分明，线条流畅，图样表面丰满光滑。

9.1.8.6 镂雕是在深浮雕的基础上，发展起来的，突出的特点是部分图样脱离雕地悬空而立。雕作前一定要认真的选择材料，注意先粗雕，再细雕、精雕，特别是悬空部分雕作要特别小心，一定要把镂雕的玲珑透剔，栩栩如生的生动艺术形象雕出来。

9.1.8.7 透雕（有单面透雕、双面透雕之分）是指只保留图案，其余部分全部雕掉成为漏空的一种雕刻。在雕作中要特别注意保持图案的完整，各部分之间联结牢固，线条流畅，棱角圆滑干净。

9.1.8.8 圆雕是指从六个面看都为立体图案的一种雕刻。保证质量的重点是造型优美自然，表面丰满光滑，线条流畅，棱角处圆滑干净。

9.1.9 木雕件制作允许偏差，主要是指雕件的外形尺寸的偏差，是为保证安装的质量而设置的。

9.1.10 木雕件的安装允许偏差是指最后成品的外观尺寸的偏差，它是保证木雕最终质量的重要环节。

9.2 砖雕工程

9.2.1 砖雕一般是以装饰作用为主用于建筑上的。按其雕刻方法和外观的不同，分为阴雕、线雕、平浮雕、浅浮雕、深浮雕、镂雕、透雕七种（透雕在砖雕中比较少用）。其质量检验评定标准各不相同，应按照标准条文的规定分别进行质量检验评定。

9.2.2 砖雕对砖的质量和外观要求比较高，特别是砖的强度，根据大量的调查和雕作师傅的反映，砖的强度一般应在MU10以上，外观的尺寸要准确，不得有砂眼和炸纹。

9.2.3 砖雕安装所用油灰除保证强度外，还应注意使用时的合易性，以保证安装的质量。

9.2.4 砖雕安装所采用的铁件应进行防锈处理，并应根据砖雕件的不同情况加工成不同形状进行使用，以保证安装牢固。

9.2.5 砖雕件在安装前应进行检查，发现问题要经修补后才能使用。问题严重的应予更换。

9.2.7 砖雕在雕作前，根据雕刻图案的不同要求，应先绘实样，作纸样拓样或套样板，而后再进行雕刻，以保证雕刻质量。

9.2.8 对文物古建筑中的砖雕，必须进行调查研究和历史考证，弄清该砖雕的历史时代特征的情况下再行雕刻。

9.2.9 砖雕既是建筑上的装饰件又是艺术品，对其质量评定的好坏与检验评定人员的素质有密切的关系，所以对检验评定的人员应有一定的要求。其他说明参见9.1.8条的说明。

9.2.10 砖雕件的允许偏差是指每块砖雕件的外形尺寸偏差，是保证砖雕整体质量的基础，必须认真的进行检验评定。

9.2.11 砖雕件的安装允许偏差是指把每块砖雕件组合成成品后的外形尺寸偏差，它是保证砖雕最终质量的重要环节。

9.3 石 雕 工 程

9.3.1 石雕按其雕刻方法和外观的不同，分为阴雕、线雕、平浮雕、浅浮雕、深浮雕、镂雕、透雕、圆雕、影雕等九种。其质量检验评定标准各不相同，应按照标准条文的规定，分别进行质量检验评定。

9.3.2 在选用石雕材料时，特别要注意不能使用有风化的石料和色差较大的材料。

9.3.3 石材的纹理走向对石雕的影响很大，既影响使用功能又影响雕刻的效果，必须进行认真的挑选。

9.3.4 对有承重功能的石雕材料不得使用有裂纹和隐残的石材。对只有装饰作用的石雕材料，要根据裂纹、隐残的大小和部位进行合理的选用，以不影响雕刻的美观和使用为原则。

9.3.5 石雕安装所使用的砂浆强度，按其石材的强度要求不宜低于M10。不但要注意砂浆的强度还应注意其合易性。

9.3.6 石雕安装所采用的铁件除了做好防锈处理外，还应根据石雕件的不同情况，制作成不同形状进行使用。

9.3.7 石雕在未进行雕作前，应根据不同的雕刻对象，必须先放实样，做模型，套样板后进行雕刻。圆雕的验收标准以模型为准。

9.3.9 对文物古建筑中的石雕，必须先进行调查研究和历史考证，弄清其石雕的历史时代及特征后，再行雕刻。

9.3.11 石雕在建筑上既是一个装饰件又是一种艺术品，对其质量评定的好坏与检验评定人员的素质有密切的关系，所以对检验评定人员应有一定的要求。影雕是一种新兴的雕刻艺术，雕作的关键是琢点的大小、深度、密度和均匀度，其他说明参见9.1.8条的说明。

9.3.12 石雕件的允许偏差是指单块雕件的外形尺寸允许偏差，是保证石雕整体质量的基础，必须认真进行检验评定。

9.3.13 石雕件安装的允许偏差是指把每块雕件组合成成品后的外形尺寸偏差，它是保证石雕最终质量的重要环节。

9.4 各类雕刻件的修缮工程

9.4.1 雕刻的修缮适用于各类木雕、砖雕、石雕的修缮。根据雕刻使用材料的不同在修缮中的作法也不相同，本节只对一般的修缮原则提出了要求。

9.4.2～9.4.4 各类雕刻的修缮，必须弄清原雕刻的历史时代、所用的材料、雕刻的特征和技法。而后绘制纸样、拓样或套样板进行雕作。对比较复杂的修缮对象，还应作模型、套样板后再进行雕刻。关键是使修缮后的雕刻与原雕刻相一致。

9.4.5～9.4.6 这两条主要讲的是雕刻修补后的安装质量。安装要牢固，新旧接槎要平顺，色泽基本一致，目的是想求得修缮后的雕刻与原雕刻一致。

9.5 灰 塑 工 程

9.5.1 灰塑是以装饰为主的艺术品，常见于南方各省的屋面、戗脊、门楼、漏窗等处。有的塑人物、有的塑山水花草。本节的一些评定要求就是依据南方各省的实际作法和经验提出的。

9.5.2 灰塑所采用的骨架材料有木质铁质两种，无论那种材料做的骨架，其绑扎与基层的联结必须牢固，露明部分的铁件最好采用不锈钢或有色金属，以免锈蚀变色影响艺术效果。

9.5.3 灰塑所用的原材料必须预先检查，并把灰拌熟拌透，合易性要好，便于操作，塑好后不裂纹、不炸裂。

9.5.4 图案花样的检验与评定，对照纸样、模型、设计要求观察检查。

9.5.5 灰塑前必须先按实绘纸样。图案复杂，要求高的灰塑还应先做模型套样板进行塑造。

9.5.6 刚塑好的灰塑一定要注意养护和保护，不要碰撞、雨淋、曝晒，保证外观质量。

9.5.7 灰塑的设置位置必须拉线找正，特别是对称位置上的灰塑，位置一定要准确对称。有垂直要求的一定要保证垂直。

9.6 灰塑的修缮工程

9.6.1 根据灰塑件所用材料和塑造方法的特点，灰塑件损坏后可以修补，所以本节对各种灰塑件修缮做了规定。

9.6.2～9.6.3 根据“文物保护法”的规定，对列为文物保护单位的灰塑件的修补，必须使用与原灰塑件一样的材料，一样的塑造方法，一样的塑造风格进行修补。如有困难时可选用新材料代用，但必须经过文管部门的同意方可修缮。

9.6.5～9.6.6 灰塑修补时要特别注意新老部分结合牢固、颜色基本一致，接槎处无明显接槎痕迹。

9.7 陶 塑 工 程

9.7.1 陶塑是以粘土雕塑成型，经上窑烧制而成的一种装饰件，常见于东南沿海各省屋脊、戗脊、门楼、漏窗等处，有的陶塑人物，有的陶塑花草，本节的一些评定要求是依据东南各省的实际作法和经验提出的。

9.7.2 对陶塑件外观的伤残，釉面的均匀和烧制的火候等必须严格检查，保证陶塑件的质量。

9.7.4 陶塑在安装前，应根据质量的要求，一件一件的进行认真的检查，符合要求的才可使用。

9.7.5 陶塑安装的关键是保证安装牢固、位置正确。为此安装前应该拉线，试排位置、调整缝隙，最后锚固坐浆安装就位。

9.7.6 陶塑的修缮，只能将损坏的陶塑件进行更换，不能进行局部修补。为此，对更换的陶塑件要进行详细的了解，提出具体的制作要求，按要求进行定货，把与原陶塑件基本一样的换上去，保证更换陶塑件的质量。

10 装 饰 工 程

10.0.1 根据古建工程本身特点，为便于质量检验，把抹灰、油漆、彩画、贴金（描金）、玻璃等工程并入装饰工程一章。对一般抹灰、刷浆（喷浆）、普通油漆、玻璃等工程均按国家现行的《新建标准》执行。针对古建筑的特点，对仿古装饰、大漆、彩画、贴金（描金）等工程及其修补做了规定。

10.0.2 装饰工程所选用的材料（含原材料、半成品、成品）有三方面的要求：一、材料的品种、规格、颜色应符合设计要求；二、材料质量应符合现行材料标准和古建筑特殊要求的规定；三、材料进场后应验收，在验收中对材料质量发生怀疑时，应抽样检验，合格后方可使用。

10.2 装饰抹灰工程

10.2.1 根据古建筑的特点，本章只制定了仿石，仿砖、青灰、白灰、石红、烟红等装饰工程的验收标准。各地若另有其它形式的建筑装饰抹灰，可参照本节执行。

10.2.2 抹灰质量的关键是表面平整、粘结牢固，不开裂。如果粘结不牢，出现脱层、空鼓、爆灰等缺陷，会严重影响房屋使用效果及房屋的耐久性。空鼓问题是抹灰质量中常见缺陷，要达到无空鼓尚有一定难度。为此规定空鼓而不裂面积不大于200cm²者可不计。这样既便于标准执行，又可保证工程质量。

10.2.3 对青灰、白灰、石红、烟红等彩色抹灰要求表面光滑，色泽一定要均匀，不得有压漏。

10.2.4 装饰抹灰的分格（缝），其质量的好坏直接影响装饰抹灰的质量。目前在施工中一般对分格质量不够重视。如分格条不适时取出，楞角损坏，表面不光滑、洁净等，影响了立面装饰效果。为了确保质量，达到相应的装饰效果，制定了本条规定。

10.2.5 外墙的窗台、窗楣、雨蓬等部位，上面容易积灰，为不让灰尘随雨水流下污染墙面，上面应做排水坡，下面应做滴水线。但在工程中往往忽略这些细部做法。有的不做排水坡或坡向不合理；有的漏做滴水线或做得不合要求。雨水顺墙面流淌，污染墙面，严重地影响了墙面装饰工程质量，特制定本条规定。

10.2.6 表10.2.6是根据国家现行的《新建标准》表11.2.6以及古建筑本身的特点而制定的。

10.4 地 仗 工 程

10.4.1 本节包括油漆、彩画及混凝土表面的油漆、彩画等的地仗工程。

10.4.2～10.4.3 地仗工程的材料质量及材料的配比是保证地仗工程质量的一个重要环节，对保证油漆、彩画质量起到重要作用，为此制定了本条规定。

10.4.4 要保证地仗与基层的粘结牢固，除保证地仗材料的质量及配合比要求外，还要做好基层的处理工作。

10.4.5～10.4.6 地仗表面对油漆、彩画质量有直接关系，为此一定要严格把好地仗表面质量这一关，保证油漆、彩画的质量。

10.4.7 混凝土表面的地仗工程与木基层表面的地仗工程，由于基层材质的不同，其处理方法也不同。目前各地对混凝土表面的地仗做法各不相同，有的地方采用新材料，有的地方仍用老的材料，但是都在摸索阶段，故本标准为保证工程质量。暂在原则上作了些规定。

10.6 大 漆 工 程

10.6.1 “大漆”是以漆树为原料，经简单加工而成的一种“天然漆”。大漆工程在古建筑工程中应用比较广泛，施工质量好坏对古建筑的感观质量及古建筑的耐久性有很大影响，因此设置大漆工程一节，作为验收标准。

10.6.3 大漆施工后，干燥时间较普通油漆长，因此，干燥时间的掌握对施工质量有很大影响，应引起注意。大漆工程的施工操作程序各地作法不一，效果也不同。目前还不能形成统一的权威性的施工规范及施工操作工艺标准。因此除照设计要求施工外，各地可根据当地的传统作法进行施工和质量检验评定。

10.7 彩 画 工 程

10.7.1 彩画工程常见的有三种形式：一、文物古建筑彩画复原工程；二、仿古建筑彩画工程；三、各种新式的彩画工程。但它们的基本组成都是线条、色彩、绘画三个部分，因各地做法不一，为此，本节只作原则性的规定。

10.7.2 彩画是艺术装饰。它的材料品种繁多，规格不同，使用或操作不当会直接影响彩画的质量和耐久性。因此特别强调按照设计要求，采用成功的传统做法配料与施工，不能随便使用其它材料代替。彩画的颜料，胶料带有时效性，进场后除检验合格证外，还要进行目测和必要的样板测试。

10.7.3 本条是保证彩画质量的前提，必须进行严格的检验。

10.7.5 本条是根据彩画在质量检验中应该重点掌握的几个方面而制定的，为了便于检验，以表格形式表示。

其中：

沥粉是指以沥粉工艺为主的彩画。沥粉要求线条直顺、光滑、饱满。操作顺序正确。

色彩均匀度是指较大体量的线条、底色和不同形状的色块。如底色、晕色、大粉、墨等，要求不花，不透底影。

图案规整度指在总体布局上，根据设计要求，相同及对称图案要求构图匀称，规则，风格相同，大小一致。

洁净度主要指两方面：一、各色线条、块面上是否有其它的色彩脏污现象。二、彩画在完工后均应统一检查或进行修补工作。包括对画错、遗漏、出界等部分进行修补，但修补后会有不同程度的痕迹，其痕迹特别明显的也视为不洁净。

艺术印象指两方面：一、指图案的总体效果，人的印象是否美观整洁；二、各种图案的绘画水平和艺术效果。如苏式彩画中的包袱画、聚镜、博古、头花等。由于各人的审美观点、艺术修养不同，艺术印象也往往不同，对检验人的素质要有一定要求，并采取多人打分评议。检验时应以主要观赏部位为主，次要部位合格即为优良的要求进行。

裱糊，彩画中的优良等级应以看不出裱糊痕迹为准，由于构件形状复杂，裱糊中如有个别微小折皱，不影响整体效果也可定为优良。

10.10 装饰工程的修补工程

10.10.1 所谓局部修补是指小面积的修补，全部铲除粉刷或拆做天花（藻井）者应按新做标准执行。对油漆、彩画的修补应严格控制。特别是对文物保护建筑的彩画工艺应经文管及有关管理部门批准，定出修补方案及施工技术措施，对修补所用的材料质量、色泽、规格、配比应有一套保证措施。在未具备上述条件时，不得擅自修补，防止破坏原有彩画的风格和艺术效果。

11 钢筋混凝土工程

11.0.1 仿古建筑中钢筋混凝土构件较多，对一般的基础、梁、柱等较大构件按国家现行《新建标准》规定执行。对于仿古建筑中常用的小型构件：椽子、斗拱、连机、云头、封檐板、垂花柱、望柱、挂落、美人靠和纹头、块体等，根据仿古建筑的建设实践，本标准均做了详细的规定。

11.1 模板工程

11.1.1 对仿古建筑中使用的一些小型构件，一般表面都不再抹灰，即进行油漆处理，其预制件表面必须做得平整光滑。所以对使用的模板要求较高，必须用刨光模板或钢模板，以保证构件表面的质量。

11.1.2～11.1.3 此两条的要求都是一个目的，就是要保证小型预制件的表面质量，模板要严密，隔离剂要满涂。

11.2 钢筋工程

11.2.1 按国家现行《新建标准》的有关条文编制说明执行。

11.3 混凝土工程

11.3.1 混凝土质量的保证项目按国家现行《新建标准》的有关条文编制说明执行。

11.3.2，11.3.4 由于小型预制构件断面尺寸较小，如出现质量问题影响较大。如蜂窝、孔洞、露筋等缺陷必须严格控制，为此其质量检验评定标准比《新建标准》提出了更高的要求，施工中应严格掌握。

11.4 构件安装工程

11.4.1～11.4.2 按国家现行《新建标准》的有关条文编制说明执行。

11.4.3 由于构件尺寸小，对其允许偏差比《新建标准》要求严，施工过程中应特别注意。

(a) 单面透雕

(b) 双面透雕

图 9.1.8-7　透雕

图 9.2.9-6　镂雕

图 9.2.9-5　深浮雕

图 9.3.11-1　阴雕

(a)

(b)

图 9.3.11-2　线雕

图 9.3.11-3　平浮雕

图 9.3.11-4　浅浮雕

图 9.3.11-5　深浮雕

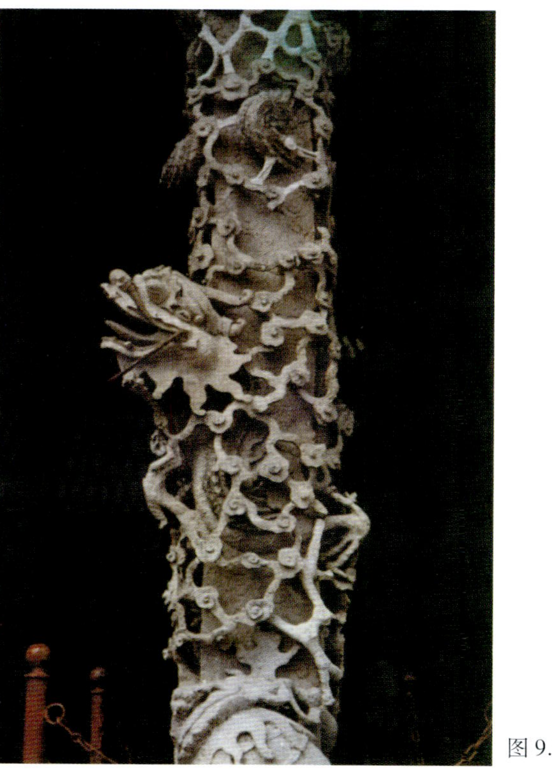

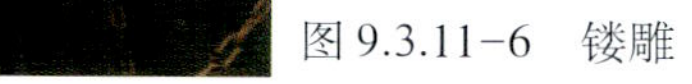

图 9.3.11-6　镂雕

(a) 苏州狮子

(b) 岭南狮子

图 9.3.11-8　圆雕

图 9.3.11-9　影雕

(a) 本色灰塑

(b) 彩色灰塑

图 9.5-1　灰塑

(a)

(b)

图 9.7.1　陶塑

中华人民共和国行业标准

古建筑修建工程质量检验评定标准

（北 方 地 区）

CJJ 39—91

主编部门：北京市房地产管理局
批准部门：中华人民共和国建设部
施行日期：一九九一年十月一日

关于发布行业标准《古建筑修建工程质量检验评定标准》（北方地区）的通知

建标[1991]296号

根据原城乡建设环境保护部（87）城科字第276号文的要求，由北京市房地产管理局主编的《古建筑修建工程质量检验评定标准》（北方地区）业经审查，现批准为行业标准，编号CJJ39—91，自一九九一年十月一日起施行。

本标准由建设部房地产标准技术归口单位上海市房屋科学研究所归口管理，其具体解释等工作由北京市房地产管理局负责。在施行过程中如有问题和意见，请函告北京市房地产管理局。

本标准由建设部标准定额研究所组织出版。

中华人民共和国建设部

一九九一年四月二十二日

目　次

第一章 总 则

第 1.0.1 条 为使我国古建筑修建工程质量检验评定工作有所依据，确保工程质量，特制定本标准。

第 1.0.2 条 本标准主要适用于我国北方地区下列古建筑的整体或部分修建工程：

一、官式古建筑和仿古建筑；

二、近、现代建筑中采用古建筑形式或作法的项目。

地方作法中与官式作法差异较大者，可参照本标准有关条目执行。

第 1.0.3 条 对文物古建筑工程中有特殊要求的项目，其质量检验评定，应参照文物管理部门提供的设计或定案要求执行。

第 1.0.4 条 古建筑修建工程质量检验评定除符合本标准外，尚应符合国家现行的有关标准、规范、规程。

第二章 质量检验评定

第一节 质量检验评定的划分

第 2.1.1 条 古建筑修建工程的质量应按分项、分部和单位工程划分进行检验评定。

第 2.1.2 条 古建筑修建工程的分项、分部工程的划分应符合以下规定：

分项工程：按建筑工程的主要工种工程划分。

分部工程：按建筑的主要部位划分。

分项、分部工程的名称应符合表2.1.2的规定。

第 2.1.3 条 古建筑修建工程的单位工程应按以下规定划分：

一、由各分部工程综合构成的个体建筑；

二、修缮工程，可根据具体情况由一个或若干个有关联的单

古建筑修建工程分项、分部工程名称表　　表 2.1.2

序号	分部工程名称	分项工程名称
1	地基、基础与台基工程	土方，灰土、砂石地基，木桩，石料加工，石活安装，砌石，修配旧石活，砖料加工，干摆、丝缝墙，淌白墙，糙砖墙，碎砖墙，琉璃饰面，异形砌体(砖须弥座)，墙体局部维修等
2	主体工程	柱类、梁类、枋类、檩(桁)类、板类、屋面木基层、斗栱等项制作，大木雕刻，下架、上架木构架安装，斗栱、屋面木基层安装，大木构架、屋面木基层、斗栱修缮，砖料加工，干摆、丝缝墙，淌白墙、糙砖墙，碎砖墙，异形砌体，琉璃饰面，砌石，摆砌花瓦，墙帽，墙体局部维修，石料加工，石活安装，修配旧石活等

续表

序号	分部工程名称	分项工程名称
3	地面与楼面工程	木楼板(板类构件)，砖料加工，砖墁地面，墁石子地，水泥仿古地面，地面修补，石料加工，石活安装，修配旧石活等
4	木装修工程	槛框、榻板、槅扇、槛窗、支摘窗、帘架、风门、坐凳楣子、倒挂楣子、栏杆、什锦窗、大门、木楼梯、天花、藻井的制作与安装，木装修雕刻，木装修修缮等
5	装饰工程	一般抹灰，修补抹灰，使麻、糊布地仗，单皮灰地仗，修补地仗，油漆，刷浆(喷浆)，贴金，裱糊，大漆；大木彩画，椽头彩画，斗栱彩画，天花、支条彩画，楣子、牙子彩画等
6	屋面工程	砖料加工，琉璃屋面，筒瓦屋面，合瓦屋面，干槎瓦屋面，青灰背屋面，屋面修补等

体建筑组成。

第二节 质量检验评定的等级

第 2.2.1 条 本标准的分项、分部、单位工程的质量均分为“合格”与“优良”两个等级。

第 2.2.2 条 分项工程的检验项目分为保证项目、基本项目、允许偏差项目，其质量等级应符合以下规定：

一、合格

1.保证项目必须符合相应质量检验评定标准的规定；

2.基本项目抽检的处（件）应符合相应质量检验评定标准的合格规定；

3.允许偏差项目抽检的点数中，有70%及其以上的实测值应在相应质量检验评定标准的允许偏差范围内。

二、优良

1.保证项目必须符合相应质量检验评定标准的规定；

2.基本项目每项抽检的处（件）应符合相应质量检验评定标准的合格规定；其中有50%及其以上的处（件）符合优良规定，该项即为优良；优良项目应占检验项数50%及其以上；

3.允许偏差项目抽检的点数中，有90%及其以上的实测值应在相应质量检验评定标准的允许偏差范围内。

第 2.2.3 条 分部工程的质量等级应符合以下规定：

一、合格：所含分项工程的质量全部合格。

二、优良：所含分项工程的质量全部合格，其中有50%及其以上为优良。

第 2.2.4 条 单位工程的质量等级应符合以下规定：

一、合格

1.所含分部工程的质量全部合格；

2.质量保证资料应符合本标准的规定；

3.观感质量的评定得分率应达到70%及其以上。

二、优良

1.所含分部工程的质量应全部合格，其中有50%及其以上（必须包括主体及装饰分部工程）为优良；

2.质量保证资料应符合本标准的规定；

3.观感质量的评定得分率应达到85%及其以上。

第 2.2.5 条 当分项工程质量检验评定不符合本标准要求的合格规定时，必须及时处理，并应按以下规定确定其质量等级：

一、返工重做的可重新评定质量等级；

二、经加固补强或经法定检测单位鉴定能够达到设计要求的，其质量仅应评为合格；

三、经法定检测单位鉴定达不到原设计要求，但经设计单位认可能够满足结构安全和使用功能要求可不加固补强的；或经加固补强改变外形尺寸或造成永久性缺陷的，其质量可评为合格，但所在分部工程不应评为优良。

第三节　质量检验评定程序

第 2.3.1 条　分项工程质量应在班组自检的基础上，由单位工程负责人组织有关人员进行评定，专职质量检查员核定。并应填写分项工程质量检验评定表（附录二）。

第 2.3.2 条　分部工程质量应由相当施工队一级的技术负责人组织评定，专职质量检查员核定。其中地基、基础与台基、主体和装饰分部工程质量应由企业技术和质量部门组织核定。并应填写分部工程质量检验评定表（附录三）。

第 2.3.3 条　单位工程的质量应由企业技术负责人组织企业有关部门进行检验评定，并应将有关评定资料提交当地建筑工程质量监督或主管部门核定。

质量保证资料核查应符合国家标准《建筑安装工程质量检验评定统一标准》（GBJ300）的规定，且应提供木材含水率与材质检测报告、瓦件及油漆涂料出厂合格证或试验报告。并应填写保证资料核查表（附录四）。

单位工程观感质量评定表见本标准附录五。凡表中不含的项目应符合国家标准《建筑安装工程质量检验评定统一标准》（GBJ300）中“单位工程观感质量评定表”的有关规定。

单位工程质量综合评定应填写本标准附录六所列表格。

第 2.3.4 条　单位工程或群体工程当由几个分包单位施工时，其总包单位应对工程质量全面负责；各分包单位应按本标准和相应质量检验评定标准的规定，检验评定所承建的分项、分部和单位工程的质量等级，并应将评定结果及资料交总包单位。

第三章　土方与地基工程

第一节　土方工程

（Ⅰ）保证项目

第 3.1.1 条　柱基、基坑、基槽和管沟基底的土质必须符合设计要求，并严禁扰动。

检验方法　观察检查和检查验槽记录。

第 3.1.2 条　填方的基底处理必须符合设计要求和施工规范的规定。

检验方法　观察检查和检查基底处理记录。

第 3.1.3 条　填方和柱基、基坑、基槽、管沟回填的土料必须符合设计要求和施工规范的规定。

检验方法　现场鉴别或取样试验。

第 3.1.4 条　填方和柱基、基坑（槽）、管沟的回填，必须按规定分层夯压密实。取样测定压实后土的干土质量密度，其合格率不应小于90%，不合格干土质量密度的最低值与设计值的差不应大于$0.08g/cm^3$，且不应集中。

检查数量　环刀法的取样数量：柱基回填，抽查柱基总数的10%，但不少于5个；基槽和管沟回填，每层按长度20～50m取样1组，但不少于3组；基坑和室内填土，每层按50～100m^2取样1组，但不少于1组；场地平整填方，每层按200～400 m^2取样1组，但不少于1组。灌砂或灌水法的取样数量可较环刀法适当减少。

检验方法　观察检查和检查取样平面图及试验记录。

（Ⅱ）允许偏差项目

第 3.1.5 条 土方工程外形尺寸的允许偏差和检验方法，应符合表3.1.5的规定。

土方工程外形尺寸的允许偏差和检验方法　　表 3.1.5

序号	项目	允许偏差（mm）					检验方法
		桩基、基坑、基槽、管沟	挖方、填方、场地平整		排水沟	地（路）面基层	
			人工施工	机械施工			
1	标高	+0 −50	±50	±100	+0 −50	+0 −50	用水准仪检查
2	长度、宽度（由设计中心线向两边量）	−0	−0	−0	+100 −0	—	用经纬仪、拉线和尺量检查
3	边坡偏陡	不允许	不允许	不允许	不允许	—	观察或用坡度尺检查
4	表面平整度	—	—	—	—	20	用2m靠尺和楔形塞尺检查

注：地（路）面基层的偏差只适用于直接在挖填方上做地（路）面的基层。

检查数量　标高：柱基抽查总数的10%，但不少于5个，每个不少于2点；基坑每20m²取1点，每坑不少于2点；基槽、管沟、排水沟、路面基层每20m取1点，但不少于5点；挖方、填方、地面基层每30～50m²取1点，但不少于5点；场地平整每100～400m²取1点，但不少于10点。长度、宽度和边坡偏陡，均为每20m取1点，每边不少于1点。表面平整度每30～50m²取1点，但不少于3点。

第二节　灰土、砂石地基工程

（Ⅰ）保证项目

第 3.2.1 条 基底的土质必须符合设计要求。

检验方法　观察检查和检查验槽记录。

第 3.2.2 条 灰土、砂石的干土质量密度或贯入度，必须符合设计要求和施工规范的规定。

检验方法　观察检查和检查分层试（检）验记录。

（Ⅱ）基本项目

第 3.2.3 条 灰土、砂石的配料、分层虚铺厚度及夯实程度应符合以下规定：

合格：配料正确，拌合均匀，虚铺厚度符合规定，夯压密实。

优良：配料正确，拌合均匀，虚铺厚度符合规定，夯压密实，灰土表面无松散起皮。

检查数量　柱坑按总数抽查10%，但不少于5个；基坑、槽沟每10m²抽查1处，但不少于5处。

检验方法　观察检查。

第 3.2.4 条 灰土、砂石的留槎和接槎应符合以下规定：

合格：分层留槎位置正确，接槎密实。

优良：分层留槎位置、方法正确，接槎密实、平整。

检查数量　不少于5个接槎处，不足5处时，逐个检查。

检验方法　观察和尺量检查。

（Ⅲ）允许偏差项目

第 3.2.5 条 灰土、砂石地基的允许偏差和检验方法应符合表3.2.5的规定。

检查数量　同第3.2.3条的规定。

灰土、砂石地基的允许偏差和检验方法　　表 3.2.5

序号	项	目	允许偏差(mm)	检验方法
1	顶面标高		±15	用水准仪或拉线和尺量检查
2	表面平整度	灰土	15	用2m靠尺和楔形塞尺检查
		砂石	20	

第三节　木桩工程

（Ⅰ）保证项目

第 3.3.1 条　木桩的材质、木种必须符合设计要求和施工规范的规定。

检验方法　观察检查。

第 3.3.2 条　木桩用于有浸蚀性水质的地区，其防腐处理方法，必须符合设计要求。

检验方法　观察检查。

第 3.3.3 条　木桩的直径和长度不得小于设计要求。

检验方法　尺量检查和检查施工检验记录。

第 3.3.4 条　打桩的标高或贯入度、桩的接头、节点处理必须符合设计要求和施工规范的规定。

检验方法　观察检查和检查施工记录、试验报告。

（Ⅱ）允许偏差项目

第 3.3.5 条　木桩偏移的允许偏差和检验方法应符合表3.3.5的规定。

木桩偏移的允许偏差和检验方法　　表 3.3.5

项目	允许偏差(mm)	检验方法
木桩中心位置偏移	100	用经纬仪或拉线和尺量检查

检查数量　按不同规格桩数各抽查10%，但均不少于3根。

第四章　石作工程

第 4.0.1 条　石作工程的质量检验和评定。毛石、料石等石砌体工程应符合本标准第八章砌筑工程的有关规定，（图4.0.1、图8.5.1）。

检查数量　台明、栏板柱子、台阶、腰线等，每10～20m抽查1处，但不少于2处（图4.0.1）；地面按面积每50m²抽查1处，但不应少于2处；散件及其它数量不多但作法特殊的石活（如挑檐石、沟门、沟漏、券石等），每种至少抽查1处。凡制作加工或安装方法差异较大者，均应分别检查，每种至少检查1处。

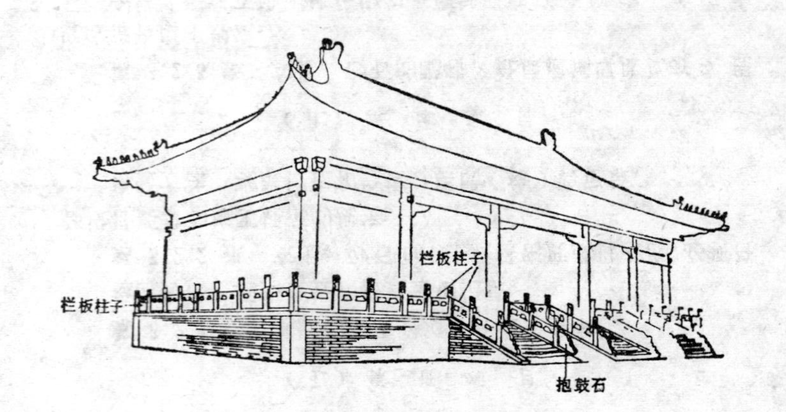

图 4.0.1-1　栏板柱子与抱鼓石部位示意图

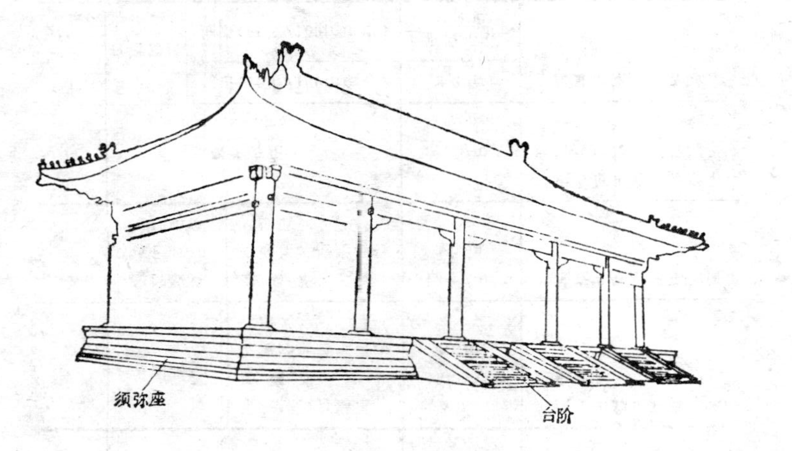

图 4.0.1-2 须弥座与台阶示意图

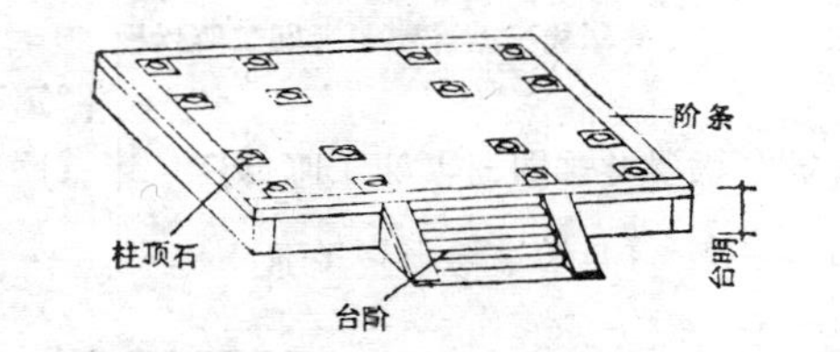

图 4.0.1-3 台明、阶条与柱顶石示意图

第一节 石料加工

（Ⅰ）保证项目

第 4.1.1 条 石料的品种、规格尺寸必须符合设计要求或古建常规作法。

检验方法 观察检查和尺量检查。

第 4.1.2 条 石料的纹理走向必须符合构件的受力需要。

检验方法 观察检查。

第 4.1.3 条 不得使用带有裂缝、炸纹、隐残的石料。

检验方法 观察检查。

（Ⅱ）基本项目

第 4.1.4 条 重要建筑的主要部位，其石料外观应符合下列规定：

合格：外观无明显缺陷，如明显的红、白筋或红、白带，明显的杂色、污点，大面积黑铁等。

优良：外观无明显缺陷，色泽相近。

检验方法 观察检查。

第 4.1.5 条 石料表面应符合下列规定：

合格：石料表面整洁，无明显缺棱掉角。

优良：石料表面洁净完整，无缺棱掉角。

检验方法 观察检查。

第 4.1.6 条 表面剁斧的石料加工应符合以下规定：

合格：斧印直顺、均匀，刮边宽度一致。

优良：斧印直顺、均匀，深浅一致，无錾点、錾影及上遍斧印，刮边宽度一致。

检验方法 观察检查。

第 4.1.7 条 表面磨光的石料加工应符合以下规定：

合格：表面平滑光亮，无明显的麻面，表面无大砂沟，无明显斧印、錾点、錾影。

优良：表面平滑光亮，无麻面，表面无砂沟，不露斧印、錾点、錾影。

检验方法 观察检查。

第 4.1.8 条 表面打道的石料加工应符合以下规定：

合格：道的密度应符合设计要求或古建常规作法，道应直顺，道的宽度无明显差别，深度相同，刮边宽度一致。

优良：道的密度应符合设计要求或古建常规作法，道应直顺、均匀，道的宽度一致，深度相同，无乱道、断道等不美观现象，刮边宽度一致。

检验方法 观察检查和尺量检查。

第 4.1.9 条 表面砸花锤的石料加工应符合以下规定：

合格：无明显的錾印及漏砸之处。

优良：不露錾印，无漏砸之处。

检验方法 观察检查。

第 4.1.10 条 表面雕刻的石料加工应符合以下规定：

合格：内容及形式应具有传统风格，比例恰当，形象自然，造型准确，线条流畅，空当处应清地扁光，无明显的扁子印或錾痕。

优良：内容及形式应具有传统风格，比例恰当，形象美观，造型准确，线条清晰流畅，根底清楚，空当处应清地扁光，不露扁子印或錾痕。

检验方法 观察检查。

（Ⅲ）允许偏差项目

第 4.1.11 条 石料加工的允许偏差和检验方法应符合表4.1.11的规定。

石料加工的允许偏差和检验方法 **表 4.1.11**

序号	项	目	允许偏差	检验方法
1	表面平整	砸花锤、打糙道	4mm	用1m靠尺和楔形塞尺检查
		二遍斧	3mm	
		三遍斧、打细道、磨光	2mm	
2	死坑数量（坑径4mm、深3mm）	二遍斧	3个/m²	抽查3处，取平均值
		三遍斧、磨光、打细道	2个/m²	
3	截头方正		2mm	用方尺套方（异形角度用活尺），尺量端头偏差
4	打道密度	糙道（10道/100mm）	±2道	尺量检查，抽查3处，取平均值
		细道（25道/100mm宽）	正值不限 －5道	

续表

序号	项目	允许偏差	检验方法
5	剁斧密度（45道/100mm宽）	正值不限 －10道	尺量检查，抽查3处，取平均值

注：表面作法为打糙道或砸花锤作法的，不检查死坑数量。

第二节 石活安装工程

（Ⅰ）保证项目

第 4.2.1 条 灰浆品种、材料配比必须符合设计要求或古建常规作法。

检验方法 观察检查和检查施工记录。

第 4.2.2 条 灰浆必须饱满。

检验方法 观察检查，必要时抽样检查。

第 4.2.3 条 石料必须完整，不得断裂或严重损坏。

检验方法 观察检查。

第 4.2.4 条 背山必须严实、牢固平稳，不得空虚。背山的位置、数量应适宜，所用材料的硬度不得低于石料的硬度。

检验方法 观察检查。

第 4.2.5 条 连结铁件的设置必须符合设计要求。

检验方法 观察检查。

第 4.2.6 条 栏板、望柱、抱鼓等垂直安装的构件，必须安装牢固平稳。

检验方法 观察检查，并用手推晃。

（Ⅱ）基本项目

第 4.2.7 条 石活灰缝应符合以下规定：

合格：灰缝顺直，宽度均匀，勾缝整齐、严实。

优良：灰缝平直，宽度均匀，勾缝整齐、严实、干净。

检验方法　观察检查。

第 4.2.8 条　栏板、望柱、抱鼓等安装位置应符合以下规定：

合格：位置正确，构件不偏歪，整体顺直。

优良：位置正确，构件端正，整体顺直整齐。

检验方法　观察检查。

第 4.2.9 条　石料表面应符合以下规定：

合格：石料无明显缺棱掉角，表面无残留灰浆、铁锈等不洁现象。泛水应符合设计要求。

优良：石料无缺棱掉角，表面洁净，无残留脏物。泛水应符合设计要求。

检验方法　观察检查。

（Ⅲ）允许偏差项目

第 4.2.10 条　石活安装的允许偏差和检验方法应符合表4.2.10的规定。

石活安装的允许偏差和检验方法　　表 4.2.10

序号	项　目	允许偏差(mm)	检验方法
1	截头方正	2	用方尺套方(异形角度用活尺)，尺量端头偏差
2	柱顶石水平程度	2	用水平尺和楔形塞尺检查
3	柱顶石标高	+5 负值不允许	用水准仪复查或检查施工记录
	台基标高	±8	
4	轴线位移（不包括掰升尺寸造成的偏差）	3	与面阔、进深相比，用尺量或经纬仪检查

续表

序号	项　目	允许偏差(mm)	检验方法
5	台阶、阶条、地面等大面平整度	5	拉3m线，不足3m拉通线，用尺量检查
6	外棱直顺	5	
7	相邻石高低差	2	用短平尺贴于高出的石料表面，用楔形塞尺检查相邻处
8	相邻石出进错缝	2	
9	石活与墙身进出错缝（只检查应在同一平面者）	2	

第三节　修配旧石活

第 4.3.1 条　添配的石料及用旧料改制的石料（只打大底的除外），其制作加工要求，应按新做标准执行。

（Ⅰ）保证项目

第 4.3.2 条　修配或归安的石活必须牢固。灰浆或其它粘合剂必须饱满，连接方法必须符合设计要求。

检验方法　观察和用手推晃，检查施工记录。

（Ⅱ）基本项目

第 4.3.3 条　添配的石活，外观应符合以下规定：

合格：石料规格、色泽应与原有石活相近。

优良：石料品种、规格、质感、色泽应与原有石活相近。

检验方法　观察检查。

第 4.3.4 条　经刷洗、挠洗或剁斧见新的石料，外观应符合以下规定：

合格：表面整洁、无脏物。石活见新不应使用刷浆方法。带雕刻的石活不应损伤花纹图案。

优良：表面洁净美观。石活见新不应使用刷浆方法。带雕刻的石活不应损伤花纹图案。

检验方法　观察检查。

（Ⅲ）允许偏差项目

第 4.3.5 条　局部石活维修的允许偏差和检验方法应符合表4.3.5的规定。全部拆安、添配者，按新做标准执行。

局部石活维修的允许偏差和检验方法　　表 4.3.5

序号	项　　目		允许偏差（mm）	检　验　方　法
1	截头方正		3	用方尺套方(异形角度用活尺)，尺量端头偏差
2	并缝宽度（与原有灰缝比较）		3	与相邻的原有灰缝比较，用尺量
3	柱顶石标高		+5 −0	与原有石活比较，拉通线用尺量，必要时用水准仪复查
	台基标高		±10	
4	轴线位移		5	与原有石活比较，拉通线用尺量，必要时用水准仪检查
5	台阶、阶条、地面等大面平整度		8	拉3m线，不足3m拉通线，用尺量
6	相邻石高低差		4	用短平尺贴于高出的石料表面，用楔形塞尺检查相邻处
7	相邻石出进错缝		5	
8	石活与墙身出进错缝（只检查应在同一平面者）		5	

第五章　大木构架制作与安装工程

第一节　一　般　规　定

第 5.1.1 条　大木构架制作与安装工程指柱、梁、枋、檩（桁）、板、屋面木基层以及斗栱的制作与安装工程(图5.1.1.1～5)。

第 5.1.2 条　各类木构件材质要求应符合表5.1.2的规定。

各类木构件材质　　表 5.1.2

构件类别	木材缺陷：腐朽	木节	斜纹	虫蛀	裂缝	髓心	含水率	备注
柱类构件	不允许	在构件任何一面任何150mm长度内，所有木节尺寸的总和不得大于所在面宽的2/5	斜率不大于12%	不允许（允许表层有轻微虫眼）	外部裂缝深度不超过柱直径的1/3；径裂不大于直径的1/3；轮裂不允许	不限	不大于25%	柱类构件中不包含瓜柱
梁类构件	不允许	在构件任何一面任何150 mm长度内，所有木节尺寸的总和不得大于所在面宽的1/3	斜率不大于8%	不允许	外部裂缝不得大于材宽(或厚)的1/3，径裂不得大于材宽(或厚)的1/3，轮裂不允许	不限	不大于25%	

续表

构件类别	木材缺陷							
	腐朽	木节	斜纹	虫蛀	裂缝	髓心	含水率	备注
枋类构件	不允许	在构件任何一面任何150mm内，所有活节的总和不得大于所在面宽的1/3，榫卯部分不得大于25%，死节面面积不得大于截面积的5%，节点榫卯处不允许有节疤	斜率不大于8%	不允许	榫卯处不允许；其它处外部裂缝，径裂均不得大于材宽厚的1/3；轮裂不允许	不限	不大于25%	
板类构件	不允许	在任何一面任何150mm长度内，木节的总和不得大于截面面积的1/3	斜率不大于10%	不允许	不超过板厚的1/4；轮裂不允许	不限	不大于20%	
檩（桁）类构件	不允许	在构件任何一面任何150mm长度内，所有活节的总和不得大于圆周长的1/3；单个木节的直径不得大于檩径的1/6，死节不允许	斜率不大于8%	不允许	榫卯处不允许，其它处不得大于檩径的1/3	不限	不大于20%	
椽类	不允许	死节不允许，活节不得大于直径的1/3	斜率不大于8%	不允许	外部裂缝不得大于直径的1/4；轮裂不允许	不限	不大于20%	

续表

构件类别		木材缺陷							
		腐朽	木节	斜纹	虫蛀	裂缝	髓心	含水率	备注
连檐类		不允许	正身连檐允许活节占构件截面积的1/3；翼角连檐活节不得超过截面积的1/5；死节不允许	正身连檐斜率不大于8%；翼角连檐斜率不大于5%	不允许	正身连檐裂缝不超过截面的1/4 翼角连檐不允许	不允许	不大于20%	
望板		不允许	活节面积之和不超过板宽的2/5；允许有少量死节	斜率不大于12%	可有轻微虫眼但不影响使用	横望板不限；顺望板不超过板厚的1/3	不限	不大于20%	
斗栱类构件	大斗	不允许	在构件任何一面任何150mm长度内，所有木节尺寸的总和不得大于所在面宽的2/5，死节不允许	斜率不大于12%	不允许	不允许	不允许	不大于18%	大斗为斗栱最下层之受压构件
	翘、昂、耍头、撑头木、桁碗	不允许	在构件任何一面任何150mm长度内，所有木节尺寸的总和不得大于所在面宽的1/4。死节不允许	斜率不大于8%	不允许	不允许	不允许	不大于18%	斗栱中向外挑出的受弯受压构件

续表

构件类别		木材缺陷							
		腐朽	木节	斜纹	虫蛀	裂缝	髓心	含水率	备注
斗栱类构件	单材栱、足材栱	不允许	在构件任何一面任何150mm长度内，所有木节尺寸的总和不得大于所在面宽的1/4；死节不允许	斜率不大于10%	不允许	不允许	不允许	不大于18%	斗栱中向两侧伸出的承托受弯构件
	正心枋、内外拽枋	不允许	在构件任何一面任何150mm长度内，所有木节尺寸的总和不得大于所在面宽的2/5	斜率不大于10%	不允许	不允许	不允许	不大于18%	联系一间内各攒斗栱的衔接受弯构件

检验方法：观察检查和检验测量记录。

第 5.1.3 条 木构件的防腐蚀、防白蚁、防虫蛀应符合设计要求和有关规范的规定。

第 5.1.4 条 柱、梁、枋、檩（桁）等大木构件制作之前，应排出总丈杆和各类构件分丈杆。丈杆排出后必须进行预检。

检验方法 检查预检记录。

第 5.1.5 条 大木构件安装之前，应对柱顶石摆放的质量进行预检。

检验方法 检查预检记录。

第二节 柱类构件制作

第 5.2.1 条 柱类构件指各种檐柱、金柱（老檐柱）、中

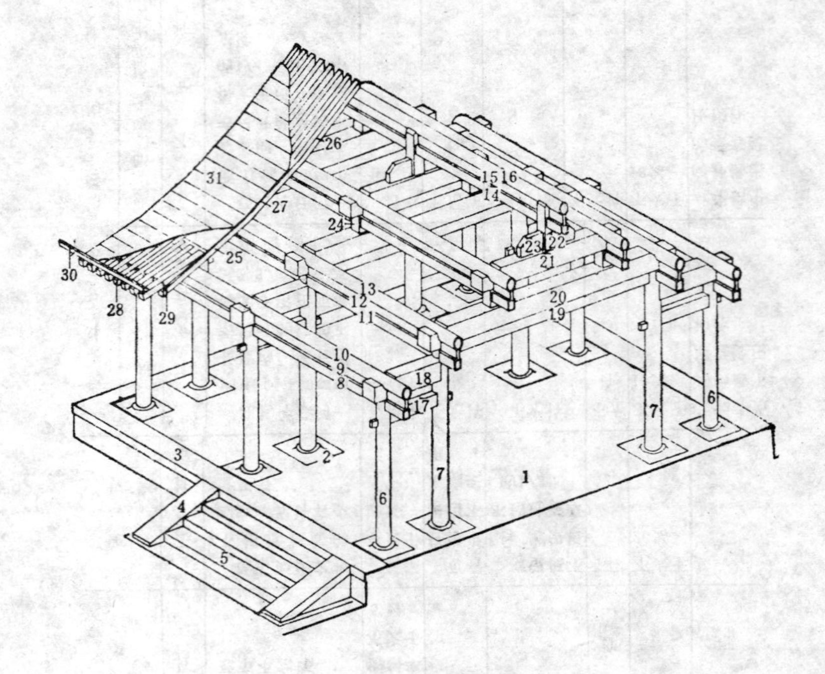

图 5.1.1-1 硬山建筑木构架构件名称图

1—台基；2—柱顶石；3—阶条；4—垂带；5—踏跺；6—檐柱；7—金柱；8—檐枋；9—檐垫板；10—檐檩；11—金枋；12—金垫板；13—金檩；14—脊枋；15—脊垫板；16—脊檩；17—穿插枋；18—抱头梁；19—随梁枋；20—五架梁；21—三架梁；22—脊瓜柱；23—脊角背；24—金瓜柱；25—檐椽；26—脑椽；27—花架椽；28—飞椽；29—小连檐；30—大连檐；31—望板

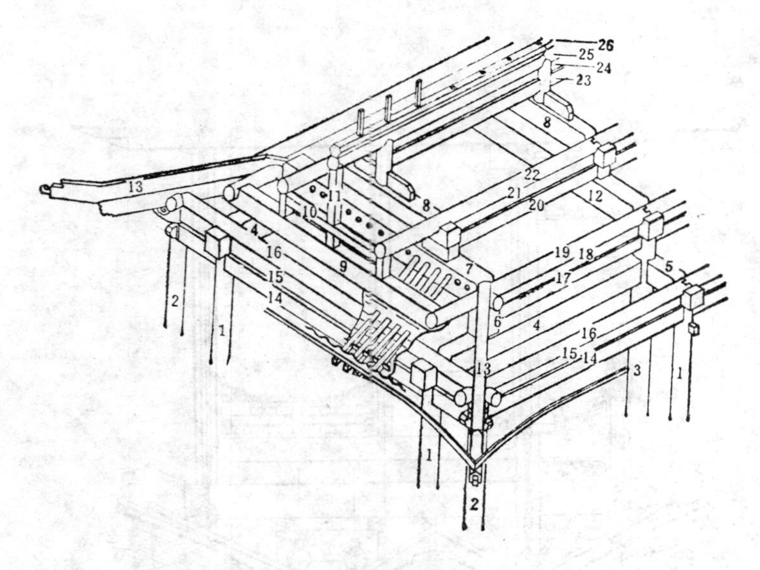

图 5.1.1-2 歇山建筑木构架构件名称图

1—檐柱；2—角檐柱；3—金柱；4—顺梁；5—抱头梁；6—交金墩；7—踩步金；8—三架梁；9—踏脚木；10—穿；11—草架柱；12—五架梁；13—角梁；14—檐枋；15—檐垫板；16—檐檩；17—下金枋；18—下金垫板；19—下金檩；20—上金枋；21—上金垫板；22—上金檩；23—脊枋；24—脊垫板；25—脊檩；26—扶脊木

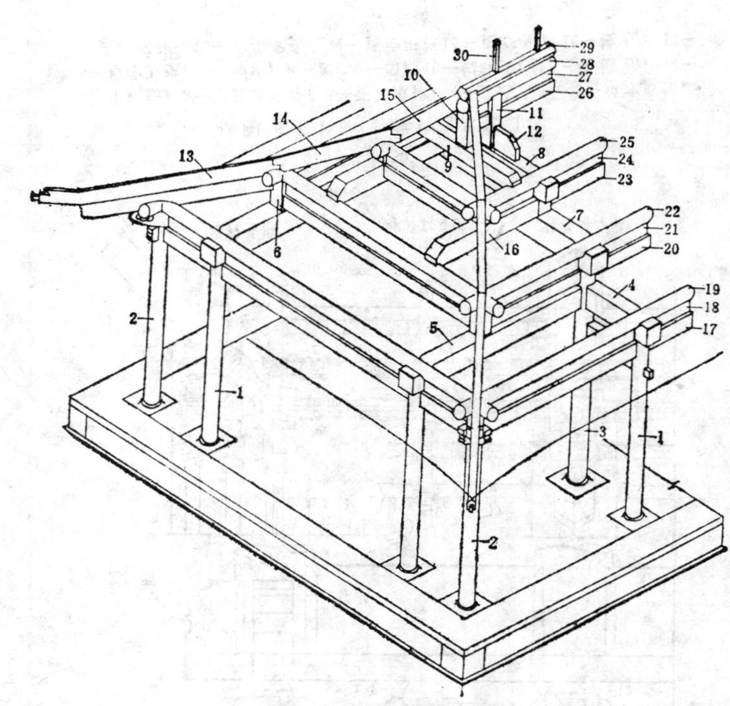

图 5.1.1-3 庑殿建筑木构架构件名称图

1—檐柱；2—角檐柱；3—金柱；4—抱头梁；5—顺梁；6—交金瓜柱；7—五架梁；8—三架梁；9—太平梁；10—雷公柱；11—脊瓜柱；12—脊角背；13—角梁；14—由戗；15—脊由戗；16—扒梁；17—檐枋；18—檐垫板；19—檐檩；20—金枋；21—金垫板；22—金檩；23—上金枋；24—上金垫板；25—上金檩；26—脊枋；27—脊垫板；28—脊檩；29—扶脊木；30—脊桩

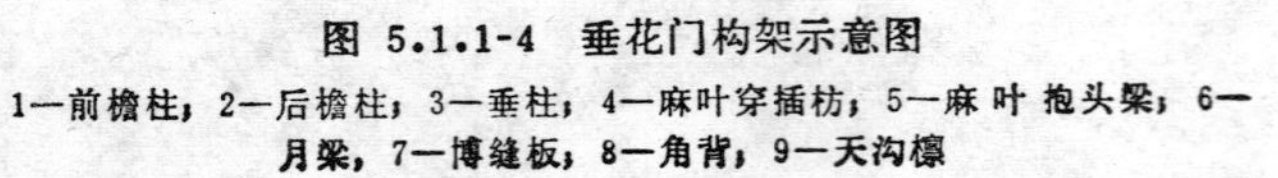

图 5.1.1-4 垂花门构架示意图

1—前檐柱；2—后檐柱；3—垂柱；4—麻叶穿插枋；5—麻叶抱头梁；6—月梁，7—博缝板，8—角背，9—天沟檩

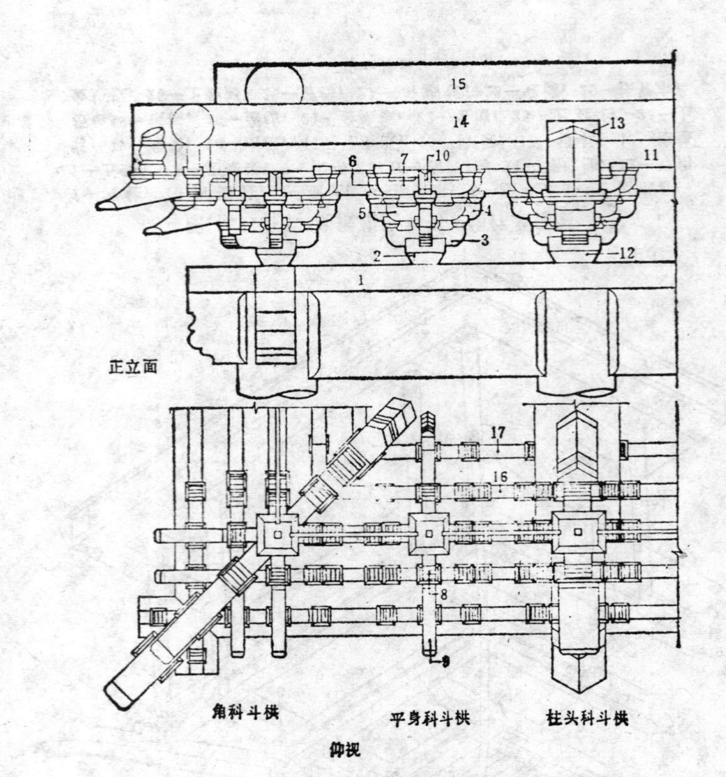

图 5.1.1-5 斗栱构造示意图

1—平板枋；2—平身科坐斗；3—正心瓜栱；4—正心万栱；5—单才瓜栱；6—单才万栱；7—厢栱；8—翘；9—昂；10—蚂蚱头；11—挑檐枋；12—柱头科坐斗；13—挑尖梁头；14—挑檐桁；15—正心桁；16—拽枋；17—井口枋

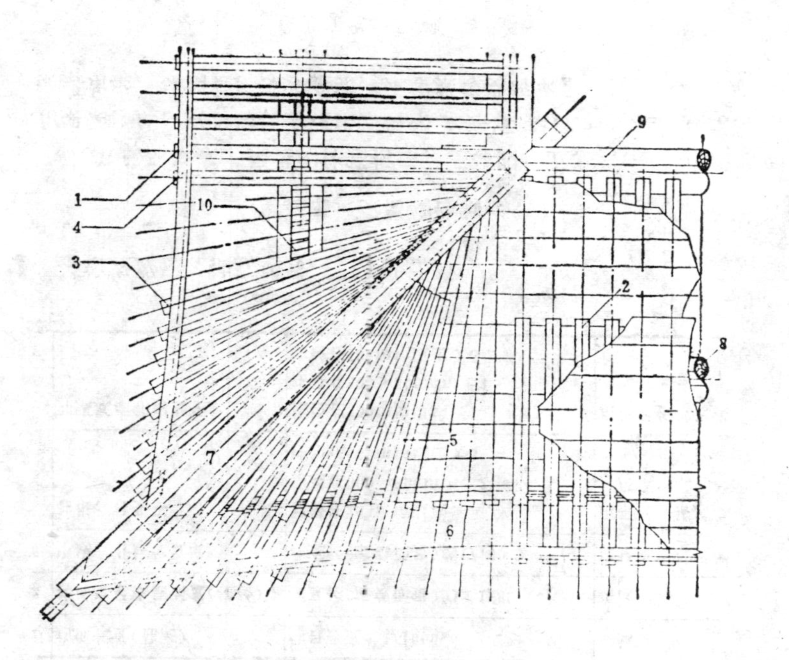

图 5.1.1.6 翼角及屋面木基层、构件名称部位示意图

1—檐椽；2—飞椽；3—翼角椽；4—小连檐；5—翘飞椽；6—大连檐；7—角梁；8—檐檩；9—金檩；10—衬头木

柱、山柱、童柱、通柱等各类圆形或方形截面的柱。

（Ⅰ）保 证 项 目

第 5.2.2 条 檐柱或建筑物最外圈柱子必须按设计要求做出侧脚。侧脚大小应符合各朝代有关营造法则或设计规定。

检验方法 吊线尺量。

第 5.2.3 条 柱子榫卯规格尺寸及作法必须符合以下规定：

一、柱子上下端馒头榫、管脚榫的长度不应小于该端柱径的1/4,不应大于该端柱径的3/10,榫子直径(或截面积)与长度相同；

二、柱上端枋子口深度不应小于柱直径的1/4,不应大于柱直径的3/10；枋子口最宽处不应大于柱直径的3/10，不应小于柱直径的1/4；

三、柱身半眼深度不得大于柱径的1/2,不得小于柱径的1/3。柱身透眼均须采用大进小出做法。大进小出卯眼的半眼部分，深度要求同半眼；

四、各种半眼、透眼的宽度，圆柱不得超过柱直径的1/4，方柱不得超过柱截面宽的3/10。

检验方法 观察检查和实测检查。

第 5.2.4 条 文物古建筑柱子的榫卯规格、尺寸及作法必须符合法式要求或按原有作法不变。

检验方法 观察检查或实测检查。

（Ⅱ）基 本 项 目

第 5.2.5 条 柱子直径、外形及中线位置应符合以下规定：

合格：符合设计要求，两端对应中线平行，不绞线，无明显疵病。

优良：符合设计要求，两端对应中线平行，不绞线，无疵病。

检查数量 抽查10%，但不少于3根。

检验方法　观察检查。

（Ⅲ）允许偏差项目

第 5.2.6 条　柱子制作允许偏差和检验方法应符合表5.2.6的规定。

木柱制作的允许偏差和检验方法　　表 5.2.6

序号	项　　目	允 许 偏 差　(mm)	检 验 方 法
1	构件长度(柱高)	柱自身高的1/1000	实测
2	构件直径或截面宽(柱径)	柱直径(或截面宽)的±1/50	实测
3	中线、升线位置准	柱直径(或截面宽)的1/100	尺量或搭尺目测
4	柱根、柱头平	柱径在300mm以内±1 柱径在300～500mm±2 柱径在500mm以上±3	用平尺板搭尺，尺量
5	卯眼底面和内壁平	柱径在300mm以内±1 柱径在300～500mm±2 柱径在500mm以上±3	用平尺板搭尺实测

检查数量　抽查10%，但不少于3件。

第三节　梁类构件制作

第 5.3.1 条　梁类构件系指二、三、四、五、六、七、八、九架梁、单、双步梁，天花梁，斜梁，递角梁，桃尖梁，接尾梁，角梁，抹角梁，踩步金梁，承重梁等受弯承重构件。

（Ⅰ）保 证 项 目

第 5.3.2 条　在通常情况下，榫卯规格、作法，必须符合以下规定：

一、梁头檩碗的深度不得大于1/2檩径，不得小于1/3檩径；

二、梁头垫板口子深度不得大于垫板自身厚度；

三、梁头两侧檩碗之间必须有鼻子榫，榫宽为梁头宽的1/2。承接梢檩的梁头做小鼻子榫，榫子高、宽不应小于檩径的1/6，不应大于檩径的1/5；

四、趴梁、抹角梁与桁檩相交，梁头外端必须压过檩中线，过中线的长度不得小于15%檩径。梁端头上皮必须沿椽上皮抹角；大式建筑抹角梁端头如压在斗栱正心枋上，其搭置长度由正心枋中至梁外端头不小于3斗口；

五、趴梁、抹角梁与檩（桁）扣搭，其端头必须做阶梯榫，榫头与桁檩咬合部分面积不得大于檩子截面积的1/5；短趴梁作榫搭置于长趴梁时，其搭置长度不小于1/2趴梁宽，榫卯咬合部分面积不大于长趴梁自身截面积的1/5；

六、桃尖梁、抱头梁、天花梁、接尾梁等各种梁与柱相交，其榫子截面宽不得小于梁自身截面宽的1/5，不大于3/10，半榫长度不小于对应柱径的1/3，不大于1/2。

检验方法　观察检查和实测检查。

第 5.3.3 条　文物古建筑梁的榫卯规格及作法必须符合法式要求或按原作法不变。

检验方法观察检查或实测检查。

第 5.3.4 条　整榀梁架的步架的举架尺寸必须符合设计要求。

检验方法　实测检查。

（Ⅱ）基 本 项 目

第 5.3.5 条　梁身制作应符合以下规定：

合格：中线、平水线、抬头线、滚棱线等线条准确清楚，滚棱浑圆直顺，无明显疵病。

优良：中线、平水线、抬头线、滚棱线等线条准确清晰，滚棱浑圆直顺，无疵病。

检查数量　每种梁不少于２根。

检验方法　观察检查。

（Ⅲ）允许偏差项目

第 5.3.6 条　梁类构件制作允许偏差和检验方法应符合表5.3.6的规定。

梁类构件制作的允许偏差和检验方法　　表 5.3.6

序号	项目		允许偏差	检验方法
1	梁长度(梁两端中线间距离)		±0.05%梁长	用丈杆或钢尺校核
2	构件截面尺寸	构件截面高度	-1/30梁截面高（增高不限）	尺量
		构件截面宽度	±1/20梁截面宽	

检查数量　抽查10%，但不少于3件。

第四节　枋类构件制作

第 5.4.1 条　枋类构件指檐枋、金枋、脊枋、大额枋、小额枋、随梁枋、穿插枋、跨空枋、天花枋、承椽枋、棋枋、关门枋等拉结构件。

（Ⅰ）保证项目

第 5.4.2 条　在通常情况下，枋各部节点、榫卯规格做法必须符合以下规定：

一、额枋、檐枋、金枋、脊枋等端头作燕尾榫的枋子，其燕尾榫长度不应小于对应柱径的1/4、不应大于对应柱径的3/10，榫子截面最大宽度要求同长度。燕尾榫的“乍”和“溜”，都应按截面宽的1/10收分(每面收“乍”或收“溜”各按榫宽的1/10)；

二、穿插枋、跨空枋等拉接枋，端头做透榫时，必须做大进小出榫，榫厚为檐柱径的1/5～1/4，其半榫部分长不得大于1/2柱径，不得小于1/3柱径；

三、起拉结作用的枋（或梁），如端头只能作半榫时，其下所施辅助拉结构件雀替或替木必须是具有拉结作用的通雀替或通替木；

四、用于庑殿、歇山建筑转角处的枋或多角形建筑的枋在角柱处相交时，必须做箍头榫，不得做假箍头榫，其榫厚不应小于柱径的1/4，不应大于柱径的3/10；

五、承椽枋、棋枋的榫子截面宽度不应小于枋自身截面宽的1/4或柱径的1/5，榫长不得小于1/3柱径。承椽枋侧面椽碗深度不应小于1/2椽径；

六、圆形、扇形建筑的檐枋、金枋等弧形构件，其弧度必须符合样板。

检验方法　观察检查和实测检查。

第 5.4.3 条　文物古建筑的枋子榫卯规格、构造及作法必须符合法式要求或按原作法不变。

检验方法　观察检查或实测检查。

（Ⅱ）基本项目

第 5.4.4 条　枋的制作应符合以下规定：

合格：中线、滚棱线准确、清楚，滚棱浑圆直顺，无明显疵病，露明处不得缺棱少角。

优良：中线、滚棱线准确、清晰，滚棱浑圆直顺，无疵病。

检查数量　抽查10%，但不少于3件。

检验方法　观察检查。

（Ⅲ）允许偏差项目

第 5.4.5 条　枋类构件制作允许偏差和检验方法应符合表5.4.5的规定。

检查数量　抽查10%，但不少于3件。

枋类构件制作的允许偏差和检验方法　　表 5.4.5

项目		允许偏差	检验方法
截面尺寸	高度	±1/60截面高	尺量
	宽度	±1/30截面宽	

第五节　檩（桁）类构件制作

第 5.5.1 条　檩（桁）类构件指檐檩、金檩、脊檩、正心桁，挑檐桁、金桁、脊桁、扶脊木等构件。

（Ⅰ）保证项目

第 5.5.2 条　檩（桁）节点、榫卯规格、作法，在通常情况下必须符合以下规定：

一、檩（桁）延续连接，接头处燕尾榫的长、宽均不小于檩（桁）径的1/4，不大于3/10；

二、两檩（桁）以90°或其它角度扣搭相交时，凡能做搭交榫者均须做搭交榫，榫截面积不小于檩（桁）径截面积的1/3；

三、檩（桁）与其它构件（如枋、垫板、扶脊木等）相迭时，必须在迭置面（底面或上面）做出金盘，金盘宽不大于檩（桁）径的3/10，不小于檩（桁）径的1/4；

四、圆形、扇形建筑的弧形檩（桁）必须符合样板。

五、扶脊木两侧椽碗深度不小于椽径的1/3，不大于1/2。

检验方法　观察检查和实测检查。

第 5.5.3 条　文物古建筑檩（桁）的榫卯规格及作法必须符合法式要求或按原作法不变。

检验方法　观察检查和实测检查。

（Ⅱ）基本项目

第 5.5.4 条　檩子制作，其外形应符合以下规定：

合格：四面中线、椽花线清楚、准确，表面浑圆直顺，无明显疵病。

优良：四面中线、椽花线清晰、准确，表面浑圆直顺，无疵病。

检查数量　抽查10%，但不少于3件。

检验方法　观察检查。

（Ⅲ）允许偏差项目

第 5.5.5 条　檩（桁）类构件制作允许偏差和检验方法应符合表5.5.5的规定。

檩（桁）类构件制作的允许偏差和检验方法　　表 5.5.5

序号	项目	允许偏差(mm)	检验方法
1	直径	±1/50檩直径	尺量
2	扶脊木椽碗中距	±1/20椽径	尺量

检查数量　抽查10%，但不少于3根。

第六节　板类构件制作

第 5.6.1 条　板类构件指各种檐垫板、金垫板、脊垫板、博缝板、山花板、滴珠板、由额垫板、挂落板、木楼板、塌板等构件。

（Ⅰ）保证项目

第 5.6.2 条　在通常情况下，板类构件制作必须符合以下规定：

一、博缝板、挂落板、榻板等板类构件拼攒粘接必须在背面穿带或嵌银锭榫，穿带（或银锭榫）间距不大于板自身厚的10倍或板自身宽的1.2倍，穿带深度为板厚的1/3；

二、立闸滴珠板、挂落板拼接，立缝做企口榫，水平穿带不得少于二道；

三、立闸山花板拼接，立缝必须做企口榫或龙凤榫，木楼板必须做企口缝或龙凤榫；

四、博缝板延续对接，接头必须做龙凤榫，下口做托舌，托舌高不得小于一椽径；

五、圆形、弧形建筑的垫板、由额垫板必须符合样板。

检验方法　观察检查辅以尺量实测。

第 5.6.3 条　文物古建筑的板类制作必须符合法式要求或按原作法不变。

检验方法　观察检查。

（Ⅱ）基 本 项 目

第 5.6.4 条　各种板类构件制作应符合以下规定：

合格：上下口平、顺，表面光平、穿带牢固，无明显疵病。

优良：上下口平、顺，表面光平、穿带牢固，无疵病。

检查数量　抽查10%，但不少于 3 件。

检验方法　观察检查。

第七节　屋面木基层制作

第 5.7.1 条　屋面木基层部件包括檐椽、飞椽、花架椽、脑椽、罗锅椽、翼角椽、翘飞椽、连瓣椽等各类椽，以及大连檐、小连檐、椽碗、椽中板、望板等。

（Ⅰ）保 证 项 目

第 5.7.2 条　在通常情况下，屋面木基层部件制作必须符合以下规定：

一、翼角椽、翘飞椽制作必须符合（第一根）翘飞椽头撇1/2椽径，（第一根）翼角椽头撇1/3椽径的要求（地方作法可不循此则）；

二、翼角大连檐锯解破缝必须用手锯或薄片锯，不得用电锯（或厚片锯），要保证大连檐立面厚度；

三、罗锅椽下脚与脊檩或脊枋条的接触面不得小于椽自身截面的1/2；

四、椽碗制作必须与椽径吻合，不得有大缝隙、不得作单椽碗。

检验方法　观察检查并辅以尺量。

第 5.7.3 条　文物古建筑的椽、飞椽、连檐、瓦口构造、作法必须符合法式要求或按原作法不变。

检验方法　观察检查。

（Ⅱ）基 本 项 目

第 5.7.4 条　檐椽、飞椽制作应符合以下规定：

合格：圆椽浑圆直顺，方椽方正、直顺，无明显疵病。

优良：圆椽浑圆直顺、光洁，方椽方正、直顺、光洁，无疵病。

检查数量　抽查10%，但不少于10根。

检验方法　观察检查。

（Ⅲ）允许偏差项目

第 5.7.5 条　椽类制作允许偏差和检验方法应符合表5.7.5的规定。

椽类制作允许偏差和检验方法　　表 5.7.5

项	目	允许偏差（mm）	检验方法
露明檐椽、飞椽	圆椽截面直径	±1/30椽径	尺量
	方椽（或飞椽）截面高	±1/30截面高（或宽）	

检查数量　抽查10%，但不少于10根。

第八节 斗栱制作

(Ⅰ)保 证 项 目

第 5.8.1 条 各类斗栱制作之前必须按设计尺寸放实样，套样板，每件样板尺寸外形准确，各层构件迭放在一起，总尺寸必须符合设计要求；斗栱构造昂翘头尾装饰及栱头卷杀，必须符合设计要求或不同时期的法式要求和造型特点。

检验方法　与设计图纸或原实物对照，用钢尺校核样板尺寸。

第 5.8.2 条 在通常情况下，斗栱榫卯节点做法必须符合以下规定：

一、斗栱纵横构件刻半相交，要求昂、翘、耍头等构件必须在腹面刻口，横栱在背面刻口；角科斗栱等三层构件相交时，斜出构件必须在腹面刻口；

二、斗栱纵横构件刻半相交，节点处必须作包掩，包掩深为0.1斗口；

三、斗栱昂、翘、耍头等水平构件相迭，每层用于固定作用的暗销不少于2个，坐斗、三才升、十八斗等暗销每件1个；

四、斗栱单件制作完成后，在正式安装之前必须以攒为单位进行草验、试装，并分组码放，不得混淆。

检验方法　观察检查。

(Ⅱ)基 本 项 目

第 5.8.3 条 斗栱单件制作应符合以下规定：

合格：下料准确，表面光平、直顺，刻口、包掩、凿眼、起峰、卷杀符合图纸样板或法式要求，头饰、尾饰外形符合样板，榫卯松紧适度，无明显疵病。

优良：下料准确，表面光洁、直顺，刻口、包掩、凿眼、起峰、卷杀符合样板或法式要求，头饰、尾饰外形准确，榫卯严实无松动，各项检查符合要求、无疵病。

检查数量　各类斗栱分别抽查10%，但不少于1攒。

检验方法　观察检查、用样板套，拆装构件检查榫卯

第九节 大木雕刻

第 5.9.1 条 大木雕刻指雀替、博缝头、云墩、荷叶角背、隔架雀替、驼峰、枋子箍头榫、角梁头、山花板表面花饰以及斗栱头饰、尾饰等大木构件的雕刻。

(Ⅰ)保 证 项 目

第 5.9.2 条 文物古建筑的大木雕刻，其花纹纹样必须遵循"不改变原状"的原则，符合不同历史时代的不同特点或法式要求，仿古建筑的大木雕刻必须符合设计要求。

第 5.9.3 条 大木雕刻必须放实样、套样板或放纸样、拓样，按花纹实样进行雕刻。

检验方法　观察检查。

(Ⅱ)基 本 项 目

第 5.9.4 条 大木构件雕刻应符合以下规定：

合格：花纹美观，线条流畅，表面光洁，花纹均匀，落地平整，深浅一致，表面略有疵病但不影响观感。

优良：花纹美观，线条流畅，表面光洁，花纹均匀，落地平整干净，深浅一致，无疵病。

检查数量　抽查10%，但不少于1件。

检验方法　观察检查。

第十节 下架（柱头以下）木构架安装工程

第 5.10.1 条 下架木构架指柱头以下木构架，包括各种柱、枋、随梁等构件组成的框架。

（Ⅰ）保 证 项 目

第 5.10.2 条 下架木构架安装前，柱，枋等木构件必须符合质量要求，运输搬动过程中无损坏变形。

检验方法 观察检查和检查验收记录。

第 5.10.3 条 外围柱子侧脚必须符合设计或法式要求，严禁有倒升。

检验方法 吊线实测，尺量检查。

第 5.10.4 条 下架构件安装以后，柱头间各轴线尺寸必须符合设计要求。

检验方法 用丈杆实测，尺量检查。

第 5.10.5 条 下架构件吊直拨正、验核尺寸以后，必须支戗牢固，保证施工过程中不歪闪走动。

检验方法 观察检查和查验戗杆牢固程度。

（Ⅱ）允许偏差项目

第 5.10.6 条 下架木构件安装的允许偏差和检验方法应符合表5.10.6的规定。

下架构件安装的允许偏差和检验方法　　表 5.10.6

序号	项	目	允许偏差	检验方法
1	面宽方向柱中线偏移		面宽的1.5/1000	用钢尺或丈杆量
2	进深方向柱中线偏移		进深的1.5/1000	用钢尺或丈杆量
3	枋、柱结合严密程度	柱径在300mm以内	4 mm	尺量枋子肩膀与柱外缘的缝隙
		柱径在300～500mm	6 mm	
		柱径在500mm以上	8 mm	
4	枋子上皮平直度	柱径在300mm以内	4 mm	通面宽拉线尺量
		柱径在300～500mm	7 mm	
		柱径在500mm以上	10mm	
5	各枋子侧面进出错位不大于	柱径在300mm以内	5 mm	沿通面宽拉线尺量
		柱径在300～500mm	7 mm	
		柱径在500mm以上	10mm	

检查数量 第1、2项各检查10%，但至少检查1座建筑；其余各项检查10%，但不少于3处。

第十一节 斗栱安装工程

（Ⅰ）保 证 项 目

第 5.11.1 条 斗栱安装之前，分件必须符合质量要求，并经草验试装。运输、储存、搬动过程中无损坏变形。

检验方法 观察检查和检查验收记录。

第 5.11.2 条 斗栱安装必须按草验时的构件组合顺序进行。不得任意打乱次序。

检验方法 观察检查。

第 5.11.3 条 斗栱安装要求构件齐全，不得有残件、缺件。

检验方法 观察检查。

（Ⅱ）基 本 项 目

第 5.11.4 条 斗栱节点、栽销、升斗安装应符合以下规定：

合格：节点松紧适度，无明显亏空；栽销齐全、牢固，斜斗板、盖斗板、垫栱板遮盖牢固、严实，无明显缝隙或松动。

优良：节点松紧适度，严实无缝隙；栽销齐全、牢固，斜斗板、盖斗板、垫栱板遮盖严实，安装牢固，无疵病。

检查数量　抽查10%，但不少于5处。

检验方法　观察、推动。

（Ⅲ）允许偏差项目

第 5.11.5 条　斗栱安装的允许偏差和检验方法应符合表5.11.5的规定。

斗栱安装允许偏差和检验方法　表 5.11.5

序号	项		目	允许偏差（mm）	检验方法
1	昂、翘、耍头平直度	斗口	70mm以下	4	以间为单位，在昂、翘、耍头上皮部位拉通线，尺量
			70mm以上	7	
2	昂、翘、耍头进出错位不大于	斗口	70mm以下	5	以间为单位，在昂、翘、耍头端部拉通线，尺量
			70mm以上	8	
3	横栱与枋子竖直对齐	斗口	70mm以下	3	在横栱与拽枋（或井口枋、挑檐枋）侧面贴尺，尺量
			70mm以上	5	
4	栱件竖直对齐	斗口	70mm以下	3	在某攒斗栱中线处吊线或在翘、昂、耍头等伸出构件侧面贴尺板，尺量
			70mm以上	5	
5	升、斗与上下构件迭合缝隙不大于	斗口	70mm以下	1	用楔形塞尺检查
			70mm以上	2	

检查数量　抽查10%，但不少于2间或5处。

第十二节　上架（柱头以上）木构架安装工程

第 5.12.1 条　上架木构架指柱头以上木构件如梁、板、檩（桁）、枋等构件组成的构架部分。

（Ⅰ）保证项目

第 5.12.2 条　安装之前，梁、檩、枋、垫板等上架构件必须符合质量要求，储存、运输、搬动过程中无损坏变形。

检验方法　观察检查和检查验收记录。

第 5.12.3 条　必须在下架构件安装完毕，轴线（面宽、进深）尺寸校验合格，吊直拨正，戗杆支戗齐全、牢固后，方可进行上架大木构架的安装。

（Ⅱ）允许偏差项目

第 5.12.4 条　上架木构架安装允许偏差和检验方法应符合表5.12.4的规定。

上架木构架安装允许偏差和检验方法　表 5.12.4

序号	项目	允许偏差（mm）	检验方法
1	梁、柱中线对准程度	3	尺量梁底中线与柱子内侧中线位置偏差
2	瓜柱中线与梁背中线对准程度	3	尺量两中线位置偏差
3	梁架侧面中线对准	4	吊线、目测整榀梁架上各构件侧面中线相对是否错位，用尺量
4	梁架正面中线对准	4	吊线、目测整榀梁架上各构件正面中线是否错位，用尺量
5	面宽方向轴线尺寸	面宽的1.5‰	用钢尺或丈杆量
6	檩、垫板、枋相迭缝隙	5	用楔形塞尺检查
7	檩(桁)平直度	8	在一座建筑的一面或5间廊子拉通线，尺量
8	檩(桁)与檩碗吻合缝隙	5	尺量
9	用梁中线与檩中线对准	4	尺量检验角梁老中线、由中线与檩的上下面中线对准程度

续表

序号	项目	允许偏差(mm)	检验方法
10	角梁与檩碗扣搭缝隙	5	尺量
11	山花板、博缝板板缝拼接缝隙	2.5	尺量和楔形塞尺检查
12	山花板、博缝板拼接相邻高低差	2.5	尺量和楔形塞尺检查
13	山花板拼接雕刻花纹错位	2.5	尺量
14	圆弧形檩、垫板、枋侧面外倾	5	拉线，尺量构件中部与端头的差距

注：检查数量抽查10%，但不少于2间或5处。

第十三节　屋面木基层安装工程

第 5.13.1 条　屋面木基层部件安装包括檐椽、飞椽、花架椽、脑椽、翼角椽、翘飞椽、连瓣椽等各类椽、以及大连檐、小连檐、椽碗、椽中板、里口木、望板等的安装。

（Ⅰ）保证项目

第 5.13.2 条　安装之前，椽子、飞椽、翼角椽、翘飞椽、望板、连檐等部件必须符合质量要求，在搬动、运输、储存过程中无损坏变形。

检验方法　观察检查及检查验收记录。

第 5.13.3 条　椽、飞椽、连檐、望板等部件安装必须符合以下规定：

一、各种椽子、飞椽必须钉牢固，闸挡板齐全牢固；

二、椽头雀台不大于1/4椽径，不小于1/5椽径；

三、椽子按乱搭头做法时，上下两段椽的头尾交错搭接长度不得小于3倍的椽径；

四、大连檐、小连檐、里口木延长续接时，接缝处不得齐头直墩。

五、横望板错缝窜档不大于800mm，望板对接，其顶头缝不小于5mm。

检验方法　尺量。

（Ⅱ）基 本 项 目

第 5.13.4 条　翼角椽、翘飞椽安装应符合以下规定：

合格：大连檐、小连檐下皮无鸡窝囊，上皮略有鸡窝囊但不明显，椽档基本均匀，翘飞头、翘飞母与大、小连檐伏实，基本无缝隙，椽侧面与地面垂直（或与连檐垂直），翘飞椽与翼角椽基本相对不偏斜，与角梁、衬头木钉牢固。

优良：大连檐、小连檐上下皮均无鸡窝囊，椽档均匀（中距尺寸一致），翘飞头、翘飞母与大、小连檐严实无缝隙，椽侧面与地面垂直(或与连檐垂直)，翘飞椽与翼角椽上下相对不偏斜，与角梁、衬头木等构件钉牢固。

检查数量　抽查10%，但不少于1个角。

检验方法　观察检查，辅以尺量，拉线。

（Ⅲ）允许偏差项目

第 5.13.5 条　椽子、望板、连檐等部件安装允许偏差和检验方法应符合表5.13.5的规定。

椽子、望板、连檐等部件安装允许偏差和检查方法

表 5.13.5

序号	项目	允许偏差(mm)	检验方法
1	檐椽、飞椽椽头平齐	5	以间为单位于椽头端部拉通线，尺量

续表

序号	项目	允许偏差(mm)	检验方法
2	椽档均匀	±1/20椽径	尺量
3	正身大连檐平直度	±3	以间为单位拉通线，尺量
4	正身小连檐平直度	±3	以间为单位拉通线，尺量
5	露明处望板底面平	3	用短平尺和楔形塞尺检查
6	望板横缝	3	用楔形塞尺检查

注：检查数量抽查10%，望板不少于4处。

第六章　木构架修缮工程

第一节　一般规定

第 6.1.1 条　木构架修缮包括大木构架、屋面木基层和斗栱的部分构件更换、修补、加固，整体建筑构架的加固、归安、拆安和打牮拨正，单体或群体建筑的移建工程，不包括重建、复原工程。

第 6.1.2 条　各类木构件及斗栱修缮换件所用木材的材质应符合表5.1.2的规定。

第 6.1.3 条　木构件的防腐蚀、防白蚁、防虫蛀必须符合设计要求和有关规范的规定。

第 6.1.4 条　文物古建筑的修缮应严格遵守“不改变原状”的原则，在配换构件时，必须对原构件的法式特征、材料质地、风格手法进行认真调查研究，按原样进行配换。

第二节　大木构架修缮

第 6.2.1 条　大木构架修缮指柱类、梁类、檩（桁）类、枋类、板类等大木构件及其组成的构架修缮。

（Ⅰ）保证项目

第 6.2.2 条　柱子墩接必须用榫接，水平缝要严实，拼接部分的榫卯做法和铁件加固必须符合修缮设计要求。

检验方法　观察检查。

第 6.2.3 条　各类大木构件修缮加固必须符合修缮设计要求。

检查数量　抽查20%。

检验方法　与修缮设计的要求对照检查。

（Ⅱ）基本项目

第 6.2.4 条　柱子墩接、包镶应符合以下规定：

合格：接槎直顺，尺寸与原构件一致，垂直缝较严，无明显疵病。

优良：接槎直顺，尺寸与原构件一致，垂直缝严，无疵病。

检查数量　抽查20%。

检验方法　观察检查。

第 6.2.5 条　柱类、梁类、枋类、檩（桁）类、板类等构件配换应符合以下规定：

合格：构件的长短、径寸、宽窄、薄厚尺寸、榫卯构造做法与原构件一致，且无明显疵病。

优良：构件的长短、径寸、宽窄、薄厚尺寸、榫卯构造做法与原构件完全一致，无疵病。

检验方法　观察检查。

第 6.2.6 条　文物古建筑大木雕刻的添配应符合以下规定：

合格：花纹形状、风格不改变原状，与旧活接槎较顺畅自然、严实，无明显疵病。

优良：花纹形状、风格不改变原状，与旧活接槎顺畅自然、严实，无疵病。

检查数量　抽查20%。

检验方法　观察检查。

第三节　屋面木基层修缮

第 6.3.1 条　屋面木基层修缮指椽子、飞椽、连檐、椽碗、椽中板、翼角椽、翘飞椽、望板等的修缮。

（Ⅰ）保证项目

第 6.3.2 条　屋面木基层的修缮必须符合修缮设计要求；各部件的构造做法必须遵循“不改变原状”的原则。

检查数量　抽查20%。

检验方法　与设计或原做法对照检查。

（Ⅱ）基本项目

第 6.3.3 条　屋面木基层修缮应符合以下规定：

合格：椽头出入高低平齐，椽档大小均匀，翼角无鸡窝囊，望板下口平，缝子无明显不严。

优良：椽头高低出入平齐跟线，椽档大小均匀一致，翼角无鸡窝囊，望板下口平，缝子严，无疵病。

第四节　斗栱修缮

（Ⅰ）保证项目

第 6.4.1 条　斗栱修缮必须符合修缮设计要求，文物古建筑配换斗栱构件时，构造做法、栱翘卷杀等必须符合“不改变原状”的原则，斗栱修缮不应有缺件、丢件。

检查数量　抽查20%。

检验方法　观察检查。

（Ⅱ）基本项目

第 6.4.2 条　斗栱构件的配换或整攒斗栱的配换应符合以下规定：

合格：所配斗栱尺寸、式样、做法应与原件一致，安装后，新旧构件平齐、出入高低一致，榫卯松紧适度，栽销齐全，无明显疵病。

优良：所配斗栱尺寸、式样及构造做法与原件完全一致，安装以后，新旧构件平齐、出入高低一致、跟线，榫卯松紧适度，栽销齐全，无疵病。

检查数量　抽查20%。

检验方法　观察和拉线检查。

第七章 砖 料 加 工

第一节 干摆、丝缝墙及细墁地面的砖料加工

（Ⅰ）保 证 项 目

第 7.1.1 条 砖的规格、质量、品种必须符合设计要求。

检验方法 观察检查，检查出厂合格证或试验报告。

第 7.1.2 条 砖的看面必须磨平磨光，不得有“花羊皮”和斧花。

检验方法 观察检查。

第 7.1.3 条 砖肋不得有“棒锤肋”，不得有倒包灰。

检验方法 观察检查。

第 7.1.4 条 砖包灰必须留有适当的转头肋，不得砍成“刀口料”。膀子面作法的应能晃尺（图7.1.4）。

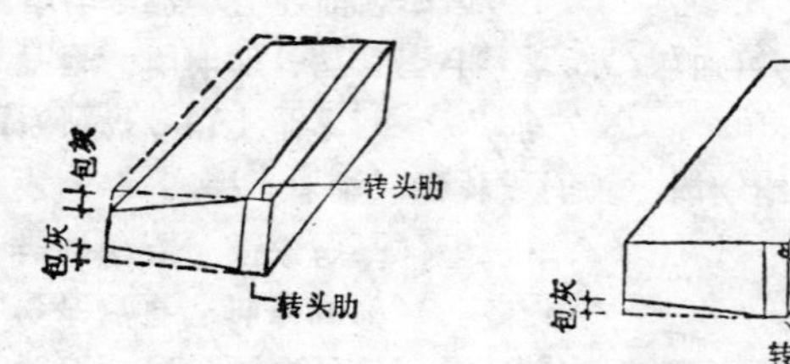

图 7.1.4 砖料转头肋与膀子面示意图

检验方法 观察检查与方尺检查。

（Ⅱ）基 本 项 目

第 7.1.5 条 砖料表面应符合以下规定：

合格：表面完整，无明显缺棱掉角。

优良：表面完整，无缺棱掉角。

检验方法 观察检查。

（Ⅲ）允许偏差项目

第 7.1.6 条 干摆、丝缝墙及细墁地面的砖料允许偏差和检验方法应符合表7.1.6的规定。

干摆、丝缝墙及细墁地面的砖料允许偏差和检验方法

表 7.1.6

序号	项		目	允许偏差（mm）	检验方法
1	砖面平整度			0.5	在平面上用平尺进行任意方向搭尺检查和尺量检查
2	砖的看面长、宽度			0.5	用尺量，与“官砖”（样板砖）相比
3	砖的操加厚度（地面砖不检查）			+2 负值不允许	上小摆，与“官砖”（样板砖）的累加厚度相比，用尺量
4	砖棱平直			0.5	两块砖相摞，楔形塞尺检查
5	截头方正		墙身砖	0.5	方尺贴一面，尺量另一面缝隙
			地面砖	1	
6	包灰（每面）	城砖	墙身砖 6 mm	2	尺量和用包灰尺检查
			地面砖 3 mm		
		小砖方砖	墙身砖 5 mm	2	
			地面砖 3 mm		
7	转头砖、八字砖角度			+0.5 负值不允许	方尺或八字尺搭靠，用尺量端头误差

检查数量　抽查总数的10%，转头砖不应少于5块，直趟砖不应少于10块。上小摞检查不少于2摞，城砖每摞5块，小砖每摞10块。

第二节　淌白墙砖料加工

(Ⅰ)保 证 项 目

第 7.2.1 条　砖的品种、规格、质量必须符合设计要求。

检验方法　观察检查，检查出厂合格证或试验报告。

第 7.2.2 条　砖的看面必须磨光，不得留有“花羊皮”。

检验方法　观察检查。

(Ⅱ)基 本 项 目

第 7.2.3 条　砖料表面应符合以下规定：

合格：看面完整，无明显缺棱掉角。

优良：看面完整美观，无缺棱掉角。

检验方法　观察检查。

(Ⅲ)允许偏差项目

第 7.2.4 条　淌白截头砖的允许偏差和检验方法应符合表7.2.4的规定。

淌白截头砖的允许偏差和检验方法　　表 7.2.4

项　目	允许偏差(mm)	检验方法
看面长度	1	与“官砖”(样板砖)相比

注：无截头要求者不检查。

检查数量　抽查总数为5%，但不少于10块。

第三节　檐料、杂料、异形砖、脊料砖加工

第 7.3.1 条　本节包括砖檐、梢子、须弥座、宝顶、屋脊、门窗套、砖券及各种异形砖料。

(Ⅰ)保 证 项 目

第 7.3.2 条　砖的品种、规格、质量必须符合设计要求。

检验方法　观察检查，检查出厂合格证或试验报告。

第 7.3.3 条　砍砖所需的样板外形及规格尺寸必须符合设计图纸要求。无图者应符合古建常规作法。

检验方法　检查样板。

第 7.3.4 条　直檐砖下棱必须为膀子面。侧面露明的，转头肋必须大于出檐尺寸。

检验方法　观察或用方尺和尺量检查。

第 7.3.5 条　砖表面必须光顺，不得有斧花、凿痕等缺陷。

检验方法　观察检查。

第 7.3.6 条　细作的砖料，其砖肋不得有“棒锤肋”，不得有倒包灰。

检验方法　观察检查。

第 7.3.7 条　细作的砖料，其砖肋必须留有适当的转头肋。膀子面应能晃尺。

检验方法　观察或用方尺检查。

(Ⅱ)基 本 项 目

第 7.3.8 条　砖的棱角应符合以下规定：

合格：棱角完整，无明显的缺棱掉角。

优良：棱角完整，无缺棱掉角。

检验方法　观察检查。

(Ⅲ)允许偏差项目

第 7.3.9 条　檐料、杂料、异形砖、脊料砖的加工允许偏差和检验方法应符合表7.3.9的规定。

檐料、杂料、异形砖、脊料砖的加工允许偏差和检验方法

表 7.3.9

序号	项目			允许偏差(mm)	检验方法
1	形状与规格尺寸		细作	0.5	与样板形状、规格尺寸相比，尺量检查。灰砌糙砖的，规格尺寸不作检查，但形状应符合样板
			糙砌	1	
2	砖的厚度（只检查砖檐等多层的）			+ 2 负值不允许	上小摞，尺量，与样板累加高度相比。糙砌者不检查
3	砖棱平直（只检查砖檐等多层的）			0.5	两砖相摞，楔形塞尺检查。糙砌者不检查
4	包灰	城砖	墙身砖 6 mm 地面砖 3 mm	± 2 ± 2	用包灰尺和尺量检查
		小砖 方砖	墙身砖 5 mm 地面砖 3 mm	± 2 ± 2	
5	角度跟尺		墙身	0.5	用方尺或活尺搭靠，尺量另一端偏差
			地面	1	
6	并缝严密（只检查多块拼装的）		细作	1	与样板重合码放，尺量每道缝
			糙砌	2	

检查数量　宜按份或按对检查。檐料、脊料应按全长抽查10%，跨度较大且对称的（如门窗套、砖券等），可检查一半。需上小摞检查的，不少于2摞。小砖每摞不少于5块，城砖每摞不少于4块。

第四节　砖　雕　刻

（Ⅰ）保　证　项　目

第 7.4.1 条　砖的品种、规格、质量必须符合设计要求。

检验方法　观察、敲击检查，检查出厂合格证或试验报告。

第 7.4.2 条　雕刻的内容、形式均必须符合设计要求或传统惯例，造型准确，比例恰当。

检查数量　每种内容、形式的砖雕不少于1处。

检验方法　观察检查。

第 7.4.3 条　接槎应通顺，图案完好，无缺棱掉角。

检查数量　不少于总数的10%。

检验方法　观察检查。

（Ⅱ）基　本　项　目

第 7.4.4 条　砖雕的外观应符合以下规定：

合格：形象自然，线条流畅。

优良：形象生动美观，立体感强，线条流畅清晰。

检验方法　观察检查。

第八章 砌筑工程

第一节 干摆、丝缝墙工程

（Ⅰ）保证项目

第 8.1.1 条 砖的品种、规格、质量必须符合设计要求。

检验方法 观察检查和检查出厂合格证或试验报告。

第 8.1.2 条 灰浆的品种必须符合设计要求。砌体灰浆必须饱满。

检查数量 每步架抽查不少于3处。

检验方法 观察检查，必要时掀砖检查。

（Ⅱ）基本项目

第 8.1.3 条 砖的组砌应符合以下规定：

合格：组砌方式、墙面的艺术形式及砖的排列形式等，与常见的传统作法无明显差别。

优良：组砌方式、墙面的艺术形式及砖的排列形式等应符合常见的传统作法。

检验方法 观察检查。

第 8.1.4 条 砌体内外搭接应符合以下规定：

合格：砌体内外搭砌良好，拉结砖交错设置，无“两张皮”现象。

优良：砌体内外搭砌好，拉结砖交错设置，填馅严实，无“两张皮”现象。

检查数量 每层（或4m高以内），每10m抽查1处，每处2m，但不少于2处。

检验方法 观察检查。

第 8.1.5 条 墙面应符合以下规定：

合格：墙面整洁；干摆墙面的砖缝无明显缝隙；丝缝墙的灰缝严实、深度均匀；干摆或丝缝墙面均不得刷浆。

优良：墙面清洁美观，楞角整齐；干摆墙面的砖缝严密；丝缝墙的灰缝严实、深度一致、大小均匀；干摆或丝缝墙面均不得刷浆，清水冲洗后应露出真砖实缝。

检查数量 同第8.1.4条的规定。

检验方法 观察检查。

（Ⅲ）允许偏差项目

第 8.1.6 条 干摆、丝缝墙的允许偏差和检验方法应符合表8.1.6的规定。

干摆、丝缝墙的允许偏差和检验方法　　表 8.1.6

序号	项目				允许偏差(mm)	检验方法
1	轴线位移				±5	与图示尺寸比较，用经纬仪或拉线和尺量检查
2	顶面标高				±10	水准仪或拉线和尺量检查。设计无标高要求的，检查四个角或两端水平标高的偏差
3	垂直度	要求“收分”的外墙			±5	用经纬仪或吊线和尺量方法检查
		要求垂直的墙面	5 m以下或每层高		3	
			全高	10m以下	6	
				10m以上	10	
4	墙面平整度				3	用2 m靠尺横、竖、斜搭均可，楔形塞尺检查

续表

序号	项	目	允许偏差(mm)	检验方法
5	水平灰缝平直度	2 m以内	2	拉 2 m线，用尺量检查
		2 m以外	3	拉 5 m线(不足5m拉通线)，用尺量检查
6	丝缝墙灰缝厚度(灰缝厚3～4mm)		1	抽查经观察测定的最大灰缝，用尺量检查
7	丝缝墙面游丁走缝	2 m以下	5	吊线和尺量方法检查，以底层第一皮砖为准
		5 m以下或每层高	10	
8	洞口宽度(后塞口)		±5	尺量检查，与设计尺寸比较

注：1.轴线位移不包括柱顶石掰升所造成的偏移。
2.要求收分的墙面，如设计无规定者，收分按3/1000～7/1000墙高。
3.仿丝缝作法(砖料不作砍磨或仅磨表面)的墙面，应按淌白墙的允许偏差(表8.2.6)检验评定。

检查数量　同8.1.4条的规定。影壁、门楼等独立性较强的构筑物，不少于 4 处，下肩和上身各 2 处。

第二节　淌白墙工程

（Ⅰ）保 证 项 目

第 8.2.1 条　砖的品种、规格、质量必须符合设计要求。

检验方法　观察检查，检查出厂合格证或试验报告。

第 8.2.2 条　灰浆的品种必须符合设计要求；砌体灰浆必须密实饱满；砌体水平灰缝的灰浆饱满度不得低于80%。

检查数量　每步架抽查不少于 3 处。

检验方法　每次掀 3 块砖，用百格网检查砖底面与灰浆的粘结痕迹面积，取其平均值。

（Ⅱ）基 本 项 目

第 8.2.3 条　砖的组砌应符合以下规定：

合格：组砌方式、墙面的艺术形式及砖的排列形式等与常见的传统作法无明显差别。

优良：组砌方式、墙面的艺术形式及砖的排列形式等应符合传统作法。

检验方法　观察检查。

第 8.2.4 条　砌体内外搭接应符合以下规定：

合格：砌体内外搭砌良好，拉结砖交错设置，无“两张皮”现象。

优良：砌体内外搭砌好，拉结砖交错设置，填馅严实，无“两张皮”现象。

检查数量　每层（或4m高以内）按每10m抽查1处，每处 2 m，但不少于 2 处。

检验方法　观察检查。

第 8.2.5 条　墙面应符合以下规定：

合格：墙面整洁，灰缝直顺、严实、深浅均匀、接槎自然。

优良：墙面清洁美观，棱角整齐，灰缝横平竖直，深浅均匀一致，接槎无搭痕。

检查数量　同第8.2.4条的规定。

检验方法　观察检查。

（Ⅲ）允许偏差项目

第 8.2.6 条　淌白墙的允许偏差和检验方法应符合表8.2.6的规定。

检查数量　每层（或 4 m高以内）按每10m抽查 1 处，每处 2 m，但不少于 2 处。

淌白墙的允许偏差和检验方法　　表 8.2.6

序号	项目				允许偏差(mm)	检验方法
1	轴线位移				±5	与图示尺寸比较，用经纬仪或拉线和尺量检查
2	顶面标高				±10	水准仪或拉线和尺量检查，设计无标高要求的，检查四个角或两端水平标高的偏差
3	垂直度	要求“收分”的外墙			±5	用经纬仪或用吊线和尺量检查
		要求垂直的墙面	5m以下或每层高		5	
			全高	10m以下	10	
				10m以上	20	
4	墙面平整度				5	用2m靠尺横、竖、斜搭均可，楔形塞尺检查
5	水平灰缝平直度		2m以内		3	拉2m线，用尺量检查
			2m以外		4	拉5m线(不足5m拉通线)，用尺量检查
6	水平灰缝厚度（10层累计）		淌白仿丝缝		±4	与皮数杆比较，尺量检查
			普通淌白墙		±8	
7	墙面游丁走缝	淌白截头	2m以下		6	吊线和尺量检查，以底层第一皮砖为准
			5m以下或每层高		12	
		淌白拉面	2m以下		8	
			5m以下或每层高		15	
8	门窗洞口宽度(后塞口)				±5	尺量检查，与设计尺寸比较

注：1.轴线位移不包括柱顶石掰升所造成的偏移。
2.要求收分的墙面，如设计无规定者，收分按3/1000～7/1000墙高。

第三节　糙砖墙工程

（Ⅰ）保证项目

第 8.3.1 条　砖的品种、规格、质量必须符合设计要求。

检验方法　观察检查，检查出厂合格证或试验报告。

第 8.3.2 条　灰浆的品种必须符合设计要求；灰浆必须密实饱满，砌体水平灰缝砂浆的饱满度不得低于80%。

检查数量　每步架抽查不少于3处。

检验方法　每次掀3块砖，用百格网检查砖底面与灰浆的粘结痕迹面积，取其平均值。

（Ⅱ）基本项目

第 8.3.3 条　砖的组砌应符合以下规定：

合格：组砌方式正确，砖缝排列形式与古建常见作法无明显差别。

优良：组砌方式正确，砖缝排列形式应符合古建作法。

检验方法　观察检查。

第 8.3.4 条　砌体内外搭接应符合以下规定：

合格：砌体内外搭砌良好，拉结砖交错设置，填馅较严实，无“两张皮”现象，留槎正确。

优良：砌体内外搭砌好，拉结砖交错设置，填馅严实，无“两张皮”现象，留槎正确。

检查数量　外墙按每层（或4m高以内），每10m抽查1处，每处2m，但不少于2处；内墙按有代表性的自然间抽查10%，但不少于1间。

检验方法　观察检查。

第 8.3.5 条　清水墙面应符合以下规定：

合格：墙面整洁；灰缝直顺、严实、深浅均匀，接槎自然。

优良：墙面清洁美观，棱角整齐，灰缝横平竖直，深浅均匀一致，接槎无搭痕。

检查数量　同第8.3.4条的规定。

检验方法　观察检查。

（Ⅲ）允许偏差项目

第 8.3.6 条　糙砖墙的允许偏差和检验方法应符合表8.3.6的规定。

糙砖墙的允许偏差和检验方法　　表 8.3.6

序号	项目	允许偏差(mm)	检验方法
1	轴线位移	±10	与图示尺寸比较，用经纬仪或拉线和尺量检查
2	顶面标高	±10	水准仪或拉线和尺量检查，设计无标高要求的，检查四个角或两端水平标高的偏差
3	垂直度　要求“收分”的外墙	±5	用经纬仪或吊线和尺量检查
	垂直度　要求垂直的墙面　5m以下或每层高	5	
	垂直度　要求垂直的墙面　10m以下	10	
	垂直度　要求垂直的墙面　10m以上	20	
4	墙面平整度　清水墙	5	用2m靠尺和楔形塞尺检查
	墙面平整度　混水墙	8	
5	水平灰缝平直度　清水墙　2m以内	3	拉2m线，用尺量检查
	水平灰缝平直度　清水墙　2m以外	4	拉5m线（不足5m拉通线），用尺量检查
	水平灰缝平直度　混水墙　2m以内	4	拉2m线，用尺量检查
	水平灰缝平直度　混水墙　2m以外	5	拉5m线（不足5m拉通线），用尺量检查
6	水平灰缝厚度（10层砖累计）	±8	与皮数杆比较，尺量检查
7	清水墙面游丁走缝　2m以下	8	吊线和尺量检查，以底层第一皮砖为准
	清水墙面游丁走缝　5m以下或层高	20	
8	门窗洞口宽度（后塞口）	±5	尺量检查，与设计尺寸比较

注：1.轴线位移不包括柱顶石掰升所造成的偏移。

2.要求收分的墙面，如设计无规定者，收分按3/1000～7/1000墙高。

检查数量　同第8.3.4条的规定。

第四节　碎砖墙工程

第 8.4.1 条　碎砖墙工程包括碎砖墙及不同规格品种砖的混合砌体。

（Ⅰ）保证项目

第 8.4.2 条　灰浆品种必须符合设计要求，使用掺灰泥的，灰的含量不少于30%，生石灰必须充分熟化消解，不得出现爆灰现象。

检验方法　观察检查，必要时取样测定。

第 8.4.3 条　砌体灰浆必须密实饱满。

检查数量　每步架抽查不少于3处，每处0.5m。

检验方法　观察检查。

（Ⅱ）基本项目

第 8.4.4 条　砖的组砌应符合以下规定：

合格：组砌正确，混水墙不应陡砌，清水墙不应陡砌和“皱”砌。

优良：组砌正确，混水墙不应陡砌，清水墙不应陡砌和“皱”砌，同一层砖的厚度应基本相同。

检验方法　观察检查。

第 8.4.5 条　砌体上下错缝应符合以下规定：

合格：通缝不超过 3 皮砖长；里、外皮应互相拉结，拉丁砖每面墙面不少于 5 块/m²；填馅严实，留槎正确；砌至柁底或檩底时，砖应顶实。

优良：通缝不超过 2 皮砖长，里、外皮拉结好，拉丁砖每面墙不少于 5 块/m²；填馅严实平整，留槎正确；砌至柁底或檩底时，砖应顶实，灰应塞严。

检查数量　外墙按每层（或 4 m高以内）每10m抽查 1 处，每处 2 m，但不少于 2 处。内墙，按有代表性的自然间抽查10%，但不少于 1 间。

检验方法　观察检查。

第 8.4.6 条　墙面不抹灰的应符合以下规定：

合格：墙面整洁，泥（灰）缝密实，深浅一致。

优良：墙面干净美观，泥（灰）缝密实光顺，泥（灰）缝宽度均匀，深浅一致。

检查数量　同第8.4.5条的规定。

检验方法　观察检查。

（Ⅲ）允许偏差项目

第 8.4.7 条　碎砖墙的允许偏差和检验方法应符合表8.4.7的规定。

碎砖墙的允许偏差和检验方法　　**表 8.4.7**

序号	项目			允许偏差(mm)	检验方法
1	轴线位移			±15	与图示尺寸比较，拉线和尺量检查
2	顶面标高			±10	水准仪或拉线和尺量检查，设计无标高要求的，检查四个角或两端水平标高的偏差
3	垂直度	要求“收分”的外墙面		±5	吊线和尺量检查
		要求垂直的墙面	5m以下或每层高	10	
			10m 以下或全高	15	
4	墙面平整度			15	用 2 m靠尺横、竖、斜搭均可，楔形塞尺检查
5	清水墙泥缝平直度		2 m以内	4	拉 2 m线，尺量检查，以砖上棱为准
			5 m以内	7	拉 5 m线，尺量检查，以砖上棱为准
6	泥缝厚度(25mm厚)			±5	用尺量检查经观察测定的最大泥缝
7	门窗洞口宽度(后塞口)			±5	尺量检查，与设计尺寸比较

注：1.轴线位移不包括柱顶石掰升所造成的偏移。
2.要求收分的墙面，如设计无规定者，收分按3/1000～7/1000墙高。

检查数量　同第8.4.5条规定。

第五节　异形砌体工程

第 8.5.1 条　异形砌体工程包括青砖砖檐、梢子、博缝(图8.5.1-1，8.5.1-2)、须弥座、砖券、门窗套等。琉璃砖檐、梢子、博缝、须弥座等应按本章第六节琉璃饰面工程的有关标准执行。

检查数量　每10m抽查 1 处，但不少于 1 处；按份（或对）

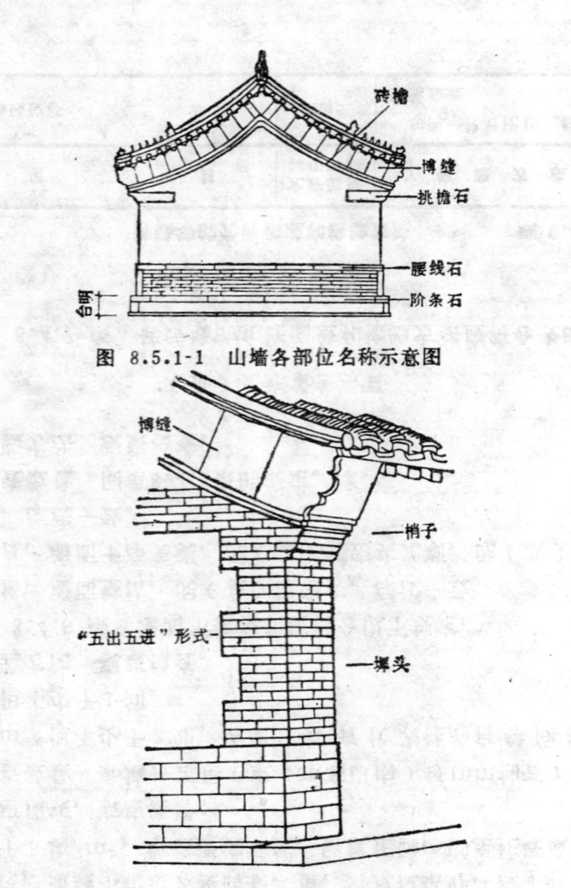

图 8.5.1-1 山墙各部位名称示意图

图 8.5.1-2 山墙局部示意图

计的，抽查总数的10%，但不少于1份（或1对）；作法差异较大的，每种不少于1处。

（Ⅰ）保 证 项 目

第 8.5.2 条 砌体灰浆必须密实饱满。

检验方法 观察检查。

第 8.5.3 条 砖的品种、规格、质量必须符合设计要求。

检验方法 观察检查，检查出厂合格证或试验报告。

第 8.5.4 条 出挑的砖件必须牢固，不得松动。

检验方法 观察和用手轻推。

（Ⅱ）基 本 项 目

第 8.5.5 条 砖的组砌应符合以下规定：

合格：组砌正确，砌体的式样、砖的出檐尺寸及排列形式等符合设计要求或与古建常规作法无明显差别。

优良：组砌正确，砌体的式样、砖的出檐尺寸及排列形式等应符合设计要求或古建常规作法。

第 8.5.6 条 砌体外观应符合以下规定：

合格：外观整洁，灰缝均匀、严实；细作的砌体表面不应刷浆；砖的出檐平顺，不下垂或上翘。

优良：外观洁净美观，灰缝均匀、严实、棱角完整；细作的砌体表面不应刷浆；砖的出檐平直，不下垂或上翘。

检验方法 观察检查。

（Ⅲ）允许偏差项目

第 8.5.7 条 异形砌体的允许偏差和检验方法应符合表8.5.7的规定。

异形砌体的允许偏差和检验方法 表 8.5.7

序号	项 目	允许偏差(mm)		检 验 方 法
		细 作	灰砌糙砖	
1	出檐直顺度	3	5	拉3m线和尺量检查
2	直檐砖底棱平直度	2	5	拉3m线和尺量检查
3	博缝、砖券或曲檐砖底棱错缝	1	2	比较检查相邻两块砖的错缝程度，抽查经观察测定的最大偏差处

第六节　琉璃饰面工程

第 8.6.1 条　琉璃饰面工程包括琉璃墙面以及琉璃砖檐、梢子、博缝、须弥座、面砖、挂檐等。

（Ⅰ）保 证 项 目

第 8.6.2 条　灰浆的品种及颜色必须符合设计要求；砌体灰浆必须密实饱满；砖墙水平灰缝的灰浆饱满度不得小于80%。

检查数量　每步架抽查不少于3处。

检验方法　每次掀砖3块，用百格网检查砖底面与灰浆的粘结痕迹面积，取其平均值。

第 8.6.3 条　琉璃砖的规格、颜色、质量均应符合设计要求。

检验方法　观察检查，必要时检查出厂合格证或试验报告。

（Ⅱ）基 本 项 目

第 8.6.4 条　砖的组砌应符合以下规定：

合格：组砌方式、饰面的艺术形式、砖的出檐尺寸及排列形式等符合设计要求或与古建常规作法无明显差别。

优良：组砌方式、饰面的艺术形式、砖的出檐尺寸及排列形式等符合设计要求或古建常规作法。

检验方法　观察检查。

第 8.6.5 条　砌体内外搭接应符合以下规定：

合格：砌体内外搭砌良好，连接件的设置符合设计要求，填馅饱满。

优良：砌体内外搭砌好，连接件的设置应符合设计要求，填馅饱满。

检查数量　每4m高以内，每10m抽查1处，每处2m，但不少于2处；作法差异较大的，每种不少于1处。

检验方法　观察检查。

第 8.6.6 条　饰面外观应符合以下规定：

合格：表面整洁，釉面无明显残损，花饰图案拼接处无明显错缝，灰缝密实，宽度及深浅均匀。

优良：表面洁净美观，釉面无破损，棱角整齐，花饰图案拼接自然，灰缝密实，宽度及深浅一致。

检查数量　同第8.6.5条的规定。

检查方法　观察检查。

（Ⅲ）允许偏差项目

第 8.6.7 条　琉璃饰面安装的允许偏差和检验方法应符合表8.6.7的规定。

检查数量　每4m高以内，每10m抽查1处，但不少于2处，琉璃影壁、花门、牌楼等独立性较强的构筑物，每座不少于3处。

琉璃饰面安装的允许偏差和检验方法　　**表 8.6.7**

序号	项目			允许偏差（mm）	检验方法
1	轴线位移			±5	与图示尺寸或丈杆比较，用经纬仪或拉线和尺量检查
2	顶面标高			±10	水准仪或拉线和尺量检查，设计无标高要求的，检查四个角或两端水平标高的偏差
3	垂直度	要求"收分"的外墙		±5	吊线和尺量检查
		要求垂直的墙面	5m以下或每层高	5	
			10m以下或全高	10	
4	墙面平整度			5	用2m靠尺横、竖、斜搭均可，楔形塞尺检查
5	水平灰缝平直度（只检查卧砖墙）	2m以内		3	拉2m线，尺量检查
		2m以外		5	拉5m线，尺量检查

续表

序号	项目		允许偏差(mm)	检验方法
6	面砖等拼装墙面的灰缝直顺度		5	拉2m线，尺量检查
7	相邻砖高低差(只检查面砖或花饰砖墙面)		3	短平尺贴于高出的墙面，用楔形塞尺检查两砖相邻处，抽查经观察测定的最大偏差处
8	相邻砖错缝(只检查面砖或花饰砖墙面)		3	抽查经观察测定的最大偏差处，尺量检查
9	灰缝厚度	卧砖墙(每层厚8～10mm)	±8	检查10层砖累计数，与皮数杆相比
		面砖或花饰砖(厚3～4mm)	±1	抽查经观察测定的最大偏差处，用尺量
10	卧砖墙游丁走缝	2m以下	8	用吊线和尺量检查
		5m以下或层高	15	

注：1.饰面安装的允许偏差不包括琉璃制品本身的变形所造成的偏差。
2.轴线位移不包括柱顶石掰升所造成的偏移。
3.要求收分的墙面，如设计无规定者，收分按3/1000～7/1000墙高。

第七节　砌石工程

第 8.7.1 条　砌石工程包括虎皮石（毛石）、方正石和小型条石（料石）砌体。台明、台阶、地面、墙体局部石活及栏板望柱等石作工程的质量检验和评定应按第四章石作工程的有关标准执行。

（Ⅰ）保证项目

第 8.7.2 条　石料的质量、规格、品种必须符合设计要求。

检验方法　观察检查或检查试验报告。

第 8.7.3 条　砂浆品种必须符合设计要求，强度必须符合下列规定：

一、同强度等级砂浆各组试块的平均强度不得低于设计强度值；

二、任意一组试块的强度不得低于设计强度值的75%。

检验方法　检查试块试验报告。

注：砂浆强度按单位工程内同品种、同强度等级砂浆为同一验收批。当单位工程中同品种、同强度等级砂浆按取样规定仅有一组试块时，其强度不小于设计强度值。

第 8.7.4 条　使用传统灰浆砌筑的，灰浆的品种及配合比必须符合设计要求或古建常规作法。

检验方法　观察检查。

第 8.7.5 条　砌体灰浆必须密实饱满。

检查数量　每步架抽查不少于3处。

检验方法　观察检查。

第 8.7.6 条　转角处必须同时砌筑，交接处不能同时砌筑时必须留斜槎。

检验方法　观察检查。

（Ⅱ）基本项目

第 8.7.7 条　石砌体组砌形式应符合以下规定：

合格：内外搭砌，上下错缝，拉结石、丁砌石交错设置；毛石墙拉结石每$0.7m^2$墙面不少于1块；料石灰缝厚度基本符合施工规范规定。

优良：内外搭砌，上下错缝，砌体内无填心砌法，背山稳实，拉结石、丁砌石交错设置，分布均匀；拉结石每$0.7m^2$墙面不少于1块；料石放置平稳，灰缝厚度符合施工规范规定。

检查数量　外墙，每4m高以内，每20m抽查1处，每处3m，但不少于2处；内墙，按有代表性的自然间抽查10%，但不少于2间。

检验方法　观察检查。

第 8.7.8 条 清水墙面外观应符合以下规定：

合格：墙面整洁，勾缝严实，粘结牢固，料石墙面的灰缝应深浅均匀，虎皮石墙灰缝的形状、颜色等符合设计要求或古建常规作法。

优良：墙面洁净美观，勾缝严实，粘结牢固，料石墙面的灰缝应深浅一致，横竖缝交接处平整，虎皮石墙灰缝的形状、颜色等符合设计要求或古建常规作法，缝条光洁、整齐。

检查数量 同第8.7.7条的规定。

检验方法 观察检查。

（Ⅲ）允许偏差项目

第 8.7.9 条 石砌体的允许偏差和检验方法应符合表8-7.9的规定。

检查数量 同第8.7.7条的规定。

石砌体的允许偏差和检验方法 表 8.7.9

序号	项目			允许偏差(mm) 虎皮石 基础	虎皮石 墙	粗料石(方正石、条石) 基础	粗料石(方正石、条石) 墙	细料石(方正石、条石)	检验方法
1	轴线位移			20	15	15	10	10	用经纬仪或拉线和尺量检查
2	基础和墙砌体顶面标高			±25	±15	±15	±15	±10	用水准仪和尺量检查，设计无标高要求的，检查四个角或两端水平标高的偏差
3	砌体厚度			+30 −0	+30 −10	+15 −0	+10 −5	+10 −5	尺量检查
4	垂直度	要求“收分”的墙面		—	±5	—	±5	±5	用吊线和尺量检查
		要求垂直的墙面	5m以下或每层高	—	20	—	10	7	
			10m以下或全高	—	30	—	20	20	
5	墙面平整度	清水墙		—	20	—	10	7	细料石：用2m靠尺和楔形塞尺检查；其它：用2m直尺平行靠墙，尺间拉2m线，用尺量检查
		混水墙		—	20	—	15	—	
6	水平灰缝平直度			—			5	3	拉5m线和尺量检查

注：1.轴线位移不包括柱顶石掰升所造成的偏移。
2.墙面要求收分的，如设计无规定者，收分按3/1000～7/1000墙高。

第八节 摆砌花瓦

第 8.8.1 条 摆砌花瓦包括花瓦墙帽、花墙子、花瓦脊中的花瓦摆砌。

检查数量 每10m抽查1处，但不应少于2处。

（Ⅰ）保证项目

第 8.8.2 条 图案必须符合设计要求。

检验方法 观察检查。

第 8.8.3 条 砌筑必须牢固。

检验方法　观察检查和用手推碰。

（Ⅱ）基 本 项 目

第 8.8.4 条　花瓦的外观应符合以下规定：

合格：图案线条较准确，无粗糙感，表面无“野灰”和刷浆不匀等不洁现象。

优良：图案线条准确、美观，表面洁净。

检验方法　观察检查。

（Ⅲ）允许偏差项目

第 8.8.5 条　摆砌花瓦的允许偏差和检验方法应符合表8.8.5的规定。

摆砌花瓦的允许偏差和检验方法　　表 8.8.5

序号	项目		允许偏差(mm) 细摆（磨头、磨面）	糙摆	检验方法
1	表面平整度		8	15	用2m靠尺和尺量检查
2	灰缝平直度	2m以内	5	8	顺图案连续的方向拉线，用尺量检查
		2m以外	10	15	拉3m线，用尺量检查
3	相邻瓦进出错缝		1	2	用短平尺贴于高出的瓦表面，楔形塞尺检查两瓦相邻处

第九节　墙 帽 工 程

第 8.9.1 条　墙帽工程包括砖砌或抹灰墙帽。花瓦墙帽应按本章第八节摆砌花瓦的质量检验标准执行；瓦顶作法的墙帽应符合本标准第九章屋面工程的有关规定。

（Ⅰ）保 证 项 目

第 8.9.2 条　砌体灰浆必须密实饱满。

检查数量　每20m抽查1处，但不少于2处。

检验方法　观察检查。

第 8.9.3 条　墙帽的尺度及艺术形式必须符合设计要求或古建常规作法。

检验方法　观察检查。

第 8.9.4 条　墙帽抹灰不得裂缝、爆灰、空鼓。

检查数量　同第8.9.2条的规定。

检验方法　观察和敲击检查。

（Ⅱ）基 本 项 目

第 8.9.5 条　墙帽表面应符合以下规定：

一、砖砌墙帽

合格：表面整洁、平整；灰缝严实、宽度均匀。

优良：表面清洁美观，楞角完整；灰缝严实、宽度均匀、深浅一致，缝线光洁。

二、抹灰墙帽

合格：面层光顺，浆色均匀，无起泡、翘边、赶轧不实等粗糙现象。

优良：面层光洁，浆色均匀一致，无起泡、翘边、露麻、赶轧不实等粗糙现象。

检查数量　每10m抽查1处，但不少于2处。

检验方法　观察检查。

（Ⅲ）允许偏差项目

第 8.9.6 条　墙帽的允许偏差和检验方法应符合表8.9.6的规定。

检查数量　每10m处抽查1处，但不应少于2处。

墙帽的允许偏差和检验方法　　表 8.9.6

序号	项目		允许偏差(mm) 抹灰墙帽	允许偏差(mm) 砖砌墙帽	检验方法
1	表面平整度		10	6	用2m靠尺水平向贴于墙帽表面，用尺量检查
2	顶部水平平直度	2m以内	5	3	拉2m线，用尺量检查
		2m以外	7	4	拉5m线，用尺量检查
3	相邻砖高低差		—	3	用短平尺贴于高出的砖表面，楔形塞尺检查两砖相邻处
4	灰缝宽度	月白灰(宽4～6mm)	—	2	抽查经观察测定的最大灰缝，用尺量检查
		砂浆勾缝(8～10mm)	—	2	

第十节　墙体局部维修

第 8.10.1 条　本节包括各种墙体的局部维修。整段墙全部拆砌者，按新做标准执行；墙体局部维修工程中与新做项目相同的部分，应另按新做项目执行。

检查数量　按有代表性的墙面抽查10%；不同修缮方法的，每种作法不少于1处。

（Ⅰ）保 证 项 目

第 8.10.2 条　新旧墙不得直槎砌筑，接槎必须密实、顺直。新旧墙里、外皮必须拉结牢固，内外墙体必须结合牢固。

第 8.10.3 条　择砌墙和掏洞口，上部接槎必须填塞密实，不得有空虚和裂缝。

检验方法　观察检查。

第 8.10.4 条　墩接柱子必须符合以下规定：

一、墩接的高度，明柱不超过柱高的1/5。暗柱不超过柱高的1/4。

二、砖墩接或石墩接，砂浆必须饱满，配比必须符合设计要求；灰缝厚度不应超过8mm，与柱根交接处必须顶实塞严。

三、钢筋混凝土墩接，混凝土强度等级不应低于C20，混凝土宽度应大于原柱径200mm；预留的钢板或角钢长度不应小于400mm，预留铁件必须与柱子连接牢固。

检验方法　观察、尺量及检查施工记录。

第 8.10.5 条　掏挖门窗洞，过梁搭墙长度：整砖墙不小于120mm，碎砖墙不小于180mm。

（Ⅱ）基 本 项 目

第 8.10.6 条　经维修的清水墙面，其外观效果应符合以下规定：

合格：与原有墙面无明显差别。

优良：与原有墙面差别较小。

第 8.10.7 条　打点刷浆的墙面应符合以下规定：

合格：墙面整洁，无明显残破现象；勾抹的灰无明显突出墙面现象，无翘边、空鼓及赶轧粗糙等现象；浆色均匀，无漏刷和起皮现象。

优良：墙面整洁完整，无残破现象；勾抹的灰与原墙面保持平整，无突出现象，无翘边、空鼓、干裂及赶轧粗糙等现象；浆色均匀一致，无漏刷和起皮现象。

（Ⅲ）允许偏差项目

第 8.10.8 条　墙体局部维修的允许偏差和检验方法应符合表8.10.8的规定。

墙体局部维修的允许偏差和检验方法　　表 8.10.8

序号	项目	允许偏差(mm)			检验方法
		干摆、丝缝	淌白、糙墙	碎砖墙	
1	新旧墙面接槎进出错缝	1	2	3	用短平尺贴于高出的墙用楔形塞尺检查相邻处
2	新旧墙面接槎砖上下错缝	1	2	—	用尺量，抽查经观察测定的最大偏差处
3	新旧墙面接槎砖缝直顺度	2	3	—	顺原有墙面的砖棱拉直线或曲线，在延长线100mm处尺量其偏差

第九章　屋面工程

第 9.0.1 条　屋面工程包括屋面木基层以上的垫层、瓦面及屋脊（图9.0.1-1～7）。

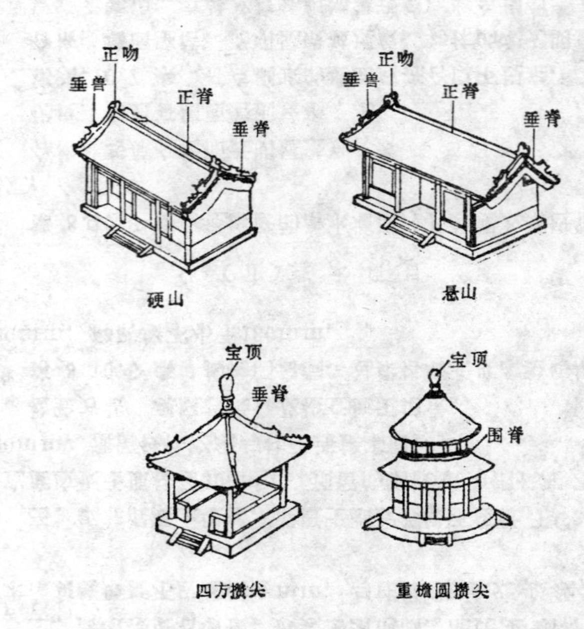

图 9.0.1-1　屋面及屋脊类型（一）

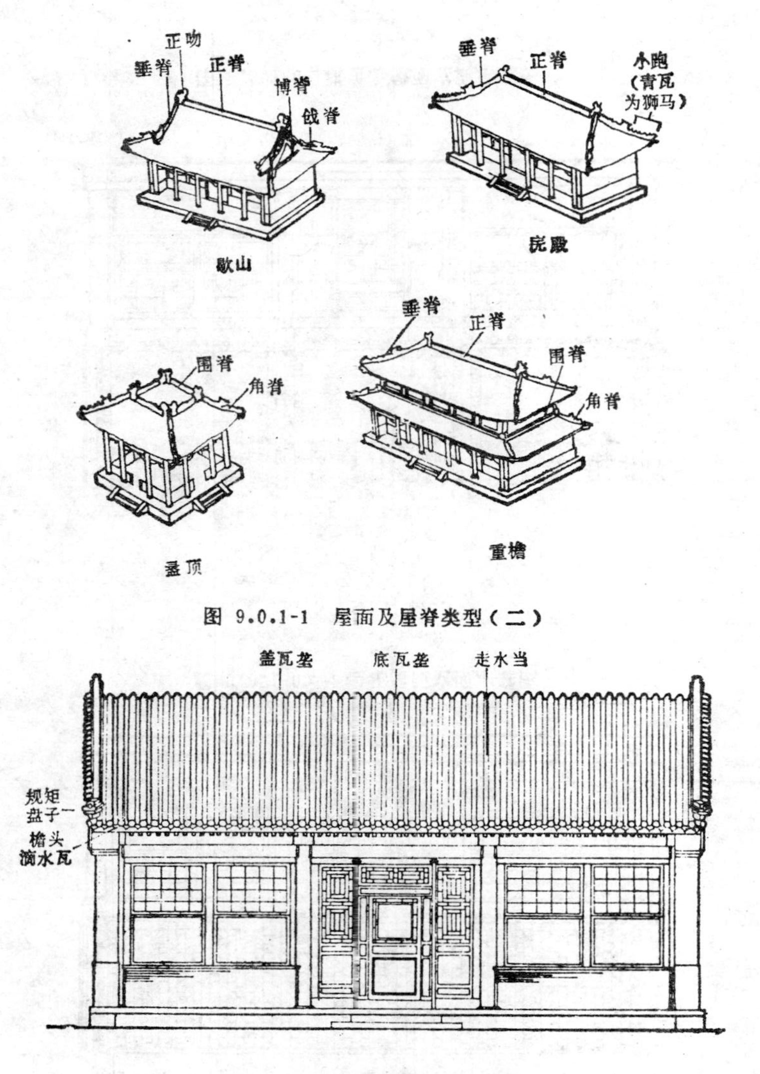

图 9.0.1-1　屋面及屋脊类型(二)

图 9.0.1-2　筒瓦屋面立面示意图

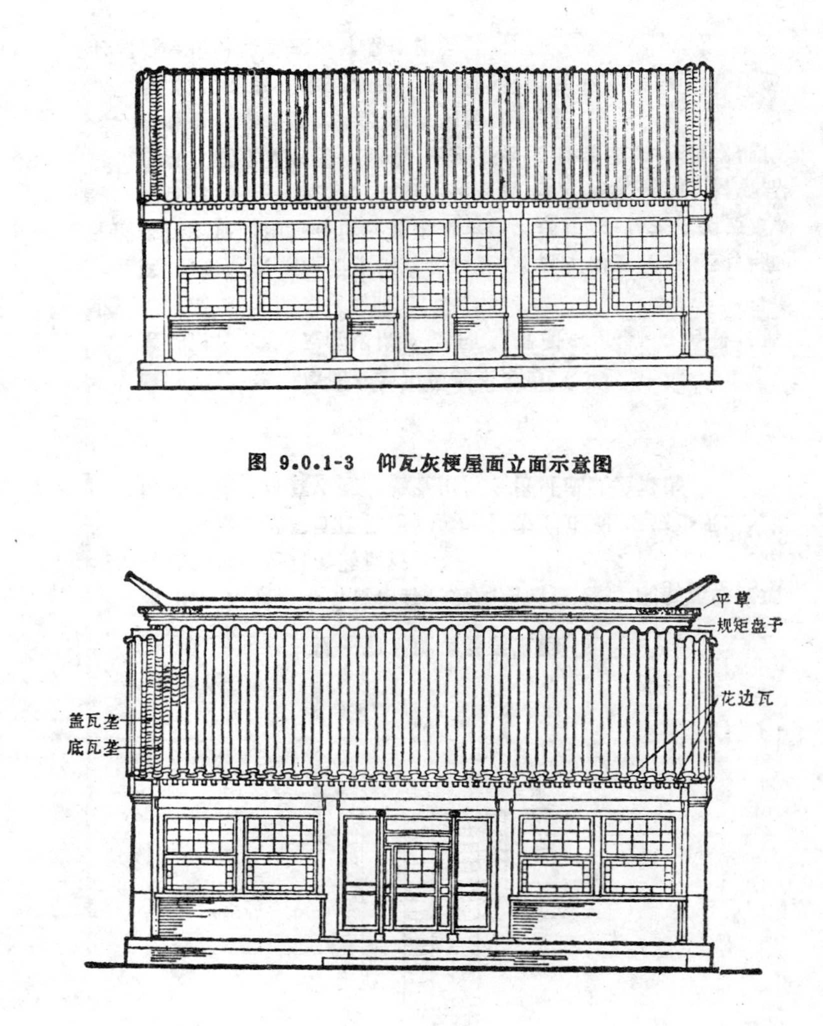

图 9.0.1-3　仰瓦灰梗屋面立面示意图

图 9.0.1-4　合瓦屋面立面示意图

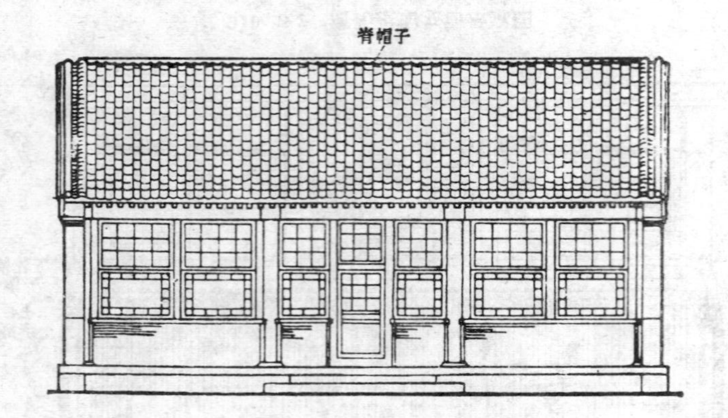

图 9.0.1-5 干槎瓦屋面立面示意图

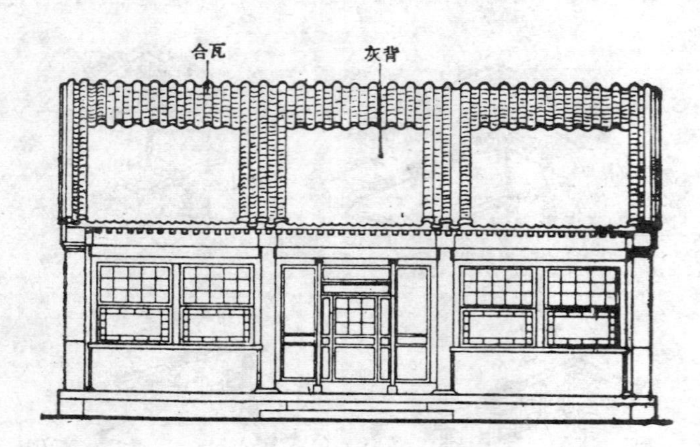

图 9.0.1-6 棋盘心屋面立面示意图

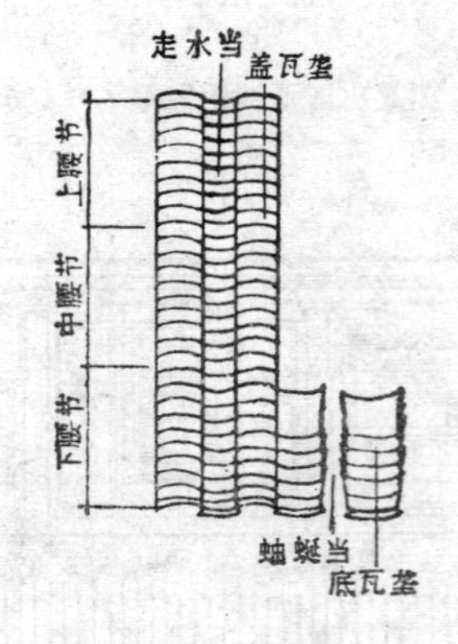

图 9.0.1-7 瓦面各部名称

第一节 琉璃屋面工程

第 9.1.1 条 本节包括各种琉璃屋面工程。削割瓦即琉璃坯不施釉的屋面也可参照执行。

检查数量 按屋面面积每100m²抽查1处,但不应少于2处。

检验方法 观察检查，检查出厂合格证或试验报告。

（Ⅰ）保 证 项 目

第 9.1.2 条 屋面严禁出现漏水现象。

第 9.1.3 条 瓦的规格、品种、质量等必须符合设计要求。

第 9.1.4 条 屋面不得有破碎瓦,底瓦不得有裂缝隐残；底瓦的搭接密度必须符合设计要求或古建常规作法;瓦垄必须笼罩。

第 9.1.5 条 泥背、灰背、焦渣背等苫背垫层的材料品种、质量、配比及分层作法等必须符合设计要求或古建常规作法，苫背垫层必须坚实，不得有明显开裂。

第 9.1.6 条 宽瓦灰泥或砂浆的材料品种、质量、配比等必须符合设计要求或古建常规作法。

第 9.1.7 条 屋脊的位置、造型、尺度及分层作法必须符合设计要求或古建常规作法，瓦垄必须伸进屋脊内。

第 9.1.8 条 屋脊之间或屋脊与山花板、围脊板等交接部位必须严实，严禁出现裂缝、存水现象。

（Ⅱ）基 本 项 目

第 9.1.9 条 瓦垄应符合以下规定：

合格：分中号垄正确，瓦垄基本直顺，屋面曲线适宜。

优良：分中号垄准确，瓦垄直顺，屋面曲线适宜。

第 9.1.10 条 钉瓦口应符合以下规定：

合格：安装牢固，接缝无明显错缝及缝隙，退雀台（连檐上退进的部分）均匀。

优良：安装牢固，接缝平整、无缝隙，退雀台适宜、均匀。

第 9.1.11 条 宽瓦应符合以下规定：

合格：底瓦无明显偏歪，底瓦间缝隙不应过大；檐头底瓦无坡度过缓现象；宽瓦灰泥饱满。

优良：底瓦宽平摆正，不偏歪，底瓦间缝隙不应过大；檐头底瓦无坡度过缓现象；宽瓦灰泥饱满严密。

第 9.1.12 条 捉节夹垄应符合以下规定：

合格：瓦翅子应背严实，捉节饱满，夹垄坚实，无裂缝、翘边等现象。

优良：瓦翅子应背严实，捉节饱满，夹垄坚实，下脚干净，无孔洞、裂缝、翘边、起泡等现象。

第 9.1.13 条 屋面外观应符合以下规定：

合格：瓦面和屋脊整洁，釉面灰尘擦净。

优良：瓦面和屋脊洁净美观，釉面擦净擦亮。

第 9.1.14 条 屋脊应符合以下规定：

合格：屋脊牢固平稳，整体连接好，填馅饱满，吻兽、小跑及其它附件安装的位置正确，摆放正、稳。

优良：屋脊牢固平稳，整体连接好，填馅饱满，苫小背密实，吻兽、小跑及其它附件安装的位置正确，摆放正、稳。

（Ⅲ）允许偏差项目

第 9.1.15 条 琉璃屋面的允许偏差和检验方法应符合表9.1.15的规定。

琉璃屋面的允许偏差和检验方法　　表 9.1.15

序号	项目		允许偏差（mm）	检验方法
1	泥背每层厚50mm		±10	与设计要求或本表各项规定值对照，用尺量检查，抽查3点，取平均值
2	灰背每层厚30mm		+5 −10	
3	焦渣背厚		+10 −20	
4	底瓦泥厚40mm		±10	
5	睁眼高度（筒瓦翅至底瓦的高度）	5样以上高40mm	+10 −5	
		6～7样高30mm	+10 −5	
		8～9样高20mm	+10 −5	
6	当沟灰缝	8mm	+7 −4	
7	瓦垄直顺度		8	拉2m线，用尺量检查
8	走水当均匀度	4样以上	16	用尺量检查相邻三垄瓦及每垄上，下部
		5～6样	12	
		7～9样	10	
9	瓦面平整度		25	用2m靠尺横搭于瓦面，尺量盖瓦跳垄程度，檐头、中腰、上腰各抽查一点

续表

序号	项目		允许偏差(mm)	检验方法
10	正脊、围脊、博脊平直度	3m以内	15	3m以内拉通线,3m以外拉5m线,用尺量检查
		3m以外	20	
11	垂脊、岔脊、角脊直顺度（庑殿带旁囊的垂脊不检查）	2m以内	10	3m以内拉通线，3m以外拉5m线用尺量检查
		2m以外	15	
12	滴水瓦出檐直顺度		10	拉3m线，用尺量检查

第二节　筒瓦屋面工程

第 9.2.1 条　本节包括各种筒瓦屋面工程。仰瓦灰梗屋面工程也可参照执行。

检查数量　按屋面面积每100m²检查1处，但不少于2处。

检验方法　观察检查。

（Ⅰ）保 证 项 目

第 9.2.2 条　屋面严禁出现漏水现象。

第 9.2.3 条　瓦的规格、品种、质量等必须符合设计要求。

第 9.2.4 条　屋面不得有破碎瓦，底瓦不得有裂纹隐残；底瓦必须粘浆；底瓦的搭接密度必须符合设计要求或古建常规作法；瓦垄必须笼罩，底瓦伸进筒瓦的部分，每侧不小于筒瓦的1/3。

第 9.2.5 条　泥背、灰背、焦渣背等苫背垫层的材料品种、质量、配比及分层作法等必须符合设计要求或古建常规作法；苫背垫层必须坚实，不得有明显开裂。

第 9.2.6 条　宽瓦灰泥或砂浆的材料品种、质量、配比等必须符合设计要求或古建常规作法。

第 9.2.7 条　裹垄灰及夹垄灰不得出现爆灰、断节、空鼓、明显裂缝等现象。

第 9.2.8 条　屋脊的位置、造型、尺度及分层作法必须符合设计要求或古建常规作法，瓦垄必须伸进屋脊内。

第 9.2.9 条　屋脊之间或屋脊与山花板、围脊板等交接部位，必须严实，严禁出现裂缝、存水现象。

（Ⅱ）基 本 项 目

第 9.2.10 条　瓦垄应符合以下规定：

合格：分中号垄正确，瓦垄基本直顺，屋面曲线适宜。

优良：分中号垄准确，瓦垄直顺，屋面曲线适宜。

第 9.2.11 条　宽瓦应符合以下规定：

合格：底瓦无明显偏歪，底瓦间缝隙不应过大，檐头底瓦无坡度过缓现象，勾抹瓦脸严实，宽瓦灰泥饱满严实。

优良：底瓦宽平摆正、不偏歪，底瓦间缝隙不应过大，檐头瓦无坡度过缓现象，勾抹瓦脸严实，宽瓦灰泥饱满严实，外形美观。

第 9.2.12 条　捉节夹垄应符合以下规定：

合格：瓦翅应背严实，捉节严实，夹垄坚实，下脚整洁，无裂缝、翘边等现象。

优良：瓦翅应背严实，捉节严实，夹垄坚实光顺，下脚干净平直、无孔洞、裂缝、翘边、起泡等现象。

第 9.2.13 条　裹垄应符合以下规定：

合格：裹垄灰与基层粘结牢固，表面无起泡、翘边、裂缝、明显露麻等现象，下脚平顺，无野灰。

优良：裹垄灰与基层粘结牢固，无起泡、翘边、裂缝、露麻现象，坚实光亮，下脚平顺垂直、干净，无孔洞、野灰，外形美观。

第 9.2.14 条　屋面外观应符合以下规定：

合格：屋面整洁，浆色均匀，檐头及眉子、当沟刷烟子浆宽度均匀。

优良：屋面干净美观，浆色均匀一致，檐头及眉子、当沟刷烟子浆宽度一致，刷齐刷严。

第 9.2.15 条 堵抹“燕窝”（软瓦口）应符合以下规定：

合格：严实、平顺。

优良：严实、平顺、洁净。

第 9.2.16 条 屋脊应符合以下规定：

合格：砌筑牢固平稳，整体性好，胎子砖灰浆饱满，吻兽、狮马及其它附件安装的位置正确，摆放正、稳。

优良：砌筑牢固平稳坚实，整体性好，胎子砖灰浆饱满，吻兽、狮马及其它附件安装的位置正确，摆放正、稳，外形美观。

（Ⅲ）允许偏差项目

第 9.2.17 条 筒瓦屋面的允许偏差和检验方法应符合表9.2.17的规定。

筒瓦屋面的允许偏差和检验方法　　表 9.2.17

序号	项目		允许偏差(mm)	检验方法
1	泥背每层厚50mm		±10	与设计要求或本表各项规定值对照，用尺量检查，抽查3点，取平均值
2	灰背每层厚30mm		+5 −10	
3	焦渣背厚		+10 −20	
4	底瓦泥厚40mm		±10	
5	睁眼高度（筒瓦至底瓦的高度）	1～3号瓦高30mm	+10 −5	
		10号瓦高20mm	+10 −5	
6	瓦垄直顺度		8	拉2m线，用尺量检查
7	走水当均匀		15	用尺量检查相邻三垄瓦及每垄上、下部
8	瓦面平整度		25	用2m靠尺横搭于瓦面，尺量盖瓦跳垄程度，檐头、中腰、上腰各抽查一处
9	正脊、围脊、博脊平直度	3m以内	15	3m以内拉通线，3m以外拉5m线，用尺量检查
		3m以外	20	
10	垂脊、岔脊、角脊直顺度（庑殿带旁囊的垂脊不检查）	2m以内	10	2m以内拉通线，2m以外拉3m线，用尺量检查
		2m以外	15	
11	滴水瓦出檐直顺度		10	拉3m线，用尺量检查

第三节　合瓦屋面工程

第 9.3.1 条 本节包括各种合瓦（蝴蝶瓦或阴阳瓦）屋面工程。棋盘心作法可参照执行。

检查数量 按屋面面积每100m²抽查1处，但不少于2处。

检验方法 观察检查。

（Ⅰ）保证项目

第 9.3.2 条 屋面严禁出现漏水现象。

第 9.3.3 条 瓦的规格、品种、质量等必须符合设计要求。

第 9.3.4 条 屋面不得有破碎瓦，底瓦不得有裂纹隐残；底瓦的搭接密度必须符合设计要求或古建常规作法；底、盖瓦必须粘浆；瓦垄必须笼罩，底瓦伸进盖瓦的部分，每侧不大于盖瓦的1/3。

第 9.3.5 条 泥背、灰背、焦渣背等苫背垫层的材料品种、质量、配比及分层作法等必须符合设计要求或古建常规作法，苫背垫层必须坚实，不得有明显开裂。

第 9.3.6 条 宽瓦灰泥或砂浆的材料品种、质量、配比等必须符合设计要求或古建常规作法。

第 9.3.7 条 屋脊的位置、造型、尺度及分层作法必须符合设计要求或古建常规作法。

第 9.3.8 条 屋脊之间或屋脊与山花板、围板等交接部位必须严实，不得有裂缝，不得存水。

（Ⅱ）基 本 项 目

第 9.3.9 条 瓦垄应符合以下规定：

合格：分中号垄正确，瓦垄基本直顺，屋面曲线适宜。

优良：分中号垄准确，瓦垄直顺，屋面曲线适宜。

第 9.3.10 条 底、盖瓦应符合以下规定：

合格：底瓦无明显偏歪，底瓦间缝隙不应过大，盖瓦应宽平摆正，檐头底瓦无坡度过缓现象，勾抹瓦脸较严实，宽瓦灰泥饱满。

优良：底、盖瓦均应宽平摆正，无偏歪，底瓦间缝隙不应过大。檐头底瓦无坡度过缓现象，勾抹瓦脸严实，宽瓦灰泥饱满严实。

第 9.3.11 条 夹腮灰应符合以下规定：

合格：背瓦翅子严实，不裂不翘。夹腮赶轧光实，下脚平顺、干净，无裂缝、起泡、翘边等现象。

优良：背瓦翅子严实、棱角直顺挺直，不裂不翘。夹腮坚实光亮，下脚平顺、垂直、干净，无孔洞、裂缝、起泡、翘边等现象。

第 9.3.12 条 屋面外观应符合以下规定：

合格：屋面整洁，浆色均匀。

优良：屋面干净美观，浆色均匀一致。

第 9.3.13 条 堵抹“燕窝”（软瓦口）应符合以下规定：

合格：严实、平顺。

优良：严实、平顺、洁净。

第 9.3.14 条 屋脊应符合以下规定：

合格：砌筑牢稳，整体性好，胎子砖灰浆饱满；规矩盘子、平拷草等屋脊附件的位置应正确，摆放正、稳。

优良：砌筑牢稳坚实，整体性好，胎子砖灰浆饱满；规矩盘子、平拷草等屋脊附件的位置正确，摆放正、稳，外形美观。

（Ⅲ）允许偏差项目

第 9.3.15 条 合瓦屋面的允许偏差和检验方法应符合表9.3.15的规定。

合瓦屋面的允许偏差和检验方法　　表 9.3.15

序号	项目		允许偏差（mm）	检验方法
1	泥背每层厚50mm		±10	与设计要求或本表各项规定值对照，用尺量检查，抽查3点，取平均值
2	灰背每层厚30mm		+5 −10	
3	焦渣背厚		+10 −20	
4	底瓦泥厚40mm		±10	
5	盖瓦翅上棱至底瓦高70mm		+20 −10	
6	瓦垄直顺度		8	拉2m线，用尺量检查
7	走水当均匀度		15	用尺量检查相邻的三垄瓦及每垄上下部
8	瓦面平整度		25	用2m靠尺横搭于瓦面，尺量盖瓦跳垄程度，檐头中腰、上腰各抽查一点
9	正脊、围脊、博脊平直度	3m以内	15	3m内拉通线。3m以外拉5m线，用尺量检查
		3m以外	20	
10	垂脊直顺度	2m以内	10	2m以内拉通线，2m以外拉3m线，用尺量检查
		2m以外	15	
11	花边瓦出檐直顺度		10	拉5m线，用尺量检查

第四节 干槎瓦屋面工程

第 9.4.1 条 本节包括干槎瓦屋面和常见作法的屋脊（脊帽子）。其它作法的屋脊应符合本章第二～三节的有关规定。

检查数量 按屋面面积每$50m^2$抽查1处，但不少于2处。

检验方法 观察检查。

（Ⅰ）保 证 项 目

第 9.4.2 条 屋面严禁出现漏水现象。

第 9.4.3 条 屋面不得有破碎瓦，板瓦不得有裂纹隐残。

第 9.4.4 条 苫背垫层及宽瓦灰泥的材料和作法必须符合设计要求或古建常规作法；苫背必须坚实，不得有明显开裂；宽瓦泥必须饱满。

第 9.4.5 条 屋脊抹灰必须严实，严禁出现开裂现象。

（Ⅱ）基 本 项 目

第 9.4.6 条 瓦垄应符合以下规定：

合格：编搭正确，搭肩均匀，不挤不架，瓦垄无明显歪斜、弯曲，缝隙均匀。

优良：编搭正确，搭肩均匀一致，不挤不架，瓦垄不歪斜、弯曲，缝隙均匀严密。

第 9.4.7 条 宽瓦应符合以下规定：

合格：瓦无明显偏歪，底瓦间缝隙不应过大，檐头瓦无坡度过缓，瓦底无漏水现象。

优良：瓦应宽平摆正、不偏歪，底瓦间缝隙不应过大，檐头瓦无坡度过缓或尿檐现象。

第 9.4.8 条 檐头"捏嘴"应符合以下规定：

合格：檐头"捏嘴"应光顺，不裂不翘，下脚整齐，浆色均匀。

优良：檐头"捏嘴"应坚实光亮，不裂不翘，下脚干净，浆色均匀，美观。

第 9.4.9 条 堵抹燕窝应符合以下规定：

合格：严实、平顺。

优良：严实、平顺、洁净。

第 9.4.10 条 屋面外观应符合以下规定：

合格：屋面整洁，浆色均匀。

优良：屋面干净美观，浆色均匀一致。

（Ⅲ）允许偏差项目

第 9.4.11 条 干槎瓦屋面的允许偏差和检验方法应符合表9.4.11的规定。

干槎瓦屋面的允许偏差和检验方法　　表 9.4.11

序号	项	目	允许偏差（mm）	检验方法
1	泥背每层厚50mm		±10	与设计要求或本表各项规定值对照，用尺量检查，抽查3点，取平均值
2	宽瓦泥厚40mm		±10	
3	同一垄内瓦的宽度差		2	相邻两块为一组，检查5组
4	瓦垄直顺度		5	拉2m线，用尺量检查
5	瓦面平整度		15	用2m靠尺横搭于瓦面，尺量跳垄程度；檐头，中腰，上腰各抽查1点
6	正脊平直度	3m以内	10	3m以内拉通线，3m以外拉5m线，用尺量检查
		3m以外	15	
7	瓦檐出檐直顺度		10	拉3m线，用尺量检查

第五节 青灰背屋面工程

第 9.5.1 条 青灰背屋面工程包括平台、天沟、棋盘心等青灰背屋面工程（不包括瓦面下的青灰背垫层）。

检查数量　按屋面面积每50m²抽查1处，但不少于2处。

检验方法　观察检查与泼水检查相结合。

（Ⅰ）保 证 项 目

第 9.5.2 条　屋面严禁出现漏水现象。

第 9.5.3 条　苫背的材料、作法必须符合设计要求或古建常规作法。

第 9.5.4 条　不得使用朽污变质的麻刀，面层苫背不得使用灰膏，必须使用泼浆灰。

第 9.5.5 条　灰背表面应无爆灰、开裂、空鼓、积水、酥碱和冻结现象。

第 9.5.6 条　灰背与墙体、砖檐、屋面等交接部位，应避免做成逆槎，灰背粘接必须牢固，不得翘边、开裂、挡水，灰背屋面的瓦檐，不得出现尿檐现象。

第 9.5.7 条　表面不得出现开裂，无麻刀团、露麻、起毛、起泡、水纹等粗糙现象；刷浆赶轧必须坚实，不得有过嫩虚软现象。

（Ⅱ）基 本 项 目

第 9.5.8 条　灰背表面应符合以下规定：

合格：表面顺平，无局部存水现象，泛水能满足排水要求；沟嘴子附近无存水、挡水现象；灰背屋面的瓦檐出檐无明显不齐现象。

优良：表面顺平，无坑洼不平，泛水适宜，排水畅通；沟嘴子附近排水迅速；灰背屋面的瓦檐出檐平顺。

（Ⅲ）允许偏差项目

第 9.5.9 条　青灰背屋面的允许偏差和检验方法应符合表9.5.9的规定。

青灰背屋面的允许偏差和检验方法　　表 9.5.9

序号	项目	允许偏差(mm)	检验项目
1	泥背每层厚50mm	±10	与设计要求或本表各项规定值对照，用尺量检查，抽查3点，取平均值
2	灰背每层厚30mm	+5 −10	
3	灰背平整度	15	用2m靠尺和尺量检查

第六节　屋面修补

第 9.6.1 条　本节包括各种屋面的局部修补，其中屋面挑顶、重新苫背、满裹垄或满夹腮及揭宽檐头等修补应按新做标准执行。

检查数量　按有代表性的抽查10%，但不少于2处，不同作法的，每种不少于1处。

检验方法　观察或泼水检查。

（Ⅰ）保 证 项 目

第 9.6.2 条　经修补的屋面不得漏水，不得留有破碎的底瓦，不得有局部低洼存水现象。

第 9.6.3 条　经修补的屋面，杂草、小树必须全部铲除，积土、杂物必须全部冲扫干净，排水必须通畅。

第 9.6.4 条　修补的屋面其酥裂、空鼓的灰皮必须铲净，补抹的灰与底层必须粘结牢固，无空鼓、开裂等现象。

第 9.6.5 条　局部修补、揭宽檐头或抽换瓦件时，新、旧垫层必须在新、旧瓦交接处的上部接槎，并用灰堵严、塞实、抹顺；新、旧瓦的搭接必须为顺槎，底瓦不得坡度过缓。

（Ⅱ）基 本 项 目

第 9.6.6 条　修补后屋面的外观应符合以下规定：

合格：瓦垄或屋脊无死弯，接槎处无明显高低不平；灰表面赶轧无虚软现象；刷浆无漏刷及明显露底，瓦面整洁。

优良：瓦垄或屋脊应直顺，接槎平顺；无破碎的盖瓦；赶轧光实；浆色均匀一致；瓦面美观、洁净。

第 9.6.7 条 青灰背修补，表面应符合以下规定：

合格：新、旧灰接槎处不挡水，灰表面无明显露麻、过嫩虚软等赶轧粗糙现象。

优良：新、旧灰接槎处平顺，接槎宜抹成顺槎。灰表面不露麻、赶轧光实。

第 9.6.8 条 瓦件或脊件零星添配，外观应符合以下规定：

合格：摆放牢固平稳，无明显偏歪；与原有脊件或瓦件宜配套，比例应适当。

优良：摆放牢固平稳，不偏歪；与原有脊件或瓦件应配套，比例恰当。

第十章 抹灰工程

第一节 新做抹灰工程

第 10.1.1 条 新做抹灰工程包括麻刀灰、石灰砂浆、水泥砂浆及剁斧石等抹灰工程（壁画抹灰可参照执行）。

检查数量 室外，每50m²抽查1处，每处 3 m，但不小于 2 处；室内，按有代表性的自然间抽查10%，但不少于 2 间；不同抹灰作法的，每种不少于 2 处。

（Ⅰ）保 证 项 目

第 10.1.2 条 材料品种、质量、配比等必须符合设计要求。

检验方法 观察检查。

第 10.1.3 条 各抹灰层之间及抹灰层与基体之间必须粘结牢固，无脱层、空鼓，面层无爆灰和裂缝（风裂除外）等缺陷。

检验方法 用小锤轻击和观察检查。

注：空鼓但不裂且面积不大于200cm²者，可不计。

（Ⅱ）基 本 项 目

第 10.1.4 条 石灰砂浆、水泥砂浆抹灰表面应符合以下规定：

一、普通抹灰

合格：表面光滑，接槎平整。

优良：表面光滑、洁净，接槎平整。

二、中级抹灰

合格：表面光滑，接槎平整，线角顺直。

优良：表面光滑、洁净，接槎平整，线角顺直清晰。

三、高级抹灰（室内壁画抹灰可参照执行）

合格：表面光滑、洁净，颜色均匀，水泥砂浆无明显抹纹，线角和灰线平直方正。

优良：表面光滑、洁净，颜色均匀，水泥砂浆无抹纹，线角和灰线平直方正，清晰美观。

检验方法　观察和手摸检查

第 10.1.5 条　阴、阳角应符合以下规定：

合格：阴、阳角基本直顺、无死弯，阳角无明显缺棱掉角，阴角无明显裂缝、野灰、抹子划痕等缺陷，护角做法符合施工规范的规定。

优良：阴阳角直顺，阳角无缺棱掉角，阴角无裂缝、野灰、抹子划痕等缺陷，护角做法符合施工规范的规定。

检验方法　观察检查。

第 10.1.6 条　门窗框与墙体间缝隙的填塞质量应符合以下规定：

合格：填塞密实，表面平顺。

优良：填塞密实，表面平顺光滑。

检验方法　观察检查。

第 10.1.7 条　抹青灰、月白灰、红灰、黄灰等麻刀灰，表面应符合以下规定：

合格：表面平顺，无明显坑洼不平。无明显麻刀团及赶轧虚软等缺陷；浆色均匀，不露底，无漏刷、起皮等缺陷。

优良：表面平顺光滑，无坑洼不平；无麻刀团及赶轧虚软等缺陷；浆色均匀一致，不露底，无漏刷、起皮等缺陷，整洁美观。

第 10.1.8 条　麻面砂子灰的表面应符合以下规定：

合格：毛面纹路较有规律，较少死坑、粗糙搓痕、裂纹。

优良：毛面纹路有规律，整洁美观，很少死坑、粗糙搓痕、水纹、裂纹。

检验方法：观察检查。

第 10.1.9 条　剁斧石（斩假石）的表面应符合以下规定：

合格：剁纹均匀顺直，楞角无损坏。

优良：剁纹均匀顺直，深浅一致，颜色一致，无漏剁处，留边宽度一致，楞角无损坏。

检验方法　观察检查。

第 10.1.10 条　抹灰后作假砖缝，其表面应符合以下规定：

合格：墙面整洁，缝线直顺、深浅均匀，接槎自然，无粗糙感。

优良：墙面洁净，缝线横平竖直、深浅均匀一致，接槎无搭痕，细致美观。

检验方法　观察检查。

（Ⅲ）允许偏差项目

第 10.1.11 条　抹灰的允许偏差和检验方法应符合表10.1.11的规定。

抹灰的允许偏差和检验方法　　表 10.1.11

序号	项目	允许偏差（mm）					检验方法
		月白灰 青灰 红灰 黄灰	石灰砂浆、水泥砂浆			剁斧石	
			高级	中级	普通		
1	表面平整	8	2	4	5	3	用2 m靠尺和楔形塞尺检查。顶棚抹灰不检查，但应平顺
2	阴、阳角垂直	10	2	4	10	3	用2 m托线板和尺量检查，要求收分的墙面不检查
3	立面垂直	—	3	5	—	4	用2 m托线板和尺量检查

续表

序号	项目	允许偏差（mm）					检验方法
		月白灰 青灰 红灰 黄灰	石灰砂浆、水泥砂浆			剁斧石	
			高级	中级	普通		
4	阴、阳角方正	—	2	4	6	3	用方尺和楔形塞尺检查，中级抹灰只检查阳角
5	冰盘檐、须弥座线角直顺	—	3			3	拉5m线，不足5m拉通线，用尺量检查
6	假砖缝缝线平直	3	3			—	拉5m线，不足5m拉通线，用尺量检查

第二节　修补抹灰

第 10.2.1 条　本节适用于局部修补抹灰工程的质量检验和评定。全部铲抹者，应按新做标准执行。

检查数量　按有代表性的抽查10%，但不少于2处；不同作法的，每种不少于1处。

检验方法　观察检查与手摸或小锤轻击等方法相结合。

（Ⅰ）保证项目

第 10.2.2 条　经修补的墙面不得再有明显的灰皮松动、空鼓、脱层等漏修现象。

第 10.2.3 条　补抹后的灰皮，严禁出现空鼓、开裂、爆灰等现象。

第 10.2.4 条　新旧灰皮接槎处不得翘边、开裂、松动。

第 10.2.5 条　补抹的部分不应明显低于或高出邻近的原有墙面，新旧灰接槎必须平顺。

（Ⅱ）基本项目

第 10.2.6 条　补抹的面层应符合以下规定：

合格：外观效果与原有墙面无明显差别。

优良：外观效果与原有墙面相近。

第 10.2.7 条　修补刷浆应符合以下规定：

合格：浆色与原墙浆色无明显差别，无漏刷、起皮等缺陷。

优良：浆色与原墙浆色相近，无漏刷、起皮等缺陷。

第十一章 地面工程

第一节 砖墁地面工程

第 11.1.1 条 本节包括室内、外细墁地面和糙墁地面工程。

检查数量 室内，按有代表性的自然间抽查10%，但不应少于2间（柱中至柱中为一个自然间，游廊以3个自然间为1间）；室外，抽查总数的10%，但不应少于2处。

（Ⅰ）保证项目

第 11.1.2 条 砖的规格、品种、质量及工程作法必须符合设计要求。

检验方法 观察检查、检查出厂合格证或试验报告。

第 11.1.3 条 基层必须坚实，结合层的厚度应符合施工规范规定或传统常规作法。

检验方法 观察检查，检查试验记录及隐蔽工程验收记录。

第 11.1.4 条 面层和基层必须结合牢固，砖块不得松动。

检验方法 观察和用小锤轻击检查。

第 11.1.5 条 地面砖必须完整，不得缺棱掉角、断裂、破碎。

检验方法 观察检查。

第 11.1.6 条 地面分格等艺术形式必须符合设计要求或传统作法。

检验方法 观察检查。

（Ⅱ）基本项目

第 11.1.7 条 廊子及庭院等需要自然排水的地面，应符合以下规定：

合格：泛水适宜，无明显积水现象。

优良：泛水适宜，排水通畅，无积水现象。

检验方法 观察和泼水检查。

第 11.1.8 条 细墁地面（包括水泥仿方砖）的外观应符合以下规定：

合格：地面整洁，楞角完整，表面无灰浆、泥点等不洁现象，接缝均匀，油灰饱满。

优良：地面整洁美观，颜色均匀，楞角完整，表面无灰浆、泥点等不洁现象，接缝均匀，宽度一致，油灰饱满严实。

检验方法 观察检查。

第 11.1.9 条 糙墁地面（包括预制混凝土块）的外观应符合以下规定：

合格：表面整洁，无明显缺棱掉角，无灰浆泥点等脏物，砖缝大小均匀，扫缝或勾缝较严、深浅一致。

优良：表面洁净，无缺棱掉角，砖缝大小均匀一致，接缝平顺，扫缝或勾缝严密，深浅一致，灰缝内不空虚。

检验方法 观察检查。

第 11.1.10 条 地面钻生（桐油）应符合以下规定：

合格：钻生均匀，无明显的油皮和损伤砖表面现象，表面整洁。“钻生泼墨”作法的地面，墨色应均匀，无残留的油皮或蜡皮，表面洁净。

优良：钻生均匀，无油皮和损伤砖表面现象，表面洁净。“钻生泼墨”作法的地面，墨色均匀一致，无残留的油皮或蜡皮，表面洁净光亮。

检验方法 观察检查。

（Ⅲ）允许偏差项目

第 11.1.11 条 砖墁地面的允许偏差和检验方法应符合表11.1.11的规定：

砖墁地面的允许偏差和检验方法　　表 11.1.11

序号	项目		允许偏差（mm）				检验方法
			细墁地面		糙墁地面		
					室内	室外	
1	表面平整		青砖	2	4	7	用2m靠尺和楔形塞尺检查
			水泥仿方砖	3			
2	砖缝直顺		3		4	5	拉5m线，不足5m拉通线，用尺量检查
3	灰缝宽度	细墁地宽2mm	±1		—	—	抽查经观察测定的最大偏差处，用尺量检查
		糙墁地宽5mm	—		1 -2	5 -3	
4	相邻砖高低差		青砖	0.5	2	3	用短平尺贴于高出的表面用楔形塞尺检查相邻处
			水泥仿方砖	1			

第二节　墁石子地工程

第 11.2.1 条 本节包括各种墁石子地工程。

检查数量 抽查总数的10%，但不少于2处。

（Ⅰ）保证项目

第 11.2.2 条 图案内容和形式必须符合设计要求或传统习惯表现法，材料品种、质量、颜色等必须符合设计要求。

检验方法 观察检查。

第 11.2.3 条 面层和基层必须粘结牢固，不得空鼓、开裂，石子无松动，掉粒现象。

检验方法 观察检查。

（Ⅱ）基本项目

第 11.2.4 条 石子地的石子嵌固应符合以下规定：

合格：石子排列紧密，显露均匀。

优良：石子排列紧密，石粒清晰，显露均匀密实。

检验方法　观察检查。

第 11.2.5 条 石子地的表面平整应符合以下规定：

合格：表面平顺，无明显的坑洼或隆起，与方砖、牙子砖接槎处无明显不平。

优良：表面平整，无坑洼或隆起，与方砖、牙子砖接槎处平顺。

检验方法 观察检查。

第 11.2.6 条 石子地的泛水应符合以下规定：

合格：泛水符合排水要求。

优良：泛水符合排水要求，排水通畅。

检验方法　观察或泼水检查。

第 11.2.7 条 石子地的外观应符合以下规定：

合格：表面整洁，石子应露出本色，无明显残留的灰浆、水纹、灰渍等未刷洗干净现象。花饰清楚，色彩有区别，无粗糙感。

优良：表面洁净，石子应露出本色，无残留的灰浆、水纹、灰渍等未刷洗干净现象。花饰清晰、色彩分明，细致美观。

检验方法　观察检查。

第三节　水泥仿古地面工程

第 11.3.1 条 水泥仿古地面工程包括水泥及细石混凝土整体面层的仿古地面（包括踢脚线），块料面层的质量检验和评定应符合本章第一节的有关规定。

检查数量　室内，按有代表性的自然间抽查10%，但不应少于2间（柱中至柱中为一个自然间，游廊以3个自然间为1间）；室外，抽查总数的10%，但不应少于2处。

（Ⅰ）保 证 项 目

第 11.3.2 条　基层必须坚实、平整，标高必须符合设计要求。

检验方法　观察检查，检查试验记录；标高用水准仪检查。

第 11.3.3 条　材料的品种、质量、配比等必须符合设计要求。

检验方法　观察检查，检查试验报告和测定记录。

第 11.3.4 条　面层与基层必须粘结牢固，不得有空鼓。空鼓面积不大于400cm²，又无裂纹，且在一个检查范围内不多于2处者可不计。

检验方法　用小锤轻击检查。

（Ⅱ）基 本 项 目

第 11.3.5 条　面层表面应符合以下规定：

合格：表面密实压光；无明显裂纹、脱皮、麻面、起砂、水纹、抹子划痕等缺陷；表面整洁，无残留的砂浆等脏物；周边顺平。

优良：表面密实光洁；无裂纹、脱皮、麻面、起砂、水纹、抹子划痕等缺陷；表面洁净，无残留的砂浆等脏物；周边顺平、光洁。

检验方法　观察检查。

第 11.3.6 条　要求做泛水的地面应符合以下规定：

合格：泛水能满足排水要求。

优良：泛水符合设计要求，无积水；与地漏（管道）结合处严实平顺。

检验方法　观察或泼水检查。

第 11.3.7 条　表面作假砖缝，分格应符合以下规定：

合格：分格的形式应符合设计要求或传统常规作法，缝线直顺、深浅均匀，接槎自然，无粗糙感。

优良：分格的形式应符合设计要求或传统作法，缝线平直、深浅均匀一致，接槎无搭痕，细致美观。

检验方法　观察检查。

第 11.3.8 条　踢脚线的质量应符合以下规定：

合格：高度一致，棱角完整，与墙面结合牢固，局部虽有空鼓但其长度不大于400mm，且在一个检查范围内不多于2处。

优良：高度一致，棱角完好。出墙厚度均匀，与墙面结合牢固，局部虽有空鼓但其长度不大于200mm，且在一个检查范围内不多于2处。

检验方法　用小锤轻击、尺量和观察检查。

（Ⅲ）允许偏差项目

第 11.3.9 条　水泥及细石混凝土仿古地面的允许偏差和检验方法应符合表11.3.9的规定。

水泥及细石混凝土仿古地面的允许偏差和检验方法

表 11.3.9

序号	项目	允许偏差(mm)		检验方法
		室内	室外	
1	表面平整	4	5	用2m靠尺和楔形塞尺检查
2	分格直顺	3		拉5m线，不足5m拉通线，用尺量检查
3	踢脚线上口平直	4		

第四节　地面修补

第 11.4.1 条　本节包括地面局部修补工程的质量检验和评

定。全部翻修、揭墁的地面应按新做地面的质量标准执行。

检查数量　按有代表性的抽查10%，但不应少于2处；不同作法的，每种不少于1处。

检验方法　观察检查

（Ⅰ）保 证 项 目

第 11.4.2 条　经修补的地面，严禁存有明显残破漏修现象。

第 11.4.3 条　基层必须坚实。

第 11.4.4 条　修补的部分不得明显低于或高出邻近的原有地面。

第 11.4.5 条　修补的部分，墁砖作法的，不得松动；抹砂浆修补的，不开裂、不空鼓、不翘边，接槎处平顺，表面光洁。

（Ⅱ）基 本 项 目

第 11.4.6 条　修补的部分，外观效果应符合以下规定：

合格：外观效果、分格形式与原有地面无明显差别。

优良：外观效果、分格形式与原有地面相近。

（Ⅲ）允许偏差项目

第 11.4.7 条　修补地面的允许偏差和检验方法应符合表11.4.7的规定。

修补地面的允许偏差和检验方法　　**表 11.4.7**

序号	项目	允许偏差(mm)			检验方法
		细墁	糙墁	抹水泥	
1	表面平整	3	5	6	用2m靠尺和楔形塞尺检查
2	砖缝直顺	3	4	4	拉5m线，不足5m拉通线，用尺量检查
3	相邻砖高低差	1	2	—	短平尺贴于高出的表面，楔形塞尺检查相邻处
4	新旧槎高低差	1	2	2	短平尺贴于高出的表面，楔形塞尺检查相邻处
5	新旧地面砖缝直顺	5	8	—	顺原有地面砖缝拉线，尺量最大偏差处

注：修补地面单块面积未超过$4m^2$的，只检查新旧槎高低差和新旧地面砖缝直顺。

第十二章　木装修制作、安装与修缮工程

第一节　一 般 规 定

第 12.1.1 条　古建筑木装修指大门、槅扇、槛窗、支摘窗、风门、帘架、栏杆、楣子、什锦窗、花罩、板壁、楼梯、天花、藻井等室内外装修（图12.1.1-1、2、3、4）。

第 12.1.2 条　各类木装修制作所采用的树种、材质等级、含水率和防腐、防虫蛀等措施必须符合设计要求。

第二节　槛框、榻板制作与安装工程

第 12.2.1 条　本节包括各类门、槅扇、槛窗、支摘窗及室内木装修的槛框和榻板的制作与安装。

（Ⅰ）保 证 项 目

第 12.2.2 条　各类槛框制作前必须有装修分丈杆，并按丈杆进行制作。

检验方法　检查丈杆。

（Ⅱ）基 本 项 目

第 12.2.3 条　槛框制作应符合以下规定：

合格：表面光平、无明显刨痕、戗槎和残损，线条直顺，线肩严密平整，无明显疵病。

优良：表面光平、无刨痕、戗槎和残损，线条直顺光洁，线肩严密平整、无疵病。

检查数量　抽查10%，但不少于1间。

检验方法　观察检查。

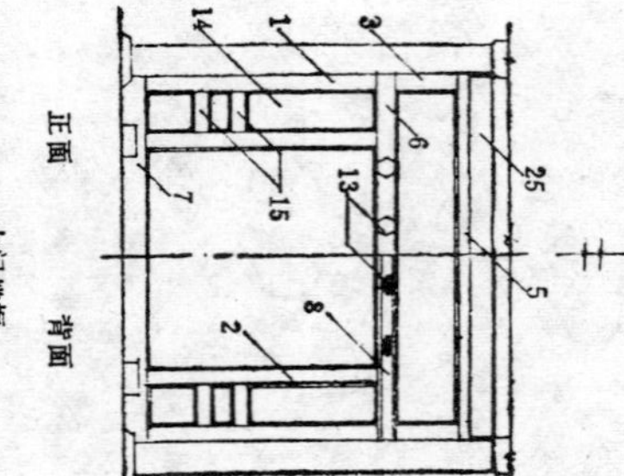

大门槛框

槅扇、槛窗及其槛框

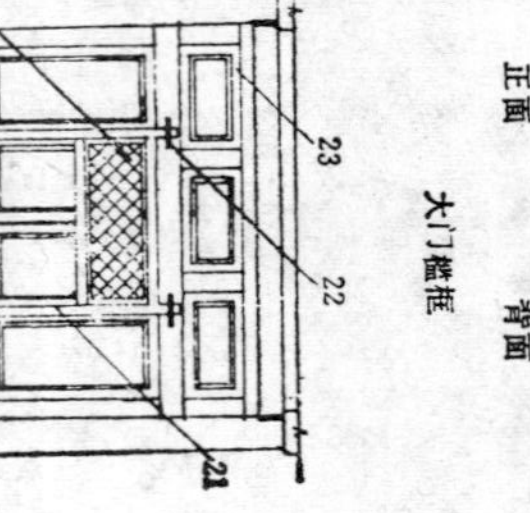

帘架

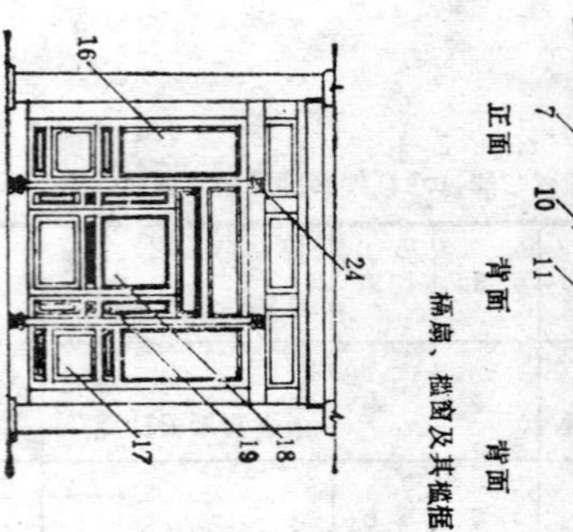

风门及帘架

图 12.1.1-1　各类大门、槅扇、槛框及帘架构件名称示意图

1—抱框；2—门框；3—短抱框；4—短间框；5—上槛；6—中槛；7—下槛；8—门龙；9—连楹；10—单楹；11—连二楹；12—风槛；13—门簪；14—余塞板；15—余塞腰枋；16—槅扇；17—槅扇裙板；18—风门；19—余塞；20—帘架横披；21—帘架边框；22—帘架卡子；23—横披；24—栓斗；25—枋

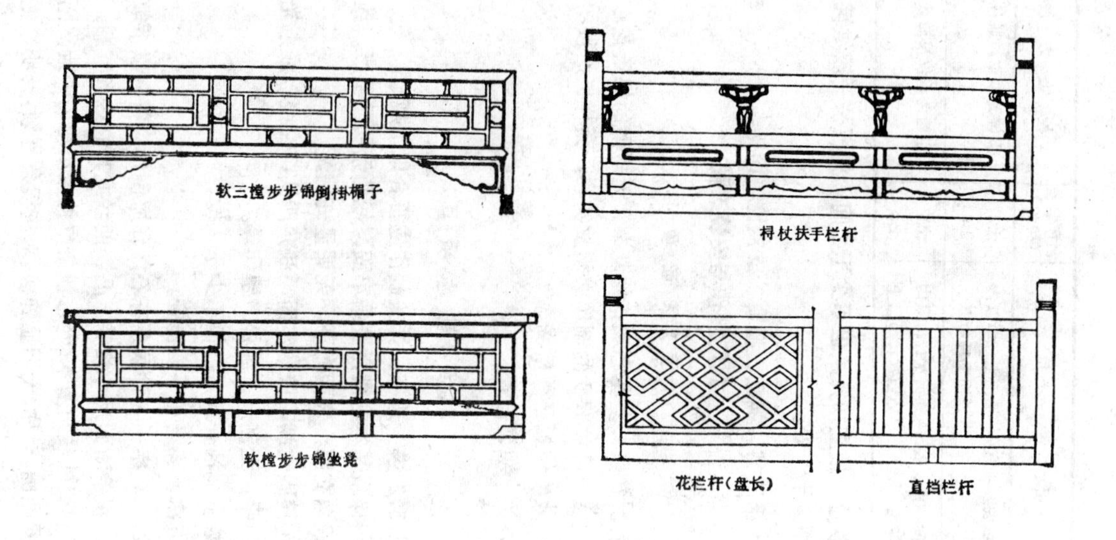

图 12.1.1-3 栏杆、楣子示意图

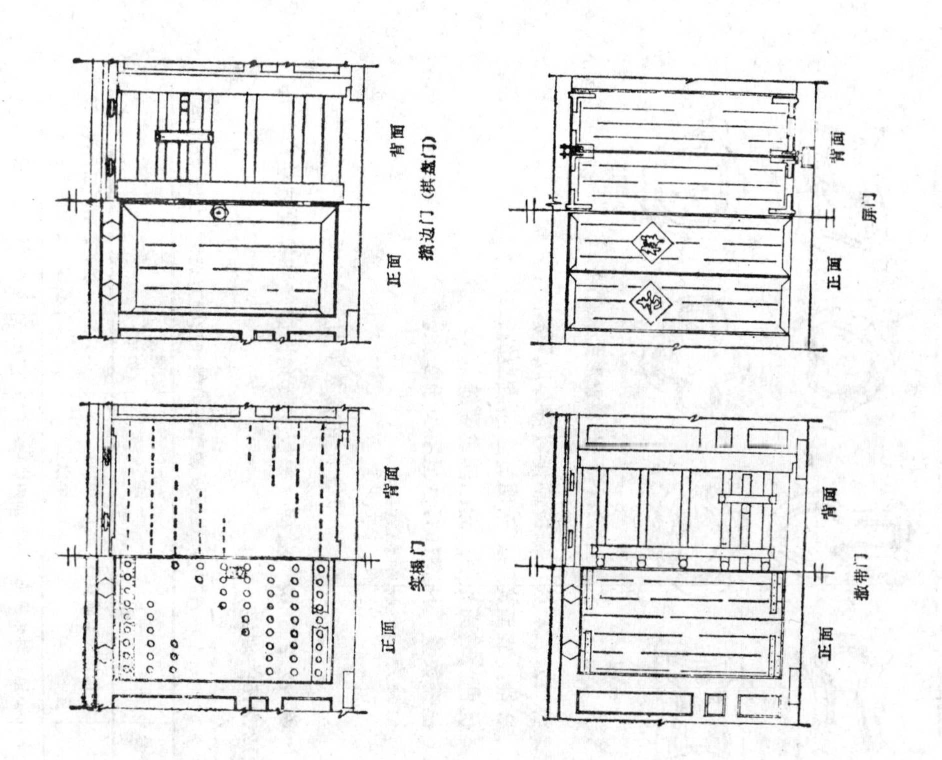

图 12.1.1-2 常见大门种类及名称示意图

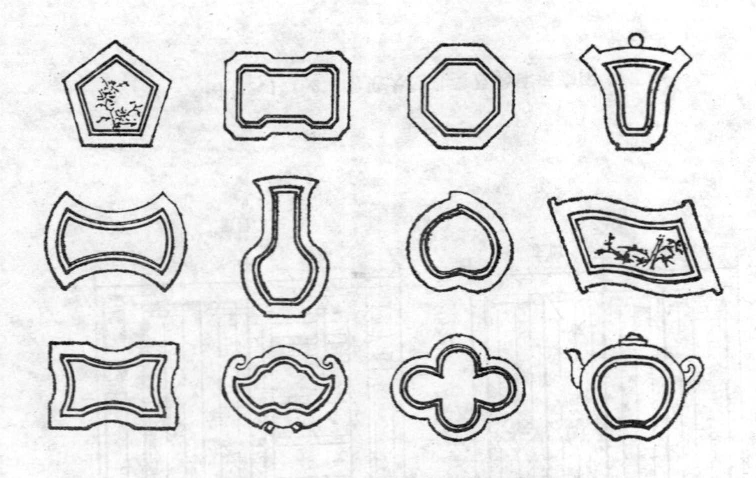

图 12.1.1-4 什锦窗形式示意图

第 12.2.4 条 槅板制作应符合以下规定：

合格：表面光平，无明显凸凹或裂缝。

优良：表面光平，无凸凹或裂缝。

检查数量 抽查10%，但不少于2块。

检验方法 观察检查。

（Ⅲ）允许偏差项目

第 12.2.5 条 槛框、槅板安装允许偏差和检验方法应符合表12.2.5的规定。

槛框，槅板安装允许偏差和检验方法 **表 12.2.5**

序号	项	目	允许偏差(mm)	检验方法
1	槛框里口垂直度	高1.5m以内 高1.5m以上	4 6	沿正、侧两面吊线，尺量或用2m弹子板测
2	里口对角线长度	高1.5m以内 高1.5m以上	6 8	掐杆检查，尺量

续表

序号	项	目	允许偏差(mm)	检验方法
3	槅板安装平直度	通面宽12m以内 通面宽12m以上	±4 ±6	以幢为单位拉通线，尺量
4	各间槅板安装出入平齐	通面宽12m以内 通面宽12m以上	±5 ±8	以幢为单位拉通线，尺量

检查数量 抽查10%，但不少于2间；槅板按一幢建筑的一面抽查，不少于2处。

第三节 槅扇、槛窗、支摘窗、帘架、风门制作与安装工程

（Ⅰ）保 证 项 目

第 12.3.1 条 菱花心和花纹复杂、无规则的棂条花心（如冰裂纹、回纹、乱纹等）的制作必须放实样，套样板，按实样进行制作和组装，样板必须精确。

检验方法 观察检查。

（Ⅱ）基 本 项 目

第 12.3.2 条 边框、抹头制作应符合以下规定：

合格：榫眼基本饱满，胶结牢固，线角无明显不严，线条直顺光洁，线角交圈，表面光平，无明显疵病。

优良：榫眼饱满，胶结牢固，线角严实，交圈，线条光洁直顺，表面光平，无刨痕、戗槎、锤印等。

检查数量 抽查10%，但不少于2樘。

检验方法 观察和手摸检查。

第 12.3.3 条 各种棂条花心，仔屉制作应符合以下规定：

合格：棂条断面尺寸相等，凸、凹线或其它线条直顺，深浅一致，棂条相交处线角基本严实，棂条空档大小均匀一致，团花、卡子花位置准确、对称、无明显疵病，对应棂条直顺，无明显疵病。

优良：棂条断面尺寸相等，凸凹或其它线条直顺、光洁、一致，棂条相交处肩角严实，榫卯饱满、胶结严实，无松动，棂条空档大小一致，对应棂条直顺，团花、卡子花等位置准确、对称、牢固、无疵病。

检查数量　抽查10%，但不少于5扇。

检验方法　观察和用手扳动检查并辅以尺量。

（Ⅲ）允许偏差项目

第 12.3.4 条　边框、抹头外框制作的允许偏差和检验方法应符合表12.3.4的规定。

边框、抹头外框制作允许偏差和检验方法　表 12.3.4

序号	项	目		允许偏差(mm)	检验方法
1	翘曲	扇高在	1.5m以内	8	将外框放在平台上用楔形塞尺检查
			1.5～2.5m	4	
			2.5m以上	5	
2	对角线长度差（窜角）		1.5m以内	8	用杆掐量或尺量
			1.5～2.5m	5	
			2.5m以上	7	

检查数量　抽查10%，但不少于2樘。

第 12.3.5 条　槅扇、槛窗、支摘窗等安装允许偏差和检验方法应符合表12.3.5的规定。

槅扇、槛窗、支摘窗等安装允许偏差和检验方法

表 12.3.5

序号	项	目		允许偏差(mm)	检验方法
1	抹头平直度	扇高在	2m以内（含2m）	3	以间为单位拉线，尺量
			2m以上	4	
2	水平缝均匀	扇高在	2m以内（含2m）	3	楔形塞尺检查
			2m以上	5	
3	立缝均匀	扇高在	2m以内（含2m）	2	楔形塞尺检查
			2m以上	5	

注：允许偏差仅指偏差值，不含标准缝。

检查数量　各项抽查10%，但不少于2樘。

第四节　坐凳楣子、倒挂楣子制作与安装工程

第 12.4.1 条　本节包括各种坐凳楣子、倒挂楣子和鹅颈椅、美人靠等制作与安装。

（Ⅰ）保证项目

第 12.4.2 条　坐凳楣子、倒挂楣子安装必须牢固，严禁有松散、晃动等现象。

检验方法　观察检查和用手推动。

（Ⅱ）基本项目

第 12.4.3 条　坐凳楣子、倒挂楣子制作与安装应符合以下规定：

合格：榫眼、胶结基本饱满，肩角无明显不严，线角交圈、表面光洁平整，对应棂条直顺、空档大小均匀，安装牢固。

优良：榫眼、胶结饱满、肩角严，线角交圈，表面光洁平整，对应棂条直顺，空档大小一致，安装牢固，无疵病。

检查数量　抽查10%，但不少于3樘。

检验方法　观察或用尺量。

（Ⅲ）允许偏差项目

第 12.4.4 条 坐凳楣子、倒挂楣子安装允许偏差和检验方法应符合表12.4.4的规定。

坐凳楣子、倒挂楣子安装允许偏差和检验方法

表 12.4.4

序号	项目	允许偏差(mm)	检验方法
1	各间坐凳平直度	5	拉线，尺量
2	坐凳进出错位	6	拉线，尺量
3	各间倒挂楣子平直度	4	拉线，尺量
4	倒挂楣子进出错位	5	拉线，尺量

注：一般以建筑的一面为单位，长廊每3间拉通线，多角、圆亭检查相邻各间或相邻两面。

检查数量 抽查10%，但不少于一幢。

第五节 栏杆制作与安装工程

第 12.5.1 条 栏杆制作与安装工程包括各种寻杖栏杆、花栏杆、直档栏杆、楼梯栏杆的制作与安装。

（Ⅰ）保证项目

第 12.5.2 条 各种栏杆制作、安装必须牢固，严禁有松散、晃动等不坚固现象。

检验方法 观察检查和用手推晃。

（Ⅱ）基本项目

第 12.5.3 条 栏杆制作应符合以下规定：

合格：榫眼基本饱满，表面光平，无明显刨痕、戗槎、锤印，肩角严实，各部位尺寸准确；花栏杆棂条直顺，无明显疵病。

优良：榫眼饱满，表面光洁、无刨痕、锤印、戗槎、毛刺，肩角严密，尺寸准确，花栏杆棂条直顺，无疵病。

检查数量 每种检查10%，但不得少于1樘。

检验方法 观察检查。

（Ⅲ）允许偏差项目

第 12.5.4 条 栏杆安装允许偏差和检验方法应符合表12.5.4的规定。

栏杆安装允许偏差和检验方法 **表 12.5.4**

序号	项目	允许偏差(mm)	检验方法
1	各间栏杆平直度	8	以幢为单位拉通线，尺量
2	各间栏杆进出错位	8	以幢为单位拉通线，尺量

检查数量 抽查10%，但不少于1幢。

第六节 什锦窗制作与安装工程

（Ⅰ）保证项目

第 12.6.1 条 各种什锦窗、牖窗的形状、尺度必须符合设计或样板的要求。

检验方法 观察（或尺量）检查和与设计图纸对照。

第 12.6.2 条 什锦窗安装必须符合十字中线为准的安装要求，不得以上皮线或下皮线为准。

检验方法 观察检查。

（Ⅱ）基本项目

第 12.6.3 条 什锦窗、牖窗等制作安装应符合以下规定：

合格：表面光平，线条流畅，边框仔屉之间缝隙基本均匀，肩角无明显不严，榫眼胶结饱满，外形符合要求。

优良：外形符合设计要求，表面光洁，线条流畅，边框仔屉间缝隙均匀（不大于2.5mm），榫卯饱满、胶结牢固，肩角严密。

检查数量　抽查10%，但不少于2樘。

检验方法　观察检查。

第七节　大门制作与安装工程

（Ⅰ）保证项目

第 12.7.1 条　实榻门、攒边门、屏门、撒带门等各种古建大门门板粘接，均不得做平缝，必须做企口缝或龙凤榫。

检验方法　观察检查。

第 12.7.2 条　实榻门、攒边门、撒带门、屏门等各种古建大门安装必须牢固，贴门框内测安装的大门必须有上下和侧面掩缝，掩缝大小按门边厚的1/3～1/4。

检验方法　观察和尺量。

第 12.7.3 条　各类大门安装之前，制作必须符合质量要求，在保管、运输、搬动中无损坏变形。

检验方法　观察检查。

（Ⅱ）基本项目

第 12.7.4 条　大门制作应符合以下规定：

合格：榫眼基本饱满，胶结牢固，肩角无明显不严，表面光平，无明显刨痕、戗槎、斧锤印；门钉、兽面、包叶、门钹等饰件安装位置准确牢固，尺寸符合设计要求。

优良：榫眼胶结饱满，肩角严实，表面光洁、无刨痕、戗槎、斧锤印；大门饰件、门钉、包叶、兽面、门钹等安装位置准确、牢固、美观，尺寸符合设计要求。

检查数量　抽查10%，但不少于2扇。

检验方法　观察和尺量。

（Ⅲ）允许偏差项目

第 12.7.5 条　大门安装允许偏差和检验方法应符合表12.7.5的规定。

实榻门、攒边门、撒带门、屏门安装允许偏差和检验方法

表 12.7.5

序号	项	目		允许偏差(mm)	检验方法
1	大门上、下皮平齐	门高在	2m以内含2m	3	尺量
			2m以上	5	
2	大门立缝均匀	门高在	2m以内含2m	3	用楔形塞尺或尺量
			2m以上	5	
3	屏门上、下缝均匀			2	尺量或楔形塞尺检查
4	屏门立缝均匀			2	尺量或楔形塞尺检查

注：允许偏差仅指偏差值，不含标准缝。

检查数量　各项检查10%，但不少于1樘。

第八节　木楼梯制作与安装工程

（Ⅰ）保证项目

第 12.8.1 条　木楼梯用料的树种、材质等级、含水率及防虫，防腐处理等必须符合设计要求。

检验方法　观察检查和检查测定记录。

（Ⅱ）基本项目

第 12.8.2 条　木楼梯制作、安装质量应符合以下规定：

合格：踢板、踩板做榫，楼梯帮打眼，剔做包掩符合设计要求；板表面光平，无明显疵病；栏杆扶手制作坚固，无明显疵病；整座楼梯安装坚实牢固，无明显疵病。

优良：帮板、踢板、踩板制作符合设计要求，表面光洁，无刨痕、戗楂、锤印；楼梯扶手制作坚固美观；整座楼梯安装牢固，无疵病。

检查数量　不少于1座。

检验方法　观察检查，用手推动。

第九节　天花、藻井制作与安装工程

（Ⅰ）保证项目

第 12.9.1 条　天花、藻井的制作必须符合设计要求或不同朝代的做法和特点。

检验方法　观察检查或与原文物对照。

（Ⅱ）基本项目

第 12.9.2 条　井口天花制作应符合以下规定：

合格：天花支条线条直顺，表面光平，天花板拼缝严实，穿带牢固，表面平整。

优良：天花支条线条光洁直顺，表面光平，肩角严密，天花板拼缝严实，穿带牢固，表面光平、无疵病。

检查数量　按自然间抽查10%，但不少于1间。

检验方法　观察检查。

第 12.9.3 条　天花、藻井制作与安装应符合以下规定：

合格：各部件制作符合设计要求，工艺较精细，无明显疵病，安装牢固，起拱按设计要求或按短向跨度的1/200，整体效果较好；吊杆牢固，数量、位置符合设计要求。

优良：各部件制作符合设计要求，工艺精细，斗栱、贴落雕饰光洁美观，无疵病，安装牢固；起拱按设计要求或按短向跨度的1/200，整体效果美观；吊杆牢固，数量、位置符合设计要求。

检验方法　观察检查。

（Ⅲ）允许偏差项目

第 12.9.4 条　天花、藻井安装允许偏差和检验方法应符合表12.9.4的规定。

天花、藻井安装允许偏差和检验方法　　表 12.9.4

序号	项目	允许偏差(mm)	检验方法
1	井口天花安装支条直顺	8	以间为单位拉线尺量
2	井口天花支条起拱	±10	与设计要求对照，以间为单位拉线尺量
3	海墁天花起拱	±10	与设计要求对照，以间为单位拉线尺量

检查数量　按自然间抽查10%，不少于1间。

第十节　木装修雕刻

第 12.10.1 条　木装修雕刻包括室内外所有木装修或与木装修直接有关的雕刻项目。

（Ⅰ）保证项目

第 12.10.2 条　雕刻用料必须符合设计要求。

第 12.10.3 条　雕刻花纹、风格必须符合设计要求或不同朝代的做法及艺术特点。

检验方法　观察检查或与设计对照。

（Ⅱ）基本项目

第 12.10.4 条　阴纹线雕应符合以下规定：

合格：花纹符合设计要求，线条流畅，字雕不走形。

优良：花纹符合设计要求，线条优美流畅，刀法讲究，有艺术特色；字雕忠于字样，不走形。

检查数量　抽查10%。

检验方法　观察检查。

第 12.10.5 条　落地雕刻应符合以下规定：

合格：图案符合设计要求，落地无明显不平，线条流畅，突起部分层次迭落分明。

优良：图案符合设计要求，落地平整光洁，突起部分层次分明，线条流畅优美，有艺术特色。

检查数量　抽查10%，但不少于2件。

检验方法　观察检查。

第 12.10.6 条　单层次双面透雕（花牙子等）应符合以下规定：

合格：锼活符合样板，双面花纹一致，无明显错位，线条流畅，表层花纹迭落层次分明，无明显疵病。

优良：锼活符合样板，双面花纹一致，不错位，线条流畅，表层花纹迭落缠绕层次分明，无疵病。

检查数量　抽查10%，但不少于2件。

检验方法　观察检查。

第 12.10.7 条　多层次双面透雕（花罩等）应符合以下规定：

合格：各层次花纹分布合理，空隙均匀，各层花纹迭落缠绕关系清楚，表层花纹清晰，无明显疵病和刀痕。

优良：各层次花纹分布合理，空隙均匀，各层次花纹迭落缠绕关系清楚，表层花纹清晰，刀法讲究，无刀痕，无疵病，有艺术特色。

检查数量　抽查10%，但不少于1件。

检验方法　观察检查。

第 12.10.8 条　贴雕应符合以下规定：

合格：花纹美观，表层层次脉络清楚，与底板粘贴牢固。

优良：花纹美观，层次分明，脉络清晰，刀法讲究，与底板粘贴严密牢固。

检查数量　抽查10%，但不少于2件。

检验方法　观察检查。

第 12.10.9 条　嵌雕（龙头、凤头、花头等）应符合以下规定：

合格：本身形象准确，与嵌接部分衔接自然，无明显不顺畅。

优良：本身形象准确、生动，与嵌接部分衔接自然顺畅，刀法讲究，有艺术特色。

检查数量　抽查10%，但不少于1件。

检验方法　观察检查。

第十一节　木装修修缮

（Ⅰ）保 证 项 目

第 12.11.1 条　古建木装修的修缮必须符合修缮设计要求，构件的配换、式样及构造做法必须遵循“不改变原状”的原则。

检验方法　观察检查或与设计对照。

（Ⅱ）基 本 项 目

第 12.11.2 条　槛框、榻板修配换件应符合以下规定：

合格：尺寸、做法与原件一致，表面无明显疵病，安装平、直、顺、剔凿挖补部分与旧件嵌接牢固，接槎平顺。

优良：尺寸、做法与原件完全一致，表面光平无疵病，安装平、直、顺，剔凿挖补部分与旧件嵌接牢固，接槎光平直顺。

检验方法　观察检查与拉线检查。

第 12.11.3 条　装修边梃、抹头、裙板、绦环板应符合以下规定：

合格：重做的边梃、抹头与原有边框一致，线条交圈，榫卯基本饱满，无松动，尺寸准确。

优良：重做的边梃、抹头与原有边框完全一致，线条交圈顺畅，榫卯饱满，无松动，尺寸准确。

检查数量　抽查10%，但不少于1扇。

检验方法　观察检查。

第 12.11.4 条　仔屉、菱花、棂条修缮应符合以下规定：

合格：添配的仔屉或棂条与原构件一致，棂条空档大小均匀，卡子、团花安装牢固，菱花纹顺畅，卡腰榫卯牢固，无明显疵病。

优良：添配的仔屉或棂条与原构件完全一致，棂条空档大小均匀，卡子花、团花安装牢固无松动；菱花纹交圈顺畅，卡腰榫卯严实牢固，无疵病。

检验方法　观察检查。

第 12.11.5 条　坐凳、倒挂楣子修缮应符合以下规定：

合格：修配的楣子，其尺寸、棂条、边框、花饰与原件一致，安装平齐，高低出入一致，无明显疵病。

优良：修配的楣子，其尺寸、边抹、棂条、花饰与原件一致，安装平齐，高低出入一致，无疵病。

检查数量　抽查10%，但不少于2扇。

检验方法　观察检查。

第 12.11.6 条　栏杆修缮应符合以下规定：

合格：修配部分与原件一致，安装牢固，无明显疵病。

优良：修配部分与原件完全一致，安装牢固，无疵病。

检查数量　抽查10%，但不少于1樘。

检验方法　观察和用力推动。

第 12.11.7 条　什锦窗修缮应符合以下规定：

合格：修配部分与原件一致，边框、仔屉、棂条无明显疵病，安装符合要求。

优良：修配部分与原件完全一致，边框、仔屉、棂条无疵病，安装完全符合要求。

检查数量　抽查10%，但不少于1樘。

检验方法　观察检查。

第 12.11.8 条　大门、槅扇、槛窗修缮应符合以下规定：

合格：配换部分与原件一致，安装牢固，开启方便，水平缝、垂直缝、掩缝符合要求，铜铁饰件安装齐全、牢固、表面无明显疵病。

优良：配换部分与原件一致，安装牢固，开启自如，水平缝、垂直缝、掩缝符合要求，铜铁饰件安装齐全、牢固、整齐，表面无疵病。

检查数量　抽查10%，但不少于1樘。

检验方法　观察检查。

第 12.11.9 条　天花、藻井修缮应符合以下规定：

合格：修配部分应与原件一致，新旧衔接自然，安装牢固，起拱高度符合要求，雕饰线条流畅，与原有花纹一致，表面无明显疵病。

优良：修配部分与原件一致，与旧件衔接自然，安装牢固，起拱高度符合要求，雕饰线条优美流畅，与原花纹完全一致，表面无疵病。

检查数量　抽查10%，但不少于1间。

检验方法　观察与拉线检查。

第十三章　油漆彩画地仗工程

第一节　一　般　规　定

第 13.1.1 条　地仗工程所选用材料的品种、规格和颜色必须符合设计要求和现行材料标准的规定。材料进场后应验收，没有合格证的材料应抽样检验，合格后方可使用。

第 13.1.2 条　地仗材料的配合比，原材料、熬制材料和自加工材料的计量、搅拌，必须符合古建筑传统操作规则。

第 13.1.3 条　地仗工程指以下三种作法：

一、上架大木和下架大木的使麻糊布作法；

二、四道灰、三道灰以及二道灰作法；

三、修补地仗作法。

第 13.1.4 条　地仗工程作法宜符合以下操作程序：

一、使麻糊布地仗

砍净挠白、剁斧迹、撕缝、下竹钉或楦缝、除锈、汁浆、捉缝灰、通灰（扫荡灰）、使麻（粘麻）、糊布、压麻灰、压布灰、中灰、细灰、磨细灰和钻生油。

二、四道灰和三道灰地仗

砍净挠白、剁斧迹、撕缝、楦缝除锈、汁浆、捉缝灰、通灰（三道灰减此道工序）、中灰、细灰、磨细灰和钻生油。

三、二道灰地仗

除铲、汁浆（操油）、捉中灰、找细灰或满细灰、操油。

四、修补地仗

局部挖补砍活、找补操底泊、找补捉灰和通灰、找补使麻糊布、找补压麻灰或压布灰、找补中、细灰、磨细灰和钻生油。

检查数量　室内外，按有代表性的自然间抽查20%，但不少于3间；独立式建筑物，如亭子、牌楼、木塔和垂花门等按座。

检验方法　观察、手摸及拉线检查。

第二节　使麻、糊布地仗工程

第 13.2.1 条　使麻、糊布地仗工程包括一布四灰、一布五灰、一麻五灰、两麻六灰、一麻一布六灰和两麻一布七灰等地仗工程。

（Ⅰ）保 证 项 目

第 13.2.2 条　各遍灰之间及地仗灰与基层之间必须粘结牢固，无脱层、空鼓、崩秧、翘皮和裂缝等缺陷。生油必须钻透，不得挂甲。

（Ⅱ）基 本 项 目

第 13.2.3 条　使麻糊布地仗表面应符合以下规定：

合格：大面平整光滑、小面光滑，楞角基本直顺，细灰接槎平顺，颜色均匀。大面不得有砂眼、小面允许有少量轻微砂眼，无龟裂，表面基本洁净。

优良：大小面平整光滑，楞角直顺，细灰接槎平整，大小面无砂眼，颜色均匀，表面洁净，清晰美观。

第 13.2.4 条　轧线应符合以下规定：

合格：线口基本直顺，宽窄一致，线角通顺，略有不平，曲线自然流畅，线肚无断裂。

优良：线口直顺，宽窄一致，线角通顺平整，曲线自然流畅，线肚饱满光滑，无断条，清晰美观。

第三节　单披灰地仗工程

（Ⅰ）保 证 项 目

第 13.3.1 条　各遍灰之间及地仗灰与基层之间必须粘结牢固，无脱层、空鼓、翘皮和裂缝等缺陷。生油必须钻透，不得挂甲。

（Ⅱ）基 本 项 目

第 13.3.2 条 四道灰、三道灰表面质量应符合以下规定：

一、连檐瓦口

合格：表面基本平整光滑，水缝直顺，接槎平顺，楞角整齐。

优良：表面平整光滑，水缝直顺，接槎平整，楞角直顺整齐。

二、椽头

合格：方椽头方正，不得缺楞短角；圆椽头边缘整齐成圆形，表面光滑，无砂眼和龟裂。

优良：方椽头四楞四角方正，不得缺楞短角；圆椽头边缘整齐，大小一致成圆形；表面平整光滑，无砂眼和龟裂。

三、椽子望板

合格：表面光滑，望板错槎借平；椽秧、椽根勾抹密实，光滑整齐，无疙瘩灰，无龟裂。

优良：表面平整光滑，望板错槎借平；椽秧、椽根勾抹密实整齐，无疙瘩灰，无龟裂，椽楞直顺。

四、斗拱

合格、表面光滑，楞角整齐，无砂眼，无较大龟裂。

优良：表面平整光滑，楞角直顺整齐，无砂眼和龟裂。

五、花活

合格：花纹纹理层次清楚，秧角整齐，不得窝灰，纹理不乱；表面光滑，大边、仔边整齐。

优良：花纹纹理层次清晰，秧角整齐，不得窝灰，纹理不乱；表面光滑平整，大边、仔边直顺整齐。

六、上下架大木

合格：表面基本平整光滑，楞角直顺，细灰接槎基本平顺，无较大砂眼和龟裂；表面基本洁净。

优良：表面平整光滑，楞角直顺整齐，细灰接槎平整，大小面无砂眼、无龟裂，表面洁净。

第 13.3.3 条 二道灰表面质量应符合以下规定：

合格：表面光滑，楞角整齐，无较大砂眼和龟裂，操油不得遗漏。

优良：表面光滑，楞角直顺整齐，大面无砂眼和龟裂，操油不得遗漏。

第四节 修 补 地 仗

第 13.4.1 条 修补使麻糊布和单皮灰地仗表面质量应符合以下规定：

合格：新旧灰接槎处必须粘结牢固，各遍灰之间及地仗灰与基层之间粘结牢固；无脱层、空鼓和翘边；表面光滑，无较大砂眼和龟裂。

优良：新旧灰接槎处必须粘结牢固，各遍灰之间及地仗灰与基层之间粘结牢固；无脱层、空鼓和翘边；表面平整光滑，允许有轻微砂眼。

第十四章 油饰工程

第 14.0.1 条 本章包括古建修建中油漆、粉刷、贴金、裱糊、大漆等装饰工程。

第 14.0.2 条 油漆、粉刷、贴金、裱糊和大漆工程中所选用材料的品种、规格和颜色，必须符合设计要求和现行材料标准的规定。材料进场后应验收，没有合格证的材料应抽样检验，合格后方可使用。

第一节 油漆工程

第 14.1.1 条 油漆工程包括混色油漆、清漆和加工光油以及木结构、木装修和花活的烫蜡、擦软蜡工程。

检查数量 室内外，按有代表性的自然间抽查20%，但不少于3间；独立式建筑物，如亭子、牌楼、木塔和垂花门等按座。

检验方法 观察和手摸检查。

（Ⅰ）保证项目

第 14.1.2 条 混色油漆工程严禁脱皮、漏刷、反锈、潮亮（倒光、超亮、油漆面无光亮）和顶生（反生、生油不干引起）。

第 14.1.3 条 清漆工程严禁漏刷、脱皮、斑迹和潮亮。

第 14.1.4 条 烫蜡、擦软蜡工程严禁在施工过程中烫坏木基层。

第 14.1.5 条 光油（自制调配的漆）油漆工程严禁脱皮、漏刷、潮亮和顶生。

（Ⅱ）基本项目

第 14.1.6 条 混色油漆工程基本项目应符合表14.1.6的规定。

混色油漆工程基本项目表　　表 14.1.6

序号	项目	等级	质量要求		
			普通	中级	高级
1	透底、流坠、皱皮	合格	大面有轻微流坠，无透底、皱皮	大面无流坠，小面有轻微流坠，无透底，皱皮	大面无流坠、透底、皱皮，小面明显处无
		优良	大面无轻微流坠、无透底、皱皮；小面明显处轻微透底、流坠和皱皮	大面无轻微流坠、无透底、皱皮；小面明显处无流坠、透底和皱皮	大小面均无透底、流坠和皱皮
2	光亮和光滑	合格	大面光亮，均匀一致	大面光亮、光滑、均匀一致，小面有轻微不光亮和光滑处	光亮均匀一致、光滑无挡手感
		优良	大面光亮、光滑均匀一致	大小面光亮、光滑、均匀一致	光亮、光滑、无挡手感
3	分色裹楞	合格	大面无裹楞，小面允许偏差3 mm	大面无裹楞，小面允许偏差2 mm	大面无裹楞，小面允许偏差1mm
		优良	大面无裹楞，小面允许偏差2 mm	大面无裹楞，小面允许偏差1 mm	大小面均无分色裹楞
4	颜色、刷纹	合格	大面颜色均匀	颜色一致，刷纹通顺	颜色一致，无明显刷纹
		优良	大小面颜色均匀	颜色一致，无明显刷纹	颜色一致，无刷纹
5	绿椽肚高不小于椽高（径）2/3，绿椽肚长按	合格	允许偏差(mm)：高 3；长 4	允许偏差(mm)：高 2；长 3	允许偏差(mm)：高 1；长 2

续表

序号	项目	等级	质量要求 普通		中级		高级	
5	檐椽或飞头露明部分4/5	优良	允许偏差(mm) 高 3	长 3	允许偏差(mm) 高 2	长 2	允许偏差(mm) 高 1	长 1
6	椽肚后尾拉通线检查直顺	合格	允许偏差 5 mm		允许偏差 4 mm		允许偏差 3 mm	
		优良	允许偏差 4 mm		允许偏差 3 mm		允许偏差 2 mm	
7	五金、玻璃、墙面、石活、地面、屋面	合格	基本洁净		基本洁净		五金、玻璃洁净，其他基本洁净	
		优良	洁　净		洁　净		洁　净	

注：1.大面指上下架大木表面，槅扇、槛窗、支摘窗、横披、风门、屏门、大门和各种形式木装修里外面。
2.小面指上下架大木枋上面，槅扇、槛窗等口边。
3.小面明显处指视线所能见到的地方。
4.高级作法指刷醇酸磁漆三遍。
5.中级作法指刷醇酸调和漆二遍，醇酸磁漆罩面，光油三遍。
6.普通作法指调和漆三遍。
7.刷乳胶漆、无光漆和涂料，不检查光亮。

清漆工程基本项目　　　　表 14.1.7

序号	项目	等级	质量要求 中级	高级
1	木　纹	合格	大面棕眼平，木纹清楚	棕眼刮平，木纹清楚
		优良	棕眼刮平，木纹清楚	棕眼刮平，木纹清晰

续表

序号	项目	等级	质量要求 中级	高级
2	光亮和光滑	合格	光亮均匀、光滑	光亮柔和光滑
		优良	光亮足、光滑	光亮柔和，光滑无挡手感
3	裹楞、流坠和皱皮	合格	大面无，小面明显处有轻微裹楞，流坠，无皱皮	大小面明显处无
		优良	大面小面明显处无	无
4	颜色刷纹	合格	大面颜色一致，有轻微刷纹	大面小面颜色一致，无刷纹
		优良	颜色一致，无刷纹	颜色一致，无刷纹
5	五金玻璃	合格	基本洁净	五金洁净，玻璃基本洁净
		优良	洁　净	洁　净

注：1.高级作法系指刷醇酸清漆、丙烯酸木器漆、清喷漆三种。
2.中级作法系指刷脂胶清漆、酚醛清漆二种。

第 14.1.7 条　清漆工程基本项目应符合表14.1.7的规定。

第 14.1.8 条　上下架大木、木装修烫蜡、擦软蜡表面质量应符合以下规定：

一、大木及木基层

合格：蜡洒布均匀，无露底，明亮光滑，色泽均匀，木纹清楚，表面基本洁净，楠木保持原色。

优良：蜡洒布均匀，无露底，光亮柔和光滑，棕眼平整，色泽一致，木纹清晰，厚薄一致，表面洁净，无蜡柳。楠木保持原色，秧角不窝蜡。

二、装修和花活

合格：油色不混，本色无斑迹。无露底，明亮光滑，色泽一致，木纹清楚，楠木保持原色，表面基本洁净，大面无蜡柳。

优良：油色不混，本色无斑迹。无露底，棕眼刮平，光滑明亮，色泽一致，木纹清晰，楠木保持原色，表面洁净，无蜡柳。

第二节　刷浆（喷浆）工程

第 14.2.1 条　刷浆（喷浆）工程包括大白浆、各种涂料、石灰浆、色浆等工程。

检查数量　室内外，按有代表性的自然间抽查20%，但不少于3间；独立式建筑物，如亭子，塔等按座检查。

检验方法　观察、手轻摸检查。

（Ⅰ）保 证 项 目

第 14.2.2 条　刷浆（喷浆）严禁掉粉、起皮、漏刷和透底。

第 14.2.3 条　墙面花边、色边、花纹和颜色必须符合设计要求，底层的质量必须符合刷浆相应等级的规定。

（Ⅱ）基 本 项 目

第 14.2.4 条　刷浆（喷浆）基本项目应符合表14.2.4的规定。

刷浆（喷浆）工程基本项目表　　表 14.2.4

序号	项　目	等级	质量要求		
			普　通	中　级	高　级
1	反碱、咬色	合格	有少量，不超过5处	有轻微，不超过3处	明显处无
		优良	有少量，不超过3处	有轻微少量，不超过1处	无
2	喷点、刷纹	合格	2m正视无明显缺陷	1.5m正视喷点均匀，刷纹通顺	1m正视喷点均匀，刷纹通顺
		优良	2m正视，刷纹通顺，喷点均匀	1.5m正视喷点均匀，刷纹通顺	1m正视斜视喷点均匀，刷纹通顺
3	流坠、疙瘩、溅沫（浆落）	合格	有少量、不超过5处	有轻微少量，不超过5处	明显处无
		优良	有轻微少量不超过3处	有轻微少量不超过2处	无
4	颜色、砂眼、划痕	合格	颜色基本一致，2m正视不花	颜色基本一致，1.5m正视不花，少量砂眼，划痕不超过3处	正视颜色一致、有少量砂眼，划痕不超过2处
		优良	颜色基本一致、1.5m正视不花，少量砂眼，划痕不超过3处	颜色一致、不花，有少量砂眼，划痕不超过2处	正视、斜视、颜色一致、无砂眼，划痕
5	装修、下架大木、五金、灯具、玻璃	合格	基本洁净	基本洁净	装修洁净、其他基本洁净
		优良	洁　净	洁　净	洁　净

注：本表第4项划痕，系指披腻子、磨砂纸遗留痕迹。

第 14.2.5 条　花墙边、色边质量应符合以下规定：

合格：线条均匀平直，颜色一致，无明显接头痕迹；接头错位不得大于2mm，纹理清楚不乱。

优良：线条均匀平直，颜色一致，无接头；接头错位不大于1 mm，纹理清晰，图案无移位。

第三节 贴 金 工 程

第 14.3.1 条 贴金工程包括施用库金箔、赤金箔、铜箔、铝箔、合金箔等的彩画贴金、牌匾贴金、框线贴金、槅扇与槛窗棂花扣贴金、山花梅花钉贴金、绶带贴金、壁画彩塑贴金和室内外新式彩画贴金工程。

第 14.3.2 条 贴金工程应先打磨砂纸、然后打金胶油两道，贴金。

检查数量 室内外，按有代表性的自然间抽查20%，但不少于3间；独立式建筑物，如亭子、牌楼、木塔和垂花门等按座检查。

检验方法 除注明者外，观察、手摸检查。

（Ⅰ）保 证 项 目

第 14.3.3 条 贴金箔、铝箔、铜箔等应与金胶油粘结牢固，无脱层、空鼓、崩秧、裂缝等缺陷。

（Ⅱ）基 本 项 目

第 14.3.4 条 贴金表面应符合以下规定：

合格：色泽基本一致，光亮，不花；不得有绽口，漏贴，金胶油不得有流坠、皱皮等缺陷。

优良：色泽一致，光亮足，不花；不得有绽口、漏贴，金胶油不得有流坠、洇、皱皮等缺陷。

第 14.3.5 条 框线和各种线贴金扣油表面应符合以下规定：

合格：线条直顺整齐，弧线基本流畅，不得脏活，其他项目应符合表14.1.6和第14.3.4条“合格”规定。

优良：线条直顺整齐，弧线流畅，其他项目应符合第14.3.4条“优良”规定。

第四节 裱 糊 工 程

第 14.4.1 条 裱糊工程包括大白纸、高丽纸、银花纸、丝绸面料等裱糊工程。

检查数量 室内按有代表性的自然间抽查20%，但不少于3间。

检验方法 观察，手摸检查。

（Ⅰ）保 证 项 目

第 14.4.2 条 各种纸面、丝绸面与底子纸之间及底子纸与基层之间必须粘结牢固，无脱层、空鼓、翘皮、崩秧和油口等缺陷。

（Ⅱ）基 本 项 目

第 14.4.3 条 裱糊面层应符合以下规定：

合格：纸面、丝绸面色泽基本一致，无明显斑痕。

优良：纸面、丝绸面色泽一致，正斜视无斑痕。

第 14.4.4 条 各幅张拼接应符合以下规定：

合格：横平竖直，图案端正，花纹基本吻合；阴角处搭接，阳角处无接缝，2 m处正视不显接缝，搭接时，搭接宽度不得大于5 mm。

优良：横平竖直，图案端正，拼缝图案、花纹吻合，1.5m处正视不显接缝，阴角处搭接，阳角处无接缝，搭接时，搭接宽度不得大于3 mm。

第五节 大 漆 工 程

第 14.5.1 条 大漆工程包括生漆、广漆、推光漆等大漆工程。

检查数量 抽查20%，但不少于1件。

检验方法　观察、手摸检查。

(Ⅰ)保 证 项 目

第 14.5.2 条　大漆工程严禁有漏刷、脱皮、空鼓、裂缝等缺陷。

(Ⅱ)基 本 项 目

第 14.5.3 条　大漆工程基本项目应符合表14.5.3的规定。

大漆工程基本项目表　　**表 14.5.3**

序号	项目	等级	质量要求	
			中级	高级
1	流坠和皱皮	合格	大面无流坠，小面有轻微流坠，无皱皮	大面无流坠、皱皮，小面明显处无流坠皱皮
		优良	大面无，小面明显处无	大小面均无
2	光亮和光滑	合格	大面光亮光滑，小面有轻微缺陷	光亮均匀一致、光滑、无挡手感
		优良	光亮均匀一致、光滑、无挡手感	光亮柔和、光滑，无挡手感
3	颜色和刷纹	合格	颜色一致、刷纹通顺	颜色一致、无明显刷纹
		优良	颜色一致、无明显刷纹	颜色一致、无刷纹
4	划痕和针孔	合格	大面无小面不超过3处	大面无，小面不超过2处
		优良	大面、小面明显处无	大小面无
5	五金玻璃	合格	基本洁净	洁净
		优良	洁净	洁净

注：同表14.1.6注。

第十五章　彩 画 工 程

第一节　一 般 规 定

第 15.1.1 条　彩画质量检验包括以下范围：

一、文物古建筑彩画复原工程；

二、仿古建筑彩画工程；

三、各种新式彩画工程；

四、各种传统壁画工程。

第 15.1.2 条　彩画工程的施工及质量要求应符合以下规定：

一、施工程序应按以下规定进行：磨生、过水、分中、拍谱子、沥粉、刷色、包胶、晕色、大粉、黑老。不同彩画可按设计要求增减程序，但应包括前四项；

二、凡相同、对称、重复运用的图案，均应事先起谱子(放样)；

三、彩画的颜材料调对，应集中进行，并设室内材料房；

四、凡彩画直线道必须上尺操作；

五、色彩重叠二层以上进行作染操作必须过矾水；

六、使用乳胶及乳胶漆调料，应按产品说明书的规定进行；

七、应符合各节规定的具体操作方法。

第 15.1.3 条　彩画基层必须坚实、牢固、平整、楞角整齐，无孔洞、裂缝、生油挂甲等现象。

第 15.1.4 条　新式彩画施工必须按色标色进行，并保留色标样品。

第二节　大木彩画工程

第 15.2.1 条　大木彩画指上下架大木各式彩画工程，其适用范围、种类应符合以下规定：

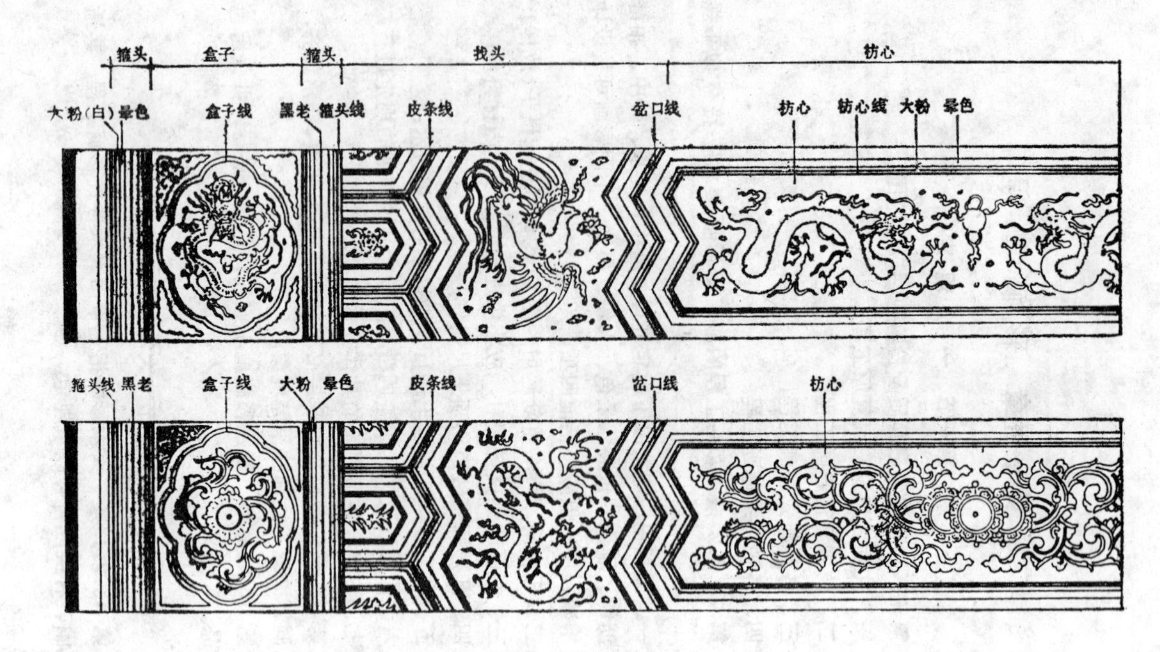

图 15.2.1-1 和玺彩画图示

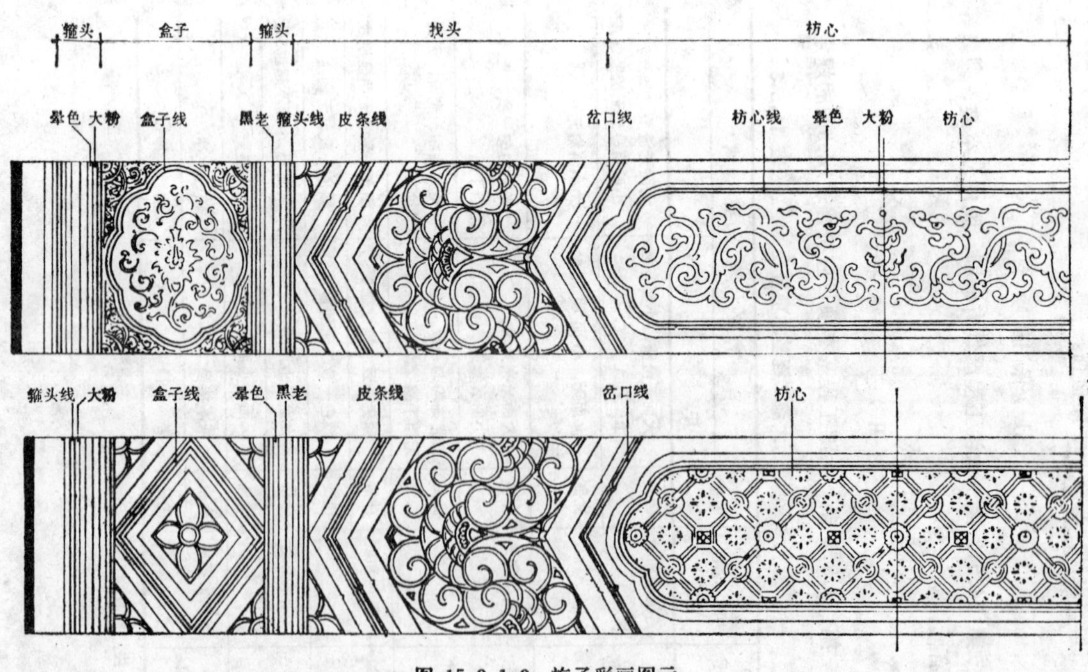

图 15.2.1-2 旋子彩画图示

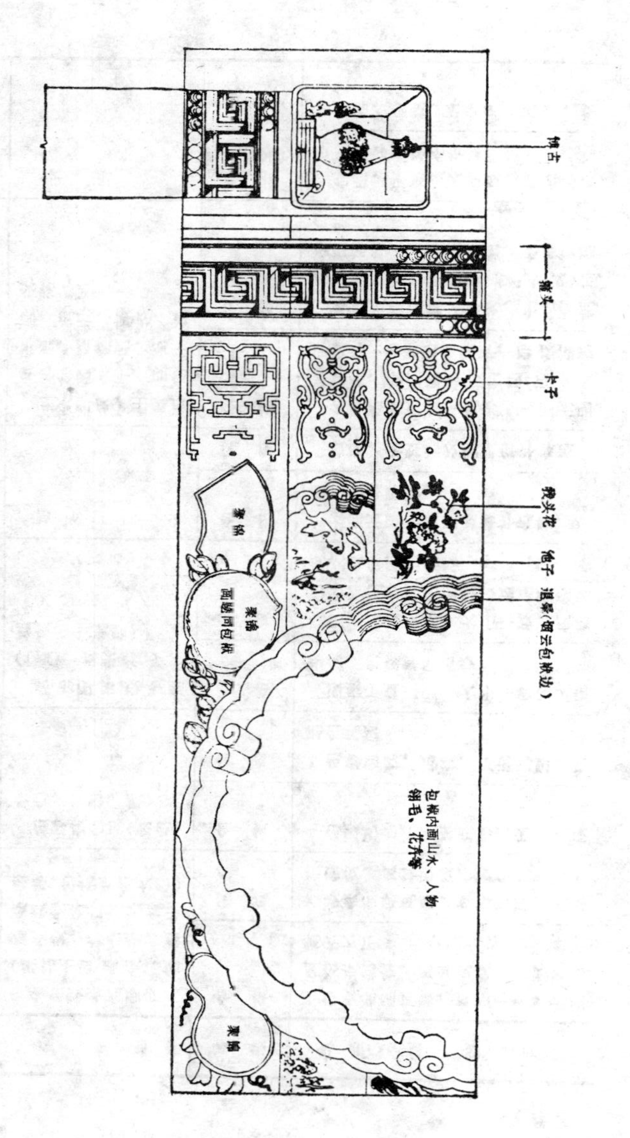

图 15.2.1-3　苏式彩画图示

一、大木范围

大额枋、小额枋、平板枋、挑檐枋、由额垫板、各檩（桁）、室内外各架柁、梁、柱、小式檩、板、枋及角梁、霸王拳、宝瓶、角云等露明彩画部位；

二、彩画种类

各种和玺彩画（图15.2.1-1）、旋子彩画（图15.2.1-2）、苏式彩画（图15.2.1-3）、杂式彩画及新式彩画等具有传统构图格式的彩画。

检查数量　按有代表性自然间抽查20%，但不少于5间，不足5间全检。

检验方法　观察、手摸。

（Ⅰ）保 证 项 目

第 15.2.2 条　各种彩画图样及选用材料的品种、规格必须符合设计要求。

第 15.2.3 条　各种沥粉线条不得出现崩裂、掉条、卷翘现象。

第 15.2.4 条　严禁色彩出现翘皮、掉色、漏刷、透底现象。

（Ⅱ）基 本 项 目

第 15.2.5 条　大木彩画工程基本项目应符合表15.2.5的规定。

大木彩画工程基本项目　　　　**表 15.2.5**

序号	项目	等级	质量要求
1	沥粉线条	合格	光滑、直顺、大面无刀子粉、疙瘩粉及明显瘪粉
		优良	光滑、饱满、直顺、无刀子粉、疙瘩粉、瘪粉、麻渣粉；主要线条无明显接头

续表

序号	项目	等级	质量要求
2	各色线条直顺度（梁枋主要线条，如箍头线、枋心线、皮条线、岔口线、盒子线等，包括晕色大粉）	合格	线条准确直顺、宽窄一致、无明显搭接错位、离缝现象，大面棱角整齐方正
		优良	线条准确直顺、宽窄一致、无搭接错位、离缝现象，棱角整齐
3	色彩均匀度（底色、晕色、大粉、黑）	合格	色彩均匀、不透底影，无混色现象
		优良	色彩均匀、足实、不透底影、无混色现象
4	局部图案规整度（枋心、找头、盒子、箍头、卡子等）	合格	图案工整规则、大小一致、风路均匀、色彩鲜明清楚
		优良	图案工整规则、大小一致、风路均匀、色彩鲜明清楚、运笔准确到位、线条清晰流畅
5	洁净度	合格	大面无脏活及明显修补痕迹，小面无明显脏活
		优良	洁净、无脏活及明显修补痕迹
6	艺术印象（主要指各种绘画水平，如包袱画、聚锦画、池子画、流云、博古、找头花等）	合格	各种绘画形象、色彩、构图无明显误差，能体现绘画主题(可多人评议)，包袱退晕整齐、层次清楚
		优良	各种绘画逼真、形象、生动，能很好体现绘画主题(可多人评议)包袱退晕整齐、层次清楚、无靠色跳色现象
7	裱贴	合格	牢固、平整，无空鼓、翘边等现象，允许有微小折皱
		优良	牢固、平整、无空鼓、翘边、折皱

第三节　椽头彩画工程

第 15.3.1 条　椽头彩画应包括檐椽、飞头、翼角、翘飞端面与底面的彩画工程。

检查数量　抽查10%或连续不少于10对（共20个）。

检验方法　观察、手摸检查。

（Ⅰ）保 证 项 目

第 15.3.2 条　彩画式样、作法及选用材料的品种、规格必须符合设计要求。

第 15.3.3 条　严禁沥粉线条起翘、爆裂、掉条。

第 15.3.4 条　严禁色层起皮或掉粉。

（Ⅱ）基 本 项 目

第 15.3.5 条　椽头彩画工程质量基本项目应符合表15.3.5的规定。

椽头彩画工程质量基本项目　　　**表 15.3.5**

序号	项目	等级	质量要求
1	沥粉（沥粉万字类椽头）	合格	线道横平竖直、光滑直顺，平行线道距离宽窄一致
		优良	线道横平竖直、光滑直顺、饱满，横竖线道搭接合条，平行线道距离宽窄一致、风路均匀
2	色彩均匀度	合格	色彩均匀、层次清楚，罩油面允许有轻微偏差
		优良	色彩饱满、均匀一致、不透底影，层次清楚

续表

序号	项目	等级	质量要求
3	图案及线条工整规则度(主要指阴阳万字椽头、退晕椽头、颜色图样椽头)	合格	线道横平竖直、空当均匀、粗细一致、退晕规则(起止笔处允许轻微偏差)
		优良	线道横平竖直、空当均匀、粗细一致、退晕规则、拐角方正
4	对比一致	合格	同样椽头线道粗细及风路大小无明显差别
		优良	各种椽头线道粗细一致、规格统一
5	洁净度	合格	无明显脏污、修改及裹面现象
		优良	洁净，无脏污、修改及裹面现象
6	艺术印象(重点指百花图)	合格	花样合理、色彩鲜艳、开染均匀、无反复重样现象
		优良	花样合理、构图巧妙灵活、形象生动、色彩鲜艳、开染均匀、风格一致、无重样

注：椽头彩画式样见图15.3.5。

第四节　斗栱彩画工程

第 15.4.1 条　斗栱彩画工程包括室内、外各柱头科、角科、平身科，以及溜金斗栱等各式斗栱彩画工程。

检查数量　按有代表性斗栱各选 2 攒(每攒按单面算)，总量不少于 6 攒。

检验方法　观察、手摸检查。

(Ⅰ)保证项目

第 15.4.2 条　斗栱彩画所用材料的品种、规格及作法必须符合设计要求。

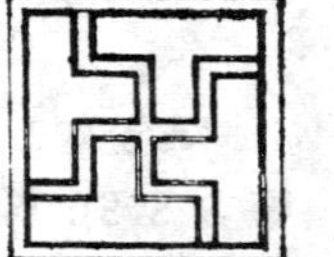

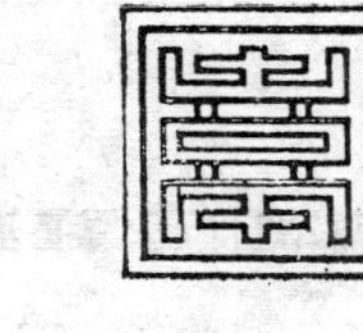

沥粉万字做法类椽头

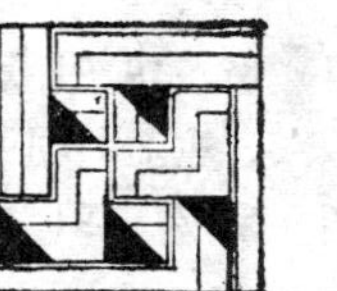

阴阳万字椽头

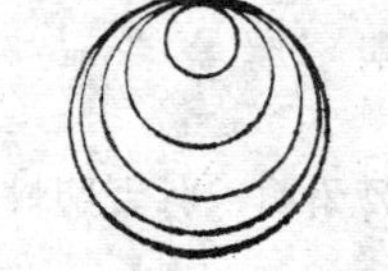

退晕椽头

百花图椽头

图 15.3.5　椽头彩画图示

第 15.4.3 条　斗栱沥粉严禁出现翘裂、掉条现象。

第 15.4.4 条　色彩面层严禁爆裂、翘皮、掉粉。

(Ⅱ)基本项目

第 15.4.5 条　斗栱彩画工程质量基本项目应符合表15.4.5的规定。

斗拱彩画工程质量基本项目　　表 15.4.5

序号	项目	等级	质量要求
1	沥粉	合格	线道齐直、宽窄一致，侧面、窝角部分允许微量偏差；大面无刀子粉、疙瘩粉
		优良	线道饱满、齐直、宽窄一致、无刀子粉、疙瘩粉
2	刷色	合格	均匀一致，窝角深处允许微量遗漏，盖斗板微量裹面
		优良	刷严刷到、均匀一致，不脏荷包(拱眼)及盖斗板
3	晕色	合格	宽窄一致、线界直顺、色彩均匀，允许起止笔处略有偏差
		优良	宽窄一致、线界齐直、拐角方正、色彩均匀、足实盖底色
4	边线（黄线、墨线、包胶）	合格	线条直顺、宽窄一致、色彩均匀
		优良	线条齐直、宽窄一致、色彩均匀饱满、拐角方正
5	大粉	合格	线条直顺、色彩均匀、无明显离缝，留边宽窄一致
		优良	线条横平竖直、拐角方正、色彩均匀饱满，留边宽窄一致，无离缝现象
6	黑老	合格	线条直顺、居中，无明显歪斜现象；升斗随形黑老应能随形一致
		优良	线条工整直顺，居中准确；随形黑老留晕宽窄一致，规格统一
7	洁净度	合格	洁净、无颜色污痕，昂头无明显手摸污痕
		优良	洁净、无颜色污痕及明显修补痕迹，昂头色彩鲜艳，无手摸污痕，不脏金活

第五节　天花、支条彩画工程

第 15.5.1 条　天花、支条彩画工程的施工及质量要求应符合以下规定：

一、天花起谱子的尺寸应以井口为基准；

二、摘卸天花板时，背面应预先编号记载；

三、做软天花，应在生高丽纸、生绢上墙过矾水，绷平后拍谱子；

四、软天花拍谱子后，应在沥粉、刷色、抹小色、垫较大面积底色、包胶全部完成后下墙，再继续画细部；

五、天花沥粉应用铁丝规做圆鼓子线，其搭接粉条不大于两点（处）；

六、软天花及燕尾做完后，垫纸裱糊至天花板；

七、不同宽度的支条，做燕尾的起谱子应分别配纸；

八、硬天花全部彩画工艺完成后刷大边，干后按号复位。

检查数量　抽查10%，但不少于10井或两行。

检验方法　观察、手摸检查。

（Ⅰ）保 证 项 目

第 15.5.2 条　天花彩画图样、作法、材料的品种、规格必须符合设计要求。

第 15.5.3 条　沥粉线条必须附着牢固，严禁卷翘、掉条。

第 15.5.4 条　各色层严禁出现翘皮、掉色现象。

（Ⅱ）基 本 项 目

第 15.5.5 条　天花、支条彩画工程质量基本项目应符合表15.5.5的规定。

天花、支条彩画工程质量基本项目　　　表 15.5.5

序号	项目	等级	质量要求
1	行线排列直顺度（裱贴天花）	合格	排列通顺，按行穿线无明显偏闪，且每行不大于2井
		优良	排列通顺整齐，大边宽窄一致
2	方、圆光线（主要指沥粉）	合格	线道直顺，圆光线接头无错位，色线工整规则
		优良	线道直顺、饱满、搭角到位，圆光线接头无错位，通顺、起伏一致，色线工整规则
3	岔角、圆心图案（指龙凤、草等图案天花）	合格	岔角风路均匀一致，各色线条直顺；圆心内图案无明显错位现象
		优良	岔角工整，风路均匀一致，各色线条直顺流畅；圆心内图案工整规则，风路均匀
4	艺术印象（指团鹤、四季花天花）	合格	渲染均匀，层次鲜明，勾线不乱
		优良	渲染均匀，层次鲜明，色调沉稳，勾线有力，画面干净整齐
5	天花裱贴	合格	裱贴牢固平整，无空鼓、翘边现象，允许有少量折裂沥粉线条，无污痕
		优良	裱贴牢固平整，无空鼓、翘边、皱痕及折裂沥粉线现象，表面洁净、色彩鲜艳、无污痕
6	燕尾	合格	色彩鲜明，层次清楚，图案工整、裁贴燕尾与支条宽窄一致，裱贴牢固平整，无拼缝边缝
		优良	色彩鲜明，层次清楚，图案工整，线条准确流畅，裁贴燕尾与支条宽窄一致，裱贴牢固平整，无拼缝、边缝

续表

序号	项目	等级	质量要求
7	支条	合格	色彩均匀一致，与燕尾搭接处无明显色差
		优良	色彩均匀一致，与燕尾搭接处无色差
8	洁净度	合格	色彩洁净，无明显手指脏污痕迹
		优良	色彩洁净，无手指脏污痕迹

注：天花、支条彩画图案式样见图15.5.5。

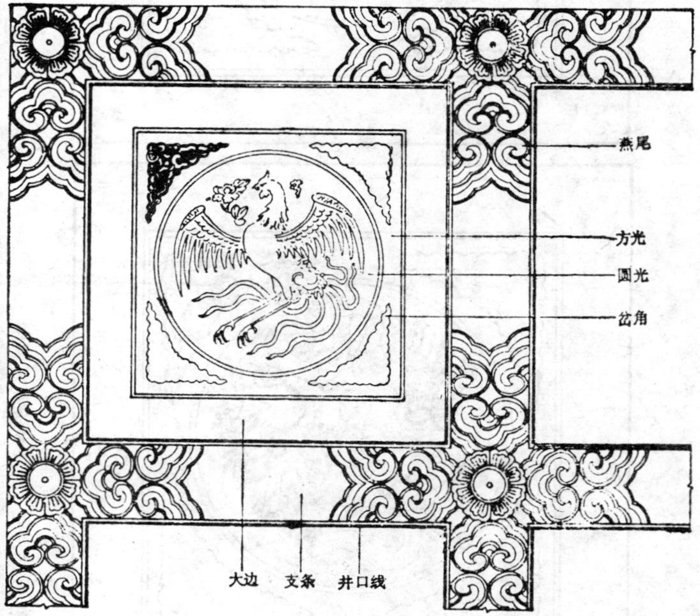

燕尾
方光
圆光
岔角
大边　支条　井口线

图 15.5.5-1　天花、支条彩画图示

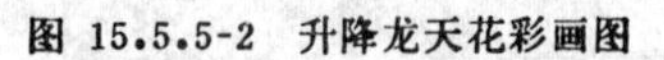

图 15.5.5-2 升降龙天花彩画图

图 15.5.5-3 西蕃莲草天花彩画图

图 15.5.5-4 团鹤天花彩画图

图 15.5.5-5 四季花（牡丹）天花彩画图

第六节　楣子、牙子、雀替、花活彩画工程

第 15.6.1 条　各种楣子、牙子、雀替、花活彩画的质量检验和评定。

检查数量　楣子任选一间；牙子、雀替、花活各选一对。

检验方法　观察、手摸检查。

（Ⅰ）保 证 项 目

第 15.6.2 条　各部分选用材料的品种、规格及作法必须符合设计要求。

第 15.6.3 条　沥粉及色彩应附着牢固，严禁出现掉粉、翘裂现象。

（Ⅱ）基 本 项 目

第 15.6.4 条　楣子彩画应符合以下规定：

合格：掏里必须刷严、刷到，迎面均匀一致，线条直顺，分色线整齐，无明显裹面。

优良：掏里必须刷严、刷到，迎面均匀一致，线条清晰直顺、色彩足实，分色线整齐，无裹面。

第 15.6.5 条　牙子彩画应符合以下规定：

合格：掏里刷严、刷到，涂色、渲染均匀一致。

优良：掏里刷严、刷到，涂色足实均匀，渲染均匀无斑迹，色调沉稳。

第 15.6.6 条　雀替、花活彩画应符合以下规定：

合格：色彩鲜明，足实盖地，层次清楚，渲染均匀，线道直顺、不混色，不露缝，表面洁净无脏色。

优良：色彩鲜明，足实盖地，层次清楚，渲染均匀，线道宽窄一致，留晕整齐，不混色、不露缝，洁净无脏色。

附录一　本标准术语解释

序　号	术语名称	解　　释
1	古建筑	指古代遗存的或近、现代按古代传统规则作法建造的建筑物
2	官　式	符合或近似于历代朝廷颁行的建筑规范所规定的建筑式样
3	仿古建筑	指仿照古代式样而运用现代结构材料技术建造的建筑物
4	地方作法	在某一地域通用而不循朝廷建筑规范的传统建筑形式和施工手法
5	文物古建筑	指各级文物保护单位中的古建筑或虽未明确作为文物保护单位但具有文物价值的古建筑物
6	单体建筑	指独立的单个建筑或多个有关联的个体建筑中的某一建筑物
7	群体工程	指由多个有关联的单体建筑组成的一群（或称为一组）建筑
8	剁　斧	在经过加工已基本凿平的石料表面上，用斧子剁斩，使之更加平整，表面显露出直顺、匀密的斧迹
9	打　道	用锤子和錾子在已基本凿平的石面上打出平顺、深浅均匀的沟道
10	砸花锤	锤顶表面带有网格状尖棱的锤子叫花锤。石料经凿打，已基本平整后，用花锤进一步把表面砸平称为砸花锤
11	背　山	在安装过程中，用石片、石碴或铁片把石活垫稳、垫平

续表

序号	术语名称	解释
12	掰升	“升”，倾斜之意。有升的柱子，其下脚应向外挪动。在这种情况下，木柱下的柱顶石相应地也要往轴线外移开一些，这种作法称为掰升
13	花羊皮	指砖的露明面铲磨后，局部仍存留的糙麻不平之处
14	棒锤肋	加工转头肋(图7.1.4)的质量通病。正确的转头肋剖面应很平，如果操作不当，转头肋的剖面则呈圆弧形，这种情况就叫做棒锤肋
15	上小摞	检查砖的厚度的一种方法。任意抽取城砖5块(小砖为10块),叠成一摞,以摞为单位进行检查
16	干摆	即磨砖对缝作法。其最大特点是，摆砌时砖下不铺灰，后口垫平，然后灌浆。它是古建墙体中的高级作法
17	丝缝	与干摆作法相比，丝缝作法的最大不同之处是，砌筑时砖棱上要抹上灰条。它是古建墙体中的讲究作法
18	淌白	古建整砖墙以砖料是否经过砍磨加工来区分，可分为细砖墙和糙砌墙。淌白墙是细砖墙中最简单的一种作法
19	收分	“升”的同义词。有升的墙面，第一皮砖以弹线为准，往上逐渐微微向内收进一些，即为收分。收分仅是墙面向中心线收进
20	苫背	宽瓦前的工序。它指屋面木基层以上，以灰(泥)抹出的垫层
21	宽瓦	在屋面施工中，自苫背以上，铺瓦的全过程称为宽瓦
22	捏嘴	干槎瓦屋面檐头，瓦与瓦的接缝处要堆抹出三角形或半圆形的灰梗，这一作法称为捏嘴
23	旁囊	由庑殿推山作法(正脊加长)所引起的庑殿垂脊的侧向弯曲

续表

序号	术语名称	解释
24	堵抹燕窝	檐口不用连檐瓦口时，檐头底瓦下的三角部分（俗称燕窝)用灰堵抹
25	檐头瓦尿檐	指檐头瓦使用普通板瓦时，瓦的坡度过缓，致使雨水从檐头瓦底面回流至连檐、椽子甚至木檩上
26	丈杆	是古建筑木构件制作和木构架安装工程中必备的度量工具，用优质木材制成。分总丈杆和分丈杆两种。总丈杆是制备、验核分丈杆的依据。分丈杆是直接用来进行木构架制作、安装的度量工具，每一种或一类构件都要专门制备一根分丈杆
27	侧脚	古建筑的柱脚向建筑物外侧倾斜，称为侧脚
28	升线	标志柱子侧脚的墨线，称为升线。清官式作法中，表示升线的符号是在垂线上面画四道斜线
29	馒头榫	柱头上用于固定梁或梁头的榫
30	管脚榫	柱根部用于固定柱脚的榫
31	檩碗	古建筑榫卯的一种，用于梁头、脊瓜柱头、角云头等部位，作用在于承接圆形截面的檩(桁)，使它避免滚动
32	鼻子榫	与檩碗同时配合使用的一种榫卯，位于梁头部位，它的功能在于建筑物受纵向水平推动时，防止檩子左右错动或脱碗滚落
33	阶梯榫	专门用于趴梁、抹角梁同檩(桁)扣搭相交部位的一种榫卯，呈阶梯形
34	法式要求	泛指宋《营造法式》、清工部《工程做法则例》等历代朝廷颁行的建筑规范所规定的建筑式样、建筑尺度和做法要求
35	平水线	梁侧面表示檩底皮水平位置的墨线
36	抬头线	梁头正面和侧面表示梁头高度的墨线
37	乍	榫头根部小，端头大称为“乍”

续表

序号	术语名称	解释
38	溜	榫头上面大，下面小称为"溜"。在古建筑中，柱子根部略粗，端头略细叫做"收分"，也俗称"溜"
39	箍头榫	用于古建筑枋类构件上的一种结构作用很强的榫卯
40	箍头枋	端头做箍头榫的枋称为箍头枋
41	滚楞	古建筑中截面呈方形的木构件(如梁、枋等)，楞角通常做成圆角，称为滚楞
42	燕尾榫	又称大头榫，具有拉结作用，多用于枋、随梁、檩等构件
43	金盘	古建筑中截面为圆形的木构件(如檩、桁)与其它构件相迭时，为增强稳定性，需在上面或下面刨出平面，称为"金盘"
44	椽碗	檐椽、脑椽等椽子的后尾搭置于梁、枋、踩步金、扶脊木等构件侧面时，需在大木构件对应位置剔凿出的承接椽尾的卯口，称为椽碗。用以堵挡圆形椽之间空当的构件也称椽碗
45	椽花线	檩上面标志椽子位置的墨线称椽花线
46	银锭榫	古建木构件中的一种榫卯，呈两头宽、中间窄的形状(⋈)，多用于板缝拼接
47	龙凤榫	用于板缝拼接的一种榫卯，作用类似于企口榫，由阳榫⊐和阴榫⊏组成
48	罗锅椽	一种拱形的椽子，用于卷棚建筑的顶部
49	翼角椽	檐椽在古建筑转角部位的特殊形态。头部呈圆形或菱形，后尾呈薄厚不等的楔形，成散射状排列
50	翘飞椽	飞檐椽在古建筑转角部位的特殊形态。腰部有折角翘起，排列形状同翼角椽
51	斗栱卷杀	斗栱栱头做成弧状折面，称为卷杀
52	倒升	檐柱向反方向侧脚称为倒升

续表

序号	术语名称	解释
53	老中	木构件中线的名称之一
54	由中	檩子中线与角梁或其它构件侧面边楞的交点
55	雀台	椽(或飞椽)端头露出于连檐之外，其外露部分称为雀台
56	乱搭头	上下两段椽子交错安装的一种做法
57	鸡窝囊	因翼角翘起部分连檐的局部低于正身连檐而出现的连檐曲线下凹现象称为鸡窝囊
58	翘飞母	翘飞椽椽头与椽尾的分界线处
59	包掩	古建木构件榫卯的构造作法之一，通常两根矩形截面的构件扣搭相交时，卯口不外露，这种做法称为包掩
60	归安	修缮工程中将拔榫或移位的构件复归原位
61	拆安	修缮工程中将构件拆下经修理后再行安装
62	打牮拨正	一种对整体歪闪的木结构建筑的修缮手段。打牮拨正之前必须拆除屋面、椽望、围护墙以及影响拨正归位的铁件等，然后通过牵拉、支顶等手段，使木构架复位
63	移建工程	文物古建筑由原址移至其它地点，按原样重建的工程
64	墩接	将柱根的糟朽部分截掉，换上新料，并用铁箍加固
65	包镶	柱根表层糟朽，内部尚好时，将糟朽部分剔除，包上木条使之与原构件尺寸形状一致
66	槛框	古建木装修中横槛与立框的总称
67	阴纹线雕	在光平的木板表面雕刻出花纹、字形和线条的方法
68	落地雕	又称压地雕、压地隐起，即今之浅浮雕
69	透雕	将花纹以外部分去掉，使之透空，然后在花纹表面进行雕刻

续表

序号	术语名称	解释
70	贴雕	将要雕刻的花纹用薄板镂空，粘贴在另外的木板上进行雕刻
71	嵌雕	在已雕好的浮雕作品上镶嵌更突出的部分
72	镘活	用钢丝锯锯解木板或其它木构件
73	砍净挠白	用油工专用的小斧子，砍掉旧地仗灰，喷水闷，用挠子把余灰挠净的过程
74	剁斧迹	用小斧子在新木材表面顺序砍出斧印
75	汁浆	基层清理后，为使地仗灰粘结牢固，先刷(喷)一道浆(或操油)，其作用与刷素水泥浆、胶水作用一样
76	崩秧	柱与枋接合处称秧，粘麻糊布时，在秧处因压得不实而产生空鼓的现象
77	龟裂	又称鸡爪纹，即在细灰表面呈龟背纹现象
78	挂甲	在古建地仗施工中，由于钻生油擦不净，表面留有浮油，干后结膜，其结膜称为挂甲
79	混线	又称框线。上槛、中槛、抱框、间槛边上的线条，砍出八字边，再用竹制或铁皮做成轧子，轧出半圆形的线
80	线口	轧线前，根据设计尺寸及传统作法要求，在槛框边砍出八字口
81	水缝	连檐与瓦口接合处
82	椽秧	椽和望板交接处的缝隙，每根椽两条缝隙
83	绽口	贴金不严，金箔裂缝，称绽口(錾口)
84	洇	液体接触到纸或布，液体表面向外扩散渗透的现象
85	油口	纸面、丝绸面、壁纸等，在裱糊工作中，用浆糊、胶液沾污表面，又称胶迹

续表

序号	术语名称	解释
86	磨生	彩画之前对生油地仗表层进行打磨的工艺，其作用是使表层细腻、光洁，有利于彩画沥粉、刷底色等工艺的施工
87	过水	用水擦拭地仗表面，将磨生后的浮土擦净，使其表面洁净
88	谱子	画在纸上的1:1的彩画实体大样，图案用针刺成密排的小孔。彩画前，将其附于构件表面，用粉包拍打针孔，图样便显于构件表面
89	沥粉	在贴金彩画中，做出半圆型凸起状线条的工艺称沥粉。线条称“沥粉线条”。沥粉为彩画重要的传统工艺之一
90	包胶	在贴金的彩画中，对贴金部位事前涂黄色（黄色颜料或黄色油漆）的工艺称“包胶”。黄色多涂在沥粉线条之上，并将其包严包到
91	晕色	在同一色中，加白后形成的浅色称晕色，如三青、三绿、硝红(浅红)等
92	大粉	彩画中的白色粗线条，它为图案中的主要线条，多为直线
93	黑老	为彩画退晕层次中的黑色部分，见于大木和斗栱之中，它起增加彩画层次和修整贴金线条轮廓的作用
94	刀子粉	断面呈三角形凸起的沥粉线条，它形状不美观，影响贴金操作和最后金线的效果
95	疙瘩粉	粗细断续不均，高低不平，手摸、目测均有明显起伏感的沥粉线条
96	麻渣粉	表面粗糙，手摸无光滑感的沥粉线条
97	风路	局部图案的外围轮廓与框线之间的部分
98	靠色	退晕中，两色过于接近，深浅差别不明显。这里指包袱烟云轮廓的多层次退晕

续表

序号	术语名称	解释
99	跳色	退晕中，两色差别过大。这里指包袱烟云轮廓的多层次退晕
100	合条	指沥粉线条交叉搭接时，互相不伤线条，搭接处结合饱满、整齐
101	随形黑老	斗栱彩画中，升、斗中间的黑色部分，形状与升、斗相同
102	软天花	在纸或绢上画的天花彩画，按块贴到天花板上或顶棚的龙骨上
103	生高丽纸、生绢	未经加矾的高丽纸或绢。做彩画时，必须加胶矾液"熟化"后方可使用
104	圆鼓子线	天花图样中的圆圈形线条。多为沥粉线条且线条凸起
105	硬天花	直接画在天花板上的天花彩画。系与"软天花"相对而言
106	留晕	在退晕图案中，先满涂浅色(晕色)，再用深色涂盖其中一部分，并留出一定宽度的图样的做法

附录二　分项工程质量检验评定表

工程名称：　　　　　　　　　　　　　　　　　　部位

<table>
<tr><td rowspan="4">保证项目</td><td colspan="2">项目</td><td colspan="12">质　量　情　况</td></tr>
<tr><td>1</td><td></td><td colspan="12"></td></tr>
<tr><td>2</td><td></td><td colspan="12"></td></tr>
<tr><td>3</td><td></td><td colspan="12"></td></tr>
<tr><td rowspan="5">基本项目</td><td colspan="2" rowspan="2">项目</td><td colspan="10">质　量　情　况</td><td colspan="2" rowspan="2">等级</td></tr>
<tr><td>1</td><td>2</td><td>3</td><td>4</td><td>5</td><td>6</td><td>7</td><td>8</td><td>9</td><td>10</td></tr>
<tr><td>1</td><td></td><td></td><td></td><td></td><td></td><td></td><td></td><td></td><td></td><td></td><td></td><td colspan="2"></td></tr>
<tr><td>2</td><td></td><td></td><td></td><td></td><td></td><td></td><td></td><td></td><td></td><td></td><td></td><td colspan="2"></td></tr>
<tr><td>3</td><td></td><td></td><td></td><td></td><td></td><td></td><td></td><td></td><td></td><td></td><td></td><td colspan="2"></td></tr>
<tr><td rowspan="6">允许偏差项目</td><td colspan="2" rowspan="2">项目</td><td rowspan="2">允许偏差(mm)</td><td colspan="10">实　测　值　(mm)</td></tr>
<tr><td>1</td><td>2</td><td>3</td><td>4</td><td>5</td><td>6</td><td>7</td><td>8</td><td>9</td><td>10</td></tr>
<tr><td>1</td><td></td><td></td><td></td><td></td><td></td><td></td><td></td><td></td><td></td><td></td><td></td><td></td></tr>
<tr><td>2</td><td></td><td></td><td></td><td></td><td></td><td></td><td></td><td></td><td></td><td></td><td></td><td></td></tr>
<tr><td>3</td><td></td><td></td><td></td><td></td><td></td><td></td><td></td><td></td><td></td><td></td><td></td><td></td></tr>
<tr><td>4</td><td></td><td></td><td></td><td></td><td></td><td></td><td></td><td></td><td></td><td></td><td></td><td></td></tr>
<tr><td rowspan="3">检查结果</td><td colspan="2">保证项目</td><td colspan="12"></td></tr>
<tr><td colspan="2">基本项目</td><td colspan="12">检查　　项，其中优良　　项，优良率　　%</td></tr>
<tr><td colspan="2">允许偏差项目</td><td colspan="12">实测　　点，其中合格　　点，合格率　　%</td></tr>
<tr><td>评定等级</td><td colspan="8">工程负责人：
工　　长：
班　组　长：</td><td colspan="2">核定等级</td><td colspan="4">质量检查员</td></tr>
</table>

年　　月　　日

附录三　分部工程质量评定表

工程名称

序号	分项工程名称	项数	其中优良项数	备注
1				
2				
3				
4				
5				
6				
7				
8				
9				
10				
合计				优良率　%
评定等级	技术负责人 工程负责人		核定意见	核定人：

年　月　日

附录四　古建筑修建工程质量保证资料核查表

工程名称

序号	项目名称	份数	核查情况
1	测定木材含水率报告		
2	木材材质检验报告		
3	瓦件出厂合格证或试验报告		
4	油漆涂料出厂合格证或试验报告		
5			
6			
核查结果		企业技术部门或监督部门 负责人签字： 单位（盖章）	

制表人：　　　　年　月　日

附录五　单位工程观感质量评定表

工程名称

序号	项目名称	标准分	评定等级					备注
			一级 100%	二级 90%	三级 80%	四级 70%	五级 0	
1	台基	5(10)						
2	台阶、散水	2						
3	栏板望柱	8						
4	室外墙面	5(10)						
5	室外大角	2						
6	外墙面横竖线角	3						
7	檐柱侧脚	2						
8	斗栱	5						
9	山花、滴珠板	2						
10	外檐装修	10						
11	内檐装修	8						
12	地面	8						
13	檐头木作	5						
14	翘角昂线	3						
15	瓦面	5						
16	屋脊及饰件	5						
17	内墙面	8						
18	天花、顶棚	4(8)						
19	上架大木油漆彩画	8						

续表

序号	项目名称	标准分	评定等级					备注
			一级 100%	二级 90%	三级 80%	四级 70%	五级 0	
20	下架大木油漆彩画	5						
21	斗栱油漆彩画	4						
22	檐头油漆彩画	3						
23	门窗油漆彩画	6						
24	楣子、牙子、雀替花活	2						
25	相邻部位洁净程度	1						
26								
27								
合计	应得　　分	实得		分		得分率		%

质量检查员　　　　　　　　　　年　月　日

注：1.表中某项目含有若干分项时，其标准分值可根据比重大小先行分配，然后分别评定等级；

2.检查数量：室外和屋面全数检查，室内抽有代表性的自然间检查30%，长廊按自然间计；

3.评定等级标准：抽查或全数检查的点(房间)均符合相应质量检验评定标准合格规定的，评为四级；其中，有20%～49%的点(房间)达到标准优良规定者，评为三级；有50%～79%的点(房间)达到标准优良规定者，评为二级；有80%及其以上的点(房间)达到标准优良规定者，评为一级。有不符合标准合格规定的点(房间)者，评为五级，并应处理；

4.表中带括号的标准分，表示工作量大时的标准分；

5.由于观感评分受评定人的技术水平、经验等的主观影响，所以评定时应由三人以上共同评定。

附录六　单位工程质量综合评定表

工程名称　　　　　　　　施工单位
建筑面积　　　　　　　　结构类型
开工日期　　年　　月　　日　　竣工日期　　年　　月　　日

序号	项目	评定情况	核定情况
1	分部工程质量评定汇总	共___分部，其中优良___分部，优良率___% 主体分部质量等级___装饰分部质量等级___安装主要分部质量等级___	
2	质量保证资料评定	共核查___项，其中符合要求___项，经鉴定符合要求___项	
3	观感质量评定	应得分___分 实得分___分 得分率___%	
	企业评定等级 （盖公章） 企业经理 企业技术负责人________ 年　月　日		建筑工程质量监督站或主管部门核定结果 （盖公章） 站长(或) 主管部门负责人___ 年　月　日

附录七　检验工具表

序号	名称	规格型号
1	钢卷尺	1m，2m，30m，50m
2	钢板尺	10cm，20cm，100cm
3	楔形塞尺	15×15×120mm，其70mm长斜坡上分15格
4	方尺	自制
5	活尺	自制
6	丈杆	按需要自制
7	水平尺	镶有水平珠直尺，长度15～100cm
8	坡度尺	自制
9	短平尺	长40cm
10	靠(直)尺	长1m、2m
11	托线板	长1m、2m
12	线锤	
13	小锤	10g
14	经纬仪	二级或三级
15	水准仪	二级或三级
16	百格网	按砖规格自制，纵横各均分10格
17	小线	尼龙线5～20m

附录八 本标准用词说明

一、为便于在执行本标准条文时区别对待，对要求严格程度不同的用词说明如下：

1.表示很严格，非这样作不可的：

正面词采用“必须”，反面词采用“严禁”。

2.表示严格，在正常情况下均应这样作的：

正面词采用“应”，反面词采用“不应”或“不得”。

3.表示允许稍有选择，在条件许可时，首先应这样作的：

正面词采用“宜”或“可”，反面词采用“不宜”。

二、条文中指明必须按其他有关标准执行的写法为，“应按……执行”或“应符合……的要求（或规定）”。非必须按所指定的标准执行的写法为，“可参照……的要求（或规定）”。

附加说明

本标准主编单位、参加单位和主要起草人名单

主编单位：北京市房地产管理局

参加单位：北京市第二房屋修建工程公司

（北京古代建筑工程公司）

北京市古代建筑设计研究所

主要起草人：马炳坚 边精一 刘大可 卢振声 程万里 陈鸿启 董宝山

中国工程建设标准化协会标准

混凝土及预制混凝土构件质量控制规程

CECS 40:92

主编单位：中国建筑科学研究院
批准部门：中国工程建设标准化协会
批准日期：1992年6月20日

前言

本规程是根据建设部（88）城标字第141号文和原中国工程建设标准化委员会1988年第（9）号文的要求，由中国建筑科学研究院会同有关单位共同编制而成。

在编制过程中，对全国混凝土的质量状况和有关质量控制问题进行了广泛的调查研究，吸取了行之有效的生产实践经验和科研成果，并借鉴了国外的有关标准。在先后完成本规程的初稿、征求意见稿及征求全国有关单位的意见后，完成送审稿，经审查定稿。现批准《混凝土及预制混凝土构件质量控制规程》CECS 40:92，并推荐给有关工程建设单位使用。在使用过程中，请各单位注意积累资料，总结经验。如发现需要修改或补充之处，请将有关意见寄中国建筑科学研究院（邮政编码：100013，北京安外小黄庄），以供今后修订时参考。

中国工程建设标准化协会

1992年6月

目　次

第一章 总 则

第1.0.1条 为适应国民经济建设和建筑业发展的需要，加强质量控制，促进技术进步，保证混凝土和预制混凝土构件的质量，特制订本规程。

第1.0.2条 本规程适用于一般工业与民用建筑用的混凝土及预制混凝土构件的质量控制。

第1.0.3条 为有效地进行质量控制，商品（预拌）混凝土厂、混凝土搅拌站或预制混凝土构件厂（场）等生产单位应结合本单位实际，设置技术、质量检验、试验等专门机构，配备相应的合格人员和试验检验设备，建立和健全各项管理制度（如技术管理制度、质量管理制度、工程技术档案管理制度、各级人员岗位责任制度、生产操作规程等），并按本规程所列规定，制定实施细则及保证产品质量的组织措施和技术措施。

第1.0.4条 质量检验工作，应贯彻自检与专职人员检验相结合的原则。在自检、互检、交接检验的基础上实行专业检验评定和验收。

第1.0.5条 混凝土及预制混凝土构件生产中所用的原材料、半成品的规格、品种、质量指标和检验方法，及生产的成品的规格、品种、质量指标及其试验方法、生产操作工艺及其检验方法，均应符合国家现行标准和本规程的规定。

第二章 原材料的质量检验与控制

第一节 水 泥

第2.1.1条 配制混凝土所用的硅酸盐水泥、普通硅酸盐水泥、矿渣硅酸盐水泥、火山灰质硅酸盐水泥、粉煤灰硅酸盐水泥及复合硅酸盐水泥的质量，应分别符合《硅酸盐水泥、普通硅酸盐水泥》（GB175）、《矿渣硅酸盐水泥、火山灰质硅酸盐水泥及粉煤灰硅酸盐水泥》（GB1344）及《复合硅酸盐水泥》（GB12958）的规定。

当采用其它品种水泥时，其质量应符合相应标准的规定。

第2.1.2条 对所用水泥，应按批检验其强度和安定性。需要时还应检验其凝结时间和细度。

水泥的强度、安定性、凝结时间和细度等均应符合相应标准的规定。

第2.1.3条 水泥的强度、安定性、凝结时间和细度，应分别按《水泥胶砂强度检验方法》（GB177）、《水泥标准稠度用水量、凝结时间、安定性检验方法》（GB1346）、《水泥压蒸安定性试验方法》（GB750）、《水泥细度检验方法（80μm 筛析法）》（GB1345）及《水泥比表面积测定方法（勃氏法）》（GB8074）的规定进行检验。

为能及时得知水泥强度，可按《水泥强度快速检验方法》（ZBQ11004）预测水泥28d强度，也可采用经过省、自治区、直辖市级有关部门鉴定核准的水泥强度快速检验方法预测水泥28d强度，作为使用水泥时的质量控制指标。

第2.1.4条 水泥进厂〔含商品混凝土厂、混凝土搅拌站、预制构件厂（场）〕时，必须附有水泥生产厂的质量证明书。对进厂（场）的水泥应检查核对其生产厂名、品种、标号、包装（或散装仓号）、重量（对袋装水泥应随机抽取20袋，水泥总重量不得少于1000kg）、出厂日期、出厂编号及是否受潮等，做好记录并按规定采取试样，进行有关项目的检验。

第2.1.5条 水泥试样的采集应按下述规定进行：

一、散装水泥。对同一水泥厂生产的同期出厂的同品种、同标号的水泥，以一次进厂（场）的同一出厂编号的水泥为一批。但一批的总量不得超过500t。随机地从不少于3个车罐中各采取等量水泥，经混拌均匀后，再从中称取不少于12kg水泥作为检验试样。

二、袋装水泥。对同一水泥厂生产的同期出厂的同品种、同标号的水泥，以一次进厂（场）的同一出厂编号的水泥为一批。但一批的总量不得超过200t。随机地从不少于20袋中各采取等量水泥，经混拌均匀后，再从中称取不少于12kg水泥作为检验试样。

三、当水泥来源固定，水泥质量稳定，厂（场）方又掌握其性能时，视进厂（场）水泥情况，可不定期地采集试样进行强度检验。如有异常情况应作相应项目的检验。

四、对已进厂（场）的每批水泥，视在厂（场）存放情况，应重新采集试样复验其强度和安定性。存放期超过3个月的水泥，使用前必须进行复验，并按复验结果使用。

第2.1.6条 水泥的检验结果如不符合标准规定时，应停止使用并及时向水泥供应单位查明情况，确定处理方案。如该批水泥已经使用，应查清该批水泥的使用情况（使用日期、应用该批水泥拌制的混凝土的强度、浇筑的结构部位和所生产的制品等），并根据水泥质量情况确定处理方案。

第2.1.7条 水泥在运输时不得受潮和混入杂物。不同品种、标号、出厂日期和出厂编号的水泥应分别运输装卸，并做好明显标志，严防混淆。

第2.1.8条 进厂（场）水泥的贮放应符合下列规定：

一、散装水泥宜在专用的仓罐中贮放。不同品种和标号的水泥不得混仓，并应定期清仓。

散装水泥在库内贮放时，水泥库的地面和外墙内侧应进行防潮处理。

二、袋装水泥应在库房内贮放，库房地面应有防潮措施。库内应保持干燥，防止雨露侵入。堆放时，应按品种、标号、出厂编号、到货先后或使用顺序排列成垛，堆垛高度以不超过12袋为宜。堆垛应至少离开四周墙壁20cm，各垛之间应留置宽度不小于70cm的通道。当限于条件，露天堆放时，应在距地面不少于30cm的垫板上堆放，垫板下不得积水，水泥堆垛必须用苫布覆盖严密，防止雨露侵入，水泥受潮。

第二节 天 然 砂

第2.2.1条 天然砂的质量应符合《普通混凝土用砂质量标准及检验方法》（JGJ52）的规定。

细度模数为1.5至0.7之间的特细砂的质量，应符合《特细砂混凝土配制及应用规程》（BJG19）的规定。

山砂的质量要求，可参照各地区的有关规定执行。

对有耐酸、耐碱或其它特殊要求的混凝土用砂的质量，应分别符合有关标准的规定。

对接触水或处于高湿环境中的总碱含量较高的混凝土用砂的质量，应符合有关标准关于碱活性的规定。

第2.2.2条 海砂的氯盐含量应符合下列规定：

一、对素混凝土，海砂中氯离子含量不予限制。

二、对钢筋混凝土，海砂中氯离子含量不应大于0.06%（以干砂重的百分率计）；对预应力混凝土，一般不宜用海砂。若使用海砂时，其氯离子含量不得大于0.02%。

三、除符合上述要求外，还应考虑混凝土其它组成材料的氯盐含量，使混凝土拌合物中的氯化物总含量不超过有关标准的规定。

第2.2.3条 对已进行全面检验，质量符合标准规定，准予由产地组织运输进厂（场）的天然砂，进厂（场）时应按批检验其颗粒级配和含泥量。对于海砂还应检验其氯盐含量，需要时还应进行其它项目的检验。

对零散供应或检验制度不健全的单位供应的砂，进厂（场）前应按《普通混凝土用砂质量标准及检验方法》（JGJ52）的规定进行全面检验。

第2.2.4条 天然砂的颗粒级配和含泥量应符合表2.2.4-1和表2.2.4-2的规定。

天然砂的颗粒级配区 表2.2.4-1

筛孔尺寸（mm）	级配区		
	1区	2区	3区
	累计筛余（%）		
10.00	0	0	0
5.00	10～0	10～0	10～0
2.50	35～5	25～0	15～0
1.25	65～35	50～10	25～0
0.63	85～71	70～41	40～16
0.315	95～80	92～70	85～55
0.16	100～90	100～90	100～90

注：除5.00mm和0.63mm筛外，允许稍有超出分界线，但其总量不应大于5%。

天然砂的含泥量指标 表2.2.4-2

项目	混凝土强度等级	
	高于或等于C30	低于C30
含泥量，按重量计，不大于（%）	3	5
泥块含量，按重量计，不大于（%）	1	2

注：①对有抗冻、抗渗要求的混凝土用砂，其含泥量不应大于3%；

②对C10级和低于C10级的混凝土用砂，其含泥量可酌情放宽。

③泥块是指原颗粒大于1.25mm，经水洗后手可碾碎成小于0.63mm的粉尘。

第2.2.5条 对已经检验合格并掌握质量情况的堆放于厂（场）内或搅拌楼料仓内的砂，如堆存时间过久，或遇有可能影响质量情况时，使用前应予以复验，并按复验结果使用。

第2.2.6条 砂的颗粒级配、含泥量及其它项目的检验方法，应按《普通混凝土用砂质量标准及检验方法》（JGJ52）的规定进行。

第2.2.7条 天然砂的检验试样应按下列规定分批采取：

一、对要运进厂（场）内的天然砂，其分批方法为：

对产源固定，产量质量稳定的生产单位，在正常情况下生产供应的天然砂，应以一列火车、一批货船或一批汽车所运输的产地和规格均相同的砂为一批，但每批总量不得超过400m³或600t。

对分散生产或用小型运输工具运送的产地和规格均相同的砂，以200m³或300t为一批。

不足上述规定数量者也以一批论。

二、对已运进厂（场）内的天然砂，在料堆上取样时，对集中生产的，以400m³或600t为一批，对分散生产的，以200m³或300t为一批，不足上述规定数量者也以一批论。

第2.2.8条 天然砂的检验试样应按下列规定采集：

一、从火车车皮内取样时，由每列火车中随机选择3节车皮，从每节车皮的8个不同部位和深处各采取等量试份，混拌均匀，组成该车皮的一组试样。在该列车的3组试样中，如有2组检验合格，即可验收。

二、从汽车上取样时，由每批汽车中随机选择4辆，从每辆车中的两个不同部位各采取等量试份，共8份，混拌均匀，组成一组试样。

三、从货船中取样时，由每批货船中随机选择两艘，从每艘货船的4个不同部位各采取等量试份，共8份，混拌均匀，组成一组试样。

四、从皮带运输机上取样时，应在机尾的出料处按一定时间间隔采取等量试份4份，混拌均匀，组成一组试样。

五、在料堆上取样时，取样部位应均匀分布。取样前先将取样部位的表层铲除，然后由不同的8个部位各采取等量试份，混拌均匀，组成一组试样。

六、如经观察，认为各节车皮、各辆汽车或各艘货船所装砂的质量相差甚为悬殊时，应对质量有怀疑的每节车皮、每辆汽车或每艘货船，分别取样和验收。

第2.2.9条 砂的检验结果有不符合标准规定的指标时，可根据混凝土工程的质量要求，结合本地区的具体情况，提出相应的措施，经过试验证明能确保工程质量，且经济上又较合理时，方可允许应用该砂拌制混凝土。

第2.2.10条 天然砂在运输与贮存时不得混入能影响混凝土正常凝结与硬化的有害杂质，并应防止将碎（卵）石、水泥及掺合料等混入。当运输工具交替装运天然砂与其它物质（如锻烧白云石、石灰、煤炭、化工原材料等）时，应注意清扫运输工具，勿使混入有害杂物。

堆放砂的场地应平整，排水通畅，宜铺筑混凝土地面。

第三节 碎石（含碎卵石）或卵石

第2.3.1条 碎石或卵石〔以下简称为碎（卵）石〕的质量，

碎石或卵石的颗粒级配范围 表2.3.3-1

级配情况	公称粒级 (mm)	筛孔尺寸（圆孔筛）（mm）											
		2.5	5	10	16	20	25	31.5	40	50	63	80	100
		累计筛余，按重量计（%）											
连续粒级	5～10	95～100	80～100	0～15	0								
	5～16	95～100	90～100	30～60	0～10	0							
	5～20	95～100	90～100	40～70			0						
	5～25	95～100	90～100		30～70	0～10	0～5	0					
	5～31.5	95～100	90～100	70～90		15～45		0～5	0				
	5～40		95～100	75～90		30～60			0～5	0			
单粒级	10～20		95～100	85～100		0～15	0						
	16～31.5		95～100		85～100			0～10	0				
	20～40			95～100		80～100			0～10	0			
	31.5～63				95～100			75～100	45～75		0～10	0	
	40～80					95～100			70～100		30～60	0～10	0

碎（卵）石中针、片状颗粒含量及杂质含量　　表2.3.3-2

项目	混凝土强度等级	
	高于或等于C30	低于C30
针、片状颗粒含量，按重量计，不大于（%）	15	25
含泥量，按重量计，不大于（%）	1.0	2.0
含泥基本上是非粘土质石粉时，总含量按重量计，不大于（%）	1.5	3.0
泥块含量，按重量计，不大于（%）	0.5	0.7
硫化物和硫酸盐（折算为SO_3）含量，按重量计，不宜大于（%）	1	
卵石中有机质含量（用比色法试验）	颜色不应深于标准色；如深于标准色，则应配制成混凝土进行强度对比试验，抗压强度比应不低于0.95。	

注：①碎（卵）石中不宜含有块状粘土；

②对有抗冻、抗渗或其它特殊要求的混凝土，含泥量不应大于1%；

③对C10级和低于C10级的混凝土，含泥量可酌情放宽；针、片状颗粒含量可放宽到40%；

④泥块是指原颗粒大于5mm，经水洗后手可碾碎成小于2.5mm的细颗粒。

应符合《普通混凝土用碎石或卵石质量标准及检验方法》（JGJ53）的规定。高炉重矿渣碎石的质量应符合《混凝土用高炉重矿渣碎石技术条件》（YBJ205）的规定。

对接触水或处于高湿环境中的总碱含量较高的混凝土用碎（卵）石的质量，应符合有关标准关于碱活性的规定。

第2.3.2条　对已经进行全面检验，质量符合标准规定，准予由产地组织运输进厂（场）的碎（卵）石或高炉重矿渣碎石，进厂（场）时应按批检验其颗粒级配、含泥量和针、片状颗粒含量，需要时还应进行其它项目的检验。

对零散供应及检验制度不健全的单位供应的碎（卵）石或高炉重矿渣碎石，进厂（场）前应分别按《普通混凝土用碎石或卵石质量标准及检验方法》（JGJ53）或《混凝土用高炉重矿渣碎石技术条件》（YBJ205）的规定进行全面检验。

第2.3.3条　碎（卵）石的颗粒级配范围应符合表2.3.3-1的规定，含泥量及针、片状颗粒含量应符合表2.3.3-2的规定。

第2.3.4条　对已经检验合格的堆放于厂(场)内或搅拌楼料仓内的碎(卵)石或高炉重矿渣碎石，如堆放时间过久，或遇有可能影响质量情况时，使用前应予以复验，并按复验结果使用。

第2.3.5条　碎（卵）石或高炉重矿渣碎石的颗粒级配、含泥量和针、片状颗粒含量以及其它项目的检验方法，应分别按《普通混凝土用碎石或卵石质量标准及检验方法》（JGJ53）或《混凝土用高炉重矿渣碎石技术条件》（YBJ205）的规定进行。

第2.3.6条　碎（卵）石的检验试样应按第2.2.7条的规定分批采取。

第2.3.7条　碎（卵）石的检验试样应按下列规定采集：

一、从火车车皮内取样时，从每列火车中随机选择3节车皮，从每节车皮的16个不同部位和深处各采取等量试份，混拌均匀，组成该车皮的一组试样。在该列车的3组试样中，如有2组检验合格，即可验收。

二、从汽车上取样时，由每批汽车中随机选择8辆，从每辆车中的两个不同部位各采取等量试份，共16份，混拌均匀，组成一组试样。

三、从货船中取样，由每批货船中随机选择两艘，从每艘货船的8个不同部位各采取等量试份，共16份，混拌均匀，组成一组试样。

四、从皮带运输机上取样时，应在机尾的出料处按一定时间间隔采取等量试份8份，混拌均匀，组成一组试样。

五、在料堆上取样时，由料堆的顶部、中部和底部均匀分布的各5个不同部位取样。取样前先将取样部位的表层铲除，然后由各部位各采取等量试份共15份，混拌均匀，组成一组试样。

六、如经观察，认为各节车皮、各辆汽车或各艘货船所装碎

（卵）石的质量相差甚为悬殊时，应对质量有怀疑的每节车皮、每辆汽车或每艘货船，分别取样和验收。

第2.3.8条 碎（卵)石的检验结果有不符合规定的指标时，可根据混凝土工程的质量要求，结合本地区的具体情况，提出相应的措施，经过试验证明能确保工程质量，且经济上又较合理时，方可允许使用该碎（卵）石拌制混凝土。

第2.3.9条 碎（卵）石在运输与贮存时不得混入能影响混凝土正常凝结与硬化的有害杂质，并应防止将水泥、掺合料及砂等混入。当运输工具交替装运碎（卵）石与其它物质（如锻烧白云石、石灰、煤炭、化工原材料等）时，应注意清扫运输工具，勿使混入有害杂物。

贮存时宜按碎石、卵石及不同粒级分别堆放，使用时分级称料，以保证碎（卵）石级配合格。

堆放碎（卵）石的场地应平整、排水通畅，宜铺筑混凝土地面。

第四节 轻 骨 料

第2.4.1条 拌制轻骨料混凝土用的粉煤灰陶粒和陶砂、粘土陶粒和陶砂、页岩陶粒和陶砂，以及天然轻骨料等的质量，应分别符合《粉煤灰陶粒和陶砂》（GB2838）、《粘土陶粒和陶砂》（GB2839）、《页岩陶粒和陶砂》（GB2840）和《天然轻骨料》（GB2841）的规定。

其它种类的轻骨料应符合相应标准的规定或设计的要求。

第2.4.2条 对已经进行全面检验，质量符合标准规定，准予组织进厂（场）的轻骨料，进厂（场）时应按粗骨料的品种、密度等级分批检验其颗粒级配、空隙率、堆积密度、筒压强度、吸水率及含泥量；对轻砂应检验其堆积密度及细度模数。需要时还应进行其它项目的检验。

第2.4.3条 上述轻骨料的颗粒级配、空隙率、堆积密度、筒压强度、吸水率及含泥量等，应符合表2.4.3-1、表2.4.3-2及表2.4.3-3的规定。

第2.4.4条 对已经检验合格堆放于厂（场）内或搅拌楼料仓内的轻骨料，如堆放时间过久或遇有可能影响质量情况时，使用前应予以复验，并按复验结果使用。

第2.4.5条 轻骨料的颗粒级配、空隙率、堆积密度、筒压强度、吸水率、含泥量及其它项目的检验方法，应按《轻骨料试验方法》（GB2842）的规定进行。

轻骨料的颗粒级配及空隙率 表2.4.3-1

轻骨料种类		筛孔尺寸 D_{min}	$\frac{1}{2}D_{max}$	D_{max}	$2D_{max}$	空隙率（%）
		累计筛余，按重量计（%）				
粉煤灰陶粒	单一粒级	≥90	—	≤10	0	—
	混合粒级					≤47
粘土陶粒	单一粒级	≥90	—	≤10	0	—
	混合粒级					≤50
页岩陶粒	圆球型单一粒级	≥90	—	≤10	0	—
	普通型混合粒级	≥90	30～70	≤10	0	≤50
天然轻骨料	单一粒级	≥90	—	≤10	0	—
	混合粒级	≥90	40～60	≤10	0	—

轻骨料的堆积密度及筒压强度　　表2.4.3-2

种　类	密度等级	堆积密度范围（kg/m³）	筒压强度（N/mm²）
粉煤灰陶粒	700	610～700	≥4.0
	800	710～800	≥5.0
	900	810～900	≥6.5
粘土陶粒	400	310～400	≥0.5
	500	410～500	≥1.0
	600	510～600	≥2.0
	700	610～700	≥3.0
	800	710～800	≥4.0
	900	810～900	≥5.0
页岩陶粒	400	310～400	≥0.8
	500	410～500	≥1.0
	600	510～600	≥1.5
	700	610～700	≥2.0
	800	710～800	≥2.5
	900	810～900	≥3.0
天然轻骨料	300	<300	≥0.2
	400	310～400	≥0.4
	500	410～500	≥0.6
	600	510～600	≥0.8
	700	610～700	≥1.0
	800	710～800	≥1.2
	900	810～900	≥1.5
	1000	910～1000	≥1.8

轻骨料的吸水率及含泥量（%）　　表2.4.3-3

项目名称	指标			
	粉煤灰陶粒	粘土陶粒	页岩陶粒	天然轻骨料
吸水率	≤22	≤10	≤10	—
含泥量	<2	<2	<2	<3

第2.4.6条　轻骨料的检验试样应按下列规定分批采取：

一、粉煤灰陶粒和陶砂、粘土陶粒和陶砂、页岩陶粒和陶砂按同品种、同密度等级每300m³为一批，不足300m³者亦以一批论。

二、天然轻骨料按同品种、同密度等级每500m³为一批，不足500m³者亦以一批论。

第2.4.7条　轻骨料的检验试样应按下列规定采集：

一、在料堆上取样时，从料堆的顶部到底部不同方向、不同部位的10处采取等量试份组成一组试样。

二、从袋装料取样时，任取10袋，每袋采取等量试份组成一组试样。

三、从皮带运输机取样时，按一定时间间隔采取10份等量试份组成一组试样。

第2.4.8条　检验结果若有任一项不符合标准规定时，则应重新从同一批中加倍取样，对该项进行复验。复验后，仍不符合标准要求时，则该批产品为等外品。对等外品，可根据工程情况，提出相应的措施，经过试验证明能保证工程质量要求，且经济上又较合理时，可允许用以拌制混凝土。

第2.4.9条　轻骨料在运输与贮存时不得混入杂物，不同品种和密度等级的轻骨料应分别运输与贮存，不得混杂。当运输工具交替装运轻骨料与其它物质（如锻烧白云石、石灰、煤炭、化工原材料等）时，应注意清扫运输工具，勿使混入杂物。

贮存时应按不同品种、密度等级和粒级分别堆放，使用时分级称料，以保证轻骨料的密度等级和级配合格。

堆放轻骨料的场地应平整、排水通畅，宜铺筑混凝土地面。轻骨料堆场应有预湿设施。

第五节 水

第2.5.1条 凡符合国家标准的生活饮用水，可用以拌制混凝土。

第2.5.2条 当采用地表水、地下水或工业废水时，应进行检验，符合下列规定方可用以拌制混凝土。

一、拌合用水应不影响混凝土的和易性及凝结；不影响混凝土强度的发展；不降低混凝土的耐久性；不加快钢筋的锈蚀及导致预应力钢筋脆断；不污染混凝土表面。

二、用拌合用水与用蒸馏水(或符合国家标准的生活饮用水)进行对比试验，所得的水泥初凝时间差及终凝时间差均不得大于30min，且其初凝及终凝时间尚应符合水泥标准的规定。

三、用拌合用水拌制的水泥砂浆或混凝土的28d抗压强度不得低于用蒸馏水（或符合国家标准的生活饮用水）拌制的对应砂浆或混凝土抗压强度的90%。

四、拌合用水的pH值、不溶物、可溶物、氯化物、硫酸盐及硫化物的含量应符合表2.5.2的规定。

第2.5.3条 水的化学分析、水泥凝结时间及水泥砂浆、混凝土抗压强度试验，应分别按有关标准的规定进行。

第2.5.4条 检验试样应具有代表性，并应考虑因季节不同可能对水质产生的影响。水样在试验前不得作任何处理。水样应存在清洁容器内，容器事先用同样的水进行清洗。

第2.5.5条 检验结果如有的项目不符合标准规定时，可根据工程情况，提出相应的措施。经过处理符合第2.5.2条的规定后，方可用以拌制混凝土。

物质含量限值（mg/L） 表2.5.2

项目	预应力混凝土	钢筋混凝土	素混凝土
pH值	>4	>4	>4
不溶物	<2000	<2000	<5000
可溶物	<2000	<5000	<10000
氯化物（Cl^-）	<500	<1200	<3500
硫酸盐（SO_4^{2-}）	<600	<2700	<2700
硫化物（S^{2-}）	<100	—	—

注：使用钢丝或经热处理的钢筋的预应力混凝土氯化物含量不得超过350mg/L。

第六节 粉煤灰及其它矿物质掺合料

第2.6.1条 采用硅酸盐类水泥拌制混凝土时，为改善混凝土的某些性能，节约水泥，可掺用粉煤灰、火山灰质混合材料及粒化高炉渣等矿物质掺合料。其掺量应通过试验确定。

第2.6.2条 作为混凝土掺合料的粉煤灰的质量及应用范围，应符合表2.6.2的规定。

作为混凝土掺合料的火山灰质混合材料及粒化高炉矿渣的质量，应分别符合《用于水泥中的火山灰质混合材料》（GB2847）及《用于水泥中的粒化高炉矿渣》（GB203）的规定。

第2.6.3条 进厂（场）的粉煤灰必须附有供灰单位的出厂合格证。对进厂（场）粉煤灰应检查核对生产厂名、合格证编号、批号、生产日期、粉煤灰等级、数量及质量检验结果等。

进厂（场）的粉煤灰应按批检验其细度和烧失量，对同一供灰单位每月应测定一次需水量比，每季度应测定一次三氧化硫。

粉煤灰品质指标（%） 表2.6.2

序号	项目	粉煤灰等级		
		Ⅰ	Ⅱ	Ⅲ
1	细度（45μm方孔筛的筛余），不大于	12	20	45
2	烧失量，不大于	5	8	15
3	需水量比，不大于	95	105	110
4	三氧化硫，不大于	3	3	3

注：①主要用以改善混凝土和易性的粉煤灰可不受此规定的限制；

②Ⅰ级粉煤灰适用于钢筋混凝土及跨度小于6m的预应力钢筋混凝土，Ⅱ级粉煤灰适用于钢筋混凝土和无筋混凝土，Ⅲ级粉煤灰主要用于无筋混凝土，对设计强度等级C30及以上的无筋粉煤灰混凝土，宜采用Ⅰ、Ⅱ级粉煤灰；

③用于预应力钢筋混凝土、钢筋混凝土和设计强度等级C30及以上的无筋混凝土的粉煤灰等级，如经试验验证，可采用比注②中规定低一级的粉煤灰。

在日常生产中应检验其含水率，以便据以调整每盘混凝土的水和粉煤灰的用量。

第2.6.4条 粉煤灰的细度、烧失量和需水量比及其它项目的检验方法，应分别按《粉煤灰混凝土应用技术规范》(GBJ146)、《水泥化学分析方法》（GB176）、《水泥胶砂干缩试验方法》（GB751）及《用于水泥和混凝土中的粉煤灰》（GB1596）的规定进行。

第2.6.5条 粉煤灰的检验试样应按批采取，粉煤灰以1昼夜连续供应相同等级的200t（以含水率小于1%的干灰计）为一批，不足200t者也按一批论。

第2.6.6条 粉煤灰的检验试样应按下列规定采集：

一、散装灰。从每批灰的15个不同部位（密封运输车可由输送管测孔每经一定时间间隔）各采取等量（不少于1kg）的粉煤灰，混拌均匀，按四分法，缩取出比试验所需量大一倍的试样。

二、袋装灰。从每批中任取10袋，从每袋中各采取等量(不少于1kg）的粉煤灰，混拌均匀，按本条第一款缩取试样。

第2.6.7条 非商品粉煤灰及其它矿物质掺合料，使用前必须作全面检验，并对其质量稳定性进行一个时期的连续检验，并应进行混凝土和易性、强度及耐久性试验，合格后方可使用。

第2.6.8条 粉煤灰的检验结果有任一项品质指标不符合要求时，则应重新从同一批中加倍取样进行复验。复验仍不符合要求时，则该批粉煤灰应降级或作为不合格品处理。

第2.6.9条 粉煤灰及其它矿物质掺合料在运输与贮存时不得混入杂物。不同品种、不同等级的掺合料应分别运输与贮存，不得混杂。当运输工具交替装运掺合料与其它物质（如锻烧白云石、石灰、煤炭、化工原材料等）时，应注意清扫运输工具，勿使混入杂物。

堆放掺合料的场地应平整、排水通畅，宜铺筑混凝土地面，并有防雨防风设施。

第七节 外加剂

第2.7.1条 为改善混凝土性能，或为节约水泥，可在拌制混凝土时掺用相应的外加剂。

选用外加剂时应根据混凝土的性能要求、施工条件及气候条件，结合混凝土的原材料、配合比等因素，综合考虑，确定选用外加剂的品种，并应经过试验确定其掺量。

选用的外加剂必须是经过国家、部委或省、自治区、直辖市级有关部门鉴定批准生产的产品。

第2.7.2条 混凝土外加剂的质量，应符合《混凝土外加剂》（GB8076）的规定，掺外加剂的混凝土性能应符合表2.7.2的规

掺外加剂的混凝土性能指标　表2.7.2

试验项目	外加剂种类 / 性能指标	普通减水剂		高效减水剂		早强减水剂		缓凝减水剂		引水减水剂		早强剂		缓凝剂		引气剂	
		一等品	合格品	一等品	合格品	一等品	合格品	一等品	合格品	一等品	合格品	一等品	合格品	一等品	合格品	一等品	合格品
减水率（%）		≥8	≥5	≥12	≥10	≥8	≥5	≥8	≥5	≥10	≥10	—	—	—	—	≥6	≥6
泌水率比（%）		≤95	≤100	≤100	≤100	≤95	≤100	≤95	≤100	≤70	≤80	≤100	≤100	≤100	≤110	≤70	≤80
含气量（%）		≤3.0	≤4.0	≤3.0	≤4.0	≤3.0	≤4.0	≤3.0	≤4.0	3.5～5.5	3.5～5.5	—	—	—	—	3.5～5.5	3.5～5.5
凝结时间之差（min）	初凝	−60～+90	−60～+120	−60～+90	−60～+120	−60～+90	−60～+120	+60～+210	+60～+210	−60～+90	−60～+120	−60～+90	−120～+120	+60～+210	+60～+210	−60～+60	−60～+60
	终凝	−60～+90	−60～+120	−60～+90	−60～+120	−60～+90	−60～+120	≤+210	≤+210	−60～+90	−60～+120	−60～+90	−120～+120	≤+120	≤+210	−60～+60	−60～+60
抗压强度比（%）	1d	—	—	≥140	≥130	≥140	≥130	—	—	—	—	≥140	≥125	—	—	—	—
	3d	≥115	≥110	≥130	≥125	≥135	≥120	≥110	≥100	≥115	≥110	≥130	≥120	≥100	≥90	≥95	≥80
	7d	≥115	≥110	≥125	≥120	≥120	≥115	≥110	≥110	≥110	≥110	≥115	≥110	≥100	≥90	≥95	≥80
	28d	≥110	≥105	≥120	≥115	≥110	≥105	≥110	≥105	≥110	≥110	≥100	≥95	≥100	≥90	≥90	≥80
	90d	≥100	≥100	≥100	≥100	≥100	≥100	≥100	≥100	≥100	≥100	≥95	≥95	≥100	≥90	≥90	≥80
收缩率比（90d）（%）		≤120		≤120		≤120		≤120		≤120		≤120		≤120		≤120	
相对耐久性指标（%）										200次≥80	≥300					200次≥80	≥300
钢筋锈蚀		应说明对钢筋有无锈蚀危害															

注：①除含气量外，表中所列数据为掺外加剂混凝土与基准混凝土的差值或比值；

②凝结时间指标"—"号表示提前，"+"号表示延缓；

③相对耐久性指标一栏中，"200次≥80"表示将28d龄期的掺外加剂混凝土试件冻融循环200次后，动弹性模量保留值大于等于80%；"≥300"表示28d龄期的试件经冻融后，动弹性模量保留值等于80%时掺外加剂混凝土与基准混凝土冻融次数的比值大于等于300%；

④对于可以用高频振捣排除由外加剂所引入的气泡的产品，允许用高频振捣达到某类型性能指标要求的，可按本表进行命名和分类，但须在产品说明书和包装上注明"用于高频振捣的××剂"。

定。

第2.7.3条 进厂（场）的外加剂，必须附有生产厂的质量证明书。对进厂（场）外加剂应检查核对其生产厂名、品种、包装、重量、出厂日期、质量检验结果等。需要时，还应检验其氯化物、硫酸盐以及钾、钠等需控制的物质的含量，经验证确认对混凝土无有害影响时方可使用。

进厂（场）的外加剂，应按批检验掺该批外加剂的混凝土的凝结时间、强度及改性（如减水、早强、缓凝、引气、防冻、速凝等）的效果，并针对混凝土的使用要求及所用原材料的情况，检验掺用外加剂的混凝土的性能。

第2.7.4条 各类外加剂的检验方法，应按《混凝土外加剂》（GB8076）、《混凝土外加剂匀质性试验方法》（GB8077）、《混凝土外加剂应用技术规范》（GBJ119）及《混凝土减水剂质量标准和试验方法》（JGJ56）的规定进行。个别项目检验方法尚无国家标准时，可按供需双方协商制定的方法进行。

第2.7.5条 外加剂的检验试样应按每一品种、每次进料为一批采取。采取试样时，视每批进料时包装容器的容积、数量，或逐件取样，或随机任取几件采取试样进行检验。

第2.7.6条 外加剂的检验结果如有某项不符合表2.7.2的规定及使用要求时，可根据工程情况，提出相应的措施，经试验证明确能满足混凝土性能要求，保证工程质量，且经济上也较合理时，方可使用。

第2.7.7条 外加剂在运输与贮存时不得混杂及混入杂物。外加剂应设专库贮存，专人保管。外加剂（特别是外加剂溶液）储存过久或遇有可能影响质量情况时，使用前应予复验，并按复验结果使用。不同品种的外加剂应分类存放，做好标记，不得受潮和污染。库内要保持干燥整洁。

第八节　钢　　筋

第2.8.1条 钢筋混凝土构件和预应力钢筋混凝土构件所用的热轧带肋钢筋、热轧光圆钢筋、余热处理钢筋、热处理钢筋、矫直回火钢丝、冷拉钢丝、刻痕钢丝、钢绞线、冷拉钢筋、冷拔低碳钢丝及中强钢丝的质量应分别符合《钢筋混凝土用热轧带肋钢筋》（GB1499）、《钢筋混凝土用热轧光圆钢筋》（GB13013）、《钢筋混凝土用余热处理钢筋》（GB13014）、《预应力混凝土用热处理钢筋》（GB4463）、《预应力混凝土用钢丝》（GB5223）、《预应力混凝土用钢绞线》（GB5224）、《混凝土结构工程施工及验收规范》（GB50204）及《冷拔钢丝预应力混凝土构件设计与施工规程》（JGJ19）的规定。

当采用进口钢筋时，其质量应符合原国家基本建设委员会颁布的《进口热轧变形钢筋应用若干规定》的规定。

第2.8.2条 对进厂（场）的钢筋除应检查其表面质量和尺寸外，并应按下列规定检验有关项目：

对热轧带肋钢筋、热轧光圆钢筋、余热处理钢筋应进行拉伸试验（屈服点、抗拉强度、伸长率）和冷弯试验，需要时还应进行冲击韧性试验、反弯试验及化学成分检验；

对预应力混凝土用热处理钢筋应进行拉伸试验（屈服强度、抗拉强度和伸长率），需要时还应进行松弛试验和化学成分检验；

对矫直回火钢丝、冷拉钢丝及刻痕钢丝应进行拉伸试验（屈服强度、抗拉强度、伸长率）和弯曲试验，需要时还应对矫直回火钢丝和刻痕钢丝进行松弛试验；

对钢绞线应进行破断负荷、屈服负荷和伸长率试验，需要时还应进行松弛试验；

对冷拉钢筋应进行拉伸试验（屈服点、抗拉强度、伸长率）和冷弯试验；

对冷拔低碳钢丝应进行抗拉强度、伸长率和反复弯曲试验；对中强钢丝应进行抗拉强度、伸长率和反复弯曲试验，需要时还应进行松弛试验。

第2.8.3条 热轧带肋钢筋、热轧光圆钢筋、余热处理钢筋、热处理钢筋、矫直回火钢丝、冷拉钢丝、刻痕钢丝、钢绞线、冷拉钢筋、冷拔低碳钢丝及中强钢丝的力学性能，应分别符合表2.8.3-1、表2.8.3-2、表2.8.3-3、表2.8.3-4、表2.8.3-5、表2.8.3-6、表2.8.3-7、表2.8.3-8、表2.8.3-9、表2.8.3-10及表2.8.3-11的规定。

热轧带肋钢筋的力学性能　　表2.8.3-1

表面形状	钢筋级别	强度等级代号	牌号	公称直径(mm)	屈服点 σ_s (N/mm²)	抗拉强度 σ_b (N/mm²)	伸长率 δ_5 (%)	冷弯
					不小于			
月牙肋	Ⅱ	RL335	20MnSi 20MnNb(b)	8～25 28～40	335	510 490	16	180° $d=3a$ 180° $d=4a$
月牙肋	Ⅲ	RL400	20MnSiV 20MnTi 25MnSi	8～25 28～40	400	570	14	90° $d=3a$ 90° $d=4a$
等高肋	Ⅳ	RL540	$40Si_2MnV$ 45SiMnV $45Si_2MnTi$	10～25 28～32	540	835	10	90° $d=5a$ 90° $d=6a$

注：d为弯芯直径，a为钢筋公称直径，以下同。

热轧光圆钢筋的力学性能　　表2.8.3-2

表面形状	钢筋级别	强度等级代号	牌号	公称直径(mm)	屈服点 σ_s (N/mm²)	抗拉强度 σ_b (N/mm²)	伸长率 δ_5 (%)	冷弯
					不小于			
光圆	Ⅰ	R235	Q235	8～20	235	370	25	180° $d=a$

余热处理钢筋的力学性能　　表2.8.3-3

表面形状	钢筋级别	强度等级代号	牌号	公称直径(mm)	屈服点 σ_s (N/mm²)	抗拉强度 σ_b (N/mm²)	伸长率 δ_5 (%)	冷弯
					不小于			
月牙肋	Ⅲ	KL400	20MnSi	8～25 28～40	440	600	14	90° $d=3a$ 90° $d=4a$

热处理钢筋的力学性能　　表2.8.3-4

公称直径(mm)	牌号	屈服强度 $\sigma_{0.2}$ (N/mm²)	抗拉强度 σ_b (N/mm²)	伸长率 δ_{10} (%)
		不小于		
6	$40Si_2Mn$	1325	1470	6
8.2	$48Si_2Mn$			
10	$45Si_2Cr$			

矫直回火钢丝的力学性能 表2.8.3-5

公称直径 (mm)	抗拉强度 σ_{10} 不小于 (N/mm²)	屈服强度 $\sigma_{0.2}$ 不小于 (N/mm²)	伸长率 L_0=100mm 不小于 (%)	弯曲 次数 不少于	弯曲 弯曲半径 R (mm)	松弛 初始应力相当于公称强度的百分数 (%)	1000h应力损失不大于(%) Ⅰ级松弛	1000h应力损失不大于(%) Ⅱ级松弛
3.0	1470	1255	4	3	7.5	70	8	2.5
	1570	1330		3	7.5			
4.0	1670	1410	4	3	10	70	8	2.5
5.0	1470	1255	4	4	15	70	8	2.5
	1570	1330		4	15			
	1670	1410		4	15			
6.0	1570	1330	4	4	15	70	8	2.5
	1670	1410		4	15			
7.0	1470	1255	4	4	20	70	8	2.5
	1570	1330		4	20			

注：①Ⅰ级松弛即普通松弛级，Ⅱ级松弛即低松弛级；

②屈服强度$\sigma_{0.2}$值不小于公称抗拉强度的85%。

冷拉钢丝的力学性能 表2.8.3-6

公称直径 (mm)	抗拉强度σ_b 不小于 (N/mm²)	屈服强度$\sigma_{0.2}$ 不小于 (N/mm²)	伸长率 L_0=100mm 不小于 (%)	弯曲 次数 不少于	弯曲 弯曲半径 R (mm)
3.0	1470	1100	2	4	7.5
	1570	1180	2	4	7.5
4.0	1670	1255	3	4	10
5.0	1470	1100	3	5	15
	1570	1180	3	5	15
	1670	1255	3	5	15

注：屈服强度$\sigma_{0.2}$值不小于公称抗拉强度的75%。

刻痕钢丝的力学性能 表2.8.3-7

公称直径 (mm)	抗拉强度 σ_b 不小于 (N/mm²)	屈服强度 $\sigma_{0.2}$ 不小于 (N/mm²)	伸长率 L_0=100 mm 不小于 (%)	弯曲 次数 不少于	弯曲 弯曲半径 R (mm)	松弛 初始应力相当于公称强度的百分数 (%)	1000h应力损失不小于(%) Ⅰ级松弛	1000h应力损失不小于(%) Ⅱ级松弛
5.0	1180	1000	4	4	15	70	8	2.5
5.0	1470	1255		4	15			

注：屈服强度$\sigma_{0.2}$值不小于公称抗拉强度的85%。

钢绞线的力学性能 表2.8.3-8

钢绞线公称直径 (mm)	公称截面积 (mm²)	强度级别 (N/mm²)	整根钢绞线的破断负荷 (kN) 不小于	屈服负荷 (kN) 不小于	伸长率 (%) 不小于	1000h松弛值不大于(%) Ⅰ级松弛 初始负荷 70%破断负荷	Ⅰ级松弛 80%破断负荷	Ⅱ级松弛 70%破断负荷	Ⅱ级松弛 80%破断负荷
9.0	50.34	1670	83.89	71.30	3.5	8.0	12	2.5	4.5
		1770	88.79	75.46					
12.0	89.45	1570	140.24	119.17	3.5				
		1670	149.06	126.71					
15.0	139.98	1470	205.80	174.93	3.5				
		1570	219.52	186.59					

注：①Ⅰ级松弛即普通松弛级，Ⅱ级松弛即低松弛级；

②屈服负荷是整根钢绞线破断负荷的85%。

冷拉钢筋的力学性能　　表2.8.3-9

项次	钢筋级别	直径 (mm)	屈服点 σ_s (N/mm²)	抗拉强度 σ_b (N/mm²)	伸长率 δ_{10} (%)	冷弯 弯曲角度 (°)	冷弯 弯曲直径
			不小于				
1	冷拉Ⅰ级	≤12	280	370	11	180	3d
2	冷拉Ⅱ级	≤25	450	510	10	90	3d
		28～40	430	490	10	90	4d
3	冷拉Ⅲ级	8～40	500	570	8	90	5d
4	冷拉Ⅳ级	10～28	700	835	6	90	5d

注：①冷拉Ⅰ级钢筋适用于钢筋混凝土中的受拉钢筋，冷拉Ⅱ、Ⅲ、Ⅳ级钢筋可用作预应力混凝土结构的预应力钢筋；
②钢筋直径大于25mm的冷拉Ⅲ、Ⅳ级钢筋，冷弯弯曲直径应增加1d；
③冷弯后不得有裂纹、裂断或起层等现象；
④经过冷拉后的钢筋的表面不得有裂纹和局部缩颈。

冷拔低碳钢丝的力学性能　　表2.8.3-10

项次	钢丝级别	钢丝直径 (mm)	抗拉强度 (N/mm²) Ⅰ组	抗拉强度 (N/mm²) Ⅱ组	伸长率 L_0=100mm (%)	反复弯曲(180°)次数
			不小于		不少于	
1	甲级	5	650	600	3.0	4
		4	700	650	2.5	
2	乙级	3～5	550		2.0	4

注：①甲级钢丝应采用符合Ⅰ级热轧钢标准的圆盘条拔制；
②甲级钢丝主要用作预应力筋，乙级钢丝用于焊接网、焊接骨架、箍筋和构造钢筋。

中强钢丝的力学性能　　表2.8.3-11

钢号	公称直径 (mm)	代号	抗拉强度 σ_b (N/mm²)	伸长率 L_0=100mm (%)	反复弯曲 弯曲半径 R (mm)	反复弯曲 次数	应力松弛 $\sigma_k=0.7\sigma_b$ 1000h (%)
B 20MnSi 21MnSi 24MnTi	5	Z—800	≥800	≥4	15	≥4	≤8
41MnTiV	7	Z—1000	≥1000	≥3.5	20		
70Ti	5	Z—1200	≥1200				

注：屈服强度$\sigma_{0.2}$应不小于0.80σ_b。

第2.8.4条　热轧带肋钢筋、热轧光圆钢筋、余热处理钢筋、热处理钢筋和冷拉钢筋的力学性能应按《金属拉伸试验方法》（GB228）及《金属弯曲试验方法》（GB232）的规定进行试验，反向弯曲试验应按《钢筋平面反向弯曲试验方法》（GB5029）的规定进行。

矫直回火钢丝、冷拉钢丝、刻痕钢丝、钢绞线、冷拔低碳钢丝及中强钢丝的力学性能，应按《线材拉力试验法》（YB39)及《金属线材反复弯曲试验方法》（GB238）的规定进行试验。

第2.8.5条　对进厂（场）的钢筋应按批采取检验试样，其分批方法及试样采取方法如下：

一、热轧带肋钢筋、热轧光圆钢筋、余热处理钢筋每批由同一牌号、同一炉罐号、同一规格、同一交货状态的钢筋组成，每批重量不大于60t。用公称容量不大于30t冶炼炉冶炼的钢坯和用连铸坯轧制的钢筋，允许由同一牌号、同一冶炼方法、同一浇注方法的不同炉罐号的钢筋组成混合批，但每批不得多于6个炉罐号，各炉罐号的含碳量差不得大于0.02%，含锰量差不得大于0.15%。

每批热轧带肋钢筋的检验项目、取样数量、取样方法和试验方法应符合表2.8.5-1的规定。

热轧带肋钢筋的检验项目、取样数量、取样方法和试验方法　　表2.8.5-1

序号	检验项目	取样数量	取样方法	试验方法
1	化学成分	1	按GB222	按GB223
2	拉　伸	2	任选两根钢筋切取	按GB228、GB1499第6.2条
3	弯　曲	2	任选两根钢筋切取	按GB232、GB1499第6.2条
4	反向弯曲	1		按GB5029、GB1499第6.2条
5	尺　寸	逐支		按GB1499第6.3条
6	表　面	逐支		肉　眼
7	重量偏差	按GB1499第6.4条		

每批热轧光圆钢筋、余热处理钢筋的检验项目、取样数量、取样方法和试验方法应符合表2.8.5-2的规定。

如一批钢筋不能确切分清系由同一炉罐号、同一冶炼和浇注方法组成时，应逐捆采取试样进行检验。

二、热处理钢筋。每批由同一外形截面尺寸、同一热处理制度和同一炉罐号的钢筋组成，每批重量不大于60t。

公称容量不大于30t炼钢炉冶炼的钢轧成的钢材，允许由同钢号组成混合批，但每批中不得多于10个炉号，各炉号钢的含碳量差不得大于0.02%，含锰量差不得大于0.15%，含硅量差不得大于0.20%。

热轧光圆钢筋、余热处理钢筋的检验项目、取样数量、取样方法和试验方法　　表2.8.5-2

序号	检验项目	取样数量	取样方法	试验方法
1	化学成分	1	按GB222	按GB223
2	拉　伸	2	任选两根钢筋切取	按GB228、GB 13013/13014第6.2条
3	冷　弯	2	任选两根钢筋切取	按GB 232、GB 13013/13014第6.2条
4	尺　寸	逐支		按GB 13013/13014第6.3条
5	表　面	逐支		肉　眼
6	重量偏差	按GB 13013/13014第6.4条		

从每批钢筋中任取10%的盘数（不少于25盘）进行表面质量和尺寸偏差的检查。

每批钢筋应逐盘从每盘钢筋的端部截取试样进行力学性能试验。

三、矫直回火钢丝、冷拉钢丝、刻痕钢丝及中强钢丝。每批由同一钢号（优质钢丝按同一炉罐号及同一热处理炉次号），同一形状、尺寸，同一交货状态的钢丝组成。

从每批钢丝中任取5%的盘数（不少于5盘）进行形状、尺寸和表面检查。如检查不合格，则应将该批钢丝逐盘检查。优质钢丝应逐盘检查。

从形状、尺寸检查合格的同批钢丝中任取5%(不少于3盘)；优质钢丝任取10%（不少于3盘）进行力学性能试验。从每盘钢丝的两端截取试样进行上述试验。

四、钢绞线。每批由同一钢号、同一规格、同一生产工艺制度的钢绞线组成，每批重量不大于60t。

从每批钢绞线中任取3盘，进行表面质量、直径偏差、捻矩和力学性能的试验。如每批少于3盘，则应逐盘进行上述检验。

从所选的每盘钢绞线的端部正常部位截取一根试样进行上述试验。

五、冷拉钢筋。每批由同级别、同直径的冷拉钢筋组成，每批重量不大于20t。

从每批冷拉钢筋中任取两根钢筋，每根取两个试样分别进行拉力试验和冷弯试验（拉力试验包括屈服点、抗拉强度和伸长率，试验时应采用冷拉前的截面面积计算屈服点和抗拉强度）。

六、冷拔低碳钢丝。应逐盘检查其外观、尺寸，钢丝表面不得有裂纹和机械损伤。

对用作预应力钢筋的甲级钢丝应逐盘检验其力学性能。从每盘钢丝上任一端截取两个试样，分别进行拉力试验（抗拉强度及伸长率）和反弯试验，并按其抗拉强度确定该盘钢丝的级别。

对乙级钢丝可分批抽样检验。以同一直径的钢丝为一批，每批不超过5t。从中任取3盘，从每盘钢丝任一端截取两个试样，分别进行拉力试验（抗拉强度及伸长率）和反弯试验。

第2.8.6条 检验结果应按下列规定处理：

一、热轧带肋钢筋、热轧光圆钢筋、余热处理钢筋。检验结果如有某一项试验结果不符合标准要求，则从同一批中再任取双倍数量的试样进行该不合格项目的复验。复验结果（包括该项试验所要求的任一指标）即使有一个指标不合格，则整批不得验收。

二、热处理钢筋。检验结果，如力学性能试验有一项试验结果不符合标准要求，则该不符合要求盘应报废。

当抽取10%的盘数进行外观质量、尺寸偏差检查时，如检查结果不符合要求，则应将该批钢筋进行逐盘检查。

三、矫直回火钢丝、冷拉钢丝、刻痕钢丝及中强钢丝。检验结果，如力学性能试验有一项试验结果不符合标准要求，则该盘不得验收，并从同一批未经试验的钢丝中再取双倍数量的试样进行复验（包括该项试验所要求的任一指标），复验结果即使有一个指标不合格，则整批不得验收，或逐盘检验，合格者验收。

四、钢绞线。检验结果，如有一项试验结果不符合标准要求，则该不符合要求盘报废。再从未试验过的钢绞线中取双倍数量的试样进行该不合格项的复验，如仍有一项不符合要求，则该批判为不合格品。

五、冷拉钢筋。检验结果，如有一项试验结果不符合标准要求，则应另取双倍数量的试样重做各项试验。如仍有一个试样不符合要求，则该批冷拉钢筋为不合格品。

六、冷拔低碳钢丝。对甲级钢丝的检验结果，如不符合标准要求，可降级使用，但须符合所降级别的技术要求。

对乙级钢丝的检验结果，如有一个试样不符合标准要求，应在未取过试样的钢丝盘中，另取双倍数量的试样，再做各项试验；如仍有一个试样不符合标准要求，则该批钢丝应逐盘试验，合格者方可使用。

第2.8.7条 钢筋在运输时应按品种、牌号、规格及批号分类放置，注意保持原扎捆完整、不混杂、不受油类等的污染。

贮放钢筋应按品种、牌号、规格及试验编号等挂牌码放。码放时应离地面不少于20cm。直径12mm以上的钢筋应分层码垛。长短不一的钢筋应一端对齐码放。

贮放钢筋应防止雨淋受潮锈蚀和污染。贮放场地应排水通畅，道路平整，便于取运。

第三章 混凝土配合比

第一节 一般规定

第3.1.1条 进行混凝土配合比设计时，应首先根据所用原材料的性能及对混凝土的技术要求进行计算，再经试验室试配及调整，定出既满足设计和施工要求，又比较经济合理的混凝土配合比。

第3.1.2条 混凝土配合比设计，应根据要求的混凝土强度等级及混凝土拌合物的稠度指标（坍落度或维勃稠度）进行，如对混凝土有其它技术性能要求，除在计算和试配过程中予以考虑外，还应进行相应项目的试验。

第3.1.3条 通常情况下，建筑企业可根据本单位常用的材料，设计出常用的混凝土配合比备用。在使用过程中，再根据原材料情况及混凝土质量检验的结果予以调整。但遇有下列情况时，应重新进行配合比设计。

一、重要工程或对混凝土性能指标有特殊要求时；

二、所用原材料的产地、品种或质量有显著变化时；

三、外加剂和掺合料的品种有变化时；

四、该配合比的混凝土生产间断半年以上时。

第3.1.4条 轻骨料混凝土的配合比设计，应按《轻骨料混凝土技术规程》（JGJ51）的规定进行。

第二节 混凝土配制强度的确定

第3.2.1条 混凝土配制强度（$f_{cu,t}$），可依据各生产单位的混凝土质量水平按下列公式确定：

$$f_{cu,t} \geqslant f_{cu,k} + 1.645\sigma (N/mm^2) \qquad (3.2.1\text{-}1)$$

$$\sigma = \sqrt{\frac{\sum_{i=1}^{N} f_{cu,i}^2 - N\mu_{f_{cu}}^2}{N-1}} \qquad (3.2.1\text{-}2)$$

式中 $f_{cu,k}$——混凝土立方体抗压强度标准值（N/mm^2）；

σ ——混凝土强度标准差（N/mm^2）；

$f_{cu,i}$——第i组混凝土试件强度代表值；

$\mu_{f_{cu}}$——统计周期内混凝土试件强度平均值；

N——统计周期内混凝土试件总组数。

第3.2.2条 混凝土强度标准差可根据本单位近期的同类混凝土强度统计资料（不少于25组）求得。其下限值，对C20～C25级混凝土取2.5N/mm^2；对C30及C30级以上的混凝土取3.0N/mm^2。如计算结果，强度标准差低于下限值，则取其下限值作为计算混凝土配制强度时的标准差。

如无历史统计资料时，强度标准差(σ)可根据要求的强度等级按下列规定取用：当强度等级小于等于C15时，σ取4N/mm^2；强度等级为C20～C35时，σ取5N/mm^2；强度等级大于等于C40时，σ取6N/mm^2。

第3.2.3条 当遇有下列情况时应适当提高混凝土配制强度：

一、现场条件与试验室条件有差异；

二、重要工程中的混凝土；

三、采用非统计方法评定混凝土强度。

注：按TJ10—74规范设计的结构或构件，计算其混凝土配制强度时，应先将混凝土标号按附录一换算成相应的强度等级，以其标准值按（3.2.1-1）式计算。

第三节 混凝土配合比设计中基本参数的选取

第3.3.1条 混凝土配合比的最大水灰比和最小水泥用量，应满足表3.3.1的要求。

普通混凝土的最大水灰比和最小水泥用量　　表3.3.1

项次	混凝土所处的环境条件	最大水灰比	最小水泥用量（kg/m³）			
			普通混凝土		轻骨料混凝土	
			配筋	无筋	配筋	无筋
1	不受雨雪影响的混凝土	不作规定	250	200	250	225
2	(1) 受雨雪影响的露天混凝土 (2) 位于水中及水位升降范围内的混凝土 (3) 在潮湿环境中的混凝土	0.70	250	225	275	250
3	(1) 寒冷地区水位升降范围内的混凝土 (2) 受水压作用的混凝土	0.65	275	250	300	275
4	严寒地区水位升降范围内的混凝土	0.60	300	275	325	300

第3.3.2条　根据粗骨料品种、粒径及施工要求的稠度值选择每立方米混凝土的用水量。可根据本单位对所用材料的使用经验选定。如使用经验不足，可参照表3.3.2选定。

混凝土的用水量（kg/m³）　　表3.3.2

项目	指标	卵石最大粒径（mm）			碎石最大粒径（mm）		
		10	20	40	15	20	40
坍落度（mm）	10～30	190	170	160	205	185	170
	30～50	200	180	170	215	195	180
	50～70	210	190	180	225	205	190
	70～90	215	195	185	235	215	200

续表

项目	指标	卵石最大粒径（mm）			碎石最大粒径（mm）		
		10	20	40	15	20	40
维勃稠度（s）	15～20	175	160	150	180	170	160
	10～15	180	165	155	185	175	165
	5～10	185	170	160	190	180	170

注：①本表用水量系采用中砂时的平均取值，如采用细砂，每立方米混凝土用水量可增加5～10kg，采用粗砂则可减少5～10kg；
②掺用各种外加剂或掺合料时，可相应增减用水量；
③本表不适用于水灰比小于0.4或大于0.8的混凝土。

第3.3.3条　根据粗骨料品种、粒径及混凝土的水灰比选定混凝土的砂率。可根据本单位对所用材料的使用经验选定，如使用经验不足，可参照表3.3.3选定。

混凝土的砂率（%）　　表3.3.3

水灰比（$\frac{W}{C}$）	卵石最大粒径（mm）			碎石最大粒径（mm）		
	10	20	40	15	20	40
0.40	26～32	25～31	24～30	30～35	29～34	27～32
0.50	30～35	29～34	28～33	33～38	32～37	30～35
0.60	33～38	32～37	31～36	36～41	35～40	33～38
0.70	36～41	35～40	34～39	39～44	38～43	36～41

注：①表中数值系中砂的选用砂率，对细砂或粗砂，可相应地减少或增加砂率；
②本表适用于坍落度为10～60mm的混凝土，坍落度如大于60mm或小于10mm时，应相应地增加或减少砂率；
③只用一个单粒级粗骨料配制混凝土时，砂率值应适当增加；
④掺有各种外加剂或掺合料时，其合理砂率值应经试验或参照其它有关规定确定；
⑤对薄壁构件砂率取偏大值。

第四节　普通混凝土的配合比设计

第3.4.1条　混凝土配合比计算公式和有关参数表格中的数值均以干燥状态骨料为基准，如以饱和面干骨料为基准进行计算时，则应做相应的修正。

注：干燥状态骨料系指含水率小于0.5%的细骨料或含水率小于0.2%的粗骨料。

第3.4.2条　进行混凝土配合比设计时，应首先按下列步骤计算出供试配的混凝土配合比：

一、根据本章第二节确定的混凝土施工配制强度（$f_{cu,t}$）按下式计算所要求的灰水比值：

$$f_{cu,t}=Af_{ce}\left(\frac{C}{W}-B\right) \qquad (3.4.2\text{-}1)$$

式中　A、B——与粗骨料有关的回归系数，应根据使用的水泥和粗、细骨料经过试验得出的灰水比与混凝土强度关系式确定，若无上述试验统计资料时，对碎石混凝土，可取$A=0.48$，$B=0.52$，对卵石混凝土，可取$A=0.50$，$B=0.61$；

C/W——混凝土所要求的灰水比；

f_{ce}——水泥的实际强度（N/mm²），在无法取得水泥实际强度时，可用$f_{ce}=\gamma_c\cdot f_{ce,k}$代入，其中$f_{ce,k}$为水泥标号的标准值；$\gamma_c$为水泥标号值的富余系数，该值应按各地区实际统计资料确定。

二、按第3.3.2条选定每立方米混凝土的用水量（m_{w0}）。

三、每立方米混凝土的用水量（m_{w0}）选定之后，即可根据已求出的C/W值按下列公式计算水泥用量（m_{c0}）。

$$m_{c0}=\frac{C}{W}\times m_{w0}\text{或} \qquad (3.4.2\text{-}2)$$

$$m_{c0}=m_{w0}\div\frac{W}{C} \qquad (3.4.2\text{-}3)$$

计算所得的水灰比和水泥用量应符合表3.3.1的规定。

四、按第3.3.3条选定砂率值。

五、在已知砂率的情况下，粗、细骨料的用量可用重量法或体积法求得。

1．用重量法时，按下列关系式计算：

$$m_{c0}+m_{G0}+m_{S0}+m_{W0}=m_{cp} \qquad (3.4.2\text{-}4)$$

$$m_{S0}=(m_{cp}-m_{c0}-m_{W0})\times\beta_S \qquad (3.4.2\text{-}5)$$

$$m_{G0}=m_{cp}-m_{c0}-m_{W0}-m_{S0} \qquad (3.4.2\text{-}6)$$

式中　m_{c0}——每立方米混凝土的水泥用量（kg）；

m_{G0}——每立方米混凝土的粗骨料用量（kg）；

m_{S0}——每立方米混凝土的细骨料用量（kg）；

m_{W0}——每立方米混凝土的用水量（kg）；

β_S——砂率（%），$\beta_S=\dfrac{m_{S0}}{m_{S0}+m_{G0}}\times100\%$；

m_{cp}——每立方米混凝土拌合物的假定重量（kg），其值可根据本单位积累的试验资料确定，如缺乏资料，可根据骨料的视密度、粒径以及混凝土强度等级，在2400～2450kg的范围内选定。

2．用体积法时，按下列关系式计算：

$$\frac{m_{c0}}{\rho_c}+\frac{m_{G0}}{\rho_g}+\frac{m_{S0}}{\rho_s}+\frac{m_{W0}}{\rho_w}+10\alpha=1000 \qquad (3.4.2\text{-}7)$$

$$\frac{m_{S0}}{m_{S0}+m_{G0}}\times100\%=\beta_s\% \qquad (3.4.2\text{-}8)$$

式中　ρ_c——水泥密度（g/cm³）；

ρ_g——粗骨料的视密度（g/cm³）；

ρ_s——细骨料的视密度（g/cm³）；

ρ_w——水的密度（g/cm³）；

α——混凝土的含气量百分数（%），在不使用引气型外加剂时，α可取为1。

在上述关系式中，ρ_c可取为2.9～3.1，ρ_w取为1.0；ρ_s及ρ_g应按《普通混凝土用砂质量标准及检验方法》（JGJ52）和《普通混凝土用碎石或卵石质量标准及检验方法》（JGJ53）所规定的方法测得。

第3.4.3条 混凝土的试配按下列规定进行：

一、试配时应采用工程中实际使用的材料，按计算所得的配合比进行试拌，以检定混凝土拌合物的性能。

混凝土的搅拌方法，应尽量与生产时使用的方法相同。

如试拌的混凝土拌合物的坍落度（或维勃稠度）不能满足要求，或粘聚性及保水性不符合要求时，则应在保持原计算的水灰比不变的条件下相应调整用水量或砂率，直到符合要求为止。然后提出供检验混凝土强度用的基准配合比。

注：计算的配合比以干燥（或饱和面干）状态骨料为基准。如不用干燥（或饱和面干）骨料配制，称料时应按骨料的实际含水率调整水和骨料用量。

二、检验混凝土强度时至少应采用3个不同的配合比，其中一个为按第3.4.2条及本条之一试配后得出的基准配合比，另外两个配合比的水灰比值，应较基准配合比分别增加及减少0.05，如需同时确定为满足早龄期混凝土强度要求的配合比时，该值可取0.10，其用水量应与基准配合比相同，但砂率值可作适当调整。

三、制作混凝土强度试件时，尚应检验其坍落度（或维勃稠度）、粘聚性、保水性及拌合物密度，并以此结果作为代表这一配合比的混凝土拌合物的性能。制作的混凝土立方体试件的边长，应根据其骨料的最大粒径按表3.4.3的规定选用。

第3.4.4条 混凝土施工配合比按下列规定确定：

一、根据试验得到的不同灰水比值的混凝土强度，用作图或计算求出与$f_{cu,t}$相对应的灰水比值，并初步求出所需的每立方米混凝土的材料用量。

混凝土立方体试件边长 **表3.4.3**

粗骨料最大粒径（mm）	试件边长（mm）
30或以下	100×100×100
40	150×150×150
60	200×200×200

用水量（m_W）取基准配合比中的用水量值，并根据制作强度试件时测得的坍落度（或维勃稠度）值，加以适当调整；水泥用量（m_C）取用水量乘以经试验定出的、为达到$f_{cu,t}$所必须的灰水比值（或除以水灰比值）；粗、细骨料的用量（m_G、m_S）取基准配合比中的粗、细骨料用量，并按定出的水灰比值作适当调整。

二、按本条之一定出的混凝土配合比，还应根据实测的混凝土拌合物密度再作必要的校正，其步骤如下：

1．根据配合比，计算混凝土拌合物密度。混凝土拌合物密度的计算值等于m_W、m_C、m_S、m_G之和。

2．根据混凝土拌合物密度的实测值及计算值计算校正系数δ。

$$\delta=\frac{实测值}{计算值}。$$

3．当实测值与计算值之差不大于计算值的2%时，按本条第一款定出的配合比即为确定的配合比；如二者之差超过2%时，把按本条第一款定出的混凝土配合比中每项材料用量乘以校正系数δ，即为最终确定的配合比设计值。

4．考虑到设计混凝土配合比时，所用骨料是以绝干状态为准，而生产混凝土时，所用砂、石均含有一定水分，因此，应根据现场所用砂、石的实际含水率，对砂、石用量和用水量进适行当调整，确定混凝土施工配合比。

第3.4.5条 对早龄期强度（如出池、拆模、起吊、预应力钢筋张拉和放松、出厂等）有要求时，在试配中制作不同水灰比的标准养护28d试件时，尚需同时制作早龄期试件，在规定条件下养护至要求龄期进行抗压强度试验，并按第3.4.4条规定求出达到早龄期强度所要求的灰水比值。如该值大于按标准养护28d强度要求的灰水比值，则取早龄期强度要求的灰水比值作为计算施工配合比的灰水比值。

第3.4.6条 为了既保证混凝土的质量又合理利用原材料，在生产过程中，遇有下列情况应及时调整混凝土配合比：

一、当在混凝土强度的质量管理图中出现异常现象，特别是强度值在中心线的一侧连续出现时，查不出原因或查出原因无能力改变时，必须调整混凝土配合比；

二、当粗、细骨料的含水率与基准状态相比有变化时，应相应地调整用水量和骨料用量；

三、当采用连续级配的粗骨料中大粒径偏多时，需适当增大砂率，小粒径偏多时，需适当减小砂率。

第五节 用早期推定混凝土强度试验进行混凝土的配合比设计

第3.5.1条 为确保混凝土工程质量，合理利用水泥活性和及早确定配合比，可根据早期推定混凝土强度试验所得试验结果进行混凝土的配合比设计。当不具有水泥强度实测资料时，还可根据上述试验方法的试验结果，判定水泥的实际强度。

第3.5.2条 用早期推定混凝土强度设计混凝土配合比可按以下步骤进行：

一、采用混凝土工程所用原材料，事先进行专门试验建立混凝土强度关系式，并绘制如图3.5.2-1及图3.5.2-2所示关系图。

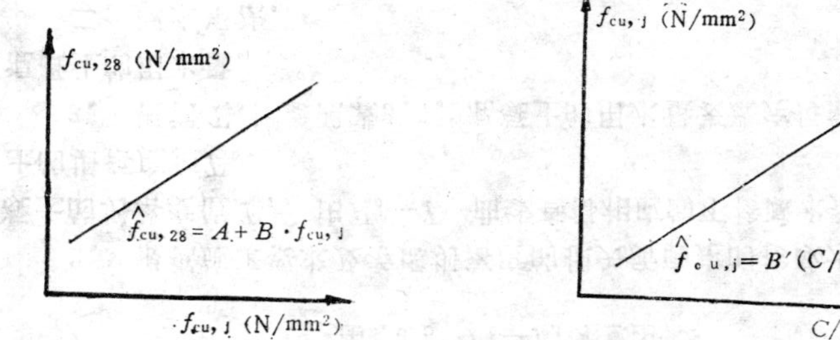

图3.5.2-1 加速养护强度与标准养护28d强度的关系

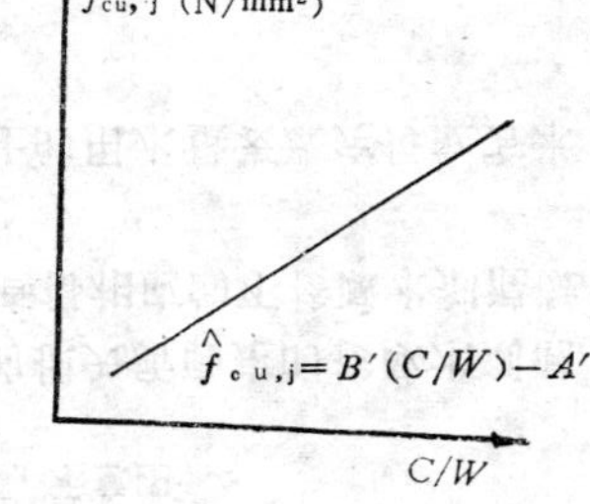

图3.5.2-2 灰水比与加速养护强度的关系

$f_{cu,j}$——加速养护混凝土强度实测值；$\hat{f}_{cu,j}$——加速养护混凝土强度推定值；$\hat{f}_{cu,28}$——标准养护混凝土28d强度的推定值；$f_{cu,28}$——标准养护混凝土28d强度的实测值；C/W——混凝土拌合物的灰水比；A、B、A'、B'——回归方程的回归系数。

二、按本章第二节确定混凝土配制强度$f_{cu,t}$。

三、从图3.5.2-1的关系图中查出对应于$f_{cu,28}$值的$f_{cu,j}$值，再从图3.5.2-2的关系图中查出对应于$f_{cu,j}$值的C/W值，也可按混凝土配合比设计中的（3.4.2-1）公式计算C/W，其倒数作为试配时的基准水灰比。

四、水灰比确定之后，其余的计算、试配及施工配合比的确定，均采用本章第四节相同的步骤，仅在制作试件时，需同时制作加速养护及标准养护28d的试件。根据加速养护强度（$f_{cu,j}$）值选择其中一个既满足混凝土配制强度要求又适合生产操作的配合比，进行试生产，然后按生产效果及标准养护28d强度进行适当调整。

第3.5.3条 建立混凝土强度关系式应遵守如下规则：

一、按同一厂家生产的相同品种及标号的水泥建立混凝土强度关系式，所需混凝土试件应不少于30对组；试验时选用的水灰比值应不少于3个，其最大最小水灰比值之差不宜小于0.2，且使常用水灰比值位于所选水灰比范围的中间区段。

二、按线性回归建立的强度关系式，其相关系数应不小于0.85，关系式的剩余标准差应不大于标准养护28d(或其它龄期)强度平均值的10%。

三、按强度关系式绘制的关系曲线，其起点和终止点，应根据试验所用的最大和最小水灰比值确定，不得外延。

第六节 流动性混凝土的配合比设计

第3.6.1条 流动性混凝土是指拌合物的坍落度大于或等于100mm的混凝土。为满足混凝土流动度的要求，应掺用外加剂。

第3.6.2条 流动性混凝土的配合比设计计算方法和步骤与本章第四节混凝土的配合比设计方法基本相同。但应注意如下几点：

一、为使混凝土具有较高的流动度，应根据所要求的坍落度及所用水泥的品种、质量选择合适的外加剂。

二、外加剂的掺量及其对水泥的适应性应通过试验确定。

三、选用合适的用水量及砂率。

第3.6.3条 根据所要求的流动性混凝土的稠度及水泥品种、质量情况选择合适外加剂的原则如下：

一、坍落度为100～150mm的流动性混凝土可掺用普通减水剂，坍落度大于150mm的混凝土应掺用高效减水剂。

二、以硬石膏及工业废料石膏作为调凝剂的水泥配制流动性混凝土时，应采用高效减水剂。

三、各类减水剂的掺量应根据使用要求、施工条件、气温、原材料等因素通过试验确定。

第3.6.4条 若混凝土搅拌地点与浇筑地点距离较远，为保证浇筑时具有所要求的坍落度，在设计混凝土配合比时应考虑因时间延长坍落度减小的数值。

第3.6.5条 计算试配用的流动性混凝土配合比时，其用水量应在表3.3.2混凝土的用水量的基础上加以修正。其修正值可按下列两种方法确定：

一、坍落度对比法。

1． 根据资料或经专门试验，在水泥、砂、石用量均相同的条件下，建立各种不同用水量的掺减水剂混凝土的坍落度值T_1与不掺减水剂混凝土的坍落度值T_0的关系曲线（图3.6.5）。

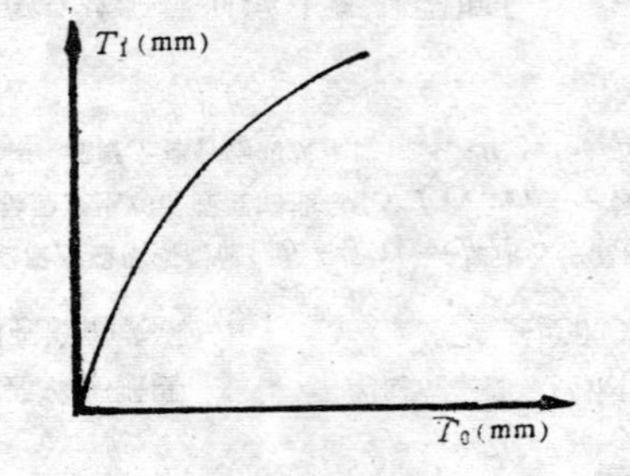

图3.6.5 T_0—T_1示意图

2． 根据施工要求及考虑坍落度的损失所确定的掺减水剂混凝土的坍落度值T_1，由T_0—T_1曲线查得相应的不掺减水剂混凝土的坍落度值T_0。

3． 根据T_0，参照表3.3.2混凝土的用水量表选定每立方米混凝土的用水量。

二、减水率法。

1． 参照表3.3.2混凝土的用水量，在坍落度为90mm的用水量基础上，按每增加20mm坍落度增加5kg用水量计算，确定流动性混凝土的用水量。

2. 由按上述方法确定的不掺外加剂时混凝土的用水量中扣除按外加剂减水率计算的用水量，即得到掺减水剂的流动性混凝土的用水量。

3. 各种外加剂的减水率，可根据试验或按产品使用说明书确定。

第3.6.6条 流动性混凝土的砂率，应在表3.3.3的基础上予以适当增加。其幅度可按每增加20mm的坍落度，砂率增大1%考虑。

对用于泵送的混凝土应适当增大砂率。

第七节 掺粉煤灰混凝土的配合比设计

第3.7.1条 在混凝土中掺用粉煤灰时，应遵守《粉煤灰混凝土应用技术规范》（GBJ146）及《粉煤灰在混凝土和砂浆中应用技术规程》（JGJ28）的规定。

第3.7.2条 掺用粉煤灰的混凝土的配合比设计，应以常规方法计算的混凝土基准配合比为基础，按稠度和混凝土强度等级相同的原则用超量取代法进行调整；当混凝土超强较多或配制大体积混凝土时，可采用等量取代法；当主要为改善混凝土的和易性时，可采用外加法。

第3.7.3条 在各种混凝土中粉煤灰取代水泥的最大限量（以质量计）应符合表3.7.3的规定。

第3.7.4条 掺粉煤灰的混凝土的配合比设计，超量取代法按下列步骤进行设计计算：

一、按本章二、三、四节进行混凝土基准配合比计算，求得每立方米混凝土水、水泥、细骨料及粗骨料的用量 m_{W0}、m_{C0}、m_{S0}及 m_{G0}。

二、按表3.7.4-1选择粉煤灰取代水泥的百分率β_c。

三、按下式计算掺入粉煤灰后的每立方米混凝土中的水泥用量m_c：

粉煤灰取代水泥的最大限量　　表3.7.3

混凝土种类	粉煤灰取代水泥的最大限量（%）			
	硅酸盐水泥	普通硅酸盐水泥	矿渣硅酸盐水泥	火山灰质硅酸盐水泥
预应力混凝土	25	15	10	—
钢筋混凝土 高强度混凝土 高抗冻融性混凝土 蒸养混凝土	30	25	20	15
中、低强度混凝土 泵送混凝土 大体积混凝土 水下混凝土 地下混凝土 压浆混凝土	50	40	30	20
碾压混凝土	65	55	45	35

注：当钢筋混凝土的钢筋保护层厚度小于5cm时，取代水泥的最大限量应比表中规定相应减少5%。

$$m_c = m_{C0}(1-\beta_c) \qquad (3.7.4\text{-}1)$$

式中　m_{C0}——每立方米混凝土的基准配合比的水泥用量(kg)。

四、按表3.7.4-2选择粉煤灰超量系数δ_c。

五、按下式求出每立方米混凝土的粉煤灰掺量m_f（kg）：

$$m_f = \delta_c(m_{C0} - m_c) \qquad (3.7.4\text{-}2)$$

六、按下式求出掺粉煤灰后每立方米混凝土中的水泥和粉煤灰超出基准配合比中的水泥的体积ΔV_f：

每立方米混凝土中被粉煤灰取代水泥的百分率（β_c）　表3.7.4-1

混凝土强度等级	普通硅酸盐水泥取代率（%）	矿渣硅酸盐水泥取代率（%）
≤C15	15～25	10～20
C20	10～15	10
C25～C30	15～20	10～15

注：①以425号水泥配制的混凝土取表中下限值，以525号水泥配制的混凝土取表中上限值；

②C20及其以上的混凝土宜采用Ⅰ、Ⅱ级粉煤灰，C15以下的素混凝土可采用Ⅲ级粉煤灰。

超量系数（δ_c）　表3.7.4-2

粉煤灰级别	超量系数（δ_c）
Ⅰ	1.1～1.4
Ⅱ	1.3～1.7
Ⅲ	1.5～2.0

注：强度等级C25以下的混凝土取上限，其它强度等级的混凝土取下限。

$$\Delta V_f = \frac{m_c}{\rho_c} + \frac{m_f}{\rho_f} - \frac{m_{C0}}{\rho_c} \quad (3.7.4\text{-}3)$$

式中　ρ_c、ρ_f——分别为水泥和粉煤灰的密度（g/cm^3）。

七、按掺粉煤灰后超出的体积，扣除同体积的细骨料用量，按下式求出掺粉煤灰后每立方米混凝土中细骨料的用量：

$$m_S = m_{S0} - \Delta V_f \cdot \rho_s \quad (3.7.4\text{-}4)$$

式中　m_{S0}——混凝土基准配合比中每立方米混凝土的细骨料用量（kg）；

ρ_s——细骨料的视密度（g/cm^3）。

八、掺入粉煤灰的混凝土用水量和粗骨料用量，取用基准配合比中的用水量和粗骨料用量。

九、根据调整后的配合比，按第3.4.3条规定进行试配，测定稠度及强度，进行配合比调准。

第3.7.5条　掺粉煤灰的混凝土配合比设计，等量取代法按下列步骤进行设计计算：

一、同第3.7.4条第一款。

二、选定粉煤灰等量取代水泥的百分率β_c。

三、按下列公式计算每立方米混凝土中粉煤灰掺量m_f及水泥用量m_c：

$$m_f = m_{C0} \times \beta_c \quad (3.7.5\text{-}1)$$

$$m_c = m_{C0} - m_f \quad (3.7.5\text{-}2)$$

四、按下式计算掺粉煤灰混凝土的用水量m_W（选用与基准配合比相同或稍低的水灰比）：

$$m_W = \frac{m_{W0}}{m_{C0}}(m_c + m_f) \quad (3.7.5\text{-}3)$$

五、按下式计算水泥和粉煤灰的浆体体积V_p：

$$V_p = \frac{m_c}{\rho_c} + \frac{m_f}{\rho_f} + m_W \quad (3.7.5\text{-}4)$$

式中　ρ_c、ρ_f——水泥、粉煤灰的密度（g/cm^3）。

六、按下式计算骨料的总体积V_A：

$$V_A = 1000(1-\alpha) - V_p \quad (3.7.5\text{-}5)$$

式中　α——混凝土含气量（%）．不掺外加剂的混凝土粗骨料最大粒径为20mm时可取2%；40mm时可取1%；80mm和150mm时可忽略不计。

七、选用与基准配合比相同或稍低的砂率β_s，按下列公式计算细、粗骨料的用量m_s和m_g：

$$m_s=V_A\times\beta_s\times\rho_S \quad (3.7.5\text{-}6)$$

$$m_g=V_A(1-\beta_s)\rho_g \quad (3.7.5\text{-}7)$$

式中 ρ_S、ρ_g——细、粗骨料的视密度（g/cm³）。

八、按第3.4.3条规定进行试配、检测，调准配合比。

第3.7.6条 掺粉煤灰的混凝土配合比设计，外加法按下列步骤进行设计计算：

一、同第3.7.4条第一款。

二、选定外加粉煤灰掺入率f。

三、按下式计算每立方米混凝土外加粉煤灰m_f：

$$m_f=m_{C0}\times f \quad (3.7.6\text{-}1)$$

四、按下式计算外加粉煤灰的绝对体积V_f：

$$V_f=\frac{m_f}{\rho_f} \quad (3.7.6\text{-}2)$$

式中 ρ_f——粉煤灰的密度（g/cm³）。

五、按下式计算由基准配合比细骨料中扣除外加粉煤灰同体积的砂量，求得外加粉煤灰的混凝土细骨料用量m_S：

$$m_S=m_{S0}-\frac{m_f}{\rho_f}\cdot\rho_S \quad (3.7.6\text{-}3)$$

式中 ρ_S——细骨料视密度（g/cm³）。

六、外加粉煤灰混凝土的各种材料用量为m_{W0}、m_{C0}、m_f、m_S及m_{G0}。

七、按第3.4.3条规定进行试配、检测，调准配合比。

第四章 混凝土拌合物的质量控制

第一节 混凝土拌合物的拌制

第4.1.1条 拌制混凝土时，必须严格按签发的混凝土配合比和指定的材料进行配料，不得随意更改。

第4.1.2条 混凝土的各组成材料均应按重量计（全轻混凝土用体积计），水及外加剂溶液可按重量折算成体积计。各组成材料按重量计的计量偏差，不得超过表4.1.2的规定值。

混凝土各组分计量的允许偏差 表4.1.2

材料名称	允许偏差
水泥、掺合料	±2%
粗、细骨料	±3%
水、外加剂溶液	±2%

第4.1.3条 各组成材料的计量器具应经计量部门检定合格，并保持灵敏、可靠的良好工作状态，并应有定期的校核检修制度。用普通计量衡器时，每班工作前应校核一次，遇有搬迁时，应于迁移后及时校核。电子秤应每周至少校核一次。使用的料斗应注意保持清洁，以保证材料计量准确。

第4.1.4条 工作班前，应在搅拌机控制台旁以文字形式标明所搅拌的混凝土采用的水泥品种和标号、混凝土配合比以及每盘混凝土各组成材料的实际用量。

第4.1.5条 拌制混凝土期间，宜采取措施保持砂石骨料具有稳定的含水率。一般情况下，每一工作班应至少测定砂、石含水率一次，遇有雨雪天气，应增加测定次数，并应及时根据砂、石含水率调整搅拌所用砂、石和水的用量，使混凝土配合比、水灰比符合设计要求。

所用骨料宜分级堆放，并按级配需要分级计量，使骨料级配合格，保持混凝土拌合物所应有的和易性及均匀性。

第4.1.6条 在拌和掺有掺合料（如粉煤灰等）的混凝土时，宜先以部分水、水泥及掺合料在机内拌和后，再加入砂、石及剩余水，并适当延长拌和时间。

第4.1.7条 使用外加剂时，应注意检查核对外加剂品名、生产厂名、牌号等。使用时一般宜先将外加剂溶制成外加剂溶液，并预加入拌和用水中，当采用粉状外加剂时，也可采用定量小包装外加剂另加载体的掺用方式。当用外加剂溶液时，应经常检查外加剂溶液的浓度，并应经常搅拌外加剂溶液，使溶液浓度均匀一致，防止沉淀。溶液中的水量，应包括在拌和用水量内。

第4.1.8条 搅拌设备应经常检查和维修，保持良好工作状态。

第4.1.9条 在每次应用搅拌机拌和第一罐混凝土前，应先开动搅拌机空车运转，运转正常后，再加料搅拌。拌第一罐混凝土时，宜按配合比多加入10％的水泥、水、细骨料的用量；或减少10％的粗骨料用量，使富裕的砂浆布满鼓筒内壁及搅拌叶片，防止第一罐混凝土拌合物中的砂浆偏少。

第4.1.10条 在每次应用搅拌机开拌之始，应注意监视与检测开拌初始的前二、三罐混凝土拌合物的和易性。如不符合要求时，应立即分析情况并处理，直至拌合物的和易性符合要求，方可持续生产。

当开始按新的配合比进行拌制或原材料有变化时，亦应注意开拌时的监视与检测工作。

第4.1.11条 混凝土拌合物必须搅拌均匀。拌和程序及时间，通过拌和试验确定。

当采用自落式或强制式搅拌机时，从全部材料装入搅拌机鼓筒中起到卸出拌合物止，混凝土的搅拌时间，宜不少于表4.1.11所列搅拌时间。

注：当采用其它型式的搅拌设备时，混凝土搅拌的最短时间，应符合该型式设备所附技术性能说明书的规定或经试验确定。

搅拌台应设置拌和时间的控制装置，以保证拌和时间符合规定要求。

应经常检查拌和时间是否符合规定，每班至少抽查2次。

混凝土搅拌的最短时间（s） 表4.1.11

混凝土的坍落度（mm）	搅拌机机型	搅拌机容量（L）		
		<250	250～500	>500
≤30	自落式	90	120	150
	强制式	60	90	120
>30	自落式	90	90	120
	强制式	60	60	90

注：①掺有外加剂或掺合料时，搅拌时间要适当延长。
②冬期的搅拌时间应比表中规定的时间延长50％。
③全轻混凝土宜采用强制式搅拌机，轻砂混凝土可用自落式搅拌机搅拌，但搅拌时间应延长60～90s。
④轻骨料宜在搅拌前预湿。采用强制式搅拌机搅拌时的加料顺序是：先加粗细骨料和水泥搅拌60s，再加水继续搅拌；采用自落式搅拌机的加料顺序是：先加设计用水量一半的水，然后加粗细骨料和水泥搅拌60s，再加设计用水量的剩余部分继续搅拌。

第4.1.12条 对新拌混凝土应作坍落度、维勃稠度或其它稠度检验试验，由搅拌站（机）操作人员在搅拌地点检测。每班不得少于1次，并做好记录。

第4.1.13条 混凝土的运输能力应与搅拌、浇筑能力相适应，并应以最少的运转次数、最短的时间将混凝土从搅拌地点运到浇筑地点，以保证拌合物于浇筑时仍具有施工所要求的坍落度或维勃稠度，并保持良好的均匀性。混凝土从搅拌机中卸出后到浇筑完毕的延续时间，不宜超过表4.1.13的规定。

运送混凝土拌合物的容器应不吸水、不漏浆、内壁平整光洁。粘附的混凝土残渣应及时清除。

运送混凝土的道路宜平整，以防运输工具颠簸过甚，导致骨料离析和泌水，混凝土拌合物均匀性变坏。

混凝土从搅拌机中卸出后到浇筑完毕的延续时间限值（min） 表4.1.13

混凝土强度等级	气温（°C）	
	低于25	高于25
C_{30}及C_{30}以下	120	90
C_{30}以上	90	60

注：①掺用外加剂或采用快硬水泥拌制混凝土时，应按试验确定；
②轻骨料混凝土的运输、浇筑延续时间，应适当缩短。

第4.1.14条 当采用先拌水泥净浆法、先拌砂浆法、水泥裹砂法、水泥裹石法或水泥裹砂石法等分次投料搅拌工艺拌制混凝土时，应结合本单位的设备及所用材料实际进行试验，确定搅拌时分次投料的顺序、数量及分段搅拌的时间等工艺参数，并严格按确定的工艺参数和操作规程进行生产，以保证获得符合设计要求的混凝土拌合物。

第4.1.15条 混凝土搅拌站各生产班组应认真做好生产日志，详细记录有关材料的质量检验结果及应用情况，设备和仪表的检查维修及工作情况，以及混凝土的质量检验结果、产量及应用情况等。

第二节 混凝土拌合物的均匀性

第4.2.1条 混凝土拌合物的各组成材料必须拌和均匀，颜色一致，不得有露砂、露石和离析泌水等现象，以保证混凝土拌合物具有良好的和易性。

第4.2.2条 应经常检查混凝土拌合物拌和的均匀情况，对混凝土拌合物均匀性有特殊要求或对拌合物均匀性有怀疑时，应按《混凝土搅拌机性能试验方法》（GB4477）的规定，检测拌合物的均匀性。

第4.2.3条 检验一盘（罐）混凝土拌合物均匀性时，应于一盘（罐）混凝土的卸料过程中，在卸料流的1/4到3/4之间部分采取试样进行检测，其检测结果应符合下列规定：

一、混凝土拌合物中砂浆密度两次测值的相对误差，不应大于0.8%。

二、单位体积混凝土拌合物中粗骨料含量两次测值的相对误差不应大于5%。

第三节 混凝土拌合物的稠度

第4.3.1条 应依据拌合物的流动性情况，采用国家标准规定的坍落度试验方法或维勃稠度试验方法测定混凝土拌合物的稠度。也可采用经省、自治区、直辖市级有关部门鉴定核准的试验方法测定混凝土的流动性，作为混凝土生产过程质量控制的依据参数。

第4.3.2条 混凝土浇筑时的稠度，对现浇混凝土结构可按表4.3.2-1选用，对预制混凝土构件可按表4.3.2-2选用，也可根据生产施工条件选用适当稠度的流态混凝土。

第4.3.3条 混凝土拌合物坍落度的测定应按《普通混凝土拌合物性能试验方法》（GBJ80）的规定进行，并应注意下列各点：

混凝土浇筑时的坍落度 表4.3.2-1

项次	结构构件种类	坍落度（mm）
1	基础或地面等的垫层、无配筋的厚大结构或配筋稀疏的结构构件	10～30
2	板，梁和大型及中型截面的柱子等	30～50
3	配筋密列的结构（薄壁、细柱等）	50～70
4	配筋特密的结构	70～90

注：①本表系指采用机械振捣时的坍落度，采用人工捣实时可适当增大；
②浇筑曲面或斜面结构时，其坍落度值根据实际需要另行选定；
③轻骨料混凝土的坍落度，宜比表中数值减少10～20mm；
④配制坍落度为90～200mm的混凝土时，应掺用适量外加剂。

预制混凝土构件浇筑时的稠度 表4.3.2-2

项次	预制混凝土构件种类	坍落度（mm）	维勃稠度（s）
1	薄腹屋面梁	20～40	—
2	吊车梁、柱、梁、桩	10～20	—
3	各类小型构件	—	5～10
4	预应力空心板（长线台座拉模工艺生产）	—	10～15
5	预应力大型板（钢模板振动台生产）	—	10～15
6	预应力空心板（钢模板振动台生产）	—	15～20

注：①本表系指采用机械振捣时的稠度，采用人工捣实时，可适当增大坍落度或减小维勃稠度；
②采用轻骨料混凝土时，宜适当减小坍落度或增大维勃稠度。

一、坍落度试验适用于骨料最大粒径不大于40mm、坍落度值不小于10mm的混凝土拌合物。测定坍落度的同时，还应观察评定拌合物的粘聚性和保水性，全面评定拌合物的和易性。

二、测定坍落度适用于现场控制塑性和流动性拌合物的质量，判定拌合物的配合比是否与原设计配合比有较大差异。坍落度的检测结果应符合表4.3.3规定的允许偏差值的要求。如实测值超过允许偏差值时，可根据拌合物的和易性情况，分析研究，查明原因，并确定改进措施。

三、试验室可根据坍落度的测定结果，分析研究拌合物的变异情况及其对混凝土强度变异的影响。

不同坍落度的实测允许偏差值 表4.3.3

要求的坍落度（mm）	实测允许偏差值（mm）
≤40	±10
50～90	±20
≥100	±30

第4.3.4条 混凝土拌合物维勃稠度的测定应按《普通混凝土拌合物性能试验方法》（GBJ80）的规定进行，并注意下列各点：

一、维勃稠度试验适用于骨料最大粒径不大于40mm、维勃稠度在5～30s之间的混凝土拌合物。

二、根据测得的维勃稠度的变异情况，判定拌合物的配合比是否与原设计配合比有较大差异。维勃稠度的检测结果应符合表4.3.4规定的允许偏差值的要求。如实测值超过允许偏差值时，可根据拌合物和易性情况分析研究，查明原因，并确定改进措施。

试验室可根据维勃稠度的测定结果，分析研究拌合物的变异情况及其对混凝土强度变异的影响。

维勃稠度的实测允许偏差值 表4.3.4

维勃稠度（s）	允许偏差（s）
≤10	±3
11～20	±4
21～30	±6

第四节 混凝土拌合物的组成分析

第4.4.1条 测定新拌混凝土的水灰比、水泥含量及组成等参数，以及时检验新拌混凝土的组成是否符合原设计配合比，并用以进行生产控制。

第4.4.2条 混凝土拌合物水灰比的测定可按《普通混凝土拌合物性能试验方法》（GBJ80）的有关规定进行。也可采用经过省、自治区、直辖市级有关部门鉴定核准的混凝土拌合物水灰比测定方法进行测定，并应注意下列各点：

一、混凝土拌合物的水灰比分析试验方法适用于对混凝土拌合物进行生产控制，用以判定拌合物的水灰比是否与原设计配合比有较大变异。当测得的水灰比比原设计要求的水灰比大小超过0.05时，应检查分析原因，采取改进措施。

二、可根据测得的水灰比绘制控制图，以分析研究水灰比变异情况及其对混凝土强度的变异的影响。

第4.4.3条 混凝土拌合物组成的测定可按经过省、自治区、直辖市级有关部门鉴定核准的混凝土拌合物组成测定方法进行分析测定，并应注意下列各点：

一、测定混凝土拌合物的组成，适用于对混凝土拌合物进行生产控制。

二、根据测定的混凝土拌合物的组成，并结合砂、石材料含水量、含泥量、颗粒级配等的检验结果，综合分析混凝土拌合物组成变异的原因，必要时，应适当调整施工配合比。

第五章　混凝土强度的质量控制

第一节　混凝土强度的试验与统计分析

第5.1.1条　混凝土的试样应在混凝土浇筑地点随机采取。每拌制100盘，但不超过100m³的同配合比混凝土，至少采取试样1次；每工作班拌制的同配合比的混凝土不足100盘时，亦至少采取试样1次。

第5.1.2条　每个试样的混凝土制作标准养护28d强度的试件至少1组。此外，还应根据为测定构件的出池、起吊、拆模、预应力钢筋张拉和放松、出厂强度等的需要制作试件，其组数由生产单位按实际需要确定。

第5.1.3条　每组混凝土试件由3个立方体试件组成。每组试件的强度应按3个试件强度的算术平均值确定。当一组内3个试件中强度的最大值或最小值与中间值之差，超过中间值的15%时，取中间值为该组试件强度的代表值；当一组试件中强度的最大值和最小值与中间值之差，均超过中间值的15%时，该组试件强度不应作为评定依据。用于检验评定的混凝土强度应以边长为150mm的标准尺寸立方体试件强度试验结果为准。当采用非标准尺寸的试件时，应将其抗压强度乘以表5.1.3所列换算系数换算成标准试件强度。

非标准尺寸试件强度换算系数　**表5.1.3**

立方体试件边长（mm）	换算系数
100	0.95
200	1.05

第5.1.4条　供检验用的混凝土试件成型后，应按下列规定进行养护：

一、用于混凝土强度合格评定的混凝土试件，应在按标准方法成型后，置于温度为20±3℃、相对湿度为90%以上的标准养护室内，或温度为20±3℃的水中养护28d；对于采用蒸汽养护的混凝土结构或构件，其混凝土试件应随同结构或构件一同蒸汽养护后，再移入标准养护室内养护，两段养护时间共28d。

二、用于控制混凝土结构或构件养护过程的混凝土强度的试件，应与结构或构件在相同条件下养护。

三、用于依据早期推定混凝土强度试验结果进行混凝土质量控制的混凝土试件，其养护制度应符合专门规定。

第5.1.5条　混凝土试件的抗压试验应按《普通混凝土力学性能试验方法》（GBJ81）的规定进行。试验时要注意下列各项：

一、所用的压力试验机或万能试验机的示值相对误差应不大于±2%。所选量程应能使试件的预期破坏荷载值位于全量程的20%至80%之间。

二、试件应在试验机下压板上安放平整，并保持对中，承压面应为试件成型时的侧面。

三、混凝土试件的抗压试验应连续而均匀地加荷，其加荷速度为：混凝土强度等级低于C30时，取每秒0.3～0.5MPa；强度等级等于或高于C30时，取每秒0.5～0.8MPa。当试件接近破坏开始迅速变形时，应停止调整试验机油门，直至试件破坏。

第5.1.6条　混凝土抗压强度的试验结果，应按月（或季）进行统计分析。正常生产的同类混凝土的强度可按正态分布考虑。混凝土的强度等级相同、龄期相同以及工艺和配合比基本相同的一批混凝土的强度，可归在一起统计，计算强度的均值、标准差和大于或等于要求强度等级值的百分率。

第5.1.7条　根据统计分析期内的强度标准差和强度等于或

大于规定强度等级值的百分率（P）按表5.1.7确定本单位的混凝土生产质量水平。

在统计周期内强度等于或大于规定强度等级值的百分率(P)按下式计算：

$$P=\frac{N_0}{N}\times 100\% \quad (5.1.7)$$

式中 N_0——统计周期内同批混凝土试件强度等于或大于规定强度等级值的组数；

N——统计周期内同批混凝土试件总组数。

混凝土生产质量水平　　表5.1.7

评定指标	生产单位 \ 混凝土强度等级 \ 生产质量水平	优良		一般		差	
		<C20	≥C20	<C20	≥C20	<C20	≥C20
混凝土强度标准差σ（N/mm²）	预拌混凝土厂和预制混凝土构件厂	≤3.0	≤3.5	≤4.0	≤5.0	>4.0	>5.0
	集中搅拌混凝土的施工现场	≤3.5	≤4.0	≤4.5	≤5.5	>4.5	>5.5
强度等于或大于混凝土强度等级值的百分率P（%）	预拌混凝土厂、预制混凝土构件厂及集中搅拌混凝土的施工现场	≥95		>85		≤85	

注：计算评定指标σ和P时，试件组数不应少于25组。

第5.1.8条 试验室的混凝土试验操作质量水平，可采用盘内混凝土强度变异系数δ_b来考核，其值不宜大于5%，可按下式确定：

$$\delta_b=\frac{\sigma_b}{\mu_{fcu}} \quad (5.1.8)$$

式中 μ_{fcu}——盘内混凝土强度的平均值（N/mm²）；

σ_b——盘内混凝土强度标准差（N/mm²）。

第5.1.9条 盘内混凝土强度标准差可按下列规定确定：

一、为确定盘内混凝土强度标准差，可在混凝土搅拌地点连续从15盘混凝土中各取试样成型1组试件，由其抗压试验结果，求出组内的强度极差值$\Delta f_{cu,i}$，然后按下式计算盘内混凝土强度标准差：

$$\sigma_b=0.04\sum_{i=1}^{15}\Delta f_{cu,i} \quad (5.1.9\text{-}1)$$

式中 $\Delta f_{cu,i}$——第i组3个试件强度中的最大值与最小值之差（N/mm²）。

二、当不能连续从15盘混凝土中取样时，盘内混凝土强度标准差σ_b可利用正常生产连续积累的强度资料进行统计，但组数n应等于或大于30，此时σ_b值应按下式确定：

$$\sigma_b=\frac{0.59}{n}\sum_{i=1}^{n}\Delta f_{cu,i} \quad (5.1.9\text{-}2)$$

式中 n——试件组数。

第5.1.10条 混凝土强度的统计分析结果应及时报送有关部门，以便据以进行混凝土生产过程的质量控制。

第二节 混凝土强度的质量控制方法

第5.2.1条 为了使混凝土具有稳定的质量，满足结构可靠度的要求，应对混凝土的原材料、混凝土配合比及混凝土生产的各道工序进行控制，并根据在生产过程中所测得的各项质量参数分析其变化的原因。对显著影响质量的因素，应及时采取措施予以控制，以保证在以后的生产过程中不致发生严重的质量事故。

第5.2.2条 混凝土强度的质量控制可按下列步骤进行：

一、确定混凝土强度的质量控制目标值。

1．混凝土28d强度和早龄期强度的目标值及相应的强度标准差目标值，应根据正常生产中测试所得的混凝土强度资料，按月（或季）求得混凝土28d和早龄期强度平均值（28d强度平均值应略高于或等于混凝土配制强度）及其标准差，并从中选择最有代表性的数值作为目标值。

2．强度不低于要求强度等级值的百分率的目标值，应根据本单位混凝土生产的质量水平确定，一般取值应大于85％。

二、选定与绘制混凝土强度质量管理图。

1．对混凝土强度的质量控制宜采用计量型的单值——极差管理图（$X-R_s-R_m$）和均值——极差管理图（$X-R$）。在进行统计控制的初级阶段或不易分批的情况下，宜采用单值——极差管理图；当质量开始稳定或可以分批时，可采用均值——极差管理图。

2．选定管理图后，利用正常生产中积累的同类混凝土强度数据，计算其均值与标准差，求出管理图的各条控制线，绘制管理图，其具体方法见附录二。

3．在生产中，应随时将测试值在管理图上画点，根据图上点子的分布状况取得混凝土强度（或其它质量参数）的质量信息，按管理图的判断规则（见附录二）确定生产是否处于控制状态。

4．为及时提供混凝土生产过程中的质量信息，绘制质量管理图时，混凝土强度的质量指标可采用混凝土快速测定强度或混凝土其它早龄期强度（如出池强度等）。

为便于分析混凝土强度的变异原因，有条件时尚可绘制稠度管理图、水灰比管理图等。

三、分析影响混凝土强度变异的因素。当在管理图上发现异常情况时，应对影响混凝土强度的因素进行分析，可绘制因果分析图。据此确定影响混凝土强度异常的主要因素。

四、确定解决主要问题的对策。针对影响混凝土强度的因素分析和要解决的主要问题，应编制对策表，并检查主要问题的解决情况。

对上述控制内容的执行结果，应定期进行分析和总结。其统计分析期（或称升级循环期），对预制混凝土构件厂和预拌混凝土厂可取1个月，对其它类型的建筑企业可根据具体情况确定，分析执行统计管理的效果、存在的主要问题及其原因，确定下个循环的主攻方向和提出下一个循环质量指标的目标值。

第三节　混凝土强度的合格评定

第5.3.1条　混凝土强度应分批进行合格评定，同一验收批的混凝土应由强度等级相同、龄期相同及生产工艺和配合比基本相同的混凝土组成。同一验收批的混凝土强度，应以同批内全部标准试件的强度代表值来评定。

第5.3.2条　按统计方法评定混凝土强度时，应按下述规定进行：

一、当混凝土的生产条件在较长时间内能保持基本相同，且同一品种混凝土的强度变异性能保持稳定的单位，由连续的3组试件组成一个验收批，其强度应同时符合下列两式的规定：

$$m_{f_{cu}} \geq f_{cu,k} + 0.7\sigma_0 \quad (5.3.2\text{-}1)$$

$$f_{cu,min} \geq f_{cu,k} - 0.7\sigma_0 \quad (5.3.2\text{-}2)$$

当混凝土强度等级小于或等于C20时，$f_{cu,min}$尚应满足下式要求：

$$f_{cu,min} \geq 0.85 f_{cu,k} \quad (5.3.2\text{-}3)$$

当混凝土强度等级大于C20时，$f_{cu,min}$尚应满足下式要求：

$$f_{cu,min} \geq 0.90 f_{cu,k} \quad (5.3.2\text{-}4)$$

式中　$m_{f_{cu}}$——同一验收批混凝土立方体抗压强度的平均值（N/mm²）；

$f_{cu,min}$——同一验收批混凝土立方体抗压强度的最小值（N/mm²）；

$f_{cu,k}$——混凝土立方体抗压强度标准值（N/mm²）；

σ_0——验收批混凝土立方体抗压强度标准差(N/mm²)。

验收批混凝土的强度标准差，应根据前一个检验期的同一品种混凝土试件的强度数据按下式确定：

$$\sigma_0=\frac{0.59}{m}\sum_{i=1}^{m}\Delta f_{cu,i} \qquad (5.3.2\text{-}5)$$

式中 $\Delta f_{cu,i}$——第 i 批试件强度的最大值和最小值之差（N/mm²）；

m——用以确定验收批混凝土立方体抗压强度标准差 σ_0 的数据总批数。

注：上述检验期不应超过3个月，且在该期间内的总批数 m 不得少于15。

二、当混凝土的生产条件不能在较长时间保持基本相同，且混凝土强度变异性不能保持稳定的单位，或由于前一个检验期内的同一品种混凝土没有足够的试件强度数据来确定 σ_0 时，则每一个验收批的混凝土试件应不少于10组，其强度应同时符合下列两式的规定：

$$m_{fcu}-\lambda_1 s_{fcu}\geqslant 0.9f_{cu,k} \qquad (5.3.2\text{-}6)$$

$$f_{cu,min}\geqslant \lambda_2 f_{cu,k} \qquad (5.3.2\text{-}7)$$

式中 s_{fcu}——n组试件强度的标准差，当 s_{fcu} 的计算值小于 $0.06f_{cu,k}$ 时，应取 $s_{fcu}=0.06f_{cu,k}$；

λ_1、λ_2——合格判定系数，按表5.3.2取用。

验收批混凝土立方体抗压强度的标准差可按下式计算：

$$s_{fcu}=\sqrt{\frac{\sum_{i=1}^{n}f_{cu,i}^2-nm^2_{fcu}}{n-1}} \qquad (5.3.2\text{-}8)$$

式中 $f_{cu,i}$——第 i 组混凝土试件的立方体抗压强度值（N/mm²）；

n——一个验收批混凝土试件的组数。

混凝土强度的合格判定系数　　表5.3.2

试件组数（n）	10～14	15～24	≥25
λ_1	1.70	1.65	1.60
λ_2	0.90	0.85	0.85

第5.3.3条　按非统计方法评定混凝土强度时，其强度应同时符合下列两式的规定：

$$m_{fcu}\geqslant 1.15f_{cu,k} \qquad (5.3.3\text{-}1)$$

$$f_{cu,min}\geqslant 0.95f_{cu,k} \qquad (5.3.3\text{-}2)$$

第5.3.4条　当混凝土强度不符合第5.3.2条或第5.3.3条的规定时，应由有关方面共同商定结构或构件中混凝土强度的复验方案或补救措施。

注：按TJ10-74规范设计的结构或构件，其混凝土强度按本标准进行检验评定时，应先将设计规定的混凝土标号按附录一的规定换算为混凝土强度等级，并以其相应的混凝土立方体抗压强度标准值 $f_{cu,k}$（N/mm²）按本章的规定进行强度的检验评定。

第六章 预制混凝土构件的质量控制

第一节 模 板

第6.1.1条 各类模板必须有足够的承载力、刚度和稳定性，并应构造简单、合理，支拆方便，适应钢筋入模、混凝土浇筑和养护工艺的要求。在生产过程中，应能承受各种外力的影响而不变形，保证构件各部形状尺寸的准确。

短线生产的钢模板，应通过设计计算，保证其承载力和刚度能满足预应力钢筋张拉、成型和起吊时的要求。

第6.1.2条 模板的接缝，不应漏浆。模板与混凝土的接触面应平整光洁。周转使用的模板，每次使用后必须清理干净。

第6.1.3条 长线台座的台面应平整，不得有下沉、开裂、空鼓、起皮、起砂等缺陷，其不平整度在2m内不应超过3mm。台座的长度以100m左右为宜，不宜超过150m，也不宜小于50m。台座应设置伸缩缝，伸缩缝的间距应根据地区自然条件和生产的构件类型确定，一般宜在10～20m之间。伸缩缝宽应为20～30mm，内嵌木条或浇注沥青。当采用预应力混凝土滑动台面，台座的基层与面层之间有可靠的隔离措施时，可不设置伸缩缝。

在施工现场预制混凝土构件，也应有木底模或混凝土台座。

第6.1.4条 预制构件模板尺寸的允许偏差和检验方法应符合表6.1.4的规定。

第6.1.5条 连续周转使用的模板应设专人管理，并应建立不定期的小修和定期的大修制度。

第6.1.6条 各类模板在堆放时要注意平稳，不应产生扭翘和变形。大块的木模板在堆放时宜立放，并应加以覆盖，以防日晒雨淋、开裂变形。长期放置暂不使用的模板应在清模后涂上隔

模板尺寸的允许偏差及检验方法 表6.1.4

项次	项目		允许偏差（mm）						检验方法
			薄腹梁、桁架	梁	柱	板	墙板	桩	
1	长		±10	±5	0 −10	±5	0 −5	±10	用尺量两角边取其中较大值
2	宽		+2 −5	+2 −5	+2 −5	0 −5	0 −5	+2 −5	用尺量测一端及中部，取其中较大值
3	高（厚）		+2 −5	+2 −5	+2 −5	+2 −3	0 −5	+2 −5	
4	侧向弯曲		l/1500且≤15	l/1000且≤15	l/1000且≤15	l/1000且≤15	l/1500且≤15	l/1500且≤15	拉线，用尺量测最大弯曲处
5	表面平整		3	3	3	3	3	3	用2m靠尺和塞尺量测
6	拼板表面高低差		1	1	1	1	1	1	
7	中心位置偏移	插筋、预埋件	5	5	5	5	5	5	用尺量测纵、横两中心线位置，取其中较大值
		安装孔	3	3	3	3	3	桩尖5	
		预留洞	10	10	10	10	10	10	
8	主筋保护层厚		+5 −3	+5 −3	+5 −3	±3	+5 −3	±3	用尺量测
9	对角线差					7	5	桩顶 3	用尺量两个对角线
10	翘曲					l/1500	l/1500	桩顶 1	用调平尺在两端量测
11	设计起拱		±3	±3					拉线，用尺量测跨中

注：l为构件长度（mm）。

离剂保护，恢复使用前应经过整修，检查合格后方能使用。

第6.1.7条 新制作的木模板尺寸的允许偏差应符合表6.1.4的规定。新制作的钢模板为保证在重复使用时能达到要求的精度，可采用表6.1.7-1至表6.1.7-5规定的允许偏差和检验方法进行检验。

空心板钢模板尺寸的允许偏差及检验方法　　表6.1.7-1

项次	项目		允许偏差（mm）	检验方法
1	长度		+1 −4	用尺量两角边，取其中较大值
2	宽度		0 −4	用尺量测一端及中部，取其中较大值
3	高度		0 −3	用尺量测一端及中部，取其中较大值
4	对角线差	$l\leqslant4200$	3	用尺量两个对角线
		$l>4200$	5	
5	侧向弯曲		$l/1000$，且≤3	拉线，用尺量测最大弯曲处
6	翘曲		$l/1500$	用钢平尺在两端量测
7	底模板面平整度		2	用2m靠尺和塞尺量测
8	组装缝隙	端、侧模与底模间	1	用塞片或塞尺量测
		端模与侧模间	1	

续表

项次	项目		允许偏差（mm）	检验方法
9	主筋保护层厚度		±3	用尺量测
10	张拉板、梳筋条、端模槽口同心度		1	拉线，用尺量测
11	侧模与底模垂直度	$h\leqslant200$	1	用直角尺和塞尺量测
		$h>200$	2	
12	张拉板	螺杆、拉孔中心位移	2	用尺量测
		表面平整	2	用靠尺和塞尺量板底部
13	端模（堵头板）	预应力钢筋槽口尺寸	+2 0	用尺量测
		预应力钢筋槽口位移	2	
		芯管孔中心线位移	1	
14	起拱		$<l/1500$，且≤3	拉线，用尺量跨中

注：表内l为构件长度（mm），h为构件高度（mm）。

带肋板类构件钢模板尺寸的允许偏差及检验方法　　表6.1.7-2

项次	项目	允许偏差（mm）	检验方法
1	长度	+1 −4	用尺量两角边，取其中较大值
2	宽度	0 −4	用尺量测一端及中部，取其中较大值
3	高度	+0 −3	用尺量测一端及中部，取其中较大值

续表

项次	项目		允许偏差（mm）	检验方法
4	端肋、纵肋宽度		+1 −2	用尺量
5	板厚		+1 −2	
6	对角线差	$l\leqslant4200$	3	用尺量两个对角线
		$l>4200$	5	
7	侧向弯曲		$l/1500$，且≤3	拉线，用尺量测最大弯曲处
8	翘曲		$l/1500$	用钢平尺在两端量测
9	底模板面平整度		2	用2m靠尺和塞尺量测
10	组装缝隙	端、侧模与底模间	1	用塞片或塞尺量测
		端模与侧模间	1	
11	预埋件、预留孔中心位移		3	用尺量测纵、横两中心位置
12	端模与侧模高低差		1	用尺量测
13	主筋保护层厚度		±3	
14	端模预应力钢筋槽口位移		2	
15	侧模与底模垂直度	$h\leqslant200$	1	用直角尺和塞尺量测
		$h>200$	2	

续表

项次	项目	允许偏差（mm）	检验方法
16	起拱	$l/1500$，且≤3	拉线，用尺量跨中

注：①表内l为构件长度（mm），h为构件高度（mm）；
②带肋板类构件包括：大型屋面板，槽型板，工业墙板，单、双T型板，天沟板，檐口板，楼梯段等。

墙板类构件钢模板尺寸的允许偏差及检验方法　　表6.1.7-3

项次	项目		允许偏差（mm）	检验方法
1	长度		0 −4	用尺量两角边，取其中较大值
2	宽度		0 −4	
3	厚度	$h\leqslant200$	0 −2	用尺量测一端及中部 取其中较大值
		$h>200$	0 −4	
4	对角线差	$l\leqslant4200$	3	用尺量两个对角线
		$l>4200$	5	
5	侧向弯曲		$l/1500$，且≤3	拉线，用尺量测最大弯曲处
6	翘曲		$l/1500$	用钢平尺在两端量测
7	底模板面平整度		2	用2m靠尺和塞尺量测

续表

项次	项目			允许偏差（mm）	检验方法
8	组装缝隙	端、侧模与底模间		1	用塞片或塞尺量测
		端模与侧模间		1	
9	预埋件、插筋、安装孔、预留孔中心线位移			3	用尺量测纵、横两中心位置
10	端模与侧模高低差			1	用尺量测
11	主筋保护层厚度			+5 −3	
12	门窗口模	厚度	$h\leqslant200$	0 −2	
			$h>200$	0 −4	
		长度、宽度		0 −4	
		中心线位移		3	用尺量测纵、横两中心位置
		垂直度		3	用直角尺和塞尺量测
		对角线差		3	用尺量两个对角线

注：①表内l为构件长度，h为构件厚度（mm）；

②墙板类构件包括内外墙板、内隔墙板、阳台隔板等。

梁类构件钢模板尺寸的允许偏差及检验方法　　表6.1.7-4

项次	项目		允许偏差（mm）	检验方法
1	长度	梁	+1 −4	用尺量两角边，取其中较大值
		薄腹梁	+5 −5	

续表

项次	项目		允许偏差（mm）	检验方法
2	宽度	梁	0 −4	用尺量测一端及中部，取其中较大值
		薄腹梁	+2 −5	
3	高度	$h\leqslant200$	0 −2	
		$h>200$	0 −4	
4	侧向弯曲	梁	$l/1000$且$\leqslant5$	拉线，用尺量测最大弯曲处
		薄腹梁	$l/1500$且$\leqslant5$	
5	表面平整度		2	用2m靠尺和塞尺量测
6	插筋、预埋件、安装孔、预留孔中心线位移		3	用尺量测纵、横两中心位置
7	主筋保护层厚度		+5 −3	用尺量测
8	侧模与底模垂直度	$h\leqslant200$	1	用直角尺和塞尺量测
		$h>200$	2	
9	组装缝隙	端、侧模与底模间	1	用塞片或塞尺量测
		端模与侧模间	1	
10	起拱		$l/1500$，且$\leqslant3$	拉线，用尺量跨中

注：①表内l为构件长度（mm），h为构件高度（mm）；

②梁类构件包括：大梁、吊车梁、T形梁、薄腹梁、基础梁等。

柱、桩类构件钢模板尺寸的允许偏差及检验方法　　表6.1.7-5

项次	项目		允许偏差（mm）	检验方法
1	长度	柱	0 −5	用尺量两角边，取其中较大值
		桩	+5 −5	
2	宽度	柱	+1 −4	用尺量测一端及中部，取其中较大值
		桩	+2 −5	
3	高度		+2 −5	
4	侧向弯曲	柱	$l/1000$，且≤5	拉线，用尺量测最大弯曲处
		桩	$l/1500$，且≤5	
5	表面平整度		2	用2m靠尺和塞尺量测
6	插筋、预埋件、预留孔、桩尖中心线位移		3	用尺量测纵、横两中心位置
7	主筋保护层厚度	柱	+5 −3	用尺量测
		桩	±3	
8	侧模与底模垂直度	h≤200	1	用直角尺和塞尺量测
		h>200	2	
9	组装缝隙	端、侧模与底模间	1	用塞片或塞尺量测
		端模与侧模间	1	
10	端模与侧模高低差		1	用尺量测

续表

项次	项目		允许偏差（mm）	检验方法
11	侧模与端模垂直度		2	用直角尺和塞尺量测
12	柱牛腿支承面位置		±3	用尺量测
13	桩顶对角线差		2	用尺量两个对角线
14	桩顶翘曲		1	用尺量测

注：表内l为构件长度（mm），h为构件高度（mm）。

第6.1.8条　各类模板应分别按下列规定进行检验：

一、新制作或大修后的模板，必须逐件（套）检查验收，并做好检查记录。

二、连续周转使用的模板，每班应抽查1～2件（套）。

三、模外张拉的钢模，当抽检模板的刚度和钢筋保护层时，应在施加预应力状态下进行。

第二节　钢筋和预埋件

（Ⅰ）原材料的验收和管理

第6.2.1条　钢筋进厂（场）前，必须按照第二章的有关规定进行检查验收；进厂（场）后，应建立严格的管理制度，分批按品种、牌号、规格及试验编号挂牌码放。

（Ⅱ）冷拉和冷拔

第6.2.2条　钢筋冷拉可采用控制应力或控制冷拉率的方法进行。用控制冷拉率的方法冷拉钢筋时，被冷拉的钢筋必须是同一炉批，冷拉率必须经试验确定。测定冷拉率时的冷拉应力应符合表6.2.2-1的规定。

测定冷拉率时钢筋的冷拉应力 表6.2.2-1

项次	钢筋级别		冷拉应力（N/mm²）
1	Ⅰ级 $d \leq 12$		310
2	Ⅱ级	$d \leq 25$	480
		d为28～40	460
3	Ⅲ级 d为8～40		530
4	Ⅳ级 d为10～28		730

注：①如钢筋强度偏高，测定的平均冷拉率低于1%时，仍应按1%进行冷拉；

②表内d表示钢筋直径，其计量单位为mm。

用控制应力的方法冷拉钢筋时，控制应力及最大冷拉率应符合表6.2.2-2的规定。

冷拉控制应力及最大冷拉率 表6.2.2-2

项次	钢筋级别		冷拉控制应力（N/mm²）	最大冷拉率（%）
1	Ⅰ级 $d \leq 12$		280	10
2	Ⅱ级	$d \leq 25$	450	5.5
		d为28～40	430	
3	Ⅲ级 d为8～40		500	5
4	Ⅳ级 d为10～28		700	4

注：d表示钢筋直径，其计量单位为mm。

第6.2.3条 冷拉钢筋、冷拔钢丝和镦头预应力钢筋的允许偏差和外观质量应符合表6.2.3的规定。

冷拉钢筋、冷拔钢丝和镦头预应力钢筋的允许偏差和外观质量要求 表6.2.3

项次	钢筋种类	项目			允许偏差和外观质量要求
1	冷拉钢筋	拉长率（%）	Ⅰ级钢		±1
			Ⅱ、Ⅲ级钢		±0.5
			Ⅳ级钢		$^{+0.2}_{0}$
		表面裂纹			不应有
2	冷拔钢丝	非预应力钢丝直径（mm）	$d \leq 4$		±0.10
			$d>4$		±0.15
		预应力钢丝直径（mm）	$d \leq 4$		±0.08
			$d>4$		±0.10
		表面裂纹、斑痕			不应有
3	冷镦头预应力钢筋	同组钢丝有效长度极差			2mm
		镦头直径			$\geq 1.5d$
		镦头厚度			$\geq 0.7d$
		镦头中心偏移			不应有
4	热镦头预应力钢筋	镦头直径			$\geq 1.5d$
		镦头中心偏移			不应有
		同组钢筋有效长度极差（mm）	长度>4.5m		3
			长度≤4.5m		2

注：d为钢筋或钢丝直径（mm）。

第6.2.4条 冷拉钢筋、冷拔钢丝和镦头预应力钢筋，除应按第二章第八节的规定进行相应的力学性能试验外，还应按下列规定进行允许偏差和外观质量检验。

一、每工作班抽样检查不应少于1次，每次以同一班组、同一品种的产品为1批。抽查数量不应少于3件。

二、抽样样品质量符合表6.2.3的规定者为合格。不合格时，应分析原因，采取切实可行的措施后，产品可经返修或处理后使用。

（Ⅱ）调直、切断和弯曲

第6.2.5条 采用冷拉方法调直钢筋时，不需做冷拉后的力学性能试验。Ⅰ级钢筋的冷拉率不宜大于4%；Ⅱ、Ⅲ级钢筋的冷拉率不宜大于1%。如所使用的钢筋无弯钩和弯折要求时，冷拉率可适当放宽：Ⅰ级钢筋不宜大于6%；Ⅱ、Ⅲ级钢筋不宜大于2%。

Ⅱ、Ⅲ级钢筋不宜用锤打调直，Ⅳ级钢筋严禁用锤打调直。

第6.2.6条 经调直后的钢筋应平直，不应有局部弯曲。表面不应有明显擦伤和油污。

第6.2.7条 预制构件的吊环必须使用未经冷拉的Ⅰ级热轧钢筋制作。小型构件也不得使用冷拔钢丝作吊环。

第6.2.8条 钢筋的切断应按钢筋配料表上规定的级别、直径、尺寸等进行。切断后的钢筋断口应平整，不应有马蹄形和起弯现象。钢筋表面有劈裂、夹心、缩颈、明显损伤或弯头者，必须切除。

第6.2.9条 钢筋的弯钩或弯折应符合下列规定：

一、Ⅰ级钢筋末端需要作180°弯钩，其圆弧弯曲直径（D）不应小于钢筋直径（d）的2.5倍，平直部分长度不宜小于钢筋直径（d）的3倍。

二、Ⅱ、Ⅲ级钢筋末端需作90°或135°弯折时，Ⅱ级钢筋的弯曲直径（D）不宜小于钢筋直径（d）的4倍；Ⅲ级钢筋不宜小于钢筋直径（d）的5倍。平直部分长度应按设计要求确定。

三、弯起钢筋中间部位弯折处的弯曲直径（D），不应小于钢筋直径（d）的5倍。

四、用Ⅰ级钢筋或冷拔钢丝制作的箍筋，其末端应作弯钩，弯钩的弯曲直径应大于受力钢筋直径，且不小于箍筋直径的2.5倍。弯钩的平直部分，一般构件不宜小于箍筋直径的5倍。弯钩的形式宜采用135°圆弧弯钩。

五、当采用进口钢筋时，钢筋的弯钩或弯折应按《进口热轧变形钢筋应用若干规定》进行。

钢筋调直、切断和弯曲成型的允许偏差和外观质量要求 表6.2.10

项次	工序名称	项目			允许偏差和外观质量要求
1	调直	局部弯曲（mm）（2m长度内）		冷拉调直	4
				调直机调直	2
		表面划伤或锤痕			不应有
2	切断	长度（mm）	用于镦头	切断机切断	±2
				调直机切断	±1
			用于一般构件		+3 −5
		对焊钢筋切断口呈马蹄形			不应有
3	弯曲	箍筋内径尺寸（mm）			±5
		弯起钢筋弯折点位置（mm）			±20
		焊接接头与起弯点距离			≥10d

第6.2.10条 钢筋调直、切断和弯曲成型的允许偏差和外观质量应符合表6.2.10的规定。

第6.2.11条 钢筋的调直、切断和弯曲成型应按下列规定进行检验：

一、每工作班抽样检查不应少于1次，每次以同一班组、同一品种的产品为一批，抽查数量不应少于3件。

二、抽样样品质量符合表6.2.10中的规定者为合格。不合格时，应分析原因，采取切实可行的措施后，产品可经返修或处理后使用。

（Ⅳ）焊　　接

第6.2.12条 热轧钢筋的纵向连接，应采用闪光对焊或电弧焊；钢筋的交叉连接宜采用电阻点焊；预埋件宜采用埋弧压力焊或电弧焊。高强钢丝、冷拔钢丝、Ⅳ级钢筋不得采用电弧焊。冷拉钢筋的闪光对焊或电弧焊应在冷拉前进行。

第6.2.13条 从事钢筋焊接生产的焊工必须持有考试合格证。进行钢筋闪光对焊、电阻点焊或弧焊时，应分别按第6.2.16条、第6.2.25条及第6.2.31条的规定试验合格后，方可按选定的焊接参数进行生产。

第6.2.14条 进口钢筋进行焊接前，应分批进行化学分析试验。

当钢筋化学成分符合下列规定时，方可采用电弧焊或闪光对焊：

一、含碳量小于等于0.3%；

二、碳当量（C_H）小于等于0.55%；

三、含硫量小于等于0.05%；

四、含磷量小于等于0.05%。

注：碳当量（C_H）可近似按$C_H(\%)=\left(C+\frac{Mn}{6}\right)$计算，式中C和Mn分别表示含碳量和含锰量。

含碳量和碳当量超出上述规定时，不宜进行电弧焊，如需进行闪光对焊，应有试验依据和保证焊接质量的可靠措施。

第6.2.15条 符合第6.2.14条要求的进口钢筋，如需与国产钢筋或预埋铁件焊接时，应预先进行焊接试验和质量检验。焊接接头质量不合格时，不得采用焊接连接。

（Ⅴ）对　　焊

第6.2.16条 对焊钢筋前，为了选择合理的焊接参数，在每批钢筋（或每台班）正式焊接前，应焊接6个试件，其中3个做拉伸试验，3个做弯曲试验。经试验合格后，方可按选定的焊接参数成批生产。

第6.2.17条 直径较小的钢筋的对焊，可采用连续闪光焊。钢筋直径较大（大于22mm）时，宜采用预热闪光焊或闪光—预热—闪光焊。Ⅳ级钢筋必须采用预热闪光焊或闪光—预热—闪光焊。

第6.2.18条 为避免电压波动影响对焊的质量，焊工应随时注意电源电压的变化情况。如电压降大于5%时，应将选定的变压器级数提高；如电压降达到8%时，应停止焊接。用气压顶压的焊机进行对焊时，焊工还应随时注意气压压力表读数，当气压小于0.45MPa（4.5kgf/cm²）时，应暂停焊接。

第6.2.19条 为保证钢筋焊接接头的质量，对焊时应遵守下列事项：

一、焊接前和施焊过程中，应检查和调整电极位置，拧紧夹具丝杆。钢筋在电极内必须夹紧，电极钳口如有变形，应立即调换或修理。

二、钢筋端头带有起弯或呈“马蹄”形时不得焊接。

三、钢筋端头120mm范围内的铁锈和油污必须清除干净。

四、焊接过程中粘附在电极上的氧化铁应随时清除干净。

五、焊接后稍冷却才能松开电极钳口，取出钢筋时必须平稳，且应轻放、平放，以免接头弯折。

第6.2.20条 在钢筋对焊过程中，如出现异常现象或焊接缺陷时，应按下列方法予以消除：

一、烧化过分剧烈并产生强烈的爆炸声：降低变压器级数或减慢烧化速度。

二、闪光不稳定：清除电极底部和表面的氧化物，提高变压器级数和加快烧化速度。

三、焊接接头中有氧化膜、未焊透或夹渣：增加预热程度，避免过早切断电流，加快临近顶锻时的烧化速度及顶锻速度，并增加顶锻压力。

四、接头中有缩孔：降低变压器级数，避免烧化过程过分强烈，并适当加大顶锻留量及顶锻压力。

五、焊缝金属过烧或热影响区过热：降低变压器级数，并应正确控制有电顶锻留量及速度，减小预热程度，加快烧化速度，缩短焊接时间，避免过多带电顶锻。

六、接头区域有裂纹：增加预热程度，并应检验钢筋的碳、硫、磷含量是否合乎要求。

第6.2.21条 受力钢筋采用焊接接头时，设置在同一构件内的焊接接头应相互错开。在任一焊接接头中心至长度为钢筋直径 d 的 35 倍且不小于 500mm 区段内，同一钢筋不得有两个接头；在该区段内有接头的受力钢筋截面面积占受力钢筋总截面面积的百分率，应符合下列规定：

一、非预应力钢筋。

1．受拉区：不宜超过50%；

2．受压区和装配式构件连接处：不限制。

二、预应力钢筋。

1．受拉区：不宜超过25%，当有保证焊接质量的可靠措施时，可放宽至50%；

2．受压区和后张法的螺丝端杆：不限制。

注：①接头位置宜设在受力较小处，在同一根钢筋上应尽量少设接头；

②承受均布荷载作用的屋面板、楼板、檩条等简支受弯构件，如在受拉区内配制少于3根受力钢筋时，可在跨度两端各1/4跨度范围内设置一个焊接接头；

③焊接接头距钢筋弯曲处，不应小于钢筋直径的10倍，也不宜位于构件的最大弯矩处。

第6.2.22条 钢筋闪光对焊接头的质量检查应包括外观检查和力学性能试验。

对焊接头的外观检查，应以同一工作班内、由同一焊工、按同一焊接参数完成的200个同类型接头为一批。每批抽查10%的接头，并不得少于10个。

对焊接头的力学性能试验包括拉伸试验和弯曲试验。应从每批成品中切取6个试件。其中3个进行拉伸试验，3个进行弯曲试验。

注：①一周内连续焊接时，可以累计计算批量，一周内累计不足200个接头时，亦按一批计算；

②焊接等长的预应力钢筋（包括螺丝端杆与钢筋的焊接接头），可按生产条件制作模拟试件。

钢筋闪光对焊接头的外观质量要求　　表6.2.23

项次	项目		质量要求
1	接头处横向裂纹		不应有
2	与电极接触处钢筋表面烧伤	Ⅰ、Ⅱ、Ⅲ级钢筋	允许轻微
		Ⅳ级钢筋	不应有
3	接头处两根钢筋的轴线的允许偏差	弯折	≤4°
		偏移	≤0.1d，且≤2mm

注：①表内d为钢筋直径（mm）；

②低温对焊时，对于Ⅱ、Ⅲ、Ⅳ级钢筋，均不应有烧伤。

第6.2.23条 钢筋闪光对焊接头的外观质量检查结果应符合表6.2.23的要求。

当有一个接头不符合要求时，应对全部接头进行检查，剔出不合格品。不合格接头经切除重焊后，可提交二次验收。

第6.2.24条 钢筋闪光对焊的力学性能的试验结果应符合表6.2.24的要求。

钢筋闪光对焊接头的力学性能试验的质量要求及处理方法　　表6.2.24

项次	项　目	质量要求	处理方法
1	拉伸试验	(1)3个试件的抗拉强度均不得低于该级别钢筋的规定抗拉强度值 (2)至少有2个试件断于焊缝之外，并呈塑性断裂	当试验结果有一个试件的抗拉强度低于规定强度值，或有2个试件在焊缝或热影响区发生脆性断裂时，应取双倍数量的试件进行复验。复验结果，若仍有1个试件的抗拉强度低于规定指标，或有3个试件呈脆性断裂，则该批接头即为不合格品
2	弯曲试验	在弯心直径分别为$2d$（Ⅰ级钢）、$4d$（Ⅱ级钢）、$5d$（Ⅲ级钢）或$7d$（Ⅳ级钢）的情况下，弯曲至90°时，接头外侧不得出现宽度大于0.15mm的横向裂纹	试验结果如有2个试件未达到规定要求时，应取双倍数量的试件进行复验。复验结果若有3个试件不符合要求，该批接头即为不合格品

注：①表内d为钢筋直径（mm）；

②直径大于25mm的钢筋对焊接头，作弯曲试验时，弯心直径应增加一个钢筋直径；

③模拟试件的检验结果不符合要求时，复验应从成品中切取试件，其数量和要求与初试时相同；

④预应力钢筋与螺丝端杆的对焊接头只作拉伸试验，但要求全部试件断于焊缝之外，并呈塑性断裂。

（Ⅶ）点焊

第6.2.25条 点焊钢筋前，为了选择合理的焊接参数，在每批钢筋（或每台班）正式焊接前，应焊接6个试件，其中3个做抗剪试验，3个做拉伸试验。经试验合格后，方可按选定的焊接参数成批生产。

第6.2.26条 点焊钢筋骨架和钢筋网片时，应按下列规定进行焊接：

一、焊接骨架的所有钢筋相交点必须焊接。

二、当焊接网片只有一个方向受力时，受力主筋与两端边缘的两根锚固横向钢筋的全部相交点必须焊接；当焊接网两个方向受力时，则四周边缘的两根钢筋的全部相交点均应焊接；其余的相交点可间隔焊接。

第6.2.27条 为保证点焊质量，焊接时应遵守下列规定：

一、正确选择焊接参数。钢筋点焊以采用大电流、短时间、高压力为宜。选用的参数经焊件试验合格后，才能用于成批生产。

二、试焊前应清除钢筋表面锈蚀、氧化铁皮、杂物和泥渣等，使焊接时钢筋表面接触良好，提高焊接强度。

三、注意电压的变化，电压升高或降低应控制在不超过5%的范围内。

四、如发现焊点过烧现象，应降低变压器级数，缩短通电时间，校正电极，重新调整焊接参数，经试验合格后再焊接成品。

五、如发现焊点脱落，应提高变压器级数，加大弹簧压力或调大气压，调整两电极间的距离，延长通电时间。

六、如发现钢筋表面烧伤，应清刷电极和钢筋表面的铁锈和油污，并应根据钢筋品种与直径的不同调整电极压力。

第6.2.28条 点焊焊接骨架和焊接网片的质量检查应包括外观检查和强度检验。

焊接骨架和焊接网片的外观检查，应以200件同一类型制品为一批，分批抽检。一般制品每批抽查5%；梁、柱、桁架等重要制品每批抽查10%；且均不应少于3件。

强度检验时，试件应从每批成品中切取。热轧钢筋焊点应作抗剪试验，试件为3件；冷拔钢丝的焊点，除应作抗剪试验外，还应对较小钢丝作拉伸试验，试件各为3件。

非承重的焊接骨架和焊接网片，可只进行外观检查，不作强度检验。

第6.2.29条 点焊焊接骨架和焊接网片的外观尺寸偏差应符合表6.2.29的规定。

点焊焊接骨架和焊接网片的外观尺寸允许偏差　　表6.2.29

项次	项目		允许偏差（mm）
1	压入深度	热轧钢筋	较小直径的25%～45%
		冷拔低碳钢丝	较小直径的25%～35%
2	焊接网片	长　度	±10
		宽　度	±10
		网眼尺寸	±10
		对角线差	10
3	焊接骨架	长　度	±10
		宽　度	±5
		高　度	±5
		箍筋间距	±10
4	受力主筋	间　距	±10
		排　距	±5

注：点焊的骨架和网片的焊点不应有脱点、漏点、裂纹及明显的烧伤等缺陷。

当抽验结果不符合上表要求时，则逐件检查，并剔出不合格品。对不合格品经整修后，可提交二次验收。

第6.2.30条 焊点的抗剪试验结果，应符合表6.2.30的规定。拉伸试验结果，应不低于冷拔低碳钢丝乙级的规定数值。

试验结果，如有1个试件达不到上述要求，则取双倍数量试件进行复验。复验结果，若仍有1个试件达不到上述要求，则该批制品即为不合格品。对于不合格品，经采取加固处理后，可提交二次验收。

钢筋焊点抗剪力指标（kN）　　表6.2.30

项次	钢筋级别	较小一根钢筋直径（mm）								
		3	4	5	6	6.5	8	10	12	14
1	Ⅰ级				6.67	7.85	11.87	18.44	26.53	36.19
2	Ⅱ级						16.77	26.18	37.76	51.29
3	冷拔低碳钢丝	2.45	4.41	6.86						

（Ⅶ）弧　焊

第6.2.31条 在进行钢筋电弧焊前，为了选择合理的焊接参数，在每批钢筋（或每台班）正式焊接前，应焊接3个试件做拉伸试验，经试验合格后，方可按选定的焊接参数成批生产。

第6.2.32条 钢筋电弧焊中的帮条焊和搭接焊宜采用双面焊。不能进行双面焊时，也可采用单面焊。

帮条宜采用与主筋同级别、同直径的钢筋制作，其帮条长度见表6.2.32。当帮条级别与主筋相同时，帮条的直径可比主筋直径小一个规格。如帮条直径与主筋相同时，帮条钢筋的级别可比主筋低一个级别。

搭接焊的搭接长度应与帮条长度相同。搭接焊时，钢筋端头应预弯，以保证钢筋轴线在一直线上。焊接时，引弧应在钢筋的施焊位置处，以避免伤及主筋。

Ⅲ级钢筋不应采用搭接焊。

钢筋帮条长度 **表6.2.32**

钢筋级别	焊缝型式	帮条长度
Ⅰ级	单面焊	$\geqslant 8d$
	双面焊	$\geqslant 4d$
Ⅱ、Ⅲ级	单面焊	≥1
	双面焊	≥5

注：d为钢筋直径。

第6.2.33条 钢筋电弧焊接头的质量检查应包括外观检查和强度检验。

外观检查时，应在接头清渣后逐个进行目测或量测。

强度检验时，以300个同类型接头为一批，从成品中每批切取3个接头进行拉伸试验。

第6.2.34条 钢筋电弧焊接头的偏差应符合表6.2.34的规定。外观检验不合格的接头，经修整或补强后可提交二次验收。

钢筋电弧焊接头的允许偏差 **表6.2.34**

项次	项目			允许偏差
1	接头处缺陷	帮条焊接接头中心线的纵向偏移		$\leqslant 0.5d$
		两根钢筋轴线	弯折	$\leqslant 4°$
			偏移	$\leqslant 0.1d$，且≤3mm
2	焊缝	厚度		$-0.05d$
		宽度		$-0.1d$
		长度		$-0.5d$
		焊缝气孔及夹渣的数量和大小（在长$2d$的焊缝表面上）		≤2个，且$\leqslant 6mm^2$
3	横向咬边深度			$\leqslant 0.05d$，且≤0.5mm

注：d为钢筋直径（mm）。

第6.2.35条 钢筋电弧焊接头强度的试验结果应符合表6.2.35的要求。

钢筋电弧焊接头强度检验的质量要求及处理方法 **表6.2.35**

质量要求	处理方法
（1）3个试件的抗拉强度均不得低于该级别钢筋的规定抗拉强度值 （2）至少有2个试件呈塑性断裂	当试验结果不满足规定要求时，应取双倍数量的试件进行复验。复验结果，若仍有一个试件的抗拉强度低于规定指标，或有3个试件呈脆性断裂时，则该批接头即为不合格品

（Ⅷ）预 埋 件

第6.2.36条 预埋件的质量检查应包括外观检查和T形接头强度检验。

外观检查时，应从同一台班内完成的同一类型成品中抽查

10%，并不得少于5件。

T形接头强度检验时，应以300件同类型成品为1批，一周内连续焊接时，可以累计计算。一周内累计不足300件成品时，亦按1批计算。从每批成品中切取3个试件进行拉伸试验。

第6.2.37条 预埋件的允许偏差和外观质量应符合表6.2.37的规定。

预埋件的允许偏差和外观质量要求 **表6.2.37**

项次	项目			允许偏差和质量要求
1	规格尺寸(mm)			0 −5
2	表面平整（mm）	$l\leqslant200$		2
		$l>200$		3
3	锚固筋	长度（mm）		+10，−5
		间距偏差（mm）		±10
4	埋弧压力焊接头	相对钢板的直角偏差（°）		≤4
		咬边深度（mm）		≤0.5
		与钳口接触处的表面烧伤		不明显
		钢板焊穿、凹陷		不应有
5	弧焊焊缝	裂纹		不应有
		大于1.5mm的气孔（或夹渣）		<3个
		贴角焊缝焊脚的高和宽	Ⅰ级钢	$\geqslant0.5d$
			Ⅱ级钢	$\geqslant0.6d$

注：表内d为钢筋直径（mm），l为钢板短边长度（mm）。

检查结果如有1个不符合上述要求时，应逐个进行检查，剔出不合格品。不合格品经修理补强后可提交二次验收。

第6.2.38条 预埋件的T形接头强度检验结果，应符合表6.2.38的要求。对不合格品采取加强焊接后，可提交二次验收。

预埋件的强度检验的质量要求及处理方法 **表6.2.38**

质量要求	处理方法
（1）Ⅰ级钢筋接头不得低于360N/mm²	试验结果，当有1个试件达不到规定要求时，应取双倍数量的试件进行复验
（2）Ⅱ级钢筋接头不得低于500N/mm²	复验结果若仍有1个试件低于规定数值，则该批预埋件即为不合格品

（Ⅸ）绑　　扎

第6.2.39条 钢筋的绑扎应用20～22号镀锌铅丝或火烧丝。绑扎直径在25mm以上的钢筋或大型骨架时，应用双丝。

第6.2.40条 钢筋的绑扎应符合下列要求：

一、被绑扎的钢筋表面不得有油污、泥土、杂物和片状锈。

二、钢筋骨架中的钢筋相交点均应绑扎牢固，不得跳扣和漏绑。

三、钢筋网片中靠近外圈两行钢筋的相交点应全部绑牢。中间部分的相交点可相隔交错绑扎，但必须保证受力钢筋不位移。双向受力钢筋网片的钢筋相交点必须全部绑扎。绑扎时在相邻两个绑扎点处的绑扣应呈八字形或加十字扣，以防网片发生歪斜。

四、箍筋的弯钩叠合处在柱中应沿竖的方向交错布置，在梁中应位于架立筋上且沿纵的方向交错布置。

第6.2.41条 绑扎网和绑扎骨架的质量检查，应在逐件目测的基础上抽件检查。每台班对同一品种的产品应抽检5%，对大型构件应抽检10%，且均不少于3件。绑扎网和绑扎骨架的外形尺寸偏差应符合表6.2.41的规定。

对不合格品经返修后，可提交二次验收。

第6.2.42条 钢筋采用绑扎连接时应符合下列规定：

绑扎网和绑扎骨架的允许偏差　　表6.2.41

项次	项目		允许偏差（mm）
1	网的长度及宽度		±10
2	网眼尺寸		±20
3	骨架的宽度及高度		±5
4	骨架的长度		±10
5	箍筋间距		±20
6	受力钢筋	间距	±10
		排距	±5

一、搭接长度的末端与钢筋弯曲处的距离，不得小于钢筋直径的10倍，接头不宜位于构件最大弯矩处；

二、受拉区域内，Ⅰ级钢筋绑扎接头的末端应做弯钩，Ⅱ、Ⅲ级钢筋可不做弯钩；

三、直径等于和小于12mm的受压Ⅰ级钢筋的末端，以及轴心受压构件中任意直径的受力钢筋的末端，可不做弯钩，但搭接长度不应小于钢筋直径的35倍；

四、钢筋搭接处，应在中间和两端用铁丝扎牢；

五、受拉钢筋绑扎接头的搭接长度，应符合表6.2.42的规定。

受压钢筋绑扎接头的搭接长度，为表6.2.42数值的0.7倍。

第6.3.43条　焊接网采用绑扎连接时，应符合下列规定：

一、受拉焊接网的搭接接头，不宜位于构件的最大弯矩处；

二、受拉焊接网在受力钢筋方向的搭接长度，应符合表6.2.43的规定，受压焊接网在受力钢筋方向的搭接长度，为表6.2.43数值的0.7倍；

三、焊接网在非受力方向的搭接长度宜为100mm。

受拉钢筋绑扎接头的搭接长度　　表6.2.42

项次	钢筋类型	混凝土强度等级			
		<C20	C20	C25	≥C30
1	Ⅰ级钢筋	$45d$	$35d$	$30d$	$25d$
2	Ⅱ级钢筋	$55d$	$45d$	$40d$	$35d$
3	Ⅲ级钢筋	$55d$	$55d$	$50d$	$45d$
4	冷拔钢丝	300mm			

注：①当Ⅱ、Ⅲ级钢筋直径 $d>25$mm时，其受拉钢筋的搭接长度应按表中数值增加$5d$采用；

②当螺纹钢筋直径 $d\leq25$mm时，其受拉钢筋的搭接长度应按表中数值减少$5d$采用；

③在任何情况下，纵向受拉钢筋的搭接长度不应小于300mm，受压钢筋的搭接长度不应小于200mm；

④轻骨料混凝土的钢筋绑扎接头的搭接长度应按普通混凝土搭接长度增加$5d$（冷拔钢丝增加50mm）。

受拉焊接网绑扎接头的搭接长度　　表6.2.43

项次	钢筋类型	混凝土强度等级			
		<C20	C20	C25	≥C30
1	Ⅰ级钢筋	$40d$	$30d$	$25d$	$20d$
2	冷拔钢丝	250mm			

注：①搭接长度除应符合本表规定外，在受拉区不得小于250mm，在受压区不得小于200mm；

②轻骨料混凝土的焊接网绑扎接头的搭接长度，应按普通混凝土搭接长度增加$5d$（冷拔钢丝增加50mm）。

第6.2.44条 各受力钢筋之间的绑扎接头位置应相互错开。从任一绑扎接头中心至搭接长度l_a的1.3倍区段范围受力钢筋截面面积占受力钢筋总截面面积的百分率，应符合下列规定：

一、受拉区不得超过25%；

二、受压区不得超过50%。

焊接网在构件宽度内，其接头位置应错开。在绑扎接头区段l_a内，受力钢筋截面面积不得超过受力钢筋总截面面积的50%。

绑扎接头中的钢筋的横向净距应大于受力钢筋的直径，且不小于25mm。

第三节 构件生产

（Ⅰ）模板和钢筋的安装

第6.3.1条 第一次使用的新模板，应先由操作者进行自检并经检验部门检查合格后，方可交付使用。连续周转使用的模板，应由操作者进行自检，检验部门抽查。

第6.3.2条 钢筋入模后必须保证受力主筋的混凝土保护层厚度符合设计要求。保护层厚度可用下列方法控制：

一、用塑料或水泥砂浆垫块。垫块厚度应按规定的保护层厚度制作。

二、在长线台座上生产预应力构件时，预应力钢筋的保护层厚度可在构件两端安放横向通长的垫铁或木条来控制。在模板内的钢筋下部可适当放置水泥砂浆垫块，以确保保护层厚度。

三、模外张拉的预应力钢筋保护层厚度可用梳筋条槽孔深度或端头垫板厚度来控制。预应力钢筋必须落到梳筋条槽孔的底部或端头垫板槽口内。

第6.3.3条 钢筋入模时严禁表面沾上作为隔离剂的油类物质。防止钢筋表面沾油可采用下列措施：

一、铺放防油隔条。防油用的隔条可用钢筋、木材或硬塑料制作。钢筋入模前应先在模板内铺放隔条。隔条的厚度应比主筋保护层厚度小2～3mm，长度应比模板宽度小20mm，放置间距不大于1m。待钢筋入模并按要求垫放垫块后，或在预应力筋张拉完毕后，抽出隔条。

二、铺塑料布。在刷好隔离剂的底模上铺放塑料布，然后在塑料布上摆放钢筋并张拉，待钢筋张拉完毕后，抽出塑料布。连续使用的塑料布，沾油面不得朝向钢筋。

三、使用控制钢筋保护层厚度的垫块。垫块必须在模板刷好隔离剂后，钢筋入模前放置。钢筋入模时应随即将垫块垫在主筋的底部。

第6.3.4条 重要结构的非标准承重构件，应逐件进行预检和隐检。同型号连续生产的非标准构件，件数少于10件时应逐件进行预检和隐检；多于10件时其超过部分应以10件为1批，每批抽检不应少于1件。

标准构件中的大型梁、柱、板类及墙板等构件的预检和隐检，按品种应每月抽检一次，每次按班组不应少于3件。

预检的主要内容是对安装后的模板的外形和几何尺寸进行检查。

隐检的主要内容如下：

一、钢筋及钢筋骨架、网片的型号，钢筋的级别、规格、位置和根数，钢筋的弯钩和接头，吊钩位置和保护层厚度；

二、预埋件、插铁、螺栓、电线盒、电线管、预留孔洞等的规格、位置和数量。

对要求逐件进行隐检的构件，生产者对上述隐检项目进行认真地自检后，必须提请质量检验部门进行逐项检查。合格后，双方在隐检验收单上签字后方可浇筑混凝土。

对按期进行隐检的标准构件，生产者必须逐件进行自检，在自检的基础上，由质量检验部门进行抽查。

（Ⅱ）预应力钢筋张拉

第6.3.5条 预应力钢筋的张拉，应采用应力控制方法。在张拉过程中，应校核预应力钢筋的实际伸长值，实际伸长值应不大于计算伸长值的110%，并不得小于计算伸长值的95%。

预应力钢筋的实际伸长值，宜在初应力约为张拉控制应力10%时开始量测，但必须加上初应力以下的推算伸长值，对后张法，尚应扣除构件在张拉过程中的弹性压缩值。

第6.3.6条 预应力钢筋的张拉程序，应按设计规定进行。若设计无规定时，可采取下列程序之一进行：

一、$0 \rightarrow 105\%\sigma_{con} \xrightarrow{\text{持荷2min}} \sigma_{con}$；

二、$0 \rightarrow 103\%\sigma_{con}$。

注：σ_{con}为预应力钢筋的张拉控制应力。

采用冷拔钢丝作预应力钢筋时，张拉程序可按$0 \rightarrow 105\%\sigma_{con}$进行。

第6.3.7条 先张法预应力钢筋放张及后张法预应力钢筋张拉时，构件的混凝土强度必须达到设计规定的数值。设计无规定时，均不得低于设计混凝土强度标准值的75%。

第6.3.8条 生产过程中应按下列规定对钢丝的预应力值进行抽检：

一、长线张拉时，每一工作班应按构件条数的10%抽检，且不得少于1条；短线模外张拉时，每一工作班应按构件数量的1%抽检，且不得少于1件。

二、检测应在张拉完毕后1h进行。

三、在一个构件内全部钢丝预应力的平均值与检测时的设计规定值的偏差不应超过±5%。检测时的预应力设计规定值应在设计图纸中注明。如设计没有规定时，可按表6.3.8取用。

第6.3.9条 张拉机具与设备应定期校验，所用计量仪表和器具应经计量部门检验合格，并做好记录。校验期限应符合下列规定：

一、使用次数较频繁的张拉设备，至少每3个月校验1次；

二、使用次数一般的张拉设备，至少每6个月校验1次；

三、弹簧测力计，至少每半个月至1个月校验1次；

四、凡经过检修或大修的张拉设备，使用前必须校验；

五、首次使用或存放期超过半年的张拉设备，使用前必须校验。

钢丝预应力检测时的设计规定值 表6.3.8

张拉方式		检测时的设计规定值
长线张拉		$0.94\sigma_{con}$
短线张拉	钢丝长度为4m	$0.91\sigma_{con}$
	钢丝长度为6m	$0.93\sigma_{con}$

第6.3.10条 预应力钢筋张拉和放张时，均应填写施加预应力记录表。

（Ⅲ）混凝土的运输、浇筑和振捣

第6.3.11条 运输混凝土的容器内壁应平整光洁、不漏浆、不吸水，便于卸料。粘附在容器内壁的混凝土残渣应经常清理。运输容器用完后，必须清洗干净，不得粘附砂浆或混凝土硬块。

第6.3.12条 混凝土运到浇筑地点，严禁加水。当混凝土的和易性无法保证时，应通过技术部门进行调整，并将调整情况记录备查。

第6.3.13条 使用插入式振捣器振捣混凝土时，振动棒不得碰撞预埋件、模板和钢筋。振捣时各振点要均匀或对称排列，按顺序进行，不得漏振，一般棒距不应超过棒的振动作用半径的1.5倍，亦不得超过300mm。

第6.3.14条 使用表面振动器振捣混凝土时，构件的厚度宜小于200mm。操作时，应由构件一端引向另一端，平拉慢移振动器，直至混凝土不再继续下沉，表面呈现水泥浆为止。

第6.3.15条 使用附着式振动器振捣竖向浇筑的构件，应分层浇筑混凝土。每层高度不宜超过1m。每浇筑一层混凝土需振捣一次。振捣时间应不少于90s，但亦不宜过长。当混凝土表面呈现水泥浆后，即可停止。

（Ⅳ）构件的成型

第6.3.16条 在混凝土台座上用支拆模板生产梁、柱类构件时，应遵守下列规定：

一、钢筋入模前，应在模板底部每隔1～1.5m的距离，在主筋的位置下放置水泥砂浆垫块，以保证混凝土保护层厚度。

二、模板必须具有足够的强度和刚度，同时要贴合紧密，不漏浆，装拆灵活，便于清理。

三、构件中有预埋件时，应按图示尺寸正确安放好，并注意在浇捣时不使其移位。有预留管孔的构件，在混凝土浇筑、振捣和抹面完毕后，当混凝土达到初凝时应将孔管旋转一次，再过30min抽出管子。

四、高度大于600mm的构件，应分两次浇筑和振捣。

五、用快速脱模方式生产的T形梁，侧模板应采用钢模或包铁皮的木模板。梁的挑檐与腹板交界处宜做成圆角，以便于脱模。在振捣混凝土时可采用二次振捣的方式，即在第一次振捣完毕后0.5～1h内再振捣一次，然后将梁的表面抹光（平）压实。侧模的拆除时间，可视天气条件而定。

六、拆模和清模时，不得用铁锤敲打模板。模板拆除后，必须将模板内以及附着在模板上的混凝土残渣清除干净，并随即涂上隔离剂以备再次使用。

第6.3.17条 在长线台面生产预应力构件时应遵守下列规定：

一、生产前应对台面及模板认真清理干净，然后薄而均匀地涂刷隔离剂。待隔离剂干燥后，方可铺放钢丝，以免影响钢丝与混凝土的粘结。

二、铺放钢丝时应注意不使钢丝扭结在一起，并在30～50m的距离内放置临时的梳筋板将钢丝理顺。严禁在铺放、张拉后的钢丝上面踩踏，以防钢丝沾上隔离剂受到污染和位移。

三、当钢丝的长度不够拉通整个台座时，应用20～22号铁丝把两根钢丝缠绕绑扎，不得采用打结接头。冷拔低碳钢丝的绑扎长度不应小于40d（d为钢丝直径，mm），冷拔低合金钢丝不应小于50d，钢丝搭接长度应比绑扎长度大10d。

四、用拉模生产预应力空心板时，应在侧模安装完毕并穿芯后，用方尺在侧模的四角找方，并校核模板的对角线。

五、往模内下料时，应适量和均匀，待混凝土基本铺满和铺匀后开始振动，做到边振动、边找平、边加料。必须保证振捣密实，端头整齐，板面平整，不超高，抽芯后没有裂缝。

六、成型后的构件，必须及时覆盖养护材料或养护罩。在混凝土强度未达到1.2N/mm²前，不得在构件上面踩踏行走。强度达到1.2N/mm²的时间可按表6.3.17估计。

混凝土强度达到1.2N/mm²的大致时间（h）　　表6.3.17

水泥品种	外界温度（℃）			
	1～5	5～10	10～15	15以上
硅酸盐水泥 普通硅酸盐水泥	46	36	26	20
矿渣硅酸盐水泥 火山灰质硅酸盐水泥 粉煤灰硅酸盐水泥	60	38	28	22

注：本表适用于强度为C20及C20级以上的混凝土。

七、放松预应力钢丝时，应先剪断一根，观察钢丝有无滑动，如无滑动，即可继续进行剪断。剪断应从板的中间或两侧开始，逐根对称地进行。预应力放松以后，其余的板可以由一侧向另一侧逐根切断。

第6.3.18条 用机组流水工艺生产预应力空心板时应遵守下列规定：

一、钢模必须具有足够的承载力和刚度。侧模与底板间要贴合紧密，不漏浆。侧模应开启灵活，便于清模。

二、拆模和清模时不得用铁锤敲击模板。拆模后必须将钢模内的混凝土残渣铲除干净，并及时涂好隔离剂。

三、对芯管应注意检查和保养。芯管的表面不应有锈蚀麻坑。芯管的电弧焊接头要打磨平整，不应有局部的鼓包。每日班后，必须将芯管擦拭干净。更换芯管时，每次更换的根数不宜超过总数的1/3。

四、浇筑混凝土前，应检查钢模的锁紧情况以及吊环和网片的位置，并应注意在穿芯后再一次校正吊环的位置，并加以固定。

五、在振捣过程中，应随时检查堵头板、顶丝、张拉板有无松动变形，预应力筋有无跑张。有问题时，应及时处理。

六、抽芯后，应进行面层修整，并逐孔检查有无肋空、肋裂和圆孔底部的裂缝。如有，必须修整好后才能进行养护。

第6.3.19条 用平模生产复合外墙板时应遵守下列规定：

一、混凝土结构层应振捣密实、浇筑平整，以保证铺放加气混凝土块时表面平整。

二、加气混凝土块应预先润湿，摆放应平整，缝隙应均匀，并应确保板肋的规格尺寸。碎的加气混凝土块不可集中使用，粉末状的加气混凝土块不得使用。严禁在混凝土板肋中混入碎的加气混凝土块。

三、铺设上钢筋网时，应用铁叉与底层混凝土连接，防止网片翘起。

四、用平板振动器将面层混凝土振捣平整。

当采用其它复合材料时，可参照本条的规定，按设计要求由生产单位自行制定操作工艺。

（Ⅴ）构件的养护

第6.3.20条 混凝土构件的养护，应在浇筑成型、面层处理后进行，直至达到规定的脱模、放张、起吊或出池(窑)的强度。

第6.3.21条 不论采用何种养护工艺，在构件脱模、放张、起吊或出池(窑)前，必须先试压一组同条件养护的试件。只有当该组试件强度达到规定要求时，方可出池（窑）、脱模、放张和起吊。

第6.3.22条 自然养护的构件，在混凝土浇筑完毕后，应在12h以内加以覆盖和浇水养护。当最高气温高于25℃时覆盖和浇水养护时间尚应适当提前。

浇水养护的延续时间，不得少于7昼夜。浇水次数应能保持混凝土具有足够的润湿状态。

日平均气温低于5℃时，构件不得浇水养护，但应加以覆盖。

第6.3.23条 利用太阳能养护时，可采用塑料薄膜覆盖或喷涂养护剂等措施。薄膜应覆盖密闭，防止构件混凝土失水开裂。

第6.3.24条 采用蒸汽养护混凝土构件时，由于耗能较大，应注意节能。对养护设备（养护池、养护窑、养护盖、蒸汽管道等）应定期维护保养，防止蒸汽和热量散失。在生产过程中，必须认真测温，并做好测温记录。在升温、降温期，应每小时测温1次；在恒温期每2小时测温1次。

第6.3.25条 蒸汽养护的构件，应区分静停、升温、恒温和降温四个不同的养护阶段。

静停时间应根据水泥品种和生产工艺条件确定。一般应在2～4h之间。

升温、恒温和降温的时间也应根据生产工艺条件确定。升、降温速度每小时不得超过25℃。

出池（窑）构件表面温度与周围大气温度相差不得大于30℃；当大气温度为零度以下时，相差不得大于20℃。

最高恒温温度，应根据不同工艺条件、水泥品种和构件类型通过试验确定。

（Ⅵ）夏季和冬期生产

第6.3.26条 在夏季和雨天运送混凝土时，容器的顶部应加遮盖。为防止在露天存放的混凝土拌合物遭雨水冲洗和太阳直晒，应制作活动的布篷将混凝土拌合物遮盖。

第6.3.27条 露天生产构件，雨后应立即扫净台座上和模板内的积水。如果隔离剂被冲掉，应补涂后才能生产。

第6.3.28条 冬期生产（即室外日平均气温连续5d稳定低于5℃时）构件，搅拌混凝土时应优先采用加热水的方法。骨料是否需要加热，视加热水后能否保证混凝土的温度而定。拌合水及骨料加热的温度不得超过表6.3.28的规定。

拌合水及骨料的最高加热温度（°C） 表6.3.28

项次	项目	拌合水	骨料
1	标号小于525号的普通硅酸盐水泥、矿渣硅酸盐水泥	80	60
2	标号等于及大于525号的硅酸盐水泥、普通硅酸盐水泥	60	40

注：水泥不应与80°C以上的水直接接触。当骨料不加热时，水可加热到80°C以上，但应先投入骨料和已加热的水，经搅拌后再投入水泥。

第6.3.29条 冬期生产构件在浇筑混凝土前，应先清除模板内和钢筋上的冰雪和污垢。运输混凝土和浇筑混凝土的容器应有保温措施，并应减少每次送料数量而增加运送次数，以防止混凝土在现场停留时间过长受冻。

第6.3.30条 冬期生产构件，应加快混凝土振捣和抹面工序的速度，防止混凝土的热量散失。在混凝土进行加热养护以前，必须保证混凝土的温度在5℃以上。

第6.3.31条 冬期生产构件，应做好室外气温记录，并应加强收听气象预报，注意气温的突然变化，以便采取措施防止混凝土构件受冻。

（Ⅶ）构件脱模和外观检查

第6.3.32条 混凝土试件经试压达到规定的脱模和出池(窑)强度后，方可将构件出池（窑）。吊运构件时，吊绳与水平方向角度不得小于45°，否则应加吊架或横扁担。

第6.3.33条 构件起吊前应先检查下列项目：

一、预应力构件的预应力钢丝（筋）是否已全部放张和切断；

二、模板侧模是否全部打开或拆除；

三、吊环是否外露和直立。

第6.3.34条 构件脱模起吊后，生产班组应对每个构件的外观进行目测，观察有无表面缺陷。凡属表面性的缺陷（如蜂窝、麻面、硬伤、掉角、副筋露筋等），应取得有关领导同意后，由生产班组进行修整。修整后，应由质量检验部门对构件进行评定。

对影响结构性能的缺陷，必须报告主管领导，会同设计单位和有关部门研究处理。

第6.3.35条 对非标准构件或第一次生产的标准构件，应建立首件检查制度。首件构件脱模后，应由质量检验部门对该构件进行全面的外观与尺寸检查（必要时还需进行结构检验），经检查合格，质量检验部门同意后，方可成批生产。

第四节 构件成品

（Ⅰ）成品管理

第6.4.1条 构件堆放场地应满足以下要求：

一、临时性堆放场地应平整坚实，下部应设通长垫木；

二、永久性堆放场地，应夯实压平或浇筑混凝土垫层，并应有良好的排水系统。

第6.4.2条 普通钢筋混凝土构件的堆放应遵守下列规定：

一、板类构件一般应采用叠层平放。对宽度等于及小于500mm的板，宜采用通长垫木；大于500mm的板，可采用不通长的垫木。垫木应上下对齐，在一条垂直线上。

二、大型柱类构件应采用平放。薄腹梁、屋架、桁架等应采用立放。构件的断面高宽比大于2.5时，堆放时下部应加支撑或有坚固的堆放架，上部应拉牢固定，以免倾倒。

第6.4.3条 墙板类构件应采用立放。立放又可分为插放与靠放两种：

一、插放时场地必须清理干净，插放架必须牢固，挂钩工应扶稳构件，垂直落准。

二、靠放时应有牢固的靠放架，两侧要对称。靠放架两侧板的数量差，不得超过2块。板与地面的倾斜度应在80°左右，板的上部应用垫木隔开。

第6.4.4条 构件的最多堆放层数应按照构件强度、地面耐压力、构件形状和重量等因素决定。一般可按表6.4.4的规定执行。

第6.4.5条 构件经检验后，应由生产单位与成品保管单位设专人办理入库手续。内容包括：工程名称、产品型号、数量、生产日期、质量等级等。不合格和未经修复的产品不得入库。

对入库后的构件应建立定期的质量检查制度，特别是对较长期存放的构件，应检查有无因堆放不良或反复倒垛等因素造成的损伤。对后期发现的不合格品或废品，应及时另行堆放。

第6.4.6条 成品应按工程名称、构件类型和型号分别堆放，并在构件的侧面或端部标明生产厂名、构件型号、生产日期和生产班组。每垛构件间应留有一定的距离，相邻两垛构件之间的距离应不小于200mm，通道宽度应不小于800mm。

不合格品与废品应另行分区按构件种类堆放整齐，不得与合格品混杂。

预制混凝土构件的最多堆放层数 表6.4.4

项次	构件类别	最多堆放层数
1	预应力大型屋面板（高240mm）	10
2	预应力槽型板、卡口板（高300mm）	10
3	槽型板（高400mm）	6
4	空心板（高240mm）	10
5	空心板(高180mm)	12
6	空心板（高120～130mm）	14
7	大型梁、T形梁	3
8	大型柱	2
9	桩	8
10	工业天沟板	6
11	民用高低天沟板	8
12	天窗侧板	8
13	预应力大楼板	9
14	设备实心楼板	12
15	隔墙实心板	12
16	楼梯段	10
17	阳台板	10
18	带坡屋面梁（立放）	1
19	桁架（立放）	1

（Ⅱ）成品检查

第6.4.7条 对构件成品，必须按规定进行抽样检查。检验项目包括构件外观、规格尺寸和结构性能。

第6.4.8条 对每一件构件成品，必须进行外观检查。检查构件的混凝土是否振捣密实，有无露筋和影响结构使用性能的蜂窝、空洞和裂缝。检查方法先用目测，当发现有上述缺陷时，应

空心板类构件内外缺陷的质量要求和检验方法　表6.4.9-1

项次	项目		质量要求	检验方法
1	露筋		主筋不应有，副筋外露总长度不超过500mm	对构件各个面目测
2	孔洞		不应有	
3	蜂窝		累计面积不超过所在构件面的1%，且每处不超过0.01m²	
4	硬伤、掉角		累计面积不大于50mm×200mm，支承部位不大于30mm×30mm	对构件各个面目测，然后用尺量出尺寸，计算面积
5	板面蜂窝、酥松、石子露面		累计面积不大于板面的1%，且不大于200cm²	
6	板端和肋端酥松		不应有	目测
7	裂缝	纵向面裂	总长不大于$l/3$，缝宽不大于0.15mm	对各个面全面目测，发现有裂缝时用钢尺量其长度，用刻度放大镜测量宽度
		横向面裂	长度不超过板宽的1/2，且不延伸到侧面	
		肋裂	不应有	
		板底裂	不应有	
8	预应力钢丝断裂或滑脱的数量		不超过钢丝总根数的5%	目测

注：l为构件长度（mm），以下各表同。

用工具测量有缺陷部位的大小和尺寸。

第6.4.9条　构件规格尺寸允许偏差的检验应以同一班组、同一品种的构件为1批，对梁、柱和桁架等主要构件应按每批生产件数随机抽查10%；一般构件按生产件数抽查5%；连续生产的标准构件，应按生产件数抽查3%，但均不应少于3件。

各类构件的内外缺陷质量要求和尺寸允许偏差应满足表6.4.9-1至表6.4.9-12的要求。

空心板类构件尺寸允许偏差和检验方法　表6.4.9-2

项次	项目		允许偏差（mm）	检验方法
1	规格尺寸	长度	+10 −5	用尺量平行于构件长度方向的任何部位
		宽度	±5	用尺量测一端或中部
		高度	±5	
		板厚	+4 −2	用尺量两端头
		对角线差	10	用尺量测两对角线
2	外形	侧向弯曲	$l/750$	拉线和用尺检查侧向弯曲最大处
		扭曲	$l/750$	在板两端上表面，用两个直尺检查水平线高低差
		表面平整	5	用2m直尺和楔形塞尺检查
3	吊环	中心线位置	30	用尺量
		留出高度	±10	
4	主筋	外留长度	±15	用尺量
		保护层厚度	+5 −3	用测定仪或其它量具检查

带肋板类构件内外缺陷的质量要求和检验方法　　表6.4.9-3

项次	项目		质量要求	检验方法
1	露筋		副筋外露总长不超过500mm	对构件各个面目测，用尺测量露筋长度
2	蜂窝		预应力构件主肋两端各300mm内不允许，其它部位累计面积不超过所在构件面的1%，且每处不超过0.01m²	
3	麻面		累计面积不大于所在构件面的5%	对构件各个面目测，然后用尺量出尺寸，计算面积
4	硬伤、掉角		累计面积不大于50mm×200mm，支承部位不大于30mm×30mm	
5	裂缝	肋　裂	不应有	各个面全面目测，发现有裂缝时用钢尺量其长度，用刻度放大镜测量宽度
		角　裂	一个角裂且不延伸到板面	
		纵向面裂	总长不大于$l/3$，缝宽不大于0.15mm	
		横向面裂	允许1条，且不延伸到侧面	

注：带肋板类构件包括：大型屋面板，槽形板，工业墙板，单、双T型板，檐口板，天沟板，楼梯段等。

带肋板类构件尺寸允许偏差和检验方法　　表6.4.9-4

项次	项目			允许偏差(mm)	检验方法
1	规格尺寸	长　度		+10 −5	用尺量平行于构件长度方向的任何部位
		宽　度		±5	用尺量测一端或中部
		高　度		±5	
		肋　宽		+4 −2	用尺量测主肋下部
		板厚（翼板厚）		+4 −2	用尺量
		对角差线		10	用尺量测两对角线
2	外形	侧向弯曲		$l/750$ 且≤20	拉线和用尺检查侧向弯曲最大处
		扭　曲		$l/750$	在板两端上表面，用两个直尺检查水平线高低差
		表面平整		5	用2m直尺和楔形塞尺检查
3	预留部件	预埋件	中心线位置	10	用尺量纵横两个方向中心线
			与混凝土面平整	5	用尺量
		预留洞	中心线位置	15	用尺量纵、横两个方向中心线
			规格尺寸	±10	用尺量
4	吊环	中心线位置		30	用尺量
		留出高度		±10	
5	主筋	外留长度		+15 −5	用尺量
		保护层厚度		+5 −3	用测定仪或其它量具检查
6	预应力主筋中心位置			5	用尺量

预应力大楼板内外缺陷的质量要求和检验方法　　表6.4.9-5

项次	项目		质量要求	检验方法
1	露筋		不应有	对构件各个面目测
2	蜂窝		累计面积不超过所在构件面的1%，且每处不超过0.01m²	
3	板底麻面掉皮		累计面积不超过所在构件面的5%	对构件各个面目测然后用尺量出尺寸计算面积
4	硬伤、掉角		累计面积不大于50mm×200mm，每个支承部位不大于50mm×50mm	
5	饰面空鼓、起砂、脱皮、鼓包、鼓泡		不应有	目测
6	灯头盒、电线管堵塞或漏放		不应有	先全面目测，再用φ6.5钢丝探测
7	无饰面板裂	纵向面裂	总长不大于$l/2$，缝宽不大于0.2mm	对各个面全面目测，发现有裂缝时用钢尺量其长度，用刻度放大镜测量宽度
		横向面裂	不延伸到侧面	
8	有饰面板裂	板面和板底的横、纵斜裂	不应有	目测
9	预应力钢丝断裂或滑脱的数量		不超过同一受力方向钢丝总数的5%	目测

注：预应力大楼板系指实心整间大楼板。

预应力大楼板尺寸允许偏差和检验方法　　表6.4.9-6

项次	项目			允许偏差(mm)	检验方法
1	规格尺寸	长度		+10 −5	用尺量平行于构件长度方向的任何部位
		宽度		±5	用尺量测一端或中部
		高度		±5	
		对角线差		10	用尺量测两对角线
2	外型	侧向弯曲		$l/500$	拉线和用尺检查侧向弯曲最大处
		扭曲		$l/1000$	在板两端上表面用两个直尺检查水平线高低差
		表面平整		5	用2m直尺和楔形塞尺检查
3	预留部件	预埋件	中心线位置	10	用尺量纵、横两个方向检查中心线
			与混凝土面平整	5	用尺检查
		预留洞	中心线位置	15	用尺量纵、横两个方向中心线
			规格尺寸	±10	用尺量
		电线管位置	水平位置	30	用尺量
			竖向位置	+5 −0	
4	吊环	中心线位置		30	用尺量
		留出高度		±10	用尺量
5	主筋	外留长度		+15 −5	用尺量
		保护层厚度		+5 −3	用测定仪或其它量具检查

墙板类构件内外缺陷的质量要求和检验方法　　表6.4.9-7

项次	项目		质量要求	检验方法
1	露筋		不应有	对构件各个面目测
2	蜂窝		累计面积不超过所在构件面的1%，且每处不超过0.01m²	对构件各个面目测，然后用尺量出尺寸
3	麻面		累计面积不超过所在构件面的2%	计算面积
4	硬伤、掉角		累计面积不大于50mm×200mm	计算面积
5	饰面空鼓、起砂、起皮、漏抹		累计面积不超过所在构件面的1%	目测
6	裂缝	门窗口角裂	不应有	目测
		面裂	不应有	

注：墙板类构件包括内外墙板、内隔墙板、阳台隔板等。

墙板类构件尺寸允许偏差和检验方法　　表6.4.9-8

项次	项目			允许偏差(mm)	检验方法
1	规格尺寸	高度		±5	用尺量两侧边
		宽度		±5	用尺量两横端边
		厚度		±5	用尺量两端部
		对角线差		10	用尺量测两对角线
		门窗洞口	规格尺寸	±5	用尺量
			对角线差	5	
			洞口位置	10	
			洞口垂直度	5	
2	外形	侧向弯曲		$l/1000$	拉线和用尺检查侧向弯曲最大处
		扭曲		$l/1000$	用尺和目测检查
		表面平整		5	用2m直尺和楔形塞尺检查
3	预留部件	预埋件	中心线位置	10	用尺量纵、横两个方向中心线
			与混凝土面平整	5	用尺量
		插铁木砖位置	中心线位置	10	用尺量纵、横两个方向中心线
			插铁留出长度	±20	用尺量
		安装门窗预留洞	中心线位置	15	用尺量纵、横两个方向中心线
			深度	+10 −0	用尺量
4	吊环	中心线位置		30	用尺量
		留出高度		±10	
5	主筋保护层厚度			+10 −5	用测定仪或其它量具检查

大型梁、柱类构件内外缺陷的质量要求和检验方法　表6.4.9-9

项次	项目		质量要求	检验方法
1	露筋		副筋外露总长度不超过500m	对构件各个面目测，用尺测量露筋长度
2	蜂窝		预应力部位不应有，其它部位的累计面积不超过所在构件面的1%，且每处不超过0.01m²	对构件各个面目测，然后用尺量出尺寸，计算面积
3	麻面		累计面积不超过所在构件面的5%	
4	硬伤、掉角		累计面积不大于50mm×200mm	
5	裂缝	横向面裂缝	梁的底部不应有，梁的上表面以及柱和桩的一个面允许有裂缝，但裂缝延伸至相邻侧面的长度不应大于该邻面高度的$l/5$	对各个面全面目测，发现有裂缝时用钢尺量其长度
		纵向面裂缝	总长不大于$l/10$	

注：大型梁、柱类构件包括各种预应力和非预应力大梁、吊车梁、T形梁、薄腹梁、基础梁、大型柱、基桩等。

大型梁、柱类构件尺寸允许偏差和检验方法　表6.4.9-10

项次	项目			允许偏差（mm）	检验方法
1	规格尺寸	长度	梁	+10 −5	用尺量平行于构件长度方向的任何部位
			柱	+5 −10	
			桩	±20	
			薄腹梁	+15 −10	
		宽度		±5	用尺测量一端或中部
		高度		±5	
		翼板厚		±4	
2	外形	侧向弯曲	梁、柱	l/750且≤20	拉线和用尺检查侧向弯曲最大处
			薄腹梁、桩	l/1000且≤20	
		表面平整		5	用2m直尺和楔形塞尺检查
		柱顶面垂直度		3	用直尺和尺检查
		桩尖中心位置		10	用尺量
3	预留部件	预埋件	中心线位置	10	用尺量纵、横两个方向中心线
			与混凝土面平整	5	用尺量
		螺栓位置	中心位置	5	用尺量纵、横两个方向中心线
			外露长度	+10 −5	用尺量
		预留孔中心线位置		5	用尺量纵、横两个方向中心线
		预留洞中心线位置		15	
		插铁木砖位置	中心位置	10	用尺量纵、横两个方向中心线
			插铁留出长度	±20	用尺量

续表

项次	项目		允许偏差（mm）	检验方法
4	吊环	中心线位置	30	用尺量
		留出高度	±10	
5	主筋	保护层厚度	+10 −5	用测定仪或其它量具检查
		外留长度	±10	用尺量
		中心位置	5	用尺量

小型板、梁、柱类构件内外缺陷的质量要求和检验方法　　表6.4.9-11

项次	项目		质量要求	检验方法
1	露筋		副筋外露总长度不超过500mm	对构件各个面目测，用尺测量露筋长度
2	蜂窝		累计面积不超过所在构件面的1%，且每处不超过0.01m²	对构件各个面目测，然后用尺量出尺寸，计算面积
3	板面麻面、掉皮	无饰面面层	累计面积不超过所在构件面的5%	
		有饰面面层	不应有	
4	硬伤、掉角		累计面积不大于50mm×200mm	
5	裂缝	纵向面裂	总长不超过$l/3$	对各个面全面目测，发现裂缝时用钢尺量其长度
		横向面裂	不延伸到侧面	

注：小型板、梁、柱类构件包括沟盖板、挑檐板、栏板、窗台板、过梁、檩条以及长度在3m和3m以下的小型梁、柱等。

小型板、梁、柱类构件尺寸允许偏差和检验方法　　表6.4.9-12

项次	项目			允许偏差（mm）	检验方法
1	规格尺寸	长度	梁、板	+10 −5	用尺量平行于构件长度方向的任何部位
			柱	+5 −10	
		宽度		±5	用尺量测一端或中部
		高度		±5	
		挑檐板檐高		±5	
		挑檐板檐宽		±5	
		板对角线差		10	用尺量
2	外形	侧向弯曲	梁、柱	$l/750$	拉线和用尺检查侧向弯曲最大处
			板	$l/500$	
		板扭曲		$l/750$	在板两端上表面用两个直尺检查水平线高低差
		板表面平整		5	用2m直尺和楔形塞尺检查
3	预留部件	预埋件	中心线位置	10	用尺量纵、横两个方向中心线
			与混凝土面平整	5	用尺量
		插铁、木砖位置	中心线位置	10	用尺量纵、横两个方向中心线
			插铁留出长度	±20	用尺量
		螺栓位置	中心线位置	5	用尺量纵、横两个方向中心线
			留出长度	+10 −5	用尺量

续表

项次	项	目	允许偏差(mm)	检验方法
4	孔洞中心位置	一般孔洞	15	用尺量纵、横两个方向中心线
		安装孔	5	用尺量
5	吊环	中心线位置	30	用尺量
		留出高度	±10	用尺量
6	主筋保护层厚度		+5 −3	用测定仪或其它量具检查

（Ⅲ）结构性能检验

第6.4.10条 成批生产的构件的结构性能检验，应以同一工艺正常生产不超过3个月的同类型产品1000件为一批；3个月生产不足1000件时亦作为一批。从每批中随机抽取1个构件作为试件进行检验。

当连续检验10批，每批的结构性能均能符合要求时，上述规定的1000件为一批可放宽至2000件为一批。

第6.4.11条 预制混凝土构件成品应按下列规定进行结构性能检验：

一、钢筋混凝土构件和允许出现裂缝的预应力混凝土构件应进行承载力、挠度和裂缝宽度检验；

二、要求不出现裂缝的预应力混凝土构件应进行承载力、挠度和抗裂检验；

三、预应力混凝土构件中的非预应力杆件应按钢筋混凝土构件的要求进行检验；

四、对设计成熟、生产数量较少的大型构件（如桁架等），如采取加强材料和制作质量检验的措施时，可仅作挠度、抗裂或裂缝宽度检验，当采取上述措施并有可靠的实践经验时，亦可不作结构性能检验。

检验方法采用短期静力加荷，按《预制混凝土构件质量检验评定标准》附录二规定的方法进行。

第6.4.12条 构件承载力应按下列规定进行检验：

一、当按《混凝土结构设计规范》规定进行检验时，应符合下式的要求：

$$\gamma_u^0 \geq \gamma_0[\gamma_u] \qquad (6.4.12\text{-}1)$$

式中 γ_u^0——构件的承载力检验系数实测值，即试件的承载力检验荷载实测值与承载力检验荷载设计值（均包括自重）的比值；

γ_0——结构重要性系数，由设计单位在图纸中注明；

$[\gamma_u]$——构件承载力检验系数允许值，按表6.4.12取用。

二、当设计要求按构件实配钢筋的承载力进行检验时，应符合下式的要求：

$$\gamma_u^0 \geq \gamma_0 \eta[\gamma_u] \qquad (6.4.12\text{-}2)$$

式中 η——构件承载力检验修正系数，由设计单位在图纸中注明。

注：承载力检验荷载设计值是指承载能力极限状态下，根据构件设计控制截面上的内力组合设计值s与构件检验的加荷方式，经换算后确定的荷载值（包括自重）。

第6.4.13条 构件的挠度应按下列规定进行检验：

一、当按《混凝土结构设计规范》规定的挠度允许值进行检验时，应符合下式要求

$$a_s^0 \leq [a_s] \qquad (6.4.13\text{-}1)$$

式中 a_s^0——在正常使用短期荷载检验值下，构件跨中短期挠度实测值（mm）；

$[a_s]$——短期挠度允许值（mm），其数值由设计单位在图纸中注明。

二、当设计要求按实配钢筋确定的构件挠度计算值进行检验

构件承载力检验系数允许值〔γ_u〕 表6.4.12

受力情况	达到承载能力极限状态的检验标志		〔γ_u〕
轴心受拉 偏心受拉 受弯 大偏心受压	受拉主筋处的最大裂缝宽度达到 1.5mm 或挠度达到跨度的 1/50	Ⅰ～Ⅲ级钢筋、冷拉Ⅰ、Ⅱ级钢筋	1.20
		冷拉Ⅲ、Ⅳ级钢筋	1.25
		热处理钢筋、钢丝、钢绞线	1.45
	受压混凝土破坏，此时受拉主筋处的最大裂缝宽度小于1.5mm且挠度小于跨度的1/50	Ⅰ～Ⅲ级钢筋、冷拉Ⅰ、Ⅱ级钢筋	1.25
		冷拉Ⅲ、Ⅳ级钢筋	1.30
		热处理钢筋、钢丝、钢绞线	1.40
	受拉主筋拉断		1.50
轴心受压 小偏心受压	混凝土受压破坏		1.45
受弯构件的受剪	腹部斜裂缝达到1.5mm，或斜裂缝末端受压混凝土剪压破坏		1.35
	沿斜截面混凝土斜压破坏、受拉主筋在端部滑脱或其它锚固破坏		1.50

或仅检验构件的挠度、抗裂或裂缝宽度时，应符合下式的要求：

$$a_s^0 \leqslant 1.2 a_s^c \qquad (6.4.13\text{-}2)$$

式中 a_s^c——在正常使用短期荷载检验值下，按实配钢筋确定的构件短期挠度计算值（mm）。

注：①直接承受重复荷载的混凝土受弯构件，当进行短期静力加荷试验时，a_s^c值应按正常使用极限状态下静力荷载短期效应组合相应的刚度值确定；

②正常使用短期荷载检验值是指正常使用极限状态下，根据构件设计控制截面上的荷载短期效应组合值S_s与构件检验的加载方式，经换算后确定的荷载值。

同时，还应符合（6.4.13-1）式的要求。

第6.4.14条 构件的抗裂检验应符合下式的要求：

$$\gamma_{cr}^0 \geqslant [\gamma_{cr}] \qquad (6.4.14)$$

式中 γ_{cr}^0——构件的抗裂检验系数实测值，即试件的开裂荷载实测值与正常使用短期荷载检验值(均包括自重)的比值；

〔γ_{cr}〕——构件的抗裂检验系数允许值，其数值及检验期限由设计单位在图纸中注明。

第6.4.15条 构件的裂缝宽度检验应符合下式的要求：

$$\omega_{s,max}^0 \leqslant [\omega_{max}] \qquad (6.4.15)$$

式中 $\omega_{s,max}^0$——在正常使用短期荷载检验值下，受拉主筋处的最大裂缝宽度实测值（mm）；

〔ω_{max}〕——构件检验的最大裂缝宽度允许值（mm），应按表6.4.15取用。

构件的最大裂缝宽度允许值（mm） 表6.4.15

设计	检验（〔ω_{max}〕）
0.2	0.15
0.3	0.2C
0.4	0.25

第6.4.16条 构件结构性能的检验结果应按下列规定评定：

一、当试件结构性能的全部检验结果均符合第6.4.12条至第6.4.15条的检验要求时，该批构件的结构性能应评为合格。

二、当试件结构性能的检验结果不能全部符合第6.4.12条至第6.4.15条的要求，但能符合第二次抽样检验的指标的要求时，可从同批构件中再抽两个试件进行第二次检验。第二次检验的指标为：对承载力及抗裂检验系数的允许值应取第6.4.12条和第6.4.14条规定允许值的0.95倍；对挠度的允许值应取第6.4.13条规定允许值的1.10倍。

当第二次抽取的两个试件的全部检验结果均符合第二次检验的要求时，该批构件的结构性能可评为合格。

三、当第二次抽取的第一个试件的全部检验结果均符合第6.4.12条至第6.4.15条的要求时，该批构件的结构性能即可评为合格。

第6.4.17条 预制混凝土构件厂应根据钢筋、混凝土和构件的试验和检验资料，确定构件的质量。对合格的构件应盖合格章，并出具“构件出厂合格证”交付使用单位。

第五节 质量控制图表

第6.5.1条 对混凝土及预制混凝土构件的生产过程进行质量控制时，应结合本单位的生产实际情况，采用一定的管理用表格。

第6.5.2条 在质量控制中应对所取得的大量反映生产质量动态的数据，定期地（旬、月、季、年）加以处理、分析和研究，并采用全面质量管理中的各种图表，掌握质量动态，使产品质量始终处于控制状态。为了掌握生产过程中的具体质量管理情况，应通过对不同特性值（例如强度、尺寸、缺陷等）的数据的处理，分析研究产品质量和质量管理中的主要问题，并掌握其波动的情况和规律。如有异常情况应立即采取措施，使产品的质量得到保证和提高。

第6.5.3条 为了对预制混凝土构件的缺陷按性质或按原因作分析调查，应定期地（旬、月、季）根据检测所得的数据作成排列图。从排列图中找出缺陷的主要项目和造成缺陷的主要原因，作为下一阶段改进产品质量的主攻目标。

第6.5.4条 对模板、钢筋切断、钢筋焊接骨架和焊接网成品以及构件成品等有关长、宽、高尺寸方面的质量，可用$\bar{X}$-R管理图和X-R_s-R_m管理图进行控制。

第6.5.5条 控制构件和钢筋半成品的某一种具体缺陷的个数时（扭翘、不平、弯曲、焊接缺陷等），可用C管理图进行控制。

第6.5.6条 控制成品或半成品的不合格率时，可采用P管理图。控制不合格品个数时，可采用np管理图。

第6.5.7条 作出管理图后，应每天（或每班）对记入管理图中的点子进行观察。如果点子在控制界限内，则认为生产是在稳定状态，可以继续进行生产。如果点子超出控制界限或有不正常情况时，则应及时分析原因，采取对策，填入对策表，明确负责人，限期解决，使生产恢复到稳定状态。

第6.5.8条 在混凝土及预制混凝土构件的质量控制中，应遵循PDCA循环的方式，从上一周期的排列图中找出质量主攻课题，提出具体目标值，分析影响质量的各种因素，拟订改进与提高质量的措施或对策，进行质量控制，使产品质量有所改进。如果又产生新的质量缺陷问题，应再作新的排列图。如此反复循环，促使产品质量不断改进和提高。

附录一　混凝土标号与混凝土强度等级的换算关系

一、《钢筋混凝土结构设计规范》（TJ10-74）的混凝土标号可按附表1.1换算为混凝土强度等级。

混凝土标号与强度等级的换算　　　　**附表1.1**

混凝土标号	100	150	200	250	300	400	500	600
混凝土强度等级	C8	C13	C18	C23	C28	C38	C48	C58

二、当按TJ10-74规定设计，在施工中按本规程进行混凝土强度检验评定时，应先将设计规定的混凝土标号按附表1.1换算为混凝土强度等级，并以其相应的混凝土立方体抗压强度标准值$f_{cu,k}$（N/mm²）按本规程第三章的规定进行混凝土强度的检验评定。

附录二　质量管理图及其判断规则

一、管理图。质量管理图是以质量特征值为纵坐标，时间或取样顺序为横坐标，且标有中心线及上下控制线，能够动态地反映产品质量变化的一种链条状图形，中心线与上、下控制线分别用CL、UCL、LCL表示，如附图2.1所示。

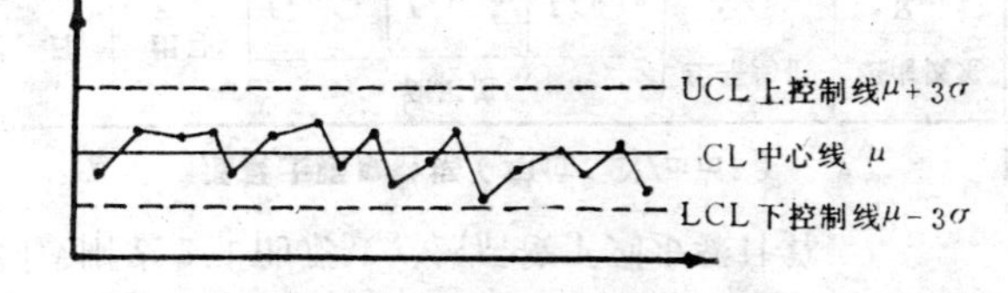

附图2.1　质量管理示意图

在进行混凝土质量控制时，为了及时预报及分析质量波动情况，在管理图的上、下控制线与中心线之间分别增加两条警戒线，这样管理图就被划分为附图2.2所示的上下各3个区的形式。

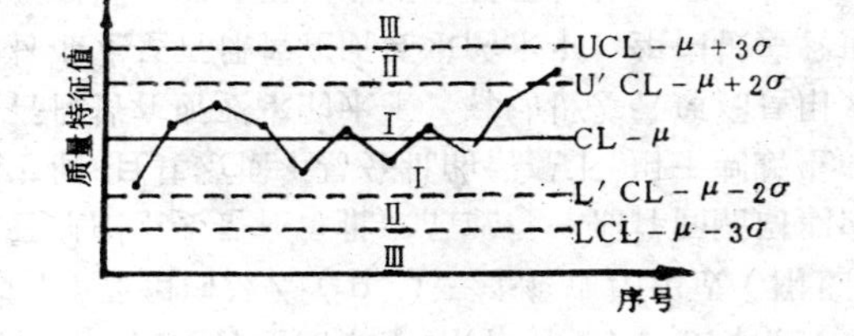

附图2.2　单值质量管理图

Ⅰ——正常区；Ⅱ——警戒区；Ⅲ——异常区

〔$\mu-2\sigma$，$\mu+2\sigma$〕范围内的区间称作Ⅰ区，又称正常区。

试验点出现在这一范围内认为是正常的。($\mu-3\sigma$, $\mu-2\sigma$)和($\mu+2\sigma$, $\mu+3\sigma$)范围内的区间称为Ⅱ区，又称警戒区，U'CL和L'CL表示警戒线，其含意是如果某个试验点出现在这一范围时，就要注意严密监视是否还有试验点继续在这个范围内出现，如果继续出现必须查明原因采取措施。在区间〔$\mu-3\sigma$, $\mu+3\sigma$〕以外，称为Ⅲ区，又称异常区。如试验点出现在异常区时，必须立即查明原因，采取措施，使生产恢复到正常状态，否则将可能有大量废品产生。

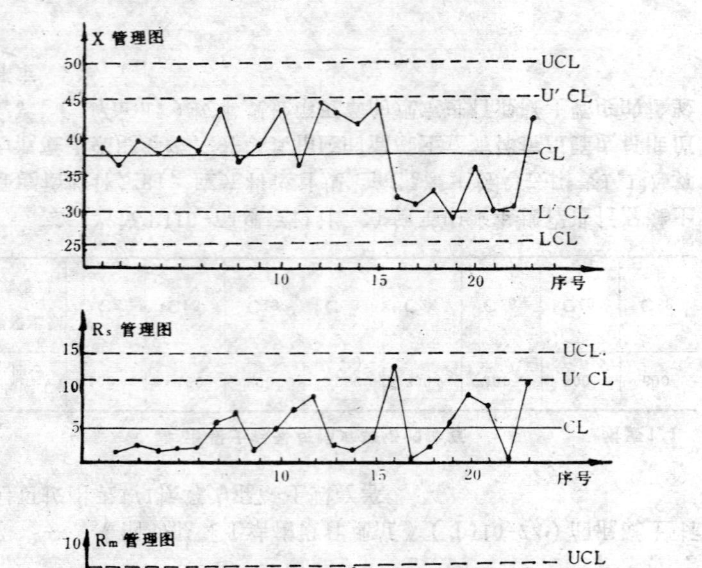

附图2.3 $X—R_s—R_m$管理图

管理图可分为计量型管理图和计数（计件和计点）型管理图两大类：

（一）计量型管理图。计量型管理图是指管理的质量指标是计量数据，例如强度、砂石的含水量、混凝土的水灰比、坍落度、含气量、构件的几何尺寸等。较常用的有以下两种。

1. 单值—极差管理图（$X—R_s—R_m$）。由单值（X）、移动极差（R_s）及组内极差（R_m）三个管理图组成（附图2.3）。

单值管理图主要是在每批产品或每一抽样间隔周期内只能得到一个测定值、且其数据不易分批的情况下，用于判断生产过程的平均值是否保持在所要求的水平。移动极差管理图是用来判断生产过程的标准差是否保持在所要求的水平。组内极差管理图常与移动极差管理图一起使用以分析质量异常的原因。

（1）$X—R_s—R_m$管理图的中心线、控制线及警戒线位置的确定。$X—R_s—R_m$管理图的中心线、控制线及警戒线的位置根据上一统计期或有代表性的历史统计资料计算定出，在生产比较稳定的情况下，这些线的位置可经相当一段时间后再作校核和调整。中心线、控制线及警戒线的位置计算时，可把统计期的数据列成附表2.1的形式，然后按下列步骤计算。

混凝土强度数据（单位：N/mm²） **附表2.1**

月、日	组号	测定值			组平均值	组内极差	移动极差
		$f_{cu,1}$	$f_{cu,2}$	$f_{cu,3}$	$X_{(i)}$	R_m	R_s
	平均值						

① 计算每组3个试件强度的平均值：

$$X_i=\frac{f_{cu,1}+f_{cu,2}+f_{cu,3}}{3} \qquad (附2.1)$$

式中 X_i——第i组强度平均值；

$f_{cu,1}$，$f_{cu,2}$，$f_{cu,3}$——分别为该组3个试件实测强度值。

② 计算移动极差：

$$R_{s,i}=|X_{(i)}-X_{(i-1)}| \quad (附2.2)$$

式中 $R_{s,i}$——第i组的移动极差；

$X_{(i)}$——第i组的强度平均值；

$X_{(i-1)}$——第i－1组的强度平均值。

③ 计算组内极差：

$$R_{m,i}=(f_{cu,max}-f_{cu,min})_i \quad (附2.3)$$

式中 $R_{m,i}$——第i组的组内极差；

$f_{cu,max}$、$f_{cu,min}$——分别为组内试件强度的最大值和最小值。

④ 根据统计期的数据计算X—R_s—R_m管理图的参数。

计算$X_{(i)}$的平均值（即中心线位置）：

$$\overline{X}=\frac{1}{n}\sum_{i=1}^{n}X_{(i)} \quad (附2.4)$$

式中 n——试件强度的组数：

计算R_s的平均值（即中心线位置）。

$$\overline{R_s}=\frac{1}{n-1}[R_{s(2)}+R_{s(3)}+\cdots+R_{s(n)}] \quad (附2.5)$$

计算R_m的平均值（即中心线位置）：

$$\overline{R_m}=\frac{1}{n}\sum_{i=1}^{n}R_{m(i)} \quad (附2.6)$$

⑤ 计算X管理图的上、下控制线和警戒线：

上控制线： $$UCL=\overline{X}+\frac{3}{d_2}\overline{R_s} \quad (附2.7)$$

下控制线： $$LCL=\overline{X}-\frac{3}{d_2}\overline{R_s} \quad (附2.8)$$

上警戒线： $$U'CL=\overline{X}+\frac{2}{d_2}\overline{R_s} \quad (附2.9)$$

下警戒线： $$L'CL=\overline{X}-\frac{2}{d_2}\overline{R_s} \quad (附2.10)$$

式中 d_2——与n有关的计算系数，可由附表2.4查得。

当采用移动极差推估标准差，$n=2$，则$d_2=1.128$。

⑥ 计算R_s管理图的上控制线和警戒线：

上控制线： $$UCL=D_4\overline{R_s} \quad (附2.11)$$

上警戒线： $$U'CL=D_4'\overline{R_s} \quad (附2.12)$$

式中 D_4、D_4'——与n有关的计算系数，可由附表2.4查得。当分析移动极差分散性时，$n=2$，此时$D_4=3.267$，$D_4'=2.511$。

因$n\leqslant6$，R_s管理图没有下控制线。

⑦ 计算R_m管理图的上控制线和警戒线：

上控制线： $$UCL=D_4\overline{R_m} \quad (附2.13)$$

上警戒线： $$UCL=D_4'\overline{R_m} \quad (附2.14)$$

因R_m是由3个试件强度计算求得，即$n=3$，此时，$D_4=2.575$，$D_4'=2.050$。

因$n\leqslant6$，R_m管理图也没有下控制线。

在X－R_s－R_m管理图纸上记上X—R_s—R_m的控制线和警戒线，并将$X_{(i)}$ $R_{s(i)}$及$R_{m(i)}$点在该管理图纸上(见附图2.3)。

检查这若干组统计期的数据有没有落在上、下控制线外的点。如有落在控制线外的，则舍去该数据重新计算控制线。

（2）X—R_s—R_m管理图的使用。

① 在X—R_s—R_m管理图用的坐标纸上，根据统计期的数据的计算结果定出X、R_s及R_m的中心线（CL），上、下控制线UCL、LCL和上、下警戒线U'CL、L'CL。

② 在一批产品中，抽取试样，测定其质量特性值X_1，X_2

……X_n，记在附表2.1的记录表中。

③ 计算组平均值$X_{(i)}$、组内极差$R_{m(i)}$值及移动极差$R_{s(i)}$值。

④ 在$X—R_s—R_m$管理图上点上该组样本的$X_{(i)}$、$R_{s(i)}$及$R_{m(i)}$。

这样每生产一批产品 在抽样测定后，就点上该组样本相应的点，把相应点连成折线。

⑤ 根据记入点的情况判断生产是否稳定。判断原则见本附录第二款。

⑥ 如果有异常波动出现，应分析原因，排除干扰因素，使生产恢复正常。

在记事栏中必须注明出现异常波动的原因及处理方法。

在使用$X—R_s—R_m$管理图时，重要的是如何从管理图中发现异常波动。

2. 均值—极差管理图（$\overline{X}—R$）。在连续生产并可分批的情况下，可采用以批为单元进行质量管理，此时，可应用X—R管理图（见附图2.4），其中$\overline{X}$为批强度平均值，R为批内极差，它对质量差的产品批的判别较敏感。

（1）$\overline{X}—R$管理图的中心线、控制线及警戒线位置的确定。

① 计算混凝土强度每一批的样本均值。

$$\overline{X}_i=\sum_{i=1}^{n}X_i/n \qquad (附2.15)$$

式中 X_i——第i组混凝土强度值。

② 计算每一批混凝土强度的极差。

$$R_i=(X_{max}-X_{min})_i \qquad (附2.16)$$

式中 R_i——第i批混凝土强度的批内极差；

X_{max}、X_{min}——分别为一批混凝土批内强度的最大值和最小值。

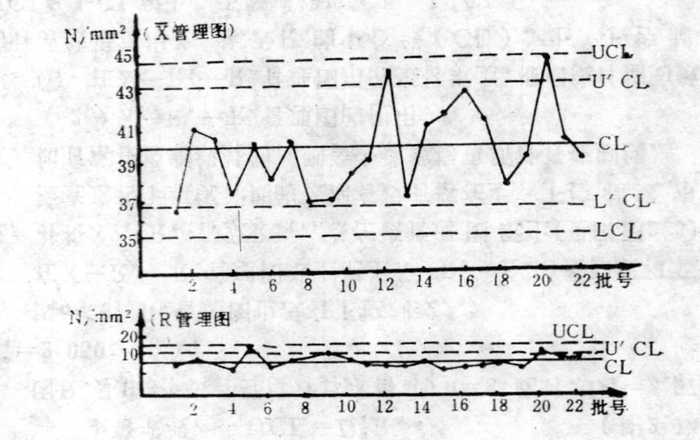

附图2.4 $\overline{X}—R$管理图

③ $\overline{\overline{X}}—R$管理图的参数计算。

计算$\overline{X}_{(i)}$的平均值（中心线位置）：

$$\overline{\overline{X}}=\frac{1}{K}\sum_{i=1}^{K}\overline{X}_{(i)}=\frac{1}{K}\Big(\overline{X}_{(1)}+\overline{X}_{(2)}+\cdots+\overline{X}_{(k)}\Big) \qquad (附2.17)$$

式中 k——批数。

计算$R_{(i)}$的平均值（中心线位置）：

$$\overline{R}=\frac{1}{K}\sum_{i=1}^{K}R_{(i)}=\frac{1}{K}\Big(R_{(1)}+R_{(2)}+\cdots\cdots+R_{(k)}\Big) \qquad (附2.18)$$

④ 计算$\overline{X}$管理图的上、下控制线和警戒线。

上控制线： $UCL=\overline{\overline{X}}+A_2\overline{R}$ （附2.19）

下控制线： $LCL=\overline{\overline{X}}-A_2\overline{R}$ （附2.20）

上警戒线： $U'CL=\overline{\overline{X}}+A'_2\overline{R}$ （附2.21）

下警戒线： $L'CL=\overline{\overline{X}}-A'_2\overline{R}$ （附2.22）

式中 A_2、A'_2——与批内组数n有关的计算系数。当n=2时，$A_2=1.881$，$A'_2=1.253$；当n=3时，$A_2=1.023$，$A'_2=0.682$。

⑤ 计算R管理图的上控制线。

上控制线： $UCL=D_4\overline{R}$ （附2.23）

上警戒线： $U'CL=D'_4\overline{R}$ （附2.24）

式中 D_4、D'_4——与批内组数n有关的计算系数。当n=2时，$D_4=3.267$，$D'_4=2.511$；当n=3时，$D_4=2.575$，$D'_4=2.050$。

当$n\leqslant6$时，R管理图没有下控制线；当$n\geqslant7$时，R管理图有下控制线，其值为$D_3\overline{R}$。

在$\overline{X}$—R管理图上画出$\overline{X}$—R管理图的上、下控制线和警戒线。

把求得的$\overline{X}_{(i)}$和$R_{(i)}$点在准备好的$\overline{X}$—R管理图上（见附图2.4），看这若干批数据中，有没有落在上、下控制线之外。如有落在外的，要舍去这些数据，重新计算控制线。

⑥ 以所得结果作为正式的$\overline{X}$—R管理图。

（2）$\overline{X}$—R管理图的使用。$\overline{X}$—R管理图与X—R_s—R_m管理图的使用方法相同。

（二）计数型管理图。计数型管理图包括不合格品率管理图、不合格品数管理图及计点管理图三种。

1．不合格品率管理图，又称P管理图或百分率管理图，是通过观察产品不合格品率的变化来控制产品质量的。它具有附图2.5的形式。不合格品率管理图只有P管理图一种，其横坐标为批的序号，纵坐标为不合格品率。

（1）P管理图的中心线、控制线及警戒线位置的确定。P管理图的中心线、控制线及警戒线的位置根据上一统计期或有代表性的历史统计资料计算定出，在生产比较稳定的情况下，这些线的位置可经相当一段时间后再作校核和调整。中心线、控制线及警戒线的位置计算时，可把统计期的数据列成附表2.2的形式，然后按下列步骤计算。

①计算各批的样本不合格品率$P_{(i)}$：

$$P_{(i)}=\frac{n_{(i)e}}{n_{(i)}} \qquad （附2.25）$$

式中 $n_{(i)e}$——第i批中不合格品数；

$n_{(i)}$——第i批中抽查产品总数。

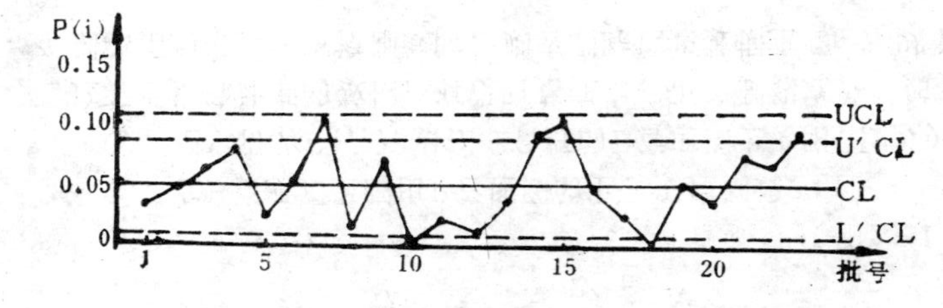

附图2.5 P管理图

② 根据统计期的数据，计算各批样本不合格品率$P_{(i)}$的平均值$\overline{P}$（中心线位置）：

$$\overline{P}=\sum_{i=1}^{K}P_{(i)}n_{(i)}\Big/\sum_{i=1}^{K}n_{(i)} \qquad （附2.26）$$

式中　K——批数；

$\bar{n}_{(i)}$——第i批中抽取的样本大小。

当每一批都选取相同的样本n时：

$$\overline{P}=\frac{1}{k}\sum_{i=1}^{K}p_{(i)}=\frac{1}{k}\Big(p_{(1)}+p_{(2)}+\cdots\cdots+p_{(k)}\Big) \quad （附2.27）$$

③　根据统计期的数据，计算P管理图的上、下控制线和警戒线：

上控制线：
$$UCL=\overline{P}+\frac{3}{\sqrt{n}}\sqrt{\overline{P}(1-\overline{P})} \quad （附2.28）$$

下控制线：
$$LCL=\overline{P}-\frac{3}{\sqrt{n}}\sqrt{\overline{P}(1-\overline{P})} \quad （附2.29）$$

混凝土强度数据（N/mm^2）及统计期数据　　**附表2.2**

月日	批号	测定值的组平均值			批平均值	批内极差
	i	$X_{1(i)}$	$X_{2(i)}$	$X_{3(i)}$	$\overline{X}_{(i)}$	$R_{(i)}$
平均					$\overline{\overline{X}}=$	$\overline{R}=$

批号	不合格品数	不合格品率（P）	批号	不合格品数	不合格品率（P）

上警戒线：
$$U'CL=\overline{P}+\frac{2}{\sqrt{n}}\sqrt{\overline{P}(1-\overline{P})} \quad （附2.30）$$

下警戒线：
$$L'CL=\overline{P}-\frac{2}{\sqrt{n}}\sqrt{\overline{P}(1-\overline{P})} \quad （附2.31）$$

④　在P管理图上画出P管理图的上、下控制线。

⑤　把求得的$P_{(i)}$点点在准备好的P管理图上（附图2.5）。看这若干批统计期的数据，有没有落在上、下控制线之外。如有个别数据超出上、下控制线时，则应剔除这些数据重新予以计算。

（2）P管理图的使用。

①　在生产出的一批产品中，抽取n个样品，检查它们中的不合格品，得出不合格品数m，于是样品的不合格品率为$\frac{m}{n}$。

②　在P管理图上，点上该批样本不合格品率的$\frac{m}{n}$值。这样每生产一批产品，在抽样检测后，就点上该批样本不合格品率相应的点，把相继的点连成折线。

③　根据记入点的情况判断生产是否稳定。判断原则详见本附录第二款。

④　如果有异常波动出现，应分析原因，排除干扰因素，使生产恢复正常。

2.　不合格品数(nP)管理图。nP管理图的绘制和使用与P管理图相似（附图2.6）。仅是以不合格品数nP作为管理图的参数，其中心线、控制线的位置确定如下：

中心线：
$$CL=n\overline{P} \quad （附2.32）$$

上控制线：
$$UCL=n\overline{P}+3\sqrt{n\overline{P}(1-\overline{P})} \quad （附2.33）$$

下控制线： $LCL=n\overline{P}-3\sqrt{n\overline{P}(1-\overline{P})}$ （附2.34）

上警戒线： $U'CL=n\overline{P}+2\sqrt{n\overline{P}(1-\overline{P})}$ （附2.35）

下警戒线： $L'CL=n\overline{P}-2\sqrt{n\overline{P}(1-\overline{P})}$ （附2.36）

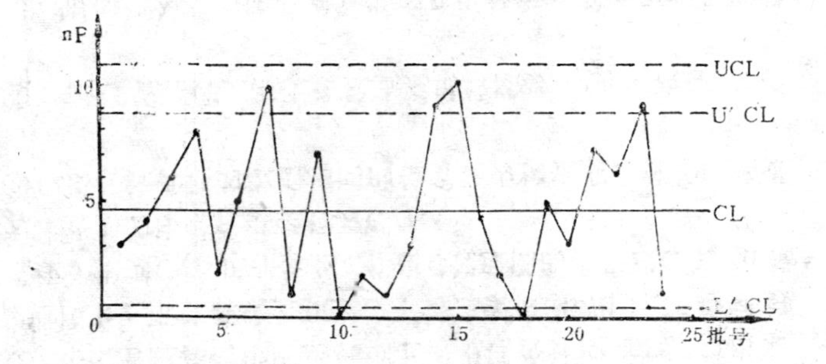

附图2.6 nP管理图

3. 计点管理图。计点管理图又称C管理图，它是通过对单位产品的缺陷数（或超差点数）进行控制，以实现对产品的质量管理。

计点管理图应具有附图2.7的形式，其横坐标为检查期序号，纵坐标为该检查期统计的缺陷数。

（1）C管理图的中心线、控制线及警戒线位置的确定。C管理图的中心线、控制线及警戒线的位置，根据上一统计期或有代表性的历史统计资料计算定出，在生产比较稳定的情况下，这些线的位置可经相当一段时间后再作校核和调整。中心线、控制线及警戒线的位置计算时，可把统计期的数据列成附表2.3的形式，然后按下列步骤计算。

① 计算每一检查期的缺陷数$C_{(i)}$。

② 根据统计期的数据，计算出各检查期的缺陷数$C_{(i)}$的平均值$\overline{C}$（中心线位置）：

$$\overline{C}=\frac{1}{K}\sum_{i=1}^{K}C_{(i)} \quad （附2.37）$$

C管理图的统计期数据 **附表2.3**

序号	缺陷和超差点数 $C_{(i)}$	序号	缺陷和超差点数 $C_{(i)}$	序号	缺陷和超差点数 $C_{(i)}$	序号	缺陷和超差点数 $C_{(i)}$	序号	缺陷和超差点数 $C_{(i)}$
1		6		11		16		21	
2		7		12		17		22	
3		8		13		18		23	
4		9		14		19		24	
5		10		15		20		25	

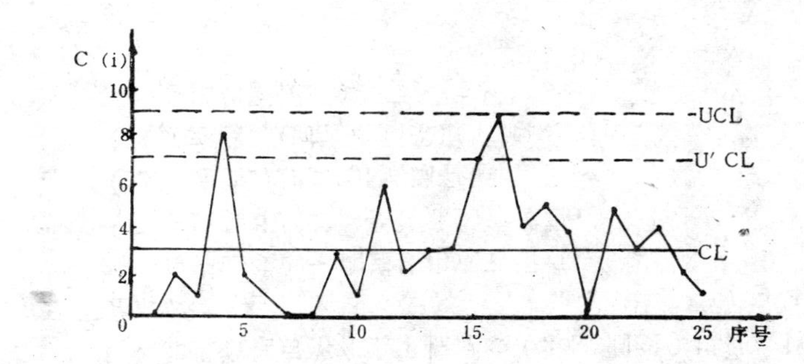

附图2.7 C管理图

③ 根据统计期的数据，计算出C管理图的上、下控制线：

上控制线： $UCL=\overline{C}+3\sqrt{\overline{C}}$ （附2.38）

下控制线： $LCL=\overline{C}-3\sqrt{\overline{C}}$ （附2.39）

上警戒线： $U'CL=\overline{\overline{C}}+2\sqrt{\overline{C}}$ （附2.40）

下警戒线： $L'CL=\overline{C}-2\sqrt{\overline{C}}$ （附2.41）

当下控制线或下警戒线的坐标值为负值时，则不予考虑。

由于C管理图是为控制缺陷等使用的，缺陷数只能是整数，所以UCL及LCL如遇到非整数时，UCL应是比$\overline{C}+3\sqrt{\overline{C}}$大的最小整数（例如$\overline{C}+3\sqrt{\overline{C}}=8.27$，则UCL应为9）；LCL是比$\overline{C}-3\sqrt{\overline{C}}$小的最大整数。

④ 在C管理图用纸上记上C管理图的上、下控制线和警戒线。

⑤ 将求得的$C_{(1)}$值点在C管理图上（附图2.7），看这若干组统计期的数据，有没有落在上、下控制线之外的。如有超出控制线的点，将该数据剔除，重新计算控制线。

（2）C管理图的使用。

① 在C管理图用纸的坐标纸上，根据统计期的数据算出来的C管理图上、下控制线值和上、下警戒线值，作出上、下控制线和警戒线。根据$C_{(1)}$的平均值$\overline{C}$作出C管理图的中心线CL。其横坐标为检查期的序号，纵坐标为$C_{(1)}$。

② 以与统计期的数据相同的检查期为检查期，统计缺陷数C。

③ 在C管理图上点上该检查期的缺陷数，并依次连成折线。

④ 根据记入点的情况判断生产是否稳定。判断原则见本附录第二款。

⑤ 如有异常波动出现，应分析原因，排除干扰因素，使生产恢复正常。

二、管理图的判断。

（一）正常情况。如果在生产过程中没有系统因素的影响，即只有偶然因素的作用，这时认为生产过程处于稳定状态或称控制状态。出现下列情况之一属稳定状态：

1. 连续不少于25点都落在3σ的控制线内；

2. 在连续35点中，落在3σ控制线外的不超过1点；

3. 在连续100点中，落在3σ控制线外的不超过2点。

（二）异常情况。

1. 如果数据点落在上下控制线（3σ控制线）以外，认为出现了异常波动。

2. 在中心线的一侧连续出现若干点。

（1）连续5点时，要注意生产过程；

（2）连续6点时，开始调查原因；

（3）连续7点时，必须采取措施。

其示意图如附图2.8所示。

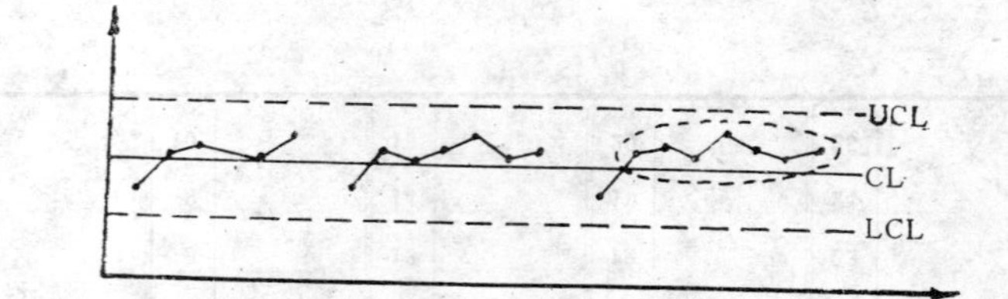

附图2.8 异常情况（一）

3. 多数点落在中心线的一侧。

（1）连续11点中，至少有10点落在中心线的同一侧；

（2）连续14点中，至少有12点落在中心线的同一侧；

（3）连续17点中，至少有14点落在中心线的同一侧；

（4）连续20点中，至少有16点落在中心线的同一侧。

其示意图如附图2.9。

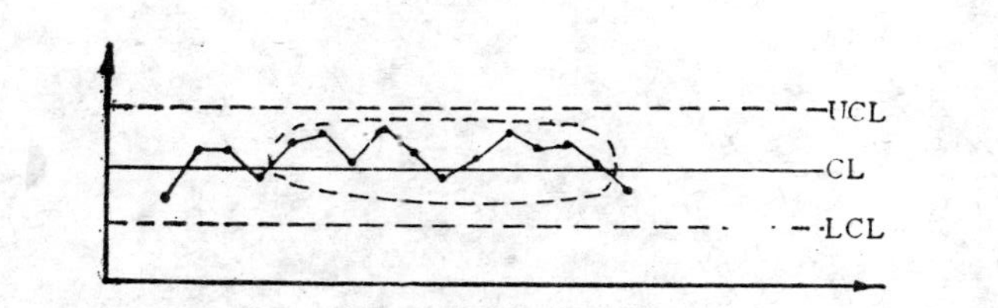

附图2.9 异常情况（二）

4. 根据相继点的上升下降倾向作判断。

（1）连续5点有上升或下降倾向时，要注意生产过程；

（2）连续6点有上升或下降倾向时，要开始调查原因；

（3）连续7点有上升或下降倾向时，必须采取措施。

其示意图如附图2.10所示。

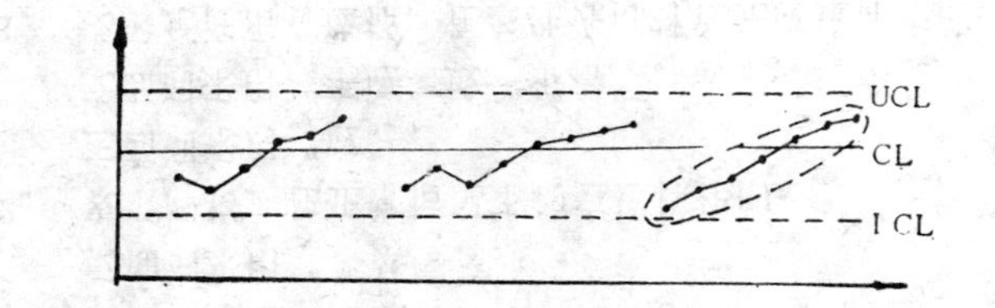

附图2.10 异常情况（三）

5. 根据相继点超过警戒线和接近上、下控制线的情况作判断。

（1）连续3点中，至少有2点接近管理图的控制线（附图2.11）；

（2）连续7点中，至少有3点接近管理图的控制线；

（3）连续10点中，至少有4点接近管理图的控制线。

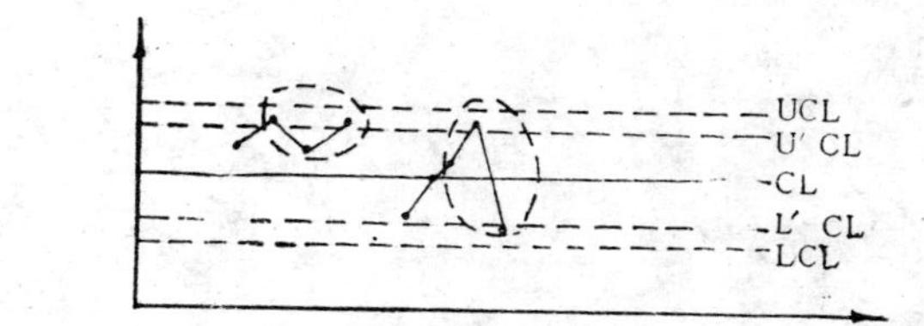

附图2.11 异常情况（四）

三、管理图用系数表（附表2.4）。

管理图用系数表 **附表2.4**

n	2	3	4	5	6	7	8	9	10
A_2	1.881	1.023	0.729	0.577	0.483	0.419	0.373	0.337	0.308
d_2	1.128	1.693	2.059	2.326	2.534	2.704	2.847	2.970	3.078
D_3	—	—	—	—	—	0.076	0.136	0.184	0.223
D_4	3.267	2.575	2.282	2.115	2.004	1.924	1.864	1.816	1.777

附录三　本规程用词说明

一、为便于在执行本规程条文时区别对待，对要求严格程度的用词说明如下：

1. 表示很严格，非这样作不可的：
   正面词采用“必须”；
   反面词采用“严禁”。
2. 表示严格，在正常情况下均应这样作的：
   正面词采用“应”；
   反面词采用“不应”或“不得”。
3. 表示允许稍有选择，在条件许可时首先应这样作的：
   正面词采用“宜”或“可”；
   反面词采用“不宜”。

二、条文中指定必须按其它有关标准、规范执行的写法为“应符合……的规定”或“应按……执行”；非必须按所指定的标准和规范执行的写法为“可参照……的要求（或规定）”。

附加说明

本规程主编单位、参加单位和主要起草人名单

主 编 单 位：中国建筑科学研究院

参 加 单 位：西安冶金建筑学院
北京市第一建筑构件厂

主要起草人：韩素芳　耿维恕　钟炯垣　许鹤力